Martin/Pohl

Technische Hydromechanik

Band 4

Technische Hydromechanik
Band 4

Hydraulische und numerische Modelle

Herausgegeben von

Prof. Dr.-Ing. habil. *Helmut Martin* (Kapitel 2 und 6)
TU Dresden

und
Prof. Dr.-Ing. habil. *Reinhard Pohl* (Kapitel 5)
TU Dresden, Institut für Wasserbau und technische Hydromechanik

unter Mitwirkung von

Dr.-Ing. habil. *Gerhard Bollrich* (Kapitel 1)
Dresden

Prof. Dr.-Ing. habil. *Detlef Aigner* (Kapitel 1 und 4)
TU Dresden, Institut für Wasserbau und technische Hydromechanik

Dr.-Ing. *Dirk Carstensen* (Abschnitt 2.8)
TU Dresden, Institut für Wasserbau und technische Hydromechanik

Prof. Dr. sc. techn. *Hans-Jörg G. Diersch* (Kapitel 3)
(DHI-WASY GmbH, Berlin)

Univ.-Prof. Dr.-Ing. habil. *Hans-Burkhard Horlacher* (Kapitel 7)
TU Dresden, Institut für Wasserbau und technische Hydromechanik

Technische Hydromechanik
Band 4

Hydraulische und numerische Modelle

2., durchgesehene und korrigierte Auflage

Helmut Martin, Reinhard Pohl u. a.

HUSS-MEDIEN GmbH • 10400 Berlin

huss

Bibliografische Information der Deutschen Nationalbibliothek
Die Deutsche Nationalbibliothek verzeichnet diese Publikation in der Deutschen Nationalbibliografie; detaillierte bibliografische Daten sind im Internet über http://dnb.d-nb.de abrufbar.

ISBN 978-3-345-00924-2

2., durchgesehene und korrigierte Auflage

Verlag Bauwesen
Am Friedrichshain 22
10407 Berlin

Tel.: 030 42151-0
Fax: 030 42151-273

E-Mail: huss.medien@hussberlin.de
http://www.huss-shop.de

Eingetragen im Handelsregister Berlin HRB 36260
Geschäftsführer: Wolfgang Huss, Erich Hensler

Layout und Einband: HUSS-MEDIEN GmbH
Druck und Bindearbeiten: Freiburger Graphische Betriebe GmbH & Co. KG

Redaktionsschluss: 15.10.2008

Alle Angaben in diesem Werk sind sorgfältig zusammengetragen und geprüft.
Dennoch können wir für die Richtigkeit und Vollständigkeit des Inhalts keine Haftung übernehmen.

Vorwort zur 2.Auflage

Die Zielstellung der ersten Auflage wurde auch bei der zweiten durchgesehenen und korrigierten Auflage beibehalten, nämlich Grundlagen und neue Ansätze für ausgewählte, in der Praxis häufig auftretende Anwendungen der hydraulischen Modelle darzustellen und den Leser in die Lage zu versetzen, kleinere Programme selbst zu schreiben bzw. die auf der beiliegenden CD-ROM angebotenen Programme zu nutzen.

Für zahlreiche Modelle hydraulischer Phänomene stehen komplexe professionelle Programme der verschiedenen Softwarehersteller zur Verfügung. Die angebotenen Lösungen unterliegen jedoch durch die Einbindung neuer Erkenntnisse einer ständigen Weiterentwicklung, die z. B. von der Turbulenztheorie, der Ökohydraulik und der Hydroinformatik geliefert werden. Die Anwendung dieser komplexen Programme erfordert umfangreiche Kenntnisse der mathematischen und hydromechanischen Grundlagen, eine beachtliche Einarbeitungszeit und oft auch langjährige Erfahrungen. In dieser Situation will die vorliegende Monographie eine Hilfestellung geben, sowohl für die Einarbeitung in komplexe Programme als auch für die selbstständige Lösung von Bemessungs- und Simulationsaufgaben.

Die Herausgeber danken den Lesern für die freundliche und interessierte Aufnahme der ersten Auflage, den Mitautoren für die Durchsicht und Fertigstellung des Manuskriptes und HUSS-MEDIEN, insbesondere Herrn Wessel, für die Unterstützung bei der Veröffentlichung der zweiten Auflage.

Hinweise und Anregungen sind jederzeit erwünscht.

Dresden, im September 2008

Helmut Martin

Reinhard Pohl

Inhaltsverzeichnis

7 Rohrnetze, Druckstoß in Rohrleitungen
(H.-B. Horlacher)

1 Hydraulisches Versuchswesen

Gerhard Bollrich, Detlef Aigner

1.1 Einleitung

Das hydraulische Versuchswesen ist eine Wissenschaftsdisziplin des Bau- und Wasserwesens, die sich mit der experimentellen Untersuchung der Fließvorgänge an vom Wasser durch- oder umströmten Bauwerken und Anlagen unter Zuhilfenahme des hydraulisch („physikalischen") Modells, meist in einem bestimmten Maßstab verkleinert, befasst.

Der hydraulische Modellversuch wird in der Regel dann zu Rate gezogen,

- wenn die theoretischen Lösungsmöglichkeiten für die Ausbildung von Bauwerken in oder am Wasser ganz oder teilweise fehlen, insbesondere bei räumlich komplizierten Bauwerken mit schwer erfassbaren Strömungsvorgängen (Beispiel: das räumliche Tosbecken hinter Talsperren),
- wenn theoretische Berechnungsansätze zu bestätigen oder in ihnen enthaltene Korrekturbeiwerte zu ermitteln sind (Beispiel: Überfallbeiwerte unterschiedlicher Überfallformen).

Bis zum wissenschaftlich begründeten hydraulischen Modellversuch liegt ein geschichtlich langer Weg. An den Anfängen des Bauens am Wasser stand die Erfahrung über das Gelingen oder Versagen eines Wasserbauwerkes. In Ägypten, China, Mesopotamien und im Indus-Ganges-Gebiet entstanden bereits 4000 vor Christus erste große Wasserbauten zur Be- und Entwässerung sowie zum Wassertransport (*Rouse u. Ince* 1980). Jedoch wurde so manches dieser Bauwerke von den nicht ausreichend bekannten Wirkungen des Wassers zerstört. Viele der dabei gesammelten Erfahrungen gingen wieder verloren.

Erste systematische Untersuchungen mit dem Wasser reichen weit zurück.
Die großen Wissenschaftler der Antike wie *Thales von Milet* (640-546 v. Chr.), *Aristoteles* (384-322 v. Chr.), *Archimedes* (287-212 v. Chr.) oder *Hero von Alexandria* (um 150 v.Chr.) beschäftigten sich mit dem Wasser und untersuchten u. a. Auftriebsprobleme oder den Ausfluss aus Gefäßen. Aber auch die bekannten Wissenschaftler des Mittelalters sammelten experimentelle Erfahrungen mit dem Wasser. So untersuchte *Leonardo da Vinci* (1452-1519) die Wurfparabel von Wasserstrahlen. Viele hydromechanische Gesetze basieren auf Experimenten an Modellen und sind mit den Namen der Wissenschaftler verbunden, wie z. B.

- *Evangelista Torricelli* (1608-1647) mit dem Ausflussgesetz $Q \approx A \cdot \sqrt{2g \cdot h}$,
- *Isaac Newton* (1642-1727) mit den Ähnlichkeitsgesetzen,
- *Giovanni Poleni* (1683-1761) mit der Überfallformel,
- *Daniel Bernoulli* (1700-1782) mit der Energiegleichung,
- *Leonhard Euler* (1707-1793) mit der Bewegungsgleichung,
- *Jean Charles Borda* (1733-1799) mit dem Stoßverlust,
- *Gotthilf Heinrich Ludwig Hagen* (1797-1884) und *Jean Louis Poiseulle* (1799-1869) mit den Schubspannungsgesetzen,
- *Henry Philibert Gaspard Darcy* (1803-1858) mit dem Filtergesetz,
- *Julius Weisbach* (1806-1871) mit der Abfluss-Überfallformel,
- *William Froude* (1810-1879) mit der Gesetzmäßigkeit zur Berücksichtigung der Erdschwere in Strömungsvorgängen,
- *Robert Manning* (1816-1897) mit der Strömung in offenen Gerinnen,
- *Osborne Reynolds* (1842-1912) mit den Ansätzen zur Erfassung der Turbulenz oder
- *Nicolai Jegorovich Joukowsky* (1847-1921) mit den Ansätzen zur Druckstoßberechnung.

Bild 1.1
Versuchsstand zur Ermittlung von Ausflussbeiwerten (nach *Weisbach*, 1855)

Mit der Entwicklung der Industrie und damit der Messtechnik Ende des 19. Jahrhunderts entwickelten sich die technischen Möglichkeiten für das Versuchswesen. Das Experiment - der Modellversuch als verkleinertes Abbild der Natur - wurde wichtiges und notwendiges Hilfsmittel für den Wasserbau. *Hubert Engels* (1854-1945) gebührt das große Verdienst, das systematische Versuchswesen in einer eigens dafür errichteten Anstalt für die Zwecke des Wasserbaues begründet zu haben. Im Jahre 1898 gründete er die erste Versuchsanstalt an der damaligen Technischen Hochschule Dresden und nannte sie Flussbaulabor (*Bollrich* 1987; *Pohl* 1998; *Hager* 1998). Ihm folgten *Rehbock* 1901 in Karlsruhe, *Krey* 1903 in Berlin, *Timonoff* 1907 in Petersburg und weitere in Darmstadt, Toulouse und Braunschweig. Nach der Errichtung des Bauinge-

nieurgebäudes an der Technischen Hochschule Dresden, dem heutigen Beyer-Bau, verlagerte *Engels* 1913 sein Labor in das Sockelgeschoss dieses Gebäudes, wo es sich heute noch befindet.
Der vorliegende Abschnitt knüpft an die Darstellung im Band 2 der Technischen Hydromechanik (*Bollrich* 1989), Abschnitt 1, an, wiederholt in kurzgefasster Form die theoretischen Grundlagen der hydraulischen Ähnlichkeitsgesetze und vermittelt einen umfassenden Überblick über den aktuellen Stand des hydraulischen Messwesens, wo in den letzten 10 Jahren eine teilweise beachtliche Entwicklung eingesetzt hat.
Hingewiesen wird auf die dem Buch beigefügte CD, auf der sich u. a. Fotos und Videoclips von hydraulischen Modellversuchen befinden.

1.2 Ähnlichkeit eines hydraulischen Modells

Als **hydraulisches Modell** wird eine geometrisch verkleinerte oder vergrößerte Nachbildung eines Naturbauwerks bezeichnet. Im Unterschied zu einem Gedankenmodell oder einem mathematischen Modell ist das hydraulische Modell ein physikalisches Modell, d. h. die messbaren physikalischen Geschehnisse sind von der Art, dass sie unter der Wirkung gleicher physikalischer Ursachen "physikalisch ähnlich" ablaufen. Die physikalischen Vorgänge im Naturbauwerk (Prototyp) und im Modell sollen durch die gleichen physikalischen Gesetze beschrieben werden.

Ähnlichkeit zwischen dem hydraulischen Modell und dem Naturbauwerk besteht dann, wenn die geometrischen, die kinematischen und die dynamischen Größen in einem bestimmten Verhältnis (mit M_l - Maßstab der Länge, M_t - Maßstab der Zeit und M_F - Maßstab der Kraft) übertragbar sind. Man spricht dann von der mechanischen Ähnlichkeit zwischen dem hydraulischen Modell und dem Naturbauwerk. Die Kriterien dieser Übertragung werden in den Modell- oder Ähnlichkeitsgesetzen festgelegt.

Ähnlichkeitskennzahlen sind dimensionslose Zahlen, die sich zur Charakterisierung dieser Ähnlichkeitsgesetze eignen. Das Auffinden dimensionsloser Zahlen kann nach unterschiedlichen Methoden erfolgen, von denen die Dimensionsanalyse eine sehr gebräuchliche ist. Die wichtigsten Ähnlichkeitskennzahlen und die daraus abgeleiteten Ähnlichkeitsgesetze ergeben sich aus der Methode des Gleichgewichts der dominierenden Kräfteverhältnisse eines modellierten Prozesses. Aber auch die dimensionslose Darstellung von allgemeinen Differentialgleichungen führt zu dimensionslosen, den physikalischen Prozess beschreibenden Kennzahlen. Die einfachste Methode ist das systematische Probieren und Kombinieren physikalischer Größen.

Eine **physikalische Größe** (z. B. die Geschwindigkeit $v = 3\ m/s$) setzt sich aus ihrem Zahlenwert (3) und ihrer Maßeinheit (*m/s*) (Kurzform: Einheit) zusammen. Sie ist das Produkt aus dem Zahlenwert und der Einheit. Die Einheit setzt sich aus den Potenzprodukten der Basiseinheiten zusammen. Die Basisgröße Länge besitzt die Basiseinheit Meter (m). Ihr ist die Dimension der Länge (L) zugeordnet. Mit der Basisgröße Länge wird auch die Dimension der Fläche (L^2) oder des Volumens (L^3) gebildet. Die Dimension (lat. Ausdehnung, Ausmaß) bezeichnet systemabhängig die Potenzen der Grundeinheiten aus denen eine Maßeinheit zusammengesetzt ist.
Bei einer veränderlichen physikalischen Größe wird nur der Zahlenwert verändert, die Einheit bleibt konstant. Eine feststehende physikalische Größe wird als physikalische

Konstante oder Stoffgröße bezeichnet (z. B. die Erdbeschleunigung g oder die Dichte des Wassers ρ).

1.2.1 Kriterien der mechanischen Ähnlichkeit

Die theoretischen Möglichkeiten für den Wasserbauingenieur, insbesondere räumlich-turbulente Strömungsvorgänge zu erfassen, sind auch heute noch begrenzt. Deshalb ist die Wissenschaft und Kunst des Wasserbaues, wie *Hubert Engels* schon betonte, auf Beobachtung und Erfahrung aufgebaut. Der Wasserbau ist demnach eine empirische Wissenschaft. Der Modellversuch ist ein wichtiges Mittel, um in möglichst wirtschaftlicher Weise die Vorgänge im Wasserbau zu erkunden und die Kräfte des Wassers zu beherrschen. Voraussetzung für die Nützlichkeit eines wasserbaulichen Modellversuches ist, dass die am verkleinerten Modell gewonnenen Beobachtungen auf Naturverhältnisse übertragbar sind.

Das allgemeine Ähnlichkeitsprinzip der Physik sagt aus, dass die in einem geometrisch ähnlichen - vergrößerten oder verkleinerten - Modell die physikalischen Vorgänge gleiche physikalische Ursachen haben, also physikalisch ähnlich ablaufen. Das bedeutet, dass sie durch gleiche Differentialgleichungen beschrieben werden und die Randbedingungen eindeutig ineinander überführt werden können. Für die Ähnlichkeitsmechanik bedeutet das, dass zwei Strömungen nur dann ähnlich verlaufen, wenn die sie bewirkenden und beeinflussenden Kräfte verhältnisgleich sind. Dies verlangt mechanische Ähnlichkeit der ablaufenden Prozesse. Die Forderung nach mechanischer Ähnlichkeit erfordert die geometrische, kinematische und dynamische Ähnlichkeit.

Die **geometrische Ähnlichkeit** liegt vor, wenn alle entsprechenden Strecken der Länge l in der Natur (N) und im Modell (M) in einem konstanten Verhältnis zueinander stehen. Dieses Verhältnis ist die Maßstabszahl M_l.

$$M_l = \frac{l_N}{l_M} = \frac{\text{Naturgröße}}{\text{Modellgröße}} = \text{Längenmaßstab} \tag{1-1}$$

Die **kinematische Ähnlichkeit** beinhaltet die zeitabhängigen Vorgänge (Zeitmaßstab $M_t = t_N/t_M$) und die **dynamische Ähnlichkeit** die Kräfteverhältnisse (Kräftemaßstab $M_F = F_N/F_M$). Wasserströmungen stehen unter dem Einfluss von:

- Massenkräften, z. B. Gewichtskräften oder Corioliskräften,
- Trägheitskräften,
- Reibungskräften,
- Kapillarkräften und
- Elastizitätskräften.

Tafel 1.1
Wichtige Kräftearten, ihre Stoffgrößen und Maßstabsfaktoren

Kräfteart	Maßstab Stoffgröße	Maßstab der Kraft	Glg.
Trägheitskraft $F_T = m \cdot a$ $= \rho \cdot V \cdot a$	$M_\rho = \frac{\rho_N}{\rho_M}$	$M_{FT} = \frac{\rho_N \cdot V_N \cdot a_N}{\rho_M \cdot V_M \cdot a_M} = \frac{M_\rho \cdot M_l^4}{M_t^2}$	(1-2)
Schwerkraft $F_G = m \cdot g$ $= \rho \cdot V \cdot g$	$M_g = \frac{g_N}{g_M}$	$M_{FG} = \frac{\rho_N \cdot V_N \cdot g_N}{\rho_M \cdot V_M \cdot g_M} = M_\rho \cdot M_g \cdot M_l^3$	(1-3)
Reibungskraft $F_R = \tau \cdot A$ $= \eta \cdot \frac{d\upsilon}{dn} \cdot A$	$M_\eta = \frac{\eta_N}{\eta_M}$	$M_{FR} = \frac{\eta_N \cdot A_N \cdot dv_N \cdot dn_M}{\eta_M \cdot A_M \cdot dv_M \cdot dn_N} = \frac{M_\eta \cdot M_l^2}{M_t}$	(1-4)
Kapillarkraft $F_K = 2 \cdot \sigma \cdot l$	$M_\sigma = \frac{\sigma_N}{\sigma_M}$	$M_{FK} = \frac{\sigma_N \cdot L_N}{\sigma_M \cdot L_M} = M_\sigma \cdot M_l$	(1-5)
Elastizitätskraft $F_E = E \cdot \frac{\Delta V}{V} \cdot A$	$M_E = \frac{E_N}{E_M}$	$M_{FE} = \frac{E_N \cdot A_N \cdot \Delta V_N \cdot V_M}{E_M \cdot A_M \cdot \Delta V_M \cdot V_N} = M_E \cdot M_l^2$	(1-6)

Beispiel: Maßstab der Trägheitskraft

$$F_T = m \cdot a = \rho \cdot V \cdot a$$

Modell : $F_{TM} = \rho_M \cdot V_M \cdot a_M$ Natur : $F_{TN} = \rho_N \cdot V_N \cdot a_N$

Aus der Maßstabszahl der Einzelgrößen:

$$M_\rho = \frac{\rho_N}{\rho_M} \qquad M_V = \frac{V_N}{V_M} = \frac{l_N^3}{l_M^3} = M_l^3 \qquad M_a = \frac{a_N}{a_M} = \frac{l_N}{t_N^2} \cdot \frac{t_M^2}{l_M} = \frac{M_l}{M_t^2}$$

folgt die Maßstabszahl der Kraft:

$$M_{FT} = \frac{F_{TN}}{F_{TM}} = \frac{\rho_N \cdot V_N \cdot a_N}{\rho_M \cdot V_M \cdot a_M} = M_\rho \cdot M_V \cdot M_a = M_\rho \cdot \frac{M_l^4}{M_t^2}$$

Bedingungen für die dynamische Ähnlichkeit:

Für die Bedingung der vollen dynamischen Ähnlichkeit zwischen Modell und Naturausführung müssten die Umrechnungsverhältnisse aller Kräftearten (z. B. Trägheit, Gewicht, Reibung, Kapillarität, Elastizität) gleich groß sein:

$$M_{FT} = M_{FG} = M_{FR} = M_{FK} = M_{FE} \tag{1-7}$$

Ersetzt man die Maßstabszahlen der Kräftearten durch die ihrer Basisgrößen aus Tafel 1.1, dann ergibt sich:

$$\frac{M_\rho \cdot M_l^4}{M_t^2} = M_\rho \cdot M_g \cdot M_1^3 = \frac{M_\eta \cdot M_l^2}{M_t} = M_K \cdot M_l = M_E \cdot M_l^2$$

Folgende Aussagen können daraus abgeleitet werden:

1) Für gleiche Medien in Natur und Modell gilt:

   $M_\rho = M_\eta = M_\gamma = M_K = M_E = 1$

   Damit wird: $$\frac{M_l}{M_t^2} = 1 = \frac{1}{M_l \cdot M_t} = \frac{1}{M_l^2} = \frac{1}{M_l}$$

   Diese Gleichung gilt nur für $M_l = M_t = 1$ d. h. für **Modell = Natur,** also für den Maßstab 1.

2) Für andere Maßstäbe müsste ein Medium im Modell eingesetzt werden, welches obere Gleichung erfüllt. Das ist technisch oder wirtschaftlich kaum erfüllbar.

3) Angenäherte dynamische Ähnlichkeit ist allerdings durch die Vernachlässigung bestimmter Kräfteeinflüsse erreichbar. Aus der Kombination der Trägheitskräfte (wirken immer) mit anderen Kräftearten ergeben sich verschiedene Ähnlichkeitsgesetze.

1.2.2 Kombination physikalischer Größen

Das hydraulische Versuchswesen bedient sich bei der Aufstellung und Auffindung von Ähnlichkeitszahlen einer Reihe von dimensionslosen Kennzahlen. Im folgenden wird die Entstehung dieser Kennzahlen, *Π*-Zahlen, erläutert.
Die geschickte Kombination bestimmter physikalischer Größen führt zu dimensionslosen Zahlen, wenn die Exponenten der Basiseinheiten zu Null werden und die Einheit der physikalischen Größe damit zu Eins. Zur Einbeziehung der meist konstanten Stoffgrößen werden diese mit veränderlichen Größen wie Länge, Geschwindigkeit oder Kraft kombiniert. Aber auch die Erdbeschleunigung als physikalische Konstante wird durch Kombination mit anderen physikalischen Größen zu einer dimensionslosen Zahl zusammengesetzt.

Beispiele: Dimensionslose Größen durch Kombination

$$\Pi_1 = \frac{\upsilon^2}{l \cdot g}, \quad \Pi_2 = \frac{a}{g}, \quad \Pi_3 = \frac{\upsilon \cdot l}{\nu}, \quad \Pi_4 = \frac{F}{\rho \cdot l^2 \cdot \upsilon^2}$$

1.2.3 Dimensionsanalyse (Π-Theorem)

Die Dimensionsanalyse ist ein nützliches Hilfsmittel zur Bestimmung von dimensionslosen Größen, mit denen ein strömungsmechanisch ähnlicher Vorgang sowohl im Modell als auch in der Natur beschrieben werden kann. Die Grundlagen der Dimensionsanalyse und ihre Anwendung in der experimentellen Forschung im Bauingenieurwesen wurden von *Kobus* (1974) beschrieben. Grundprinzip der Dimensionsanalyse ist es, die für einen Vorgang dominierenden dimensionsbehafteten Größen x durch ihre Kombination in dimensionslose Größen Π umzuwandeln. Eine wissenschaftlich begründete Empfehlung für das Aufstellen der für das System relevanten Größen gibt es nicht. Aus diesen dimensionslosen Größen lassen sich bei geschickter Handhabung hydrodynamische Zusammenhänge dieses Vorganges erkennen, Versuchsplanungen optimieren und Versuchsergebnisse direkt auf den Naturvorgang übertragen.

Basiseinheiten: Länge(m), Zeit(s), Masse(kg),

Tafel 1.2
Einheiten und Dimensionen physikalischer Grundgrößen

Bezeichnung	SI-Einheit	Dimension
Länge (l)	m	L
Fläche (A)	m^2	L^2
Volumen (V)	m^3	L^3
Zeit (t)	s	T^1
Geschwindigkeit (v)	m/s	$L^1 \cdot T^{-1}$
Beschleunigung (a, g)	m/s^2	$L^1 \cdot T^{-2}$
Durchfluss (Q)	m^3/s	$L^3 \cdot T^{-1}$
Masse M / Gewicht	kg	M^1
Kraft (F)	N	$M^1 \cdot L^1 \cdot T^{-2}$
Druck (p) / Spannung (τ)	Pa	$M^1 \cdot L^{-1} \cdot T^{-2}$
dyn. Viskosität (η)	$Pa \cdot s$	$M^1 \cdot L^{-1} \cdot T^{-1}$
Dichte (ρ)	kg/m^3	$M^1 \cdot L^{-3}$

Π-Theorem (*Vaschy- oder Buckingham*-Theorem)

Jede dimensionsmäßig homogene Gleichung $f(x_1, x_2, ...x_n) = 0$, die ***n*** physikalische Variablen mit einer Dimensionsmatrix der Ordnung ***r*** enthält, kann zu einer Gleichung $F(\Pi_1, \Pi_2, ...\Pi_{n-r}) = 0$ reduziert werden, die $(n - r)$ dimensionslose Größen enthält, welche sich aus Potenzen der ursprünglichen Variablen $x_1 ... x_n$ zusammensetzen.

Tafel 1.3
Dimensionen physikalischer Größen

			Ordnung r		
			m	*s*	*kg*
$n = 5$ physikalische Größen	x_1	Durchmesser d	1	-	-
	x_2	Geschwindigkeit v	1	-1	-
	x_3	Dichte ρ	-3	-	1
	x_4	Viskosität η	-1	-1	1
	x_5	Erdbeschleunigung g	1	-2	-

Eine dimensionslose Zahl lässt sich aus 2 bis 4 dimensionsbehafteten Größen durch Lösung der 3 Gleichungen der Exponenten der Basiseinheiten *m*, *s* und *kg* ermitteln. Der Exponent einer dimensionsbehafteten Größe einer Π-Zahl aus 4 dimensionsbehafteten Größen muss dabei festgelegt (z. B. Eins gesetzt) werden, da sonst das Gleichungssystem (3 Gleichungen mit 3 Unbekannten) nicht lösbar wäre. Welche dieser Größen einer dimensionslosen Zahl zugeordnet werden, ist nicht festgelegt. Empfohlen wird die Kombination mit den Stoffgrößen. Durch das Potenzieren oder Koppeln (Multiplikation oder Division) der dimensionslosen Zahlen können, ohne den Inhalt der Aussage $F(\Pi) = 0$ zu verändern, neue dimensionslose Zahlen entstehen. Aus den zahlreichen Formen kann der Fachmann eine ihm besonders zusagende oder den physikalischen Bedingungen entsprechende Form der Darstellung wählen (siehe Beispiel).

Was erreicht die Dimensionsanalyse?

1. Es werden dimensionslose Zahlen bestimmt, deren Anzahl gegenüber den physikalischen Größen in der Regel um die Anzahl der Basiseinheiten, also um 3, reduziert wird.
2. Die resultierenden Funktionen sind numerisch und dimensionsmäßig unabhängig vom Maßsystem.
3. Die dimensionslosen Gruppierungen erleichtern das Studium der funktionalen Zusammenhänge und bilden die Grundlage systematischer Versuchsprogramme mit minimalem experimentellem Aufwand.
4. Die Dimensionsanalyse ist ein Ordnungsprinzip, sie führt nicht gesetzmäßig zu funktionellen Zusammenhängen.
5. Dic Dimensionsanalyse vereinfacht die Darstellung und Auswertung der gewonnenen Versuchsergebnisse und ermöglicht die direkte Übertragung auf die Naturverhältnisse.

Beispiel: Dimensionsanalyse für die Bestimmung des Rohrreibungsverlustbeiwertes

Bild 1.2
Rohrversuchsstand

h_V *[m]*- Verlusthöhe
l [m]- Rohrlänge
d [m]- Rohrdurchmesser
v [m/s]- Geschwindigkeit
g $[m/s^2]$- Erdbeschleunigung
ρ $[kg/m^3]$- Dichte
η *[kg/s/m]*- dynamische Viskosität

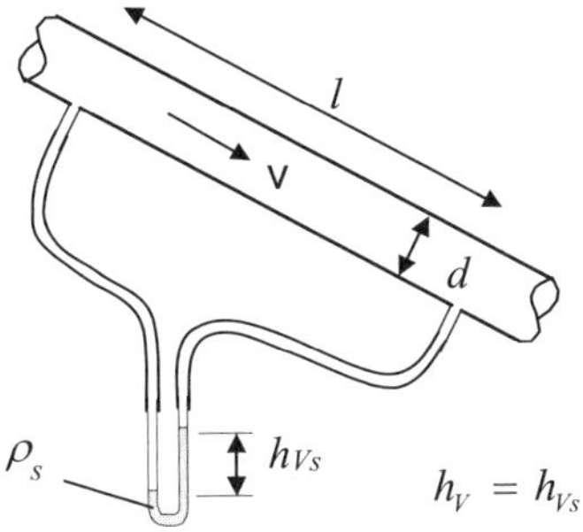

$$h_V = h_{Vs} \cdot \left(\frac{\rho_s}{\rho_w} - 1 \right)$$

Die Funktion der physikalischen Größen lautet: $f(v, d, h_V, l, g, \rho, \eta) = 0$

7 physikalische Größen und 3 Basiseinheiten ergeben 7 - 3 = 4 *Π*-Zahlen.
Da h_V, d und l die gleiche Einheit haben, können zwei *Π*-Zahlen z. B. zu $\Pi_1 = h_V/d$ und $\Pi_2 = d/l$ bestimmt werden. Damit können z. B. h_V und l als Größen bei der Ermittlung der anderen *Π*-Zahlen unberücksichtigt bleiben.

$$\Pi_3 = \upsilon^a \cdot d^b \cdot g^c \cdot \rho^d$$

Annahme: $a = 2$

	v	d	g	ρ	
m	2	+ b	+ c	− 3d	= 0
s	− 2	+ 0	− 2c	+ 0	= 0
kg	0	+ 0	+ 0	+ d	= 0

$\Rightarrow$ $d = 0$ $c = -1$ $b = -1$

$$\Pi_3 = \frac{\upsilon^2}{d \cdot l \cdot g}$$

$$\Pi_4 = \upsilon^a \cdot d^b \cdot \rho^d \cdot \eta^e$$

Annahme: $e = 1$

v	d	ρ	η	
a	+ b	− 3d	− 1	= 0
− a	+ 0	+ 0	− 1	= 0
0	+ 0	+ d	+ 1	= 0

$\Rightarrow$ $d = -1$ $a = -1$ $b = -1$

$$\Pi_4 = \frac{\eta}{\upsilon \cdot d \cdot \rho} = \frac{\nu}{\upsilon \cdot d}$$

Mit

$$F(\Pi_1, \Pi_2, \Pi_3, \Pi_4) = 0 \quad \text{und Kombination von } \Pi_1 \cdot \Pi_2 = \frac{h_V}{d} \cdot \frac{d}{l} = F_1\left(\frac{\upsilon^2}{d \cdot g}, \frac{\nu}{\upsilon \cdot d} \right)$$

erhält man die Formel für den Verlustbeiwert in Rohrleitungen (die Multiplikation von dimensionslosen Zahlen ergibt eine neue dimensionslose Zahl):

$$\frac{h_V}{l} = F_2\left(\frac{2}{\text{Re}} \right) \cdot \frac{1}{d} \cdot \frac{\upsilon^2}{2g} \quad \Rightarrow \quad h_V = \lambda\,(\text{Re}) \cdot \frac{l}{d} \cdot \frac{\upsilon^2}{2g} \qquad \text{Re} = \frac{\upsilon \cdot d}{\nu}$$

$$\lambda = f\left(\text{Re}, \frac{k}{d} \right) \qquad \lambda_{\text{laminar}} = \frac{64}{\text{Re}}$$, (siehe *Bollrich* 2000, Abschnitt 5.3 und 5.4)

1.2.4 Dimensionslose Zahlen aus Kräfteverhältnissen

Wie bereits im Abschnitt 1.2.1 erläutert, können im allgemeinen nicht alle auf den Strömungsprozess wirkenden Kräfte bei Ähnlichkeitsbetrachtungen Berücksichtigung finden. Geht man jedoch von den jeweils typischen Kräften auf das Fluidelement aus und setzt diese ins Verhältnis zur jeweiligen Trägheitsreaktion, dann lassen sich daraus strömungsmechanische Kennzahlen herleiten. Die Dominanz der Kräftearten bestimmt dabei die Anwendung der sich aus den Kräfteverhältnissen ergebenden Ähnlichkeitsgesetze. Die Vernachlässigung anderer Kräfte kann bei der Übertragung auf die Naturverhältnisse zu Problemen führen und sollte beachtet werden (Übertragungsgrenzen).
Die Bestimmung des Maßstabsfaktors der Trägheitskraft F_T wurde als Beispiel in Abschnitt 1.2.1 gezeigt (siehe Tafel 1.1).

$$M_{FT} = \frac{M_\rho \cdot M_l^4}{M_t^2}$$

Werden die Maßstabsfaktoren zweier dominierender Kräftearten gleichgesetzt, dann ergeben sich daraus nicht nur dimensionslose Zahlen, sondern eindeutige Umrechnungsfaktoren der physikalischen Größen zwischen Natur und Modell (siehe Abschnitt 1.3).

Beispiel: Gleichsetzen der Maßstabsfaktoren je zwei dominanter Kräfte

$$M_{FT} = M_{FG}$$

$$\frac{M_\rho \cdot M_l^4}{M_t^2} = M_\rho \cdot M_g \cdot M_l^3$$

a) mit $M_\rho = M_g = 1$ ergibt sich hieraus der Zeitmaßstab $M_t = \sqrt{M_l}$

b) durch Umformung erhält man die dimensionslose ***Froude*****zahl:**

$$1 = \frac{M_l}{M_g \cdot M_t^2} = \frac{M_l^2}{M_t^2 \cdot M_g \cdot M_l} = \frac{M_\upsilon^2}{M_g \cdot M_l} = M_{Fr}$$

$$Fr = \frac{\upsilon}{\sqrt{g \cdot h}} = \text{Froudezahl}, \qquad Fr_N = Fr_M$$

Werden im zweiten Beispiel die Trägheits- und Reibungskräftemaßstäbe gleichgesetzt, dann erhält man die sogenannte ***Reynolds*****zahl:**

$$M_{FT} = M_{FR}$$

$$\frac{M_\rho \cdot M_l^4}{M_t^2} = \frac{M_\eta \cdot M_l^2}{M_t}$$

a) mit $M_\rho = M_g = 1$ ergibt sich hieraus der Zeitmaßstab $M_t = M_l^2$

b) durch Umformung erhält man die dimensionslose *Reynoldszahl*:

$$\mathrm{Re} = \frac{\upsilon \cdot l}{\nu} \quad = \quad Reynolds\text{zahl}, \qquad \mathrm{Re}_N = \mathrm{Re}_M \qquad z.B.\ M_Q = \frac{M_l^3}{M_t} = \frac{M_l^3}{M_l^2} = M_l$$

Werden die Kräftemaßstäbe der Trägheits- und der Druckkraft gleichgesetzt, dann ergibt sich daraus die ***Newton***- bzw. ***Euler*zahl** (siehe Abschnitt 1.3.1).

$$M_{FT} = M_{FD}$$

$$\frac{M_\rho \cdot M_l^4}{M_t^2} = M_{\Delta p} \cdot M_l^2$$

$$1 = \frac{M_l^2 \cdot M_\rho}{M_t^2 \cdot M_{\Delta p}} = \frac{M_\upsilon^2 \cdot M_\rho}{M_{\Delta p}} = \frac{\dfrac{\upsilon_N^2}{\Delta p_N/\rho_N}}{\dfrac{\upsilon_M^2}{\Delta p_M/\rho_M}} = \frac{\dfrac{\upsilon_N}{\sqrt{2 \cdot \dfrac{\Delta p_N}{\rho_N}}}}{\dfrac{\upsilon_M}{\sqrt{2 \cdot \dfrac{\Delta p_M}{\rho_M}}}} = \frac{Eu_N}{Eu_M},$$

$$Eu = \frac{\upsilon}{\sqrt{2g \cdot \Delta p/\rho}} \quad = \quad Euler\text{zahl}$$

1.2.5 Dimensionslose Darstellung von Differentialgleichungen

Zwei ähnliche Vorgänge in Natur und Modell müssen durch die gleichen Differentialgleichungen beschreibbar sein und die Randbedingungen ineinander überführt werden können. Eine allgemeine, den hydraulischen Vorgang beschreibende Differentialgleichung gilt sowohl am Original (Natur) als auch am Modell. Wird sie dimensionslos dargestellt, dann ergeben sich die dimensionslosen Kennzahlen dieser Differentialgleichung.

Allgemein gelten in der Hydromechanik die Erhaltungssätze der Masse, der Energie und des Impulses. Als Beispiel soll hier die Bewegungsgleichung in einer Stromröhre in natürlichen Koordinaten in einfacher Darstellung mit den Gliedern der zeit- und ortsabhängigen Beschleunigung, der Duck- bzw. Wassertiefenänderung, der Reibung und der Dichteänderung angegeben werden (*Stopsack* 1986):

$$\frac{\partial \upsilon}{\partial t} + \upsilon \cdot \frac{d\upsilon}{ds} = -g \cdot \frac{dh}{ds} - \upsilon \cdot \frac{d\upsilon}{dn} \cdot \frac{1}{r_{hy}} - g \cdot \frac{\Delta \rho}{\rho} \tag{1-8}$$

Wird diese Gleichung dimensionslos dargestellt, indem sie z. B. mit r_{hy}/υ_0^2 und alle Einzelgrößen z. B. mit einem Mittelwert oder einem Ausgangswert erweitert werden,

$$\upsilon' = \frac{\upsilon}{\upsilon_0} \qquad t' = \frac{t}{t_0} \qquad s' = \frac{s}{r_{hy}} \qquad h' = \frac{h}{r_{hy}} \tag{1-9}$$

dann ergeben sich in den Summanden dieser Gleichung unabhängige dimensionslose Zahlen.

$$\left[\frac{r_{hy}}{\upsilon_0 \cdot t_0}\right]\frac{\partial \upsilon'}{\partial t'} + \upsilon'\frac{d\upsilon'}{ds'} = -\left[\frac{g \cdot r_{hy}}{\upsilon_0^2}\right]\frac{dh'}{ds'} - \left[\frac{\nu}{\upsilon_0 \cdot r_{hy}}\right]\frac{d\upsilon'}{dn'} - \left[\frac{\frac{\Delta\rho}{\rho} g \cdot r_{hy}}{\upsilon_0^2}\right] \quad (1\text{-}10)$$

Die Größen in den eckigen Klammern werden *Strouhal*zahl *Sh*, *Froude*zahl *Fr*, *Reynolds*zahl *Re* und densimetrische *Froude*zahl Fr_d bezeichnet.

$$Sh \cdot \frac{\partial \upsilon'}{\partial t'} + \upsilon' \cdot \frac{d\upsilon'}{ds'} = -Fr^{-2} \cdot \frac{dh'}{ds'} - \mathrm{Re}^{-1} \cdot \frac{d\upsilon'}{dn'} - Fr_d^{-2} \quad (1\text{-}11)$$

1.3 Ähnlichkeitsgesetze

Die sich aus dem Gleichgewicht der dominierenden Kräfteverhältnisse ergebenden Ähnlichkeitsgesetze sagen aus, dass neben den geometrischen Größen alle anderen physikalischen Größen mit festgelegten Maßstabsfaktoren zu übertragen sind. Diese Maßstabsfaktoren ergeben sich aus den dominierenden Kräfteverhältnissen.

1.3.1 *Euler*sches Modellgesetz

Die ausschließlich von Druckkräften und Trägheitsreaktionen beeinflussten Strömungen sind durch die geometrische *Euler*-Zahl charakterisiert und damit nur eine Funktion der Form der Strömungsberandung. Bei geometrisch ähnlichen Modellen ist die Eu-Zahl ein konstanter Wert und damit unabhängig von der Größe des Modells, der Strömungsgeschwindigkeit, der Fluiddichte oder des Bezugsdruckes.
Werden die Übertragungsgrenzen eingehalten, dann lassen sich die Ergebnisse dieses Modellgesetzes direkt auf andere Abmessungen, Geschwindigkeiten oder Fluide umrechnen. Die *Euler*zahl (Gleichung 1.14) lässt sich aus dem Gleichgewicht der Maßstabsfaktoren der Trägheits- und Druckkräfte ableiten (siehe Abschnitt 1.2.4 und Tafel 1.4):
Die *Euler*zahl ergibt sich z. B. bei der Ermittlung des Ausflussbeiwertes für Öffnungen (Gleichung 1-12) oder des Verlustbeiwertes der Rohrströmung (Gleichung 1-13).

$$\mu = \frac{Q}{A \cdot \sqrt{2 \cdot \frac{dp}{\rho}}} = Eu \quad (1\text{-}12)$$

$$\zeta = \lambda \cdot \frac{l}{d} = \frac{\Delta H}{\frac{\upsilon^2}{2g}} = \frac{\Delta p}{\frac{\rho}{2} \cdot \upsilon^2} = \frac{1}{Eu^2} \quad (1\text{-}13)$$

Tafel 1.4
Ausgewählte dimensionslose Zahlen

Kennzahl	Formel, Kräfteverhältnis	Bedeutung	Glg.
*Euler*zahl (*Newton*zahl)	$Eu = \frac{\upsilon}{\sqrt{2 \cdot \frac{\Delta p}{\rho}}} = \frac{\text{Trägheitskraft}}{\text{Druckkraft}}$	Ausflussbeiwert $Eu=\mu$ bzw. C_D	(1-14)
*Reynolds*zahl	$\mathrm{Re} = \frac{\rho \cdot \upsilon \cdot l}{\eta} = \frac{\upsilon \cdot l}{\nu} = \frac{\text{Trägheitskraft}}{\text{Zähigkeit}}$ Re_{Grenz}=2320 für Druckrohre und Re_{Grenz}=580 für freien WS	Reibungseinflüsse	(1-15)
*Froude*zahl	$Fr^2 = \frac{\upsilon^2}{g \cdot l} = \frac{\textit{Trägheitskraft}}{\textit{Schwerkraft}}$	$Fr_{\text{Krit}}=1$ Schießen/Strömen	(1-16)
*Weber*zahl	$We = \upsilon \cdot \sqrt{\frac{\rho \cdot l}{\sigma}} = \frac{\textit{Trägheit}}{\textit{Oberflächenspannung}}$	Wellenprobleme	(1-17)
*Strouhal*zahl	$Sh = \frac{l}{\upsilon \cdot t} = \frac{\text{lokale Beschleunigung}}{\text{konvektive Beschleunig.}}$	Schwingungen in Strömungen	(1-18)
*Mach*zahl	$Ma = \upsilon \cdot \sqrt{\frac{\rho}{E}} = \frac{\text{Trägheitskraft}}{\text{Elastizitätskraft}}$	Druckstoß	(1-19)
*Thoma*zahl	$Th = \frac{p_0 - p_d}{\rho \cdot \frac{\upsilon^2}{2}} = \frac{\text{Trägheitskraft}}{\text{Staudruckkraft}}$	Kavitationszahl	(1-20)
*v. Karman*zahl	$Ka = \frac{\upsilon'}{\upsilon} = \frac{\text{Trägheitskraft}}{\text{turbul.Reibungskraft}}$ v´- Schwankungsgeschwindigkeit	Turbulenz	(1-21)
densimetrische *Froude*zahl	$Fr_d = \frac{\upsilon}{\sqrt{g \cdot L \cdot \frac{\Delta\rho}{\rho}}} = \frac{\text{Trägheitskraft}}{\text{Auftriebskraft}}$	Dichteströmungen	(1-22)
Richardson-zahl	$Ri = \frac{1}{Fr_d^{\,2}}$	Stabilität geschichteter Strömung	(1-23)
*Graßhoff*zahl	$Gr = \frac{g \cdot L^3}{\nu^2} \cdot \frac{\Delta\rho}{\rho}$	Dichteunterschiede Dichteströmungen	(1-24)
*Fourier*zahl	$Fo = \frac{l^2}{a_T \cdot t}$	a_T –Temperaturleitfähigkeit	(1-25)
*Peclet*zahl	$Pe = \frac{\upsilon \cdot l}{a_T} = \frac{\text{Wärmekonvektion}}{\text{Wärmeleitung}}$	Wärmetransport	(1-26)

1.3.2 *Froude*sches Ähnlichkeitsgesetz

Die Berücksichtigung der Trägheits- und Schwerkräfte ergibt den Zeitmaßstabsfaktor (siehe Abschnitt 1.2.4):

$$M_t = \sqrt{M_l} \qquad Fr_N = Fr_M \qquad (1\text{-}27)$$

Aus dieser Umrechnung zwischen Längen- und Zeitmaßstab erhält man bei gleichen Medien in Modell und Natur die Maßstabsfaktoren aller physikalischen Größen. Das *Froude*sche Ähnlichkeitsgesetz besagt, dass die *Froude*zahlen der Strömung in der Natur und im Modell gleich groß sein müssen. In der Praxis des wasserbaulichen Versuchswesens kommt der Fall, dass Schwere- und Trägheitskräfte überwiegen, häufig vor. Insbesondere muss dabei der Einfluss der zähen Reibung gegenüber dem Einfluss der Schwere vernachlässigbar sein, was bei voll ausgebildeter Turbulenz insbesondere bei Fließvorgängen mit freiem Wasserspiegel, in offenen Gerinnen, über Wehre, bei Wellenbewegungen und beim Schwall und Sunk der Fall ist. Aber auch Druckrohrströmungen im hydraulisch rauen Bereich, bei denen der Einfluss der *Reynolds*zahl vernachlässigbar ist, gehören dazu.

1.3.3 Verzerrtes *Froude*modell

Bei der Modellierung langer Flussmodelle kommt es oft zu extrem kleinen Wassertiefen, so dass Oberflächenspannungen oder Reibungskräfte nicht mehr vernachlässigbar sind. Dann empfiehlt es sich, ein verzerrtes Modell mit unterschiedlichen Höhen- und Längenübertragungen anzuwenden. Bei verzerrten Modellen werden Längen und Breiten in einem anderen Maßstab übertragen als Höhen. Das Verhältnis dieser Maßstabszahlen wird als Überhöhungsfaktor bezeichnet.

$$M_h = \frac{M_l}{n} \qquad n - \text{Überhöhungsfaktor},\ n > 1 \qquad (1\text{-}28)$$

Da die Gleichheit der Energieliniengefälle in Modell und Natur ein wichtiger Faktor für eine korrekte Übertragung der Ergebnisse ist, muss der Zusammenhang zwischen überhöhten Energiehöhen, Geschwindigkeitsquadraten und Reibungsbeiwerten hergestellt werden. Werden die Reibungsbeiwerte in Natur und Modell identisch, dann ergibt sich der Höhenmaßstab aus dem Verhältnis der Geschwindigkeitsquadrate $M_h = M_\upsilon^2$, und der Zeitmaßstab unterscheidet sich für Fließ- und Fallzeit:

$$\text{Fließzeit:} \quad M_t = \sqrt{M_l \cdot n} \qquad \text{Fallzeit:} \quad M_t = \sqrt{\frac{M_l}{n}} \qquad (1\text{-}29)$$

Tafel 1.5
Maßstabsfaktoren für hydraulische Modelle (gilt für $n \leq 5$)

Physikalische Größe		**Maßstabsfaktor nach dem Ähnlichkeitsgesetz von:**				
Bezeichnung	**Einheit**	***Froude***		***Reynolds***	***Weber***	***Cauchy-Mach***
		normal	überhöht[1]	$M_\rho = M_\nu = 1$	$M_\rho = M_\sigma = 1$	$M_\rho = M_E = 1$
Längen, Breiten	m	M_l	M_l	M_l	M_l	M_l
Höhen, Druckhöhen	m	M_l	M_l/n	M_l	M_l	M_l
horizontale Flächen	m^2	M_l^2	M_l^2	M_l^2	M_l^2	M_l^2
vertikale Flächen	m^2	M_l^2	M_l^2/n	M_l^2	M_l^2	M_l^2
Volumen	m^3	M_l^3	M_l^3/n	M_l^3	M_l^3	M_l^3
Kräfte (horizontal)	N	M_l^3	M_l^3/n^2	1	M_l	M_l^2
Fließ-, Versuchszeit	s	$M_l^{1/2}$	$(M_l n)^{1/2}$	M_l^2	$M_l^{3/2}$	M_l
Fallzeit	s	$M_l^{1/2}$	$(M_l/n)^{1/2}$	M_l^2	$M_l^{3/2}$	M_l
Geschwindigkeit	m/s	$M_l^{1/2}$	$(M_l/n)^{1/2}$	M_l^{-1}	$M_l^{-1/2}$	1
Beschleunigung (horizontal)	m/s^2	1	$1/n$	M_l^{-3}	M_l^{-2}	M_l^{-1}
Abfluss	m^3/s	$M_l^{5/2}$	$(M_l^5/n^3)^{1/2}$	M_l	$M_l^{3/2}$	M_l^2
relatives Gefälle	m/m	1	$1/n$	1	1	1
*Manning*beiwert	$m^{1/3}/s$	$M_l^{1/6}$	$M_l^{-1/6} \cdot n^{2/3}$	-	-	-

Verzerrte Modelle werden insbesondere für die Modellierung von Flussmodellen angewendet. Die Überhöhung wird oft nach speziellen Kriterien festgelegt, da die Modellrauheit ohnehin kalibriert werden muss.
Überhöhte Modelle bieten folgende Vorteile:

- Bessere Anpassung der Modellgröße an die Laborgröße,
- größere Rauheit im Modell,
- höhere Fließgeschwindigkeiten im Modell (größere Turbulenz),
- Verkürzung der Versuchszeiten,
- höhere *Reynolds*zahlen im Modell (bessere Ähnlichkeit),
- Verbesserung der Messgenauigkeiten und
- Verringerung des Oberflächenspannungseinflusses.

1.3.4 *Reynolds*'sches Ähnlichkeitsgesetz

Die Berücksichtigung der Trägheits- und Reibungskräfte ergibt den Zeitmaßstab:

$$M_t = M_l^2 \cdot M_\nu \qquad Re_N = Re_M \qquad (1\text{-}30)$$

Aus dieser Umrechnung zwischen Längen- und Zeitmaßstab erhält man bei gleichen Medien in Modell und Natur die Maßstabsfaktoren aller physikalischer Größen (Tafel 1.5). Die Maßstabszahl des Durchflusses ergibt sich aus dem Zeitmaßstabsfaktor zu $M_Q = M_L$. Der Durchfluss in einem nach dem Reynoldschen Ähnlichkeitsgesetz übertragenen Modell ist bedeutend größer als nach dem *Froude*gesetz. Die Geschwindigkeit wird im Modell sogar um den Längenmaßstab größer als in der Natur, so dass sich praktisch nur langsame Strömungsprozesse nachbilden lassen, wie z. B. laminares Fließen oder Fließen im Übergangsbereich (glatt) in Druckrohrleitungen und der Strömungswiderstand von Körpern im Wasser.

1.3.5 *Weber*sches Ähnlichkeitsgesetz

Sind vorwiegend Trägheits- und Kapillarkräfte wirksam, so gilt der Zeitmaßstab:

$$M_t = \sqrt{M_l^3 \cdot M_\rho \cdot M_\sigma^{-1}} \qquad We_N = We_M \qquad (1\text{-}31)$$

Die *Weber*zahl in Natur und Modell muss identisch sein. Bei der Verwendung gleicher Flüssigkeiten ($M_\rho = M_\sigma = 1$) ergeben sich die Maßstabsfaktoren nach Tafel 1.5. Die Dominanz der Kapillarkräfte und Oberflächenspannungen tritt z. B. bei Modellen mit geringen Wassertiefen und stark gekrümmten Wasseroberflächen, bei Wellenuntersuchungen mit kleinen Wellen, beim Strahlzerfall und bei Vorgängen mit Luftblasenbildung auf. Die gleichzeitige Einhaltung des *Weber*schen und des *Froude*schen Ähnlichkeitsgesetz erfordert die Veränderung der Oberflächenspannung des Wassers im Modell (z. B. durch die Oberflächenspannung verringernde Waschmittel).

1.3.6 *Cauchy-Mach*sches Ähnlichkeitsgesetz

Die elastischen Kräfte im Wasser wirken sich vor allem bei Druckstößen aus. Das Gleichsetzen der Maßstabsfaktoren der Trägheits- und Elastizitätskräfte führt zum Zeitmaßstabsfaktor $M_t = M_l \cdot \sqrt{M_\rho \cdot M_E^{-1}}$ (1-32)

und den geltenden dimensionslosen Zahlen nach *Cauchy* bzw. *Mach*:

$$Ca = \frac{\upsilon^2 \cdot \rho}{E} \qquad Ma = \sqrt{Ca} = \upsilon \cdot \sqrt{\frac{\rho}{E}} = \frac{\upsilon}{c} \qquad (1\text{-}33)$$

mit c-Schallgeschwindigkeit im Fluid

Da die Schallgeschwindigkeit vom Rohrmaterial abhängig ist, kann dieses z. B. für das Modell aus der Bedingung $c_M = c_N \cdot \frac{v_N}{v_M} = \frac{c_N}{\sqrt{M_l}}$ gewählt werden.

1.4 Modellregeln und Übertragungsgrenzen

Durch die Vernachlässigung einzelner Einflussgrößen zur Erreichung einer angenäherten Ähnlichkeit zwischen Strömungen in der Natur und im Modell sind viele „Kunstgriffe“ erforderlich, und bei der Durchführung von Modellversuchen, insbesondere der Übertragung der Ergebnisse, sind dem Bearbeiter Grenzen gesetzt. Oft ist es nur durch die Beachtung dieser Grenzen möglich, Modellversuche durchzuführen oder deren Ergebnisse auf die Natur zu übertragen. Zu den bekanntesten Grenzen zählen die Turbulenzgrenze, die Fließwechselgrenze, die Rauhigkeitsgrenze, die Kapillargrenze, die Kavitationsgrenze und die Belüftungsgrenze.

1.4.1 Turbulenzgrenze

Der Vergleich von turbulenter und laminarer Strömung zeigt nicht nur ein unterschiedliches Verhalten der Strömung, auch die Gesetzmäßigkeiten verändern sich plötzlich. Das kann am anschaulichsten an einer umströmten Kugel beobachtet werden. Während sich bei der laminaren Umströmung ein kontinuierlicher Verlauf der Stromlinien ergibt, kommt es bei turbulenter Umströmung zum Abriss im Nachlaufbereich der Kugel und einer extrem chaotischen Wasserbewegung mit intermittierenden Wirbelablösungen, Druck- und Geschwindigkeitsschwankungen.
Laminare Strömungen werden immer dann erreicht, wenn Abmessungen des Modells (Rohrdurchmesser, Wassertiefe) und die Fließgeschwindigkeiten stark verringert werden. Das ist bei einer Modellierung dann der Fall, wenn das *Froude*sche Ähnlichkeitsgesetz gewähit wurde und die Strömung bereits im Original geringe Turbulenz aufweist. Durch die Verkleinerung der Geometrie und damit der Geschwindigkeit der Strömung kann sich im Modell laminare Strömung einstellen. Die unter diesen Voraussetzungen durchgeführten Untersuchungen sind nicht übertragbar. Die Grenze der Modellverkleinerung wird aus dem Vergleich der dimensionslosen Kennzahlen ermittelt, wobei für die Modell-*Reynolds*zahl eine Grenzgröße (z. B. Re_{Krit}) eingesetzt wird.

$$Re = \frac{\upsilon \cdot D}{\nu} = \frac{\upsilon \cdot 4 \cdot r_{hy}}{\nu} \qquad Re_{Krit} = 2320 \quad \text{für Druckrohrströmung}$$

$$Fr_N = Fr_M \qquad \frac{Re_N}{Re_M} = \frac{\upsilon_N \cdot D_N}{\nu_N} \cdot \frac{\nu_M}{\upsilon_M \cdot D_M} = M_l^{3/2} \tag{1-34}$$

Der maximal erreichbare Modellmaßstab berechnet sich daraus zu:

$$M_l \leq \left(\frac{Re_N}{Re_M} \right)^{2/3} = \left(\frac{Re_N \cdot M_\nu}{Re_{Krit}} \right)^{2/3} \tag{1-35}$$

Beispiel: Turbulenzgrenze in einem Gerinnemodell

mit $v_N = 0{,}23\ m/s$, $r_{hy,N} = 0{,}25$ m und $T = 20°C$ $\quad \nu = 1 \cdot 10^{-6}\ m/s^2$

$$Re_N = \frac{\upsilon_N \cdot 4 \cdot r_{hy}}{\nu_N} = \frac{0{,}23 \cdot 4 \cdot 0{,}25}{1 \cdot 10^{-6}} = 2{,}3 \cdot 10^5 \qquad Re_{Krit} = 2320 \qquad M_\nu = 1$$

$$M_l \leq \left(\frac{2{,}3 \cdot 10^5 \cdot 1}{2320}\right)^{2/3} = 21{,}42$$

1.4.2 Fließwechselgrenze

Infolge der potentiellen Abhängigkeit zwischen Energiehöhe und Wasserstand (Druckhöhe) gibt es zwei reale Lösungen dieses Zusammenhanges und damit zwei Fließzustände für Freispiegelströmungen, den schießenden und den strömenden Abfluss.

Der Übergang vom Strömen zum Schießen verläuft kontinuierlich, wogegen sich in umgekehrter Reihenfolge ein plötzlicher Übergang, der sogenannte Wechselsprung, einstellt. Da Abflussvorgänge mit freiem Wasserspiegel nach dem *Froude*gesetz nachzubilden sind, treten Schwierigkeiten immer dann auf, wenn die *Froude*zahl nahe eins liegt. Die Untersuchung dieses Grenzbereiches ist äußerst schwierig, da durch kleinste Einflüsse im Modell (z. B. Rauheit) ein Umschlagen stattfinden kann. Angestrebt wird ein eindeutiger Strömungszustand im Modell, der dem der Natur entspricht. Für diesen Fall ist die Rauheit im Modell möglichst genau nachzubilden. Modellierungen im Bereich der *Froude*zahl nahe Eins sollten vermieden werden.

1.4.3 Rauheitsgrenze

Die maßstabsgerechte Nachbildung der Rauheit ist im Modell so gut wie unmöglich. Aus der Formel von *Weisbach* ergibt sich aus gleichen Energieliniengefällen in Natur und Modell der Maßstabsfaktor des Verlustbeiwertes λ zu:

$$I = \frac{h_V}{l} = \lambda \cdot \frac{\upsilon^2}{d \cdot 2g} \qquad M_\lambda = \frac{M_l}{M_\upsilon^2} = \frac{M_t^2}{M_l} \tag{1-36}$$

Für nicht verzerrte *Froude*modelle bedeutet das gleiche λ-Beiwerte in Natur und Modell. Da die Reibung sich aber aus den Einflüssen aus Rauheit und Zähigkeit (insbesondere im Übergangsbereich der Strömung) zusammensetzt, kann diesem Einfluss dadurch begegnet werden, dass der Vergrößerung des Verlustbeiwertes infolge Verkleinerung der Modell-*Reynolds*zahl ($Re_M < Re_N$) durch eine Verkleinerung der relativen Rauheit im Modell ($k_M/l_M < k_N/l_N$) begegnet wird.

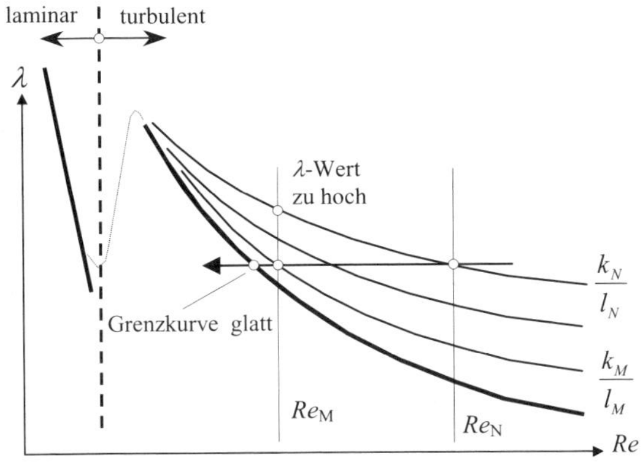

Bild 1.3
Einfluss der Modellturbulenz auf den Rauhigkeitsbeiwert

Liegt nun bereits in der Naturausführung der Verlustbeiwert nahe der Grenzkurve für glattes Verhalten, so ist diese Verkleinerung nur bis zu dieser Grenzkurve möglich. Danach richtet sich der Maßstabsfaktor oder es muss eine andere Modellflüssigkeit bzw. ein anderes Modellgesetz (z. B. verzerrtes Modell) genutzt werden. Empfohlen wird die Eichung des Modells. Dabei wird die Rauheit des Modells so verändert, dass sich in der Natur gemessene Abflussbedingungen am Modell einstellen.

1.4.4 Kapillargrenze

Die Verkleinerung der Abmessungen im hydraulischen Modell verstärkt den Einfluss der Oberflächenspannung des Wassers (*Weber*sches Ähnlichkeitsgesetz) auf bestimmte hydraulische Vorgänge. Insbesondere Überfallströmungen und Wellenausbreitung werden durch diese Kräfte beeinflusst. Bei scharfkantigen Überfällen wird der Abfluss bis zu einer Überfallhöhe von 4 bis 6 mm durch die Oberflächenspannung verhindert.

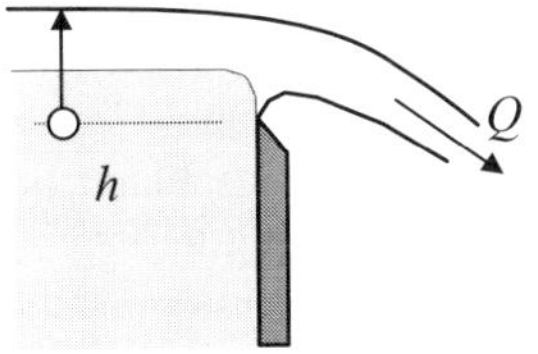

$h < 4 \ldots 6$ mm kein Abfluss
$h > 20$ mm geringer Einfluss
$h > 60$ mm kein Einfluss

Bild 1.4
Kapillareinfluss

Oberflächen- bzw. Schwerewellen des Wassers können erst ab einer Ausbreitungsgeschwindigkeit von $c \geq 23$ *cm/s* entstehen. Das entspricht einer Wassertiefe von etwa 5,4 *mm*. Im Modell untersuchte Wellengeschwindigkeiten sollten bedeutend größer sein, um Kapillareinflüsse auszuschließen. Der Einfluss der Oberflächenspannung kann in Modellfamilien (Modell mit unterschiedlichen Maßstäben) nachgewiesen werden.

1.4.5 Kavitationsgrenze

Unter Kavitationsgrenze wird die Grenze einer möglichen Unterschreitung des Dampfdruckes von Wasser verstanden. Diese Grenze ist abhängig vom Luftdruck (Umgebungsdruck) und der Temperatur des Wassers. Theoretisch liegt diese Grenze für Wassertemperaturen von ca. 10° *C* und normalem Luftdruck von 101,3 *kPa* bei einer Unterdruckhöhe von etwa 10 *m*. In turbulenter Strömung (z. B. an Abrisskanten von Turbinenschaufeln) wird Kavitation bereits bei 7 bis 8 m Unterdruckhöhe erreicht. Diese Grenze ist im Modell und in der Natur identisch, d. h. sie ist nicht maßstabsgerecht übertragbar. Sollen Kavitationserscheinungen im Modell nachgebildet werden, dann muss der Umgebungsdruck im Modell verringert werden (Druckkammer). Diese „Verfälschung" der Modellgesetze führt bei der Übertragung der Untersuchungsergebnisse auf die Natur zu Abweichungen, sogenannten Maßstabseffekten.

1.4.6 Belüftungsgrenze

Besonders turbulente Strömungen (Freistrahlen, Schussstrahlen) und Unterdruckströmungen (Heber, Strahlpumpen) belüften sich selbst, d. h. mit Überwindung der Oberflächenspannung des Wassers bzw. durch Ansaugen von Luft kommt es zur Vermischung von Wasser und Luft. Diese Vorgänge sind zwischen Modell und Natur nicht übertragbar. Einerseits sind sie eng mit der Strömungsgeschwindigkeit und der Turbulenz verbunden, die im Modell viel geringer sind als in der Natur (geringere Unterdrücke), andererseits sind Umgebungsdruck und Lufteigenschaften (z. B. Blasengröße) in Modell und Natur identisch. Der Belüftungsbeginn ist jedoch von den absoluten Geschwindigkeiten und den Unterdrücken der Naturausführung abhängig, so dass er im Modell viel später einsetzt und die Intensität viel geringer ist.

Beispiel: Belüftungsuntersuchungen am Schachtüberfall der Talsperre Ohra

Bei der Modelluntersuchung des Schachtüberfalles der TS Ohra im Maßstab 1:20 im Hubert-Engels-Labor der TU Dresden bestand die Aufgabe, Ursachen und Auswirkungen der Luftmitnahme zu untersuchen und Vorschläge für deren Ableitung zu unterbreiten. Die 1965 fertiggestellte Talsperre wurde erstmals in Ostdeutschland mit einem Schachtüberfall zur Hochwasserentlastung (ohne spezielle Trennung und Ableitung der Luft) ausgeführt. Bild 1.5 zeigt die beginnende Belüftung im Einlauftrichter des Schachtes. Das vollständig mit Luft durchmischte Wasser stürzt in den Schacht von 3 m Durchmesser.

Aufnahmen vom Schachtüberfall der TS Ohra sehen Sie in einem Videoclip auf beiliegender CD.

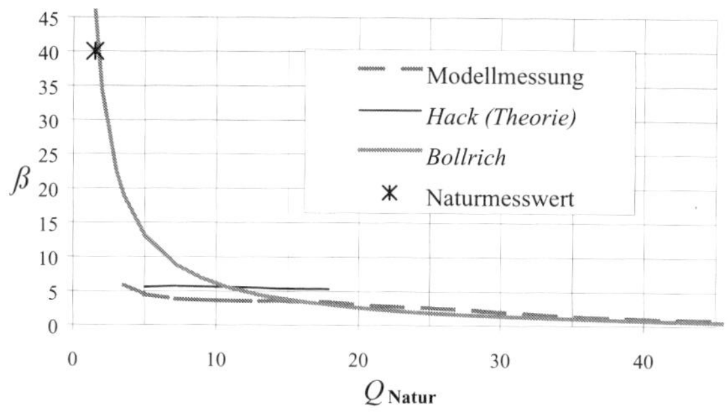

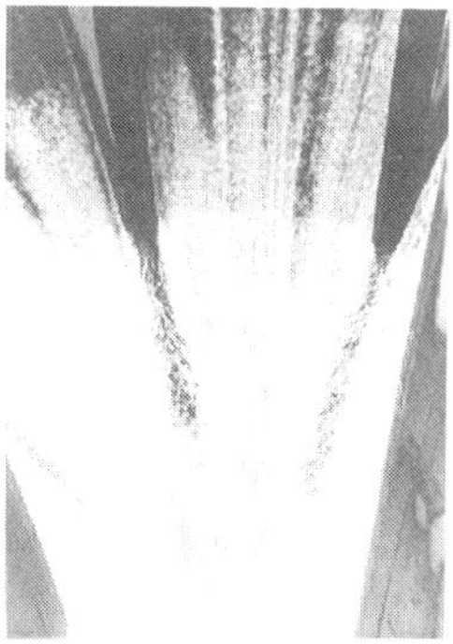

Bild 1.5
Belüftungsgrad $\beta = Q_{\text{Luft}}/Q_{\text{Wasser}}$ und Blick in den Schachtüberfall der TS Ohra

Der im Labor gemessene Belüftungsgrad (Verhältnis von Luft- zu Wasserabfluss) betrug bei kleinen Abflüssen maximal $\beta = 5$. Eine Kontrollmessung an der Talsperre Ohra nach erfolgter Rekonstruktion zur definierten Luftabführung ergab bei einem sehr geringen Abfluss einen Belüftungsgrad von etwa $\beta = 40$. Eine von *Bollrich* vertretene Theorie (*Bollrich* et al., 1989) besagt, dass insbesondere bei kleinen Abflüssen mit einer maximalen Fallgeschwindigkeit der Wasserteilchen und der mitgerissenen Luft von etwa 10 *m/s* gerechnet werden kann und damit der Grenzbelüftungsgrad aus der Flächenbeziehung im Schachtquerschnitt zwischen Luft- und Wasseranteil ermittelbar ist (siehe Bild 1.5). Die an der TS Ohra für einen kleinen Abfluss gemessene Luftmenge entspricht etwa der so berechneten Grenzbelüftung.

1.4.7 Verzerrte Modelle

Die Modellverzerrung wird dann eingesetzt, wenn die streng geometrische Ähnlichkeit zugunsten einer Verbesserung der Bewegungsabläufe aufgegeben wird. Für Gerinneströmungen werden meist Modellüberhöhungen eingesetzt, um Kapillareinflüsse zu verringern, bessere Messergebnisse für Wassertiefen und Geschwindigkeiten zu erhalten oder damit das hydraulisch raue Verhalten im Modell zu verbessern (Flachwassergrenze h > 5 *k*, *Bollrich* 1989). Die Modellrauheit muss derjenigen der Natur angepasst werden. Näherungsweise kann das über den Vergleich der Energiegefälle berechnet werden zu:

$$k_{ST\_Modell} = k_{ST\_Natur} \cdot \frac{M_h^{2/3}}{M_l^{1/2}} \tag{1-37}$$

Diese von den Naturverhältnissen abhängige Modellrauheit wird auch als gebundene Rauheit bezeichnet, da sie nicht frei wählbar ist. Im Modellversuch wird sie wie bei unverzerrten Flussmodellen durch Eichung im Vergleich mit Messwerten aus der Natur (z. B. des Gefälles der Wasserspiegellage) angepasst.

Beispiel: Rauheit bei verzerrten Modellen

Die Rauheit eines Flussbettes in der Natur ist zu $k_{ST\_Natur} = 35\ m^{1/3}/s$ ermittelt worden. Der Modellmaßstab der Länge wird zu $M_L = 40$ und der Höhe zu $M_h = 10$ gewählt, d. h. der Überhöhungsfaktor beträgt $n = 4$. Der berechnete Rauheitsbeiwert im Modell beträgt:

$$k_{St\_Modell} = \frac{35}{40^{1/2}} \cdot 10^{2/3} = 26 \frac{m^{1/3}}{s} ,$$

ist also geringer als in der Natur und bedeutet größere Rauheit im Modell.

Ein unverzerrtes Modell dagegen würde ein glätteres Material im Modell erfordern:

$$\mathrm{k}_{\mathrm{St\_Modell}} = \frac{35}{40^{1/6}} = 65 \frac{\mathrm{m}^{1/3}}{\mathrm{s}} .$$

Bei sehr großen *Manning*beiwerten in der Natur ist dann ein hydraulisch raues Verhalten im unverzerrten Modell nicht mehr nachzubilden (*Kobus* 1978).

1.4.8 Modelle mit beweglicher Sohle

Bei Untersuchungen zur Feststoffbewegung in Flüssen, zur Flussbettumbildung sowie zur Kolkbildung hinter Wehren oder Pfeilern muss neben den Ähnlichkeitsbedingungen nach Froude die Ähnlichkeit der Sedimentbewegung (Beginn, Bewegung bzw. Transport und Ablagerung) erfüllt werden. Die Schwierigkeit der Geschiebemodellierung besteht vor allem in der begrenzten Verkleinerung des Materials (Kohäsion, Bindigkeit).

Bei lockeren Ablagerungen entscheiden die Haftungsbedingungen über den Transportbeginn der Sedimente. Aus dem Gleichgewicht der Schleppkraftbeanspruchung (aktiv infolge Strömung) und der Haftreibungskraft (passiv infolge Gewicht unter Auftrieb) eines Teilchens berechnet sich die Bedingung für den Transportbeginn mit folgender dimensionsloser Zahl:

$$\begin{aligned} F_S &= \rho \cdot g \cdot r_{hy} \cdot I \cdot \frac{\pi}{4} \cdot d_S^2 = F_H = \mu \cdot g \cdot (\rho_S - \rho) \cdot \frac{\pi}{6} \cdot d_S^3 \\ \frac{r_{hy} \cdot I}{d_S} &= \frac{2}{3} \cdot \mu \cdot \frac{\rho_S - \rho}{\rho} = 0{,}05\,(Beginn) \ldots 0{,}125\,(intensive\ Bewegung) \end{aligned} \qquad (1\text{-}38)$$

Diese Angaben von *Krey* (siehe *Bollrich 1989*, Abschnitt 1 und 8) sind ausführlicher im sogenannten *Shields*-Diagramm enthalten. Der *Shields*-Parameter oder Schubspannungsbeiwert als Verhältnis von Schubkraft oder Schleppkraft der Strömung zur Auftriebskraft des Kornes entspricht dabei $Si = 2/3 \cdot \mu$.

Wird die Haftung der Teilchen größer (feste Ablagerungen), dann entscheidet die Intensität der Turbulenz der Strömung, ob ein Sandkorn aus seinem Verbund gelöst wird oder nicht.

Die Verkleinerung der Dichte des Modellgeschiebes erlaubt die Verwendung größerer Körnungen. Dafür eignen sich z. B. Naturasphalt (Gilsonit $\rho = 1035\ kg/m^3$), Polystyrol ($\rho = 1050\ kg/m^3$), Piacryl ($\rho = 1180\ kg/m^3$), Braunkohlengrus ($\rho = 1270\ kg/m^3$), Bakelit ($\rho = 1500\ kg/m^3$) oder feinkörnige Plaste oder Anthrazitgrus ($\rho = 1670\ kg/m^3$). Nach *Gehring* und *Kobus* (in *Bollrich 1989*) kann das Modellkorn folgendermaßen umgerechnet werden:

$$M_{Se\dim ent} = \frac{d_{SN}}{d_{SM}} = \sqrt[3]{\frac{\rho_{SM} - \rho}{\rho_{SN} - \rho}} \qquad (1\text{-}39)$$

Dabei müssen die Sieblinien der Geschiebe möglichst ähnlich sein. Bei Modellüberhöhungen ist der Überhöhungsfaktor in Abhängigkeit von der Auswahl des Geschiebes zu wählen.

$$M_h = \sqrt{M_L} \cdot \sqrt[3]{\frac{\rho_{SN} - \rho}{\rho_{SM} - \rho}} \qquad n \leq 5 \qquad (1\text{-}40)$$

Schwierig ist die Einschätzung des Zeitmaßstabes, also der zeitlichen Entwicklung des Geschiebetransportes. Hier hilft nur der Vergleich mit bekannten Naturwerten.

$$M_t = (40...60) \cdot \sqrt{M_l} \qquad (1\text{-}41)$$

Diese Abweichungen vom *Froude*-Modell erfordern umfangreiche Maßstabsbetrachtungen für Untersuchungen mit bewegter Sohle.

Beispiel: Umrechnung für Modellgeschiebe

Die Umrechnung eines Naturgeschiebes mit $\rho_{SN} = 2650\ kg/m^3$, $d_{KN} = 2\ mm = d_{90,N}$ der Sieblinie soll für ein Modell $M_l = 80$ mit Braunkohlengrus ($\rho_{SM} = 1270\ kg/m^3$) als Modellgeschiebe durchgeführt werden.

Dichtemaßstab: $\frac{\rho_{SN} - \rho}{\rho_{SM} - \rho} = \frac{2650 - 1000}{1270 - 1000} = 6{,}11$

Geschiebemaßstab: $\frac{d_{SN}}{d_{SM}} = \sqrt[3]{\frac{1}{6{,}11}} = \frac{1}{1{,}83}$ $\qquad d_{SM} = 1{,}83 * 2\ \text{mm} = 3{,}7\ \text{mm} = d_{90,M}$

Höhenmaßstabsfaktor: $M_h = \sqrt{80} \cdot 1{,}83 = 16{,}37 \qquad n = 4{,}9$

Zeitmaßstabsfaktor: $M_t = (40....60) \cdot \sqrt{80} = 358...537$

1.4.9 Modellfamilien

Die Anwendung von Modellfamilien ist erforderlich, wenn die Übertragung von Modellergebnissen z. B. durch Maßstabseffekte, Übertragungsgrenzen oder die Vernachlässigung von Einflussgrößen zu größeren Fehlern und Abweichungen führt. Dabei werden Modelle nach den gleichen Modellgesetzen mit unterschiedlichen Modellmaßstäben untersucht.
Die Auswertung der Messergebnisse erlaubt dann, den Einfluss des Modellmaßstabes zu erkennen und die Ergebnisse auf die Naturausführung zu extrapolieren. Als Beispiele können die Untersuchungen mit Modellfamilien zum Wirkungsgrad von Turbinen, zum Einfluss der Oberflächenspannung bzw. Luftmitnahme auf Überfallströmungen (Bild 1.6) oder zum Reibungseinfluss bei *Froude*-Modellen genannt werden.

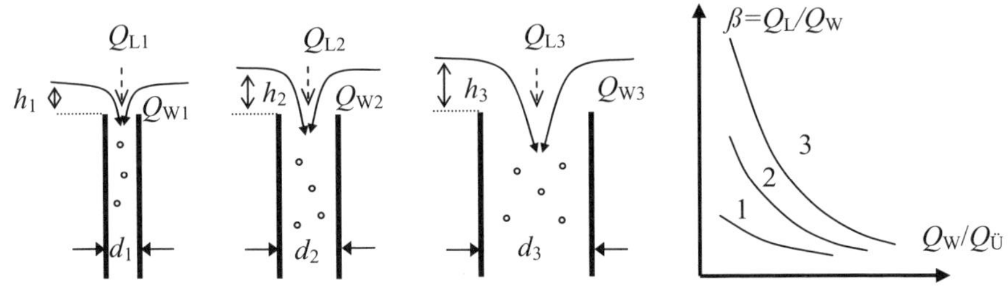

Bild 1.6
Modellfamilie zu Untersuchung der Luftmitnahme beim Rohrüberfall,
$Q_Ü$ = Überdeckungsabfluss

1.4.10 Analogiemodelle

Physikalische Vorgänge können dann als ähnlich angesehen werden, wenn die sie beschreibenden Differentialgleichungen und die Randbedingungen ineinander überführbar sind. Analogie zur Wasserströmung besteht vor allem zur Luftströmung, zum Stromfluss in einem elektrischen Kontinuum und bei laminaren Strömungsverhältnissen mit anderen Fluiden. Im wasserbaulichen Versuchswesen werden vor allem Analogiemodelle bei solchen Strömungsvorgängen angewendet, die mit Hilfe der Potentialtheorie beschrieben werden können. Wichtige Anwendungen sind das ***Spaltmodell*** (auch *Hele-Shaw*-Modell oder Hydraulischer Integrator genannt), ***Sandmodelle*** und die ***Elektroanalogiemodelle***. Als Analogiemodell kann aber auch ein mit Luft betriebenes wasserbauliches Strömungsmodell bezeichnet werden (***Luftmodell***).
Im Spaltmodell wird die laminare Strömung (z. B. Grundwasserströmung) mit der Strömung einer zähen Flüssigkeit in einem schmalen Spalt nachgebildet (Bild 1.7).
In beiden Fällen unterliegt die Strömung den Schwere- und Zähigkeitskräften. Wegen der geringen Geschwindigkeiten können die Trägheitskräfte vernachlässigt werden. Für Grundwasserströmungen gilt das *Darcy*-Gesetz $\upsilon = k_f \cdot I$.

Die Strömungsgeschwindigkeit in einem Spalt kann mit der Gleichung $\upsilon = \frac{b^2 \cdot g}{12 \cdot \nu} \cdot I$ beschrieben werden. Durch Gleichsetzen beider Gleichungen lässt sich die erforderliche Spaltbreite für das Modell errechnen. Als Modellflüssigkeit kommt Glyzerin (ν = 0,000971 m^2/s bei 20°C) zum Einsatz. Die Spaltbreite eines aus Piacryl- oder Glasplatten hergestellten Spaltes sollte zwischen 1 und 4 mm betragen. Die Stromlinien werden mit punktförmigen Farbzugaben aus einem Gemisch von Glyzerin, Kalilauge und Phenolphthalein (6 : 1 : x) sichtbar gemacht.

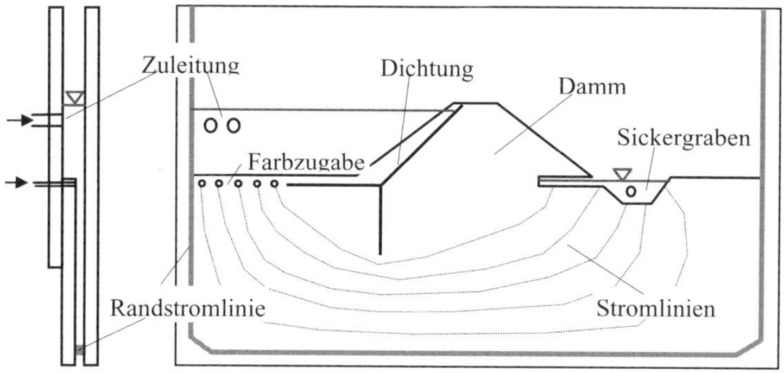

Bild 1.7
Spaltmodell

Mit Sandmodellen können physikalisch ähnliche Vorgänge der Filterströmung nachgebildet werden.
Zwischen der Wasserströmung (Potentialströmung) und dem Stromfluss in einem elektrisch leitenden Kontinuum besteht Analogie derart, dass der Durchfluss der Stromstärke, die Druckdifferenz der Spannungsdifferenz , der Durchlässigkeitsbeiwert der Leitfähigkeit und die Geschwindigkeit der elektrischen Stromdichte entspricht. Als Kontinuum dient im räumlichen Modell (elektrolytischer Trog) ein Elektrolyt und im ebenen Modell elektrisch leitendes Papier (Funkenregistrierpapier).

Darcy-Gesetz: $$Q = -\frac{\Delta h}{R_{hydr}} = -k \cdot \frac{\Delta h}{\Delta s} \cdot A \qquad (1\text{-}42)$$

Ohmsches Gesetz: $$I = -\frac{\Delta U}{R_{elektr}} = -\sigma \cdot \frac{\Delta U}{\Delta s} \cdot A \qquad (1\text{-}43)$$

Randstromlinien werden durch Isolatoren (nichtleitende Begrenzungen bzw. Unterbrechungen) und Randpotentiallinien, Quellen und Senken durch leitende Materialien mit geringem Widerstand nachgebildet. Die punktförmige Abtastung der Spannungsdifferenz erlaubt die Bestimmung der Potentiallinien. Bei einfachen elektrischen Papiermodellen kann durch Vertauschen der Randstrom- und Randpotentiallinien entsprechend das Stromliniennetz ermittelt werden (*Busch/Luckner* 1973).

Wegen der einfacheren und leichteren Modellkonstruktion und der Analogie zur Wasserströmung werden in zunehmendem Maße insbesondere großflächige Modelle als **Luftmodelle** konstruiert. Die Wasseroberfläche wird dabei von einer durchsichtigen Scheibe ersetzt, oder das gesamte Modell wird gespiegelt aufgebaut (Spiegelungstechnik). Mit Luftmodellen können sehr einfach qualitative Sedimentbewegungen, Auskolkungen und Ablagerungen untersucht werden.

1.4.11 Numerische Modelle

Mit den wachsenden Möglichkeiten von Rechentechnik und Informatik haben sich numerische Verfahren zur Modellierung von Strömungen zum unverzichtbaren Arbeitsmittel im Wasserbau entwickelt. Auch wenn die vollständige dreidimensionale turbulente Strömungssimulation erst in kleineren Bereichen möglich ist, wird durch die Kombination verschiedener Rechenmethoden oder durch Tiefenmittlung zweidimensionaler Strömungen eine quasi dreidimensionale Strömung simuliert. Die innere Reibung (Strömungsturbulenz, *Reynolds*spannungen) wird durch empirische Näherungsansätze in der gemittelten Navier-Stokes-Gleichung (*RANS*-Gleichung) berücksichtigt.

Die Visualisierung der Ergebnisse einer numerischen Simulation finden Sie als Videoclip auf beiliegender CD.

In den letzten Jahren haben sich die Möglichkeiten der Simulation morphologischer Prozesse in Flussbereichen, Einmündungen und Staubecken stark entwickelt. Aber auch dreidimensionale turbulente Prozesse können am Computer nachgebildet und berechnet werden. Hier zeigen sich auch erste Vorteile gegenüber dem physikalischen Modell, die vor allem in der einfachen Veränderung der Randbedingungen und der den natürlichen Bedingungen entsprechenden Simulation des Stofftransportes und der instationären Vorgänge liegen. Trotz sich entwickelnder Computertechnik bleibt der physikalische Modellversuch, insbesondere für dreidimensionale Prozesse, unverzichtbarer Bestandteil des hydraulischen Versuchswesens.

1.5 Hydrometrie

1.5.1 Messgrößen

Im hydraulischen Modell ist die Bestimmung einer Reihe von Messgrößen erforderlich, das sind insbesondere:

- der Wasserstand h,
- der Druck p,
- die Geschwindigkeit v und
- der Durchfluss Q.

Die exakte Messung dieser Größen im hydraulischen Modell ist besonders wichtig, da sich bei Übertragung der Werte auf die Natur die Genauigkeit mit dem Maßstabsfaktor verringert.

Die Messgrößen werden mit Hilfe von Messgeräten erfasst. Diese Messgeräte unterliegen einer ständigen Entwicklung und passen sich dem Stand der Technik an. Mit der technischen Entwicklung entstehen neue Messverfahren, wie z. B. die Ultraschall- oder Lasermesstechnik.

1.5.2 Messungen des Wasserstandes

Pegellatte

Für den Wasserstand in Flüssen befinden sich an markanten Punkten wie Ufermauern und Brücken vertikal befestigte Latten mit Maßeinteilungen. Sie dienen der Ablesung des örtlichen Wasserstandes und repräsentieren meist den betrachteten Querschnitt des Flusses bzw. den Volumenstrom aus dessen Schlüsselkurve. Näheres siehe Pegelvorschrift (1988). Für die einfache Bestimmung von Höhen bzw. Wassertiefen wird auch im Labor ein einfaches Längenmaß wie z. B. ein Gliedermaßstab oder ein Maßband als Pegellatte eingesetzt (Bild 1.8).

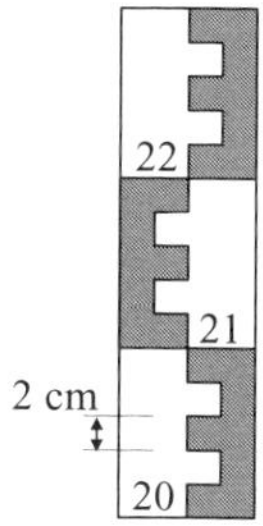

Bild 1.8
Pegel für die Wasserstandsmessung

Schwimmerpegel

Schwimmerpegel bestehen aus einem Schwimmkörper, einem Gegengewicht, Umlenkrollen und einer Anzeige- oder Schreibeinrichtung (Schreibtrommel).
Die Schwimmkörper besitzen eine große Verdrängungsfläche, um bei kleinsten Wasserspiegelschwankungen größtmögliche Kräfte auf das Umlenksystem mit Gegengewicht und Anzeigeeinrichtung auszuüben. Dadurch erhöht sich die Genauigkeit von Schwimmerpegeln. Sie sind meist mit einem Schreibgerät gekoppelt, das den Pegelwert über die Zeit registriert (Bild 1.9). Schwimmerpegel befinden sich in einem Standrohr oder einem Pegelhaus und sind über ein Rohr mit dem Wasserkörper verbunden. Je kleiner der Querschnitt des Verbindungsrohres, desto größer ist die Dämpfung der Wasserspiegelschwankungen. Schnelle Wasserspiegeländerungen (z. B. Wellen) können mit Schwimmerpegeln nicht exakt registriert werden.

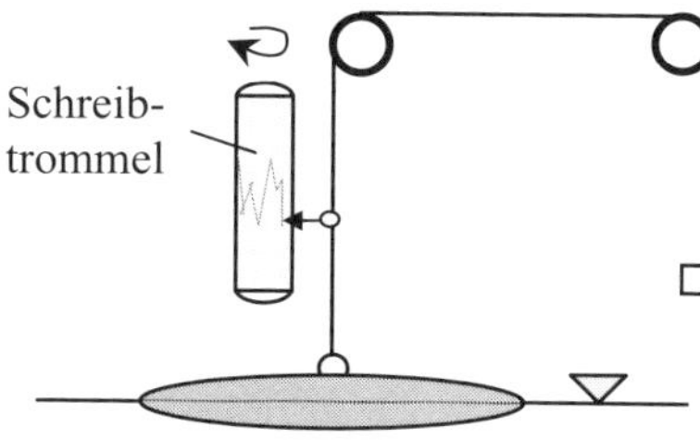

Bild 1.9
Schwimmerpegel mit Schreibrolle

Spitzenpegel

Spitzenpegel oder Spitzentaster sind bewegliche Stangen mit einer Spitze, deren vertikale Positionen gegenüber ihrer festen Halterung direkt mit Hilfe von Skala und Nonius abgelesen werden können. Die Messgenauigkeit beträgt etwa 1/10 bis 1/20 *mm*. Sie sind nur für ruhende Wasserspiegel geeignet. Spitzenpegel müssen wegen der

Bild 1.10
Aufbau eines Spitzenpegels

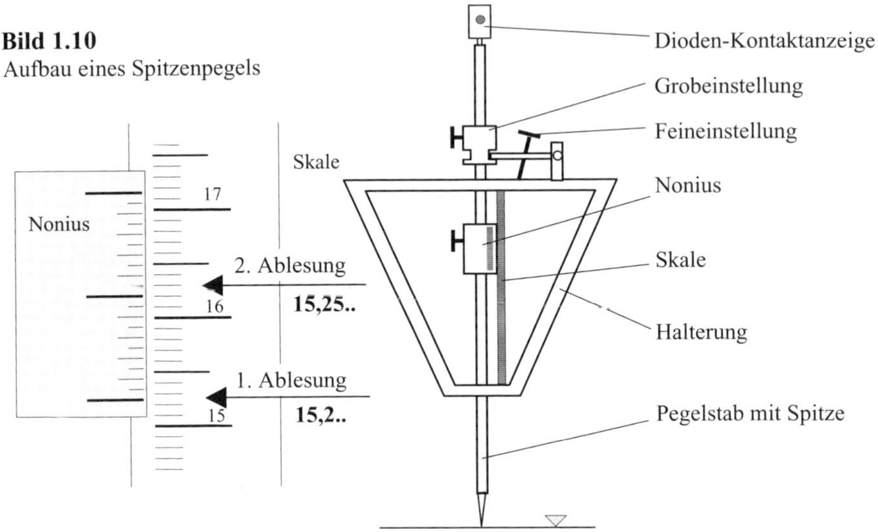

Wechselwirkung der Kohäsion- und Adhäsionskräfte zwischen der Pegelspitze und dem Wasser immer von oben an das Wasser herangeführt werden. Die Positionierung der Spitzenpegel erfolgt meist per Hand über eine Grob- und Feinjustierung. Neueste Spitzenpegel werden z. B. mit Schrittmotoren bewegt.
Die Position wird entweder bei der Berührung mit dem Wasser, der differentialen Annäherung oder bei Pegeln mit doppelten Spitzen durch den Kontakt einer Spitze und den Nichtkontakt der anderen festgestellt. Spitzenpegel sind für ruhende oder sehr langsam bewegte Wasserspiegel einsetzbar.

Wellenharfe

Eine oder mehrere Reihen von Drähten werden vertikal in einem Abstand von 1 bis 2 mm angeordnet. Diese sind so geschaltet, dass jeweils bei der Berührung einer Drahtspitze mit dem Wasser ein Stromkreis geschlossen wird. Dieses digitale Messgerät kann mit einer Genauigkeit messen, die dem Abstand der Drähte entspricht. Als Einzeldraht kontrolliert diese Messanordnung den Füllstand oder dient als Überlaufsensor. Mit einer Wellenharfe können schnelle Wasserstandsschwankungen ermittelt werden. Wichtig ist, dass sich die Wassertropfen wieder gut von den Drähten lösen können und keine elektrischen Brücken entstehen. Dazu ragen die abisolierten Drähte etwas aus ihrer Befestigung hervor. Der Abstand zwischen den Einzeldrähten darf wegen der Haftung von Tropfen nicht zu gering sein. Um den Abstand zu erhöhen, können die Drähte versetzt an-

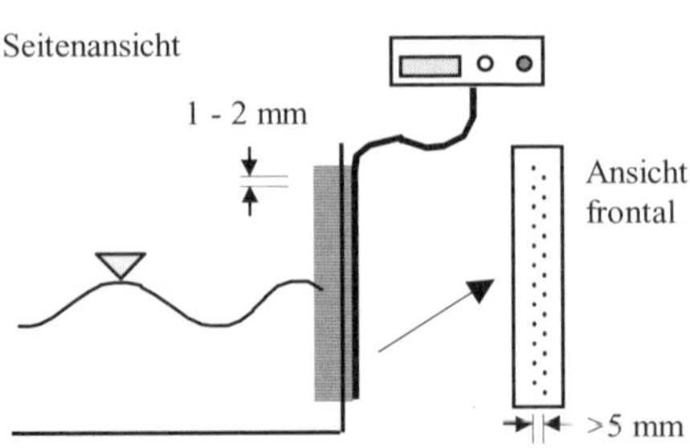

Bild 1.11
Wellenharfe

geordnet werden. Intelligente Schaltungen erlauben die Reduzierung der digitalen Abfragen und die Verwendung von Codierungen (Bild 1.11).

Widerstands-Wellenmessgerät

Zwischen zwei in einem festen Abstand voneinander eingetauchten Drähten fließt in Abhängigkeit von der Eintauchtiefe ein Strom. Dabei ist die Eintauchtiefe proportional der Stromstärke (Bild 1.12). Dieses analoge Wellenmessgerät ist empfindlich gegen Leitfähigkeitsänderungen des Wassers infolge Temperaturänderungen, Verschmutzungen oder Salzgehalt. Auf Grund von Polarisationseffekten bei mit Gleichstrom betriebenen Kontakten sollte mit Wechselstrom gemessen werden. Dieses Messgerät eignet sich sowohl für langsame als auch für schnelle Wasserspiegelschwankungen. Schnelle Änderungen des Wasserspiegels verursachen jedoch Fehler durch den Nachlauf infolge Adhäsion.

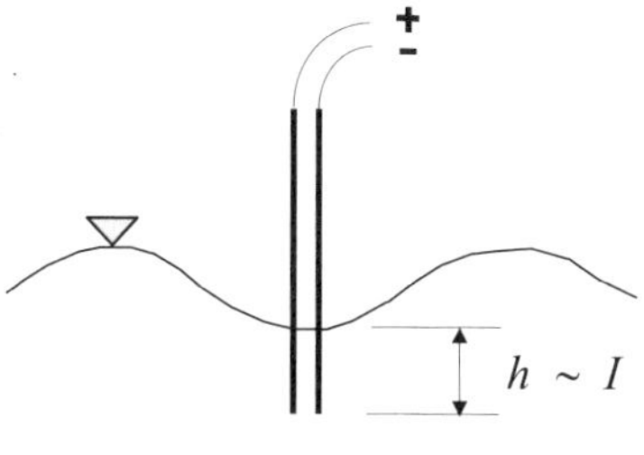

Bild 1.12
Widerstandsmessung

Kapazitives Wellenmessgerät

Ein eingetauchter, isolierter Draht wirkt als Zylinderkondensator, dessen „Platte“ durch den Draht einerseits und das umgebene Wasser andererseits (mit der Isolierschicht als Abstand) gegeben ist. Die Eintauchtiefe h ist hier proportional der Kapazität C (Bild 1.13). Mit der Änderung des Wasserstandes ändert sich die wirksame Plattengröße und damit die Kapazität. Das Messverfahren ist weniger empfindlich als die Widerstandsmessung, weist eine lineare Eichkurve (bei konstanter Isolierung) ohne Drifterscheinungen und geringere Störanfälligkeit gegen Temperaturänderungen und Verschmutzungen auf. Nachlaufeffekte bei schnellen Wasserspiegelschwankungen verursachen die gleichen Fehler wie bei der Widerstandsmessung (Bild 1.12).

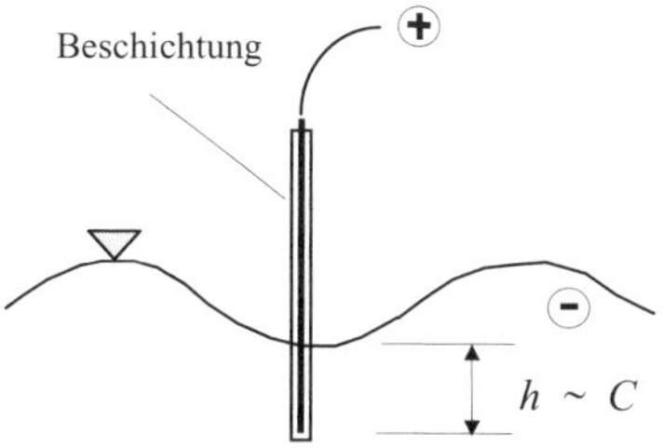

Bild 1.13
kapazitiver Wellenpegel

Echolot - Ultraschallgeber

Die Laufzeit einer Schallwelle von einem Sender zum Wasserspiegel und zurück zum Empfänger ist ein Maß für den Abstand und damit für den Wasserstand. Der Einsatz unter Wasser von einem fahrenden Schiff aus dient den Profilaufnahmen des Meeresgrundes. Der Einsatz empfindlicher Ultraschallsensoren (US) ist heute für den Laborbetrieb, aber auch für die Praxis üblich (Bild 1.14). Sie liefern eine Genauigkeit von ca. 0,2 *mm* bei ruhenden und leicht weglichen Wasserständen. Die Werte sind abhängig von der Temperatur des Mediums, in dem die Schallwelle sich ausbreitet (Schallausbreitungsgeschwindigkeit). Abweichungen werden durch Temperaturfühler kompensiert. US-Sensoren sind auch für Wellenmessungen geeignet, sofern die Neigung der Wellen kleiner als der Abstrahlwinkel des Sensors bleibt (Abstandskorrektur erforderlich). US-Pegel versagten nach Erfahrungen im *Hubert-Engels*-Labor bei WS-Neigungen ab 5° bis 10° zur Horizontalen.

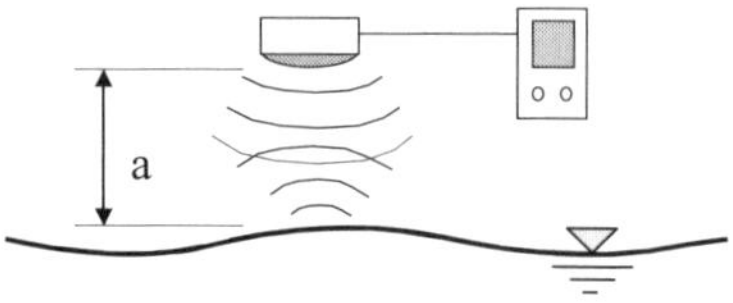

Bild 1.14
Ultraschallsensor

LCD-Zeilenkamera

Eine Zeilenkamera zeichnet den Grauwert eines Profils, bestehend aus meist 1024 Punkten auf (Bild 1.15). In Abhängigkeit von der Entfernung zur Messstelle und der eingesetzten Optik ergibt sich die Länge der aufgezeichneten Zeile. Über die Auswertung mit Hilfe von Bildverarbeitungssoftware erhält man z. B. den Wasserstand. Bei einem Messbereich von etwa einem Meter ergibt sich eine Genauigkeit von ca. 1 *mm*.

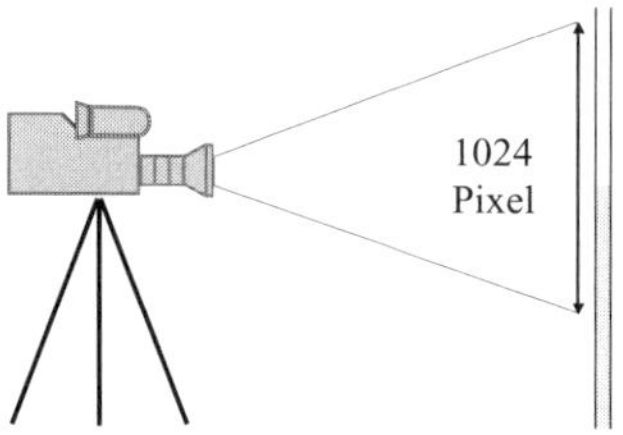

Bild 1.15
LCD-Messung

Einperlverfahren

Ein in einer bestimmten Wassertiefe fest eingebauter Luftschlauch bläst kleine Luftblasen aus, die über einen Kompressor mit sehr geringem Durchsatz erzeugt werden. Die geringe Luftabgabe führt dazu, dass im gesamten Luftschlauch praktisch gleicher Druck herrscht. Dieser wird gemessen und entspricht genau dem Wasserstand an der Einperlstelle (siehe Durchflussmessung Abschnitt 1.5.5).

Druckgeber

Ein an einem Behälter oder unter Wasser eingebauter Druckgeber misst den Druck und damit den Wasserstand an dieser Stelle (siehe Punkt 1.5.3). Bei Absolutdruckgebern ist die Empfindlichkeit nicht ausreichend, um eine gute Genauigkeit zu erhalten. Besser geeignet sind Differenzdruckgeber. Sie werden für Messbereiche ab 200 *mm* bei einer Genauigkeit von unter 1 *mm* angeboten.

Auswahlkriterien

Die Auswahl eines Messverfahrens zur Wasserstandsmessung wird im Allgemeinen von den Erwartungen, die an die Messung gestellt werden, bestimmt. Das können z. B.

die Genauigkeit des Messwertes, die Stabilität des Messwertes, die Erfassung schneller Veränderungen, die Sicherheit der Messung, die Möglichkeiten der Erfassung und Auswertung (Automatisierung), die Kosten und die Qualifizierung des Messpersonals sein.

1.5.3 Druck-, Kraft- und Spannungsmessung

Piezometer

Piezometer sind Druckanbohrungen mit kleinem Durchmesser senkrecht zur durchbohrten Wand. Eine sorgfältige Herstellung dieser Bohrungen ist erforderlich. Dazu zählen geringe Abweichungen zum rechten Winkel, das Entgraten der Innenseite der Bohrung bzw. ein kurzes Versenken. Kleinste Ungenauigkeiten bei der Ausführung dieser Bohrungen können zu systematischen Fehlern führen. Die Piezometer werden an ein Manometerrohr angeschlossen, so dass der Druck aus der Wasserhöhe in einem Stand- oder U-Rohr bzw. mit Hilfe von Druckmessdosen bestimmt werden kann. Die Variation der Messempfindlichkeit durch die Verwendung verschiedener Sperrflüssigkeiten (mit Wasser nicht mischbar) ist möglich, da die Anzeigehöhe umgekehrt proportional zur Dichtedifferenz ist. Möglich sind Kombinationen von Wasser-Quecksilber, Wasser-Tetrachlorkohlenstoff, Wasser-Öl, Luft-Wasser, Luft-Alkohol. Durch Schrägstellung der Manometer kann die Messgenauigkeit erhöht werden. Piezometer sind nur geeignet zur Messung des mittleren Druckes. Werden Piezometer durch Geschwindigkeitskomponenten beeinflusst (Anströmung), kann es zur Verfälschung der Messung oder zu Schwankungen des Messwertes kommen. Schwankungen können durch teilweises Abklemmen (Schlauchklemme) gedämpft werden.

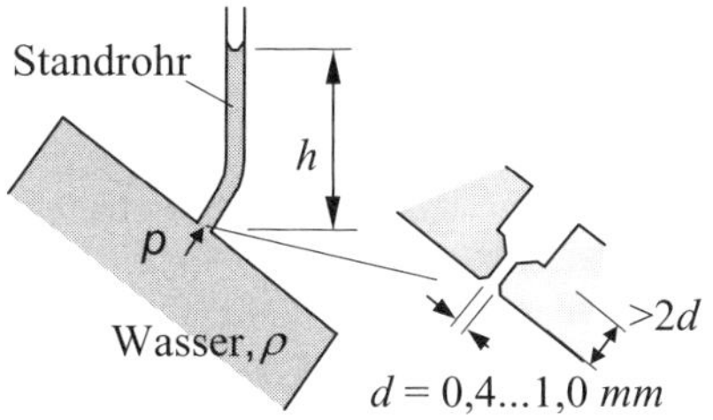

Bild 1.16
Piezometerbohrung mit Standrohr

Druckrohr und Druckscheibe

Für die Druckmessung in Strömungen werden Geräte verwendet, die es ermöglichen, an einer bestimmten Stelle der Strömung den örtlichen Druck zu messen. Dabei muss möglichst erreicht werden, dass kein dynamischer Anteil den Messwert verfälscht. Die Genauigkeit dieser Messgeräte beträgt bei Einhaltung eines Anströmwinkels von weniger als $\alpha \leq 5$ etwa $\pm 2\%$. Druckrohre haben ein oder mehrere seitliche Bohrungen und sind vorn geschlossen (Bild 1.17). Sie werden in die Strömungsrichtung gehalten. Bei Druckscheiben befindet sich in der Mitte der Scheibe eine Bohrung. Die Druckscheibe wird möglichst parallel zur Strömungsrichtung eingesetzt.

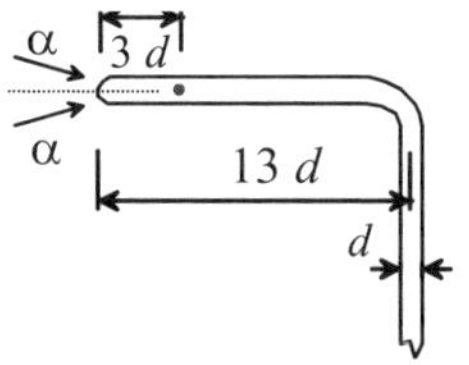

Bild 1.17
Druckrohr

Mechanische Druckmessgeräte

Mechanische Druckmessgeräte bringen eine Verformung infolge Druckeinwirkung zur Anzeige. Der Messbereich ist abhängig von der Ausführung. Die Messgenauigkeit kann bis 0,5 % betragen (bei kommerziellen Geräten üblicherweise zwischen 5 und 10 %). Es sind nur langsame Druckänderungen erfassbar. Folgende Konstruktionen sind möglich:

- Verschiebung eines gegen eine Feder gelagerten Kolbens
- Verformung einer Membran
- Verformung einer Balgs
- Änderung des Krümmungsradius eines am Ende geschlossenen, gebogenen Rohres (*Bourdon*).

Druckmessdosen

Die Auslenkung einer Membran infolge Druckeinwirkung wird elektrisch (induktiv, Widerstandsbrücken, kapazitiv) gemessen. Die Auslegung für verschiedene Messbereiche ist bis zu einer Auflösung im mm-Bereich möglich. Rasche Druckschwankungen können erfasst werden. Driftfehler bei Langzeitmessungen sind möglich, d. h. eine regelmäßige Kalibrierung ist erforderlich. Eine Kontrollmessung wird empfohlen.

Piezoelektrische Kristalle

Piezoelektrische Kristalle sind Bauelemente, die bei Druckbeanspruchung ihre Leitfähigkeit ändern. Dieser Fakt wird für die Druckmessung ausgenutzt. Da die Kristalle sehr schnell reagieren, ist die Erfassung rascher Druckschwankungen möglich. Die Stabilität der Kristalle erlaubt eine hohe Druckintensität. Für statische Messungen sind sie nur bedingt geeignet, da sie nicht langzeitstabil sind.

Schubspannungsmessungen

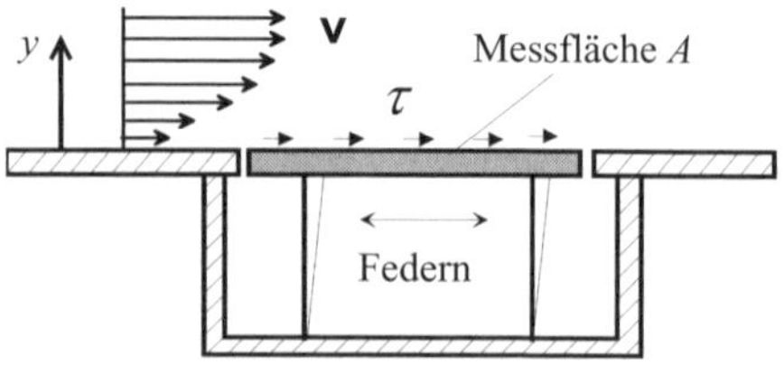

Bild 1.18

Schubspannungsmessgerät, $\tau = \dfrac{F_\tau}{A}$

Die Beanspruchung von Sohl- und Wandflächen durch die vorbeifließende Strömung kann an berührungsfrei gelagerten Flächenelementen direkt gemessen werden (Bild 1.18). Diese Elemente werden federnd gelagert, so dass eine Verschiebung ein Maß für die Kraft F_τ ist, dem Integral der Schubspannung über der Fläche A. Die Verschiebung kann auf verschiedene Weise ermittelt werden, z. B. über Dehnungsmessstreifen oder Wegsensoren. Indirekt wird die Schubspannung über die Ermittlung des Geschwindigkeitsgradienten an der Wand bestimmt (siehe Kapitel 2).

Messung von Kräften

Die Ermittlung von Kräften kann je nach Aufgabenstellung auf unterschiedlichste Weise erfolgen. Üblich sind Eichgewichte, Federwaagen oder indirekt über die Wegmessung bei Verformungselementen. Hier bietet die Industrie eine Vielzahl von Möglichkeiten an.

1.5.4 Geschwindigkeitsmessung

Die Geschwindigkeit ist für den hydraulischen Modellversuch eine Hauptmessgröße. Dementsprechend gibt es auf diesem Gebiet viele Entwicklungen. Einige Messverfahren sind nur für bestimmte Messbereiche geeignet und viele nur für den Laborbetrieb einsetzbar.

Tracermethoden

Unter dem Oberbegriff Tracermethoden können die Messverfahren eingeordnet werden, die Geschwindigkeit auf der Grundlage einer Weg-Zeit-Messung ermitteln.
Grundlage für diese Messung ist die Markierung der Strömung mit einem Tracer (z. B. Farbe, Rauch, Salz, Schwimmer, Partikel, Luftblasen). Nach einer Markierung wird an zwei definierten Orten A und B der zeitliche Durchlauf des Tracers gemessen. Diese Messung kann durch einen Beobachter z. B. mit einer Stoppuhr bis hin zu einer Erfassung mit einem Messgerät (optisch z. B. Laser oder Bild, Leitfähigkeit, Strahlung usw.) erfolgen. Die Entfernung der beiden Messpunkte ist bekannt und die Zeit wird ermittelt (Stoppuhr, Laufzeit bis Korrelation). Der Quotient aus Weg und Zeit ergibt die mittlerer Geschwindigkeit v.

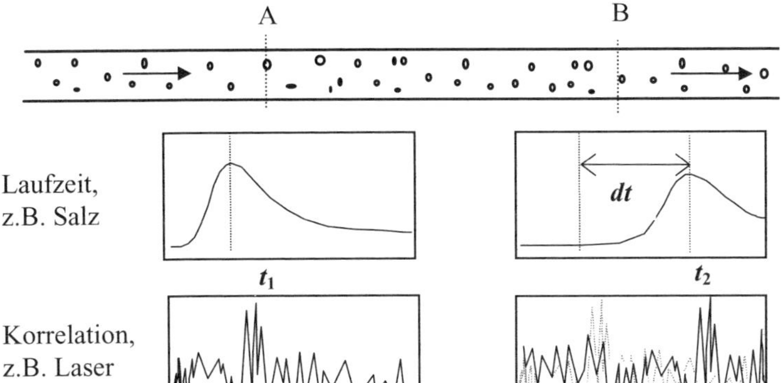

Bild 1.19
Tracermessung

Flügelmessung

Propellerflügel
Hierbei erfolgt eine mechanische, elektrische oder optische Zählung der Flügelradumdrehungen pro Zeiteinheit (Frequenz). Die Genauigkeit liegt bei etwa 2 %. Die untere

$v = f(f, \text{Typ}) = a \cdot f + b$

f = Umdrehung pro Zeit (Frequenz)

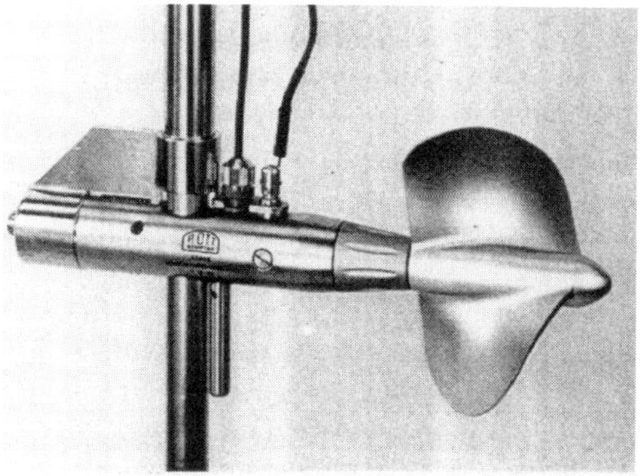

Bild 1.20
Messflügel der Firma Ott

Grenze des Messbereiches ist abhängig von der Trägheit und der Lagerreibung des Flügelrades: bei Luftmessung etwa 20 bis 30 *cm/s*, bei Wassermessung etwa 1 bis 3 *cm/s*. Flügelraddurchmesser existieren von 1 cm (Mikroflügel) bis 20 *cm* (Meeresflügel). Fehler entstehen bei Schrägstellung des Flügelrades zur Strömungsrichtung von etwa 1 % bis 3 % bei 10° und 10 % bis 30 % bei 30°. Die Eichung erfolgt durch das Schleppen des Flügelrades durch stehendes Wasser (Schleppkanal). Eindimensionale Turbulenzmessungen sind im begrenzten Maße möglich, aber abhängig von der Zählfrequenz des Flügels.

Schalenkreuz
Das Schalenkreuz wird hauptsächlich für Naturmessungen eingesetzt (z. B. an Wetterstationen zur Windmessung). Es besteht aus einem drehbaren Kreuz, an dem Halbschalen befestigt sind. Schalenkreuze sind richtungsunabhängig, haben aber einen begrenzten Messbereich. Sie eignen sich zur Geschwindigkeitsmessung von Luftströmungen z. B. bei der Untersuchung des Windeinflusses auf Wellen (Bild 1.21).

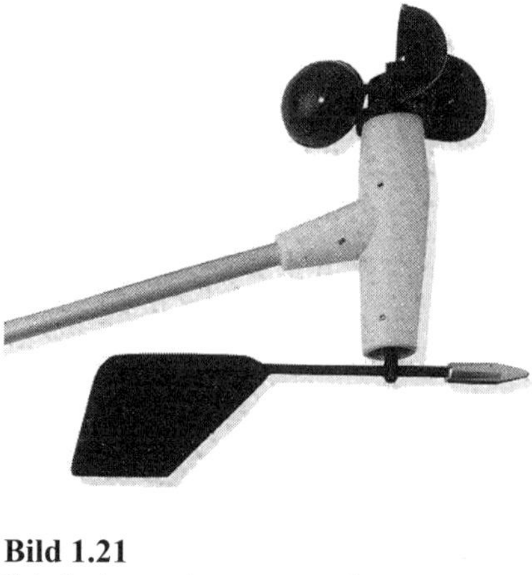

Bild 1.21
Schalenkreuz-Anemometer der Firma Schiltknecht

Auslenkungsmessung eines Pendels

Ein beweglich durch Gelenk oder Feder gelagertes Pendel, an dessen unterem Ende ein Körper (Kugel, Stab, Platte, Kreuz) befestigt ist, wird beim Eintauchen in eine Strömung ausgelenkt. Die Auslenkung ist abhängig von der Strömungsgeschwindigkeit, wenn Länge, Gewicht, Größe, Federkonstante und mungswiderstand des Pendels bekannt sind.

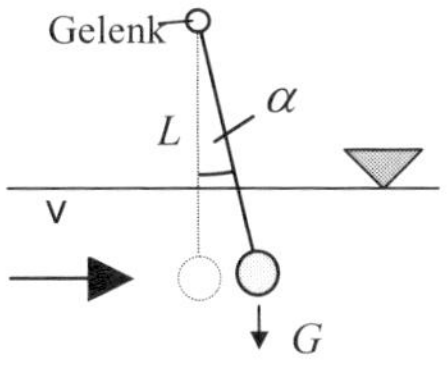

Bild 1.22
Pendel v = $f(\alpha, L, G)$

Staurohr

In einem entgegen der Strömungsrichtung eingetauchten gekrümmten Rohr (*Pitot*-Rohr) wird der Staudruck (statischer Druck plus Geschwindigkeitshöhe) angezeigt, siehe Bild 1.23a. Um die Geschwindigkeit zu ermitteln, muss die Differenz aus statischem Druck und Staudruck gemessen werden. Das *Prandtl*-Rohr (Bild 1.23b) misst diese Differenz, die Geschwindigkeitshöhe, durch die gleichzeitige Bestimmung des Staudruckes und des statischen Druckes.

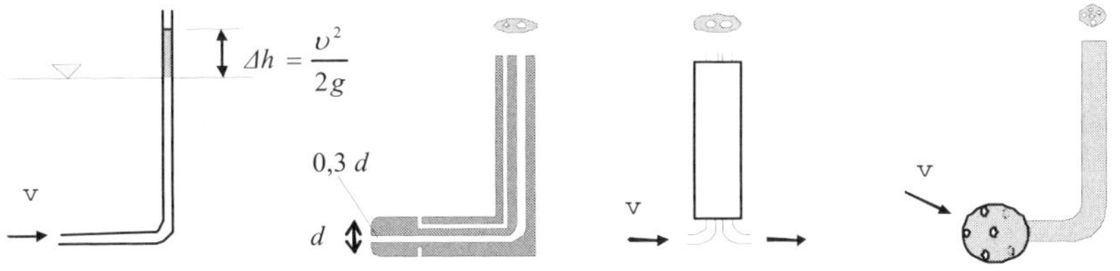

a) *Pitot*-Rohr b) *Prandtl*-Rohr c) *Cole-Pitot*meter d) Kugelsonde

Bild 1.23
Staurohre

Staurohre sind bis zu einer Abweichung von etwa 15° zur Strömungsrichtung unempfindlich. Der Fehler bei einer Schräganströmung von 30° beträgt etwa 10%. Der Messbereich ist nach unten durch die Anzeige von Δh begrenzt. Die Wassergeschwindigkeit von v = 0,44 *m/s* entspricht einer Geschwindigkeitshöhe von Δh = 1*cm* und bei v = 1m/s etwa Δh = 5*cm*. In Luftströmungen mit v = 10*m/s* wird Δh = 0,6*cm*. Durch die gleichzeitige Bestimmung des positiven und negativen Staudruckes (in und entgegen der Strömungsrichtung) wird der Anzeigebereich fast verdoppelt (*Cole-Pitot*meter siehe Bild 1.23c). Die Richtungserkennung ist mit Hilfe einer Kugelsonde mit mehreren Anbohrungen möglich (Bild 1.23d).

Ultraschallmessungen

Der Ultraschall wird bei zwei Messverfahren genutzt, dem Laufzeit- und dem Dopplerverfahren. Laufzeitmessgeräte sind in der Rohrleitung integriert oder werden an das Rohr außen angeklemmt (Clamp-On-Verfahren).

Das **Laufzeitverfahren** nutzt die Zeitdifferenz eines in zwei Richtungen ausgestrahlten Schallimpulses hervorgerufen durch den Einfluss der Strömungsgeschwindigkeit. Die Ultraschallsensoren sind gegenüber einem Reflektor angeordnet. Da Vor- und Rückimpulse ausgewertet werden, fällt der Einfluss des Schallimpulses selbst heraus, so dass das Messgerät relativ unabhängig von Temperatur und Dichte wird.

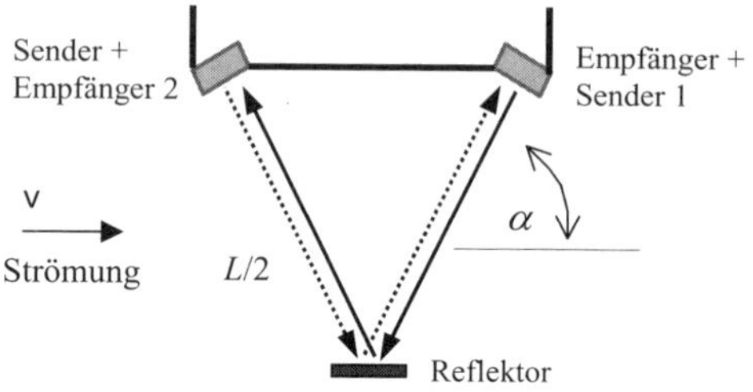

Bild 1.24
Laufzeitverfahren

$$v = \frac{L}{2 \cdot \cos\alpha} \cdot \left(\frac{1}{t_{vor}} - \frac{1}{t_{rück}} \right) = \frac{L}{2 \cdot \cos\alpha} \cdot \Delta f \qquad (1\text{-}44)$$

Die Geschwindigkeit der Strömung ergibt sich aus dem Weg des Schallimpulses unter Berücksichtigung seines Neigungswinkels α und der Differenz der reziproken Laufzeiten.

Das **Dopplerverfahren** nutzt die Frequenzänderung eines Schallimpulses, wenn sich Quelle und Empfänger aufeinander zu oder voneinander weg bewegen. Die Frequenzänderung der an einem Teilchen reflektierten Schallwelle ist abhängig von dessen Geschwindigkeit (Bedingung: Teilchen bewegen sich im Wasser ohne Schlupf). Hier wird neben der Schallimpulsfrequenz auch die Reflexionsfrequenz benötigt, was das Messgerät abhängig von Temperatur und Dichte macht.

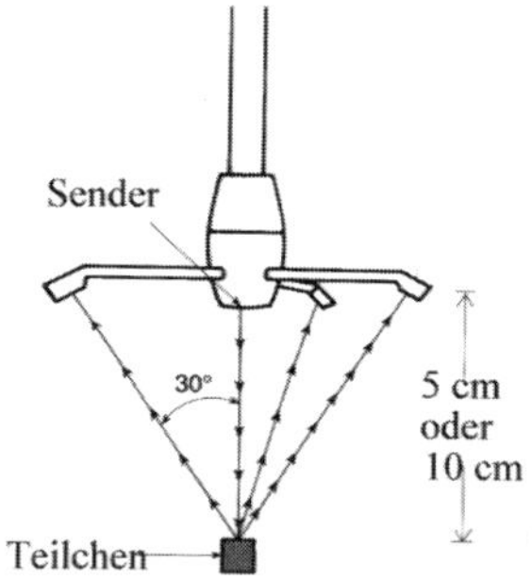

Bild 1.25
Ultraschall-Doppler-Messgerät
(Firma NORTEK AS)

Hitzdraht

Der Hitzdraht (bzw. Heißfilm) wird durch Stromzufuhr aufgeheizt. Die Umströmung von Luft oder Wasser führt zu einer erhöhten Wärmeabfuhr. Diese ist abhängig von der Geschwindigkeit der Umströmung. Gemessen wird entweder der zur Konstanthaltung der Drahttemperatur erforderliche Kompensationsstrom oder die Drahtabkühlung bei konstanter Stromzufuhr in Abhängigkeit von der Anströmgeschwindigkeit. Ein, zwei oder drei angeordnete Drähte in unterschiedlicher Richtung erlauben eine ein-,

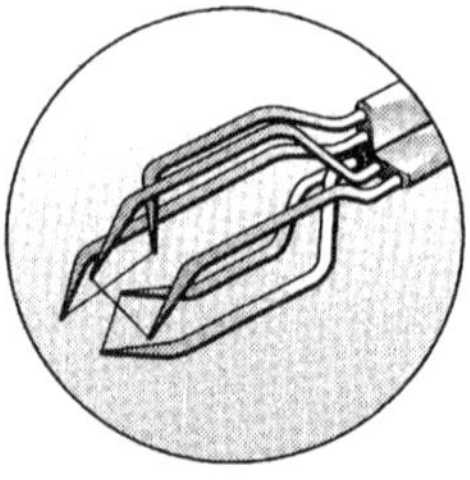

Bild 1.26
Hitzdrahtsondenkopf 3D
(Firma DANTEC)

zwei- bzw. dreidimensionale Messung (siehe Bild 1.26). Bekannt sind auch Kugeln, unter deren Oberfläche aufgeheizte Widerstände angeordnet werden (Thermokugelsonden). Je nach Anströmrichtung erfolgt eine unterschiedliche Abkühlung der einzelnen Widerstände, was die Richtungserkennung der Strömung erlaubt. Diese Technik wird vorrangig für Luftmessungen verwendet. Einsatzversuche zur Messung im Wasser haben gezeigt, dass die Wärmeabgabe sehr groß wird und der Hitzdraht sehr empfindlich gegen Wasserinhaltsstoffe ist. Messungen im Wasser werden mit Heißfilmsonden (stärkeres Material) durchgeführt. Die Nulldrift beim Hitzdraht erfordert eine ständige Kalibrierung.

Magnetisch-induktive Geschwindigkeitssonden

Um einen Messkörper wird ein Magnetfeld erzeugt. Das vorbeiströmende leitende Wasser induziert an jeweils zwei Kontakten einen von der Strömungsgeschwindigkeit abhängigen Strom. Die Kontaktpaare erlauben die zweidimensionale Geschwindigkeitsermittlung.

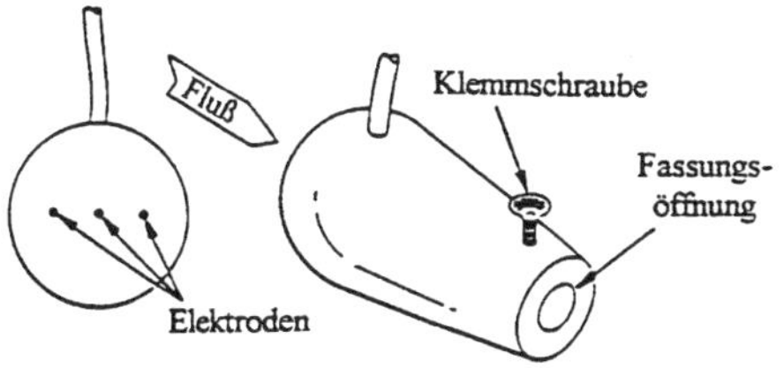

Bild 1.27
Induktive Strömungssonde von Marsh-McBirney

Particle Velocimeter Device (PVD)

Die Methode beruht auf einer faseroptischen Frequenzfiltertechnik (flache Lichtleiterkabel, optisches Gitter). Die durch Teilchen in Flüssigkeiten und Gasen eindimensional auftretenden Störungen werden ausgewertet. Dadurch können Geschwindigkeiten in Flüssigkeiten, Gasen und an Festkörpern, Staub-, Tropfen- und Blasenströmungen sowie Partikelgrößen ausgewertet werden. Das frequenzcodierte Signal ist gegenüber Temperatur- und Druckänderungen sowie elektrischen und magnetischen Feldern störsicher.

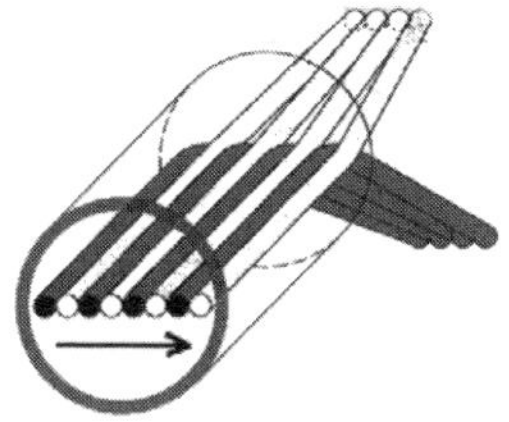

Bild 1.28
Faseroptische Sonde (PVD) der TU Chemnitz-Zwickau

Laser-Messverfahren

Beim **2-Focus-Verfahren** werden zwei parallele Laserstrahlen in das Strömungsgebiet geführt. Die durch Teilchen in der Strömung erzeugten Störungen werden von zwei Empfängern aufgezeichnet. Aus dem zeitlichen Abstand der Signale und dem Abstand der Laserstrahlen errechnet sich die Geschwindigkeit der Strömung.

Beim **Laser-Doppler-Anemometer (LDA)** erzeugen zwei sich kreuzende monochromatische kohärente Laserstrahlen (gleiche Wellenlänge, gleiche Phasenlage) ein Interferenzstreifenfeld mit einem Streifenabstand *s* von wenigen Mikrometern (abhängig vom Kreuzungswinkel). Mit der Strömung mitgeführte Teilchen, die dieses Messfeld durchlaufen, streuen in den hellen Bereichen das Licht (siehe Bild 1.29).

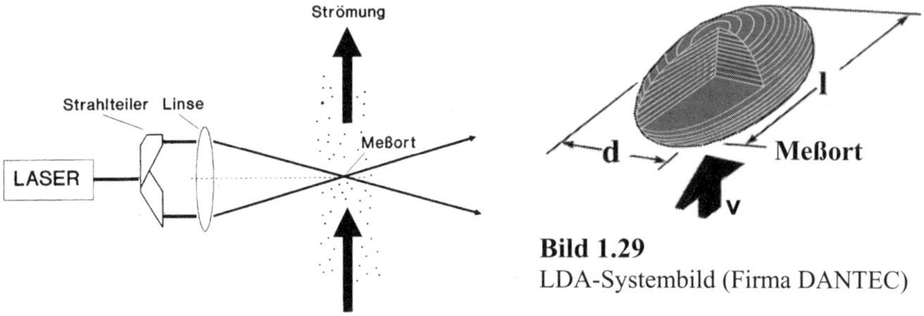

Bild 1.29
LDA-Systembild (Firma DANTEC)

Wird dieses alternierende Streulicht gemessen und ausgewertet, dann ergibt sich aus dieser Frequenz *f* und dem Interferenzstreifenabstand s die Geschwindigkeit $v = s \cdot f$.
Wird ein Laserstrahl so moduliert (Braggzelle), dass die Streifen in diesem Feld sich selbst mit der Geschwindigkeit *u* bewegen, dann bewegt sich ein Teilchen entgegen dieser Bewegungsrichtung scheinbar mit der Geschwindigkeit (v+*u*) und mit dieser Bewegungsrichtung der Streifen scheinbar mit der Geschwindigkeit (v-*u*). Da die Geschwindigkeit *u* bekannt ist, wird eine Richtungserkennung der Geschwindigkeit des Teilchens möglich. Werden diese Messfelder mit verschiedenfarbigen Laserstrahlpaaren in verschiedenen Richtungen in einem Messpunkt erzeugt, dann ist eine dreidimensionale berührungslose Geschwindigkeitsmessung möglich.
Diese für die Strömung selbst absolut störungsfreie Meßmethode ist besonders für Turbulenzmessungen geeignet, da viele tausend Messwerte je Sekunde gemessen werden. Die Gesamtanlage wird wegen ihrer hohen Anschaffungskosten vor allem in der Forschung eingesetzt.
Beim **Phasen-Doppler-Anemometer (PDA)** wird zusätzlich zum Dopplereffekt wie beim LDA der Streueffekt eines durchlässigen oder reflektierenden Teilchens ausgenutzt. Die Auswertung des empfangenen Streulichtes erlaubt zusätzlich neben der Teilchengeschwindigkeit die Erkennung der Teilchengröße oder deren Anzahl. Damit können Partikelströmungen wie z. B. Sedimentationen, Kavitationsprozesse oder Fluidzerstäubungen untersucht werden. Im Unterschied zur LDA-Messung sind zwei Photodetektoren

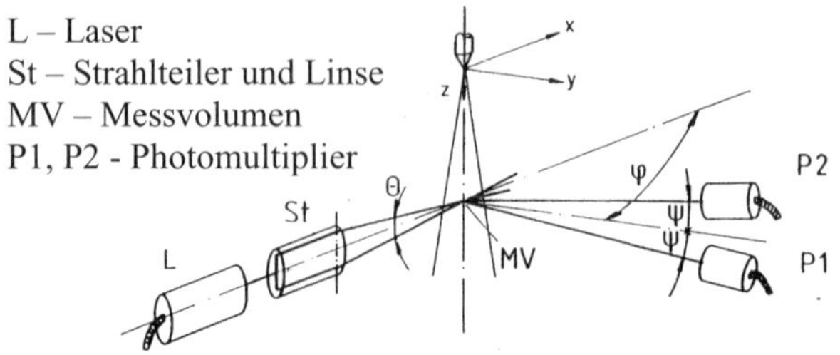

Bild 1.30
Prinzip der PDA-Messung für Teilchengröße und Geschwindigkeit (Firma Polytec)

zur Auswertung des Streulichtes erforderlich (Bild 1.30).
Die **Particle Image Velocimetry (PIV)** gehört zu den Laserlichtschnittverfahren. Abgeleitet wurde diese Methode aus der Sichtbarmachung von Strömungen. Der Laserlichtschnitt erlaubt die genauere Bildaufnahme der Strömung in einer Ebene als kontinuierliche Spur (**Particle Tracking Anemometry - PTA**), als differentiale Spur (**Particle Displacement Tracking - PDT**) oder als Doppelbelichtung durch zwei Laserlichtimpulse (**Particle Image Velocimetry - PIV**).
Das doppelt belichtete Bild (Specklegramm) mit der Zeitbasis zur Geschwindigkeitsbestimmung wird abschnittsweise ausgewertet, um die Abstände der Speckle-Paare und deren Richtung zu ermitteln. Lichtschnittverfahren sind in einer oder mehreren Ebenen (räumlich) möglich.

1.5.5 Durchflussmessung

Ausgehend von der Berechnung des Durchflusses können zwei Arten der Durchflussmessung unterschieden werden. Einerseits die Messung des Volumens pro Zeiteinheit bzw. die Volumenzählung (Wasserzähler) und andererseits die Messung der mittleren Fließgeschwindigkeit multipliziert mit der Fließfläche (z. B. Ultraschall-Durchflussmesser).

Durchfluss Q

$$Q = \frac{V}{t}$$

V – Volumen

t – Zeit

$$Q = V_1 \cdot f \qquad f = \frac{n}{t}$$

V_1 – Volumentransport bei einer Zählung

f – Frequenz

n - Anzahl der Zählungen

z. B. bei Volumenzählern

$$Q = \overline{\upsilon} \cdot A$$

$\overline{\upsilon}$ - mittlere Geschwindigkeit

A - Fließfläche

$$\overline{\upsilon} = \frac{1}{A} \cdot \int \upsilon \cdot dA$$

$$\overline{\upsilon} = C \cdot \upsilon_{Punkt}$$

C - Konstante

v_{Punkt} - Punktmessung

A = konstant in Druckleitungen

$A = f(h)$ in Freispiegelgerinnen

Volumen- bzw. Gewichtsbestimmung

Zu den zuverlässigsten und ursprünglichsten Durchflussmessungen zählt die volumetrische Durchflussmessung. Sie wird noch heute für kleine Durchflüsse und zur Eichung anderer Durchflussmesseinrichtungen eingesetzt. In einem Eichbehälter wird in einer bestimmten Zeit das Wasser aufgefangen und sein Volumen ausgemessen. Die mehrmalige Wiederholung dieser Messung verbessert die Genauigkeit. Die Verwendung von Kippgefäßen oder die Bestimmung des Gewichtes des Wassers erlauben eine Automatisierung des Messprozesses.

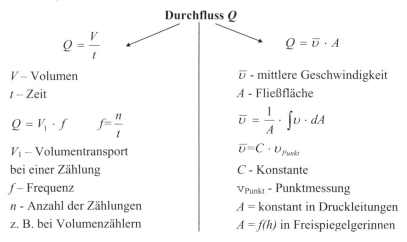

Wasserzähler

Die Wasserzähler als reine Volumenzähler (Kolbenzähler) oder als Turbinenradzähler (Umdrehungszähler) gehören zu den meistverbreiteten Durchflussmessern. Sie sind in fast jedem Haushalt zum Nachweis des Wasserverbrauches eingesetzt.

Kolbenzähler (Volumenmessung)
Die Kolbenzähler können als reine Volumenzähler bezeichnet werden, da ihre beweglichen Kolben definierte Volumina je Umdrehung transportieren und zählen (siehe *Kittner* 1985 und *Hogrefe* 1994).

Turbinenradzähler (Umdrehung)
Als Turbinenradzähler werden Wasserzähler mit beweglichen Schaufeln bezeichnet, die entweder radial (Flügelradzähler, Bild 1.31) oder axial (*Woltman*-Zähler, Bild 1.32) angeströmt werden. Die durch die Bewegung des Wassers erzeugten Umdrehungen werden gezählt. Die über mechanische Übersetzungen angezeigten Umdrehungen sind dem durchströmten Volumen des Wassers proportional (Eichung erforderlich).

a) Einstrahl b) Mehrstrahl

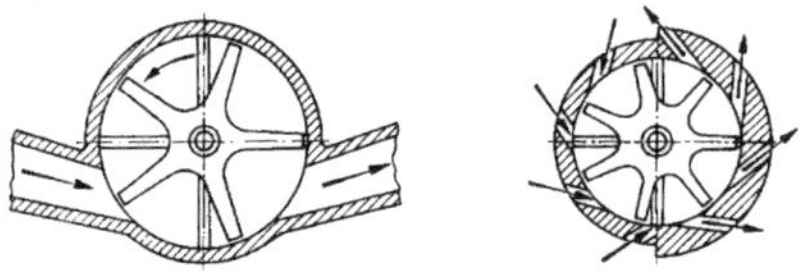

Bild 1.31
Flügelradzähler (Fa. Pipersberg)

a) horizontal b) vertikal

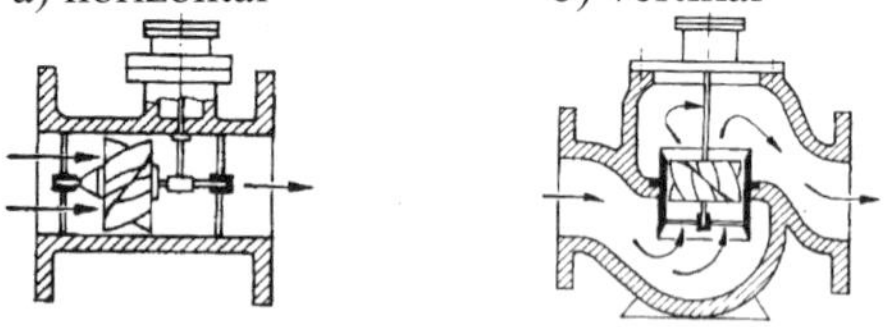

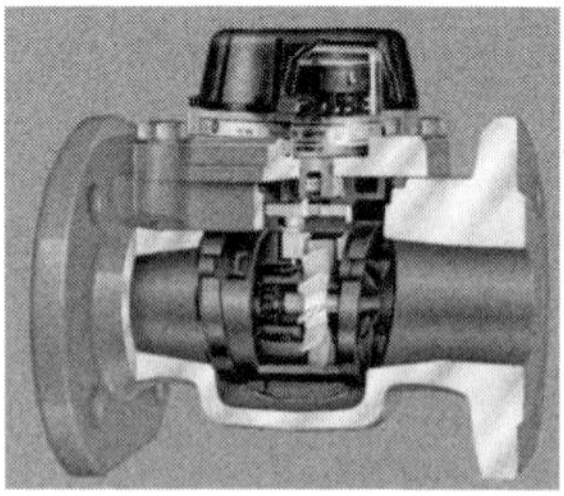

Bild 1.32
Woltman-Zähler (Fa. Hydrometer)

Tafel 1.6
Wasserzählerübersicht

Flügelradzähler	***Woltman*-Zähler**	**Verbund-wasserzähler**	**Turbinen-radzähler**	**Sattelzähler**
DN = 15 bis 50 *mm* Q = 0,6 bis 15 m^3/h p = 16 *bar* kleiner Messbereich	50 bis 500 *mm* 1 bis 4500 m^3/h 16 (40) *bar* höherer Messbereich	50 bis 500 *mm* 1 bis 4500 m^3/h 16 (40) *bar* *Woltman* und Flügelrad	5 bis 500 *mm* 5 bis 10000 m^3/h 100 *bar* elektrischer Abgriff der Rotation	300 bis 500 *mm* 50 bis 200 m^3/h 100 *bar* kleine Turbine im großen Rohr

Da Flügelradzähler für kleinere und *Woltman*-Zähler für größere Messbereiche einsetzbar sind, erlaubt die Kombination aus beiden Prinzipien eine Erweiterung des

Messbereiches (siehe Tafel 1.6). Wasserzähler unterliegen den gesetzlich festgelegten Fehlergrenzen und müssen regelmäßig geeicht werden (**Eichgesetz**).

Wirbeldurchflussmesser

Die Umströmung eines in eine Rohrleitung eingebauten Störkörpers führt zur Wirbelbildung, Wirbelablösung und zur Ausbildung einer Wirbelfrequenz (*Karman*sche Wirbelstraße) nach dem Störkörper. Diese Frequenz ist proportional der Fließgeschwindigkeit. Die Erfassung der Frequenz erlaubt die Geschwindigkeitsermittlung (Bild 1.33).

Bild 1.33
Wirbeldurchflussmesser

$$\upsilon = \frac{L \cdot f}{Sr} \qquad (1\text{-}45)$$

L – charakteristische Länge z. B. d
f – Frequenz
Sr - *Strouhal*-Zahl

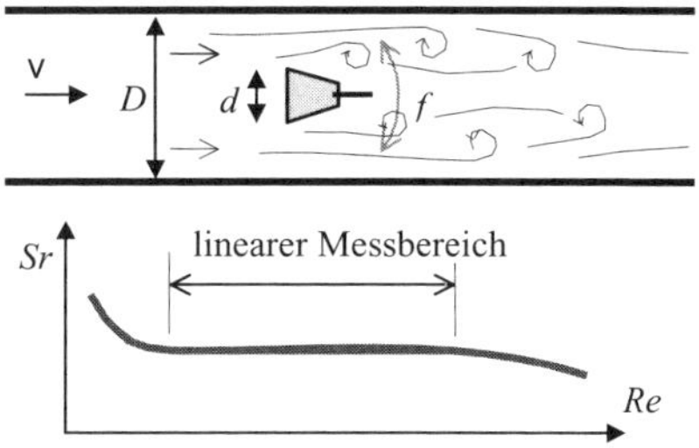

Die Industrie bietet Geräte zwischen 25 und 200 *mm* Durchmesser (Q = 1,6 bis 8000 m^3/h , PN = 100 *bar*) an. Die *Strouhal*zahl ist im mittleren *Reynolds*zahlbereich konstant. Die Genauigkeit wird unter 1% vom Messwert angegeben.

Drall-Durchflussmesser

Wird in einer Rohrleitung ein feststehender Leitkörper so eingebaut, dass er die Strömung in Rotation versetzt, dann führt der sich ausbildende Wirbelkern eine schraubenförmige Sekundärrotation aus. Die Frequenz dieser Rotation ist dem Durchfluss weitgehend linear proportional (Bild 1.34).

Bild 1.34
Dralldurchflussmesser
(*Hogrefe*, 1994)
DN = 14 – 400 *mm*
Q = 0,05 – 1800 m^3/h
PN = 100 *bar*
$Re = 10^4 - 10^6$

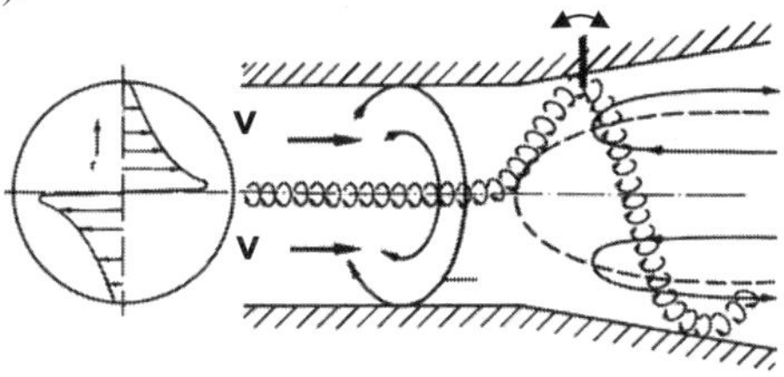

Schwebekörperdurchflussmesser

Ein senkrecht gestelltes Rohr, das sich nach oben konisch erweitert, wird von unten nach oben durchströmt. Die Strömung hebt den im Rohr befindlichen Schwebekörper soweit an, bis die auf den Schwebekörper wirkenden Kräfte im Gleichgewicht sind. Das sind die Gewichtskraft, die Auftriebskraft und die Strömungskraft. Da Gewichtskraft und Auftriebskraft konstant bleiben, muss auch die Strömungskraft konstant bleiben. Das wird durch die Lageveränderung des Schwebekörpers bei Durchflussänderung erreicht. Größe, Form und Gewicht des Schwebekörpers sind mit der Konusform des Rohres so abgestimmt, dass eine lineare Abhängigkeit zwischen Durchfluss und Höhenlage des Schwebekörpers besteht (Bild 1.35).

Bild 1.35
Schwebekörperdurchflussmesser (*Hogrefe*, 1994)

$Q = f(z)$
DN = 5 - 100 *mm*
$Q = 0{,}028 - 120\ m^3/h$
PN = materialabhängig
für Gase und Fluide

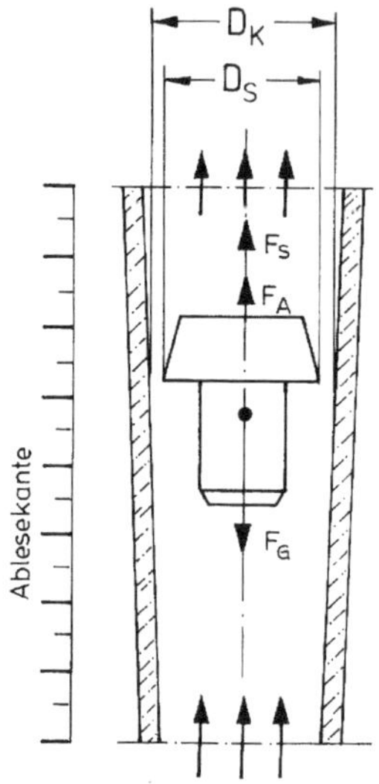

Wirkdruckgeber

Wirkdruckgeber sind Messgeräte, die Veränderung des Druckes oder der Druckdifferenz infolge Geschwindigkeitsveränderung in Druckrohrleitungen erfassen. Auf der Grundlage der Energiegleichung nach Bernoulli (siehe *Bollrich* 2000, Abschnitt 4.8) besteht zwischen der Geschwindigkeit (kinetische Energie der Strömung) und dem Druck (potentielle Energie der Strömung) ein enger Zusammenhang.
Die Erfassung der statischen oder auch der dynamischen Druckänderungen erlaubt die Bestimmung des Durchflusses. Geschwindigkeitsänderungen werden mit **Blenden, Düsen, Venturimetern** oder **Krümmern** erzielt. Änderungen des Staudruckes werden z. B. bei Durchflussmessungen mit **Staurohren, Integrationsstaurohren** und **Bypass-Messgeräten** ausgenutzt.

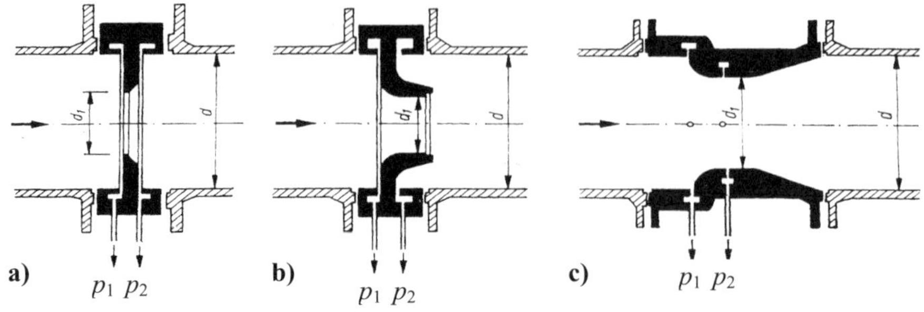

Bild 1.36
Wirkdruckgeber (*Bollrich*, 1989): a) Blende b) Düse c) Venturimeter

Die in Bild 1.36 gezeigten Wirkdruckgeber werden von der Industrie zum Einbau in Rohrleitung der üblichen Dimensionen (DN= 10 bis 1200 *mm*) angeboten. Die Genauigkeit der Geräte ist abhängig von den Einbaubedingungen, dem Messbereich und der Erfassung der Druckdifferenz. Sie wird durch Eichung der Geräte bestimmt und liegt meist unter 5 %. Die Geräte wurden in jahrelangen Forschungsarbeiten optimiert und genormt (ISO-Norm 5167 und DIN 1952). Die allgemeine Formel zur Berechnung des Durchflusses, abgeleitet aus der Energiegleichung, lautet:

$$Q = C_Q \cdot \frac{\pi \cdot d^2}{4} \cdot \sqrt{\frac{2}{\rho} \cdot \Delta p} \qquad (1\text{-}45)$$

Im Beiwert C_Q sind die geometrischen Bedingungen, die Expansionsbedingungen (bei kompressiblen Medien), die Abhängigkeiten von der *Reynolds*-Zahl und die Verluste und sonstigen Einflüsse ermittelt aus der Eichung enthalten.

Die **Krümmerdurchflussmessung** (Bild 1.37) eignet sich für den späteren Einbau in Rohrleitungen. Durch die Veränderung des Geschwindigkeitsprofiles im Krümmer kommt es zur Ausbildung einer Druckdifferenz zwischen Innen- und Außenwand. Da diese Druckdifferenz am Krümmer viel geringer ist als bei sonst üblichen Wirkdruckgebern und ihre Größe von der Geschwindigkeit, dem Krümmungsradius, dem Krümmungswinkel, den Anströmbedingungen u. a. abhängig ist, ist die Genauigkeit sehr gering und zur Verbesserung eine Eichung erforderlich.

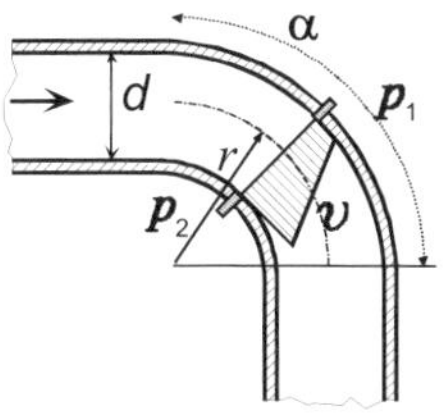

Bild 1.37
Krümmerduchflussmessung nach *Kaba* (1985)

Die indirekte Durchflussmessung über die Geschwindigkeit (Geschwindigkeitshöhe bzw. Staudruck) erfolgt punktförmig mit Hilfe eines Staurohres oder gemittelt mit dem sogenannten **Integrationsstaurohr**. Ein nachträglicher Einbau in Rohrleitungen aller DN ist möglich.

Die Möglichkeiten der **Bypassmessung** für große Rohrleitungen wurden im *Hubert-Engels*-Labor der TU Dresden untersucht (*Prüfer*, 1989). Die sich einstellende Druckdifferenz zwischen den Einbindungen der Bypass-Leitung in die große Rohrleitung führt zu einem messbaren Volumenstrom in der Bypass-Leitung. Dieser steht in einem bestimmten Verhältnis zum Volumenstrom in der großen Rohrleitung und ist abhängig von den Einbaubedingungen. Die Kosten der Bypassleitung mit dem viel kleineren Messgerät sind im Vergleich zum großen Messgerät bedeutend geringer.

Magnetisch-induktive Durchflussmesser (MID)

Nach dem Induktionsgesetz nach Faraday wird bei der Bewegung eines elektrischen Leiters in einem Magnetfeld senkrecht zur Bewegungsrichtung und zum Magnetfeld eine elektrische Spannung induziert. Diese Spannung ist proportional der Magnetfeldstärke und der Geschwindigkeit des Leiters.

Der magnetisch-induktive Durchflussmesser baut innerhalb der Rohrleitung ein Magnetfeld auf und nutzt das in der Rohrleitung fließende Wasser als Leiter. Die Geschwindigkeit des Wassers ist proportional der an zwei Kontaktstellen im Rohr abgegriffenen Spannung. Neben den Wasserzählern hat sich dieses Messprinzip in den letzten Jahre zu einem bedeutenden Durchflussmessverfahren entwickelt (Bild 1.38).

Bild 1.38
Prinzip der magnetisch - induktiven Durchflussmessung (*Hogrefe*, 1994)

DN = 15 – 2000 *mm*
v_{max}= 10 – 15 *m/s*
Fehler ≈ 0,5%
p_{max} = 250 *bar*

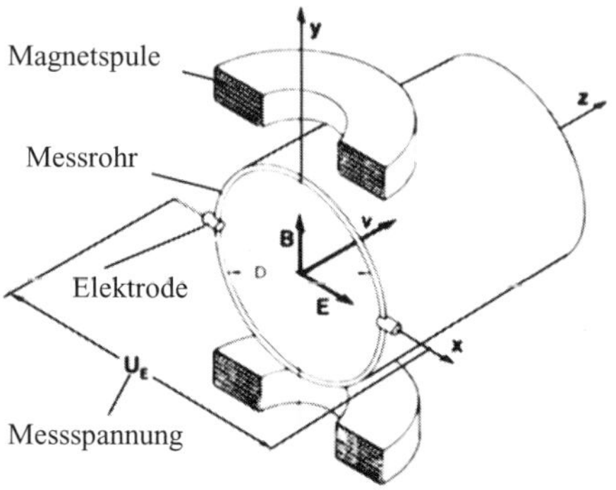

Eine Weiterentwicklung der MID erlaubt die Erfassung der Teilfüllungsfläche und damit die Durchflussmessung in teilgefüllten Rohren oder Freispiegelkanälen.

Ultraschalldurchflussmesser

Das bereits im Abschnitt 5.4.5 erläuterte Laufzeitverfahren wird zur Durchflussmessung in Rohrleitungen und Kanälen angewendet (Bild 1.39).
Die Ultraschallsensoren sind entweder in der Rohrleitung oder einem Gerinne fest eingebaut oder sie können auf der Rohrleitung befestigt werden (Clamp-On-Verfahren). Da Vor- und Rückimpulse ausgewertet werden, fällt der Einfluss des Schallimpulses selbst heraus, so dass das Messgerät relativ unabhängig von Temperatur und Dichte wird. Beim Clamp-On-Verfahren muss das Rohrmaterial und die Wandstärke (mit Verkrustung) bekannt sein.

$$\upsilon = \frac{L}{2 \cdot \cos\alpha} \cdot \left(\frac{1}{t_{vor}} - \frac{1}{t_{rück}} \right) = \frac{L}{2 \cdot \cos\alpha} \cdot \Delta f \tag{1-46}$$

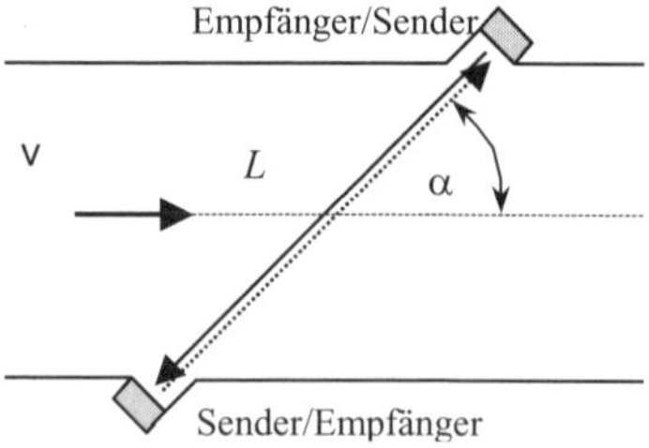

Bild 1.39
Laufzeitverfahren

Masse-Durchflussmesser

In verfahrenstechnischen Prozessen wird die Angabe der Masse pro Zeit gegenüber dem Volumen bevorzugt. Mit Hilfe des ***Coriolis*-Prinzips**, bei dem Beschleunigungs- und Trägheitserscheinungen Berücksichtigung finden, wird die Massenbewegung ermittelt. Die Massenveränderung in einem rotierenden System beeinflusst deren

Winkelgeschwindigkeit (z. B. Pirouette). Das rotierende System wird mit Hilfe einer schwingenden Rohrschleife simuliert. Die Veränderung der Geschwindigkeit der Strömung verändert die Auslenkung der schwingenden Schleife und ist damit ein Maß für den Durchfluss.
Zu den Masse-Durchflussmessern zählen ebenfalls die thermischen Verfahren, nach dem Prinzip des Wärmeaufnahmevermögens. Wegen des hohen Energieverbrauchs werden sie vor allem für Gasmessungen eingesetzt. Man unterscheidet das **Aufheizverfahren** (Erwärmung des Gases) und das **Abkühlverfahren** (z. B. Abkühlung eines Hitzdrahtes).

Verschlussorgane

Schütztafeln und ähnliche Verschlussorgane können nach einer Eichung zur Durchflussmessung herangezogen werden. Aber auch ohne Eichung eignen sich Verschlussorgane zur relativ genauen Durchflussermittlung. Größter Unsicherheitsfaktor ist die genaue Feststellung der effektiven Ausflussfläche bzw. des Ausflussbeiwertes. Für den freien Ausfluss nach Bild 1.40 kann die Berechnung nach Gleichung (1.47) und für den rückgestauten nach Gleichung (1.48) erfolgen.

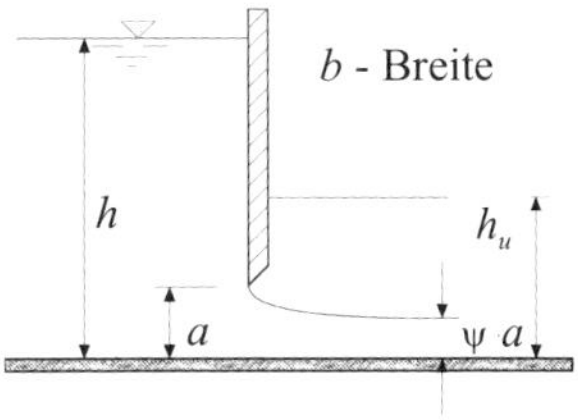

Bild 1.40
Systembild Ausflussmessung

$$Q=\mu_1 \cdot a \cdot b \cdot \sqrt{2 \cdot g \cdot h} \qquad (1\text{-}47)$$

$$Q=\mu_2 \cdot a \cdot b \cdot \sqrt{2 \cdot g \cdot (h-h_u)} \qquad (1\text{-}48)$$

Überfälle

Im Gegensatz zu den in den vorhergehenden Punkten behandelten Rohrleitungsdurchflussmessern ist bei der Durchflussmessung im Freispiegelabfluss die Bestimmung des Wasserstandes bzw. der Abflussfläche (abhängig vom Wasserstand) wichtig. Für große Wassermengen und kleine Gefälle eignen sich Messüberfälle zur Durchflussbestimmung. Die Wasserstands-Abflussbeziehung kann theoretisch aus der Extremwertbetrachtung der Energiegleichung hergeleitet werden (siehe Abschnitt 4.2.4). Überfallgleichungen bedürfen einer empirischen Korrektur. Die scharfkantige Ausführung der Überfallkante lässt die Strömung eindeutig abreißen (Tafel 1.7a), wodurch Abfluss- bzw. Überfallbeiwerte mit sehr guter Genauigkeit und guter Reproduzierbarkeit erreicht werden. Deshalb werden scharfkantige Überfälle in den Wasser-Laboreinrichtungen oft zur Durchflussermittlung und Eichung anderer Durchflussmesser eingesetzt. Der Abfluss- bzw. Überfallbeiwert ist abhängig von der Wehrform und den Zulaufbedingungen (*Bos*, 1976). Scharfkantige Wehre mit einer Dreieckform werden wegen ihrer guten Genauigkeit im unteren und oberen Durchflussbereich sehr oft als Messwehre verwendet. Mit dem *Sutro*-Wehr wird wegen der Proportionalität zwischen Abfluss und Wasserstand z. B. in der Hydrologie der Regen gemessen.

Tafel 1.7
Durchflussmessung mit Überfällen

a) scharfkantige Ausbildung eines Messüberfalles $Q=f(h^n) = C \cdot (b) \cdot h^n$ (1-49) C – Abflussbeiwert n – abhängig von der Wehrform b – Breite für rechteckige Überfälle	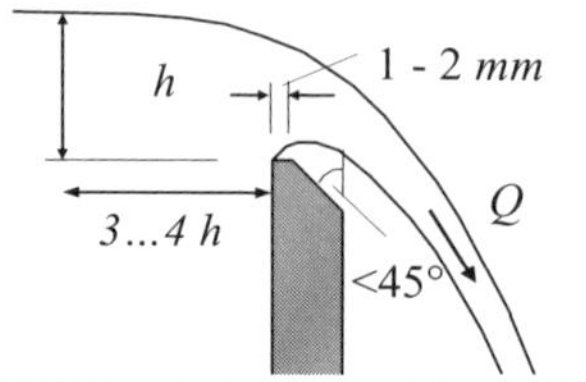
b) Rechtecküberfall $Q=C \cdot b \cdot h^{\frac{3}{2}} = \frac{2}{3} \cdot \mu \cdot \sqrt{2g} \cdot b \cdot h^{\frac{3}{2}}$ (1-50) μ - Überfallbeiwert	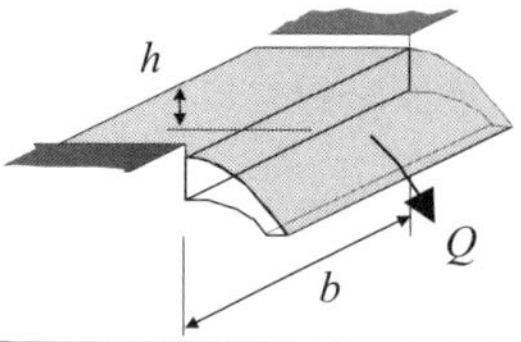
c) Dreiecküberfall $Q=\frac{8}{15} \cdot \mu \cdot \sqrt{2g} \cdot \tan\frac{\alpha}{2} \cdot h^{\frac{5}{2}}$ (1-51) α - Gesamtwinkel des Dreieckwehres μ - Überfallbeiwert	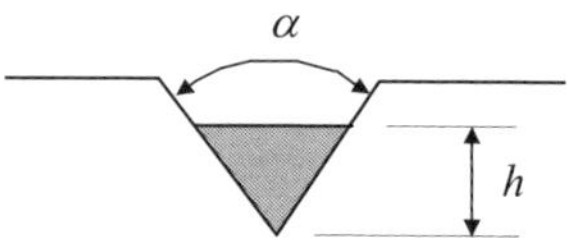
d) Proportionalwehr (*Sutro*-Wehr) $Q = C \cdot h$ (1-52) C – Abflussbeiwert	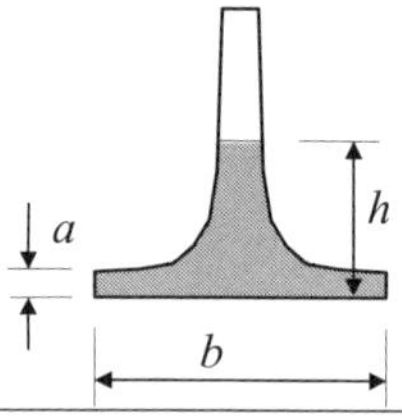

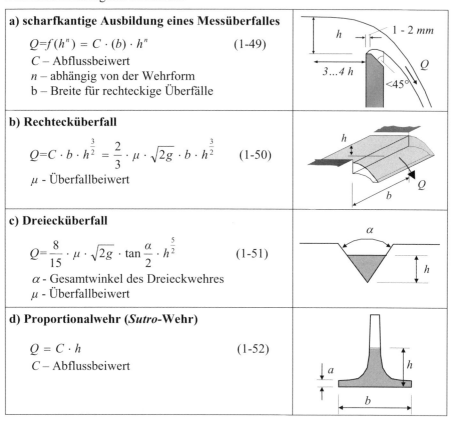

Kontrollrinnen

Überfälle und Verschlussorgane erfordern eine notwendige Wasserspiegeldifferenz zur Durchflussmessung und stellen sogar ein Hindernis z. B. für den Sedimenttransport dar. In vielen Anwendungsfällen, insbesondere in der Abwassertechnik, werden deshalb zur Durchflussmessung in offenen Gerinnen **Venturikanäle** eingesetzt, weil sie den Energieverlust minimieren und den Weitertransport von Inhaltsstoffen zulassen. Ähnlich wie beim Venturimeter wird durch eine Querschnittsverringerung (meist seitlich, manchmal mit Sohlschwelle) eine Beschleunigung der Strömung und damit eine Absenkung des Wasserspiegels erreicht. Diese Absenkung ist vom Durchfluss abhängig. Stellt sich im eingeengten Querschnitt ein Energieminimum ein, also ein Übergang vom strömenden zum schießenden Abfluss (Fließwechsel, Bedingung $z/h_1 \geq 0{,}2...0{,}3$), dann ist der Durchfluss nur vom Oberwasserstand und nicht mehr vom Unterwasserstand abhängig (Bild 1.41).

$$Q = C \cdot b_2 \cdot h_1^{3/2} \tag{1-53}$$

Die Genauigkeit eines Venturikanals ist von der verlustfreien, strömungstechnisch günstigen Ausbildung und von der Genauigkeit der Herstellung des Venturikanals, insbesondere des eingeengten Querschnittes, abhängig. Deshalb werden Venturikanäle maßgenau vorgefertigt und vor Ort eingebaut.

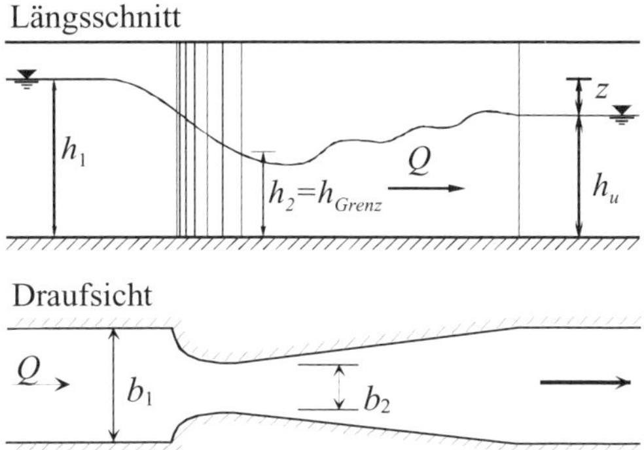

Bild 1.41
Venturikanal

Zur Durchflussmessung in größeren Flüssen, z. B. unterhalb von Talsperren, werden gerade befestigte **Messgerinne** verwendet. Durch Eichung und Aufstellung einer Schlüsselkurve ($Q = f(h)$) kann der Durchfluss als Funktion des Wasserstandes mit Hilfe eines Pegels ermittelt werden (siehe Abschnitt 1.5.2.1).

Integration von Geschwindigkeitsmessungen

Die punktförmige Geschwindigkeitsmessung (z. B. Flügelmessung) im gesamten Fließquerschnitt erlaubt die Bestimmung des Durchflusses durch Integration über die Fließfläche. Dazu wird die Querschnittsfläche in senkrechte Lamellen unterteilt und innerhalb dieser Lamellen wird die Geschwindigkeit in verschiedenen Tiefen ermittelt. Der Wandeinfluss kann durch eine Wichtung der Randmessungen bei der Integration berücksichtigt werden (*Dyck/Peschke* 1995). Einfacher ist jedoch die Berechnung des Geschwindigkeitsfeldes mit Hilfe einer Computersimulation auf der Grundlage der Geometrie des Abflussquerschnittes und der Rauheit des Gerinnes. Aus dieser Simulation kann ein Kalibrierfaktor K einer beliebigen Punktmessung ermittelt werden. Die Messung der Geschwindigkeit an diesem Punkt des Strömungsfeldes erlaubt durch Multiplikation mit dem Kalibrierfaktor die Ermittlung des Gesamtdurchflusses (siehe Bild 1.42).

$$Q = \overline{\upsilon} \cdot A = K \cdot \upsilon_{Punkt} \cdot A \tag{1-54}$$

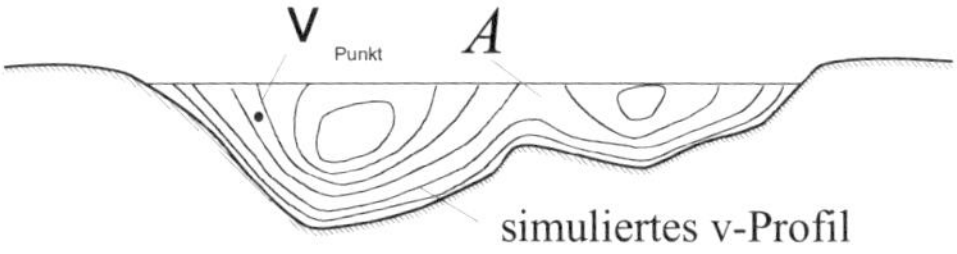

Bild 1.42
Isolinien eines gegliederten Abflussprofils

Einperlverfahren

Das Einperlen von Luft auf der Sohle des Gerinnes erlaubt einerseits die im Abschnitt 1.5.2.9 erläuterte Wasserstandsmessung und damit die Ermittlung des Fließquerschnittes. Andererseits kann aus dem Transportweg L der Luftblasen mit der Strömungsgeschwindigkeit eine mittlere Fließgeschwindigkeit (Integral über die Wassertiefe) abgeleitet werden.

$$Q = \overline{\upsilon} \cdot A = \upsilon(L) \cdot A(h) \qquad (1\text{-}55)$$

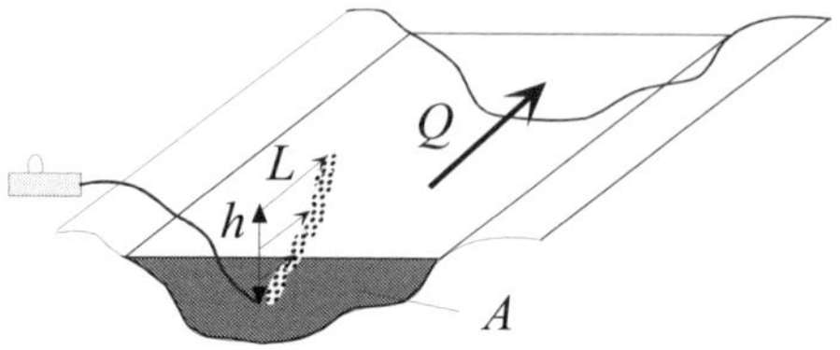

Bild 1.43
Einperlverfahren zur Durchflussmessung

1.5.6 Temperaturmessungen

Die Temperaturmessung im hydraulischen Versuchswesen ist z. B. zur Ermittlung der Zähigkeit des Wassers erforderlich. Quecksilber-, Alkohol-, Bimetall- oder Gasthermometer nutzen die Temperaturabhängigkeit des Volumens von Flüssigkeiten, Festkörpern und Gasen zur Temperaturmessung **(Ausdehnungsthermometer)**.
Der elektrische Widerstand eines Platindrahtes oder eines Thermistors (sog. NTC-Widerstand mit negativem Temperaturkoeffizient) dient als Maß für die Temperatur (**Widerstandsthermometer**).
Die Thermospannung an der Kontaktstelle von zwei verschiedenen Metallen (z. B. ca. 45µV/°C bei Fe-Konstanten) dient zur Temperaturbestimmung mit **Thermoelementen**.
Mit einem **Infrarotthermometer** wird die Infrarotstrahlung fester oder flüssiger Körper (z. B. Gewässer) bestimmt.

1.5.7 Sonstige Messverfahren

Konzentrationsmessungen

Die Trübung (Lichtabsorption) zwischen einer Lichtquelle und einer Fotozelle dient nach Eichung als Maß für die örtliche Feststoffkonzentration. Ebenso kann das gestreute Licht zur Konzentrationsmessung dienen.
Die Absorption von (monochromatischem) Licht durch gelöste Farbstoffe ist ein Maß für die Konzentration des Farbstoffes. Die Messung kann diskontinuierlich durch Probenentnahmen oder kontinuierlich bei Durchstrahlung der Messstrecke (integral bzw. punktförmig) vorgenommen werden.
Durch Messung der elektrischen Leitfähigkeit kann nach entsprechender Eichung die Salzkonzentration (vollständig dissoziierter Salze) bestimmt werden. Die Methode ist jedoch relativ ungenau und störempfindlich, z. B. durch Temperatureinflüsse, Verschmutzung, u.s.w.).

Absorption radioaktiver Strahlung

Die Absorption radioaktiver Strahlung zwischen Quelle und Detektor ist unter anderem abhängig von der Dichte des durchstrahlten Mediums. Unter Konstanthaltung der anderen Einflussgrößen kann somit die Dichte im Messquerschnitt und hieraus die (Massen-) Konzentration (im Messquerschnitt) ermittelt werden. Eine Eichung ist erforderlich. Im *Hubert-Engels*-Labor wurde damit die Dichte von Wasser-Luft-Gemischen gemessen.

Sedimentfallen

In einem Modellgerinne oder einem Fluss wird eine Kammer in die Sohle eingebaut und evtl. mit einem Gitter abgedeckt. Die Ablagerung der transportierten Sedimente wird durch eine Strömungsberuhigung erreicht. In der Strömung können Sedimente auch mit einer Art Netz aufgefangen werden. Das in einem bestimmten Zeitraum eingefangene Sediment wird durch Siebung und Wägung bestimmt.

Abstands- und Profilmessungen

Bisherige Abstandssensoren tasten eine Geländeoberfläche mechanisch ab. Eine neue, sehr genaue Profilmessung wird mit Hilfe der Laser-Abtastung realisiert. Ein Laserstrahl trifft auf die Geländeoberfläche auf und bildet einen Lichtpunkt. Über eine seitlich zum Laserstrahl angeordnete Optik wird die Lage des Lichtpunktes ausgemessen (optische Triangulation). Seine Verlagerung dient als Maß für die Länge des Laserstrahles und damit für die Entfernung zum Gelände. Die Genauigkeit dieser Messmethode liegt bei 0,1 mm bei einem Messbereich von 500 *mm*.

Farbmarkierungen

Farbzugaben dienen der Visualisierung von Strömungen, der Markierung von Stromlinien in Spaltmodellen und der Untersuchung von Vermischungsbereichen z. B. bei Beckendurchströmungen. Als Farben werden Fuchsin, Tinte, Kaliumpermanganat, Fluoreszenzen, oder Gemische verwendet. Für die Markierung der Stromlinien in einem mit Glycerin betriebenen Spaltmodell wird z. B. ein Gemisch aus 6 Teilen Glycerin, einem Teil Kalilauge und je nach Farbintensität Phenolphthalein verwendet.

1.5.8 Auswertung der Messergebnisse

Erfassung von Messgrößen

Die Erfassung von Messgrößen an hydraulischen Modellversuchen erfolgte in der Vergangenheit und erfolgt noch heute mit technischen Hilfsmitteln, den Messgeräten. Diese Messgeräte werden auch heute vielfach noch "per Hand" abgelesen, oder die Messwerte werden mit einfachen Schreibern aufgezeichnet. Seit der Einführung der

Computertechnik setzt sich die Automatisierung dieses Vorganges immer mehr durch. Voraussetzung ist allerdings die Umwandlung der Messgröße in elektrische Signale (meist Stromstärke). Das erfordert die Anwendung von Messwertgebern für möglichst alle zu erfassenden Messwerte (z. B. Wasserstand, Druck, Geschwindigkeit, Durchfluss, Kraft, Weg, usw.). Diese Werte werden dann direkt als Digitalwert oder indirekt als Analogwert über einen AD-Wandler (Analog-Digital-Wandler) dem Rechner zugeführt.
Mit sogenannten Datenerfassungsprogrammen (z. B. LAB-VIEW, Lab-Windows, Dasy-Lab) können diese Daten aufgezeichnet, verarbeitet, umgewandelt, verknüpft, angezeigt und abgespeichert werden. Die erfassbare Datenmenge pro Zeiteinheit ist abhängig von der Abtastrate und steigt gegenüber der Handablesung enorm an, so dass die Auswertung der Daten einen viel größeren Zeitaufwand erfordert als deren Erfassung. Dabei sollten Plausibilitätskontrollen und stichprobenartige Überprüfungen des Ergebnisses durch Vergleichsmessungen die automatisierte Datenerfassung begleiten (DIN 1319, 1996 und 1999).

Messfehler

Jede Messung einer physikalischen Größe ist mit Messfehlern behaftet. Die Abweichung des Messergebnisses vom unbekannten „wahren Wert“ x wird als Fehler f_i der Messung x_i definiert:

$$\text{Fehler} = \text{„wahrer Wert“} - \text{Messwert}$$

Da der „wahre Wert“ x unbekannt ist, wird er mit dem Mittelwert $\bar{x}$ angenähert.
Messfehler lassen sich in zwei grundsätzlich verschiedene Gruppen einteilen, in systematische und zufällige Fehler.
Systematische Fehler werden durch Unvollkommenheiten der Messgeräte oder des Messverfahrens hervorgerufen, z. B. durch die Verwendung von Sonden, welche die Strömung stören, oder durch Lagerreibung z. B. bei Messflügeln. Bei genauer Wiederholung des Messvorgangs sind diese stets gleich groß. Systematische Fehler können durch die Wahl des "richtigen" Messverfahrens oder durch eine Korrektur (Kalibrierung) vermieden oder verringert werden.
Zufällige Fehler werden durch messtechnisch nicht erfassbare Schwankungen der Messobjekte, der Messgeräte, der Umwelt oder der Beobachtung hervorgerufen. Wird eine Messung am selben Objekt unter denselben Bedingungen mit demselben Messgerät wiederholt, so werden die einzelnen Messungen voneinander abweichen. Dabei sind positive und negative Abweichungen vom "wahren Wert" x gleich wahrscheinlich, während kleine Fehler wahrscheinlicher sind als große. Sind bei einer Versuchsreihe n Einzelmesswerte x_1 bis x_n gemessen worden, so gilt als Messergebnis (Mittelwert):

$$\bar{x} = \frac{1}{n} \cdot \sum_{i=1}^{n} x_i \qquad (1\text{-}56)$$

Der Fehler der Einzelmesswerte, berechnet mit dem Mittelwert (scheinbarer Fehler) ergibt sich zu:

Fehler: $f_i = \bar{x} - x_i$ (1-57)

relativer Fehler: $e_i = \dfrac{f_i}{\bar{x}} \cdot 100\%$ (1-58)

Zur Beurteilung der Güte eines Messverfahrens wird die Streuung der Einzelwerte angegeben. Ein Maß dafür ist der **mittlere Fehler der Messreihe** σ_i (Standardabweichung) als Schwankungswert der jeweiligen Messwerte um den Mittelwert oder dessen Varianz σ_i^2.

Standardabweichung einer Stichprobe (Teilmenge der Gesamtheit):

$$\sigma_i = \sqrt{\frac{\sum f_i^2}{n\text{-}1}} = \sqrt{\frac{\sum x_i^2 - n \cdot \bar{x}^2}{(n-1)}} \qquad (1\text{-}59)$$

Der **mittlere Fehler des Mittelwertes** ermittelt sich dann zu:

$$\sigma = \frac{\sigma_i}{\sqrt{n}} \qquad (1\text{-}60)$$

Als Ergebnis der Messreihe wird angegeben:

$$x = \bar{x} \pm \sigma \qquad (1\text{-}61)$$

Die Genauigkeit einer Messung nimmt demnach mit der Zahl durchgeführter Versuche zu ($n = \infty$ geht $\sigma \rightarrow 0$ und $\bar{x} \rightarrow x$).

Beispiel: Fehleranalyse bei der Volumenmessung

Tafel 1.8
Bestimmung des Volumens eines Eichbehälters

i	V_i	$f_i = \bar{V} - V_i$	f_i^2
-	dm^3	dm^3	dm^6
1	980	+25	625
2	1010	–5	25
3	1030	–25	625
4	1000	+5	25
$\sum$	4020	0	1300

$$\bar{V} = \frac{1}{n} \cdot \sum_{i=1}^{n} V_i = \frac{4020}{4} = 1005\ dm^3 \qquad \sigma = \sqrt{\frac{\sum f_i^2}{n \cdot (n-1)}} = \sqrt{\frac{1300}{4 \cdot 3}} = \pm 10{,}408\ dm^3$$

$$e_\sigma = \frac{\pm 10{,}408}{1005} \cdot 100\,\% = \pm 1{,}035\,\% \qquad V = \bar{V} \pm \sigma = 1005 \pm 10{,}408\ dm^3$$

Der wahre Volumenwert V liegt also zwischen 994,592 dm³ und 1015,408 dm³.

Fehlerfortpflanzung

Will man den Fehler σ_X einer nicht direkt gemessen, also aus anderen Messwerten x_i berechneten Größe $X = F(x_1, x_2, \ldots x_n)$ angeben, dann gilt das Fehlerfortpflanzungsgesetz:

$$\sigma_X = \sqrt{\left(\frac{\partial X}{\partial x_1} \cdot \sigma_1\right)^2 + \left(\frac{\partial X}{\partial x_2} \cdot \sigma_2\right)^2 + \ldots + \left(\frac{\partial X}{\partial x_n} \cdot \sigma_n\right)^2} \tag{1-62}$$

Aus dieser allgemeinen Gleichung der Fehlerfortpflanzung ergibt sich bei einer **additiven** Verknüpfung der Messwerte:

$$X = a_1 \cdot x_1 + a_2 \cdot x_2 + \ldots + a_n \cdot x_n$$

$$\sigma_X = \sqrt{(a_1 \cdot \sigma_1)^2 + (a_2 \cdot \sigma_2)^2 + \ldots + (a_n \cdot \sigma_n)^2} \tag{1-63}$$

und bei einer **multiplikativen** Verknüpfung:

$$X = a \cdot x_1^{p_1} \cdot x_2^{p_2} \cdot \ldots \cdot x_n^{p_n}$$

$$\sigma_X = X \cdot \sqrt{\left(p_1 \cdot \frac{\sigma_1}{x_1}\right)^2 + \left(p_2 \cdot \frac{\sigma_2}{x_2}\right)^2 + \ldots + \left(p_n \cdot \frac{\sigma_n}{x_n}\right)^2} \tag{1-64}$$

Regressionsanalyse

Bei der Auswertung von Messergebnissen tritt häufig der Fall auf, dass der funktionelle Zusammenhang zwischen zwei Größen x und y zu ermitteln ist. Dazu werden die gemessenen Wertepaare x_i und y_i in ein Koordinatensystem eingetragen. Das kann mit Hilfe von Tabellenkalkulationsprogrammen (z. B. Excel) oder mathematischen Auswerteprogrammen (z. B. Mathcad) erfolgen. Für eine sinnvolle Auswertung ist die augenscheinliche Beurteilung des Wertepaares und der mögliche physikalische Zusammenhang der Größen wichtig. Die **Methode der kleinsten Fehlerquadrate** erlaubt die Bestimmung eines funktionellen Zusammenhanges mit optimalem Fehlerausgleich, d. h. die Summe der Quadrate der Abweichungen wird ein Minimum. Diese Methode ist aber nur dann sinnvoll, wenn viele Messwerte vorliegen und sogenannte Ausreißer (Fehlmessungen) vermieden werden. Die im folgenden angegebenen Formeln der **Regressionsanalyse** für den linearen Zusammenhang können sinngemäß für exponentielle Zusammenhänge durch Überführung in Geraden (Rektifizierung) angewendet werden. Die Regressionsanalyse mit Hilfe von Polygonen führt zwar zum maximalen Fehlerausgleich, der physikalische Hintergrund geht aber meist verloren.

Für die lineare Abhängigkeit $y = a + b \cdot x$ ergeben sich der Ordinatenabstand a bzw. der Anstieg b zu:

$$a = \frac{\sum x_i^2 \cdot \sum y_i - \sum (x_i \cdot y_i) \cdot \sum x_i}{n \cdot \sum x_i^2 - \left(\sum x_i\right)^2} \tag{1-65}$$

$$b = \frac{n \cdot \sum (x_i \cdot y_i) - \sum x_i \cdot \sum y_i}{n \cdot \sum x_i^2 - \left(\sum x_i\right)^2} \tag{1-66}$$

Beispiel: Exponentialfunktion eines Wehrüberfalles

Die allgemeine Durchflussgleichung eines Wehrüberfalles wird mit folgender Formel beschrieben:

$$Q = c \cdot h^e \tag{1-67}$$

Durch Logarithmieren kann diese auf folgende Form gebracht werden:

$$\lg Q = \lg c + e \cdot \lg h \tag{1-68}$$

Ein an einem Dreiecküberfall ermitteltes Wertepaar für Q und h soll mit Hilfe der o.g. Regressionsfunktion ausgewertet werden.

Tafel 1.9
Wertepaare der Überfallfunktion

Q	m^3/s	0,000803	0,00442	0,01206	0,02464	0,04294	0,06759	0,1384	0,2416	0,3811
h	m	0,05	0,10	0,15	0,20	0,25	0,30	0,40	0,50	0,60

Die Größen $a = lgc$ und $b = e$ werden mit den Werten $x_i = lgh_i$ und $y_i = lgQ_i$ aus den Regressionsgleichungen ermittelt. Aus den $n = 9$ Wertepaaren lassen sich berechnen:

$\sum(\lg h_i) = -5{,}86967$ $\qquad$ $\sum(\lg h_i)^2 = 4{,}79413$

$\sum(\lg Q_i) = -13{,}40886$ $\qquad$ $\sum(\lg h_i) \cdot \sum(\lg Q_i) = 11{,}14198$

Die Funktion der Geraden wird damit zu: $lgQ = 0{,}128344 + 2{,}48122\ lgh$ und die Funktion des Dreiecküberfalles zu $Q = 1{,}3438\ h^{2{,}48122}$.

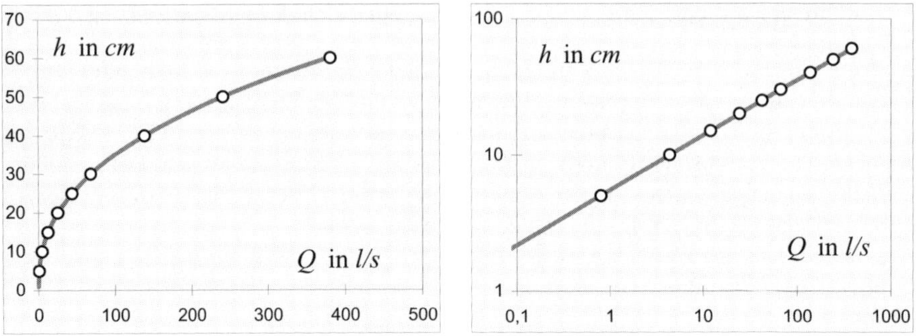

Bild 1.44
Ausgleichsgerade in einfacher und doppeltlogarithmischer Darstellung

Fehlerkurven

Durchflussmessgeräte für kommerzielle Zwecke, insbesondere zur Messung von Abgabe- oder Verbrauchsmengen, erfordern eine vom Hersteller zu garantierende Genauigkeit. Zur Kontrolle der Qualität des Messgerätes werden unabhängige Institute eingesetzt und festgelegte Regeln bei der Überprüfung von Geräten vorgeschrieben. Mit dem nach 1983 erarbeiteten Qualitätssicherungssystem nach DIN ISO 9000, den Regeln zur Durchflussmessung nach DIN ISO 4064 sowie den gesetzlichen Grundlagen zur Eichung (Eichgesetz) und der Eichordnung wurde eine gewisse Sicherheit für den Verbraucher geschaffen. Bild 1.45 zeigt die typische Eichkurve eines Woltman-Zählers mit den nach ISO Standard vorgegebenen Messfehlergrenzen.
Messgeräte zur Erfassung von Labormessgrößen sollten vor dem Einsatz z. B. durch Referenzmessungen auf Messfehler überprüft und geeicht werden.

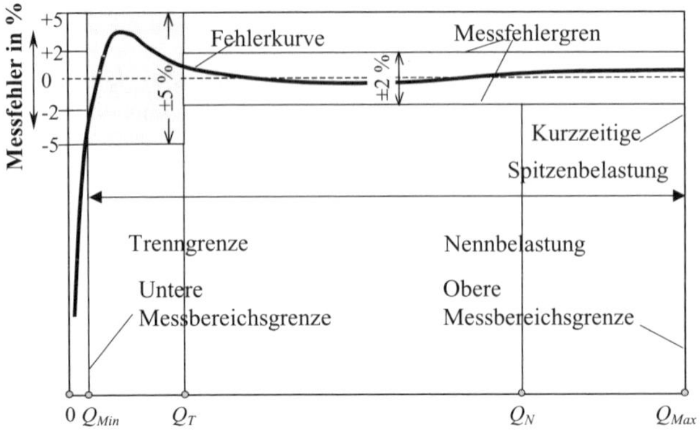

Bild 1.45
Eichkurve eines *Woltman*-Zählers mit Fehlergrenzen nach *Hogrefe* (1994)

1.6

Literatur

Bollrich, G.: Julius Weisbach's and Hubert Engel's contributions to hydraulics and hydraulic research development in Hydraulics and hydraulic research-a historical review. Edited by Günther Garbrecht, A. Balkema/ Rotterdam/ Boston/ 1987 IAHR
Bollrich, G.: Technische Hydromechanik 1. 5. Aufl., Verlag Bauwesen Berlin 2000
Bollrich, G. et al.: Technische Hydromechanik - Band 2. Verlag für Bauwesen Berlin 1989, Abschnitt 1: Hydraulisches Versuchswesen, S.21-75
Bos, M. G. (Editor): Discharge Measurement Structures. Delft Hydraulics Laboratory, Publ.No.161,1976
Busch, K.-F.: Luckner, L.: Geohydraulik. 2. Auflage, Deutscher Verlag für Grundstoffindustrie, Leipzig 1973
DIN 1319: Grundlagen der Messtechnik. Teil 1 (1995), Teil 2 (2005), Teil 3 (1996), Teil 4 (1999), Deutsche Norm
DIN 1952: Durchflussmessung in Blenden, Düsen und Venturirohren in voll durchströmten Rohren und Kreisquerschnitten (VDI-Durchflussmessung), Juli 1982
DIN ISO 4064: Durchflussmessung von Wasser in geschlossenen Leitungen. Deutsche Norm, Jan. 1993
Dyck, S.; Peschke, G.: Grundlagen der Hydrologie. Verlag für Bauwesen, Berlin 1995
Hager, W. H.: Hubert Engels (1854-1945), der Beginn des wissenschaftlichen Wasserbaues. gwf-Wasser-Abwasser 139 (1998), H.8
Hogrefe, W.: Handbuch der Durchflussmessung. Fischer & Porter, Göttingen 1994
Kaba, K. M.: Durchflussmessung mittels Krümmer und Kniestück. Dissertation, TU Dresden, 1985
Kittner, H.; Starke, W.; Wissel, D.: Wasserversorgung. 5. überarbeitete Auflage, Verlag für Bauwesen, Berlin 1984
*Kobus, H.(*Herausgeber): Wasserbauliches Versuchswesen. Deutscher Verlag für Wasserwirtschaft (DVWK), Mitteilungsheft 4, 1978
Kobus, H.: Anwendung der Dimensionsanalyse in der experimentellen Forschung des Bauingenieurwesens. Die Bautechnik, Heft 3, 1974
Pegelvorschrift, Anlage A, Teil 1: Richtlinie. LAWA 1988. Verlag Paul Parey, Hamburg-Berlin.
Pohl, R.: Die Geschichte des Institutes für Wasserbau an der Technischen Universität Dresden. Wasserbauliche Mitteilungen Heft 12, Dresden 1998
Prüfer, St.: Verfahren zur Durchflussmessung in Druckrohrleitungen großer Durchmesser mittels Bypass. Dissertation, TU Dresden, 1989
Rouse, H.; Ince, S.: History of Hydraulics. IOWA Institute of Hydraulic Research. The University of Iowa. 1957/1980
Stopsack, H.: Anforderungen an ein modernes hydraulisches Versuchslabor für Forschung und Lehre. Habilitation (Dissertation B) an der Fakultät für Bau-, Wasser- und Forstwesen der TU Dresden, Dresden 1986
Weisbach, J.L.: Die Experimental-Hydraulik. Verlag v. J.G. Engelhardt, Freiberg, 1855
Technisches Schrifttum der Firmen: Dantec, Hydrometer, Mailey Fischer&Porter, Marsh-Mc Birney, Meinecke, Nortek AS, Pipersberg, Polytec, Schiltknecht,

1.7 Verwendete Bezeichnungen in Kapitel 1

Symbol	**Einheit**	**Bemerkung**
A	m^2	Fläche
a	m/s^2	Beschleunigung
a,b,c,e	-	Exponenten, Beiwerte, Anstieg
a, b	m	Höhe, Breite
C, c	-	Beiwert, Konstante, Kapazität
c	m/s	Schallgeschwindigkeit
C_D, C_Q	-	Widerstandsbeiwert, Ausflussbeiwert
d_S	mm	Sedimentdurchmesser
D, d	m	Durchmesser
D_S	m^2/s	Diffusionskoeffizient
E	-	Elastizitätsmodul
e	%	relative Fehler
F	N	Kraft
f_i		Fehler
f	s^{-1}	Frequenz
G	N	Gewichtskraft
g	m/s^2	Erdbeschleunigung
$H, \Delta H, h$	m	Energiehöhe , Differenzhöhe, Wasserstand
I	-	Gefälle
k	mm	absolute Rauhigkeit
k_{st}	$m^{1/3}/s$	*Manning-Strickler*-Rauheitsbeiwert
k_f	m/s	Durchlässigkeitsbeiwert, *Darcy*-Beiwert
L, l	m	Länge
M	-	Modellmaßstab (siehe Tafel 1.1), Masse
M	kg	Masse
N	-	Überhöhungsfaktor, Exponent, Anzahl
$p, \Delta p$	N/m^2	Druck, Differenzdruck, PN-Nenndruck
Q, q	$m^3/s, m^2/s$	Durchfluss, spezifischer Abfluss pro m Breite
R	s/m^2, Ω	hydraulischer bzw. elektrischer Widerstand
r_{hy}	m	hydraulischer Radius
s, s'	m	Weg, Strecke
T, t	s	Zeit
V	m^3	Volumen
v	m/s	Geschwindigkeit
w	m	Wehrhöhe
y	m	Wandabstand
η	$kg/m/s$	dynamische Viskosität
α	-, °	Beiwert, Winkel
λ	-	Widerstandsbeiwert
μ	-	Ausflussbeiwert, Haftreibungsbeiwert
ν	m^2/s	kinematische Viskosität
Π	-	Dimensionslose Zahl
ρ	kg/m^3	Dichte
σ	-	Oberflächenspannung, mittlerer Fehler
τ	N/m^2	Schubspannung
ζ	-	Verlustbeiwert

2 Gerinneströmung

Helmut Martin
Dirk Carstensen (Abschnitt 2.8)

2.1 Einleitung

Die Planung und der Bau neuer Gerinne sowie die Aus- und Umgestaltung bestehender Gerinne sind ein breites Arbeitsgebiet des Wasserbauingenieurs. In den meisten Fällen wird bei der Bemessung der Gerinne von einem stationär gleichförmigen Fließzustand in einem Regelprofil (Regelquerschnitt) ausgegangen. Die Wirkung von Querschnittsänderungen und Einbauten erfordern in der Regel besondere Untersuchungen, die u. a. auch die Simulation instationärer Prozesse einschließen können. Aus den hydraulischen Untersuchungen lassen sich auch Bemessungsansätze für die Befestigung der Sohle, Wände und Böschungen sowie für Auskleidungen und Deckwerke ableiten (vgl. Abschnitt „Schubspannungen"). Im Abschnitt „Gerinneströmungen" werden die Grundlagen für die hydraulische Bemessung der Gerinne zusammengestellt. Dabei wird zunächst ein Überblick über die Fließformeln, die Querschnittsparameter und die Ansätze für die Rauheit gegeben, um die Berechnung der stationär gleichförmigen Wasserbewegung und die iterative Berechnung der Wasserspiegellage darzustellen.
Der Einfluss des Bewuchses wird nur über die Rauheit erfasst. Für die Ermittlung der Interaktion zwischen Gerinneabschnitten mit und ohne Bewuchs wird auf das Merkblatt 220/ 1991 des DVWK verwiesen.

2.2 Fließformeln

Fließformeln stellen mathematische Beziehungen zwischen den Strömungs- und Gerinneparametern her. Als Strömungsparameter können z. B. die mittlere Fließgeschwindigkeit , die Wassertiefe h und der Durchfluss Q betrachtet werden, während die Querschnittsfläche, der benetzte Umfang, das Gefälle und die Kenngrößen der Rauheit den Gerinneparametern zugerechnet werden müssen. Die Abhängigkeit des stationär gleichförmigen Durchflusses von der Wassertiefe in einem Gerinneabschnitt kann über eine Fließformel gefunden werden. Die grafische Darstellung dieser Abhängigkeit wird als Schlüsselkurve bezeichnet (Bild 2.1).

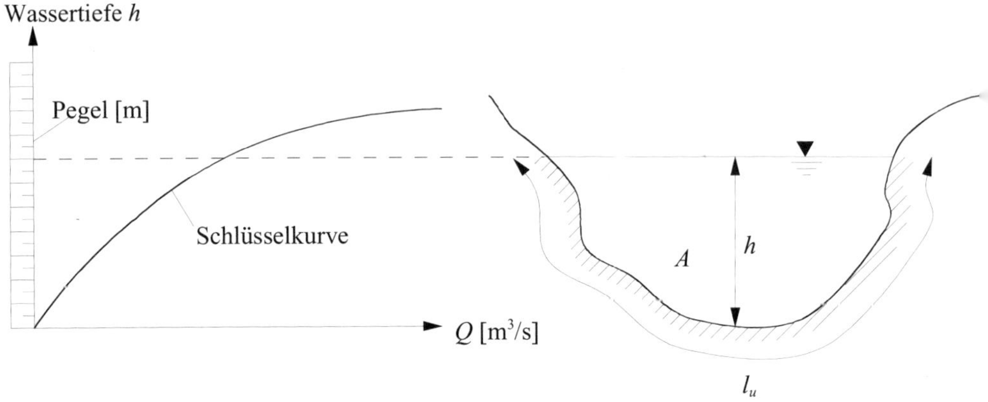

Bild 2.1
Schlüsselkurve eines Gerinnes

2.3 Klassische Fließformel von *Brahms* und *de Chezy*

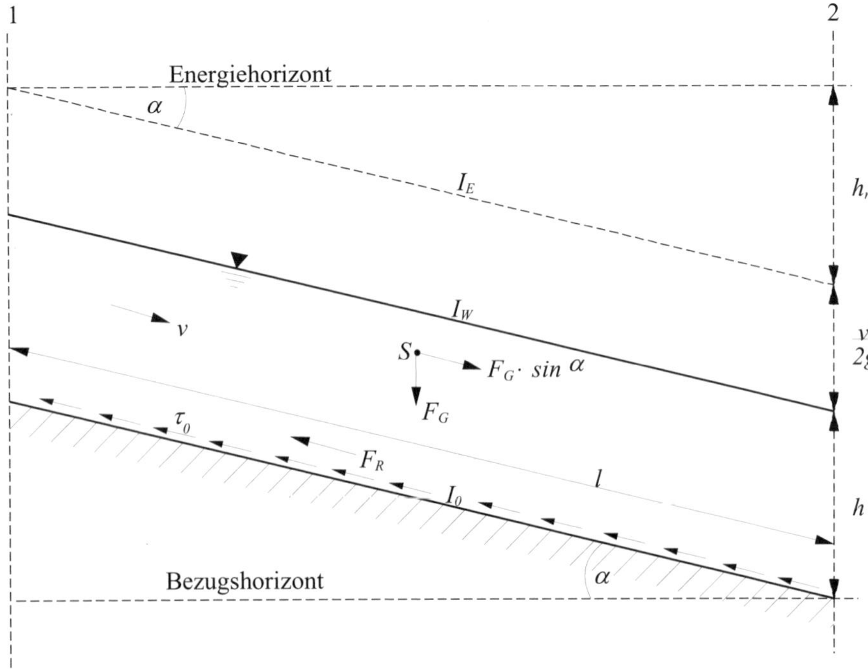

Bild 2.2
Gerinneabschnitt mit gleichförmiger Wasserbewegung

Ein Zusammenhang zwischen der Geschwindigkeit υ und den Parametern eines Gerinneabschnittes lässt sich am einfachsten herstellen, indem die durch die Gewichtswirkung verursachte Hangabtriebskraft $F_G \cdot \sin\alpha$ gleich der Reibungskraft F_R gesetzt wird, die über die Wandschubspannung τ_0 auf dem Wasserkörper einwirkt (Bild 2.2). Aus dieser Gleichgewichtsbedingung folgt

$$A \cdot l \cdot \rho \cdot g \cdot \sin\alpha = \tau_0 \cdot l_u \cdot l \tag{2-1}$$

Mit dem Ansatz $\tau_0 = \frac{\lambda}{8} \cdot \rho \cdot \upsilon^2$ und dem hydraulischen Radius $r_{hy} = \frac{A}{l_u}$ erhält man daraus die klassische Fließformel

$$\mathrm{v} = C \cdot \sqrt{r_{hy} \cdot I}\,. \tag{2-2}$$

Wie in (*Forchheimer*, 1924) dargestellt, äußerte *Brahms* bereits 1757 den Gedanken, dass die beschleunigende Kraftwirkung der Schwerkraft mit der verzögernden Reibungskraft der Gerinnewandung im Gleichgewicht stehen muss, während *de Chezy* vermutlich der Erste war, der diese Zusammenhänge im Jahre 1775 in einer brauchbaren Formel zum Ausdruck brachte. Die Fließformel (2.2) wird daher oft auch als *Brahms-de-Chezy*-Formel bezeichnet.

In der Fließformel (2-2) steht die Konstante C für $\sqrt{\frac{8 \cdot g}{\lambda}}$ und I für das Gefälle $\sin\alpha$, das bei den oft auftretenden kleinen Winkeln α auch durch $\tan\alpha$ ersetzt werden kann.
Die Konstante C in der Formel (2-2) ist als Beiwert zu betrachten, der von der Rauheit des Gerinnebettes abhängt und im SI-System die Dimension $m^{1/2}/s$ hat.
Schreibt man dagegen die Fließformel (2-2) in der Form

$$\mathrm{v} = \frac{1}{\sqrt{\lambda}} \cdot \sqrt{8 \cdot g} \cdot \sqrt{r_{hy} \cdot I}, \tag{2-3}$$

so erhält man mit $\frac{1}{\sqrt{\lambda}}$ einen dimensionslosen Beiwert für das Fließgesetz. λ ist darin als dimensionsloser Widerstandsbeiwert zu betrachten.
Die stark vereinfachten Annahmen, die bei der Ableitung der klassischen Fließformel getroffen werden, führen bei der Anwendung zu erheblichen Ungenauigkeiten. So ist im Allgemeinen die quadratische Abhängigkeit zwischen Wandschubspannung und Geschwindigkeit nicht uneingeschränkt gegeben. Außerdem werden die innere Reibung infolge der Viskosität des Wassers und die Geschwindigkeitsverteilung im Querschnitt nicht berücksichtigt. Die Mängel der klassischen Fließformel veranlassten die Forscher in der Hydraulik seit über 200 Jahren immer wieder, nach verbesserten Fließformeln zu suchen und eine große Anzahl von empirischen Beziehungen für den Beiwert C zu entwickeln (z. B. Formeln von *Ganguillet, Kutter, Bazin* u. a.).

2.4 Empirische Fließformel

Durch die Arbeiten von *Gauckler* (1867), *Manning* (1890) und *Strickler* (1923) entstand eine Potenzformel, die in der Literatur oft in der Form

$$\upsilon = k_{St} \cdot r_{hy}^{2/3} \cdot I^{1/2} \tag{2-4}$$

angegeben wird (*Garbrecht* 1961). Wegen ihrer Einfachheit und den zahlreichen tabellarischen Angaben zum Beiwert k_{St} fand diese Formel insbesondere nach dem 2. Weltkrieg verstärkt Anwendung. Der Beiwert k_{St} (*Strickler* - Beiwert) hat im SI-System die Einheit $m^{1/2}/s$.

Die Potenzformel (2-4) lässt sich mit

$$C = k_{St} \cdot r_{hy}^{1/6} \tag{2-5}$$

leicht auf die klassische Fließformel zurückführen. Der Beiwert C nach Gl. (2.5) wird jedoch nicht allein durch den die Rauheit charakterisierenden Wert k_{St} bestimmt, sondern wird auch vom hydraulischen Radius beeinflusst. Die Gleichung (2-5) bringt somit eine Erfahrung zum Ausdruck, die auch bei den vorher entwickelten empirischen Formel für den Beiwert C bereits zu finden ist, nämlich, dass eine Abhängigkeit des Beiwertes C vom hydraulischen Radius besteht (vgl. Zusammenstellung der Formeln für C in *Garbrecht* 1961).

Für den dimensionslosen Beiwert λ in Gleichung (2-3) folgt

$$\frac{1}{\sqrt{\lambda}} = \frac{k_{St} \cdot r_{hy}^{1/6}}{\sqrt{8 \cdot g}}. \tag{2-6}$$

Garbrecht 1961 wertete auch die Stricklerschen Messungen (*Strickler* (1923) und *Weyrauch, Strobel* (1930)) aus und fand für Gerinne, bei denen die Rauheit durch ein Korngemisch verursacht wurde,

$$k_{St} = \frac{26}{k_S^{1/6}}. \tag{2-7}$$

Darin bezeichnet k_S eine äquivalente Sandrauheit, die mit der Dimension m eingesetzt werden muss. *Strickler* 1923 setzte in seinem Ansatz für k_S den mittleren Durchmesser d_m, für den nach (*Meyer-Peter/Müller* 1949) der Korndurchmesser bei 90% Siebdurchgang gesetzt werden kann.

Nach *Garbrecht* (1961) wird der Gültigkeitsbereich der Gl. (2-7) von

$$2 \cdot 10^{-3} < \frac{k_S}{r_{hy}} < 2 \cdot 10^{-1} \tag{2-8}$$

begrenzt und umfasst somit nahezu den praktisch benötigten Bereich. Aus Gl. (2-7) folgt weiter

$$C = 26 \cdot \left(\frac{r_{hy}}{k_S}\right)^{1/6} \left[\frac{m^{1/2}}{s}\right] \tag{2-9}$$

und aus Gl. (2-6)

$$\frac{1}{\sqrt{\lambda}} = \frac{26}{\sqrt{8 \cdot g}} \cdot \left(\frac{r_{hy}}{k_S}\right)^{1/6} . \tag{2-10}$$

Mit der Beziehung $d_{hy} = 4 \cdot r_{hy}$ erhält man daraus schließlich

$$\lambda = 0.184 \cdot \left(\frac{k_S}{d_{hy}}\right)^{1/3} . \tag{2-11}$$

2.5 Universelle Fließformel

Ausgehend von dem allgemeinen Widerstandsgesetz von *Darcy-Weisbach*

$$\upsilon = \lambda \cdot \frac{l}{d} \cdot \frac{\upsilon^2}{2g} \tag{2-12}$$

wurde in der Rohrhydraulik auf der Grundlage der Arbeiten von *Prandtl*, von *Kármán, Nikuradse, Colebrook* und *White* eine Beziehung für den Widerstandsbeiwert λ für Rohre mit natürlicher Rauheit entwickelt, die meistens in folgender Form geschrieben wird:

$$\frac{1}{\sqrt{\lambda}} = -2{,}0 \cdot \lg\left(\frac{2{,}51}{\mathrm{Re} \cdot \sqrt{\lambda}} + \frac{k_S / d}{3{,}71}\right). \tag{2-13}$$

In den Gl. (2-12 und 2-13) bezeichnet v die mittlere Geschwindigkeit, l die Länge und d den Durchmesser der Rohrleitung. Die absolute Rauheit k_S ist in der gleichen Längeneinheit wie der Durchmesser d einzusetzen. Obwohl die Gleichung streng nur für den Übergangsbereich gilt, erfasst sie auch hinreichend genau die Bereiche „hydraulisch glatt", und „hydraulisch rau".

Die erfolgreiche Anwendung der Gleichungen (2-12) und (2-13) führte zu der Überlegung, diese Beziehungen auch auf offene Gerinne zu übertragen. Um den Einfluss der von der geschlossenen Kreisform abweichenden Formen der Fließflächen offener Gerinne zu berücksichtigen, werden die empirischen Zahlenwerte in der Gleichung (2-13) durch Formfaktoren f ersetzt, f_g in glatten und f_r im rauen Bereich. Dieses Vorgehen ist insofern gerechtfertigt, weil die Zahlenwerte besonders durch die Integration der Geschwindigkeitsverteilung über die Fließfläche zur Ermittlung der mittleren Geschwindigkeit bestimmt werden. Die Gleichung (2-13) kann somit für eine beliebige Querschnittsform wie folgt geschrieben werden:

$$\frac{1}{\sqrt{\lambda}} = -2{,}0 \cdot \lg\left(\frac{f_g}{\mathrm{Re} \cdot \sqrt{\lambda}} + \frac{k_S / d}{f_r}\right). \tag{2-14}$$

Besonders in den Jahren 1960 bis 1970 waren verschiedene Forscher bemüht, die Formfaktoren für unterschiedliche Querschnitte zu ermitteln *Leske* 1969, *Schröder* 1965). Die Berechnung dieser Formbeiwerte gestaltete sich auf Grund der unvollkommenen Ansätze zur Erfassung der Geschwindigkeitsverteilung und der Sekundärströmungen sehr schwierig, so dass nur für einige Querschnittsformen angenäherte Formbeiwerte vorliegen bzw. nur Bereiche für die Formbeiwerte angegeben werden können (vgl. Tafel 2.1). In den folgenden Jahren trat die Forschung über die Formbeiwerte in den Hintergrund, da im Zusammenhang mit der Renaturierung von Fließgewässern, die Auswirkungen sehr rauer Elemente im Gerinne (Bewuchs) und die Interaktion bei gegliederten Querschnitten auf den Abfluss eine größere Bedeutung erlangte.

Tafel 2.1
Formbeiwerte der universellen Fließformel

Gerinneform	f_g	f_r	C_r
Kreisrohr	2,51	3,71	20,75
Rechteckgerinne $b \to \infty$	3,05 – 3,41	2,75 – 3,10	18,45 – 19,37
Rechteckgerinne $b = 4h$		3,23	19,69
Rechteckgerinne $b = 2h$	2,90	3,30 – 3,36	19,85 – 19,99
Rechteckgerinne $b = h$	2,80	3,45	20,20
Rechteck Mittelwert	2,90	3,20	19,62
Halbkreis $h = d/2$	2,60	3,60	20,52
Trapez Mittelwert	2,90	3,16	19,52

Durch eine Verknüpfung der Gleichungen 2-12 und 2-14 gelangt man – wie in den folgenden Entwicklungen gezeigt wird - zu einer universellen Fließformel:
Für den vollfließenden Kreisquerschnitt einer Rohrleitung ist

$$r_{hy} = \frac{d}{4}. \tag{2-15}$$

Definiert man das Energieliniengefälle mit

$$I_E = \frac{h_r}{l}, \tag{2-16}$$

so folgt aus Gl. (2-3)

$$\mathrm{v} = \frac{1}{\sqrt{\lambda}} \cdot \sqrt{2 \cdot g \cdot 4 \cdot r_{hy} \cdot I_E}\ . \tag{2-17}$$

Mit

$$\mathrm{Re} \cdot \sqrt{\lambda} = \frac{\upsilon \cdot d}{\nu} \cdot \frac{1}{\upsilon} \cdot \sqrt{2 \cdot g \cdot 4 \cdot r_{hy} \cdot I_E} = \frac{4 \cdot r_{hy}}{\nu} \cdot \sqrt{8 \cdot g \cdot r_{hy} \cdot I_E} \tag{2-18}$$

erhält man schließlich die universelle Fließformel

$$\mathrm{v} = -4 \cdot \lg\left[\frac{f_g}{\frac{8}{\nu} \cdot \sqrt{r_{hy}} \cdot \sqrt{2 \cdot g \cdot r_{hy} \cdot I_E}} + \frac{k_S}{4 \cdot r_{hy} \cdot f_r}\right] \cdot \sqrt{2 \cdot g \cdot r_{hy} \cdot I_E} \tag{2-19}$$

mit

$$C = -4 \cdot \sqrt{2 \cdot g} \cdot \lg\left[\frac{f_g}{\frac{8}{\nu} \cdot \sqrt{r_{hy}} \cdot \sqrt{2 \cdot g \cdot r_{hy} \cdot I_E}} + \frac{k_S}{4 \cdot r_{hy} \cdot f_r}\right] \tag{2-20}$$

und

$$\frac{1}{\sqrt{\lambda}} = \frac{C}{\sqrt{8 \cdot g}} = -2 \cdot \lg\left[\frac{f_g}{\frac{8}{\nu} \cdot \sqrt{r_{hy}} \cdot \sqrt{2 \cdot g \cdot r_{hy} \cdot I_E}} + \frac{k_S}{4 \cdot r_{hy} \cdot f_r}\right]. \tag{2-21}$$

Darin bezeichnet ν die kinematische Zähigkeit, die für Wasser mit einer Temperatur von $10^0\ C$ $1{,}31 \cdot 10^{-6}\ m^2/s$ beträgt.
Um die zahlenmäßige Größe der Ausdrücke für den glatten und rauen Bereich in der Logarithmus-Funktion abzuschätzen, wird

$$C = -4 \cdot \sqrt{2 \cdot g} \cdot \lg[A + B] \tag{2-22}$$

gesetzt. Im Bild 2.3 sind die Werte für A und B in Abhängigkeit des hydraulischen Radius dargestellt. Für A wurde ein mittlerer Formfaktor von $f_g=2.9$ und ein kleines Gefälle von $0{,}1$ Promille gewählt, um möglichst große Werte für A zu erhalten. Die Werte für B wurden mit $f_r=3.3$ und $k_S/r_{hy}=10^{-2}$ bzw. $k_S/r_{hy}=10^{-3}$ ermittelt. Es zeigt sich, dass der Ausdruck für den glatten Bereich bereits bei einem Verhältnis von $k_S/r_{hy}=10^{-3}$ vernachlässigt werden kann. Aus diesem Zusammenhang folgt, dass für den Bereich

$$\frac{k_S}{r_{hy}} > 10^{-3}, \tag{2-23}$$

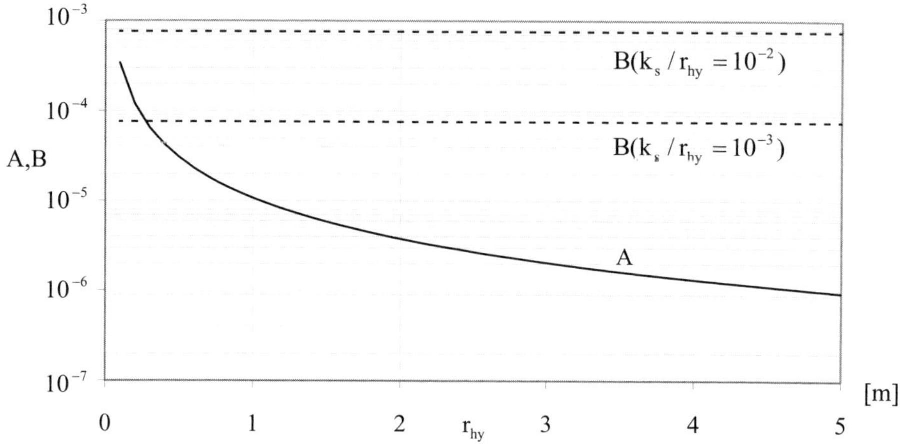

Bild 2.3
Vergleich des Wertes A für den „hydraulisch glatten" Bereich mit dem Wert B für den „hydraulisch rauen" Bereich

der im Allgemeinen für alle natürlichen Wasserläufe zutrifft, eine vereinfachte universelle Fließformel

$$\upsilon = -4 \cdot \sqrt{2 \cdot g} \cdot \lg\left[\frac{k_S}{4 \cdot r_{hy} \cdot f_r}\right] \cdot \sqrt{r_{hy} \cdot I_E} \tag{2-24}$$

angewendet werden kann. Daraus folgt

$$\upsilon = \left[4 \cdot \sqrt{2 \cdot g} \cdot \lg(4 \cdot f_r) + 4 \cdot \sqrt{2 \cdot g} \cdot \lg\left(\frac{r_{hy}}{k_s}\right)\right] \cdot \sqrt{r_{hy} \cdot I_E} \tag{2-25}$$

bzw.

$$\upsilon = \left[C_r + 4 \cdot \sqrt{2 \cdot g} \cdot \lg\left(\frac{r_{hy}}{k_S}\right)\right] \cdot \sqrt{r_{hy} \cdot I_E}\,. \tag{2-26}$$

Der Beiwert

$$C_r = 4 \cdot \sqrt{2 \cdot g} \cdot \lg(4 \cdot f_r) \tag{2-27}$$

ist in Tafel 2.1 für unterschiedliche Querschnitte angegeben. Es wird deutlich, dass in Anbetracht der Ungenauigkeiten, die bei Abschätzung eines zutreffenden Wertes für die absolute Rauheit k_S auftreten, näherungsweise mit einem Beiwert von $C_r \approx 19.8 \cdot m^{1/2}/s$ für alle Querschnittsformen gerechnet werden kann.
Aus Gl. (2-26) folgt

$$C = C_r + 4 \cdot \sqrt{2 \cdot g} \cdot \lg\left(\frac{r_{hy}}{k_S}\right) \tag{2-28}$$

und

$$\frac{1}{\sqrt{\lambda}} = \frac{C_r}{\sqrt{8 \cdot g}} + 2 \cdot \lg\left(\frac{r_{hy}}{k_S}\right) = 2 \cdot \lg\left(\frac{r_{hy}}{k_S} \cdot 10^{\left(\frac{C_r}{2 \cdot \sqrt{8 \cdot g}}\right)}\right) \tag{2-29}$$

bzw. mit $C_r \approx 19.8$ ist

$$\frac{1}{\sqrt{\lambda}} = -2 \cdot \lg\left(\frac{k_S / r_{hy}}{13{,}11}\right). \tag{2-30}$$

Geht man vom Formbeiwert für den Kreisquerschnitt $f_r = 3{,}71$ (vgl. Gl. (2-13)) aus, so erhält man $C_r = 20{,}75$ und aus Gl. (2-29) folgt

$$\frac{1}{\sqrt{\lambda}} = -2 \cdot \lg\left(\frac{k_S / r_{hy}}{14{,}84}\right). \tag{2-31}$$

Diese Beziehung liegt z. B. den Berechnungsgrundlagen für Gerinne mit Bewuchs im DVWK-Merkblatt 220/1991 zugrunde.

2.6 Stationär gleichförmiger Durchfluss

2.6.1 Rauheiten

2.6.1.1 Gleichmäßig über den benetzten Umfang verteilte Rauheiten

Für praktische Berechnungen werden als Fließformel heute entweder die *Strickler*-Formel nach Gl. (2-4), die universelle Fließformel nach Gl. (2-19) oder die vereinfachte universelle Fließformel nach Gl. (2-26) herangezogen. Für die Auswahl ist dabei oft entscheidend, ob für die Rauheit des Gerinnes der *Strickler*-Beiwert k_{St} oder die absolute Rauheit k_S als äquivalente Sandrauheit vorliegt bzw. welchen Werten die größere

Genauigkeit zugeordnet wird und ob Informationen über die Formbeiwerte f_g, f_r und C_r vorhanden sind. In den Tafeln 2.2 und 2.3 sind für die Werte k_{St} und k_S Angaben für unterschiedlich beschaffene Gerinnewandungen zusammengestellt. Formbeiwerte für einige Querschnittsformen sind in der Tafel 2.1 zu finden.

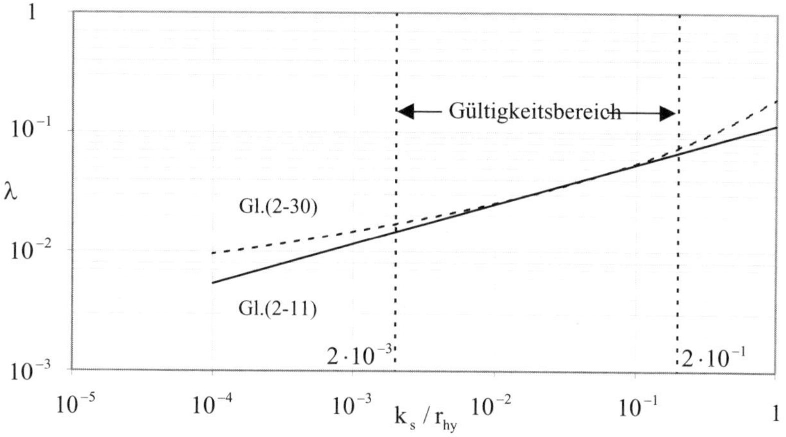

Bild 2.4
Vergleich der λ-Werte nach *Garbrecht* und der vereinfachten universellen Formel

Wird die Fließformel in Form der Gl. (2-3) bzw. Gl. (2-17) herangezogen, so muss zunächst aus den Rauheitsparametern und den Formbeiwerten der Widerstandsbeiwert λ für das Gerinne ermittelt werden. Dafür kann z. B. Gl. (2-21) benutzt werden.
In vielen praktischen Berechnungen, insbesondere bei den natürlichen Gerinnen, kann von einem Fließen im rauen Bereich ausgegangen werden (vgl. Gl. (2-23)), so dass λ auf der Grundlage der vereinfachten universellen Fließformel aus Gl. (2-30) bestimmt werden kann. Bild 2.4 zeigt einen Vergleich dieser λ-Werte mit den λ-Werten, die sich aus der von *Garbrecht* entwickelten Beziehung (Gl. 2-11) ergeben. Dabei zeigt sich in dem von *Garbrecht* angegeben Gültigkeitsbereich (Gl. (2-8)) eine sehr gute Übereinstimmung.

Tafel 2.2
Strickler-Beiwert k_{St} und absolute hydraulische Rauheit k_S für künstliche Gerinne (vgl. auch Tafel 6.2 in Technische Hydromechanik 1, 5. Auflage)

	Beschaffenheit der Gerinnewand	k_{St} **in** $m^{1/3}/s$	k_S **in mm**
glatt	Glas, Piacryl, NE-Metallflächen poliert		0 ... 0,003
	Kunststoff (PVC, PE);		0,05
	Stahlblech neu, mit sorgfältigem Schutzanstrich; Zementputz geglättet		0,03 ... 0,06
mäßig rau	Stahlblech asphaltiert; Beton aus Stahl- bzw. Vakuumschalung, fugenlos, sorgfältig geglättet; Holzgehobelt, stoßfrei, neu Asbestzement, neu	90 ... 100	0,1 ... 0,3
	Geglätteter Beton, Glattverputz Holz gehobelt, gut gefugt	85 ... 90	0,4 0,6
	Beton, gut geschalt, hoher Zementgehalt	70 ... 75	1,5 ... 2,0
rau	Holze, ungehobelt; Betonrohre	75	1,5
	Klinker, sorgfältig verfugt; Haustein- und Quadermauerwerk bei sorgfältigster Aus-Führung; Beton aus fugenloser Holzschalung	70 ... 75	1,5 ... 2,0
	Walzgussasphaltauskleidung	70	2,0
	Bruchsteinmauerwerk, sorgfältig ausgeführt; Stahlrohre, mäßig inkrustiert; Beton unverputzt, Holzschalung; Steine, behauen; Holz, alt und verquollen, Mauerwerk in Zementmörtel	65 ... 70	3,0
	Beton unverputzt; Holzschalung, alt; Mauerwerk, unverfugt, verputzt; Bruchsteinmauerwerk, weniger sorgfältig; Erdmaterial, glatt (feinkörnig)	60	6,0
sehr rau	Beton aus Holzschalung, alt, angegriffen	55	10
	Grobes Bruchsteinmauerwerk; Gepflasterte Böschungen, Sohle und Sand und Kies; Betonplatten; schlecht verschalter alter Beton mit offenen Fugen	45 ... 50	20
	Erdkanäle ohne Geschiebe, mittlerer Kies	40	50

Tafel 2.3
Strickler-Beiwert k_{St} und absolute Rauheit für natürliche Gerinne (Fließgewässer), (vgl. auch Tafel 6.2 in Technische Hydromechanik 1, 5. Auflage)

	Beschaffenheit der Gerinnewand	k_{St} **in** $m^{1/3}/s$	k_S **in** *mm*
sehr rau	Feinsand	56	10
	Sand bis Kies;	50 [0)]	20
	Feinkies; sandiger Kies; Feinsand mit Riffel;	47 [0)]	30
	Feinkies bis mittlerer Kies; Feinsand mit Riffel und Dünen;	43 [0)]	50
	Mittlerer Kies, Schotter;	40 [0)]	75
	Rasen	38 [0)] - 42 [0)]	60 - 100
	Mittlerer bis Grobkies; leicht verkrautete Erdkanäle mit mäßiger Geschiebeführung und Kolken	35	90
extrem rau[1]	Natürliche Flussbetten mit grobem Geröll; stark geschiebeführende Flüsse; Erdkanäle mit scholligem Lehm; Flussvorland mit Vegetation	30 ... 37 [0)]	120 ... 300 [0)]
	Erdmaterial bei mäßiger Geschiebeführung, Grobkies bis Grobschotter starkverwurzeltes Steilufer	... 34	... 200
	Gebirgsflüsse mit groben Geröll, stark bewachsene Erdkanäle; Erdmaterial schollig aufgeworfen	... 25	... 400
	Steinwurf, Steinsatz	35 [0)]	150
	Steinschüttung	34 [0)]	200
	Grobe Steinschüttung; Felsausbruch, nachbearbeitet	≤ 20	... 500 (max. 0,4 · r_{hy})
	Gebirgsflüsse mit starker Geschiebeführung; unregelmäßiges Geröll	< 20	... 650 (max. 0,4 · r_{hy})
	Wildbach	< 20	... 900 (max. 1,0 · r_{hy})
	Felsausbruch, mittelgrob	< 20	... 1500 (max. 0,4 · r_{hy})
	Wildbach mit starkem Geschiebetrieb; stärkste Verkrautung von Erdkanälen	< 20	... 1500 (max. 1,0 · r_{hy})
	Felsausbruch roh, äußerst grob	< 20	... 3000 (max. 0,8 · r_{hy})

[0)] umgerechnet mit Gl. (2-7)

[1] Die absolute Rauheit k_S für extrem raue Oberflächen ist z. Z. noch unzureichend erforscht.

2.6.1.2 Ungleichmäßig über den benetzten Umfang verteilte Rauheiten

Wenn ein kompakter Fließquerschnitt mit deutlich unterschiedlicher Rauheitsstruktur in einzelnen Bereichen des benetzten Umfanges vorliegt, so kann nach (*Einstein* 1934) mit einem gemittelten *Strickler*-Beiwert $k_{St,g}$ gerechnet werden:

$$k_{St,g} = \left[\frac{l_u}{\sum_{i=1}^{n} \left[l_{u,i} / k_{St,i}^{3/2} \right]} \right]^{2/3} \tag{2-32}$$

Darin bezeichnet l_u den gesamten benetzten Umfang und $l_{u,i}$ die jeweiligen Teillängen, denen ein *Strickler*-Beiwert $k_{St,i}$ zugeordnet werden kann (vgl. Bild 2.5).

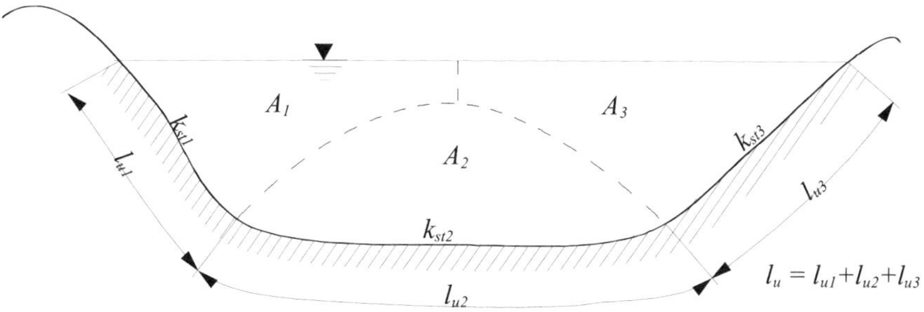

Bild 2.5
Fließquerschnitt mit unterschiedlichen k_{St} – Werten

In dem *Merkblatt DVWK 220/1991* wird vorgeschlagen den Fließquerschnitt in Einflussflächen A_i zu unterteilen, die den $l_{u,i}$-Bereichen mit unterschiedlicher Rauheit $k_{s,i}$ entsprechen.
Dabei wird vorausgesetzt, dass mit der mittleren Geschwindigkeit υ im Fließquerschnitt A der Widerstandsbeiwert λ_i in einem Teilquerschnitt A_i nach einem Fließgesetz ermittelt werden kann, z. B. folgt aus Gl. (2-30)

$$\frac{1}{\sqrt{\lambda_i}} = -2{,}0 \cdot \lg\left(\frac{k_{S,i} / r_{hy,i}}{13{,}11} \right). \tag{2-33}$$

Die Teilfläche A_i ergibt sich dann aus

$$A_i = r_{hy,i} \cdot l_{u,i} \,. \tag{2-34}$$

Die mittlere Geschwindigkeit υ lässt sich nur iterativ ermitteln, dabei müssen bei der Iteration die Bedingungen

$$\upsilon = \frac{1}{\sqrt{\lambda_i}} \cdot \sqrt{8 \cdot g} \cdot \sqrt{r_{hy,i} \cdot I} \tag{2-35}$$

und

$$A = \sum A_i \tag{2-36}$$

erfüllt werden.
Es wird empfohlen, den Iterationsprozess mit einem geschätzten Wert für die mittlere Geschwindigkeit υ' zu starten und die Teilflächen A_i mit Gleichung (2-34) zu ermitteln. Dafür muss wiederum für jede Teilfläche von einem Startwert $r'_{hy,i}$ ausgegangen werden, der über die Beziehung

$$r''_{hy,i} = \left[-2 \cdot \lg\left(\frac{k_{s,i} / r'_{hy,i}}{13{,}11} \right) \right]^{-2} \cdot \frac{\upsilon^2}{8 \cdot g \cdot I} \tag{2-37}$$

solange verbessert werden muss, bis ein Endkriterium

$$r''_{hy,i} - r'_{hy,i} \leq \varepsilon \tag{2-38}$$

erreicht ist. Der Schätzwert für die Geschwindigkeit υ' kann dann mit

$$\mathrm{v}'' = \frac{\mathrm{v}' \cdot A}{\sum A_i} \tag{2-39}$$

verändert und der Iterationszyklus erneut durchlaufen werden, bis die Bedingung der Gl. (2-36) genügend genau erfüllt ist.

2.6.2 Fließquerschnitt

Für die hydraulische Berechnung der Gerinneströmungen werden für die unterschiedlichen Querschnittsformen (Profile) im Allgemeinen folgende Parameter benötigt:

Querschnittsfläche	A	[m^2]
benetzter Umfang	l_u	[m]
hydraulischer Radius	r_{hy}	[m]

Für die Bestimmung von hydraulisch günstigen Profilen sind außerdem die Bedingungen für den maximalen hydraulischen Radius $r_{hy\,max}$ zu ermitteln.
Im Folgenden werden diese Parameter für das Rechteck-, Trapez-, Kreis-, Mulden- und Haubenprofil sowie für zusammengesetzte Querschnitte zusammengestellt. Gleichzeitig werden die Beziehungen für die Grenztiefen h_{gr} für die einzelnen Querschnittsformen angegeben, die vom Durchfluss Q und den Querschnittsparametern abhängen. Die Grenztiefen erfüllen die Bedingung

$$b_W = \frac{g \cdot A_{gr}^3}{Q^2} \tag{2-40}$$

und sind der minimalen Energiehöhe $h_{E\,min}$ zugeordnet.

2.6.2.1 Rechteckprofil

Mit den Bezeichnungen des Bild 2.6 erhält man

$$A = b \cdot h, \tag{2-41}$$

$$l_u = b + 2 \cdot h, \tag{2-42}$$

$$r_{hy} = \frac{b \cdot h}{b + 2 \cdot h} \tag{2-43}$$

und

$$r_{hy\max} = \frac{h}{2} \tag{2-44}$$

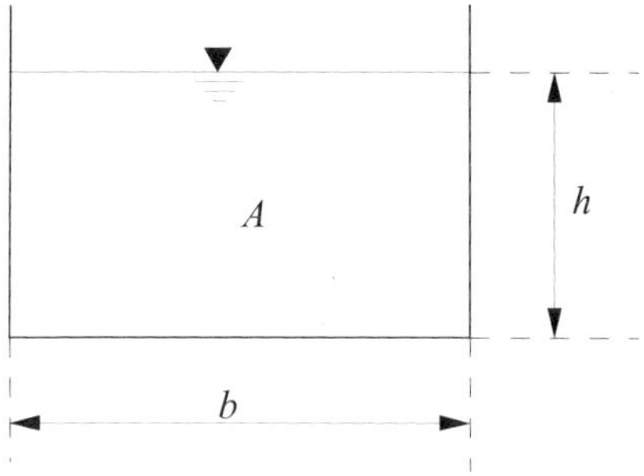

Bild 2.6
Rechteckprofil

mit $b = 2 \cdot h$ und $h = \sqrt{\frac{A}{2}}$.

Die Grenztiefe folgt aus

$$h_{gr} = \sqrt[3]{\frac{Q^2}{g \cdot b^2}}. \tag{2-45}$$

2.6.2.2 Trapezprofil

Aus

$$A = b \cdot h + \frac{h^2}{2} \cdot (m_1 + m_2) \tag{2-46}$$

und

$$l_u = b + h \cdot \left(\sqrt{1 + m_1^2} + \sqrt{1 + m_2^2} \right) \tag{2-47}$$

folgt

$$r_{hy} = \frac{A}{l_u} \tag{2-48}$$

und

$$r_{hy\max} = \frac{h}{2} \tag{2-49}$$

mit

$$h = \frac{\sqrt{A}}{\sqrt{\sqrt{1 + m_1^2} + \sqrt{1 + m_2^2} - \frac{m_1 + m_2}{2}}} \tag{2-50}$$

und

$$b = \sqrt{A} \cdot \left(\sqrt{\sqrt{1 + m_1^2} + \sqrt{1 + m_2^2} - \frac{m_1 + m_2}{2}} - \frac{m_1 + m_2}{2\sqrt{\sqrt{1 + m_1^2} + \sqrt{1 + m_2^2} - \frac{m_1 + m_2}{2}}} \right). \tag{2-51}$$

Aus Gl. (2-40) folgt für die Grenztiefe h_{gr} die Definitionsgleichung

$$h_{gr} = \sqrt[3]{\frac{Q^2}{g \cdot b^2}} \cdot \frac{\sqrt[3]{1 + (m_1 + m_2)\frac{h_{gr}}{b}}}{1 + \frac{1}{2}(m_1 + m_2)\frac{h_{gr}}{b}}, \tag{2-52}$$

die leider nicht explizit nach h_{gr} aufgelöst werden kann.

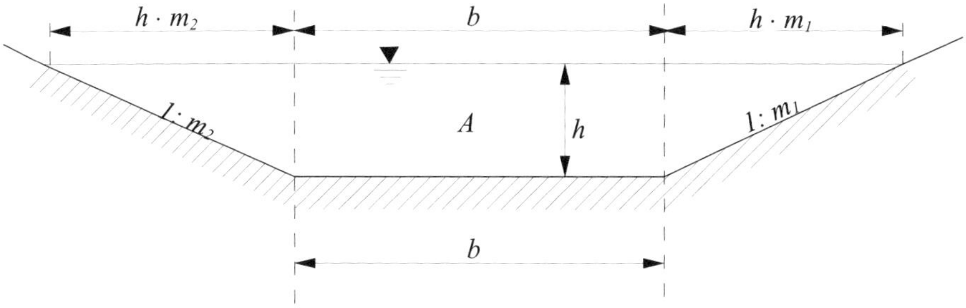

Bild 2.7
Trapezprofil

Setzt man

$$b' = \frac{2 \cdot b}{m_1 + m_2} \tag{2-53}$$

und

$$h_{gr,R} = \sqrt[3]{\frac{Q^2}{g \cdot b^2}} \tag{2-54}$$

und definiert

$$x = \frac{h_{gr}}{b'} \qquad \text{und} \qquad y = \frac{h_{gr,R}}{b'}, \tag{2-55}$$

so ist zur Bestimmung der Grenztiefe die Gleichung

$$x - y \cdot \frac{\sqrt[3]{1 + 2x}}{1 + x} = 0 \tag{2-56}$$

zu lösen. Mit

$$k = \frac{\sqrt[3]{1+2x}}{1+x} \tag{2-57}$$

kann die Grenztiefe aus

$$h_{gr} = k \cdot h_{gr,R} \tag{2-58}$$

bestimmt werden. Den Wert *k* erhält man auch aus dem Diagramm im Bild 2.8.

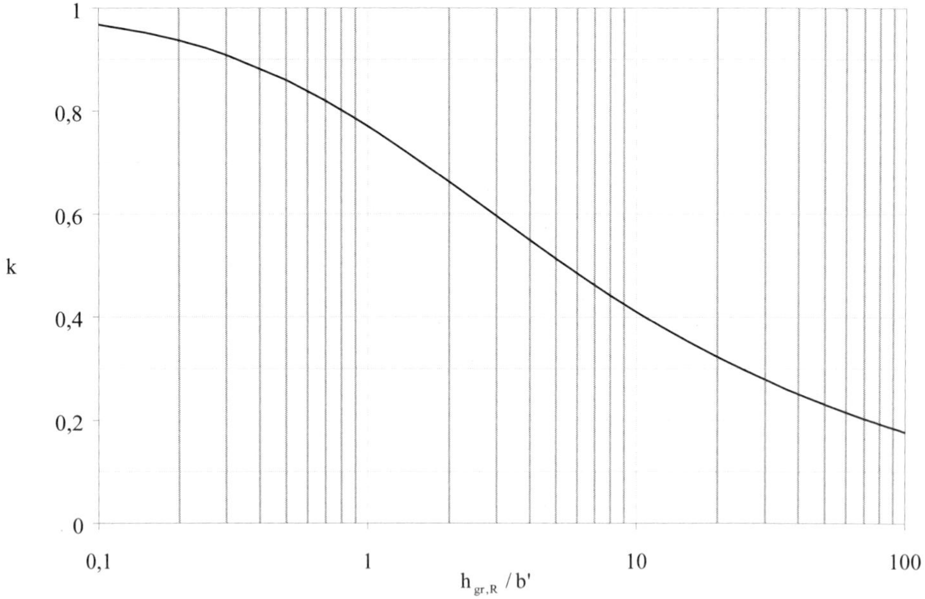

Bild 2.8
Diagramm zur Bestimmung von *k*

In dem Bereich $1 \leq \frac{h_{gr,R}}{b'} \leq 10$ kann *k* auch genügend genau aus

$$k = 0{,}75^{\left(\sqrt{\frac{h_{gr,R}}{b'}}\right)} \tag{2-59}$$

ermittelt werden.

2.6.2.3 Kreisprofil

Mit den Bezeichnungen des Bildes 2.9 und dem Durchmesser $d=2 \cdot r$

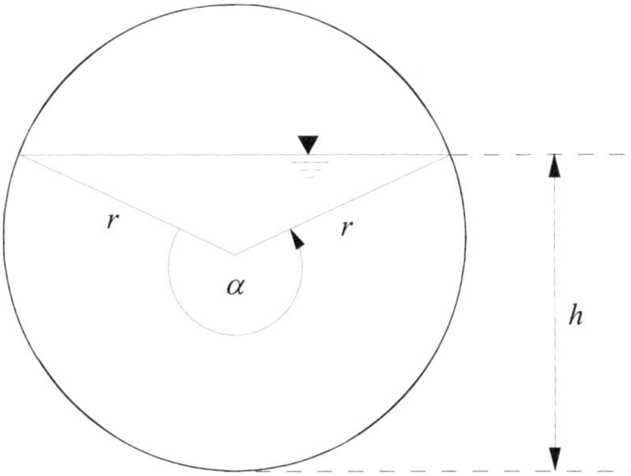

Bild 2.9
Kreisprofil

erhält man den Zentriwinkel

$$\alpha = 4 \cdot \arcsin\left(\sqrt{\frac{h}{d}}\right). \tag{2-60}$$

Damit wird

$$A = \frac{r^2}{2} \cdot (\alpha - \sin\alpha), \tag{2-61}$$

$$l_u = r \cdot \alpha, \tag{2-62}$$

$$r_{hy} = \frac{r}{2} \cdot \left(\frac{\alpha - \sin\alpha}{\alpha}\right) \tag{2-63}$$

und

$$r_{hy\max} = \frac{r}{2} \cdot \left(\frac{\alpha_0 - \sin\alpha_0}{\alpha_0}\right) \tag{2-64}$$

mit $\alpha_0 = 4.493$.

2.6.2.4 Muldenprofil

Muldenprofile lassen sich gut mit der Potenzfunktion

$$b = p \cdot h^{1/n} \tag{2-65}$$

darstellen. Legt man den Ursprung eines *x, y* - Koordinatensystems in den Punkt, in dem die Symmetrieachse die Sohle schneidet, so kann die Profilform mit

$$y = \left(\frac{2}{p}\right)^n \cdot x^n \tag{2-66}$$

beschrieben werden (Bild 2.10). Für eine vorgegebene Wasserspiegelbreite b_w und der zugeordneten Wassertiefe h_0 erhält man den Parameter *p* aus

$$p = \frac{b_w}{h_0^{1/n}}. \tag{2-67}$$

Die Profilform wird mit dem Exponenten festgelegt, der zwischen $n=1$ (Dreieck) und $n=\infty$ (Rechteck) ausgewählt werden kann. Mit den Größen *p* und *n* wird

$$A = p \cdot \frac{n}{(n+1)} \cdot h^{\left(\frac{n+1}{n}\right)}, \tag{2-68}$$

$$l_u = 2\int_0^{bw/2} \sqrt{1 + \left(\frac{2}{p}\right)^{2n} \cdot n^2 \cdot x^{2(n-1)} \cdot dx}, \tag{2-69}$$

(Das Integral in Gleichung (2-69) kann numerisch mit dem Programmsystem *MathCad* berechnet werden.)

und

$$r_{hy} = \frac{A}{l_u}. \tag{2-70}$$

Für das Parabelprofil mit $n=2$ erhält man z. B.

$$A = \frac{2}{3} \cdot b_w \cdot h_0$$

und mit

$$C = \frac{9 \cdot A^2}{64 \cdot h_0^4} \quad \text{wird} \tag{2-71}$$

$$l_u = 2 \cdot h_0 \left[\sqrt{1+C} + C \cdot \ln\left(\frac{1+\sqrt{1+C}}{\sqrt{C}} \right) \right]. \tag{2-72}$$

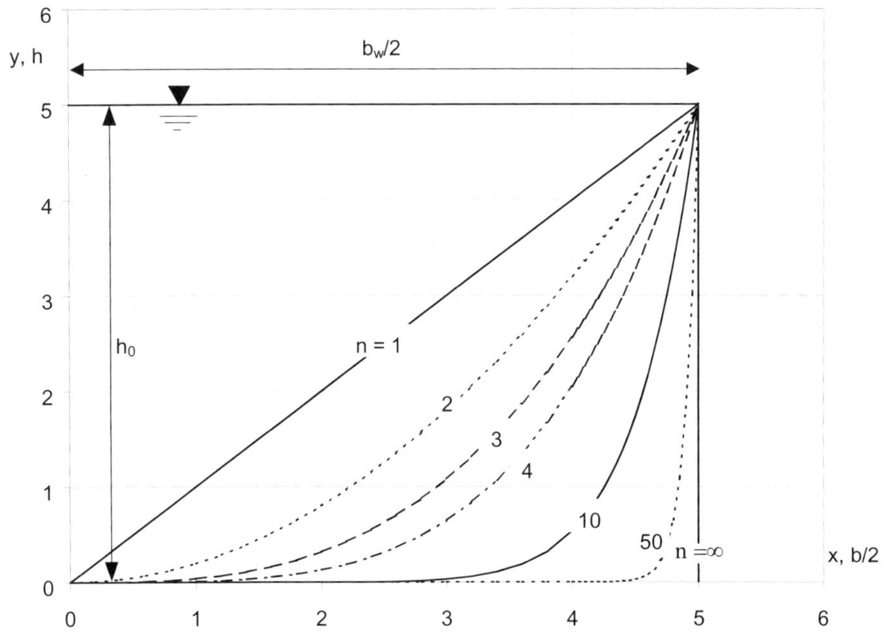

Bild 2.10
Muldenprofil

Bei diesem Profil ist dem maximalen hydraulischen Radius $r_{hy\,max}$ $C=0.264$ zugeordnet, d. h., dass für eine gegebene Fläche $r_{hy\,max}$ bei

$$\frac{b_w}{h_0} = 2.055 \tag{2-73}$$

auftritt.
Die Grenztiefe der anderen Muldenprofile folgt aus Gleichung (2.40). Man erhält

$$h_{gr} = \left(\frac{Q^2}{gp^2} \cdot \left(\frac{n+1}{n} \right)^3 \right)^{\frac{1}{3+\frac{2}{n}}} . \tag{2-74}$$

2.6.2.5 Haubenprofil

Haubenprofile größerer Abwassersammler können in vielen Fällen für hydraulische Untersuchungen genügend genau mit Kreisbögen nachgebildet werden. Mit den Bezeichnungen des Bild 2.11 ergeben sich folgende Zusammenhänge:

$$r = k \cdot b \tag{2-75}$$

$$h_S = b \cdot \left(\sqrt{2 \cdot k - 1} \right) \tag{2-76}$$

$$h_0 = r_0 \cdot \left(1 - \sqrt{1 - \frac{b^2}{r_0^2}} \right) \tag{2-77}$$

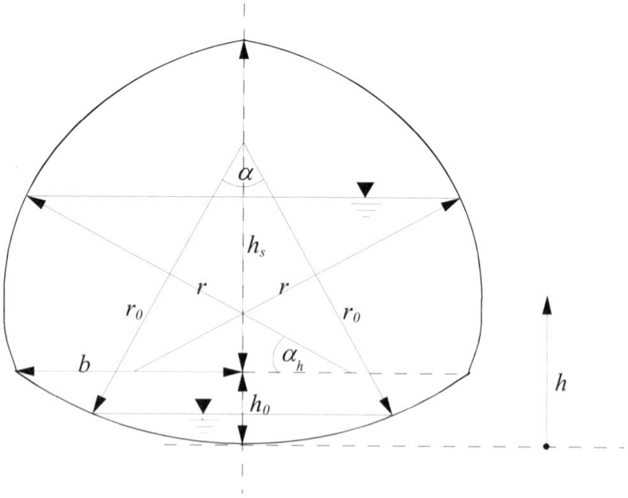

Bild 2.11
Haubenprofil

Für $h<h_0$ wird:

$$\alpha = 4 \cdot \arcsin\left(\sqrt{\frac{h}{2 \cdot r_0}} \right), \tag{2-78}$$

$$A = \frac{r_0^2}{2} \cdot (\alpha - \sin\alpha) \tag{2-79}$$

$$l_u = r_0 \cdot \alpha \tag{2-80}$$

und

$$r_{hy} = \frac{r_0}{2} \cdot \left(\frac{\alpha - \sin\alpha}{\alpha} \right). \tag{2-81}$$

Für $h = h_0$ ist:

$$\alpha_h = 4 \cdot \arcsin\left(\sqrt{\frac{h_0}{2 \cdot r_0}} \right) \tag{2-82}$$

$$A_0 = \frac{r_0^2}{2} \cdot (\alpha_0 - \sin\alpha_0) \tag{2-83}$$

$$l_{u0} = r_0 \cdot \alpha_0 . \tag{2-84}$$

Für $h > h_0$ ergibt sich:

$$\alpha_h = \arcsin\left(\frac{h - h_0}{r} \right), \tag{2-85}$$

$$A = r^2 \cdot \alpha_h + \frac{(h - h_0)^2}{\tan(\alpha_h)} - 2 \cdot (h - h_0) \cdot b \cdot (k - 1) + A_0 , \tag{2-86}$$

$$l_u = 2 \cdot r \cdot \alpha_h + l_{u0} , \tag{2-87}$$

und

$$r_{hy} = \frac{A}{l_u} . \tag{2-88}$$

Die Grenztiefe kann für $h \leq h_0$ iterativ aus

$$\alpha_r = 4 \cdot \arcsin\left(\frac{h_{gr}}{d} \right) \tag{2-89}$$

und

$$\frac{\sqrt[5]{Q^2/g}}{d} = \frac{(\alpha_{gr} - \sin(\alpha_{gr}))^{3/5}}{\left[512 \cdot \sin\left(\frac{\alpha_{gr}}{2}\right)\right]^{1/5}} \tag{2-90}$$

bestimmt werden. Für $h > h_0$ muss zur Bestimmung der Grenztiefe das Gleichungssystem

$$\alpha_h = \arcsin\left(\frac{h_{gr} - h_0}{r}\right), \tag{2-91}$$

$$A = r^2 \cdot \alpha_h + \left(\frac{h_{gr} - h_0}{\tan(\alpha_h)}\right)^2 - 2 \cdot (h_{gr} - h_0) \cdot b \cdot (k-1) + A_0, \tag{2-92}$$

$$b_w = 2 \cdot \left[\left(\frac{h_{gr}}{\tan(\alpha_h)}\right) - b \cdot (k_1 - 1)\right] \tag{2-93}$$

und

$$b_w - \frac{g \cdot A^3}{Q^2} = 0 \tag{2-94}$$

gelöst werden.

2.6.2.6 Zusammengesetzte Querschnitte

a) Fließquerschnitte mit Vorland

Zahlreiche Fließquerschnitte setzen sich aus einem trapezförmigen Mittelwasserbett und den angrenzenden Vorländern zusammen, die nur im Hochwasserfall überflutet werden. Mit den Bezeichnungen des Bildes erhält man für das Profil des Mittelwasserbettes folgende Beziehungen:
Für $h \le h_M$ wird

$$A = m \cdot h^2 + b_M \cdot h, \tag{2-95}$$

$$l_u = b_M + 2 \cdot h \cdot \sqrt{1 + m^2} \tag{2-96}$$

und

$$r_{hy} = \frac{A}{l_u}. \tag{2-97}$$

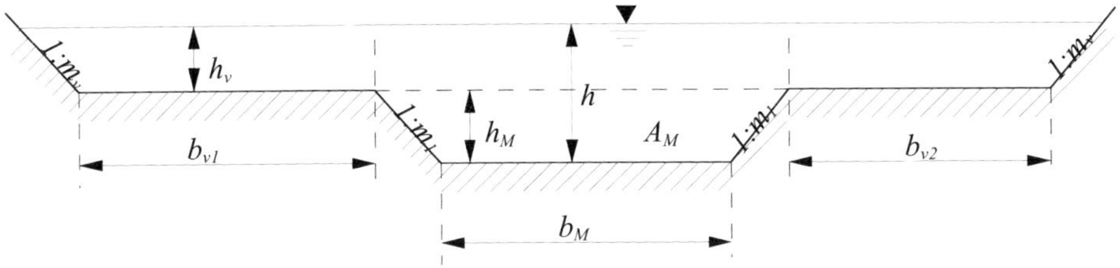

Bild 2.12
Fließquerschnitt mit Vorland

Für den hydraulisch günstigen Fließquerschnitt wird

$$r_{hy\,\max} = \frac{h_M}{2} \tag{2-98}$$

mit

$$h_M = \frac{\sqrt{A}}{\sqrt{2\sqrt{1+m^2}-m}} \tag{2-99}$$

und

$$b_M = \sqrt{A} \cdot \left(\sqrt{2 \cdot \sqrt{1+m^2} - m} - \frac{m}{\sqrt{2 \cdot \sqrt{1+m^2} - m}} \right). \tag{2-100}$$

Für $h > h_M$ bestimmt man mit

$$A_M = m \cdot h_M^2 + b_M \cdot h_M \tag{2-101}$$

und

$$l_{uM} = b_M + 2 \cdot h_M \cdot \sqrt{1+m^2} \tag{2-102}$$

sowie

$$A = A_M + h_V \cdot (b_M + 2 \cdot m \cdot h_V) \tag{2-103}$$

bzw.

$$l_u = l_{uM} + 2 \cdot h_V \tag{2-104}$$

$$r_{hy} = \frac{A}{l_u}. \tag{2-105}$$

Werden b_M und h_V als Variable im mittleren Fließquerschnitt betrachtet, so kann $r_{hy\,max}$ bestimmt werden, wenn

$$h_{VM} = \sqrt{\frac{1}{2} \cdot (A + m \cdot h_M^2)} - h_M \tag{2-106}$$

ist. Die zugehörige Breite b_{MM} folgt aus

$$b_{MM} = \frac{A}{h_M + h_{VM}} - \frac{m \cdot h_M^2}{h_M + h_{VM}} - \frac{2 \cdot m \cdot h_M \cdot h_{VM}}{h_M + h_{VM}}. \tag{2-107}$$

Setzt man voraus, dass der mittlere Fließquerschnitt gleichmäßig durchströmt wird, so kann die Grenztiefe aus der Beziehung

$$b_M + 2 \cdot h_M \cdot m = \frac{A_{gr}^3}{Q^2}$$

mit $$A_{gr} = m \cdot h_M^2 + b_M \cdot h_M + 2 \cdot m \cdot h_M \cdot (h_{gr} - h_M) + b_M \cdot (h_{gr} - h_M) \tag{2-108}$$

bestimmt werden. Über den Vorländern erhält man:

$$A_{V1} = b_{V1} \cdot h_V + \frac{h_V^2}{2} \cdot m, \qquad l_{u1} = b_{V1} + h_V \cdot \sqrt{1 + m^2} \tag{2-109}$$

und

$$r_{hyV1} = \frac{A_{V1}}{l_{u1}} \tag{2-110}$$

bzw.

$$A_{V2} = b_{V2} \cdot h_V + \frac{h_V^2}{2} \cdot m_2, \qquad l_{u2} = b_{V2} + h_V \cdot \sqrt{1 + m_2^2} \tag{2-111}$$

und

$$r_{hyV2} = \frac{A_{V2}}{l_{u2}}. \tag{2-112}$$

Der Abfluss wird im Mittelwasserbett und über den Vorländern getrennt ermittelt.

b) Gegliederte Fließquerschnitte

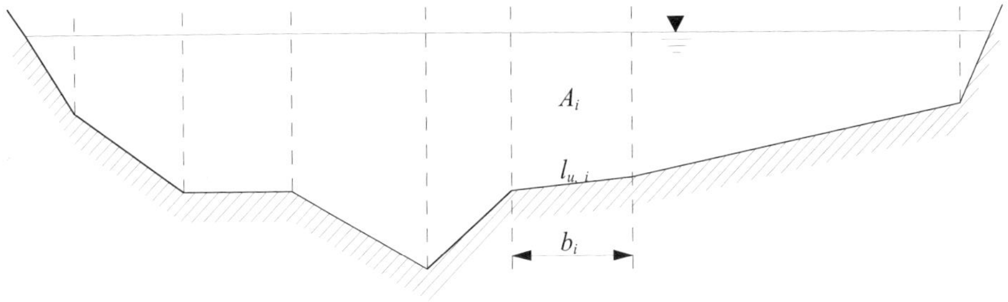

Bild 2.13
Gegliederter Fließquerschnitt

Werden bei einer Ausuferung unausgebaute Flächen überflutet, so muss der Abfluss in jeder Teilfläche A_i getrennt ermittelt werden. Der hydraulische Radius ergibt sich in diesen Fällen aus

$$r_{hy,i} = \frac{A_i}{l_{u,i}} . \tag{2-113}$$

Die Grenztiefe in den Teilflächen bestimmt man näherungsweise aus

$$h_{gr} = \sqrt[3]{\frac{q_i^2}{g}} . \tag{2-114}$$

Dabei wird der spezifische Abfluss aus

$$q_i = \frac{Q_i}{b_i} \tag{2-115}$$

berechnet.

Ein *Programm* für die Berechnung der erforderlichen *Wasserstands-Abfluss-Beziehung* (Schlüsselkurve) für verschiedene Fließquerschnitte auf der Grundlage verschiedener Fließformeln ist auf der beiliegenden CD verfügbar.

2.7 Stationär ungleichförmiges Fließen

Um den Einfluss von Stau- und Absturzbauwerken sowie die Änderung des Sohlgefälles und/oder der Gewässergeometrie auf die Wasserspiegellage in offenen Gerinnen zu erfassen, muss die ungleichförmige Wasserbewegung in einem Gerinne ermittelt werden. Das kann für spezielle Profilgeometrien sowie bei gleichbleibender Profilausbildung und unveränderlichem Sohlgefälle mit analytischen Funktionen (z. B.

für Stau- und Senkungslinien) erfolgen, aus denen die Wassertiefe h als Funktion des Fließweges ermittelt werden kann (vgl. Technische Hydromechanik 1, Abschnitt 6.7, 5. Auflage). In den meisten praktischen Fällen muss jedoch die Wassertiefe schrittweise ermittelt werden, wobei die Berechnung in einem Querschnitt beginnt, in dem die Wassertiefe bekannt ist (z. B. Grenztiefe oder Stauhöhe) und bei strömendem Fließzustand gegen die Fließrichtung und bei schießendem Fließzustand in Fließrichtung erfolgen sollte.
In den folgenden Entwicklungen wird der gegliederte Fließquerschnitt (Bild 2.13) zugrunde gelegt, weil damit auch andere zusammengesetzte bzw. kompakte Fließquerschnitte erfasst werden, wenn für die Teilflächen A_i und die hydraulischen Radien $r_{hy,i}$ die entsprechenden Werte eingesetzt werden. Es wird weiter davon ausgegangen, dass jeder Sohle in der Teilfläche eine Rauheit $k_{S,i}$ zugeordnet werden kann, die Geschwindigkeit gleichmäßig über die Teilfläche verteilt ist und das Energieliniengefälle in allen Teilflächen gleich groß ist (vgl. Bild 2.14).
Mit diesen Voraussetzungen können - wie in den folgenden Gleichungen gezeigt - Beziehungen für die Geschwindigkeitshöhe h_k und für das Energieliniengefälle I_E ermittelt werden (*Bornitz* 1968) :

Die Geschwindigkeitshöhe erhält man z. B. mit

$$A = \sum_{i=1}^{i=n} A_i \,, \tag{2-116}$$

$$\upsilon_m = \frac{1}{A} \sum_{i=1}^{i=n} (A_i \cdot \upsilon_i) \tag{2-117}$$

und dem Geschwindigkeitshöhenausgleichswert α aus

$$h_K = \alpha \cdot \frac{\upsilon_m^2}{2g} \tag{2-118}$$

Der Geschwindigkeitshöhenausgleichswert α kann für den gegliederten Fließquerschnitt aus

$$\alpha = \frac{1}{\upsilon_m^3 \cdot A} \cdot \sum_{i=n}^{i=n} (\upsilon_i^3 \cdot A_i) \tag{2-119}$$

ermittelt werden, so dass mit $Q = \mathrm{v}_m \cdot A$ Gl. (2-118) in Form

$$h_K = \frac{1}{2 \cdot g \cdot Q} \cdot \sum_{i=n}^{i=n} (\upsilon_i^3 \cdot A_i) \tag{2-120}$$

geschrieben werden kann.
Geht man weiter davon aus, dass die Fließgeschwindigkeit in einer Teilfläche A_i mit

$$\upsilon_i = \frac{1}{\sqrt{\lambda_i}} \cdot \sqrt{8 \cdot g \cdot r_{hy,i} \cdot I_E} \tag{2-121}$$

erfasst und λ_i aus

$$\frac{1}{\sqrt{\lambda_i}} = -2 \cdot \lg\left(\frac{k_{S,i}}{r_{hy,i} \cdot 13{,}11}\right) \tag{2-122}$$

ermittelt werden kann (vgl. Gl. (2-30)), so kann für das Verhältnis der Geschwindigkeiten in den Teilflächen A_j und A_i

$$\frac{\upsilon_j}{\upsilon_i} = \frac{\frac{1}{\sqrt{\lambda_j}} \cdot \sqrt{8 \cdot g \cdot r_{hy,j} \cdot I_E}}{\frac{1}{\sqrt{\lambda_i}} \cdot \sqrt{8 \cdot g \cdot r_{hy,i} \cdot I_E}}$$

geschrieben werden. Daraus folgt

$$\upsilon_j = \sqrt{\frac{\lambda_i \cdot r_{hy,j}}{\lambda_j \cdot r_{hy,i}}} \cdot \upsilon_i \tag{2-123}$$

In den j Teilflächen erhält man den Gesamtdurchfluss aus

$$Q = \sum_{j=1}^{j=n} (\upsilon_j \cdot A_j) \tag{2-124}$$

bzw. mit Gl. (2-123) aus

$$Q = \sqrt{\frac{\lambda_i}{r_{hy,i}}} \cdot \upsilon_i \cdot \sum_{j=1}^{j=n}\left(\sqrt{\frac{r_{hy,j}}{\lambda_j}} \cdot A_j\right). \tag{2-125}$$

Daraus ergibt sich für die Geschwindigkeit in der Teilfläche A_i

$$\mathrm{v}_i = \frac{Q}{\sum_{j=1}^{j=n}\left(\sqrt{\frac{r_{hy,j}}{\lambda_j}} \cdot A_j\right)} \cdot \sqrt{\frac{r_{hy,i}}{\lambda_i}} \tag{2-126}$$

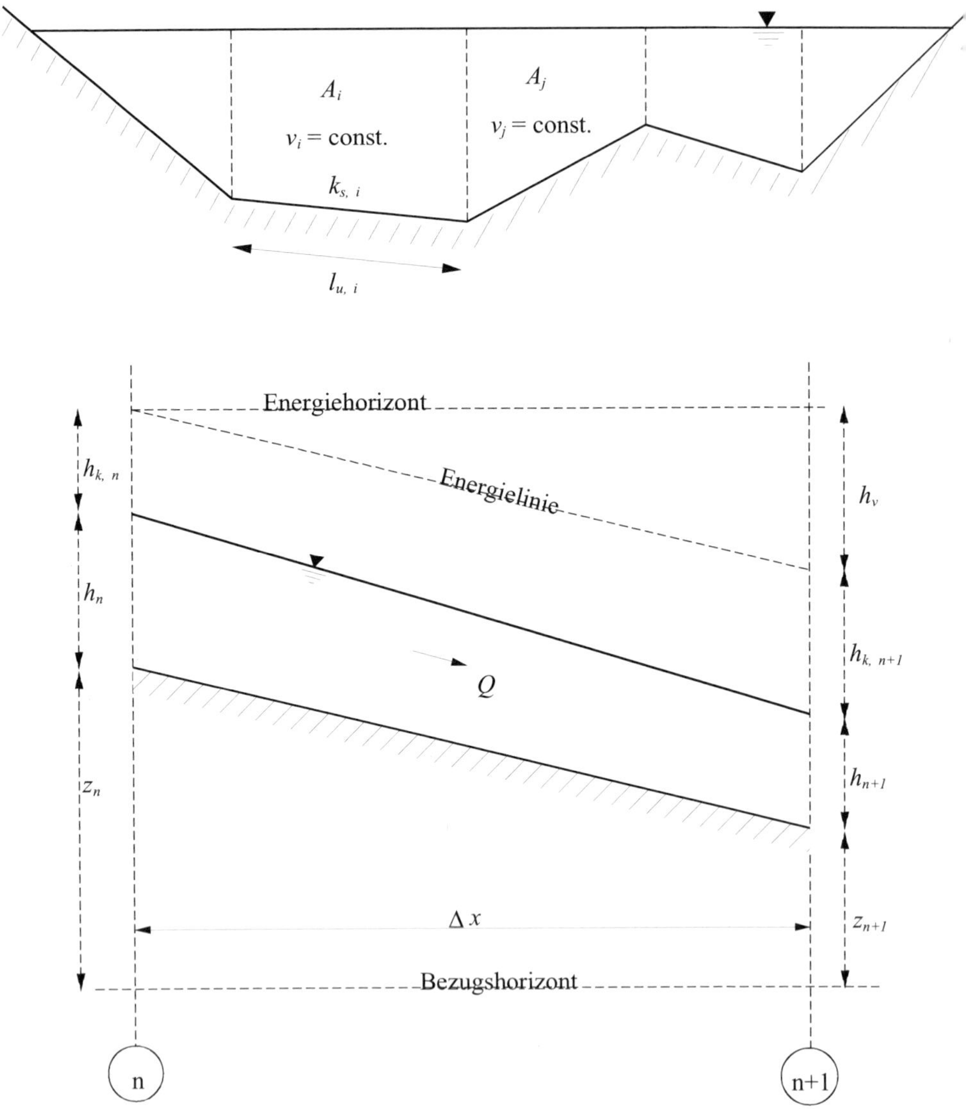

Bild 2.14
Ungleichförmige Wasserbewegung in einem gegliederten Fließquerschnitt

und für die Geschwindigkeitshöhe nach (Gl. 2-120)

$$h_K = \frac{1}{2 \cdot g \cdot Q} \sum_{i=1}^{i=n} \left(\frac{Q^3 \cdot \left(\sqrt{\frac{r_{hy,i}}{\lambda_i}} \right)^3 \cdot A_i}{\left(\sum_{i=1}^{i=n} \left(\sqrt{\frac{r_{hy,i}}{\lambda_i}} \cdot A_i \right) \right)^3} \right) \tag{2-127}$$

bzw.

$$h_K = \frac{Q^2}{2 \cdot g} \cdot \frac{\sum_{i=1}^{i=n} \left(\left(\sqrt{\frac{r_{hy,i}}{\lambda_i}} \right)^3 \cdot A_i \right)}{\left(\sum_{i=1}^{i=n} \left(\sqrt{\frac{r_{hy,i}}{\lambda_i}} \cdot A_i \right) \right)^3} . \tag{2-128}$$

Für das Energieliniengefälle

$$I_E = \frac{\upsilon_i^2 \cdot \lambda_i}{8 \cdot g \cdot r_{hy,i}} \tag{2-129}$$

erhält man unter Beachtung von Gl. (2-126)

$$I_E = \frac{1}{8 \cdot g} \cdot \frac{\lambda_i}{r_{hy,i}} \cdot \frac{Q^2 \cdot \frac{r_{hy,i}}{\lambda_i}}{\left(\sum_{i=1}^{i=n} \left(\sqrt{\frac{r_{hy,i}}{\lambda_i}} \cdot A_i \right) \right)^2} \tag{2-130}$$

bzw.

$$I_E = \frac{1}{8 \cdot g} \cdot \frac{Q^2 \cdot \frac{r_{hy,i}}{\lambda_i}}{\left(\sum_{i=1}^{i=n} \left(\sqrt{\frac{r_{hy,i}}{\lambda_i}} \cdot A_i \right) \right)^2} . \tag{2-131}$$

Die entwickelten Beziehungen können nun in die Energiegleichung eingesetzt werden, für die mit den Bezeichnungen des Bildes 2.14 geschrieben werden kann:

$$z_{n+1} + h_{n+1} + h_{K,n+1} + h_V = z_n + h_n + h_{K,n} . \tag{2-132}$$

Wird in Fließrichtung gerechnet (schießender Fließzustand), so erhält man die gesuchte Wassertiefe h_{n+1} aus

$$h_{n+1} = h_n + (z_n - z_{n+1}) + (h_{K,n} - h_{K,n+1}) - h_V\,. \tag{2-133}$$

Erfolgt die Berechnung gegen die Fließrichtung (strömender Fließzustand), so ergibt sich die gesuchte Wassertiefe h_n aus

$$h_n = h_{n+1} + (z_{n+1} - z_n) + (h_{K,n+1} - h_{K,n}) + h_V \tag{2-134}$$

bzw.

$$h_n = h_{n+1} + \Delta z + \Delta h_K + h_V\,. \tag{2-135}$$

Für die Energieverlusthöhe

$$h_V = I_E \cdot \Delta x$$

kann auf der Grundlage der Gl. (2-131) geschrieben werden

$$h_V = \frac{\Delta x \cdot Q^2}{16 \cdot g}\left[\left[\frac{1}{\left(\sum_{i=1}^{i=n}\left(\sqrt{\frac{r_{hy,i}}{\lambda_i}} \cdot A_i\right)\right)^2}\right]_n + \left[\frac{1}{\left(\sum_{i=1}^{i=n}\left(\sqrt{\frac{r_{hy,i}}{\lambda_i}} \cdot A_i\right)\right)^2}\right]_{n+1}\right]. \tag{2-136}$$

Die Differenz der Geschwindigkeitshöhen ergibt sich unter Beachtung von Gl. (2-128) und Gl. (2-134) aus

$$\Delta h_K = \frac{Q^2}{2 \cdot g}\left[\left[\frac{\sum_{i=1}^{i=n}\left(\left(\sqrt{\frac{r_{hy,i}}{\lambda_i}}\right)^3 \cdot A_i\right)}{\left(\sum_{i=1}^{i=n}\left(\sqrt{\frac{r_{hy,i}}{\lambda_i}} \cdot A_i\right)\right)^3}\right]_{n+1} - \left[\frac{\sum_{i=1}^{i=n}\left(\left(\sqrt{\frac{r_{hy,i}}{\lambda_i}}\right)^3 \cdot A_i\right)}{\left(\sum_{i=1}^{i=n}\left(\sqrt{\frac{r_{hy,i}}{\lambda_i}} \cdot A_i\right)\right)^3}\right]_n\right]. \tag{2-137}$$

Legt man der ungleichförmigen Wasserbewegung nicht die vereinfachte universelle Fließformel nach Gl. 2-121 sondern die Potenzformel nach *Gauckler, Manning* und *Strickler* (Gl.(2-4)) zu Grunde, so erhält man für die Geschwindigkeit in einer Teilfläche A_i

$$\upsilon_i = k_{ST,i} \cdot r_{hy,i}^{2/3} \cdot I_E^{1/2}\,, \tag{2-138}$$

für Gl. (2-136)

$$h_V = \frac{Q^2}{2} \cdot \Delta x \cdot \left[\left[\frac{1}{\left(\sum_{i=1}^{i=n} (k_{ST,i} \cdot r_{hy,i}^{2/3} \cdot A_i) \right)^2} \right]_n + \left[\frac{1}{\left(\sum_{i=1}^{i=n} (k_{ST,i} \cdot r_{hy,i}^{2/3} \cdot A_i) \right)^2} \right]_{n+1} \right] \tag{2-139}$$

und für Gl. (2.137)

$$\Delta h_k = \frac{Q^2}{2 \cdot g} \cdot \left[\left[\frac{\sum_{i=1}^{i=n} (k_{ST,i}^3 \cdot r_{hy,i}^2 \cdot A_i)}{\left(\sum_{i=1}^{i=n} (k_{ST,i} \cdot r_{hy,i}^{2/3} \cdot A_i) \right)^3} \right]_{n+1} - \left[\frac{\sum_{i=1}^{i\leq n} (k_{ST,i}^3 \cdot r_{hy,i}^2 \cdot A_i)}{\left(\sum_{i=1}^{i=n} (k_{ST,i} \cdot r_{hy,i}^{2/3} \cdot A_i) \right)^2} \right]_n \right]. \tag{2-140}$$

2.8 Schubspannungen

Der Widerstand gegen Formänderung unterscheidet sich zwischen festen oder elastischen Körpern und Flüssigkeiten. Wird ein fester Körper durch eine Scherkraft $\vec{F}$ beansprucht, so gilt bei geringer Verformung das *Hooke*sche Gesetz. Danach ist die Schubspannung proportional zur Formänderung oder zu dem Produkt aus Schubmodul G und der Winkeländerung γ des ursprünglich rechten Winkels (vgl. Bild 2.15a).

Das rheologisches Modell für diesen Vorgang ist eine durch die Kraft $\vec{F}$ beanspruchte elastische Feder.

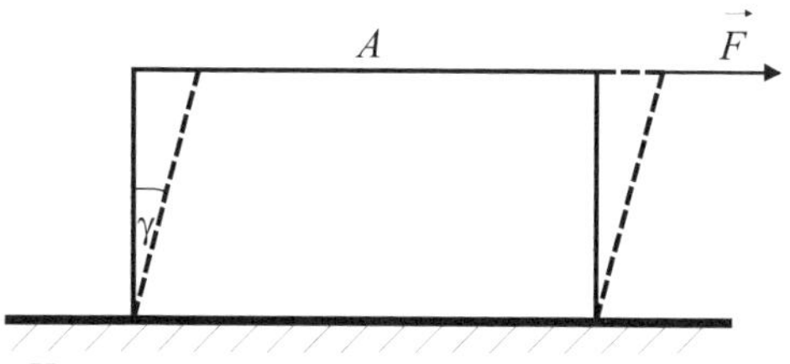

a) fester, elastischer Körper

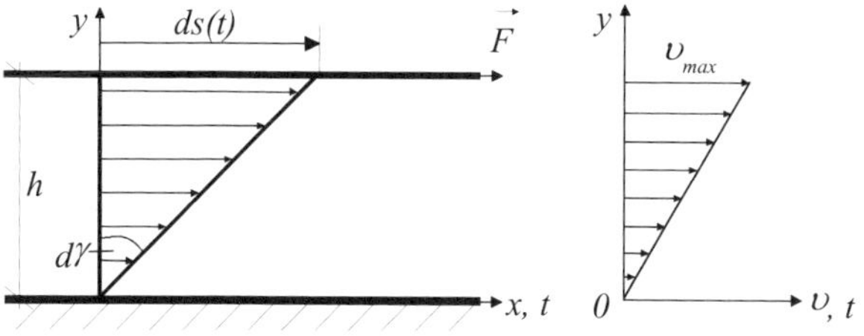

b) Fluid

Bild 2.15

Scherbeanspruchung

Das *Hooke*sche Gesetz lautet:

$$\tau = \frac{|\vec{F}|}{A} = G \cdot \gamma\,. \qquad (2\text{-}141)$$

Für den Nachweis der Formänderung bei Fluiden nutzte der französische Wissenschaftler *Couette* (1858-1943) die Verschiebung von zwei ebenen Platten mit einem konstanten Abstand h (vgl. Bild 2.15b). Im Ergebnis der durch die Kraft $\vec{F}$ mit einer konstanten Geschwindigkeit υ_{max} gezogenen Platte wird eine lineare Geschwindigkeitsverteilung erzeugt. Wird die Haftbedingung bei $y = 0$ und $y = h$ vorausgesetzt, können folgende Gleichungen entwickelt werden:

$$\upsilon = \upsilon_{max} \cdot \frac{y}{h} \qquad (2\text{-}142)$$

$$\upsilon_{max} = \frac{d\,s(t)}{d\,t} \qquad (2\text{-}143)$$

$$d\,s(t) = h \cdot d\,\gamma(t) \qquad (2\text{-}144)$$

Die Schubspannung ist somit proportional zur Größe der Formänderungsgeschwindigkeit $d\gamma(t)/dt$. Das rheologische Modell ist in diesem Fall ein Dämpfungszylinder, wobei sich im Spalt zwischen dem ortsveränderlichen Zylinder und dem ortsfesten Kolben eben diese Scherströmung ausbildet.

$$\tau = \mu\,\frac{d\upsilon}{dy} \qquad (2\text{-}145)$$

Der Proportionalitätsfaktor μ in Gleichung 2-145 ist für *Newton*sche Fluide eine lineare Funktion und wird als dynamische Viskosität oder Zähigkeit bezeichnet. Diese ist für tropfbare Flüssigkeiten unabhängig vom Druck. Sie ist ein Maß für die auf eine Flächeneinheit bezogene, erforderliche Kraft, um den Geschwindigkeitsgradienten $d\upsilon/dy$ zu erzeugen.

Die Abhängigkeit von der Temperatur kann der Tafel 2.4 und Bild 2.16 entnommen werden. Werden beide Seiten von Gleichung 2-145 geteilt durch die Dichte, kann festgestellt werden, dass die linke Seite von der Dimension her eine Geschwindigkeit zum Quadrat darstellt. Somit kann eine Definition für die Schubspannungsgeschwindigkeit υ_* entwickelt werden:

$$\upsilon_* = \sqrt{\frac{\tau}{\rho}} = \sqrt{\frac{\mu}{\rho} \cdot \frac{d\upsilon}{dy}} = \sqrt{\nu \cdot \frac{d\upsilon}{dy}}\,. \qquad (2\text{-}146)$$

Eine Umformung von Gleichung 2-145 ergibt:

$$\frac{d\upsilon_*^{\,2}}{dy} = \frac{d\tau}{\rho\,dy} = \nu \cdot \frac{d^2\upsilon}{dy^2}\,. \qquad (2\text{-}147)$$

Die kinematische Viskosität $\nu = \mu / \rho$ stellt den molekularen Diffusionskoeffizienten für den Impuls und υ_*^2 die Größenordnung der Schubspannung je Masseneinheit dar.

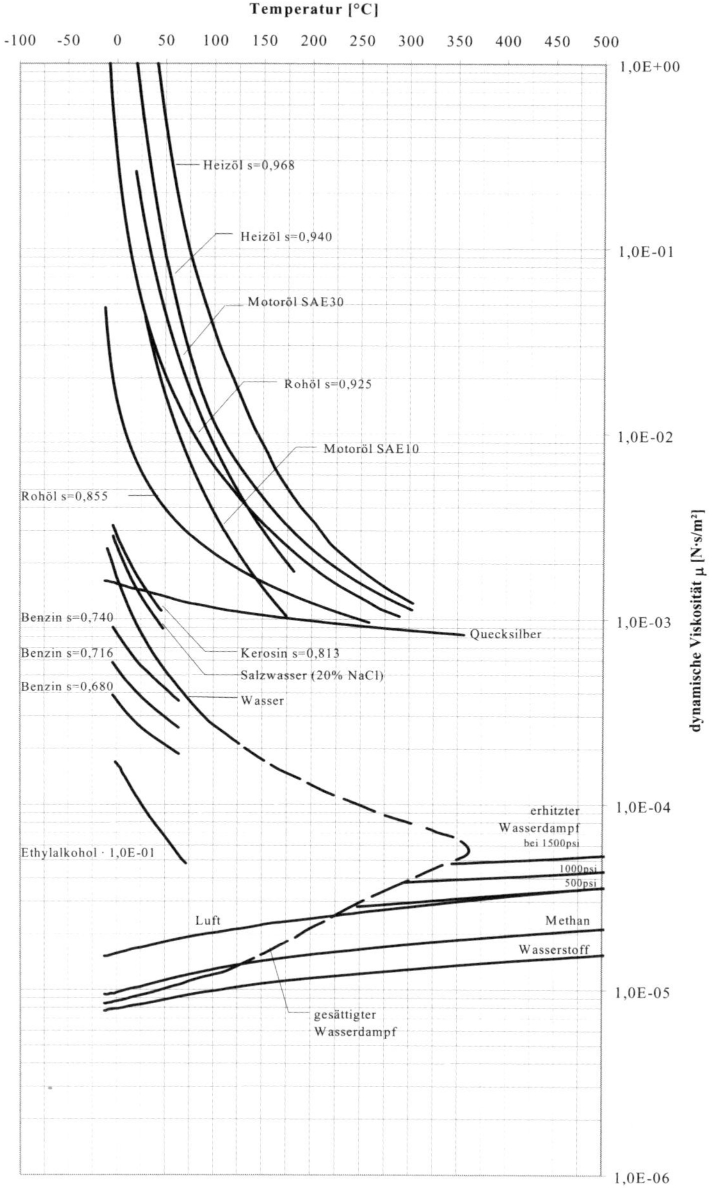

Bild 2.16

Angaben zur dynamischen Viskosität μ verschiedener Fluide $[\rho = s \cdot \rho_w(15{,}5°C)]$

Tafel 2.4

Angaben zur dynamischen und kinematischen Viskosität sowie der Dichte von Wasser in Abhängigkeit von der Temperatur

Material	Temperatur	bezogene Dichte	dynamische Viskosität	kinematische Viskosität
	T $[°C]$	$\rho/g\left[kg\cdot s^2/m^4\right]$	$\mu\cdot 10^{-6}\,[Pa\cdot s]$	$\nu\cdot 10^{-6}\left[m^2/s\right]$
Wasser	0	101,9	1794,60	1,800
	10	101,9	1304,30	1,300
	20	101,7	1010,08	1,010
	40	101,1	655,100	0,661
	60	100,2	473,700	0,482
	80	99,10	357,000	0,368
	100	97,80	283,400	0,296

Beispiel Komponenten der Scherströmung

Zwischen zwei parallelen Platten mit einem Abstand von y = 0,25 mm befindet sich Rohöl (s = 0,855, $\rho = 852{,}7\,kg/m^3$). Erfolgt eine horizontale Verschiebung der oberen Platte mit einer konstanten Geschwindigkeit von υ = 2 m/s, wird an der Unterseite dieser Platte eine Kraft bezogen auf eine Flächeneinheit übertragen. Wie groß ist diese Kraft auf einer Fläche von A = 0,5 m²?

Unter Verwendung von Gleichung 2-145 und Bild 2.16 kann geschrieben werden:

$$F_\tau = \tau\cdot A = \mu\cdot\frac{d\upsilon}{dy}\cdot A \qquad\qquad F_\tau = 1\cdot 10^{-2}\,\frac{N\cdot s}{m^2}\cdot\frac{2\,m/s}{2{,}5\,m\cdot 10^{-4}}\cdot 0{,}5\,m^2 = \underline{\underline{40\,N}}$$

Mit den vorangestellten Erläuterungen kann der Austausch von tangentialen Kräften an Kontaktflächen von Gasen, Flüssigkeiten und Festkörpern beschrieben werden. Unter Verwendung des *Stokes*schen Reibungsgesetzes (Gleichung 2.145) wurde dieser Vorgang bisher nur für die laminare Strömung erläutert. Hier ist die Schubspannung durch molekulare Austauschvorgänge zwischen Schichten unterschiedlicher Geschwindigkeit begründet. In offenen Gerinnen, Flüssen oder Bächen spielen diese molekularen Vorgänge jedoch eine untergeordnete Rolle. Makroskopische Austauschvorgänge in Form von Turbulenzballen, die quer zur Hauptströmungsrichtung versetzt werden, bestimmen hier diesen Prozess (*vgl. Technische Hydromechanik I, Seite 94-95*).

Wie schon *Newton* feststellte, ist die innere molekulare Reibung zwischen zwei aneinander grenzenden Fluidelementen unabhängig von dem dort herrschenden Normaldruck. Bezüglich der Geschwindigkeitsänderung beim Übergang zwischen zwei Fluidelementen ist dagegen eine Proportionalität zu verzeichnen. Haben die sich in die gleiche Richtung bewegenden Elemente unterschiedliche Geschwindigkeiten, so findet infolge Impulstransport quer zur Fließrichtung eine Energiedissipation statt.

Der Impulstransport, die Schubspannung und die Energiedissipation verhalten sich in diesem Prozess proportional zueinander. Der Impulstransport quer zu einer Fläche dA ist abhängig von der Variation des Impulses. Bei konstanter Dichte des Fluids wird dieser also vom Geschwindigkeitsgradienten (nach $\partial \overline{\upsilon}_i / \partial j$, j = Flächennormale) und von der Intensität des Massenaustausches an dieser Fläche bestimmt.

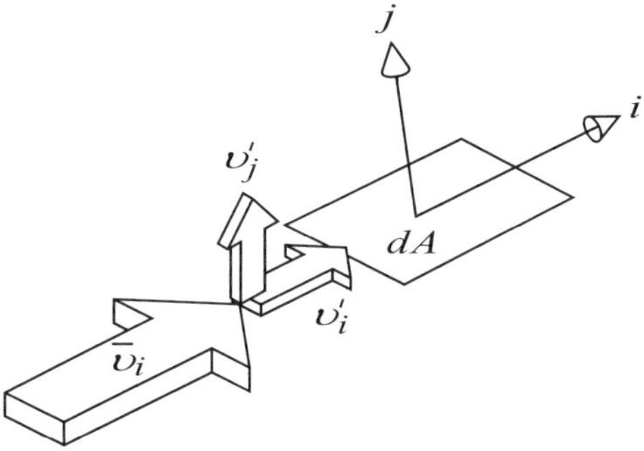

Bild 2.17

Skizze zur Bestimmung der Schubspannung an einer Kontrollfläche dA bei turbulenter Strömung (vereinfacht)

2.8.1 Phänomenologische Theorien der turbulenten Strömung

Boussinesq ergänzte bereits 1877 das Reibungsgesetz der laminaren Strömung um eine Austauschgröße.

$$\tau = \rho \cdot \nu_t \cdot \frac{d\overline{\upsilon}}{dy} \tag{2-148}$$

Darin bedeutet $\overline{\upsilon}$ den zeitlichen Mittelwert der Geschwindigkeit. Dem Wert der dynamischen Viskosität der laminaren Strömung μ entspricht die Größe $\rho \cdot \nu_t$. Für die kinematische Zähigkeit der laminaren Strömung ν wird in Gleichung 2-148 die "scheinbare" kinematische Viskosität ν_t, oft auch als turbulente oder Wirbelviskosität bezeichnet, verwendet. Diese stellt keinen Stoffbeiwert dar. Sie ist betragsmäßig sehr viel größer als die Werte der laminaren Strömung und jeweils abhängig vom Gradienten der Geschwindigkeit $\overline{\upsilon}$. Deutlich wird dieser Zusammenhang dadurch, dass die turbulente Strömung im Gegensatz zur laminaren Strömung näherungsweise proportional dem Quadrat der Geschwindigkeit ist.

Prandtl (1925) fand einen empirischen Zusammenhang für die Austauschgröße und das Feld der mittleren Geschwindigkeit. Er legte seinen Überlegungen eine ebene Strömung mit gleicher Richtung und unterschiedlichen Geschwindigkeiten in den einzelnen Strömröhren zugrunde.

Diese Konstellation ist bei der einfachen Gerinneströmung gegeben ($\overline{\upsilon}_x = \overline{\upsilon}_x(y)$ und $\overline{\upsilon}_y = \overline{\upsilon}_z = 0$), so dass von den Spannungskomponenten (*vgl. Technische Hydromechanik I, Abschnitt 4.8.2.1 und Bild 4.43*) nur die Größe

$$\tau_{xy} = \tau_{yx} = \tau = \rho \cdot \nu_t \cdot \frac{d\overline{\upsilon}_x}{dy} = -\rho \cdot \overline{\upsilon'_x \upsilon'_y} \qquad (2\text{-}149)$$

vorhanden ist. Zum Verständnis des rechten Terms in Gleichung 2-149, in der Literatur stets als die *Reynolds*sche scheinbare Schubspannung bezeichnet, ist das Vorzeichen im Zusammenhang mit der Mittelwertbildung der Schwankungsgeschwindigkeiten υ'_x und υ'_y zu erläutern (*vgl. Technische Hydromechanik I, Abschnitt 4.4*).

Tritt beispielsweise ein Teilchen von oben in eine Kontrollfläche entsprechend Bild 2.17 ein (*j = y; i = x*), so ergibt sich für υ'_x ein Wert der größer und für υ'_y der kleiner ist als Null. Unter Berücksichtigung der Definition der Gleichgewichtsbedingungen in Gleichung 2.1 und Bild 2.2 wird das Minuszeichen für den rechten Term in Gleichung 2-149 eingeführt. Für τ_{xy} kann somit ein Wert größer Null bestimmt werden, d.h. es wird eine positive Tangentialspannung von der Strömung auf die Kontrollfläche übertragen.

Davon ausgehend, dass ν_t ein Maß für den turbulenten Austausch darstellt und der Dimension nach das Produkt von Länge und Geschwindigkeit ist, stellte *Prandtl (1925)* fest, dass es sich bei dieser Geschwindigkeitskomponente um $\overline{\upsilon}_y$ handelt. Flüssigkeitsballen mit größerer bzw. von der anderen Seite kleinerer Quergeschwindigkeit treten im Strömungsprozess durch die Schicht mit dem zeitlichen Mittelwert der Hauptgeschwindigkeitskomponenten $\overline{\upsilon}_x$. Da diese Ballen größere oder kleinere Komponenten von $\overline{\upsilon}_x$ besitzen können, wird immer mehr Impuls in der einen als in der anderen Richtung transportiert. Dies gilt jedoch nicht für den Bereich $\overline{\upsilon}_x = \overline{\upsilon}_{x,max}$.

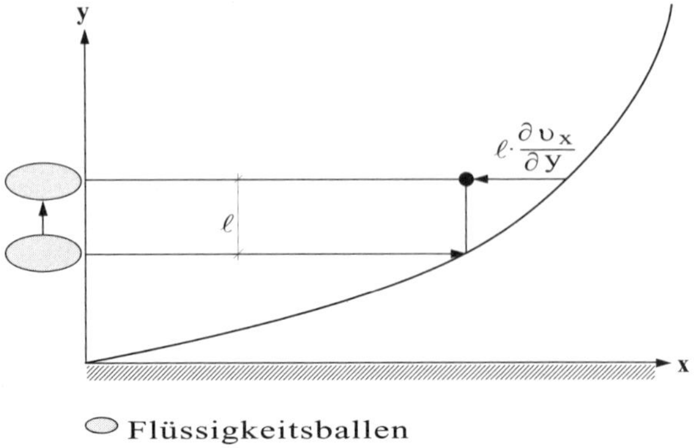

Bild 2.18

Definition der Mischungsweglänge

Die Länge, um den zweiten Faktor für die Bestimmung von ν_t zu erläutern, bezeichnete *Prandtl* als den Mischungsweg ℓ. Dieser stellt die Entfernung von der betrachteten Schicht dar, in welcher der Durchschnittswert von $\overline{\upsilon}_x$, den die Flüssigkeitsballen bei ihrem Durchtritt aufweisen, als zeitlicher Mittelwert der Strömungsgeschwindigkeit angetroffen werden kann. Es ergibt sich also $\overline{\upsilon}_x \pm \ell \frac{\partial \overline{\upsilon}_x}{\partial y}$. Diese Länge entspricht dem Durchmesser der Flüssigkeitsballen. *Prandtl (1925)* bezeichnet sie auch als "Bremsweg des Flüssigkeitsballens in der übrigen Flüssigkeit, der aber dem Durchmesser proportional ist".

Daraus ergibt sich, dass ℓ in Wandnähe gegen Null gehen muss, da die sich in diesem Bereich bewegenden Flüssigkeitsballen einen Durchmesser haben, der kleiner als der Wandabstand ist. *Prandtl* definierte die turbulente Viskosität in folgender Form:

$$\nu_t = 2 \cdot \beta \cdot \overline{\upsilon}_y \cdot \ell \tag{2-150}$$

mit β - durchschnittlicher verhältnismäßiger Anteil der Fläche, der von den von einer Seite durchtretenden Flüssigkeitsballen eingenommen wird.

Dabei stellt $\overline{\upsilon}_y$ eine Mischgeschwindigkeit dar, die kurzfristig abgebremst und genauso schnell wieder neu geschaffen werden muss. *Prandtl* unterstellte, dass $\overline{\upsilon}_y$ beim Aufeinandertreffen von zwei Ballen mit unterschiedlicher Hauptgeschwindigkeit erzeugt wird. Aus diesem Grund definierte er

$$\overline{\upsilon}_y \approx \ell \cdot \left| \frac{\partial \overline{\upsilon}_x}{\partial y} \right| . \tag{2-151}$$

Durch Einsetzen dieses Ausdruckes in Gleichung 2-150 und Gleichung 2.149 ergibt sich die bekannte Form der Definition für die turbulente Schubspannung

$$\tau_{xy} = \tau_{yx} = \rho \cdot \ell^2 \cdot \left| \frac{\partial \overline{\upsilon}_x}{\partial y} \right| \cdot \frac{\partial \overline{\upsilon}_x}{\partial y} = -\rho \cdot \overline{\upsilon'_x \upsilon'_y} . \tag{2-152}$$

In Wandnähe ist die Mischungswegfunktion näherungsweise durch eine Gerade darstellbar.

$$\ell = \kappa \cdot y \tag{2-153}$$

Durch Integration von Gleichung 2-152 kann das *Prandtl/Kármán*sche Geschwindigkeitsverlustgesetz bestimmt werden.

$$\overline{\upsilon}_x = \frac{\overline{\upsilon}_*}{\kappa} \cdot (ln\ y + c) \tag{2-154}$$

Die Integrationskonstante c ist von der *Reynolds*zahl und von der Wandbeschaffenheit abhängig. *Nikuradse (1933)* bestimmte bei Messungen an Rohren mit rauer Wandung

$$c = c_r = ln \frac{30}{k_s} \tag{2-155}$$

und für glatte Rohre

$$c = c_g = ln \frac{9 \cdot \overline{\upsilon}_*}{\nu} . \qquad (2\text{-}156)$$

Für die *Kármán*-Konstante ermittelte *Nikuradse* in seinen Versuchen $\kappa = 0{,}4$. Bezüglich der Anwendung dieser empirisch ermittelten Beiwerte ist davon auszugehen, dass κ nicht als eine universelle Konstante aufzufassen ist. Vielmehr wird durch die Abweichung der *Kármán*-Konstante vom Wert $\kappa = 0{,}4$ die lokale Dämpfung des turbulenten Bewegungsprozesses in Abhängigkeit von der Querschnittsform und dem b/h- Verhältnis ausgedrückt. Für Rechteckgerinne mit glatter Wandung ist der κ-Wert mit $0{,}412 \pm 0{,}11$ *(Nezu/Rodi, 1986)* bestimmt worden, für geradlinige Berandungen eines unendlich breiten Profils wurde $\kappa = 0{,}44$ *(Wagner, 1969)* ermittelt.

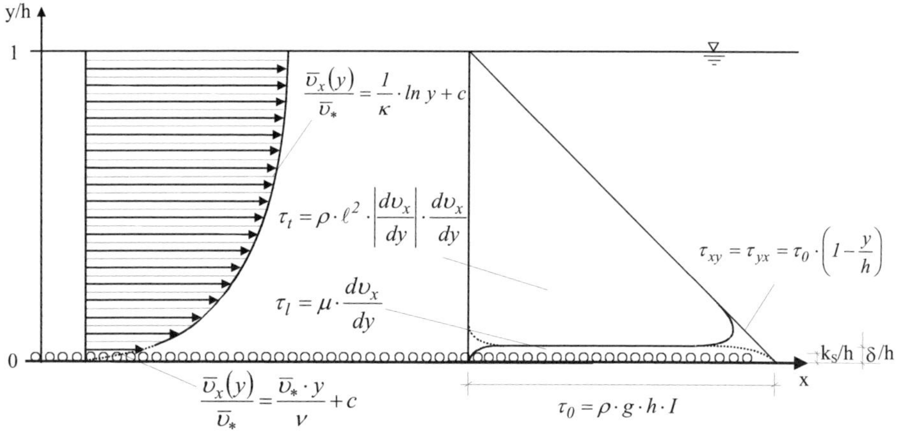

Bild 2.19

Geschwindigkeits- und Schubspannungsverteilung im unendlich breiten Gerinne bei stationär gleichförmigem Abfluss (*I*-Neigung der Gerinnesohle, wandnaher Bereich vergrößert dargestellt)

Die Sohle eines natürlichen oder naturnahen Fließgewässers ist durch Transportkörper in Form von Riffeln oder Dünen gekennzeichnet.
Diese sind charakterisiert durch

Riffel:
- eine unregelmäßige Form,
- Dimensionen im cm/dm Bereich und unabhängig von der Wassertiefe,
- L << h,
- maßgebender Korndurchmesser ist kleiner als 0,3 mm;

Dünen
- eine durchgängig regelmäßige Form (bis $0{,}33 \cdot h$),
- Dimensionen im dm/m Bereich und abhängig von der Wassertiefe,
- L >> h,
- maßgebender Korndurchmesser ist größer als 0,3 mm.

In Bild 2.20 ist zu erkennen, dass es infolge der Verringerung der Wassertiefe auf den Luvhängen der Transportkörper zur Vergrößerung der Hauptfließgeschwindigkeitskomponente kommt. Sowohl diese Zunahme als auch die Abnahme der Geschwindigkeit hinter dem Kamm des Transportköpers vollzieht sich in Sohlnähe stärker als in den darüber liegenden Schichten. Hinter den Kämmen ist dies in direkter Sohlnähe meistens von Rückströmungen begleitet.

Motzfeld (1937) untersuchte den Druckverlauf, die Geschwindigkeitsverteilung, den Reibungswiderstand und die Schubspannungsverteilung längs welliger Wände. Er verwendete vier verschiedene Wellenformen (2 mal Sinuswellen, Wellen mit Trochoidenform und Wellen, die aus Kreisbögen geformt wurden sowie scharfkantige Kämme besaßen, a = 7,25 ... 15 mm, L = 150 ... 300 mm).

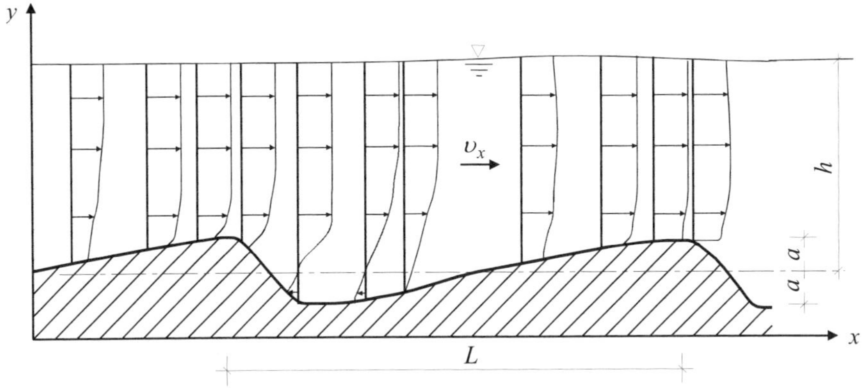

Bild 2.20

Geschwindigkeitsprofil über einem Transportkörper [*Zanke (1982)*, modifiziert)]

Ein Vergleich der Ergebnisse mit denen der turbulenten Strömung an glatten und rauen Wänden ergab, dass in Wandnähe das logarithmische Geschwindigkeitsgesetz nicht mehr gültig ist. In größerer Entfernung von der Wand kann die Fließgeschwindigkeit jedoch in folgender Form bestimmt werden:

$$\frac{\overline{\upsilon}_x}{\overline{\upsilon}_*} = \frac{1}{\kappa} \cdot ln \frac{7{,}5 \cdot y}{2 \cdot a}. \qquad (2\text{-}157)$$

Damit ergibt sich die Integrationskonstante c in Gleichung 2-154 zu:

$$c = c_w = ln \frac{7{,}5}{2 \cdot a} \qquad (2\text{-}158)$$

Für k_s kann bei Flüssen und Bächen mit natürlichem Sohlsubstrat der d_{50} für Sedimente mit geringer Kornabstufung oder der d_{90} für stetige Kornverteilungen eingesetzt werden. Letzterer entspricht näherungsweise dem mittleren Durchmesser (d_m) der Deckschicht. Ist die Sohle durch Riffel oder Dünen gekennzeichnet, wird der Anteil der Kornrauheit an der Gesamtrauheit vernachlässigbar klein.

Beispiel Geschwindigkeitsprofil unter Berücksichtigung der Sohlausbildung

Für ein Gerinne ist bei stationär gleichförmigem Abfluss die Wassertiefe $(h = 0{,}3\,m)$ und das Gefälle $(I = 0{,}05\,\text{‰})$ bekannt. Die Wassertemperatur beträgt $T = 10°C$. Es soll ein Geschwindigkeitsprofil unter Beachtung folgender Festlegungen für die Sohlrauheit bestimmt werden!

a) Es handelt sich um ein Gerinne aus PVC,
b) die Deckschicht der Gerinnesohle besteht aus einem gering abgestuften Korngemisch mit $d_{50} = 8\,mm$,
c) das Sediment der Gerinnesohle hat einen charakteristischen Korndurchmesser von $d_{ch} = 0{,}25\,mm$ und weist Riffel mit $a = 20\,mm$ auf.

Lösung:

$$\upsilon_* = \sqrt{\frac{\tau_0}{\rho}} = \sqrt{g \cdot h \cdot I} = \sqrt{9{,}81\frac{m}{s^2} \cdot 1\,m \cdot 0{,}00005\frac{m}{m}} = \underline{0{,}0121\frac{m}{s}}$$

$\nu = 1{,}31 \cdot 10^{-6}\,m^2/s$ (nach Tafel 2.4)

1) Feststellung des "hydraulischen Verhaltens" (*vgl. Technische Hydromechanik I, Abschnitt 5.4.4*)

zu a) $k_s = 0{,}05\,mm$ (vgl. Tafel 2.2)

$$\frac{\upsilon_* \cdot k_s}{\nu} = \frac{0{,}0121\,m/s \cdot 0{,}05 \cdot 10^{-3}\,m}{1{,}31 \cdot 10^{-6}\,m^2/s} = \underline{0{,}462 \qquad < rd.5}$$

hydraulisch glattes Verhalten ⇒ Gleichung 2-154 und 2-156

zu b) $k_s = d_{50} = 8\,mm$

$$\frac{\upsilon_* \cdot k_s}{\nu} = \frac{0{,}0121\,m/s \cdot 8 \cdot 10^{-3}\,m}{1{,}31 \cdot 10^{-6}\,m^2/s} = \underline{134{,}96 \qquad > rd.70}$$

hydraulisch raues Verhalten ⇒ Gleichung 2-154 und 2-155

zu c) Riffel ⇒ Anteil der Kornrauheit an der Gesamtrauheit der Sohle sehr gering ⇒ Gleichung 2-157

2) Tabellarische Ermittlung der Geschwindigkeitsprofile

	$h[m]$	0,010	0,030	0,060	0,100	0,150	0,200	0,250	0,300
a)	$\upsilon[m/s]$	0,203	0,237	0,258	0,273	0,285	0,294	0,301	0,306
b)	$\upsilon[m/s]$	0,110	0,143	0,164	0,179	0,192	0,200	0,207	0,213
c)	$\upsilon[m/s]$	0,019	0,052	0,073	0,089	0,101	0,110	0,116	0,122

2) Geschwindigkeitsprofile

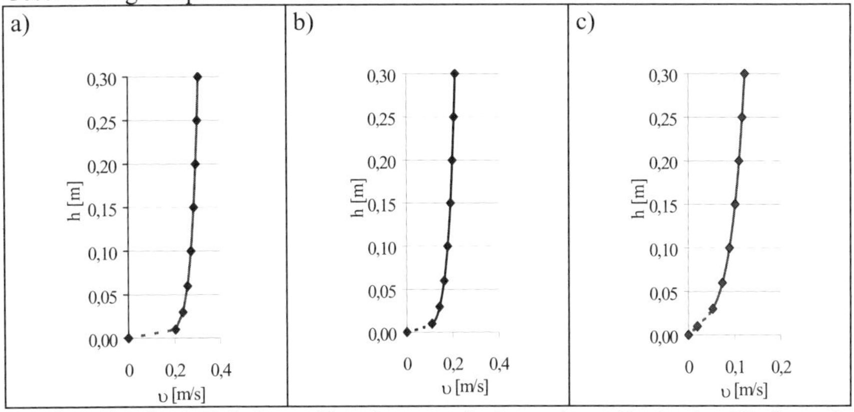

An den Geschwindigkeitsprofilen ist quantitativ und qualitativ der Einfluss der Wandrauheit zu erkennen.

2.8.2 Schubspannung bei ungleichförmigem Abfluss

Ein natürlicher Abfluss in einem Fluss oder Bach ist durch verschiedene Abflussereignisse gekennzeichnet. Diese können geogenen oder anthropogenen hervorgerufen oder beeinflusst sein. In der Regel wird sich durch plötzliche Änderungen im Abflussregime ein ungleichförmiger $(d\upsilon / dx \neq 0)$ und instationärer $(d\upsilon / dt \neq 0)$ Fließzustand einstellen.

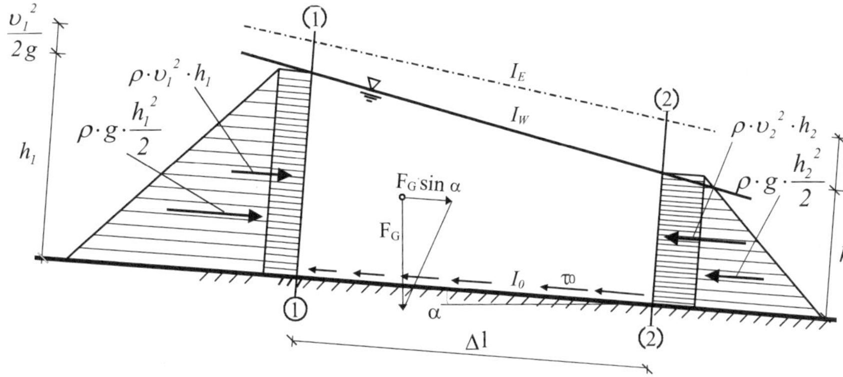

Bild 2.21

Bestimmung der Wandschubspannung bei ungleichförmigem Abfluss

Die Schubspannung kann dann wie folgt bestimmt werden *(Vollmers/Pernecker, 1967)*:

$$\tau_0 = \rho \cdot g \cdot \frac{h_1 + h_2}{2} \cdot (I_0 + I_W) - \rho \cdot \left(\frac{\upsilon_1 + \upsilon_2}{2} \right)^2 \cdot I_W \qquad (2\text{-}159)$$

2.8.3 Bestimmung der lokalen Wandschubspannung

Die experimentelle Bestimmung der örtlichen Wandschubspannung erwies sich sowohl für den laminaren wie auch für den turbulenten Fall von jeher als kompliziert. Dies ergab sich z.T. aus der historischen Entwicklung der Messtechnik bzw. begrenzte die Kleinheit der zu messenden Reibungskräfte die Möglichkeiten der Erfassung.

Folgende Meßmethoden eignen sich für die Bestimmung der Wandschubspannung (Dichte des Impulsstromes):

a) Lokale Direktmessung
Ein in die Wandung ebenbündig eingelassenes, bewegliches Flächenelement dient im Zusammenwirken mit einer Technik -Kraftmessung mittels Wägung *(Engels, 1912)* bzw. Erfassung der Distanzveränderung des Flächenelementes mittels induktivem Wegaufnehmer *(Wagner/Bürger, 1980, Krüger, 1988)*- der Erfassung der Reibungskraft (vgl. Bild 1.18).

b) Analogieverfahren
Unter Ausnutzung der Analogie zwischen Impuls-, Wärme- und Stoffaustausch kann die Schubspannung beispielsweise durch die Messung der Wärmeabgabe a eines beheizten, in die Wand eingelassenen Oberflächenelementes im Zusammenhang mit der Ermittlung der Temperaturdifferenz zwischen der Oberflächentemperatur des Elementes und der Temperatur der Strömung erfolgen (*Ludwieg, 1949*; *Sattel, 1994*).

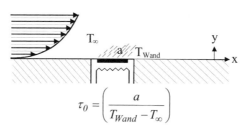

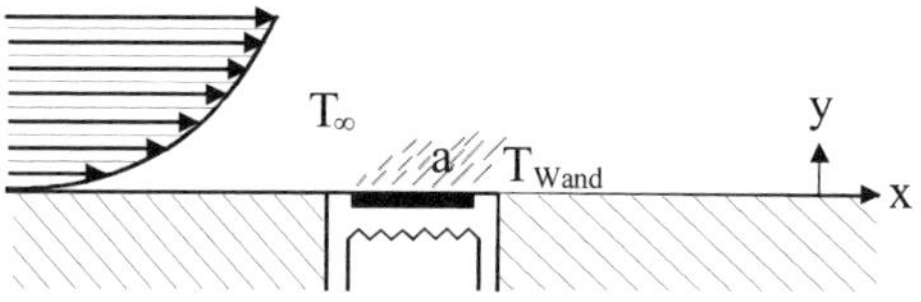

$$\tau_0 = \left(\frac{a}{T_{Wand} - T_\infty} \right)$$

Bild 2.22

Bestimmung der Wandschubspannung mittels Wärme abgebenden Oberflächenelementes

c) Ableitung aus der Geschwindigkeitsverteilung
Mittels Hitzdraht oder Laser Doppler Anemometer (vgl. Abschnitt 1) kann die Geschwindigkeit in der laminaren Unterschicht bestimmt und dann auf der Grundlage des *Newton*schen Zähigkeitsansatzes die Schubspannung berechnet werden.

$$\tau_0 = \mu \cdot \frac{\overline{\upsilon}_x(y)}{y} \tag{2-145}$$

(y stellt hier die Höhe des Hitzdrahtes über der Wandung dar)
Bei dieser Methode wird von einem linearen Anstieg der Geschwindigkeit im Bereich der laminaren Unterschicht ausgegangen.

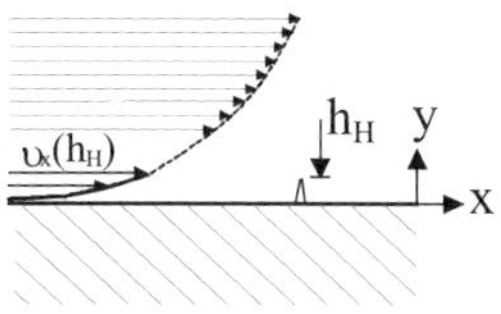

Bild 2.23

Messung der Wandschubspannung mit einem Hitzdraht in der laminaren Unterschicht

Außerhalb des durch Zähigkeit beeinflussten, wandnahen Bereiches, ist mittels Hitzdraht oder Laser Doppler Anemometer (≥ 2D) die scheinbare turbulente Schubspannung ermittelbar.

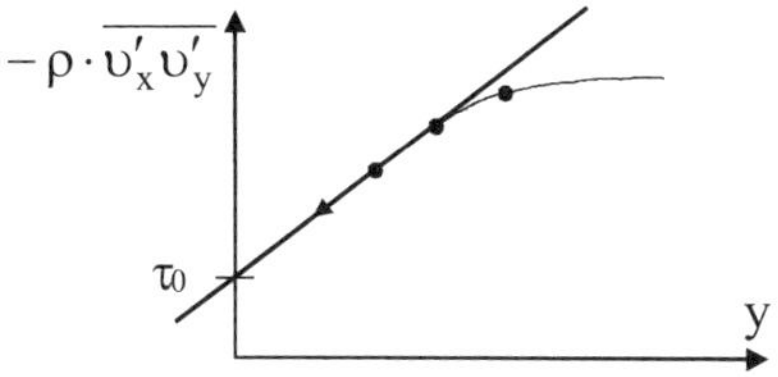

Bild 2.24

Bestimmung der Wandschubspannung durch Extrapolation von Hitzdrahtmesswerten Mit

$$\frac{d\tau_0}{dy} = \frac{dp}{dx} \tag{2-160}$$

kann auf der Grundlage der *Prandtl*schen Grenzschichttheorie die Schubspannung bis zur Wand extrapoliert werden *(Nezu/Rodi, 1986)*.
Weiterhin besteht die Möglichkeit, aus gemessenen Geschwindigkeitsprofilen $\upsilon_x(y)$ mit einer engen Abstufung in y-Richtung unter Anwendung des Impulssatzes der Grenzschicht die Schubspannung zu bestimmen.

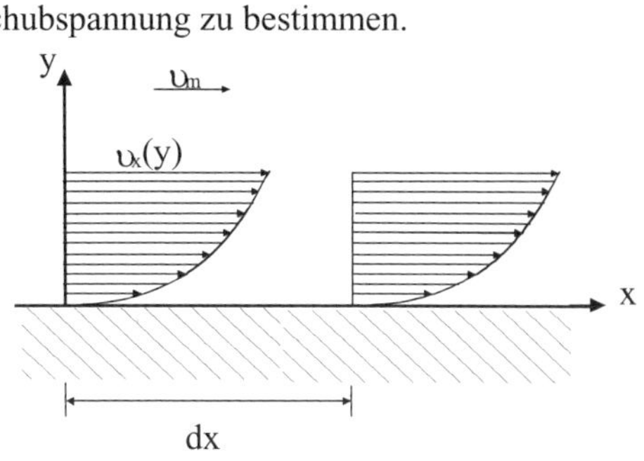

Bild 2.25

Anwendung des Impulssatzes der Grenzschicht auf die Bestimmung der Wandschubspannung

Eine sehr genaue Aufnahme der Fließgeschwindigkeiten jeweils in einer vertikalen Lamelle sowie die anschließende Integration und Differentiation der Geschwindigkeitsprofile bilden die Grundlage für dieses arbeitsintensive und nicht immer mit der erhofften Genauigkeit verbundene Verfahren.

$$\tau_0 = \rho \cdot \left[\frac{d}{dx} \int_0^{\delta} \upsilon_x (\upsilon_m - \upsilon_x) dy + \frac{d\upsilon_m}{dx} \int_0^{\delta} (\upsilon_m - \upsilon_x) dy \right] \tag{2-161}$$

Mit Gleichung kann die universelle Struktur der turbulenten Reibungsschicht in Abhängigkeit von der Rauheit der Oberfläche beschrieben werden. Durch Differentiation der obigen Glcichungen nach $ln\, y$ ergibt sich die folgende Bestimmungsgleichung für die Wandschubspannung $\tau_{xy} = \tau_0$:

$$\tau_0 = \rho \cdot \kappa^2 \cdot \left(\frac{d\upsilon_x}{d\, ln\, y} \right)^2 \tag{2-162}$$

Auch bei dieser Bestimmungsmethode ist ein sehr enges Messraster für die Geschwindigkeitsmessungen anzustreben bzw. ist es vorteilhaft, wenn im Isotachenplan in den Lotrechten möglichst viele Linien konstanter Geschwindigkeit im wandnahen Bereich geschnitten werden. Ansonsten können bei der Bestimmung des Differentialquotienten $d\upsilon_x / d\, ln\, y$ Fehler entstehen. Bei entsprechender Genauigkeit ist diese Methode unabhängig von der Rauhigkeit der Oberfläche anwendbar.

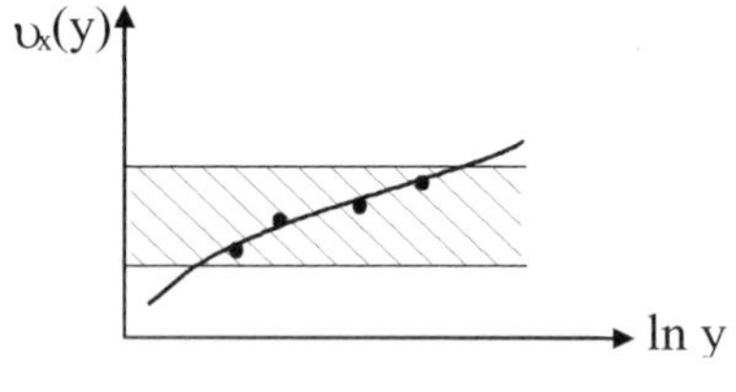

Bild 2.26

Bestimmung der Schubspannung in der logarithmischen Grenzschicht

Oftmals wird in der Literatur der Differentialquotient $d\upsilon_x / d\, ln\, y$ in Gleichung 2-162 auch in der Form $d\upsilon_x / d\, ln(y / y_0)$ angegeben. Darin stellt y_0 eine beliebige Bezugshöhe mit der gleichen Dimension wie y dar. Durch die Wahl von $y_0 = 1[Längeneinheit]$ kann ein dimensionsloser Wert für den Wandabstand ermittelt und anschließend logarithmiert werden.

Liegt eine Geschwindigkeitsverteilung vor, bei der das Isotachenbild symmetrisch ist und ein Maximum in Höhe des Wasserspiegels im Zentrum des Gerinnes hat, so lässt sich zur Bestimmung der Schubspannungsverteilung ebenfalls die Isotachenmethode anwenden *(Lundgren/Jonsson, 1964)*. Eine derartige

Geschwindigkeitsverteilung schließt Einflüsse aus Turbulenz bzw. Sekundärströmungen jedoch aus und ist in der Regel nur in Gerinnen mit breiten, symmetrischen und flach geneigten Querprofilen sowie quasi laminarer Geschwindigkeitsverteilung anzutreffen.

Die Bestimmung der gemittelten Schubspannung für die gesamte Fließfläche bzw. eine durch zwei Orthogonalen zu den Isotachen begrenzte Fläche mit dem entsprechenden benetzten Umfang, wobei die Berandung die geschwindigkeitslose Isotache darstellt, kann nach Bild 2.27 vorgenommen werden.

$$\tau_m = \sum_{i=1,\dots,n} \tau_{m,i} = \sum_{i=1,\dots,n} \rho \cdot g \cdot r_{hy,i} \cdot I_E = \sum_{i=1,\dots,n} \rho \cdot g \cdot \frac{A_i}{l_{U,i}} \cdot I_E \qquad (2\text{-}163)$$

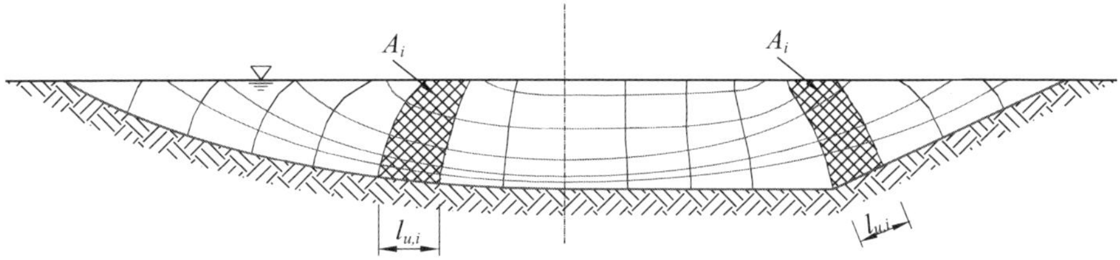

Bild 2.27

Bestimmung der Schubspannungsverteilung mit der Isotachenmethode

Diese Bestimmungsmethode ist für Gerinne, die von den angegebenen Einschränkungen hinsichtlich der Querschnittsgestaltung, der Linienführung sowie der Ausbildung der Geschwindigkeitsverteilung abweichen ebenso ungeeignet wie weitere Lösungen, welche von *Lundgren/Jonsson (1964)* beschrieben werden und die von Flächenaufteilungen durch Orthogonalen zum Wasserspiegel bzw. zur Berandung ausgehen.

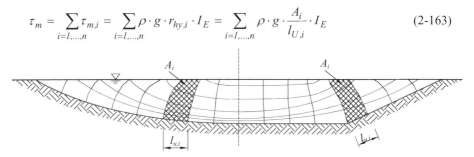

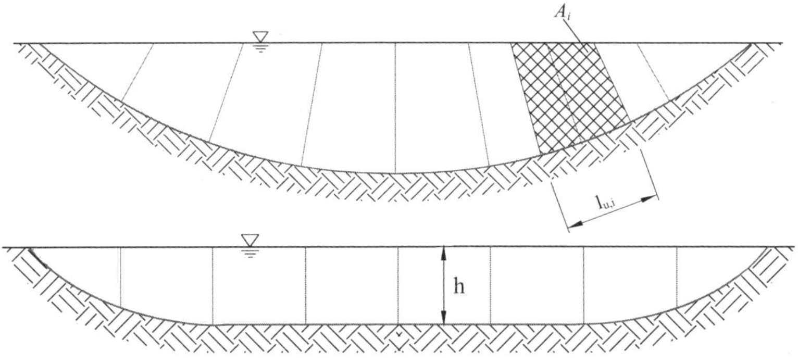

Bild 2.28

Schubspannungsbestimmungsmethoden nach *Lundgren/Jonsson (1964)*

d) Manometrische Verfahren

Historisch betrachtet sind diese Verfahren unter Nutzung von Messtechnik am häufigsten angewendet worden. Basierend auf der Idee, ein Pitotrohr mit sehr geringem Außendurchmesser bzw. in sehr flacher Ausführung an einer hydraulisch glatten Begrenzung und in der darüber befindlichen laminaren Unterschicht der turbulenten Grenzschicht zu positionieren, konnte *Stanton* im Jahr 1920 den Staudruck und damit, dem *Newton*schen Zähigkeitsansatz entsprechend, die Wandschubspannung bestimmen. Das *Stanton*rohr, dessen Unterseite oftmals bei stationärem Einbau die überströmte Oberfläche bildet, wird heute nur noch selten in hydraulischen Modellversuchen eingesetzt.

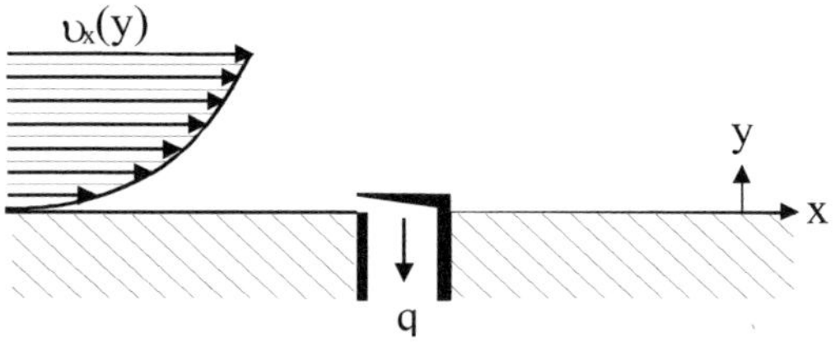

$$\tau_0 = \tau_{xy|y=0} \sim q^n \qquad n \approx 0{,}7$$

Bild 2.29

Messung der Schubspannung (des Staudrucks) mit einem *Stanton*rohr

Ein nach dem gleichen Prinzip arbeitendes Messinstrument stellt der Oberflächenzaun dar *(Rechenberg, 1963)*. Hierbei wird orthogonal zur Strömung eine Schneide mit sehr geringer Höhe in die überströmte Oberfläche eingelassen. Aus der Differenz der Druckgrößen direkt vor und nach der Schneide kann auf die Wandschubspannung geschlossen werden.

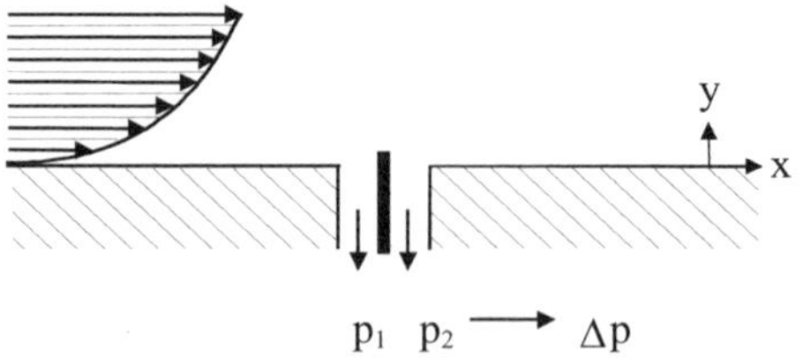

$$\tau_0 = \tau_{xy|y=0} \sim \Delta p^n \qquad n \approx 0{,}7$$

Bild 2.30

Messung der Schubspannung mittels Oberflächenzaun

Ausgehend von dem Ansatz, dass für größere Abstände von der Wandung, außerhalb der laminaren Unterschicht, jeder lokalen Wandschubspannung eine Geschwindigkeitsverteilung als Funktion der Fließtiefe zugeordnet werden kann, entwickelte *(Preston, 1954)* ein nach ihm benanntes Verfahren.

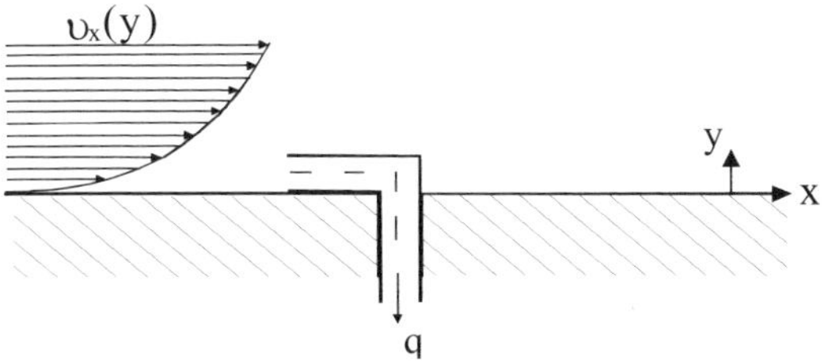

$$\tau_0 = \tau_{xy|y=0} \sim q^{7/8}$$

Bild 2.31

Messung der Schubspannung (des Staudruckes) mit der *Preston*technik

Durch das Aufsetzen eines Pitotrohres auf die Wandung, *Preston* verwendete ein Pitotrohr $d_i / d_a = 0{,}6$, kann der durch $\upsilon_x(y)$ hervorgerufene Staudruck ermittelt und mit Gleichung 2-164 die Größe der lokalen Schubspannung ermittelt werden.

$$\frac{\Delta q / \rho}{\overline{\upsilon}_*} = g \cdot \left(\frac{\overline{\upsilon}_* \cdot d}{\nu} \right) \quad oder \quad \frac{\Delta q \cdot d^2}{\rho \cdot \nu^2} = F \cdot \left(\frac{\tau_0 \cdot d^2}{\rho \cdot \nu^2} \right) \qquad (2\text{-}164)$$

Darin stellt F eine universelle Eichfunktion dar. Diese wird in der Regel experimentell in einer turbulenten Rohrströmung mit bekannter Wandschubspannung bestimmt. Das Verhältnis Innendurchmesser/ Außendurchmesser (d_i / d_a) des Staurohres hat einen zu vernachlässigenden Einfluss auf den angezeigten Staudruck.

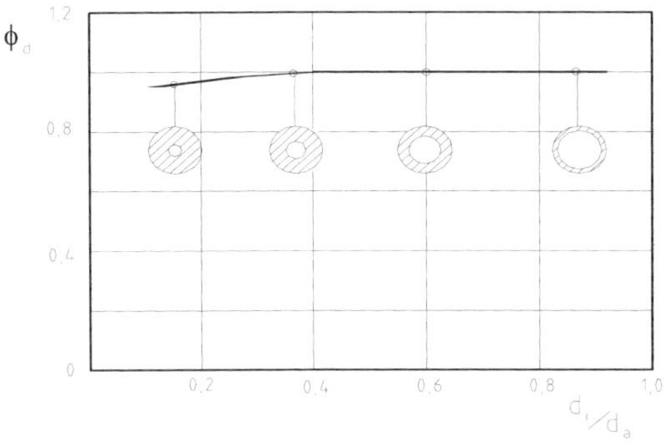

$$\phi_d = \frac{q \cdot (d_i / d_a)}{q \cdot (d_i / d_a = 0{,}6)}$$

Bild 2.32

Einfluss des d_i / d_a-Verhältnisses auf die Staudruckanzeige eines *Preston*rohres *(Rechenberg, 1963)*

Beispiel Schubspannungsbestimmung aus Geschwindigkeitsprofil

Mit Hilfe eines hydrometrischen Flügels wurden nach dem Lamellenverfahren vertikale Geschwindigkeitsprofile der Hauptgeschwindigkeitskomponente aufgenommen, um später die lokale Schubspannung und die Schubspannungsverteilung für das gesamte Profil zu erstellen. Für die Lamelle *i* sind folgende Messwerte bekannt:

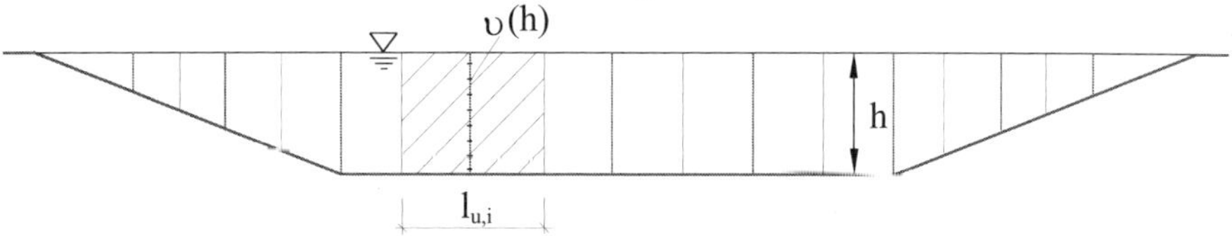

Messpunkt	1	2	3	4	5	6	7	8
h [m]	0,050	0,100	0,200	0,300	0,400	0,500	0,600	0,700
υ [m/s]	0,081	0,129	0,185	0,209	0,230	0,230	0,220	0,220

Das Geschwindigkeitsprofil kann entsprechend dargestellt werden:

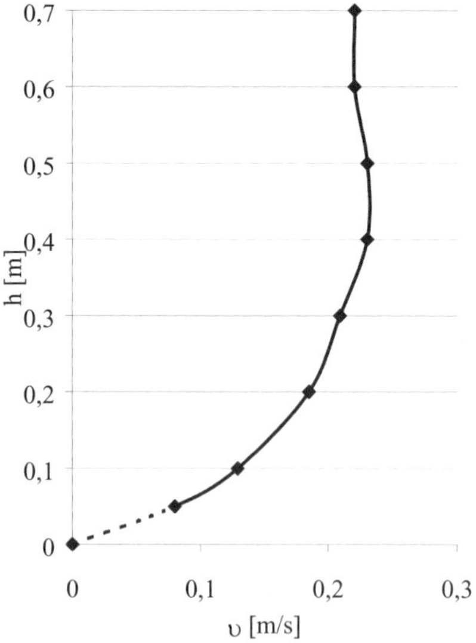

Mit Gleichung 2-162 wir die Schubspannung an diesem Ort im Gerinne unter Nutzung der Fliessgeschwindigkeiten für den Messpunkt 1 und 2 wie folgt bestimmt:

$$\tau_0 = \rho \cdot \kappa^2 \cdot \left(\frac{d\upsilon_x}{d\,ln\,y} \right)^2 = 1000 \frac{kg}{m^3} \cdot 0{,}4^2 \cdot \left(\frac{\upsilon_2 - \upsilon_1}{ln\,h_2 - ln\,h_1} \right)^2 = 0{,}767 \frac{N}{m^2}$$

Diese lokale Schubspannung lässt sich bezogen auf den der aktuellen Lamelle zugeordneten benetzten Teilumfang und unter Beachtung der zu bestimmenden Schubspannung der Nachbarlamellen entsprechend der folgenden Grafik darstellen.

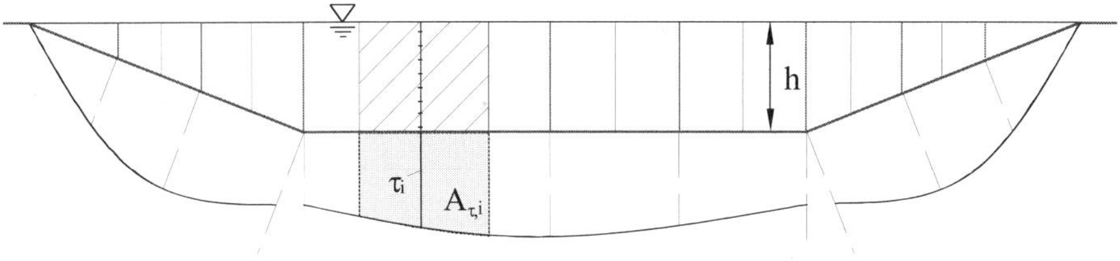

Mit

$$\frac{\sum_{i=1...n} A_{\tau,i}}{l_u} \overset{!}{=} \tau_0 \tag{2-165}$$

kann der Mittelwert der Schubspannung bestimmt bzw. die Genauigkeit der Messung und Berechnung durch den Vergleich mit dem theoretischen Mittelwert bestimmt werden.

Zusammenfassend kann zu den Bestimmungsmethoden der Wandschubspannung festgestellt werden:

- Bei allen bekannten Verfahren zur direkten oder indirekten Bestimmung der Wandschubspannung müssen mit Ausnahme der Messung mit einem Laser Doppler Anemometer die Messgeräte in einer Strömung mit bekannter Schubspannung bzw. gegen einen Referenzwert geeicht werden.
- Messgeräte für die Direktmessung müssen wegen der geringen Quantität der zu erfassenden Kräfte eine hohe Empfindlichkeit aufweisen, äußerst präzise hergestellt und ebenbündig in die Wandung eingelassen werden. Die im Zusammenhang mit der Überströmung des Messgerätes aufzunehmenden statischen Druckkräfte, die wegen des konstruktiv notwendigen Schlitzes um das Oberflächenelement an dessen Seitenflächen auftretenden Druckkräfte sowie Temperaturveränderungen des Fluids haben Einfluss auf die Messergebnisse.
- Die Anwendung des Impulssatzes der Grenzschicht sowie des logarithmischen Geschwindigkeitsgesetzes mit den jeweiligen Differentiationsprozessen stellen Möglichkeiten dar, die Schubspannung aus exakt und mit einer hohen Dichte gemessenen Geschwindigkeitsprofilen zu ermitteln. Zu Fehlern kommt es oftmals wegen der Differentiationen bzw. infolge einer Fehleinschätzung oder Beeinflussung der Grenzschicht während der Messwertaufnahme. Für die Bestimmung der Schubspannung in naturnahen Fließgewässern stellen diese Bestimmungsmethoden oftmals die einzige Möglichkeit dar.

2.9 Literaturverzeichnis

Bollrich, G. : Technische Hydromechanik 1.- Verlag Bauwesen, Berlin, 6. Auflage, 2007

Bornitz, U. : Zur Berechnung des stationär ungleichförmigen Abflusses in offenen Gerinnen mit Hilfe von Rechenautomaten.- In: Wasserwirtschaft-Wassertechnik, Heft 1, 1968, pp. 21 - 25

Boussinesq, I.: Theory de l`écoulement tourbillant, Mem. Pre. par. div. Sav. XXIII, Paris - 1877

Carstensen, D.: Beanspruchungsgrößen in Fließgewässern mit geschwungener Linienführung- Dresdner Wasserbauliche Mitteilungen, Heft 16 - 1999

Dracos, T.: Hydraulik – Vorlesungsunterlagen- Institut für Hydromechanik und Wasserwirtschaft, ETH-Hönggerberg, vdf Verlag der Fachvereine Zürich - 1990

DVWK - Merkblätter zur Wasserwirtschaft 220/1991 : Hydraulische Berechnung von Fließgewässern.- Verlag Paul Parey, Hamburg, 1991

Einstein, H. A. : Der hydraulische oder Profilradius.- In: Schweizerische Bauzeitung, Bd. 103, Nr. 8, 1934

Engels, H.: Versuche über den Reibungswiderstand zwischen strömendem Wasser und Bettsohle - Verlag von Wilhelm Ernst & Sohn, Berlin - 1912

Forchheimer, P. : Hydraulik.- 2. Auflage, B. G. Teubner, Leipzig, Berlin 1924

Garbrecht, G. : Abflußberechnungen für Flüsse und Kanäle.- In: Die Wasserwirtschaft 1961, H. 2 S. 40 - 45, H. 3 S. 72 - 77

Krüger, F.: Fließgesetze in offenen Gerinnen- Dresdner Wasserbauliche Mitteilungen, Heft 2 - 1988

Leske, W. : Neue hydraulische Berechnungsverfahren und Gestaltungsgrundsätze für Hochwasserentlastungsanlagen an Talsperren.- In: TU Dresden, Fakultät für Bau-, Wasser- und Forstwesen, Habilitationsschrift, 1969

Ludwieg, H.: Ein Gerät zur Messung der Wandschubspannung turbulenter Reibungsschichten - Ing.-Arch. 17 - 1949

Lundgren, H.; Jonsson, G.: Shear and velocity distribution in shallow channels - Journal of the Hydraulics Division, ASCE, Vol. 90, HY1 - 1964

Meyer - Peter/ Müller : Eine Formel zur Berechnung des Geschiebebetriebes.- In: Schweizer Bauzeitung, 67. Jahrgang, Nr.3, 1949

Motzfeld, H.: Die turbulente Strömung an welligen Wänden – Zeitschrift für angewandte Mathematik und Mechanik, Band 17, Heft 4 - 1937

Naudascher, E. : Hydraulik der Gerinne und Gerinnebauwerke.- Springer-Verlag, 2. Auflage, Wien New York, 1992

Nezu, I.; Rodi, W.: Open channel flow mesurements with a laser doppler anemometer - Journal of Hydraulic Engineering, Vol. 112, No. 5 - 1986

Nikuradse, J.: Strömungsgesetze in rauhen Röhren - in Forschungsheft Nr. 361, Verein deutscher Ingenieure- Berlin - 1933

Prandtl, L.: Bericht über Untersuchungen zur ausgebildeten Turbulenz, 1925- In: Zeitschrift für angewandte Mathematik und Mechanik Bd. 5 oder Ludwig Prandtl-Gesammelte Abhandlungen zur angewandten Mechanik, Hydro- und Aerodynamik Bd. 2; Tollmien, Schlichting, Görtler, Riegels; Springer Verlag - 1961

Press, H.; Schröder, R. : Hydromechanik im Wasserbau.- Verlag Wilhelm Ernst & Sohn, Berlin, 1966

Preston, J.H.: The determination of turbulent skin friction by means of pitot tubes - Journal of the Royal Aeronautical Society, London, Vol. 58 - 1954

Rechenberg, I.: Messung der turbulenten Wandschubspannung - Zeitschrift für Flugwissenschaften, Braunschweig, 11. Jahrgang, Heft 11 - 1963

Rotta, J.C.: Turbulente Strömungen – Verlag B.G. Teubner – Stuttgart - 1972

Sattel, H.: Wandschubspannungen an umströmten Körpern - Universität der Bundeswehr München, Institut für Wasserbau, Mitteilungen 50 - 1994

Schlichting,H.: Grenzschicht-Theorie- Verlag G. Braun, Karlsruhe - 1958

Schröder, R. : Einheitliche Berechnung gleichförmiger turbulenter Strömungen in Rohren und Gerinnen.- In: Der Bauingenieur 1965, H. 5, S. 191 - 195

Strickler : Beiträge zur Frage der Geschwindigkeitsformel und der Rauhigkeitszahl.- In: Mitt. No. 16 des eidgen. Amtes für Wasserwirtschaft, 1923

Vollmers, H.; Pernecker, L.: Beginn des Feststofftransportes für feinkörnige Materialien in einer richtungskonstanten Strömung – Die Wasserwirtschaft, Heft 6 - 1967

von Kármán, Th.: Mechanische Ähnlichkeiten und Turbulenz - Nachrichten der Gesellschaft für Wissenschaft Göttingen - Math. Phys. Klasse - 1930

Wagner, H.: Theoretische Untersuchung der Abflusscharakteristik in beliebig gestalteten, offenen Rechteckprofilen - Habilitationsschrift, Technische Universität Dresden - 1969

Wagner, H.; Bürger, W.: Entwicklung und Einsatz eines neuen Schubspannungsmessgerätes - Wasserwirtschaft-Wassertechnik 10 - 1980

Weyrauch, R.; Strobel, A. : Hydraulisches Rechnen.- Verlag Konrad Wittwer, 6. Auflage Stuttgart 1930

Zanke, U.: Grundlagen der Sedimentbewegung - Springer-Verlag Berlin-Heidelberg-New York - 1982

2.10 Verwendete Bezeichnungen

Formelzeichen	Bedeutung	bevorzugte Einheit
a	halbe Wellenhöhe	m
A	Fläche, Fließquerschnitt	m^2
A_{gr}	Fließfläche im kritischen Bereich	m^2
b	Breite	m
b_W	Wasserspiegelbreite	m
C	Konstante in der klassischen Fließformel	$m^{1/2}/s$
C_r	Beiwert der Fließformel	$m^{1/2}/s$
d	Durchmesser	m
d_{hy}	hydraulischer Durchmesser	m
d_m	mittlerer Korndurchmesser	m
F	Kraft	N
f_g	Formbeiwert im glatten Bereich	-
F_R	Wandreibungskraft	N
f_r	Formbeiwert im rauen Bereich	-
G	Gleit- oder Schubmodul	N/m^2
g	Erdbeschleunigung	m/s^2
h	Wassertiefe	m
h_E	Energiehöhe	m
h_{gr}	Grenztiefe	m
h_K	Geschwindigkeitshöhe	m
h_r	Verlusthöhe infolge Wandreibung	m
h_V	Verlusthöhe im Gerinne	m
I	Gefälle	-
I_0	Sohlgefälle	-
I_E	Gefälle der Energielinie	-
I_W	Wasserspiegelgefälle	-
k_S	äquivalente Sandrauheit	m
k_{St}	Manning-Strickler-Beiwert	$m^{1/3}/s$
ℓ	Mischungsweg	m
l	Länge	m
l_u	benetzter Umfang	m
m	Böschungsneigung	-
P	Druck	N/m^2
Q	Durchfluss	m^3/s
q	spezifischer Durchfluss oder Staudruck	$m^3/s\cdot m$, N/m^2
Re	Reynoldszahl	-
r_{hy}	hydraulischer Radius	m
s	Weg	m
υ, υ_{max}	Geschwindigkeit, Maximalgeschwindigkeit	m/s
ρ	Dichte	kg/m^3
κ	Kármán-Konstante	
λ	Widerstandsbeiwert	-
μ	dynamische Viskosität	$N\cdot s/m^2$
ν	Kinematische Viskosität	m^2/s
τ, τ_0	Schubspannung, Wandschubspannung	N/m^2

3 Numerische Modellierung ober- und unterirdischer Strömungs- und Transportprozesse

Hans-Jörg G. Diersch

3.1 Einleitung

Die numerische Modellierung von Strömungs-, Stoff- und Wärmetransportprozessen in der Hydrosphäre ist heute ein unverzichtbares Hilfsmittel in Forschung und Ingenieurpraxis. Den vielfältigen und komplexen Fragestellungen in diesem Anwendungsumfeld steht eine inzwischen scheinbar unüberschaubare Vielfalt an Methoden und Software zur Verfügung, unter denen die richtige Wahl nicht immer leicht fällt. Man kann so der Suggestion erliegen, dass heute praktisch nahezu alles berechenbar, somit lösbar erscheint. Tatsächlich ist es aber so, dass auf der einen Seite die numerische Modellierung in den letzten Jahrzehnten große Fortschritte gemacht hat und heute Lösungen dank fortgeschrittener mathematischer und rechentechnischer Möglichkeiten gegeben sind, die noch vor wenigen Jahren undenkbar schienen. Der hohe Bedienkomfort der Software erleichtert zudem den Zugang auch für Nichtspezialisten. Die Verführung wächst, ein Softwaresystem mehr oder weniger als *black box* anzuwenden.

Dennoch muss auf der anderen Seite klar sein, dass ein numerisches Modell nur eine mehrstufige Abstraktion der Wirklichkeit verkörpert und dieses Abbild durch Weglassen von Nebensächlichkeiten und Betonung von Wesentlichem nur unvollständig sein kann. Die Auswahl der physikalischen Modellbasis mit ihren phänomenologischen (Parameter)-Beziehungen und mathematischen Hilfsgrößen stellt die eine Stufe der Naturabstraktion dar. Die Umsetzung und Lösung der physikalischen Grundgleichungen mittels numerischer Verfahren ist eine weitere Stufe. Die numerische Methodik repräsentiert dabei lediglich (und notwendigerweise) eine Näherung des physikalischen Ausgangssystems. Der numerische Fehler sollte dabei möglichst klein, d. h. beherrschbar bleiben. Dies ist keine Selbstverständlichkeit. Diskretisierungsfehler können dazu führen, dass ein anderer physikalischer Zusammenhang beschrieben wird als gewollt.

Bei all diesen Betrachtungen und auch kritischen Überlegungen bleibt es eine Tatsache, dass ein Vorgang oder Phänomen erst als hinreichend verstanden (und dann auch prognostizierbar) zu betrachten ist, wenn mittels eines mathematischen/numerischen Modells die Prozesse erfolgreich nachgebildet, also nachgerechnet werden können. Experimente, Naturbeobachtungen und Modellierungen gehen dabei eine Symbiose ein. Sie ergänzen und stimulieren sich, schließen sich aber keineswegs aus.

Das vorliegende Kapitel unternimmt den Versuch, den Zugang zur numerischen Modellierung für eine wichtige Klasse von Strömungs- und Transportphänomenen, die sich sowohl im Verborgenen als auch vor unseren Augen in der Hydrosphäre abspielen, in einer einheitlichen Weise zu beschreiben. Diese hier unter *ober- und unterirdische Strömungs- und Transportprozesse* subsumierten Phänomene konzentrieren sich dabei auf Wasserressourcensysteme, die im vorwiegenden Interesse der Wasserwirtschaft und des Umweltschutzes sind. Sie umschließen Strömungen und stoffliche wie thermische Ausbreitungsphänomene sowohl in Oberflächengewässern, Kanälen, Flüssen, Bergwerksgruben und Seen als auch im Sicker- und Grundwasser. Zunehmend komplexe Fragestellungen berühren auch die Interaktion zwischen unter- und oberirdischen Wasserressourcen, wie am Beispiel des Retentionsverhaltens in Überschwemmungsgebieten von Flüssen, der Modellierung von Feuchtgebieten und Renaturierungsmaßnahmen sowie der Auswirkung baulicher Eingriffe auf das hydraulische und hydrologische Regime.

Sowohl aus methodischer als auch praktischer Sicht erscheint eine ganzheitliche (*holistische*) und einheitliche Vorgehensweise bei der diskreten Abbildung (Modellierung) der zugrunde liegenden Strömungs- und Transportprozesse ein anzustrebendes Ziel. Hierbei bietet besonders die Finite-Element-Methode (FEM) (*Baker und Pepper 1991, Gresho und Sani 1998, Pironneau 1989, Zienkiewicz und Taylor 1989/1991*) hervorragende Eigenschaften, da sie *diskrete Merkmale* in sehr variabler Weise und Dimension vorzugeben in der Lage ist. Bild 3.1 zeigt am Beispiel, wie ein 3D-Grundwasser-Oberflächengewässermodell baukastenförmig aus 1D-, 2D- und 3D-Elementen zusammengesetzt werden kann. Neben der geometrischen Variabilität ist damit auch die Möglichkeit gegeben, für jedes diskrete Merkmal differenzierte physikalische Gesetze zu spezifizieren. Beispielsweise gilt für das 3D-Matrixelement das *Darcy*-Gesetz der Sickerströmung, während für das 1D-Kanalelement ein *Manning-Strickler*-Strömungsansatz und für das 2D-Kluftelement das *Hagen-Poiseuille*-Gesetz anwendbar erscheint.

Im Abschnitt 3.2 werden die Grundlagen und Voraussetzungen beschrieben, die die physikalische Basis der hier betrachteten Strömungs- und Transportprozesse repräsentieren. Ausgangspunkt bilden die Erhaltungsgleichungen für Masse, Impuls und Energie, die sich für die einzelnen Problemklassen der freien Fluid-Strömung und der Strömung im porösen Medium spezifizieren lassen. Zusätzlich werden tiefenintegrierte Beziehungen eingeführt, die zur Herleitung von Modellen mit reduzierter Dimension

(2D, 1D) genutzt werden können. Zur Vollständigkeit fasst Abschnitt 3.2 alle relevanten mathematischen Konventionen, Variablendefinitionen, geometrische Konditionen (hydraulische Radien), die den hier betrachteten diskreten Merkmalen zuordenbar sind, sowie Bedingungen der freien Oberflächen und den Sonderfall der Potentialströmung zusammen.

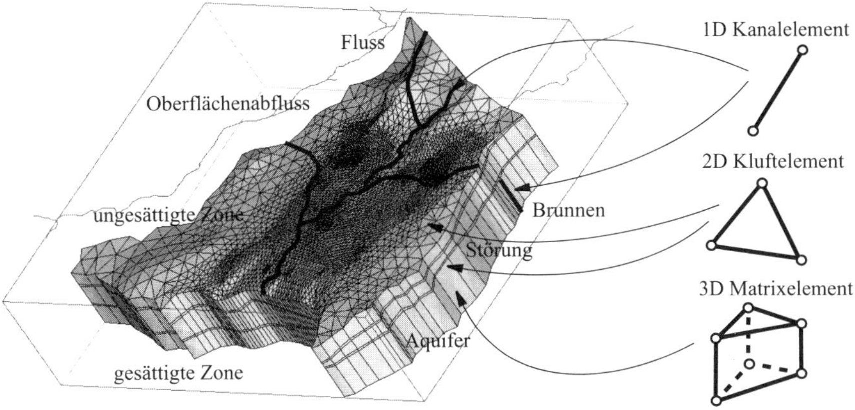

Bild 3.1
Diskrete Merkmale der FEM zur Abbildung von Gewässern, Risssystemen, Brunnen, Grundwasserleitern, Störungen, Oberflächenabflüssen u.a.

Abschnitt 3.3 leitet die konkreten Bilanzgleichungen ab, die Grundlage der numerischen Modellierung für 1D, 2D und 3D diskrete Merkmale (Elemente) sind. Massen-, Impuls- und Energieerhaltungsgleichungen werden für freie Strömungen und poröse Medien mit und ohne Tiefenintegration abgeleitet. Aus den *Navier-Stokes*-Gleichungen folgen die Spezifizierungen des *Darcy*-Gesetzes im gesättigten und ungesättigten porösen Medium, das *Hagen-Poiseuille*-Gesetz für laminare freie Fluidströmungen und Gesetze zur Modellierung offener Kanalströmungen. Auf diese Weise gelingt es, verallgemeinerte Modellgleichungen für Strömung, Stoff- und Wärmetransport zu begründen, die im Abschnitt 3.4 in Abhängigkeit vom Strömungsfall (*Darcy*, *Poiseuille* und Oberflächenabfluss) und vom diskreten Merkmal (1D, 2D und 3D) mit freier und ohne freie Oberfläche einheitlich aufgeschrieben werden. Die Finite-Element-Formulierungen dieser verallgemeinerten Modellgleichungen fasst Abschnitt 3.5 zusammen. Geeignete Diskretisierungsschemata in Ort und Zeit werden erläutert. Die im Abschnitt 3.6 dargestellten Anwendungen unter Einsatz des Simulators FEFLOW zeigen die Vorgehensweise und Möglichkeiten der hier beschriebenen Methodik der numerischen Modellierung.

3.2 Grundlagen und Voraussetzungen

3.2.1 Erhaltungsprinzip

Die Erhaltung von Masse, Impuls und Energie in Form der (extensiven) Eigenschaft $(\rho\psi)$ wird beschrieben durch folgende allgemeine Bilanzgleichung (Symbole werden in der Anlage A 'Nomenklatur' zusammengefasst)

$$\frac{\partial(\rho\psi)}{\partial t} + \nabla \cdot (\rho\psi \boldsymbol{v}) + \nabla \cdot \boldsymbol{j} = \rho f \qquad (3\text{-}1)$$

Die individuellen Bilanzgesetze für $(\rho\psi)$, $\boldsymbol{j}$ und ρf werden in Tafel 3.1 zusammengestellt.

Tafel 3.1
Bilanzgesetze

Eigenschaft	$\rho\psi$	$\boldsymbol{j}$	ρf
Masse			
Fluid-Masse	ρ	0	ρQ_ρ
Stoff-Masse (Kontaminanten)	C	$\boldsymbol{j}_c$	r_c
Impuls	$\rho\boldsymbol{v}$	$\boldsymbol{\sigma}$	$\rho\boldsymbol{g}$
Energie	$\rho(E + \frac{1}{2}v^2)$	$\boldsymbol{\sigma} \cdot \boldsymbol{v} + \boldsymbol{j}_T$	$\rho(\boldsymbol{g} \cdot \boldsymbol{v} + Q_T)$

3.2.2 Formen der Bilanzgleichungen

Gemäß der eingangs erwähnten Anwendungsschwerpunkte sind folgende vier Formen der grundlegenden Bilanzgleichung (3-1) von näherem Interesse:

- Form A: Bilanzgleichung eines freien Fluids
- Form B: vertikal-integrierte Bilanzgleichung eines freien Fluids
- Form C: Bilanzgleichung eines Fluids im porösen Medium
- Form D: vertikal-integrierte Bilanzgleichung eines Fluids im porösen Medium.

Die *Form A* wird bereits durch Gl. (3-1) repräsentiert.

Die vertikale Integration von (3-1) über eine Tiefe B, wie in *Diersch 1999* und *Gray 1982* näher ausgeführt, führt auf die *Form B*:

$$\frac{\partial(B\rho\psi)}{\partial t} + \nabla \cdot (B\rho\psi\boldsymbol{v}) + \nabla \cdot (B\boldsymbol{j}) = B\rho f + j_\psi^{\text{oben}} - j_\psi^{\text{unten}} \qquad (3\text{-}2)$$

mit den neuen Austauschtermen der Eigenschaft ψ an den oberen und unteren

Randflächen

$$\left.\begin{aligned} \dot{j}_\psi^{\text{oben}} &= \frac{1}{\delta S}\int\limits_{\delta S^{\text{top}}} \boldsymbol{n}^{\text{oben}} \cdot [\boldsymbol{j} + \rho\psi(\boldsymbol{w} - \boldsymbol{v})]dS \\ \dot{j}_\psi^{\text{unten}} &= \frac{1}{\delta S}\int\limits_{\delta S^{\text{bottom}}} \boldsymbol{n}^{\text{unten}} \cdot [\boldsymbol{j} + \rho\psi(\boldsymbol{w} - \boldsymbol{v})]dS \end{aligned}\right\} \tag{3-3}$$

Es ist anzumerken, dass die Bilanzgrößen der Gl. (3-2) jetzt Mittelwerte über die Tiefe B verkörpern.

Die Übertragung der für ein freies Fluid geltenden Bilanzgleichung (3-1) auf ein poröses Medium erfolgt auf der Grundlage von Raum-Mittelungsprozeduren bezüglich eines repräsentativen Elementar-volumens (REV), welches sich aus fluiden und festen Phasen zusammensetzt. Eine solche Transformation (*Diersch 1985*) führt letztlich auf die Bilanzgleichung in der *Form C*:

$$\frac{\partial(\varepsilon\rho\psi)}{\partial t} + \nabla\cdot(\varepsilon\rho\psi\boldsymbol{v}) + \nabla\cdot(\varepsilon\boldsymbol{j}) = \varepsilon\rho f + \dot{j}_\psi^{\text{inter}} \tag{3-4}$$

wobei ein Austauschterm an der Fluid-Fest-Phasengrenzfläche auf natürliche Weise entsteht

$$\dot{j}_\psi^{\text{inter}} = \frac{1}{\delta S}\int\limits_{\delta S^{\text{inter}}} \boldsymbol{n}^{\text{inter}} \cdot [\boldsymbol{j} + \rho\psi(\boldsymbol{w} - \boldsymbol{v})]dS \tag{3-5}$$

Hier ist zu beachten, dass die Bilanzgrößen der Erhaltungsgleichung (3-4) für eine fluide Phase im porösen Medium Mittelwerte über das Volumen des REV verkörpern.

Letztlich kann die Bilanzgleichung (3-4) für das poröse Medium auch über die Tiefe B integriert werden, welches auf die *Form D* der Erhaltungsgleichung führt:

$$\frac{\partial(B\varepsilon\rho\psi)}{\partial t} + \nabla\cdot(B\varepsilon\rho\psi\boldsymbol{v}) + \nabla\cdot(B\varepsilon\boldsymbol{j}) = B\varepsilon\rho f + \dot{j}_\psi^{\text{inter}} + \dot{j}_\psi^{\text{oben}} - \dot{j}_\psi^{\text{unten}} \tag{3-6}$$

Die Bilanzgrößen repräsentieren hier sowohl Mittelwerte über die Tiefe B als auch über das REV-Volumen.

Es ist offensichtlich, dass das Erhaltungsgesetz (3-6) der Form D im mathematischen Sinne die allgemeinste Darstellungsform ist, welche alle anderen Formen in sich einschließt, soweit die Bilanzgrößen, Austauschterme und räumlichen Abhängigkeiten in geeigneter Weise aufgefasst werden. Wir können spezifizieren für die Volumenfraktion ε

$$\varepsilon = \begin{cases} \equiv 1 & \text{für} \quad \text{freie Fluid-Strömung} \\ < 1 & \phantom{\text{für}} \quad \text{Strömung im porösen Medium} \end{cases}, \tag{3-7}$$

für die Tiefe B

$$B = \begin{cases} \equiv 1 & \text{für} \quad \text{nichtintegrierte Form} \\ \text{beliebig} & \phantom{\text{für}} \quad \text{vertikal-integrierte Form} \end{cases}, \tag{3-8}$$

für den Austauschterm j_ψ^{inter} an der Phasengrenzfläche des porösen Mediums

$$j_\psi^{\text{inter}} = \begin{cases} \equiv 0 & \text{für} \quad \text{freie Fluid-Strömung} \\ \neq 0 & \phantom{\text{für}} \quad \text{Strömung im porösen Medium} \end{cases} \tag{3-9}$$

und für die Austauschterme $j_\psi^{\text{oben}}, j_\psi^{\text{unten}}$ an den oberen und unteren Randflächen

$$(j_\psi^{\text{oben}}, j_\psi^{\text{unten}}) = \begin{cases} \equiv 0 & \text{für} \quad \text{nichtintegrierte Form} \\ \neq 0 & \phantom{\text{für}} \quad \text{vertikal-integrierte Form} \end{cases} \tag{3-10}$$

3.2.3 Mathematische Konventionen

Wir betrachten sowohl kartesische als auch zylindrische Koordinatensysteme. Sie sind wie folgt definiert:

$$\boldsymbol{x} = \begin{Bmatrix} x, y, z \\ x, y \\ x \\ r, \omega, z \end{Bmatrix} \quad \text{für} \quad \begin{cases} \left.\begin{matrix} \text{3D} \\ \text{2D} \\ \text{1D} \end{matrix}\right\} \text{kartesisch} \\ \text{drehsymmetrisch} \end{cases} \tag{3-11}$$

Der Geschwindigkeitsvektor $\boldsymbol{v}$ ist demgemäß

$$\boldsymbol{v} = \begin{cases} \begin{bmatrix} u \\ v \\ w \end{bmatrix} & \quad \text{kartesische Koordinaten} \\ & \text{für} \\ \begin{bmatrix} v_r \\ v_\omega \\ v_z \end{bmatrix} & \quad \text{Zylinderkoordinaten} \end{cases} \tag{3-12}$$

Das Skalarprodukt $\nabla \cdot \boldsymbol{v}$ lautet

$$(\nabla \cdot \boldsymbol{v}) = \begin{cases} \dfrac{\partial u}{\partial x} + \dfrac{\partial v}{\partial y} + \dfrac{\partial w}{\partial z} & \text{3D } (x, y, z) \text{ kartesische Koordinaten} \\ \dfrac{\partial u}{\partial x} + \dfrac{\partial v}{\partial y} & \text{2D } (x, y) \text{ kartesische Koordinaten} \\ \dfrac{\partial u}{\partial x} & \text{für} \quad \text{1D } (x) \text{ kartesische Koordinaten} \\ \dfrac{1}{r}\dfrac{\partial (r v_r)}{\partial r} + \dfrac{1}{r}\dfrac{\partial v_\omega}{\partial \omega} + \dfrac{\partial v_z}{\partial z} & \text{Zylinder- } (r, \omega, z)\text{-Koordinaten} \end{cases} \tag{3-13}$$

Die Ableitung ∇^2 ergibt sich für die unterschiedlichen Koordinatensysteme am Beispiel der Variablen ψ

$$(\nabla^2 \psi) = \begin{cases} \dfrac{\partial^2 \psi}{\partial x^2} + \dfrac{\partial^2 \psi}{\partial y^2} + \dfrac{\partial^2 \psi}{\partial z^2} & \text{3D } (x, y, z) \text{ kartesische Koordinaten} \\ \dfrac{\partial^2 \psi}{\partial x^2} + \dfrac{\partial^2 \psi}{\partial y^2} & \text{2D } (x, y) \text{ kartesische Koordinaten} \\ \dfrac{\partial^2 \psi}{\partial x^2} & \text{für} \quad \text{1D } (x) \text{ kartesische Koordinaten} \\ \dfrac{1}{r}\dfrac{\partial}{\partial r}\left(r\dfrac{\partial \psi}{\partial r}\right) + \dfrac{1}{r^2}\dfrac{\partial^2 \psi}{\partial \omega^2} + \dfrac{\partial^2 \psi}{\partial z^2} & \text{Zylinder- } (r, \omega, z)\text{-Koordinaten} \end{cases} \tag{3-14}$$

Die Rotation des Geschwindigkeitsvektors $\boldsymbol{v}$ liefert

$$(\nabla \times \boldsymbol{v}) = \begin{cases} \begin{bmatrix} \dfrac{\partial w}{\partial y} - \dfrac{\partial v}{\partial z} \\ \dfrac{\partial u}{\partial z} - \dfrac{\partial w}{\partial x} \\ \dfrac{\partial v}{\partial x} - \dfrac{\partial u}{\partial y} \end{bmatrix} & \text{3D } (x, y, z) \text{ kartesische Koordinaten} \\ \begin{bmatrix} 0 \\ 0 \\ \dfrac{\partial v}{\partial x} - \dfrac{\partial u}{\partial y} \end{bmatrix} & \text{2D } (x, y) \text{ kartesische Koordinaten} \\ \mathbf{0} & \text{für 1D } (x) \text{ kartesische Koordinaten} \\ \begin{bmatrix} \dfrac{1}{r}\dfrac{\partial v_z}{\partial \omega} - \dfrac{\partial v_\omega}{\partial z} \\ \dfrac{\partial v_r}{\partial z} - \dfrac{\partial v_z}{\partial r} \\ \dfrac{1}{r}\dfrac{\partial (r v_\omega)}{\partial r} - \dfrac{1}{r}\dfrac{\partial v_r}{\partial \omega} \end{bmatrix} & \text{Zylinder- } (r, \omega, z)\text{-Koordinaten} \end{cases} \tag{3-15}$$

In anderer Schreibweise bedeuten

$$\nabla = \mathbf{grad} \qquad \nabla \cdot = \mathrm{div} \qquad \nabla \times = \mathbf{rot} \tag{3-16}$$

Eine besondere Form einer drehsymmetrischen Strömung ist jene, bei der die Strömungskomponente in azimutaler Richtung v_ω verschwindet. Dadurch reduziert sich das Strömungsgebiet auf eine 2D Meridionalenebene in radialer (r) und drehachsenparalleler (z) Richtung. Die obigen Beziehungen (3-12) bis (3-15) vereinfachen sich in entsprechender Weise mit $v_\omega = \dfrac{\partial}{\partial \omega} = 0$.

Es sei Ω ein Volumen, welches durch eine stückweise glatte und geschlossene Oberfläche $\partial\Omega$ umgrenzt ist. Unter der Voraussetzung, dass die skalare Variable ψ und der Geschwindigkeitsvektor $\boldsymbol{v}$ stetige erste Ableitungen in Ω besitzen, gilt (*Johnson 1998*)

$$\begin{aligned} \int_\Omega \nabla \psi \, d\Omega &= \int_{\partial\Omega} \boldsymbol{n} \psi \, dS \\ \int_\Omega \nabla \cdot \boldsymbol{v} \, d\Omega &= \int_{\partial\Omega} \boldsymbol{n} \cdot \boldsymbol{v} \, dS \\ \int_\Omega \nabla \times \boldsymbol{v} \, d\Omega &= \int_{\partial\Omega} \boldsymbol{n} \times \boldsymbol{v} \, dS \end{aligned} \tag{3-17}$$

wobei $\boldsymbol{n}$ der positiv nach außen gerichtete Normaleneinheitsvektor auf $\partial\Omega$ ist. Die ersten beiden Integralausdrücke in (3-17) werden als *Gaußscher Integralsatz* bzw. *Gauß-Theorem* bezeichnet.

3.2.4 Gravitation und Variable

Es soll angenommen werden, dass als äußere Kräfte ausschließlich Gravitationswirkungen vorherrschen. In kartesischen Koordinaten gelte

$$\boldsymbol{g} = -g\boldsymbol{e} \qquad \boldsymbol{g} = \begin{bmatrix} g_x \\ g_y \\ g_z \end{bmatrix} \qquad \boldsymbol{e} = \begin{bmatrix} e_x \\ e_y \\ e_z \end{bmatrix} \tag{3-18}$$

Als eine geeignete Variable sei die hydraulische Höhe h (Piezometer- oder Standrohrspiegelhöhe) bezüglich einer Referenz-Fluiddichte ρ_o eingeführt

$$h = \phi + z = \frac{p}{\rho_o g} + z \tag{3-19}$$

Danach ist

$$p = \rho_o g(h - z) \tag{3-20}$$

und

$$\nabla p - \rho\boldsymbol{g} = \nabla p + \rho g\boldsymbol{e} = \rho_o g\left(\nabla\phi + \nabla z + \frac{\rho - \rho_o}{\rho_o}\boldsymbol{e}\right) = \rho_o g(\nabla h + \Theta\boldsymbol{e}) \tag{3-21}$$

Für teilgesättigte poröse Medien wird üblicherweise die mit Fluid angefüllte Volumenfraktion ε durch die Sättigung s der fluiden Phase ausgedrückt (*Bear und Bachmat 1991*)

$$\varepsilon = sn \qquad \text{bei} \qquad 0 \le s \le 1 \tag{3-22}$$

wobei mit n die Porosität des porösen Mediums eingeführt sei. Wird dic fluide Phase allein durch Wasser repräsentiert, wie im Normalfall angenommen, stellt s die Wassersättigung und ε den Wassergehalt des porösen Mediums dar.

3.2.5 Hydraulischer Radius

In den nachfolgenden Strömungsrelationen übernimmt der hydraulische Radius r_{hydr} die Rolle einer geometrischen Formeinflussgröße. Er ist definiert als Quotient aus

Fließfläche und benetztem Umfang

Tafel 3.2
Hydraulische Radien bei unterschiedlichen Anwendungen

Typ		r_{hydr}
A	überdeckter rechteckiger Fließquerschnitt 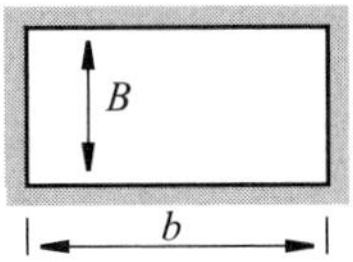 	$\frac{Bb}{2(b+B)}$
B	überdeckter Spalt 2D eben 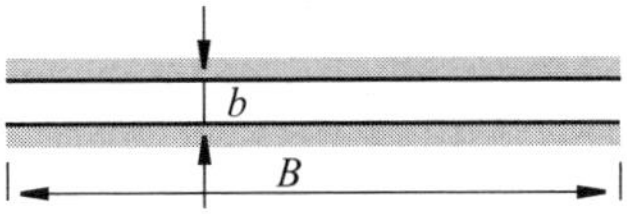 	$\frac{bB}{2B} = \frac{b}{2}$
C	offener rechteckiger Fließquerschnitt 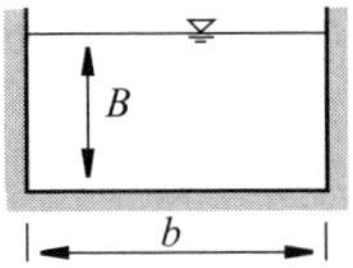 	$\frac{Bb}{b+2B}$
D	offener breiter Kanal ($b > 20B$) 2D eben 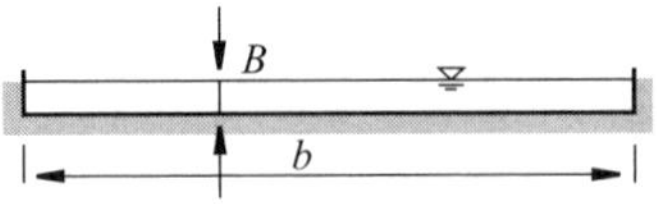 	$\frac{B}{1+2B/b} \approx B$
E	überdeckter kreisförmiger Fließquerschnitt 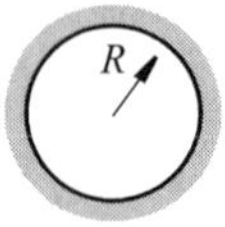 	$\frac{\pi R^2}{2\pi R} = \frac{R}{2}$

$$r_{\mathrm{hydr}} = \frac{\text{Fließfläche}}{\text{benetzter Umfang}} \tag{3-23}$$

Die hydraulischen Radien für die hier interessierenden Fällen sind in Tafel 3.2 zusammengefasst.

3.2.6 Freie Oberflächen

Eine freie Oberfläche stellt eine makroskopische bewegliche materielle Grenzfläche zwischen zwei Fluiden, z.B. Luft und Wasser, dar. Eine materielle Grenzfläche $F = F(\boldsymbol{x}, t) = 0$ wird beschrieben durch folgende kinematische Gleichung (*Bear und Bachmat 1991*)

$$\frac{\partial F}{\partial t} + \boldsymbol{w} \cdot \nabla F = 0 \tag{3-24}$$

Der nach außen gerichtete Einheits-Normalenvektor $\boldsymbol{n}$ auf F ist definiert als

$$\boldsymbol{n} = \frac{\nabla F}{\|\nabla F\|} \tag{3-25}$$

und demgemäß

$$\boldsymbol{w} \cdot \boldsymbol{n} = -\frac{\partial F / \partial t}{\|\nabla F\|} \tag{3-26}$$

wobei $\|\nabla F\|$ die Länge des Vektors ∇F bezeichnet.

Bei einer vertikalen Integration entlang der Tiefe (Mächtigkeit) B lassen sich die Geometrien der oberen und unteren Randgrenzflächen wie folgt ausdrücken (Bild 3.2)

$$\left.\begin{aligned} F^{\mathrm{oben}} &\equiv F^{\mathrm{oben}}(\boldsymbol{x}, t) = z - b^{\mathrm{oben}}(x, y, t) = 0 \\ F^{\mathrm{unten}} &\equiv F^{\mathrm{unten}}(\boldsymbol{x}, t) = z - b^{\mathrm{unten}}(x, y, t) = 0 \end{aligned}\right\} \tag{3-27}$$

Somit ist

$$B = B(\boldsymbol{x}, t) = b^{\mathrm{oben}}(x, y, t) - b^{\mathrm{unten}}(x, y, t) \tag{3-28}$$

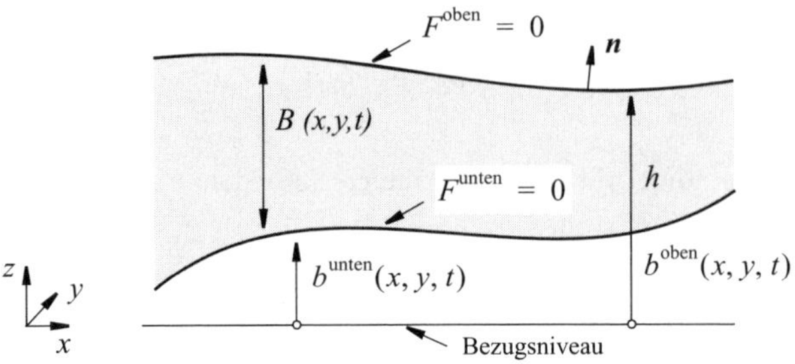

Bild 3.2
Oberflächenbedingungen

Für eine freie Oberfläche ist die Lage der oberen Randgrenzfläche $z = b^{oben}(x, y, t)$ identisch der hydraulischen Höhe $h = h(x, y, t)$. Somit folgt für die Mächtigkeit B

$$B = h - b^{unten} \tag{3-29}$$

Kann man zudem annehmen, dass die untere Grenzfläche zeitlich unveränderlich ist, lässt sich der Speicherterm in Gl. (3-6) wie folgt ausdrücken

$$\frac{\partial(B\varepsilon\rho\psi)}{\partial t} = B\frac{\partial(\varepsilon\rho\psi)}{\partial t} + \varepsilon\rho\psi\frac{\partial h}{\partial t} \tag{3-30}$$

3.2.7 Viskose Spannungen auf Oberflächen

Die viskosen Spannungen auf einer Oberfläche ν (mit ν sei sowohl die obere und untere Randgrenzfläche als auch die Fluid-Fest-Grenzfläche bezeichnet) ergeben sich aus den Austauschbeziehungen (3-3) und (3-5), wenn der allgemeine Flussvektor $\boldsymbol{j}$ durch den viskosen Spannungstensor eines Fluids $\boldsymbol{\sigma}$ (vgl. Tafel 3.1) ersetzt wird, wie folgt

$$\boldsymbol{\sigma}^{\nu} = \frac{1}{\delta S}\int_{\delta S^{\nu}} \boldsymbol{n}^{\nu} \cdot [\boldsymbol{\sigma} + \rho\boldsymbol{v}(\boldsymbol{w} - \boldsymbol{v})]dS \tag{3-31}$$

Hier bezeichnet $\boldsymbol{\sigma}^{\nu}$ die Spannungen auf der Oberfläche ν mit der Normalen $\boldsymbol{n}^{\nu}$. Sie repräsentieren eine Oberflächenkraft pro Einheitsfläche in Abhängigkeit von der Orientierung der Oberfläche (*Panton 1996*). Zur Verdeutlichung seien die Spannungskomponenten auf einer ebenen, oberen Randfläche betrachtet, wie im Bild 3.3 verdeutlicht ist. Nimmt man eine unbewegliche und undurchlässige Oberfläche ($\boldsymbol{w} = \boldsymbol{v} \approx 0$) mit einer konstanten Spannungseigenschaft auf der Einheitsfläche δS an, so ergeben sich die Oberflächenspannungen explizit zu:

$$\boldsymbol{\sigma}^{\text{oben}} \approx \boldsymbol{n}^{\text{oben}} \cdot \boldsymbol{\sigma} \tag{3-32}$$

Mit $\boldsymbol{n}^{\text{oben}} = (0, 1, 0)$ sind die Spannungskomponenten dann (*Panton 1996*)

$$\left.\begin{aligned} \sigma_x^{\text{oben}} &= 0\sigma_{xx} + 1\sigma_{yx} + 0\sigma_{zx} = \sigma_{yx} \\ \sigma_y^{\text{oben}} &= 0\sigma_{xy} + 1\sigma_{yy} + 0\sigma_{zy} = \sigma_{yy} \\ \sigma_z^{\text{oben}} &= 0\sigma_{xz} + 1\sigma_{yz} + 0\sigma_{zz} = \sigma_{yz} \end{aligned}\right\} \tag{3-33}$$

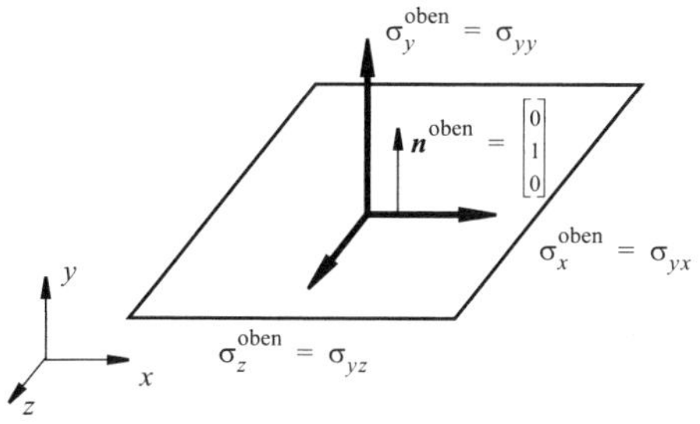

Bild 3.3
Oberflächen-Spannungskomponenten des viskosen Spannungstensors $\boldsymbol{\sigma}$

3.2.8 Potentialströmung

Eine Potentialströmung beschreibt einen Sonderfall, bei der ein Geschwindigkeits-(Vektor)-Feld $\boldsymbol{v}(\boldsymbol{x})$ zwei fundamentale Eigenschaften besitzen muss: Es muss sowohl ***wirbelfrei*** als auch ***divergenzfrei (solenoidal)*** sein (*Johnson 1998*).

Die Geschwindigkeit $\boldsymbol{v}$ ist *wirbelfrei* (oder rotationsfrei), wenn mindestens eine (und somit alle) der folgenden äquivalenten Eigenschaften erfüllt ist (sind):

$$\left.\begin{aligned} &1.\ \oint_C \boldsymbol{v} \cdot d\boldsymbol{s} = 0 \qquad \text{für jede geschlossene Kurve } C \text{ in } \Omega, \\ &2.\ \nabla \times \boldsymbol{v} = 0, \\ &3.\ \boldsymbol{v} = -\nabla\varphi, \qquad \text{wobei } \varphi(\boldsymbol{x}) \text{ ein skalares Potential für } \boldsymbol{v} \text{ ist.} \end{aligned}\right\} \tag{3-34}$$

Die Geschwindigkeit $\boldsymbol{v}$ ist *solenoidal* (oder divergenzfrei), wenn mindestens eine (und somit alle) der folgenden äquivalenten Eigenschaften erfüllt ist (sind):

$$\left.\begin{array}{lll} 1. & \int_{\partial\Omega} \boldsymbol{v}\cdot\boldsymbol{n}dS = 0 & \text{für jede geschlossene Oberfläche } \partial\Omega \text{ auf } \Omega, \\ 2. & \nabla\cdot\boldsymbol{v} = 0, & \\ 3. & \boldsymbol{v} = \nabla\times\boldsymbol{u} & \text{wobei das Vektorpotential } \boldsymbol{u}(\boldsymbol{x}) \text{ gewählt werden kann, um } \nabla\cdot\boldsymbol{u} = 0 \text{ zu befriedigen.} \end{array}\right\} \quad (3\text{-}35)$$

Die Konstruktion geeigneter Potentiale $\varphi(\boldsymbol{x})$ und $\boldsymbol{u}(\boldsymbol{x})$ ist für 2D ebene oder 2D meridionale drehsymmetrische Strömungen in einfacher Weise möglich und gut bekannt. Man wählt einfach

$$\left.\begin{array}{ll} u = \dfrac{\partial\Phi}{\partial x},\ v = \dfrac{\partial\Phi}{\partial y} & \text{für 2D eben} \\ v_r = \dfrac{\partial\Phi}{\partial r},\ v_z = \dfrac{\partial\Phi}{\partial z} & \text{für 2D drehsymmetrisch} \end{array}\right\} \quad (3\text{-}36)$$

zur Befriedigung der Wirbelfreiheit (3-34) unter Verwendung von Gl. (3-15) und

$$\left.\begin{array}{ll} u = \dfrac{\partial\Psi}{\partial y},\ v = -\dfrac{\partial\Psi}{\partial x} & \text{für 2D eben} \\ v_r = \dfrac{1}{r}\dfrac{\partial\Psi}{\partial z},\ v_z = -\dfrac{1}{r}\dfrac{\partial\Psi}{\partial r} & \text{für 2D drehsymmetrisch} \end{array}\right\} \quad (3\text{-}37)$$

zur Befriedigung der Divergenzfreiheit (3-35) unter Verwendung von Gl. (3-13). Die Funktionen $\Phi(\boldsymbol{x})$ und $\Psi(\boldsymbol{x})$ werden als *Geschwindigkeitspotentialfunktion* bzw. *Stromfunktion* bezeichnet. Anzumerken ist, dass ein negatives Vorzeichen in (3-36) weggelassen wurde (im Vergleich zu (3-34)). Aus physikalischer Sicht wäre aber $\boldsymbol{v} = -\nabla\Phi$ vorzuziehen, da ein Fluss in Richtung des Potentialgefälles auftritt (nur dies ist konform mit dem 2. Hauptsatz der Thermodynamik) und nicht umgekehrt.

Im 3D-Fall kann zwar eine Geschwindigkeitspotentialfunktion in gleicher Weise eingeführt werden

$$u = \frac{\partial\Phi}{\partial x},\ v = \frac{\partial\Phi}{\partial y},\ w = \frac{\partial\Phi}{\partial z}, \quad (3\text{-}38)$$

die die Bedingung der Wirbelfreiheit (3-15) zu befriedigen vermag, die Wahl eines geeigneten Vektorpotentials zur Befriedigung der Divergenzfreiheit (3-13) gelingt im allgemeinen aber nicht mehr (ein Stromfunktionsanalogon existiert nicht im 3D-Fall!).

3.3 Grundlegende Bilanzgleichungen

3.3.1 Fluid-Massenerhaltung

Die Massenerhaltung eines Fluids (Flüssigkeit, Gas) folgt aus Gl. (3-6) unter Berücksichtigung von Tafel 3.1 gemäß

$$\frac{\partial}{\partial t}(\varepsilon\rho B) + \nabla \cdot (\varepsilon\rho B \boldsymbol{v}) = \varepsilon\rho B \bar{Q}_\rho \tag{3-39}$$

Spezifiziert man ε und B in geeigneter Weise, wie durch Gln. (3-7) und (3-8) verdeutlicht, lassen sich so alle hier interessierenden Fälle in einer Bilanzgleichung zusammenfassen. Es ist anzumerken, dass der Quell-Senkenterm $\bar{Q}_\rho$ sowohl Rand- als auch Zwischengrenzflächen einschließen kann (man vergleiche Gl. (3-6) und die Definitionen der Austauschterme in Gln. (3-3) und (3-5) und berücksichtige ferner, dass durch das Herausziehen des Faktors $\varepsilon\rho B$ auf der rechten Seite von Gl. (3-39) die Austauschterme nunmehr mit $1/(\varepsilon\rho B\delta S)$, anstatt mit $1/\delta S$, normiert zu betrachten seien).

Der Speicherterm in Gl. (3-39)

$$\frac{\partial}{\partial t}(\varepsilon\rho B) = \varepsilon B\frac{\partial\rho}{\partial t} + \rho B\frac{\partial\varepsilon}{\partial t} + \varepsilon\rho\frac{\partial B}{\partial t} = B\left(ns\frac{\partial\rho}{\partial t} + \rho s\frac{\partial n}{\partial t} + \rho n\frac{\partial s}{\partial t}\right) + \varepsilon\rho\frac{\partial B}{\partial t} \tag{3-40}$$

kann nach der hydraulischen Höhe h entwickelt werden. Man erhält dann mit Gl. (3-30)

$$\frac{\partial}{\partial t}(\varepsilon\rho B) = \rho(BS_o s(\phi) + BnC(\phi) + S_s)\frac{\partial h}{\partial t} \tag{3-41}$$

wobei die *Kompressibilität* S_o, die *Feuchtekapazität* $C(\phi)$ und die *Speicherfähigkeit* S_s eingeführt seien als (*Delleur 1999*)

$$\begin{aligned} S_o &= n\gamma + (1-n)\kappa \\ C(\phi) &= \left(\frac{\partial s}{\partial h} = \frac{\partial s}{\partial\phi}\frac{\partial\phi}{\partial h}\right) = \frac{\partial s}{\partial\phi} \\ S_s &= \varepsilon \end{aligned} \tag{3-42}$$

Für eine freie Fluidströmung ist $\varepsilon \equiv 1, n = s = 1$ und somit $S_o = \gamma$, $C(\phi) = 0$ und $S_s = 1$. Für teilgesättigte poröse Medien $s < 1$ ist die Feuchtekapazität eine stark nichtlineare Funktion der Druckhöhe ϕ, die in diesem Zusammenhang geringer als die Luftdrucksäule, also negativ, ist und dann als *Kapillardruckhöhe* oder *Saugspannung* bezeichnet wird.

Vernachlässigt man Fluid-Dichteeffekte im Divergenzterm der Erhaltungsgleichung

(3-39) durch Anwendung der *Boussinesq*-Approximation (*Diersch 1999, Johnson 1998*), kann die Fluid-Massenerhaltung (3-39) letztlich auf folgenden Ausdruck zurückgeführt werden:

$$\left.\begin{aligned} S\frac{\partial h}{\partial t} + \nabla \cdot (\varepsilon B \boldsymbol{v}) &= \varepsilon B \bar{Q}_{\rho} \\ S &= B[S_o + nC(\phi)] + S_s \end{aligned}\right\} \tag{3-43}$$

wobei ein allgemeiner Speicherkoeffizient S auftritt, der fallspezifisch behandelt werden kann.

3.3.2 Fluid-Impulserhaltung

Die Fluid-Impulserhaltung ergibt sich nach Gl. (3-6) und Tafel 3.1 zu

$$\frac{\partial}{\partial t}(\varepsilon\rho B\boldsymbol{v}) + \nabla \cdot (\varepsilon\rho B\boldsymbol{v}\boldsymbol{v}) = -\nabla(\varepsilon B p) + \nabla \cdot (\varepsilon B\boldsymbol{\sigma}') + \varepsilon\rho B\boldsymbol{g} + \varepsilon B(\boldsymbol{\sigma}^{\text{inter}} + \boldsymbol{\sigma}^{\text{oben}} - \boldsymbol{\sigma}^{\text{unten}}) \tag{3-44}$$

wobei der Spannungstensor $\boldsymbol{\sigma}$ in seinen Gleichgewichts- und den (deviatorischen) Nichtgleichgewichtsanteil aufgespalten wird:

$$\boldsymbol{\sigma} = -p\boldsymbol{I} + \boldsymbol{\sigma}' \tag{3-45}$$

Wir beachten, dass der Austauschterm $\boldsymbol{\sigma}^{\text{inter}}$ für eine freie Fluidströmung verschwindet und die Terme $\boldsymbol{\sigma}^{\text{oben}}, \boldsymbol{\sigma}^{\text{unten}}$ unterdrückt werden, wenn die Impulsgleichung nicht tiefenintegriert ist. Nachfolgend soll das *Newtonsche Viskositätsgesetz* (*Newton*-Fluid) unter Einbeziehung der *Stokes-Annahme* (*Johnson 1998, Panton 1996*) vorausgesetzt werden, welches in folgender Form lautet

$$\boldsymbol{\sigma}' = 2\mu\left[\boldsymbol{d} - \frac{1}{3}(\nabla \cdot \boldsymbol{v})\boldsymbol{I}\right] \tag{3-46}$$

mit dem *Deformationsgeschwindigkeitstensor*

$$\boldsymbol{d} = \frac{1}{2}[\nabla\boldsymbol{v} + (\nabla\boldsymbol{v})^T] \tag{3-47}$$

Für ein inkompressibles Fluid mit einem divergenzfreien (solenoidalen) Geschwindigkeitsfeld $\nabla \cdot \boldsymbol{v} = 0$ führt die allgemeine Impulsgleichung (3-44) auf die gutbekannte *Navier-Stokes-Gleichung* (*Johnson 1998, Preißler und Bollrich 1980*)

$$\varepsilon\rho B\frac{\partial \boldsymbol{v}}{\partial t} + (\varepsilon\rho B\boldsymbol{v}\cdot\nabla)\boldsymbol{v} = -\varepsilon B(\nabla p - \rho\boldsymbol{g}) + \varepsilon B\mu\nabla^2\boldsymbol{v} + \varepsilon B(\boldsymbol{\sigma}^{\text{inter}} + \boldsymbol{\sigma}^{\text{oben}} - \boldsymbol{\sigma}^{\text{unten}}) \qquad (3\text{-}48)$$

welche nachfolgend zur Ableitung spezifischer Formen die Grundlage bildet.

3.3.2.1 *Darcy*-Strömung im porösen Medium

Gewöhnlich ist in einem porösen Medium die Geschwindigkeit $\boldsymbol{v}$ sehr klein, d. h. die *Reynolds*-Zahl bezogen auf einen typischen Porendurchmesser ist von der Ordnung eins oder kleiner (*Delleur 1999)*. Daraus resultiert, dass die Trägheitsterme in der Impulsgleichung (3-48) vernachlässigt werden können (*Bear und Bachmat 1991*):

$$\frac{\partial \boldsymbol{v}}{\partial t} \approx 0 \qquad (\boldsymbol{v}\cdot\nabla)\boldsymbol{v} \approx 0 \qquad (3\text{-}49)$$

Dies führt auf eine allgemeine Impulsgleichung für ein poröses Medium (wir betrachten die nichtintegrierte Form mit $B \equiv 1, \boldsymbol{\sigma}^{\text{oben}} = \boldsymbol{\sigma}^{\text{unten}} = 0$) gemäß

$$\varepsilon(\nabla p - \rho\boldsymbol{g}) = \varepsilon\boldsymbol{\sigma}^{\text{inter}} + \varepsilon\mu\nabla^2\boldsymbol{v} \qquad (3\text{-}50)$$

Darüber hinaus sind die inneren Reibungskräfte infolge Viskosität gegenüber den Reibungsanteilen in Form des Impulsaustausches $\boldsymbol{\sigma}^{\text{inter}}$ an der Phasen-(fluid-fest)-Grenzfläche von untergeordneter Bedeutung, also $\mu\nabla^2\boldsymbol{v} \approx 0$. Der Grenzflächen-Impulsaustausch $\boldsymbol{\sigma}^{\text{inter}}$ kann als eine lineare viskose Reibungsbeziehung (*Bear und Bachmat 1991, Diersch 1985*) entwickelt werden:

$$\boldsymbol{\sigma}^{\text{inter}} = -\mu\boldsymbol{k}^{-1}\cdot(\varepsilon\boldsymbol{v}) \qquad (3\text{-}51)$$

wobei mit der *Permeabilität* $\boldsymbol{k}$ ein Tensor eingeführt wird, der - im Sinne eines Form'beiwertes' - die geometrische Eigenschaft der Grenzfläche zwischen fluiden und festen Phasen des porösen Mediums beschreibt.

Setzt man (3-51) in (3-50) ein, ergibt sich die bekannte *Darcy*-Gleichung in der Form

$$\boldsymbol{v} = -\frac{\boldsymbol{k}}{\varepsilon\mu}(\nabla p - \rho\boldsymbol{g}) \qquad (3\text{-}52)$$

oder mit (3-21)

$$\left.\begin{aligned} \varepsilon\boldsymbol{v} &= -\boldsymbol{K}f_\mu(\nabla h + \Theta\boldsymbol{e}) \\ \boldsymbol{K} &= \frac{\boldsymbol{k}\rho_o g}{\mu_o} \\ f_\mu &= \frac{\mu_o}{\mu} \end{aligned}\right\} \qquad (3\text{-}53)$$

gültig für eine Strömung im porösen Medium. Für teilgesättigte Medien $s < 1$ erweist sich σ^{inter} und somit $\boldsymbol{k}$ (bzw. $\boldsymbol{K}$) als Funktion der Sättigung s (als logische Folge des Oberflächenintegrals (3-5) oder (3-31) über die mit Fluid gefüllte Interphasen-Grenzfläche δS^{inter}). Es ist hier üblich, die Durchlässigkeit $\boldsymbol{K}(s)$ aufzuspalten in einen linearen, gesättigten (sättigungsunabhängigen) Anteil $\boldsymbol{K}_s$ und einen sättigungsabhängigen Anteil $0 < K_r(s) \leq 1$, der sog. *relativen Durchlässigkeit*

$$\boldsymbol{K} = \boldsymbol{K}_s K_r(s) \tag{3-54}$$

Das *Darcy*-Gesetz (3-53) erhält dann die allgemeine Form

$$\varepsilon \boldsymbol{v} = -\boldsymbol{K}_s K_r(s) f_\mu (\nabla h + \Theta \boldsymbol{e}) \tag{3-55}$$

Ein *Darcy*-Geschwindigkeitsfeld $\varepsilon \boldsymbol{v}$ (3-55) ist dann (und nur dann) wirbelfrei (3-34), wenn keine Dichteeffekte $\Theta = 0$ und unabhängige Koeffizientenbedingungen $K_r(s) f_\mu = 1$ vorliegen. Dabei erweist sich die hydraulische Höhe h als geeignete Potentialfunktion φ.

3.3.2.2 Ebene und drehsymmetrische Parallel-(*Poiseuille*)-Strömung

Eine freie Fluid-Strömung wird als *parallel* bezeichnet, wenn die Trägheitsterme der *Navier-Stokes*-Gleichung (3-48) verschwinden. Das bedeutet, dass ein Fluidpartikel keinerlei Beschleunigung mehr unterworfen ist und sich die Teilchen mit konstanter Geschwindigkeit durch reine Translation fortbewegen. Daraus folgt, dass die Bahnlinien gerade Linien sind und die Geschwindigkeit jedes Teilchens nur noch von den Koordinaten senkrecht zur Strömungsrichtung abhängt. Solche Strömungsfelder zwischen zwei parallelen Platten oder in einem Kreisrohr sind im Bild 3.4 dargestellt.

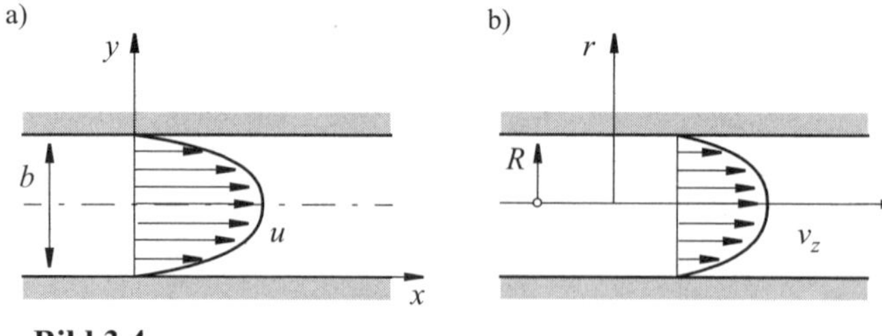

Bild 3.4
a) 2D ebene und b) drehsymmetrische *Poiseuille*-Strömung

Für eine 2D laminare Parallelströmung (Bild 3.4*a*) ist

$$\boldsymbol{v} = \begin{bmatrix} u \\ v \\ w \end{bmatrix} \qquad u = u(y) \qquad v = w = 0 \tag{3-56}$$

und die Impulserhaltungsgleichung (3-48) in x-Richtung ergibt (wir betrachten eine freie Fluidströmung ohne vertikale Integration):

$$\frac{dp}{dx} - \rho g_x = \mu \frac{d^2 u}{dy^2} \tag{3-57}$$

Die Integration von Gl. (3-57) mit den Randbedingungen $u(0) = u(b) = 0$ liefert

$$u = -\frac{1}{2\mu}\left(\frac{dp}{dx} - \rho g_x\right) y(b-y) \tag{3-58}$$

und man erhält eine mittlere Geschwindigkeit im Spalt b zu

$$\bar{u} = \frac{1}{b}\int_{y=0}^{b} u\,dy = -\frac{b^2}{12\mu}\left(\frac{dp}{dx} - \rho g_x\right) \tag{3-59}$$

und den entsprechenden Durchfluss Q zu

$$Q = \bar{u}b = -\frac{b^3}{12\mu}\left(\frac{dp}{dx} - \rho g_x\right) \tag{3-60}$$

Die Beziehung (3-59) wird als *Hagen-Poiseuille-Strömung* und (3-60) als *kubisches Gesetz* bezeichnet. Der Ausdruck (3-59) kann auch mittels des hydraulischen Radius r_{hydr} ausgedrückt werden, wenn $b/2$ für die Spaltströmung nach Tafel 3.2 (Typ B) ersetzt wird:

$$\bar{u} = -\frac{r_{\mathrm{hydr}}^2}{3\mu}\left(\frac{dp}{dx} - \rho g_x\right) \tag{3-61}$$

In ähnlicher Weise ist für eine drehsymmetrische Strömung in einem Kreisrohr (Bild 3.4*b*)

$$\boldsymbol{v} = \begin{bmatrix} v_r \\ v_\omega \\ v_z \end{bmatrix} \qquad v_z = v_z(r) \qquad v_r = v_\omega = 0 \tag{3-62}$$

und man erhält in z-Richtung die Impulsgleichung

$$\frac{dp}{dz} - \rho g_z = \frac{\mu}{r}\left[\frac{\partial}{\partial r}\left(r\frac{\partial v_z}{\partial r}\right)\right] \tag{3-63}$$

Mit $dv_z/dr = 0$ bei $r = 0$ und $v_z(R) = 0$ liefert die Integration von (3-63)

$$v_z = -\frac{1}{4\mu}\left(\frac{dp}{dz} - \rho g_z\right)(R^2 - r^2) \tag{3-64}$$

und die mittlere Geschwindigkeit für eine *Hagen-Poiseuille*-Strömung in einem Kreisrohr ergibt sich zu

$$\bar{v}_z = \frac{1}{\pi R^2}\int_{\omega=0}^{2\pi}\int_{r=0}^{R} v_z r\,dr\,d\omega = -\frac{R^2}{8\mu}\left(\frac{dp}{dz} - \rho g_z\right) \tag{3-65}$$

Der Durchfluss durch das Rohr ist dann

$$Q = \pi R^2 \bar{v}_z = -\frac{\pi R^4}{8\mu}\left(\frac{dp}{dz} - \rho g_z\right) \tag{3-66}$$

Der Ausdruck (3-65) lässt sich durch den hydraulischen Radius r_{hydr} ausdrücken, wenn $R/2$ für die Rohrströmung gemäß Tafel 3.2 (Typ E) ersetzt wird:

$$\bar{v}_z = -\frac{r_{\mathrm{hydr}}^2}{2\mu}\left(\frac{dp}{dz} - \rho g_z\right) \tag{3-67}$$

Wir erkennen, dass die *Hagen-Poiseuille*-Strömungsgesetze einer laminaren Fluidbewegung für eine 1D und 2D ebene Parallelströmung (3-59) und für eine drehsymmetrische Parallelströmung (3-65) einen linearen Zusammenhang bezüglich des Druckgradienten und der Schwerkraft $(\nabla p - \rho \boldsymbol{g})$ ausdrücken. Diese lassen sich in verallgemeinerter Form mittels (3-21) schreiben

$$\left.\begin{aligned} \boldsymbol{v} &= -\boldsymbol{K} f_{\mu}(\nabla h + \Theta \boldsymbol{e}) \\ \boldsymbol{K} &= \frac{r_{\text{hydr}}^2 \rho_o g}{a \mu_o} \boldsymbol{I} \quad \text{mit} \quad \begin{cases} r_{\text{hydr}} = b/2, a = 3 & \text{für 1D/2D eben} \\ r_{\text{hydr}} = R/2, a = 2 & \text{bei Rotationssymmetrie} \end{cases} \end{aligned}\right\} \tag{3-68}$$

Das Geschwindigkeitsfeld $\boldsymbol{v}$ einer laminaren Parallelströmung (3-68) ist wirbelfrei (3-34), wenn (und nur wenn) Dichteeffekte vernachlässigbar sind $\Theta = 0$.

3.3.2.3 Bewegungsgleichungen für Oberflächenabfluss und Kanalströmung

Die Fluidbewegung einer Oberflächenabfluss- und Kanalströmung lässt sich beschreiben durch die tiefenintegrierte *Navier-Stokes*-Gleichung (3-48) in der Gestalt

$$\rho B \frac{\partial \boldsymbol{v}}{\partial t} + (\rho B \boldsymbol{v} \cdot \nabla) \boldsymbol{v} = -B(\nabla p - \rho \boldsymbol{g}) + B \mu \nabla^2 \boldsymbol{v} + B(\boldsymbol{\sigma}^{\text{oben}} - \boldsymbol{\sigma}^{\text{unten}}) \tag{3-69}$$

welche eine Formulierung der bekannten *De Saint-Venant-Gleichung* (*Chandhry 1993*) ist. Über einen weiten Bereich praktisch interessanter Oberflächenabfluss- und Kanalströmungen (Bild 3.5), bei denen geringe bis moderate Fließgeschwindigkeiten auftreten, sind die Trägheits-(Beschleunigungs)-Terme im Vergleich zu den Schwere-, Reibungs- und Druckwirkungen vernachlässigbar. Darüber hinaus sind die inneren viskosen Reibungswirkungen im Vergleich zu den Strömungsscherwirkungen an den Randgrenzflächen von untergeordneter Bedeutung. Unter diesen Voraussetzungen kann gelten

$$\frac{\partial \boldsymbol{v}}{\partial t} \approx 0 \qquad (\boldsymbol{v} \cdot \nabla) \boldsymbol{v} \approx 0 \qquad \mu \nabla^2 \boldsymbol{v} \approx 0 \tag{3-70}$$

und die *De Saint-Venant*-Gleichung (3-69) reduziert sich auf

$$(\nabla p - \rho \boldsymbol{g}) - \boldsymbol{\sigma}^{\text{oben}} + \boldsymbol{\sigma}^{\text{unten}} = 0 \tag{3-71}$$

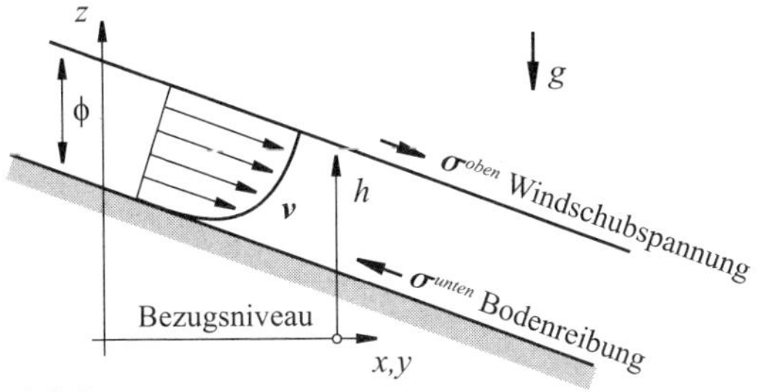

Bild 3.5
Offene Kanalströmung

Die viskose Scherwirkungen $\boldsymbol{\sigma}^{\text{oben}}$ an der (freien) Oberfläche werden durch Windschubspannungen verursacht. Für die hier interessierenden Anwendungen können Windkräfte unberücksichtigt bleiben, d.h.

$$\boldsymbol{\sigma}^{\text{oben}} \approx 0 \tag{3-72}$$

Auf der anderen Seite lassen sich die viskosen Scherwirkungen an der Gewässersohle durch einen Reibungsansatz in der folgenden Form ausdrücken:

$$\boldsymbol{\sigma}^{\text{unten}} = \frac{\rho_o g \|\boldsymbol{v}\| \boldsymbol{v}}{\tau^2 r_{\text{hydr}}^{\alpha}} \tag{3-73}$$

wobei $\|\boldsymbol{v}\| = \sqrt{\boldsymbol{v} \cdot \boldsymbol{v}}$, τ ein Reibungsfaktor und $\alpha \geq 1$ eine Konstante sind. Im Ergebnis kann folgende Impulsgleichung abgeleitet werden:

$$\left.\begin{aligned} (\nabla p - \rho \boldsymbol{g}) + \rho_o g \boldsymbol{S}_f &= 0 \\ \boldsymbol{S}_f &= \frac{\|\boldsymbol{v}\| \boldsymbol{v}}{\tau^2 r_{\text{hydr}}^{\alpha}} \end{aligned}\right\} \tag{3-74}$$

Dabei lassen sich unterschiedliche Gesetze für die Reibungsgefälle $\boldsymbol{S}_f$ spezifizieren, wie sie in Tafel 3.3 durch Einführung *isotroper Rauhigkeitskoeffizienten* zusammengefasst sind.

Tafel 3.3
Verschiedene Reibungsgesetze

Gesetz	τ	α	$\boldsymbol{S}_f$
Newton-Taylor	$\sqrt{\frac{g}{\Upsilon}}$	1	$\frac{\Upsilon \|\boldsymbol{v}\| \boldsymbol{v}}{g r_{\text{hydr}}}$
Chezy	C	1	$\frac{\|\boldsymbol{v}\| \boldsymbol{v}}{C^2 r_{\text{hydr}}}$
Manning-Strickler	M	$4/3$	$\frac{\|\boldsymbol{v}\| \boldsymbol{v}}{M^2 r_{\text{hydr}}^{4/3}}$

Anstatt der Verwendung des Druckes p als primäre Variable bieten sich die hydraulische

Höhe h oder die lokale Wassertiefe (Druckhöhe) ϕ, vgl. (3-19) und (3-21), als alternative Formulierungen an, nämlich

$$\rho_o g(\nabla h + \boldsymbol{S}_f + \Theta \boldsymbol{e}) = 0 \tag{3-75a}$$

und

$$\left.\begin{aligned} \rho_o g(\nabla \phi + \boldsymbol{S}_f - \boldsymbol{S}_o + \Theta \boldsymbol{e}) &= 0 \\ \boldsymbol{S}_o &= -\nabla z \end{aligned}\right\} \tag{3-75b}$$

wobei Fluiddichteeffekte in dem $\Theta \boldsymbol{e}$-Term eingeschlossen sind.

Gleichung (3-75a) kann benutzt werden, um *Strömungsgleichungen vom Diffusionstyp* (*Gottardi und Venutelli 1997, Di Giammarco et al. 1996*) abzuleiten. Da, exemplifiziert für ein 2D-Strömungsregime in kartesischen Koordinaten

$$\|\boldsymbol{v}\|^2 = u^2 + v^2 = \tau^2 r_{\text{hydr}}^{\alpha} \sqrt{S_{fx}^2 + S_{fy}^2} \tag{3-76}$$

und mit (3-74)

$$S_{fx} = \frac{\sqrt{u^2 + v^2}}{\tau^2 r_{\text{hydr}}^{\alpha}} u \qquad S_{fy} = \frac{\sqrt{u^2 + v^2}}{\tau^2 r_{\text{hydr}}^{\alpha}} v, \tag{3-77}$$

finden wir unter Anwendung von (3-75a) mit $S_{fx} = -(\partial h / \partial x + \Theta e_x)$ und $S_{fy} = -(\partial h / \partial y + \Theta e_y)$:

$$u = -\frac{\tau r_{\text{hydr}}^{\alpha/2}}{\sqrt[4]{\left(\frac{\partial h}{\partial x}\right)^2 + \left(\frac{\partial h}{\partial y}\right)^2}} \left(\frac{\partial h}{\partial x} + \Theta e_x\right) \qquad v = -\frac{\tau r_{\text{hydr}}^{\alpha/2}}{\sqrt[4]{\left(\frac{\partial h}{\partial x}\right)^2 + \left(\frac{\partial h}{\partial y}\right)^2}} \left(\frac{\partial h}{\partial y} + \Theta e_y\right) \tag{3-78}$$

und in Verallgemeinerung

$$\left.\begin{aligned} \boldsymbol{v} &= -\boldsymbol{K}(\nabla h + \Theta \boldsymbol{e}) \\ \boldsymbol{K} &= \frac{\tau r_{\text{hydr}}^{\alpha/2}}{\sqrt[4]{\|\nabla h\|^2}} \boldsymbol{I} \end{aligned}\right\} \tag{3-79}$$

Es lässt sich leicht zeigen, dass die Geschwindigkeit $\boldsymbol{v}$ in (3-79) sich zu Null annähert, wenn der Gradient ∇h verschwindet, sobald $\Theta = 0$ vorausgesetzt werden kann:

$$\lim_{\nabla h \to 0} \boldsymbol{v} = -\lim_{\nabla h \to 0} \frac{\tau r_{\text{hydr}}^{\alpha/2}}{\sqrt[4]{\|\nabla h\|^2}} \boldsymbol{I} \nabla h = 0 \tag{3-80}$$

Obwohl die Geschwindigkeit $\boldsymbol{v}$ in (3-79) einen Potentialtyp verkörpert (bei $\Theta = 0$), ist die Strömung nicht schlechthin als wirbelfrei zu betrachten, da $\boldsymbol{K}(h)$ eine Funktion der Lösung selbst darstellt.

3.3.3 Massenerhaltung chemischer Spezies (Kontaminanten)

Die Massenerhaltung einer chemischen Spezies resultiert aus der Gl. (3-6) und Tafel 3.1 in folgender Form

$$\frac{\partial(B\varepsilon C)}{\partial t} + \nabla \cdot (B\varepsilon C\boldsymbol{v}) + \nabla \cdot (B\varepsilon \boldsymbol{j}_c) = B\varepsilon \bar{r}_c \tag{3-81}$$

welche für alle die hier interessierenden Stofftransportprobleme benutzt werden kann, wenn ε und B geeignet spezifiziert werden. Es ist anzumerken, dass der Reaktionsterm $\bar{r}_c$ sowohl Grenzflächen- als auch Oberflächen-Stoffübergangsbeziehungen einschließt (vgl. hierzu Gl. (3-5)).

Der Reaktionsterm zerfällt in eine Reaktionsrate erster Ordnung und in einen Produktionsterm nullter Ordnung (*Diersch 1999*) wie folgt:

$$\bar{r}_c = -\vartheta C + Q_c \tag{3-82}$$

Der Massenfluss $\boldsymbol{j}_c$ wird ausgedrückt durch das *Ficksche Gesetz* in folgender Weise

$$\left.\begin{aligned} \boldsymbol{j}_c &= -\boldsymbol{D} \cdot \nabla C \\ \boldsymbol{D} &= D_d \boldsymbol{I} + \boldsymbol{D}_m \end{aligned}\right\} \tag{3-83}$$

Der Tensor der hydrodynamischen Dispersion $\boldsymbol{D}$ besteht zum einen aus dem Teil der molekularen Diffusion $D_d \boldsymbol{I}$ und dem Anteil der mechanischen Dispersion $\boldsymbol{D}_m$. In einem porösen Medium wird $\boldsymbol{D}_m$ gewöhnlicherweise durch das *Scheidegger-Bear*-Dispersionsgesetz wie folgt beschrieben:

$$\boldsymbol{D}_m = (\beta_T \|\boldsymbol{v}\|)\boldsymbol{I} + (\beta_L - \beta_T)\frac{\boldsymbol{v} \otimes \boldsymbol{v}}{\|\boldsymbol{v}\|} \tag{3-84}$$

Für eine freie Fluidströmung existiert eine große Varietät für $\boldsymbol{D}_m$ in Abhängigkeit von laminaren und turbulenten Strömungsbedingungen. Zum Beispiel kann $\boldsymbol{D}_m$ für ein vollständig mit Fluid gefülltes Rohr unter laminaren Bedingungen durch die *Taylor*-Beziehung (*Taylor 1953*) beschrieben werden:

$$\boldsymbol{D}_m = \left(\frac{R^2\|\boldsymbol{v}\|}{48D_d}\right)\frac{\boldsymbol{v}\otimes\boldsymbol{v}}{\|\boldsymbol{v}\|} \tag{3-85}$$

Unter Verwendung des *Fick*schen Gesetzes (3-83) und Einbeziehung der Kontinuitätsgleichung (3-39) folgt aus Gl. (3-81)

$$\varepsilon B\frac{\partial C}{\partial t} + \varepsilon B\boldsymbol{v}\cdot\nabla C - \nabla\cdot(B\varepsilon\boldsymbol{D}\cdot\nabla C) + B\varepsilon(\overline{Q}_\rho + \vartheta)C = B\varepsilon Q_c \tag{3-86}$$

Betrachtet man zusätzlich Sorptionseffekte für ein poröses Medium, ergibt sich aus (3-86) folgende Stofftransportgleichung

$$B\varepsilon\Re_d\frac{\partial C}{\partial t} + \varepsilon B\boldsymbol{v}\cdot\nabla C - \nabla\cdot(B\varepsilon\boldsymbol{D}\cdot\nabla C) + B\varepsilon(\overline{Q}_\rho + \Re\vartheta)C = B\varepsilon Q_c \tag{3-87}$$

mit den Retardationsbeziehungen

$$\left.\begin{aligned}\Re &= 1 + \frac{(1-\varepsilon)}{\varepsilon}\chi(C)\\ \Re_d &= 1 + \frac{(1-\varepsilon)}{\varepsilon}\frac{\mathrm{d}}{\mathrm{d}C}[\chi(C)\cdot C]\end{aligned}\right\} \tag{3-88}$$

in welchen sich die Sorptionsfunktion $\chi(C)$ durch *Henry-*, *Freundlich-* oder *Langmuir-Isotherme* spezifizieren lässt (*Diersch 1999*).

3.3.4 Energieerhaltung

Die Energiebilanzgleichung lässt sich unter Zugrundelegung von Gl. (3-6) und Tafel 3.1 sowie unter der Annahme eines thermischen Gleichgewichtes zwischen fluiden (*f*) und festen (*s*) Phasen ableiten. Man erhält letztlich (*Diersch 1999*)

$$\frac{\partial}{\partial t}\{B[\varepsilon\rho^f E^f + (1-\varepsilon)\rho^s E^s]\} + \nabla\cdot(B\varepsilon\rho^f E^f\boldsymbol{v}) + \nabla\cdot(B\boldsymbol{j}_T) = B[\varepsilon\rho^f\overline{Q}_T^f + (1-\varepsilon)\rho^s\overline{Q}_T^s] \tag{3-89}$$

welche für alle hier interessierenden Wärmetransportprobleme eingesetzt werden kann, indem ε und B geeignet spezifiziert werden. Wir bemerken, dass die Quell/Senken-Terme $\overline{Q}_T^f, \overline{Q}_T^s$ sowohl Grenzflächen- als auch Oberflächen-Wärmeübergangsbeziehungen einschließen (vgl. hierzu Gl. (3-5)).

Unter Verwendung der Zustandsgleichung für die innere (thermische) Energie (*Diersch 1999*)

$$dE^{\alpha} = c^{\alpha} dT \qquad \text{für} \qquad \alpha = s, f \tag{3-90}$$

und des *Fourierschen Wärmeflusses* gemäß

$$\left.\begin{aligned} \boldsymbol{j}_T &= -\boldsymbol{\Lambda} \cdot \nabla T \\ \boldsymbol{\Lambda} &= \boldsymbol{\Lambda}^{\text{cond}} + \boldsymbol{\Lambda}^{\text{disp}} = [\varepsilon\lambda^f + (1-\varepsilon)\lambda^s]\boldsymbol{I} + \varepsilon\rho^f c^f \boldsymbol{D}_m \end{aligned}\right\} \tag{3-91}$$

erhält man folgende Bilanzgleichung für die thermische Energie (*Diersch 1999*)

$$\begin{aligned} \{B[\varepsilon\rho^f c^f + (1-\varepsilon)\rho^s c^s]\}\frac{\partial T}{\partial t} + \varepsilon\rho^f c^f B\boldsymbol{v} \cdot \nabla T - \nabla \cdot (B\boldsymbol{\Lambda} \cdot \nabla T) + B\varepsilon\rho^f c^f \overline{Q}_\rho (T - T_o) = \\ = B[\varepsilon\rho^f \overline{Q}_T^f + (1-\varepsilon)\rho^s \overline{Q}_T^s] \end{aligned} \tag{3-92}$$

welche für die Temperatur T zu lösen ist.

3.4 Verallgemeinerte Transportgleichungen

3.4.1 Strömung

Die grundlegenden Strömungsgleichungen repräsentieren eine Kombination der Fluid-Massenerhaltungsgleichung (3-43) und der Fluid-Impulserhaltungsgleichung für ein poröses Medium (3-53), für eine *Poiseuille*-Strömung (3-68) und für eine Oberflächenabfluss/Kanalströmung (3-79). Im Ergebnis fasst Tafel 3.4 die herrschenden Strömungsgleichungen für 1D-, 2D- und 3D-Probleme in Abhängigkeit der interessierenden Fallspezifika zusammen.

3.4.2 Kontaminanten-Transport

Die grundlegende Stofftransportgleichung (3-87) lässt sich jetzt für die unterschiedlichen Strömungssituationen spezifizieren. Tafel 3.5 fasst die unterschiedlichen Terme und Ausdrücke sowohl für ein poröses Medium als auch für eine freie Fluidströmung zusammen.

3.4.3 Wärme-Transport

Die spezifizierten Terme für die grundlegende Wärmetransportgleichung (3-92) werden in Tafel 3.6 sowohl für ein poröses Medium als auch für eine freie Fluidströmung zusammengefasst.

Strömungsmodellgleichungen

$$L(h) = S\frac{\partial h}{\partial t} - \nabla \cdot (\boldsymbol{K} f_\mu B \cdot (\nabla h + \Theta \boldsymbol{e})) - Q = 0$$

Fall	S *Darcy*	S *Poiseuille*	S Kanal	$\boldsymbol{K} f_\mu B$ *Darcy*	$\boldsymbol{K} f_\mu B$ *Poiseuille*	$\boldsymbol{K} f_\mu B$ Kanal	Q *Darcy*	Q *Poseuille*	Q Kanal
1DPP (1D eben, mit freier Oberfläche)	$b(BS_o + S_s)$	$b(B\gamma + 1)$	$b(B\gamma + 1)$	$bB \underbrace{\frac{\boldsymbol{k}\rho_o g}{\mu_o}}_{\boldsymbol{K}} f_\mu$	$bB \underbrace{\frac{r_{hydr}^2 \rho_o g \boldsymbol{I}}{3\mu_o}}_{\boldsymbol{K}} f_\mu$	$bB \underbrace{\frac{\tau r_{hydr}^{\alpha/2} \boldsymbol{I}}{\sqrt[4]{\lVert\nabla h\rVert^2}}}_{\boldsymbol{K}}$	$bB\varepsilon\bar{Q}_\rho$	bBQ_ρ	bBQ_ρ
1DPN (1D eben, ohne freie Oberfläche)	bBS_o	$bB\gamma$	$bB\gamma$	$bB \underbrace{\frac{\boldsymbol{k}\rho_o g}{\mu_o}}_{\boldsymbol{K}} f_\mu$	$bB \underbrace{\frac{r_{hydr}^2 \rho_o g \boldsymbol{I}}{3\mu_o}}_{\boldsymbol{K}} f_\mu$	$bB \underbrace{\frac{\tau r_{hydr}^{\alpha/2} \boldsymbol{I}}{\sqrt[4]{\lVert\nabla h\rVert^2}}}_{\boldsymbol{K}}$	$bB\varepsilon\bar{Q}_\rho$	bBQ_ρ	bBQ_ρ
1DAP (1D drehsymmetrisch, mit freier Oberfläche)	$\pi R^2\left(S_o + \frac{S_s}{B}\right)$	$\pi R^2\left(\gamma + \frac{1}{B}\right)$	$\pi R^2\left(\gamma + \frac{1}{B}\right)$	$\pi R^2 \underbrace{\frac{\boldsymbol{k}\rho_o g}{\mu_o}}_{\boldsymbol{K}} f_\mu$	$\pi R^2 \underbrace{\frac{r_{hydr}^2 \rho_o g \boldsymbol{I}}{2\mu_o}}_{\boldsymbol{K}} f_\mu$	$\pi R^2 \underbrace{\frac{\tau r_{hydr}^{\alpha/2} \boldsymbol{I}}{\sqrt[4]{\lVert\nabla h\rVert^2}}}_{\boldsymbol{K}}$	$\pi R^2\varepsilon\bar{Q}_\rho$	$\pi R^2 Q_\rho$	$\pi R^2 Q_\rho$
1DAP (1D drehsymmetrisch, ohne freie Oberfläche)	$\pi R^2 S_o$	$\pi R^2\gamma$	$\pi R^2\gamma$	$\pi R^2 \underbrace{\frac{\boldsymbol{k}\rho_o g}{\mu_o}}_{\boldsymbol{K}} f_\mu$	$\pi R^2 \underbrace{\frac{r_{hydr}^2 \rho_o g \boldsymbol{I}}{2\mu_o}}_{\boldsymbol{K}} f_\mu$	$\pi R^2 \underbrace{\frac{\tau r_{hydr}^{\alpha/2} \boldsymbol{I}}{\sqrt[4]{\lVert\nabla h\rVert^2}}}_{\boldsymbol{K}}$	$\pi R^2\varepsilon\bar{Q}_\rho$	$\pi R^2 Q_\rho$	$\pi R^2 Q_\rho$
2DPP (2D eben, mit freier Oberfläche)	$BS_o + S_s$	$B\gamma + 1$	$B\gamma + 1$	$B \underbrace{\frac{\boldsymbol{k}\rho_o g}{\mu_o}}_{\boldsymbol{K}} f_\mu$	$B \underbrace{\frac{r_{hydr}^2 \rho_o g \boldsymbol{I}}{3\mu_o}}_{\boldsymbol{K}} f_\mu$	$B \underbrace{\frac{\tau r_{hydr}^{\alpha/2} \boldsymbol{I}}{\sqrt[4]{\lVert\nabla h\rVert^2}}}_{\boldsymbol{K}}$	$B\varepsilon\bar{Q}_\rho$	BQ_ρ	BQ_ρ
2DPN (2D eben, ohne freie Oberfläche)	BS_o	$B\gamma$	$B\gamma$	$B \underbrace{\frac{\boldsymbol{k}\rho_o g}{\mu_o}}_{\boldsymbol{K}} f_\mu$	$B \underbrace{\frac{r_{hydr}^2 \rho_o g \boldsymbol{I}}{3\mu_o}}_{\boldsymbol{K}} f_\mu$	$B \underbrace{\frac{\tau r_{hydr}^{\alpha/2} \boldsymbol{I}}{\sqrt[4]{\lVert\nabla h\rVert^2}}}_{\boldsymbol{K}}$	$B\varepsilon\bar{Q}_\rho$	BQ_ρ	BQ_ρ
3DP (3D mit freier und ohne freie Oberfläche)	S_o	γ	γ	$\underbrace{\frac{\boldsymbol{k}\rho_o g}{\mu_o}}_{\boldsymbol{K}} f_\mu$	$\underbrace{\frac{r_{hydr}^2 \rho_o g \boldsymbol{I}}{3\mu_o}}_{\boldsymbol{K}} f_\mu$	$\underbrace{\frac{\tau r_{hydr}^{\alpha/2} \boldsymbol{I}}{\sqrt[4]{\lVert\nabla h\rVert^2}}}_{\boldsymbol{K}}$	$\varepsilon\bar{Q}_\rho$	Q_ρ	Q_ρ

Tafel 3.5
Stofftransportmodellgleichungen

$$L(C) = S\frac{\partial C}{\partial t} + \boldsymbol{q} \cdot \nabla C - \nabla \cdot (B\varepsilon \boldsymbol{D} \cdot \nabla C) + \Phi C - Q = 0$$

		S		$\boldsymbol{q}$		$B\varepsilon\boldsymbol{D}$		Φ		Q	
	Fall	poröses Medium	freies Fluid	poröses Medium	freies Fluid	poröses Medium	freies Fluid	poröses Medium	freies Fluid	poröses Medium	freies Fluid
	1DPP (1D eben, mit freier und ohne freie Oberfläche)	$bB\varepsilon\Re_d$	bB	$bB\varepsilon\boldsymbol{v}$	$bB\boldsymbol{v}$	$bB\varepsilon(D_d\boldsymbol{I} + \boldsymbol{D}_m)$	$bB(D_d\boldsymbol{I} + \boldsymbol{D}_m)$	$bB\varepsilon(\bar{Q}_\rho + \Re\vartheta)$	$bB(Q_\rho + \vartheta)$	$bB\varepsilon Q_c$	bBQ_c
	1DAP (1D drehsymmetrisch, mit freier und ohne freie Oberfläche)	$\pi R^2\varepsilon\Re_d$	πR^2	$\pi R^2\varepsilon\boldsymbol{v}$	$\pi R^2\boldsymbol{v}$	$\pi R^2\varepsilon(D_d\boldsymbol{I} + \boldsymbol{D}_m)$	$\pi R^2(D_d\boldsymbol{I} + \boldsymbol{D}_m)$	$\pi R^2\varepsilon(\bar{Q}_\rho + \Re\vartheta)$	$\pi R^2(Q_\rho + \vartheta)$	$\pi R^2\varepsilon Q_c$	$\pi R^2 Q_c$
 	2DPP (2D eben, mit freier und ohne freie Oberfläche)	$B\varepsilon\Re_d$	B	$B\varepsilon\boldsymbol{v}$	$B\boldsymbol{v}$	$B\varepsilon(D_d\boldsymbol{I} + \boldsymbol{D}_m)$	$B(D_d\boldsymbol{I} + \boldsymbol{D}_m)$	$B\varepsilon(\bar{Q}_\rho + \Re\vartheta)$	$B(Q_\rho + \vartheta)$	$B\varepsilon Q_c$	BQ_c
	3DP (3D mit freier und ohne freie Oberfläche)	$\varepsilon\Re_d$	1	$\varepsilon\boldsymbol{v}$	$\boldsymbol{v}$	$\varepsilon(D_d\boldsymbol{I} + \boldsymbol{D}_m)$	$D_d\boldsymbol{I} + \boldsymbol{D}_m$	$\varepsilon(\bar{Q}_\rho + \Re\vartheta)$			

Tafel 3.6
Wärmetransportmodellgleichungen

$$L(T) = S\frac{\partial T}{\partial t} + \boldsymbol{q}\cdot\nabla T - \nabla\cdot(B\boldsymbol{\Lambda}\cdot\nabla T) + \Phi(T-T_o) - Q = 0$$

	S		$\boldsymbol{q}$		$B\boldsymbol{\Lambda}$		Φ		Q	
Fall	poröses Medium	freies Fluid	poröses Medium	freies Fluid	poröses Medium	freies Fluid	poröses Medium	freies Fluid	poröses Medium	freies Fluid
1DPP (1D eben, mit freier und ohne freie Oberfläche)	$bB[\varepsilon\rho^f c^f + (1-\varepsilon)\rho^s c^s]$	$bB\rho^f c^f$	$bB\varepsilon\rho^f c^f \boldsymbol{v}$	$bB\rho^f c^f \boldsymbol{v}$	$bB\{[\varepsilon\lambda^f + (1-\varepsilon)\lambda^s]\boldsymbol{I} + \varepsilon\rho^f c^f \boldsymbol{D}_m\}$	$bB(\lambda^f\boldsymbol{I} + \rho^f c^f \boldsymbol{D}_m)$	$bB\varepsilon\rho^f c^f \bar{Q}_\rho$	$bB\rho^f c^f Q_\rho$	$bB[\varepsilon\rho^f \bar{Q}_T^f + (1-\varepsilon)\rho^s \bar{Q}_T^s]$	$bB\rho^f Q_T^f$
1DAP (1D drehsymmetrisch, mit freier und ohne freie Oberfläche)	$\pi R^2[\varepsilon\rho^f c^f + (1-\varepsilon)\rho^s c^s]$	$\pi R^2 \rho^f c^f$	$\pi R^2 \varepsilon\rho^f c^f \boldsymbol{v}$	$\pi R^2 \rho^f c^f \boldsymbol{v}$	$\pi R^2\{[\varepsilon\lambda^f + (1-\varepsilon)\lambda^s]\boldsymbol{I} + \varepsilon\rho^f c^f \boldsymbol{D}_m\}$	$\pi R^2(\lambda^f\boldsymbol{I} + \rho^f c^f \boldsymbol{D}_m)$	$\pi R^2 \varepsilon\rho^f c^f \bar{Q}_\rho$	$\pi R^2 \rho^f c^f Q_\rho$	$\pi R^2[\varepsilon\rho^f \bar{Q}_T^f + (1-\varepsilon)\rho^s \bar{Q}_T^s]$	$\pi R^2 \rho^f Q_T^f$
2DPP (2D eben, mit freier und ohne freie Oberfläche)	$B[\varepsilon\rho^f c^f + (1-\varepsilon)\rho^s c^s]$	$B\rho^f c^f$	$B\varepsilon\rho^f c^f \boldsymbol{v}$	$B\rho^f c^f \boldsymbol{v}$	$B\{[\varepsilon\lambda^f + (1-\varepsilon)\lambda^s]\boldsymbol{I} + \varepsilon\rho^f c^f \boldsymbol{D}_m\}$	$B(\lambda^f\boldsymbol{I} + \rho^f c^f \boldsymbol{D}_m)$	$B\varepsilon\rho^f c^f \bar{Q}_\rho$	$B\rho^f c^f Q_\rho$	$B[\varepsilon\rho^f \bar{Q}_T^f + (1-\varepsilon)\rho^s \bar{Q}_T^s]$	$B\rho^f Q_T^f$
3DP (3D mit freier und ohne freie Oberfläche)	$\varepsilon\rho^f c^f + (1-\varepsilon)\rho^s c^s$	$\rho^f c^f$	$\varepsilon\rho^f c^f \boldsymbol{v}$	$\rho^f c^f \boldsymbol{v}$	$[\varepsilon\lambda^f + (1-\varepsilon)\lambda^s]\boldsymbol{I} + \varepsilon\rho^f c^f \boldsymbol{D}_m$	$\lambda^f\boldsymbol{I} + \rho^f c^f \boldsymbol{D}_m$	$\varepsilon\rho^f c^f \bar{Q}_\rho$	$\rho^f c^f Q_\rho$	$\varepsilon\rho^f \bar{Q}_T^f + (1-\varepsilon)\rho^s \bar{Q}_T^s$	

Q_ρ Q_ρ

3.5 Finite-Element-Formulierungen

3.5.1 Hauptgleichung, Randbedingungen und Wichtungsansatz

Die grundlegenden Bilanzgleichungen, wie sie in den Tafeln 3.4, 3.5 und 3.6 zusammengestellt sind, lassen sich durch folgende Hauptgleichung verallgemeinern

$$\begin{aligned} L(\psi) &= S\frac{\partial\psi}{\partial t} + \boldsymbol{q}\cdot\nabla\psi - \nabla\cdot(\boldsymbol{D}\cdot\nabla\psi) - Q_\psi = 0 \\ Q_\psi &= -\Phi\psi + Q \end{aligned} \quad , \qquad (3\text{-}93)$$

die zu lösen ist für die Strömung ($\psi = h$), für die chemische Spezies ($\psi = C$) und für die Wärme ($\psi = T$) unter Anwendung von 1D, 2D und 3D finiten Elementen.

Es bezeichnen $\Omega \subset R^D$ und $(0, T_t)$ das zu betrachtende räumliche bzw. zeitliche Untersuchungsgebiet, wobei D die räumliche Dimension (1, 2 oder 3) und T_t die finale Zeit kennzeichnen. Mit $\partial\Omega = \Gamma_1 \otimes \Gamma_2$ soll der Rand von Ω beschrieben sein, wobei Γ_1 und Γ_2 zwei disjunkte Teile des Gesamtrandes $\partial\Omega$ darstellen. Danach wird die Hauptgleichung (3-93) folgenden Randbedingungen (RB) unterworfen:

$$\begin{aligned} \psi &= \psi_1 \quad \text{auf } \Gamma_1 \\ \underbrace{-\boldsymbol{n}\cdot(\boldsymbol{D}\cdot\nabla\psi)}_{q_n} + a(\psi_2 - \psi) &= b \quad \text{auf } \Gamma_2 \end{aligned} \qquad (3\text{-}94)$$

wobei auf Γ_1 *Dirichlet-RB* erster Art und auf Γ_2 sog. *Robin-RB*, die wiederum in Randbedingungsformen vom *Neumann-* und *Cauchy*-Typ untergliedert werden können, auftreten. Ist $a = 0$, ergibt sich eine *Neumann-RB* zweiter Art, während im Falle von $b = 0$ eine übliche *Cauchy-RB* dritter Art auftritt. In Gl. (3-94) entspricht $\boldsymbol{n}$ dem Einheitsnormalvektor (positiv nach außen gerichtet), ψ_1 und ψ_2 sind vorzugebende Randwerte von ψ auf Γ_1 bzw. Γ_2. In (3-94) entspricht q_n der positiv nach außen gerichteten Normalgeschwindigkeit.

Die Finite-Element-Formulierung (*Baker und Pepper 1991, Gresho und Sani 1998, Pironneau 1989, Zienkiewicz und Taylor 1989/1991*) basiert auf der gewichteten Form von Gl. (3-93). Unter Einführung einer räumlichen Wichtungsfunktion w bedeutet das

$$\int_\Omega w\left(S\frac{\partial\psi}{\partial t} + \boldsymbol{q}\cdot\nabla\psi\right)d\Omega = \int_\Omega w[\nabla\cdot(\boldsymbol{D}\cdot\nabla\psi) + Q_\psi]d\Omega \qquad (3\text{-}95)$$

Unter Anwendung partieller Integration und des *Gauß*-Theorems (3-17) auf die Wichtungsterme in Gl. (3-95) und nach Einsetzen der *Robin*-RB (3-94) ergibt sich folgende Wichtungsform

$$\int_\Omega \left[w\left(S\frac{\partial \psi}{\partial t} + \boldsymbol{q} \cdot \nabla \psi \right) + \nabla w \cdot (\boldsymbol{D} \cdot \nabla \psi) \right] d\Omega + \int_{\Gamma_2} w a \psi d\Gamma = \int_\Omega w Q_\psi d\Omega + \int_{\Gamma_2} w(a\psi_2 - b) d\Gamma \quad (3\text{-}96)$$

die für die nachfolgend zu beschreibende Finite-Element-Methode (FEM) die Grundlage bildet.

3.5.2 Räumliche Diskretisierung

Im Kontext der FEM wird eine räumliche Diskretisierung Ω^h des Untersuchungsgebietes Ω durch eine Vereinigung einer Anzahl nichtüberlappender Subgebiete (finite Elemente) Ω_e erreicht, d. h.

$$\Omega \approx \Omega^h \equiv \bigcup_e \Omega_e \quad (3\text{-}97)$$

Für irgendein finites Elementgebiet Ω_e wird die unbekannte Variable ψ (und abhängige Koeffizienten) ersetzt durch eine *stetige Approximation*, die die Separabilität von Ort und Zeit voraussetzt. Demnach ist

$$\psi(\boldsymbol{x}, t) \approx \psi^h(\boldsymbol{x}, t) = N_i(\boldsymbol{x})\psi_i(t) \quad (3\text{-}98)$$

wobei $i = 1, \ldots, M$ die Knotenindizes, M die Gesamtzahl an Knoten, N_i die nodalen Basisfunktionen und $\boldsymbol{x}$ die Raumkoordinaten (3-11) bezeichnen. Es ist zu beachten, dass auch hier die Summenkonvention für mehrfache Indizes zur Anwendung kommt. Für die vorliegende Problemklasse ist es vollkommen ausreichend, die Basisfunktionen N_i als C_0 (stetige) stückweise Polynome zu betrachten, die stückweise-stetig differenzierbar sind, für die jedoch zweite oder höhere Ableitungen nicht notwendigerweise existieren müssen.

Es wird die *Galerkin*-Finite-Element-Methode (GFEM) (*Gresho und Sani 1998, Zienkiewicz und Taylor 1989/1991*) angewendet, bei der die Wichtungsfunktion w identisch mit der Basisfunktion N ist. Danach ergibt sich aus (3-96) folgendes Matrix-System, bestehend aus M Gleichungen

$$\boldsymbol{O} \cdot \dot{\boldsymbol{\psi}} + \boldsymbol{K} \cdot \boldsymbol{\psi} - \boldsymbol{F} = 0 \quad (3\text{-}99)$$

und den Matrixkomponenten, die in Indexnotation lauten

$$\left.\begin{aligned} O_{ij} &= \sum_e \int_{\Omega_e} S N_i N_j d\Omega \\ K_{ij} &= \sum_e \left[\int_{\Omega_e} (N_i \boldsymbol{q} \cdot \nabla N_j + \nabla N_i \cdot (\boldsymbol{D} \cdot \nabla N_j) + \Phi N_i N_j) d\Omega + \int_{\Gamma_{e2}} a N_i N_j d\Gamma \right] \\ F_i &= \sum_e \left[\int_{\Omega_e} N_i Q d\Omega + \int_{\Gamma_{e2}} N_i (a\psi_2 - b) d\Gamma \right] \end{aligned}\right\} \tag{3-100}$$

wobei $i,j = 1, \ldots, M$ nodale Indizes bezeichnen. Der hochgestellte Punkt in Gl. (3-99) bedeutet dabei eine Differentiation bezüglich der Zeit t, also

$$\dot{\boldsymbol{\psi}}(t) = \left\{ \frac{d}{dt}\boldsymbol{\psi}(t) \right\} \tag{3-101}$$

3.5.3 Zeitliche Diskretisierung

Die räumlich diskretisierte Gleichung (3-99) repräsentiert eine gewöhnliche Differentialgleichung erster Ordnung bezüglich der Zeit, die für die meisten praktischen Probleme nur numerisch gelöst werden kann. Aus Stabilitätsgründen sollen implizite, sog. A-stabile Zwei-Schritt-Techniken bevorzugt werden.

Betrachtet man $\boldsymbol{\psi}(t)$ innerhalb des endlichen Zeitintervalls $(t_n, t_n + \Delta t_n)$, wobei der Index n die Zeitebene und Δt_n die variable Zeitschrittweite bezeichnen, dann ist die Funktion $\boldsymbol{\psi}(t)$ definiert zu

$$\boldsymbol{\psi}^n = \boldsymbol{\psi}(t_n) \tag{3-102}$$

zum vorangegangenem (alten) Zeitpunkt und zu

$$\boldsymbol{\psi}^{n+1} = \boldsymbol{\psi}(t_n + \Delta t_n) \tag{3-103}$$

zum neuen (aktuellen) Zeitpunkt.

3.5.3.1 θ-Methode

Bei Einführung eines zeitlichen Wichtungskoeffizienten $(0 \le \theta \le 1)$ lässt sich schreiben

$$\left.\begin{aligned} \boldsymbol{\psi}(t_n + \theta\Delta t_n) &= \theta\boldsymbol{\psi}(t_n + \Delta t_n) + (1-\theta)\boldsymbol{\psi}(t_n) \\ \boldsymbol{F}(t_n + \theta\Delta t_n) &= \theta\boldsymbol{F}(t_n + \Delta t_n) + (1-\theta)\boldsymbol{F}(t_n) \\ \dot{\boldsymbol{\psi}}(t_n + \theta\Delta t_n) &= \theta\dot{\boldsymbol{\psi}}(t_n + \Delta t_n) + (1-\theta)\dot{\boldsymbol{\psi}}(t_n) \end{aligned}\right\} \tag{3-104}$$

Unter Anwendung einer Rückwärtsdifferenzen-Approximation für $\dot{\psi}(t_n + \Delta t_n)$ und einer Vorwärtsdifferenzen-Approximation für $\dot{\psi}(t_n)$ ergibt sich

$$\dot{\psi}(t_n + \theta\Delta t_n) = \frac{\psi^{n+1} - \psi^n}{\Delta t_n} \tag{3-105}$$

Es ergeben sich übliche Zeitschrittverfahren, wenn der Wichtungskoeffizient θ in geeigneter Weise gewählt wird:

$$\left.\begin{array}{ll} \theta = 0 & \text{explizites Verfahren} \\ \theta = 1/2 & \text{Trapezregel (Crank-Nicolson-Methode)} \\ \theta = 1 & \text{implizites Verfahren} \end{array}\right\} \tag{3-106}$$

Nach Einsetzen von (3-104) in (3-99) resultiert daraus das finale Gleichungssystem

$$\left(\frac{\boldsymbol{O}}{\Delta t_n} + \boldsymbol{K}\theta\right)\psi^{n+1} = \left(\frac{\boldsymbol{O}}{\Delta t_n} - \boldsymbol{K}(1-\theta)\right)\psi^n + (\boldsymbol{F}^{n+1}\theta + \boldsymbol{F}^n(1-\theta)) \tag{3-107}$$

welches zu jedem neuen Zeitpunkt gelöst werden muss.

3.5.3.2 Prädiktor-Korrektor-Methode

Die Prädiktor-Korrektor-Methode wird im Detail in (*Diersch 1985, 1988, Diersch und Kolditz 1998, Diersch und Perrochet 1999*) beschrieben. Für die vorliegenden Probleme kommen das vollständig implizite *Rückwärts-Euler-Verfahren* (BE) mit einer Genauigkeit erster Ordnung und die semi-implizite *Trapezregel* (TR) mit einer Genauigkeit zweiter Ordnung in die nähere Auswahl. Die Zeitableitungen ergeben sich dabei für das BE-Schema zu

$$\dot{\psi}^{n+1} = \frac{\psi^{n+1} - \psi^n}{\Delta t_n} \tag{3-108}$$

und für das TR-Schema zu

$$\dot{\psi}^{n+1} = \frac{2}{\Delta t_n}(\psi^{n+1} - \psi^n) - \dot{\psi}^n \tag{3-109}$$

Setzt man (3-108) und (3-109) in Gl. (3-99) ein, so resultiert daraus das finale Gleichungssystem in der Form

$$\left(\frac{\boldsymbol{O}}{\theta \Delta t_n} + \boldsymbol{K}\right)\boldsymbol{\psi}^{n+1} = \boldsymbol{O}\left[\frac{\boldsymbol{\psi}^n}{\theta \Delta t_n} + \left(\frac{1}{\theta} - 1\right)\dot{\boldsymbol{\psi}}^n\right] + \boldsymbol{F}^{n+1} \tag{3-110}$$

wobei $\theta \in (\frac{1}{2}, 1)$ für das TR- bzw. BE-Verfahren auszuwählen ist.

3.5.4 Finite-Element-Basisoperationen

Ein grundlegender Aspekt der FEM ist die Anwendung sog. *Master-Elemente* (*Williams und Baker 1996*), auf deren Grundlage alle elementspezifischen Operationen (Integrationen) in verallgemeinerten (lokalen) Koordinaten durchgeführt werden (siehe Bild 3.6). Die Koordinatentransformation (oder Abbildung) überbrückt dabei den Berechnungs-$\boldsymbol{\eta}$-Raum und den Euklidischen Raum R^D gemäß

$$\tau_e:\ \boldsymbol{\eta} \rightarrow \boldsymbol{x} = \boldsymbol{x}(\boldsymbol{\eta})$$
$$\boldsymbol{\eta} = \begin{bmatrix} \xi \\ \eta \\ \zeta \end{bmatrix} \qquad \begin{matrix} -1 \le \xi \le 1 \\ -1 \le \eta \le 1 \\ -1 \le \zeta \le 1 \end{matrix} \tag{3-111}$$

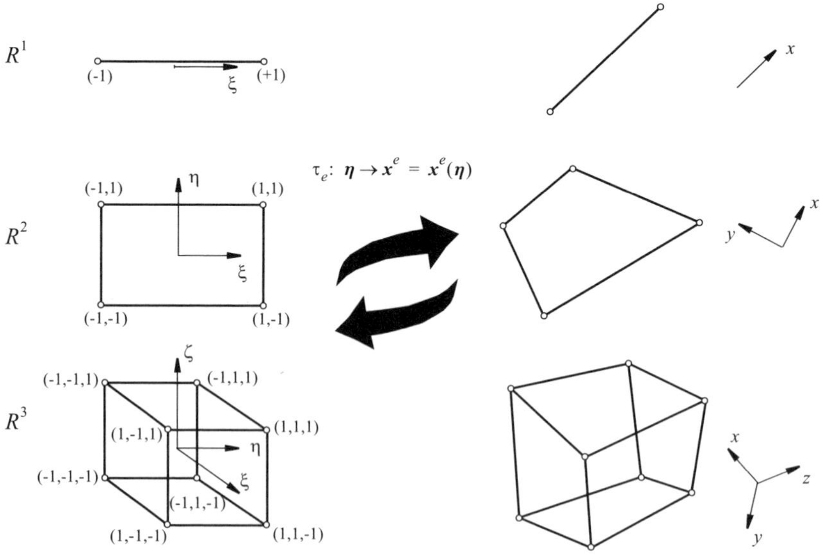

Bild 3.6
Finite Elemente mit einer Eins-zu-Eins-Abbildung auf R^D ($D = 1,2,3$)

Mit Hilfe der Abbildungsvorschrift (3-111) ist es sehr bequem, die Basisfunktionen N_i

in lokalen $\boldsymbol{\eta}$-Koordinaten für jedes finite Element e auszudrücken gemäß

$$N_i = N_i(\boldsymbol{x}) = \bigcup_e N_i^e(\boldsymbol{\eta}) \qquad \boldsymbol{x} = N_i \boldsymbol{x}_i \tag{3-112}$$

Die Abbildung τ_e gilt als *Eins-zu-Eins* unter der Voraussetzung, dass die Transformations-*Jacobi*-Matrix $\boldsymbol{J}$ nicht-singulär ist, wobei $\boldsymbol{J}$ im R^3-Raum folgende Gestalt hat

$$\boldsymbol{J} = \frac{\partial \boldsymbol{x}}{\partial \boldsymbol{\eta}} = \begin{Bmatrix} \frac{\partial}{\partial \xi} \\ \frac{\partial}{\partial \eta} \\ \frac{\partial}{\partial \zeta} \end{Bmatrix} \{x_1, x_2, x_3\} = \begin{bmatrix} J_{11} & J_{12} & J_{13} \\ J_{21} & J_{22} & J_{23} \\ J_{31} & J_{32} & J_{33} \end{bmatrix} = \begin{bmatrix} \frac{\partial x_1}{\partial \xi} & \frac{\partial x_2}{\partial \xi} & \frac{\partial x_3}{\partial \xi} \\ \frac{\partial x_1}{\partial \eta} & \frac{\partial x_2}{\partial \eta} & \frac{\partial x_3}{\partial \eta} \\ \frac{\partial x_1}{\partial \zeta} & \frac{\partial x_2}{\partial \zeta} & \frac{\partial x_3}{\partial \zeta} \end{bmatrix} \tag{3-113}$$

Die globalen Koordinaten $\boldsymbol{x} = (x_1, x_2, x_3)$ sind entsprechend Gl. (3-11) zu wählen. Die Auswertung des Flussvektor-Divergenztermes in (3-100) macht die inverse *Jacobi*-Matrix $\boldsymbol{J}^{-1}$ erforderlich

$$\nabla N_i = \boldsymbol{J}^{-1} \begin{Bmatrix} \frac{\partial N_i}{\partial \xi} \\ \frac{\partial N_i}{\partial \eta} \\ \frac{\partial N_i}{\partial \zeta} \end{Bmatrix} \tag{3-114}$$

wobei

$$\boldsymbol{J}^{-1} = \frac{\partial \boldsymbol{\eta}}{\partial \boldsymbol{x}} = \begin{cases} \frac{1}{\|\boldsymbol{J}\|} \begin{bmatrix} (J_{22}J_{33} - J_{32}J_{23}) & (J_{13}J_{32} - J_{12}J_{33}) & (J_{12}J_{23} - J_{13}J_{22}) \\ (J_{31}J_{23} - J_{21}J_{33}) & (J_{11}J_{33} - J_{13}J_{31}) & (J_{21}J_{13} - J_{23}J_{11}) \\ (J_{21}J_{32} - J_{31}J_{22}) & (J_{12}J_{31} - J_{32}J_{11}) & (J_{11}J_{22} - J_{12}J_{21}) \end{bmatrix} & \text{in} \quad R^3 \\ \frac{1}{\|\boldsymbol{J}\|} \begin{bmatrix} J_{22} & -J_{12} \\ -J_{21} & J_{11} \end{bmatrix} & \text{in} \quad R^2 \\ \frac{1}{\|\boldsymbol{J}\|} & \text{in} \quad R^1 \end{cases} \tag{3-115}$$

mit der Determinante von $\boldsymbol{J}$

$$\|\boldsymbol{J}\| = \begin{cases} J_{11}(J_{22}J_{33} - J_{32}J_{23}) - J_{21}(J_{12}J_{33} - J_{13}J_{32}) + J_{31}(J_{12}J_{23} - J_{13}J_{22}) & \text{in} \quad R^3 \\ J_{11}J_{22} - J_{21}J_{12} & \text{in} \quad R^2 \\ J_{11} & \text{in} \quad R^1 \end{cases} \qquad (3\text{-}116)$$

Die Master-Elementmatrizen, wie sie in (3-99) und (3-100) erscheinen, sind über die Elementvolumina Ω_e und Elementoberflächen Γ_e zu integrieren. Die Integration in lokalen Koordinaten ergibt sich für ein 'Volumen'-Element nach

$$d\Omega = \begin{cases} \left.\begin{aligned} dxdydz &= \|\boldsymbol{J}\| d\xi d\eta d\zeta \\ dxdy &= \|\boldsymbol{J}\| d\xi d\eta \\ dx &= \|\boldsymbol{J}\| d\xi \end{aligned}\right\} & \text{kartesisch} \quad R^D(D = 1, 2, 3) \\ \\ rdrd\omega dz = 2\pi\|\boldsymbol{J}\| rd\xi d\eta & \text{drehsymmetrisch} \end{cases} \qquad (3\text{-}117)$$

und für ein 'Flächen'-Element in kartesischen Koordinaten des $R^D(D = 1, 2, 3)$-Raumes nach

$$
d\Gamma = \begin{cases}
\left\| \begin{bmatrix} \frac{\partial x}{\partial \xi} \\ \frac{\partial y}{\partial \xi} \\ \frac{\partial z}{\partial \xi} \end{bmatrix} \times \begin{bmatrix} \frac{\partial x}{\partial \eta} \\ \frac{\partial y}{\partial \eta} \\ \frac{\partial z}{\partial \eta} \end{bmatrix} \right\| d\xi d\eta = \left| \det \begin{bmatrix} i & j & k \\ J_{11} & J_{12} & J_{13} \\ J_{21} & J_{22} & J_{23} \end{bmatrix} \right| d\xi d\eta = \left\| \begin{bmatrix} J_{12}J_{23} - J_{13}J_{22} \\ J_{13}J_{21} - J_{11}J_{23} \\ J_{11}J_{22} - J_{12}J_{21} \end{bmatrix} \right\| d\xi d\eta & \text{bei} \quad \zeta = \pm 1 \\
\left\| \begin{bmatrix} \frac{\partial x}{\partial \eta} \\ \frac{\partial y}{\partial \eta} \\ \frac{\partial z}{\partial \eta} \end{bmatrix} \times \begin{bmatrix} \frac{\partial x}{\partial \zeta} \\ \frac{\partial y}{\partial \zeta} \\ \frac{\partial z}{\partial \zeta} \end{bmatrix} \right\| d\eta d\zeta = \left| \det \begin{bmatrix} i & j & k \\ J_{21} & J_{22} & J_{23} \\ J_{31} & J_{32} & J_{33} \end{bmatrix} \right| d\eta d\zeta = \left\| \begin{bmatrix} J_{22}J_{33} - J_{23}J_{32} \\ J_{23}J_{31} - J_{21}J_{33} \\ J_{21}J_{32} - J_{22}J_{31} \end{bmatrix} \right\| d\eta d\zeta & \text{bei} \quad \xi = \pm 1 \\
\left\| \begin{bmatrix} \frac{\partial x}{\partial \xi} \\ \frac{\partial y}{\partial \xi} \\ \frac{\partial z}{\partial \xi} \end{bmatrix} \times \begin{bmatrix} \frac{\partial x}{\partial \zeta} \\ \frac{\partial y}{\partial \zeta} \\ \frac{\partial z}{\partial \zeta} \end{bmatrix} \right\| d\xi d\zeta = \left| \det \begin{bmatrix} i & j & k \\ J_{11} & J_{12} & J_{13} \\ J_{31} & J_{32} & J_{33} \end{bmatrix} \right| d\xi d\zeta = \left\| \begin{bmatrix} J_{12}J_{33} - J_{13}J_{32} \\ J_{13}J_{31} - J_{11}J_{33} \\ J_{11}J_{32} - J_{12}J_{31} \end{bmatrix} \right\| d\xi d\zeta & \text{bei} \quad \eta = \pm 1 \\
\left\| \begin{bmatrix} \frac{\partial x}{\partial \xi} \\ \frac{\partial y}{\partial \xi} \end{bmatrix} \right\| d\xi = \left\| \begin{bmatrix} J_{11} \\ J_{12} \end{bmatrix} \right\| d\xi = \sqrt{J_{11}^2 + J_{12}^2} \; d\xi & \text{bei} \quad \eta = \pm 1 \\
\left\| \begin{bmatrix} \frac{\partial x}{\partial \eta} \\ \frac{\partial y}{\partial \eta} \end{bmatrix} \right\| d\eta = \left\| \begin{bmatrix} J_{21} \\ J_{22} \end{bmatrix} \right\| d\eta = \sqrt{J_{21}^2 + J_{22}^2} \; d\eta & \text{bei} \quad \xi = \pm 1 \\
\ldots \Big|_{\xi = 1}^{\xi = -1}
\end{cases}
\tag{3-118}
$$

und in zylindrischen Koordinaten des meridionalen R^2-Raumes nach

$$d\Gamma = \begin{cases} \left\| \begin{bmatrix} \frac{\partial r}{\partial \xi} \\ \frac{\partial z}{\partial \xi} \end{bmatrix} \right\| r d\xi d\omega = 2\pi \left\| \begin{bmatrix} J_{11} \\ J_{12} \end{bmatrix} \right\| r d\xi = 2\pi \sqrt{J_{11}^2 + J_{12}^2}\; r d\xi & \text{bei} \quad \eta = \pm 1 \\ \left\| \begin{bmatrix} \frac{\partial r}{\partial \eta} \\ \frac{\partial z}{\partial \eta} \end{bmatrix} \right\| r d\eta d\omega = 2\pi \left\| \begin{bmatrix} J_{21} \\ J_{22} \end{bmatrix} \right\| r d\eta = 2\pi \sqrt{J_{21}^2 + J_{22}^2}\; r d\eta & \text{bei} \quad \xi = \pm 1 \end{cases} \tag{3-119}$$

wobei der Radius $r = N_i(\boldsymbol{\eta}) r_i$ interpoliert wird.

Üblicherweise werden die 2D- und 3D-Einträge für die Volumen- und Flächenintegrale mittels *Gauß-Quadratur* auf numerischem Wege ausgewertet; beispielsweise

$$\begin{aligned} \int_{\Omega} f(\boldsymbol{x}) d\Omega &= \sum_e \int_{\Omega_e} f(\boldsymbol{\eta}) d\Omega = \sum_e \int_{-1}^{1}\int_{-1}^{1}\int_{-1}^{1} f^*(\xi, \eta, \zeta) d\xi d\eta d\zeta = \sum_e \sum_{i=1}^{n_{\text{Gauß}}} \sum_{j=1}^{n_{\text{Gauß}}} \sum_{k=1}^{n_{\text{Gauß}}} w_i w_j w_k f^*(\xi_i, \eta_j, \zeta_k) \\ \int_{\Gamma} g(\boldsymbol{x}) d\Gamma &= \sum_e \int_{\Gamma_e} g(\boldsymbol{\eta}) d\Gamma = \sum_e \int_{-1}^{1}\int_{-1}^{1} g^*(\xi, \eta) d\xi d\eta = \sum_e \sum_{i=1}^{n_{\text{Gauß}}} \sum_{j=1}^{n_{\text{Gauß}}} w_i w_j g^*(\xi_i, \eta_j) \end{aligned} \tag{3-120}$$

wobei $n_{\text{Gauß}}$ die Anzahl der *Gauß*-Punkte, w_i die *Gauß*-Wichtungskoeffizienten und (i, j, k) die Indizes bezeichnen, die die Positionen der Auswertepunkte in ihren lokalen Koordinaten $\boldsymbol{\eta}$ identifizieren. Die Funktionen $f(.)$ und $g(.)$ in den Integranden werden dabei durch einen Stern markiert, wenn die Volumen- und Oberflächenintegrale durch die lokalen $\boldsymbol{\eta}$-Koordinaten gemäß Gln. (3-117), (3-118) und (3-119) ausgedrückt werden.

Für 1D-Elemente lassen sich die Integrale in (3-100) sehr leicht auf direkte analytische Weise ermitteln, wie es in der Anlage B am Beispiel eines Kanalelementes mit einer linearen Basisfunktion N gezeigt wird.

3.6 Anwendungen

3.6.1 Strömungssimulator FEFLOW

Mit dem auf der beiliegenden CD enthaltenen Simulationsprogramm FEFLOW lassen sich die oben beschriebenen, im Kapitel 3.4 und in den Tafeln 3.4 bis 3.6 zusammengefassten Gleichungen sehr komfortabel lösen. FEFLOW ist ein kommerzielles Programm, welches hier zu Übungs- und Demonstrationszwecken kostenfrei zur Verfügung steht**). Es erlaubt die Berechnung von Strömungs-, Stoff- und Wärmetransportprozessen für 1D-, 2D- (ebene und rotationssymmetrische) und 3D-Geometrien, für stationäre und instationäre Probleme, für Probleme mit freier und ohne freie Oberfläche, für kompressible und inkompressible Medien, für fluiddichtegekoppelte Phänomene (Auftriebswirkungen, Dichteströmungen) und für Medien mit variabler Sättigung (ungesättigte Phänomene). FEFLOW umfasst folgende Prä-, und Haupt- und Postprozessoreigenschaften:

* eine vollständig *grafische Bedieneroberfläche* mit einem ausführlichen *on-line-Hilfesystem* in englischer Sprache,
* einen *Mesh-Editor* zur grafikgestützten Eingabe aller geometrischen Bedingungen und deren Vernetzung (in der Regel durch dreiecks- oder viereckbasierte finite Elemente), eingeschlossen diverse Tools zur Manipulation der Geometrien (Verschieben, Drehen, Kopieren, ...) und der sich ergebenen Netze (lokale Netzverfeinerung oder -vergröberung),
* einen *Attribut-Problem-Editor* zur komfortablen Eingabe aller Rand-, Anfangs- und Materialbedingungen (Attributierung des Problems) sowie zur Auswahl von Verfahrensoptionen, unterstützt durch zahlreiche grafische Tools zur Daten- und Parameterzuweisung (z.B. Interpolation, geometrische Verschneidung, Debugging, Visualisierung),
* einen *Layer-Konfigurator* zur Erstellung und Datenvererbung von 3D-Geometrien auf der Basis prismatischer dreidimensionaler finiter Elemente,
* einen *Simulator-Kern* zum Ausführen und zur simultanen Auswertung von Problemberechnungen unter vielfältigen numerischen Optionen,
* einen *Postprozessor* zur grafischen Auswertung von Berechnungsergebnissen, eingeschlossen sind Möglichkeiten zum Reeditieren und für Fortsetzungsrechnungen von Problemen,
* eine umfangreiche *Datenschnittstelle* zum Import und Export von Primär- und Sekundärdaten (Karten- und Sachdaten), insbesondere werden GIS- und CAD-Systeme unterstützt,
* ein *Interface-Manager* (IFM) als freie Programmierschnittstelle zur Kopplung eigener (oder fremder) Programmodule, z.B. Parameteroptimierungen, Oberflächenwasser-Grundwasser-Modellkopplung oder stochastische Simulationen, sowie
* ein 2D- und 3D-*Visualisierungssystem* zur Darstellung, Auswertung und zum Export von Modelldaten und Berechnungsergebnissen (Verteilungen, Flüsse, Bahn- und Stromlinien, Isochronen, Isoflächen, Schnitte u.a.).

Eine detaillierte Beschreibung dieser Eigenschaften in ihrer Gesamtheit würde hier zu weit führen. Wir verweisen deshalb auf die *on-line*-Hilfe und das ebenso dort im PDF-Format verfügbare FEFLOW-Manual und *Tutorial*. Um den prinzipiellen Ablauf der Entwicklung und Berechnung eines Strömungsmodells zu verdeutlichen, sollen nachfolgend die Arbeitsschritte und Möglichkeiten anhand des Beispiels der *Durchströmung eines Erddammes* demonstriert werden. Der Leser kann dazu FEFLOW von

---

**) Der gesamte Funktionsumfang für 2D- und 3D-Probleme ist zugänglich. Eingeschränkt ist jedoch die maximal zulässige Knotenanzahl von 500 pro Ebene (*slice*) mit maximal möglichen 5 Ebenen (entspricht 4 Schichten (*layers*) im 3D-Fall) beim Sichern und Einlesen von eigenen Problemdaten. Hinweise zur Installation befinden sich auf der beiliegenden CD.

der CD in einfacher Weise installieren und das Dammbeispiel auch unter Nutzung der beigegebenen Files (`dam.smh`, `dam.fem`, `dam.dac`) selbst ausprobieren und nach den im Abschluss des vorliegenden Kapitels gegebenen Übungsanregungen abändern.

3.6.2 Problemerstellung

Der Vertikalschnitt des zu modellierenden Dammes ist im Bild 3.7*a* dargestellt. Die wasser- und luftseitigen Böschungen sind 1 : 2 geneigt. Die Dammsohle ist 70 m, die Dammkrone auf 15 m Höhe ist 10 m breit. Eine Unterströmung des Dammes soll zunächst nicht betrachtet werden. Schwerpunkt der Modellierung soll auf die Dammdurchströmung in Abhängigkeit der Wirksamkeit der luftseitigen Dammentwässerung und der Existenz eines inneren geneigten Dichtungskernes gelegt werden. Mit Hilfe des FEFLOW-*Mesh-Editors* wird die Geometrie des Dammes durch 4 Superelemente (`dam.smh`) abgebildet (Bild 3.7*b*). Zusätzlich wird die Staulinie des Dammes auf 12 m Höhe durch ein sog. Linien-*Add-in* fixiert, um für spätere Rand- und Anfangsbedingungsvorgaben darauf Bezug nehmen zu können. Es ist vorgesehen, die Entwässerung des Dammes an der Luftseite durch einen 22 m langen und 0,5 m mächtigen Filterteppich in Höhe der Dammbasis zu verbessern.

Die Polygonflächen der Superelemente werden mittels Netzgenerator trianguliert. Unter Anwendung der TMesh-Option ohne Zusatzverfeinerung an den Superelementgrenzen und den Add-in's werden 5000 Dreiecke als gewünschte Anzahl für eine automatische Netzgenerierung bei homogener Verteilung vorgegeben. Der Generator erzeugt daraus 5241 Dreiecke. Zur Verbesserung der Netzfeinheit im Bereich des Filterteppichs und des luftseitigen Dammfußes sollen noch mit Hilfe des *Geometrie-Editors* Netzverdichtungen vorgenommen werden. Verschiedene Möglichkeiten bieten sich an. Eine davon ist die *Pick-and-drag*-Mausselektion dieser Abschnitte des Netzes mittels der *Border*-Option. Eine elegantere Möglichkeit ist die Selektion per *Joining*-Operation, die wir auch für die nachfolgende Parameter-Attributierung sehr gut einsetzen können, indem das Superelementnetz (`dam.smh`) hinterlegt wird und per *Line-edge-joining* die entsprechenden Liniensegmente des Dammes selektiert werden, mit dem Ergebnis, dass alle Elemente, die im Snapbereich der Linien verschnitten werden, zur Verfeinerung ausgewählt werden. Wir erhalten daraus ein Netz, bestehend aus 5772 Dreiecken und 3067 Knoten, wie es im Bild 3.7*c* dargestellt ist (`dam.fem`).

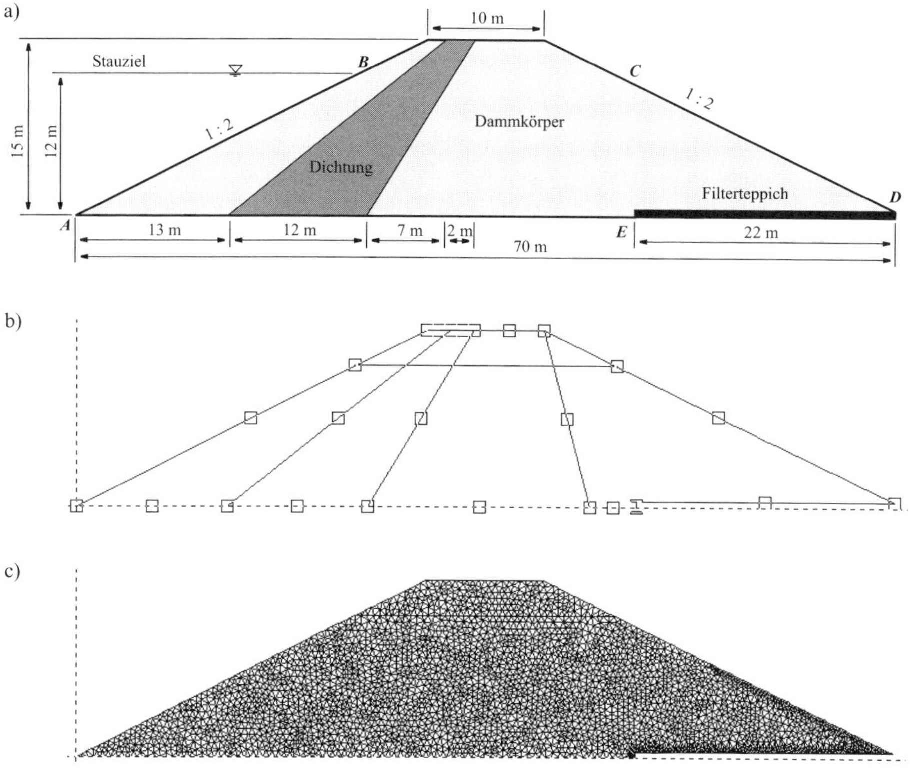

Bild 3.7
a) Beschreibung des Erddammes, b) geometrische Repräsentation in Form von vier Superelementen und einem Add-in (`dam.smh`) und c) generiertes Finite-Element-Netz (`dam.fem`)

Wir begeben uns in den Problem-Editor und definieren zunächst im *Problem-class*-Menü das vorliegende Dammproblem als stationäre Strömungsaufgabe unter ungesättigten (sättigungsvariablen) Bedingungen. Es ist jedoch zu bemerken, dass die Reihenfolge der Arbeitsschritte im Problem-Editor nicht zwingend ist. Da zunächst die Aufgabe stationär berechnet werden soll, müssen wir das *Temporal-and-control-data*-Menü nicht weiter bemühen und begnügen uns mit der Standardeinstellung.

Als nächster Schritt sei die Vorgabe der Randbedingungen durchzuführen: Der wasserseitige Rand des Dammes *A-B* (siehe Bild 3.7*a*) repräsentiert einen Potentialrand, auf dem die Piezometerhöhe h, Gl. (3-19), die Lage des Stauzieles von 12 m entspricht, d.h. es handelt sich um eine *Dirichlet*-Randbedingung der folgenden Form

$$h = h_{\mathrm{AB}} = 12 \text{ m} \qquad \text{entlang} \qquad \text{A-B} \tag{3-121}$$

Auf der luftseitigen Böschung herrscht einerseits konstanter Luftdruck vor, d.h. $\phi = 0$, soweit Wasser (unter gesättigten Bedingungen) aus dem Damm austritt. Eine solche Randbedingungsform wird als *Sickerflächenbedingung* (*seepage face*) bezeichnet, bei der aber die Ausdehnung von vorn herein unbekannt ist. Mit einer solchen nichtlinearen Randbedingung ist zu fordern, dass die Druckbedingung $\phi = 0$ solange und nur dort gilt, wo die Bilanzflüsse $Q < 0$ negative (d.h. austretende) Größen aufweisen. Die Sickerflächenbedingung kann somit als *Dirichlet*-Randbedingung mit $Q_{min} - Q_{max}$-Beschränkungen (*constraints*) allgemein erfasst werden. Unter Anwendung von $\phi = 0$ auf Gl. (3-19) ergibt sich entlang des Abschnittes *C-D*

$$\left.\begin{array}{l} h = z \qquad \text{entlang} \qquad \text{C-D} \\ \text{falls} \quad -\infty = Q_{min} < Q < Q_{max} = 0 \end{array}\right\} \tag{3-122}$$

Die Drainage des Filterteppichs kann auf verschiedene Weise realisiert werden. Wir wollen eine etwas allgemeinere Randbedingungsform wählen, um späterhin Varianten hinsichtlich der hydraulischen Wirksamkeit der Dammfußdrainage zu untersuchen. Dazu geben wir eine *Cauchy*-Randbedingung, Gl. (3-94), entlang des Abschnittes *D-E* vor. Sie soll folgendes bewirken: Die Entwässerung des Dammes wird im Filter auf ein Referenzpotential h_{DE} gehalten, das der geodätischen Lage von 0,5 m (Filterdicke) entspricht. Aber wir wollen ebenso annehmen, dass der Abfluss durch die Drainage gemindert sein kann (z.B. durch Suffusionswirkungen), indem sich ein zusätzlicher Strömungswiderstand im Innern der Filterstrecke aufbaut (nichtperfekte hydraulische Drainagewirkung). Gemäß Gl. (3-94) kann demnach für den Filterabschnitt *D-E* folgende *Cauchy*-Randbedingung 3. Art vorgegeben werden:

$$\left.\begin{array}{l} q_n = -a(h_{DE} - h) \quad \text{entlang} \qquad \text{D-E} \\ \text{mit} \quad (0 \le a < \infty) \quad \text{und} \quad h_{DE} = 0{,}5 \text{ m} \end{array}\right\} \tag{3-123}$$

wobei der Koeffizient a als sog. *Transferrate* bekannt ist. Ist a sehr groß, nähert sich (3-123) einer *Dirichlet*-Randbedingung $h = h_{DE}$ an, d.h. die Drainage ist hydraulisch perfekt. Wird dagegen die Transferrate sehr klein $a \to 0$, verringert sich die Drainagemenge signifikant und wird im Grenzfall zu Null (bei $a \equiv 0$).

Die Spezifizierung dieser Randbedingungen (3-121) bis (3-123) ist in FEFLOW sehr einfach. Wir begeben uns dazu zum Randbedingungs-Editor im Strömungsdatenmenü des Problem-Editors. Wir bevorzugen wieder die Selektion mittels Verschneidung (*Joining*-Operation) mit dem Superelementnetz (`dam.smh`). Die Liniensegmente, die die Wasserseite des Dammes repräsentieren, erhalten den konstanten Wert für die hydraulische Höhe h von 12 m. Auf der luftseitigen Böschung wird $h = z$ (z ist hier die Vertikalkoordinate!) mittels der Border-Option gesetzt, indem man vom Dammfußpunkt

D beginnend mit $h = z = 0{,}5$ m bis zum Punkt C selektiert, dabei dort $h = z = 12$ m gesetzt wird. Alle Zwischenpunkte zwischen C-D werden somit linear interpoliert und $h = z$ ist für alle diese Punkte automatisch vorgeschrieben. Durch Spezifizierung der Nebenbedingung (3-122) wird in das *Constraint*-Menü umgeschaltet und entlang dem Rand C-D der Maximalfluss Q_{max} zu Null vorgegeben (Wert und Toggle setzen!), während der Minimalfluss Q_{min} unspezifiziert bleibt, da der Standardwert infinit (d.h. unbeschränkt), so wie hier gewünscht, ist. Die Vorgabe selbst erfolgt wieder per Maus-click-and-drag oder mittels Verschneidung (joining) am Superelementnetz.

Das Dammproblem ist zunächst als stationäre Aufgabe deklariert worden, so dass Anfangsbedingungen nicht notwendig erscheinen. Da jedoch die Aufgabe durch das Freispiegelproblem nichtlinear ist, bedarf es einer geeigneten Anfangsvorgabe der Potentialverteilung h im Damm. Dies wird mit dem Menü der Anfangsbedingungen definiert. Dazu begeben wir uns in das *Flow-initials*-Menü und geben dort einen konstanten (globalen) Wert von 12 m vor.

Als nächster Schritt sind die Materialbedingungen des Dammes vorzugeben. Dazu begeben wir uns in den *Materialdaten-Editor* des Strömungsmenüs. Zunächst soll angenommen werden, dass der Damm gänzlich aus einem gutdurchlässigen und isotropen Erdstoff besteht. Für die hydraulische (gesättigte) Durchlässigkeit *Conductivity [Kmax]* geben wir dazu - als globale Option - den Wert $1{,}4 \cdot 10^{-4}$ ms^{-1} ein. Für die anderen Materialparameter dieses Menüs sollen die Standardparameter benutzt werden. Insbesondere heißt das: der Anisotropiefaktor *[Kmin/Kmax]* ist 1.0, was eine vollständige isotrope (richtungsunabhängige) Durchlässigkeitseigenschaft bedeutet; die Transferraten *In* und *Out* haben den Wert Null, d.h. $a \equiv 0$ in Gl. (3-123) unabhängig davon, ob Wasser über den Transferrand ein- oder austritt. Mit dem Wert Null hat zunächst der Filterteppich am Dammfuß keine Wirkung.

Wir begeben uns nunmehr in den Editor mittels Schalter *Unsaturated properties ->* zur Spezifizierung der ungesättigten Parametereigenschaften. Zur Beschreibung der notwendigen Saugspannungs-Sättigungs-Beziehungen und der Beziehungen der relativen Durchlässigkeit (3-54) benutzen wir das Standard-*van-Genuchten-Parametermodell* in der Form

$$s_e = \begin{cases} \dfrac{1}{[1 + |A\phi|^n]^m} & \text{für} \quad \phi < \phi_a \\ 1 & \text{für} \quad \phi \geq \phi_a \end{cases} \qquad \text{(3-124a)}$$

$$s_e = \frac{s - s_r}{1 - s_r}$$

$$K_r = \sqrt{s_e}\left[1 - \left(1 - s_e^{\frac{1}{m}}\right)^m\right]^2 \qquad \text{(3-124b)}$$

Wir geben für den zunächst betrachteten homogenen Dammkörper die Parameter A, n (m wird zu $1 - 1/n$ berechnet), s_r und ϕ_a, zuzüglich die Porosität ε, als globale Größen gemäß Tafel 3.7 (Bereich des Dammkörpers) ein. Die sich daraus ergebenden Materialkurven lassen sich mit Hilfe des *Mesh-Inspectors* betrachten.

Tafel 3.7
Verwendete ungesättigte Parameter des *van-Genuchten*-Modells (3-124a), (3-124b)

Bereich	A $[m^{-1}]$	n	s_r	ϕ_a [m]	ε
Dammkörper	2,8	2,2	0,08	0	0,36
Dichtungskern	1,1	1,4	0,23	0	0,47

Damit ist das Dammproblem für eine stationäre Durchsickerung unter isotropen und homogenen Materialbedingungen sowie ohne Wirkung des Filterteppichs ausreichend beschrieben. Die Modelldaten sollten jetzt den im File `dam.fem` enthaltenen entsprechen.

Die Berechnung des Problems kann unverzüglich durchgeführt werden, indem über das Hauptmenü der Simulator gestartet wird (*Run simulator*).

3.6.3 Variantenberechnungen und weiterführende Aufgaben

Die Berechnung der Basisvariante in Form der stationären Strömung durch den homogenen Erddamm benötigt nur 4 Iterationen (beim Standard-Fehlerkriterium von 10^{-3}). Das Ergebnis ist im Postprocessor-File `dam1.dac` abgelegt. Eine Zusammenstellung der auf der CD enthaltenen Postprozessor-Files, die verschiedene Berechnungsvarianten repräsentieren, gibt Tafel 3.8.

Die Auswertung des Berechnungsergebnisses kann in vielfältiger Weise erfolgen. Exemplarisch seien hierzu im Bild 3.8 Darstellungen in Form der berechneten Sättigungsverteilung s, der Lage der Sickerlinie, der Verteilung der *Darcy*-Flussgrößen $\|\varepsilon \boldsymbol{v}\|$ und des Potentialliniennetzes aufgeführt. Deutlich sichtbar ist die relativ große Sickerfläche, die sich an der Luftseite des Dammes einstellt. Auch die relativ großen Flussgrößen am luftseitigen Dammfuß zeigen ein hydraulisch ungünstiges Regime des so aufgebauten Dammes und geben Anlass, die Kriterien für einen möglichen *hydraulischen Grundbruch* nachzuprüfen.

Ein Abschätzung des hydraulischen Grundbruches kann dabei wie folgt vorgenommen werden (*Kinzelbach und Rausch 1995*). Man betrachtet ein infinitesimal kleines Volumenelement $\Delta V = \Delta x \Delta y \Delta s$, dessen Oberfläche der Bodenoberfläche entsprechen soll (Bild 3.9). Es wird angenommen, dass das Volumen voll wassergesättigt ist. Da das Volumen unter Auftrieb steht, ergibt sich eine nach unten gerichtete Gewichtskraft zu

$$F_g = (1-\varepsilon)(\rho^s - \rho^f)\Delta V g \qquad (3\text{-}125)$$

und eine noch oben gerichtete Strömungskraft

$$F_s = \rho^f \Delta h \Delta x \Delta y g = \rho^f \frac{\Delta h}{\Delta s} \Delta V g \tag{3-126}$$

wobei ρ^s und ρ^f die Dichten für den Erdstoff bzw. das Wasser repräsentieren. Der Gradient $\Delta h / \Delta s$ in Gl. (3-126) kann mittels des berechneten *Darcy*-Flusses $\|\varepsilon \boldsymbol{v}\|$ an dieser Stelle ausgedrückt werden, wenn im ungünstigsten Fall angenommen wird, dass der Strömungsvektor $\boldsymbol{v}$ nach oben zeigt. Danach ist

$$F_s = \rho^f \frac{\|\varepsilon \boldsymbol{v}\|}{K} \Delta V g \tag{3-127}$$

und die Sicherheit gegenüber einem hydraulischen Grundbruch lässt sich ausgedrücken zu

$$\eta = \frac{F_g}{F_s} = (1 - \varepsilon) \frac{\rho^s - \rho^f}{\rho^f} \frac{K}{\|\varepsilon \boldsymbol{v}\|} > \eta_{\text{erf}} \approx 2 \tag{3-128}$$

Die maximale *Darcy*-Geschwindigkeit $\|\varepsilon \boldsymbol{v}\|$ wird am Dammfuß mit etwa $5{,}85\ \text{m}\,\text{d}^{-1}$ abgelesen (Bild 3.8*b*). Unter Verwendung einer Erdstoffdichte von $2500\ \text{kg}\,\text{m}^{-3}$, einer Durchlässigkeit von $K = 1{,}4 \cdot 10^{-4}\ \text{ms}^{-1}$ und einer Porosität von $\varepsilon = 0{,}36$ ergibt sich ein Sicherheitsquotient η von 2. Nach Gl. (3-128) bedeutet das, dass der Damm unter diesen hydraulischen Bedingungen als nicht ausreichend sicher gegenüber hydraulischem Grundbruch eingeschätzt werden kann.

Die mengenmäßige Durchströmung des Dammes lässt sich mit Hilfe des *Budget*-Menüs auswerten. Für die Basisvariante ergibt sich daraus ein Gesamtdurchfluss durch den Damm von $17{,}8\ \text{m}^3\text{d}^{-1}\text{m}^{-1}$.

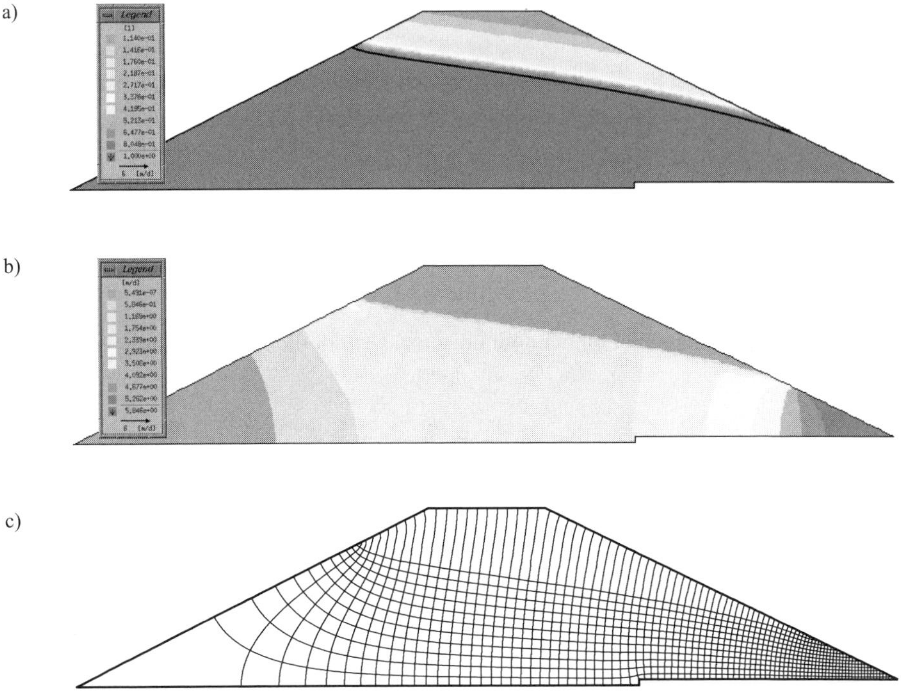

Bild 3.8
Ergebnisse der Basisvariante für die Dammdurchströmung: a) Sättigungsverteilung s mit Lage der freien Oberfläche (Drucknullinie $\phi = 0$), b) Verteilung der *Darcy*-Flussgrößen $\|\varepsilon \boldsymbol{v}\|$ und c) Potenziallliniennetz

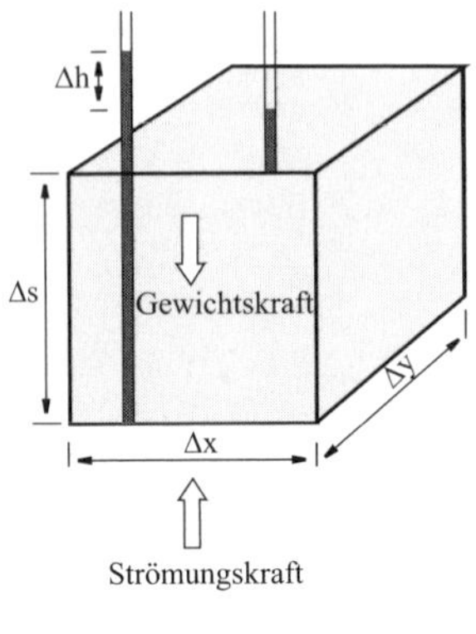

Bild 3.9
Gleichgewichtsbetrachtungen an einem Volumen-element (nach *Kinzelbach und Rausch 1995*)

Eine interessante Abweichung von der Basisvariante ist die Variante 2 in Tafel 3.8, bei der ein anisotropes Durchlässigkeitsverhältnis zwischen vertikaler und horizontaler Durchlässigkeit von 1 : 20 vorliegt. Die Ergebnisse (`dam2.dac`) verdeutlichen, dass die Strömung über die Tiefe jetzt vergleichmäßigt und die Strömungsgradienten etwas abgemindert werden (Durchfluss ist jetzt 16,2 $m^3d^{-1}m^{-1}$), dagegen die Ausdehnung der Sickerfläche an der luftseitigen Dammböschung sichtbar wächst (siehe Bild 3.10) und die Maximalgeschwindigkeiten am Dammfuß aber nur unwesentlich abnehmen.

Die Drainagewirkung seitens des Filterteppichs am Dammfuß wird in den Varianten 3 und 4 (Tafel 3.8) gezeigt. Schon bei einer Teilwirkung der Drainage, wie in der Variante 3 (`dam3.dac`) mit einer Transferrate von $a = 1\ d^{-1}$ beschrieben, findet kein direkter Wasseraustritt an der luftseitigen Böschung mehr statt. Ist die Drainage voll hydraulisch wirksam, wie in der Variante 4 (`dam4.dac`) mit einer Transferrate von $a = 10^4\ d^{-1}$ beschrieben, ziehen sich die Sickerlinie und die größten Strömungsgradienten vollständig in den Damminnenbereich zurück (siehe hierzu auch Bild 3.10). Im Ergebnis steigt notwendigerweise der Dammdurchfluss auf 26,3 $m^3d^{-1}m^{-1}$ bzw. 31 $m^3d^{-1}m^{-1}$ an.

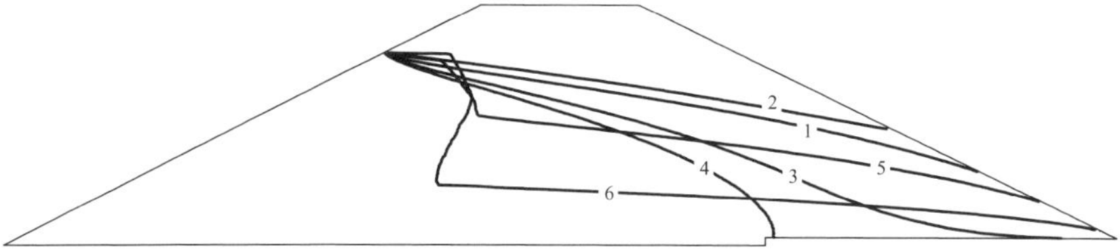

Bild 3.10
Vergleich der Dammsickerlinien für die berechneten Varianten 1 bis 6 (Tafel 3.8)

Im Gegensatz zu einem homogenen Erdstoff für den Damm untersuchen die Varianten 5 (`dam5.dac`) und 6 (`dam6.dac`) gemäß Tafel 3.8 den Einfluss der geneigten Kerndichtung. Die Durchlässigkeit beträgt dabei für die Dichtung $\frac{1}{10}$ bzw. $\frac{1}{100}$ des Wertes des Dammkörpers. Die ungesättigten Parameter für beide Varianten entsprechen den in der Tafel 3.7 angegebenen. Im Ergebnis fallen die Sickerlinien deutlich ab (siehe Bild 3.10) und die Durchflüsse reduzieren sich auf 9,3 $m^3d^{-1}m^{-1}$ bzw. 1,8 $m^3d^{-1}m^{-1}$.

Eine interessante dreidimensionale Erweiterung soll mit der Variante 7 (`dam7.dac`) vorgenommen werden. Man stelle sich vor, dass die Dammdrainage nur über eine bestimmte Länge wirkt, gemessen in der Dammlängsachse. Im Beispiel sei angenommen, dass bei einem 100 m langen Dammabschnitt nur eine 10 m breite Filterstrecke zur Anwendung kommt. Auf Grund der Symmetrie wird ein Bereich von 50 m ausgewählt und mittels des *Layer-Configurators* in FEFLOW durch 10 Schichten in Achsrichtung des Dammes diskretisiert. Daraus entstehen 57720 Pentaeder-Elemente mit insgesamt 33737 Knoten (`dam7.dac`). Ausgewählte Berechnungsergebnisse zeigt Bild 3.11 für diesen 3D-Fall in Form der 3D-Freispiegelfläche im Damm (Isofläche des Nulldruckes) und in Form der berechneten Lagen der Sickerfläche in ausgewählten

Vertikalschnitten.

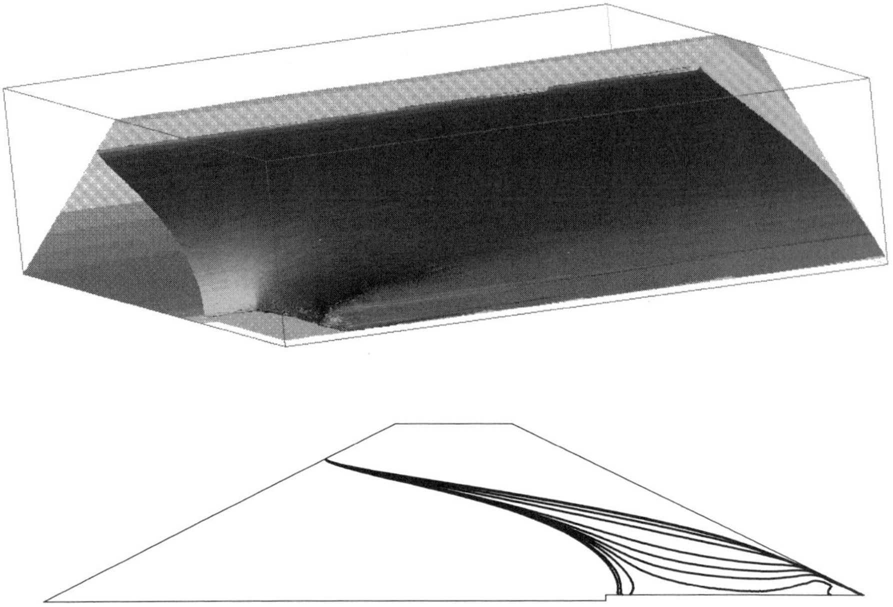

Bild 3.11
Berechnete freie Oberfläche im Dammabschnitt für den 3D-Fall (Variante 7)

Zum Schluss soll noch eine interessante instationäre Variante angesprochen werden. Variante 8 (`dam8.dac`) beschreibt den Fall des Füllvorganges der Reservoirs. Über einen Zeitraum von 5 Tagen steigt der Wasserspiegel im Reservoir kontinuierlich an. Gefragt ist die zeitliche Entwicklung der Durchsickerung des Dammes (Bild 3.12).

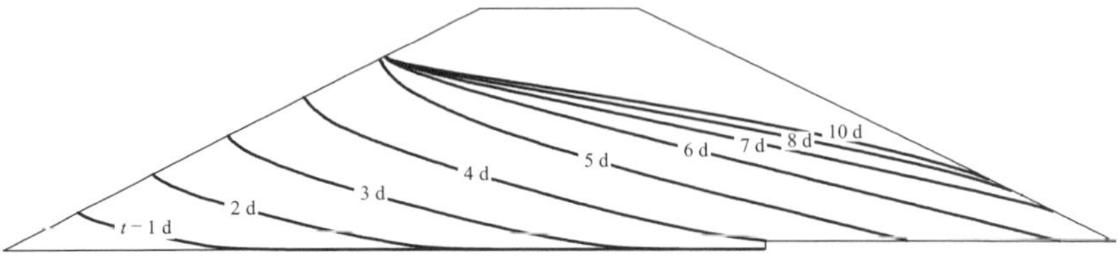

Bild 3.12
Zeitliche Entwicklung des Freispiegels im Damm beim Füllen des Reservoirs über 5 Tage (Variante 8), Zeit *t* in Tagen

Tafel 3.8
Postprozessor-Files (`*.dac`) der Berechnungsvarianten

Variante	Filename	Variante
1	`dam1.dac`	*Basisvariante:* stationäre Strömung, homogenes isotropes Dammmaterial, keine Wirkung des Filterteppichs mit der Transferrate $a = 0$
2	`dam2.dac`	wie Variante 1, jedoch unter anisotropen Bedingungen mit einem Anisotropiefaktor von 0,05
3	`dam3.dac`	wie Variante 1, jedoch mit Teilwirkung des Filterteppichs bei $a = 1\ \mathrm{d}^{-1}$
4	`dam4.dac`	wie Variante 1, jedoch mit vollständiger Drainagewirkung des Filterteppichs bei $a = 10^4\ \mathrm{d}^{-1}$
5	`dam5.dac`	wie Variante 1, jedoch mit Wirkung der geneigten Kerndichtung bei $K = 1{,}4 \cdot 10^{-5}\ \mathrm{ms}^{-1}$, $\frac{1}{10}$ des Dammkörpers
6	`dam6.dac`	wie Variante 1, jedoch mit Wirkung der geneigten Kerndichtung bei $K = 1{,}4 \cdot 10^{-6}\ \mathrm{ms}^{-1}$, $\frac{1}{100}$ des Dammkörpers
7	`dam7.dac`	eine 3D-Erweiterung der Basisvariante 1: Ein symmetrischer 50 m Dammabschnitt hat über eine Achslänge von 5 m einen Filterteppich (mit $a = 10^4\ \mathrm{d}^{-1}$), der übrige Längsabschnitt des Dammes verfügt über keinen wirksamen Filterteppich
8	`dam8.dac`	wie Variante 1, jedoch instationäre Durchsickerungsentwicklung infolge Füllung des Reservoirs in 5 Tagen

Auf der Grundlage der beschriebenen 8 Varianten zum Dammproblem kann einer Vielzahl weiterer, praktisch interessanter Fragestellungen nachgegangen werden. Beispielsweise:

* Die gleichzeitige Wirkung der Kerndichtung und der Dammfußdrainage.
* Der Einfluss eines geschichteten heterogenen Dammaufbaues.
* Der Einfluss von Abdeckungen und Dichtungselementen.
* Die Durchfeuchtungsdynamik bei Niederschlägen und Hochwasserereignissen (schnelle Wasserspiegelhebungen und -senkungen).
* Die Auswirkung verschiedener Parametermodelle: Verfügbar sind in FEFLOW neben dem *van-Genuchten*-Modell das *Brooks-Corey-*, *Haverkamp-*, Exponential- und Linearmodell.
* Unterströmungswirkungen des Dammes (Untergrund und Dammkörper in einem Modell).

* Wirkung von Dichtwänden mit und ohne Einbindung in geringdurchlässige Schichten im Untergrund.
* Schadstofftransport durch Damm und Sohle einer Deponie.

3.7 Zusammenfassung

Die Grundlagen der physikalischen Modellbildung und der numerischen Modellierung mittels der Finite-Element-Methode für ober- und unterirdische Strömungs-, Stoff- und Wärmetransportprozesse wurden beschrieben. Einen besonderen Schwerpunkt bildete dabei die Kopplungsmöglichkeit verschiedener 1D-, 2D- und 3D-Merkmalselemente, mit deren Hilfe eine große Klasse von Problemen in Wasserressourcensystemen erfasst werden können. Oberflächenabflüsse oder Strömungen und Transportphänomene in Klüften und Kanälen sowie im Grund- und Bodenwasser lassen sich so einer vereinheitlichten Betrachtung unterwerfen. Zur Vereinfachung der Strömungsmodellierung wurden die Gleichungen in den *Diffusionstyp* überführt, wobei Trägheitswirkungen vernachlässigt werden. Darin findet sich die Potentialströmung als ein Spezialfall wieder.

Mit dem auf der CD enthalten Simulationsprogramm FEFLOW lassen sich vielfältige Anwendungen für 2D- und 3D-Probleme dieser Aufgabenklasse durchführen. Die am Beispiel des Dammsickerungsproblems geschilderte Vorgehensweise und die dort gezeigten Möglichkeiten sind als Einführung in die numerische Modellierung gedacht. Der Leser wird mit dieser Orientierung sicherlich sehr schnell auch seine eigenen Aufgaben formulieren und berechnen können. Auf softwarespezifische und funktionelle Details kann leider an dieser Stelle auf Grund des Umfanges nicht näher eingegangen werden. Jedoch bietet FEFLOW mit seinen interaktiven grafischen Möglichkeiten und seinem Hilfesystem gute Voraussetzungen, die Seite der praktischen Modellierung für den Leser mittels *Learning-by-doing* zu erschließen und zu komplettieren.

3.8 Literatur

Baker, A.J.; Pepper, D.W.: Finite elements 1-2-3. McGraw-Hill, New York, 1991.

Bear, J.; Bachmat, Y.: Introduction to modeling of transport phenomena in porous media. Kluwer Academic Publ., Dordrecht, 1991.

Chandhry, M.H.: Open-channel flow. Prentice Hall, Englewood Cliffs, New Jersey, 1993.

Delleur, J.W. (ed.): The handbook of groundwater engineering. CRC Press, Springer, Boca Raton, 1999.

Diersch, H.-J.G.: FEFLOW - Reference Manual. Release 4.8, WASY GmbH, Berlin, November 1999.

Diersch, H.-J.G.: Modellierung und numerische Simulation geohydrodynamischer Transportprozesse. Habilitationsschrift 1985, Reprint, WASY GmbH, Berlin, 1991.

Diersch, H.-J.: Finite element modelling of recirculating density-driven saltwater intrusion processes in groundwater, Advances in Water Resources **11** (1988) 1, 25-43.

Diersch, H.-J.G.; Kolditz, O.: Coupled groundwater flow and transport: 2. Thermohaline and 3D convection systems, Advances in Water Resources **21** (1998) 5, 401-425.

Diersch, H.-J.G.; Perrochet, P.: On the primary variable switching technique for simulating unsaturated-saturated flows, Advances in Water Resources **23** (1999) 3, 271-301.

Gottardi, G.; Venutelli, M.: LANDFLOW: Computer program for the numerical simulation of two-dimensional overland flow. Computers & Geosciences **23** (1997)1, 77-89.

Gray, W.G.: Derivation of vertically averaged equations describing multiphase flow in porous media. Water Resources Research **18** (1982)6, 1705-1712.

Gresho, P.M.; Sani, R.L.: Incompressible flow and the finite element method. J. Wiley & Sons, Chichester, 1998.

Di Giammarco, P.; Todini, E.; Lamberti, P.: A conservative finite elements approach to overland flow: the control volume finite element formulation. Institute for Hydraulic Construction, Univ. Bologna, Italy, 1996.

Kinzelbach, W.; Rausch, R.: Grundwassermodellierung. Gebr. Borntraeger, Berlin, 1995.

Johnson, R. W. (ed.): The handbook of fluid mechanics. CRC Press, Springer, Boca Raton, 1998.

Panton, R. L.: Incompressible flow. 2nd Edition, J. Wiley & Sons, New York, 1996.

Pironneau, O.: Finite element methods for fluids.J. Wiley & Sons, New York, 1989.

Preißler, G.; Bollrich, G.: Technische Hydromechanik. Band 1, Verlag für Bauwesen, 1980.

Taylor, G.: Dispersion of solute matter in solvent flowing slowly through a tube. Proc. R. Soc. London A, **219** (1953), 186-203.

Williams, P.T.; Baker, A.J.: Incompressible computational fluid dynamics and the continuity constraint method for the three-dimensional Navier-Stokes equations. Numerical Heat Transfer, Part B **29** (1996), 137-273.

Zienkiewicz, O.C.; Taylor, R.L.: The finite element method. Vol. 1 and 2, 4th edition, McGraw-Hill, London, 1989 and 1991.

ANLAGE A

Nomenklatur

Die oben verwendeten Symbole besitzen folgende Bedeutung:

Lateinische Symbole

a	=	Koeffizient zur Spezifizierung von Randbedingungen;
A	=	*van-Genuchten*-Parameter, (L^{-1});
B	=	Mächtigkeit oder Tiefe, (L);

b = Öffnungsweite oder Oberflächenlage, (L) ;

b = Koeffizient zur Spezifizierung von Randbedingungen;

C = Konzentration, (ML^{-3}) ;

C = *Chezy*-Rauhigkeitskoeffizient, $(L^{1/2}T^{-1})$;

c^f, c^s = spezifische Wärmekapazität für die fluide bzw. feste Phase, $(L^2T^{-2}\Theta^{-1})$;

D = Raumdimension, (1, 2 oder 3);

$\boldsymbol{D}$ = Tensor der hydrodynamischen Dispersion, (L^2T^{-1}) ;

D_d = molekulare Diffusion, (L^2T^{-1}) ;

$\boldsymbol{D}_m$ = Tensor der mechanischen Dispersion, (L^2T^{-1}) ;

$\boldsymbol{d}$ = Deformationsgeschwindigkeitstensor des Fluids, (T^{-1}) ;

E = innere (thermische) Energiedichte, (L^2T^{-2}) ;

$\boldsymbol{e}$ = Gravitations-Einheitsvektor, (1) ;

F = materielle Oberfläche;

f = spezifische Rate einer temporären Produktion;

$f(.)$ = allgemeine Funktion;

f_μ = Viskositäts-Verhältnisfunktion, (1) ;

g = Erdbeschleunigung, (LT^{-2}) ;

$g(.)$ = allgemeine Funktion;

$\boldsymbol{g}$ = Gravitationsvektor, (LT^{-2}) ;

h = hydraulische (Piezometer-) Höhe, (L) ;

$\boldsymbol{I}$ = Einheitstensor, (1) ;

$\boldsymbol{J}$ = *Jacobi*-Matrix;

$\boldsymbol{j}$ = Flussvektor;

$\boldsymbol{j}_c$ = *Fick*scher Massenstromvektor, $(ML^{-2}T^{-1})$;

$\boldsymbol{j}_T$ = *Fourier*scher Wärmestromvektor, (MT^{-3}) ;

j = Oberflächen- oder Grenzflächenaustausch, $(ML^{-1}T^{-2})$;

$\boldsymbol{K}$ = $(\boldsymbol{k}\rho_o g)/\mu_o$, Tensor der hydraulischen Konduktivität (Durchlässigkeit), (LT^{-1}) ;

$\boldsymbol{K}$ = Tensorfunktion zur Spezifizierung unterschiedlicher Strömungsgesetze, (LT^{-1}) ;

$\boldsymbol{k}$ = Tensor der Permeabilität des porösen Mediums, (L^2) ;

M = Knotenanzahl;

M = *Manning*-Rauhigkeitskoeffizient, $(L^{1/3}T^{-1})$;

m = $1-1/n$, *van-Genuchten*-Parameter, (1) ;

N	=	Basisfunktion;
$\boldsymbol{n}$	=	nach außen gerichteter Oberflächen-Normalen-Einheitsvektor;
n	=	$n > 1$, Porengrößenverteilungsindex, normalerweise im Bereich $1{,}25 < n < 6$, (1);
$n_{\mathrm{Gauß}}$	=	Anzahl der *Gauß*-Punkte in jeder lokalen Koordinatenrichtung;
p	=	Fluid-Druck, $(ML^{-1}T^{-2})$;
Q_c	=	Stoff-Massen-Quellterm, $(ML^{-3}T^{-1})$
Q_T	=	Wärme-Quellterm, $(ML^{-1}T^{-3})$;
Q_ρ	=	Fluid-Massen-Quellterm, (T^{-1});
$\boldsymbol{q}$	=	Flussvektor;
q_n	=	Normalgeschwindigkeit, auf dem Rand Γ_2 positiv nach außen gerichtet;
R	=	Radius eines kreisförmigen Rohres, (L);
R^D	=	Raum der Dimension D;
$\Re$	=	Retardation, (1);
$\Re_d$	=	derivative Retardation, (1);
r	=	Radius, (L);
r_c	=	chemische Reaktionsrate, $(ML^{-3}T^{-1})$;
r_{hydr}	=	hydraulischer Radius, (L);
S	=	$(BS_o + S_s)$, Speicherterm, (1);
$\boldsymbol{S}_o$	=	Neigung der Gewässersohle zur horizontalen x- und y-Richtung, (1);
S_o	=	Kompressibilität, (L^{-1});
$\boldsymbol{S}_f$	=	Reibungsgefälle am Gewässerboden, (1);
S_s	=	Speicherfähigkeit, (1);
s	=	Sättigung des Wassers ($0 < s \leq 1$, $s = 1$ wenn vollgesättigt), (1);
s_e	=	effektive Sättigung des Wassers, (1);
s_r	=	residuale Sättigung des Wassers, (1);
T, T_o	=	Temperatur bzw. Referenz-Temperatur, (Θ);
T_t	=	finale Zeit, (T);
t	=	Zeit, (T);
$\boldsymbol{x}$	=	Koordinatenvektor, (L);
x, y	=	kartesische Koordinaten, (L);
z	=	axiale oder vertikale Koordinate, (L);
$\boldsymbol{v}$	=	Geschwindigkeitsvektor des Fluids, (LT^{-1});
$\boldsymbol{w}$	=	Geschwindigkeitsvektor einer Ober- oder Grenzfläche, (LT^{-1});

w = räumliche Wichtungsfunktion;

Griechische Symbole

α = Konstante im Ansatz des Reibungsgefälles, (1) ;
β_L, β_T = longitudinale bzw. transversale Dispersivität, (L) ;
Γ_i = Teil i des Randes $\partial\Omega$;
γ = Fluid-Kompressibilität, (L^{-1}) ;
Δt_n = Zeitschrittlänge zum Zeitpunkt n, (T) ;
$\partial\Omega$ = gesamter Rand;
δS = projizierte Oberfläche, (L^2) ;
δV = Volumen eines REV, (L^3) ;
ε = Porosität (= Volumenfraktion der fluiden Phase), (1) ;
ζ = $(-1 \le \zeta \le 1)$, lokale Koordinate, (1) ;
η = $(-1 \le \eta \le 1)$, lokale Koordinate, (1) ;
$\boldsymbol{\eta}$ = lokaler Koordinatenvektor, (1) ;
Θ = $(\rho - \rho_o)/\rho_o$, Dichteverhältnis oder Auftriebskoeffizient, (1) ;
θ = zeitlicher Wichtungskoeffizient, $(0 \le \theta \le 1)$;
ϑ = chemische Zerfallsrat, (T^{-1}) ;
κ = Koeffizient der Skelett-Kompressibilität eines porösen Mediums, (L^{-1}) ;
$\boldsymbol{\Lambda}$ = Tensor der thermischen hydrodynamischen Dispersion, $(MLT^{-3}\Theta^{-1})$;
λ^f, λ^s = thermische Konduktivität für die fluide bzw. feste Phase, $(MLT^{-3}\Theta^{-1})$;
μ, μ_o = dynamische Viskosität und Referenzviskosität des Fluids, $(ML^{-1}T^{-1})$;
ξ = $(-1 \le \xi \le 1)$, lokale Koordinate, (1) ;
ρ, ρ_o = Fluid-Dichte und Referenzdichte, (ML^{-3}) ;
$\boldsymbol{\sigma}$ = viskoser Spannungstensor des Fluids, $(ML^{-1}T^{-2})$;
$\boldsymbol{\sigma}'$ = deviatorischer Spannungstensor des Fluids, $(ML^{-1}T^{-2})$;
$\boldsymbol{\sigma}^{\text{unten}}$ = Scherspannung an der Unterfläche (Gewässersohle), $(ML^{-2}T^{-2})$;
$\boldsymbol{\sigma}^{\text{inter}}$ = Scherspannung an der Grenzfläche, $(ML^{-2}T^{-2})$;
$\boldsymbol{\sigma}^{\text{oben}}$ = Scherspannung an der Oberfläche, $(ML^{-2}T^{-2})$;
τ = verallgemeinerter Reibungsfaktor;
Υ = *Newton-Taylor*-Rauhigkeitskoeffizient, (1) ;
ϕ = Druckhöhe, Saugspannung oder lokale Wassertiefe, (L) ;

ϕ_a	=	$\phi_a \leq 0$, Lufteintrittsdruckhöhe, (L) ;
$\chi(C)$	=	Sorptionsfunktion, (1) ;
ψ	=	Bilanzgröße;
Ω	=	Gebiet;
ω	=	azimutaler Winkel, $(°)$;
∇	=	Nabla (Vektor)-Operator, (L^{-1}) ;

tiefgestellte Indizes

e	Element;
n	Zeitpunkt;
o	Referenzwert;

hochgestellte Indizes

α	Phasenindex;
D	Raumdimension;
e	Element;
f	fluide (Wasser-) Phase;
i, j, k	nodale oder räumliche Indizes;
n	Zeitpunkt;
s	feste Phase;
ν	Oberflächenindex;

ANLAGE B
Analytische Auswertung der Matrixelemente für ein 1D-Kanalelement

Wir betrachten das folgende lineare 2-Knoten-Element e

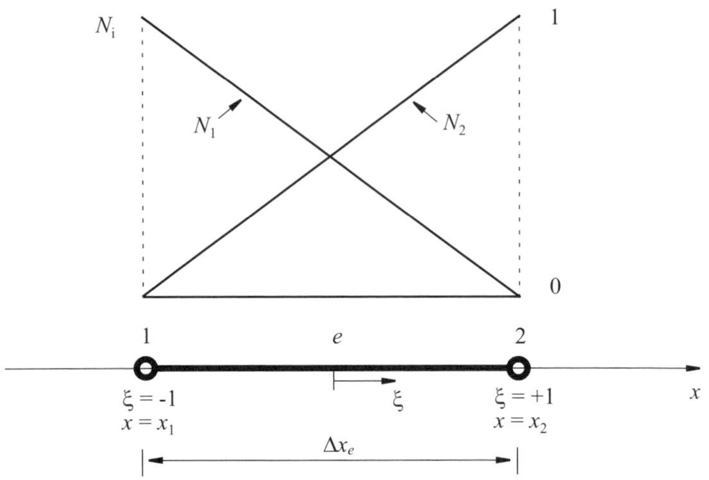

mit den Basisfunktionen an den Knoten 1 und 2

$$N_1 = \frac{1}{2}(1-\xi)$$
$$N_2 = \frac{1}{2}(1+\xi) \qquad (3\text{-B1})$$

und ihren Ableitungen

$$\frac{\partial N_1}{\partial \xi} = -\frac{1}{2}$$
$$\frac{\partial N_2}{\partial \xi} = \frac{1}{2} \qquad (3\text{-B2})$$

Für ein solches Element gilt die Abbildung, vgl. (3-112),

$$x = N_1 x_1 + N_2 x_2 \qquad (3\text{-B3})$$

und mit (3-116) sowie (3-B3) ist

$$\|\boldsymbol{J}\| = J_{11} = \frac{\partial x}{\partial \xi} = \frac{\partial N_1}{\partial \xi} x_1 + \frac{\partial N_2}{\partial \xi} x_2 = \frac{\Delta x_e}{2} \qquad (3\text{-B4})$$

und (3-115) ergibt sich zu

$$J^{-1} = \frac{1}{\|\boldsymbol{J}\|} = \frac{2}{\Delta x_e} \qquad (3\text{-B5})$$

Danach lassen sich die Divergenzausdrücke (3-114) mittels (3-B2) auffinden zu

$$\begin{bmatrix} \nabla N_1 \\ \nabla N_2 \end{bmatrix} = J^{-1} \begin{bmatrix} \dfrac{\partial N_1}{\partial \xi} \\ \dfrac{\partial N_2}{\partial \xi} \end{bmatrix} = \begin{bmatrix} -\dfrac{1}{\Delta x_e} \\ \dfrac{1}{\Delta x_e} \end{bmatrix} \tag{3-B6}$$

Gemäß Gl. (3-117) ist dann

$$d\Omega = dx = \|\boldsymbol{J}\| d\xi = \frac{\Delta x_e}{2} d\xi \tag{3-B7}$$

und die Matrizen (3-100) ergeben sich für das Element e zu

$$\boldsymbol{O}^e = \int_{\Omega_e} S^e \begin{bmatrix} N_1 N_1 & N_1 N_2 \\ N_2 N_1 & N_2 N_2 \end{bmatrix} d\Omega = \frac{S^e}{4} \int_{-1}^{1} \begin{bmatrix} (1-\xi)^2 & (1-\xi^2) \\ (1-\xi^2) & (1+\xi)^2 \end{bmatrix} \frac{\Delta x_e}{2} d\xi = \frac{S^e \Delta x_e}{6} \begin{bmatrix} 2 & 1 \\ 1 & 2 \end{bmatrix} \tag{3-B8}$$

$$\begin{aligned}
\boldsymbol{K}^e &= \boldsymbol{K}_1^e + \boldsymbol{K}_2^e + \boldsymbol{K}_3^e + \boldsymbol{K}_4^e \\
\boldsymbol{K}_1^e &= \int_{\Omega_e} q^e \begin{bmatrix} N_1 \nabla N_1 & N_1 \nabla N_2 \\ N_2 \nabla N_1 & N_2 \nabla N_2 \end{bmatrix} d\Omega = \frac{q^e}{2\Delta x_e} \int_{-1}^{1} \begin{bmatrix} -(1-\xi) & (1-\xi) \\ -(1+\xi) & (1+\xi) \end{bmatrix} \frac{\Delta x_e}{2} d\xi = \frac{q^e}{2} \begin{bmatrix} -1 & 1 \\ -1 & 1 \end{bmatrix} \\
\boldsymbol{K}_2^e &= \int_{\Omega_e} D^e \begin{bmatrix} \nabla N_1 \nabla N_1 & \nabla N_1 \nabla N_2 \\ \nabla N_2 \nabla N_1 & \nabla N_2 \nabla N_2 \end{bmatrix} d\Omega = \frac{D^e}{\Delta x_e^2} \int_{-1}^{1} \begin{bmatrix} 1 & -1 \\ -1 & 1 \end{bmatrix} \frac{\Delta x_e}{2} d\xi = \frac{D^e}{\Delta x_e} \begin{bmatrix} 1 & -1 \\ -1 & 1 \end{bmatrix} \\
\boldsymbol{K}_3^e &= \int_{\Omega_e} \Phi^e \begin{bmatrix} N_1 N_1 & N_1 N_2 \\ N_2 N_1 & N_2 N_2 \end{bmatrix} d\Omega = \frac{\Phi^e}{4} \int_{-1}^{1} \begin{bmatrix} (1-\xi)^2 & (1-\xi^2) \\ (1-\xi^2) & (1+\xi)^2 \end{bmatrix} \frac{\Delta x_e}{2} d\xi = \frac{\Phi^e \Delta x_e}{6} \begin{bmatrix} 2 & 1 \\ 1 & 2 \end{bmatrix} \\
\boldsymbol{K}_4^e &= a^e \begin{bmatrix} N_1 N_1 & N_1 N_2 \\ N_2 N_1 & N_2 N_2 \end{bmatrix} \Bigg|_{\xi = \xi_2 = 1}^{\xi = \xi_1 = -1} = \frac{a^e}{4} \begin{bmatrix} (1-\xi_1)^2 & (1-\xi_1^2) \\ (1-\xi_2^2) & (1+\xi_2)^2 \end{bmatrix} = a^e \begin{bmatrix} 1 & 0 \\ 0 & 1 \end{bmatrix}
\end{aligned} \tag{3-B9}$$

$$\begin{aligned}
\boldsymbol{F}^e &= \boldsymbol{F}_1^e + \boldsymbol{F}_2^e \\
\boldsymbol{F}_1^e &= \int_{\Omega_e} Q^e \begin{bmatrix} N_1 \\ N_2 \end{bmatrix} d\Omega = \frac{Q^e}{2} \int_{-1}^{1} \begin{bmatrix} (1-\xi) \\ (1+\xi) \end{bmatrix} \frac{\Delta x_e}{2} d\xi = \frac{Q^e \Delta x_e}{2} \begin{bmatrix} 1 \\ 1 \end{bmatrix} \\
\boldsymbol{F}_2^e &= (a^e \psi_2 - b^e) \begin{bmatrix} N_1 \\ N_2 \end{bmatrix} \Bigg|_{\xi = \xi_2 = 1}^{\xi = \xi_1 = -1} = \frac{(a^e \psi_2 - b^e)}{2} \begin{bmatrix} 1 - \xi_1 \\ 1 + \xi_2 \end{bmatrix} = (a^e \psi_2 - b^e) \begin{bmatrix} 1 \\ 1 \end{bmatrix}
\end{aligned} \tag{3-B10}$$

Im Ergebnis lässt sich die so diskretisierte Matrixgleichung (3-99) und (3-100) in folgender Weise zusammenfassen

$$\sum_e \Bigg(\frac{S^e \Delta x_e}{6} \begin{bmatrix} 2 & 1 \\ 1 & 2 \end{bmatrix} \cdot \begin{Bmatrix} \dot{\psi}_1^e \\ \dot{\psi}_2^e \end{Bmatrix} + \left(\frac{q^e}{2} \begin{bmatrix} -1 & 1 \\ -1 & 1 \end{bmatrix} + \frac{D^e}{\Delta x_e} \begin{bmatrix} 1 & -1 \\ -1 & 1 \end{bmatrix} + \frac{\Phi^e \Delta x_e}{6} \begin{bmatrix} 2 & 1 \\ 1 & 2 \end{bmatrix} + a^e \begin{bmatrix} 1 & 0 \\ 0 & 1 \end{bmatrix} \right) \cdot \begin{Bmatrix} \psi_1^e \\ \psi_2^e \end{Bmatrix} - \frac{Q^e \Delta x_e}{2} \begin{bmatrix} 1 \\ 1 \end{bmatrix} - (a^e \psi_2 - b^e) \begin{bmatrix} 1 \\ 1 \end{bmatrix} \Bigg) = \{0\} \tag{3-B11}$$

4 Hydraulik der Wasserbehandlungsanlagen und industrieller Prozesse

Detlef Aigner

4.1 Einleitung

Der Abschnitt Hydraulik der Wasserbehandlungsanlagen befasst sich mit speziellen hydromechanischen Problemen, wie sie in Anlagen zur Trinkwasserversorgung, zur Abwasserbehandlung, zur Industriewasserbehandlung aber auch in anderen industriellen Anlagen auftreten können. Die hydraulische Berechnung zielt auf eine hohe Betriebssicherheit dieser Anlagen und beinhaltet z. B.

- die optimale Wasserverteilung,
- die exakte Erfassung der Wassermengen,
- die Berücksichtigung instationärer Abflussvorgänge,
- die Erzeugung oder Vermeidung turbulenter Strömungen und
- die Ermittlung des Einflusses fester oder gasförmiger Wasserinhaltsstoffe auf den Strömungsprozess.

Eine fachgerechte hydraulische Berechnung ist von entscheidender technischer und wirtschaftlicher Bedeutung (*ATV* 1983). Dazu genügen im Allgemeinen die hydraulischen Grundlagen des ersten Bandes des Lehrbuches Technische Hydromechanik (*Bollrich, 2000*), auf die in diesem Abschnitt aufgebaut wird. Die im folgenden genannten Themen behandeln spezielle hydraulische Probleme bzw. vertiefen die hydraulischen Grundlagen, wie z. B. die Wasserverteilung oder den Wasserabzug.
Da die einzelnen Themen selbst Bücher füllen könnten, werden sie nur beispielhaft behandelt. Für die vertiefende Betrachtung wird auf spezielle Literatur, wie z. B. die Abwasserhydraulik von *Hager* 1994, die Wasserversorgung von *Kittner, Starke und Wissel* 1984 oder die Hydrodynamik in Anlagen zur Wasserbehandlung von *Aigner* 1996 verwiesen.

4.2 Grundlagen der hydraulischen Bemessung

4.2.1 Erhaltungssätze

Die hydraulischen Berechnungen werden auf der Grundlage der drei hydromechanischen Erhaltungssätze, der Masse, der Energie und des Impulses, die hier in einfacher, eindimensionaler Darstellung angegeben sind, durchgeführt.

Kontinuitätsgleichung $$Q = \upsilon \cdot A \qquad (4\text{-}1)$$

Energiehöhengleichung $$h_E = z + \frac{p}{\rho \cdot g} + \frac{\upsilon^2}{2 \cdot g} \qquad (4\text{-}2)$$

Stützkraftgleichung $$\vec{S} = p \cdot \vec{A} + \rho \cdot Q \cdot \vec{\upsilon} \qquad (4\text{-}3)$$

4.2.2 Fließformeln

Für stationär gleichförmige Freispiegelströmungen lautet die empirische Fließformel nach *Manning-Strickler*:

$$Q = \upsilon \cdot A = k_{st} \cdot I^{1/2} \cdot r_{hy}^{2/3} \cdot A \qquad (4\text{-}4)$$

Sie wird in der heutigen praktischen Berechnung von offenen Kanälen am häufigsten verwendet, obwohl die Differenzierung des Rauheitsbeiwertes k_{ST} oft nur sehr grob möglich ist und die Anwendungsgrenzen den sehr glatten und den sehr rauen Bereich ausschließen (*Hager,* 1994). Die universelle Fließformel nach *Brahms de Chezy*, abgeleitet aus der Gleichung von *Darcy-Weisbach* für den Energieabfall in einer Druckrohrleitungen, beginnt sich auch bei der Berechnung offener Gerinne durchzusetzen. Anstelle des Rohrdurchmessers d wird hier der reduzierte hydraulische Durchmesser bzw. Radius verwendet ($d'_{hy} = 4 \cdot r'_{hy} = 4 \cdot f \cdot r_{hy}$; siehe *Aigner* 1994 und 1996). Der Formbeiwert *f*, der als Verringerung der die Wandreibung beeinflussenden Abflussfläche verstanden werden kann, liegt für sehr flache und schmale Gerinne zwischen 0,82 (rau) und 0,88 (glatt), für Gerinne mit hydraulisch günstigen Abmessungen zwischen 0,86 (rau) und 0,91 (glatt), für die Halbkreisform bei 0,97 und für das Kreisrohr bei 1. *Dittrich* (1998) gibt nach Auswertung verschiedener Autoren für den hydraulisch rauen Bereich den Beiwert f = 0,73 für breite Gerinne (B/h ≥ 25) und f = 0,83 für kompakte Gerinne (B/h < 25) an.

$$Q = -2 \cdot \lg\left(\frac{2{,}51 \cdot v}{d'_{hy} \cdot \sqrt{2 \cdot g \cdot d'_{hy} \cdot I}} + \frac{k}{d'_{hy} \cdot 3{,}71}\right) \cdot \sqrt{2 \cdot g \cdot d'_{hy} \cdot I} \cdot A \qquad (4\text{-}5)$$

4.2.3 Strömungsverluste

Verluste an hydraulischer Energie entstehen durch Reibungsverluste und örtliche Verluste. Örtlichen Verluste können meist auf den klassischen Stoßverlust zurückgeführt werden, der beim Eintritt einer schnelleren in eine langsamere Strömung entsteht. Die dabei auftretende turbulente Vermischung führt zum Verlust der hydraulischen Energie. Theoretisch lässt sich allerdings nur der sogenannte *Borda*-Verlust (siehe *Bollrich, 2000*, Abschnitt 5.5.3) einer plötzlichen Erweiterung berechnen, da die Flächen- und Geschwindigkeitsverhältnisse hier bekannt sind. Andere örtliche Verluste werden empirisch ermittelt und als Verlustbeiwert ζ auf die mittlere Geschwindigkeitshöhe z. B. der Rohr- bzw. Gerinneströmung bezogen. Dieser Geschwindigkeitsbezug ist maßgebend für die Bestimmung des Verlustbeiwertes.

Örtliche Verlusthöhe: $$h_V = \zeta \cdot \frac{\upsilon^2}{2g} \qquad (4\text{-}6)$$

Reibungsverluste spiegeln sich in der Neigung der Energielinie wieder und werden für Druckrohrleitungen mit der Gleichung von *Darcy-Weisbach* ermittelt:

Reibungsverlusthöhe: $$h_R = I_E \cdot L = \lambda \cdot \frac{L}{d} \cdot \frac{\upsilon^2}{2g} \qquad (4\text{-}7)$$

Der Reibungsbeiwert λ wird in Abhängigkeit von der *Reynolds*-Zahl Re = $v \cdot d/\nu$ und der relativen Wandrauheit k/d ermittelt. Für den laminaren Bereich ist er nur von der Re-Zahl abhängig, für den turbulenten Bereich wird er durch den Ansatz von *Colebrook und White* beschrieben und ist im *Moody*-Diagramm (*Bollrich, 2000*) dargestellt. Eine geschlossene Lösung zur Berechnung des Reibungsbeiwertes für den gesamten Re-Bereich zeigt die folgende Gleichung von *Zanke* 1993.

$$\lambda = \frac{64}{\text{Re}} \cdot (1-\alpha) + \alpha \cdot \left[-0{,}868 \cdot \ln\left(\frac{(\ln \text{Re})^{1,2}}{\text{Re}} + \frac{k}{3{,}71 \cdot d} \right) \right]^{-2} \qquad (4\text{-}8)$$

mit $$\alpha = e^{-e^{-(0{,}0033 \cdot \text{Re} - 8{,}75)}}$$

Da Freispiegelströmungen in Wasserbehandlungsanlagen als ungleichförmige Strömungen durch Anstau oder Absenkung gekennzeichnet sind, kann die Berechnung der Wasserspiegellage nur schrittweise bzw. abschnittsweise erfolgen. Das mittlere Energiegefälle wird dafür aus der *Manning-Strickler*-Formel (Gleichung (4-4)) mit

$$I_E = \frac{\upsilon_m^2}{k_{ST}^2 \cdot r_{hy,m}^{4/3}} \qquad (4\text{-}9)$$

oder aus Gleichung (4-7) zwischen zwei betrachteten Schnitten ermittelt.

Die Piezometerhöhendifferenz (z. B. auf NN bezogen) ergibt sich dann zu:

$$\Delta h_P = h_{P1} - h_{P2} = h_1 - h_2 + L \cdot I_S = \frac{\upsilon_2^2 - \upsilon_1^2}{2g} + L \cdot I_E \qquad (4\text{-}10)$$

Die Energiegleichung besitzt für einen konstanten Abfluss für Freispiegelströmungen zwei Lösungen, den strömenden und den schießenden Fließzustand. Der Übergang, das Energieminimum, wird als kritischer Strömungszustand bezeichnet. Dieser Übergang erfolgt vom strömenden zum schießenden Abfluss kontinuierlich und vom schießenden zum strömenden Abfluss plötzlich als sogenannter Wechselsprung. Ein Kriterium für die Unterscheidung der Fließzustände ist die *Froude*zahl $\mathrm{Fr} = v / \sqrt{g \cdot h}$. Für das Energieminimum gilt Fr = 1, es stellt sich Grenztiefe und Grenzgeschwindigkeit ein (siehe Tafel 4.1).

4.2.4 Überfälle

In Wasserversorgungs- und Abwasserbehandlungsanlagen wird das Wasser vielfach durch Überfälle in die nächste Behandlungsstufe übergeleitet oder durch Zu- oder Ablaufrinnen von einer Stufe zur nächsten transportiert. Überfälle können als scharfkantige, eckige, runde oder breitkronige Überfälle ausgebildet sein. Die allgemeine Überfallformel nach *Poleni* (siehe *Bollrich 2000* und DIN 19558) für diese Überfallart lautet:

$$Q = \frac{2}{3} \cdot \mu \cdot b \cdot \sqrt{2g} \cdot h^{3/2} = C \cdot b \cdot h^{3/2} \qquad (4\text{-}11)$$

$$\text{mit} \quad C = \frac{2}{3} \cdot \mu \cdot \sqrt{2g}$$

Als spezifischer Abfluss q wird der auf die Überfallbreite b bezogene Abfluss Q bezeichnet.

$$q = \frac{Q}{b} \qquad (4\text{-}12)$$

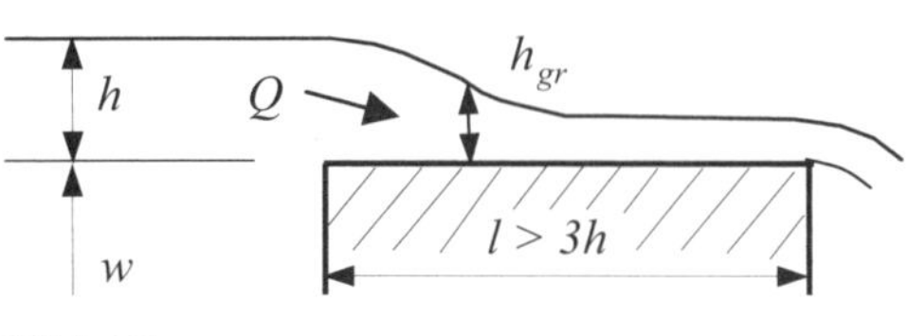

Bild 4.1
Breitkroniger Überfall

Der Überfallbeiwert μ (bzw. C) ist von vielen Einflussgrößen wie z. B. den Zulaufbedingungen, der Ausrundung der Übergänge oder der Wehrform abhängig.

Beim Übergang vom strömenden zum schießenden Abfluss, z. B. an Gefälleknickpunkten, bei Sohlabstürzen, an Profilverengungen oder an Endüberfällen, tritt kritischer Abfluss auf. Die notwendigen und hinreichenden Bedingungen dafür hat *Hager* 1994 erläutert. Mit dem Extremalprinzip aus der Energiegleichung (siehe *Bollrich, 2000*, Abschnitt 6.4) kann eine Abhängigkeit zwischen Abfluss und geometrischen Größen abgeleitet werden. Die eindeutige Berechnung der Grenztiefe und damit eine Übereinstimmung zwischen theoretischer Ableitung und praktischer Lösung (Tafel 4.1) ist allerdings nur beim breitkronigen Überfall ($l > 3 \cdot h$) möglich (Bild 4.1). Die theoretische Ableitung lautet:

$$Q = \sqrt{g} \cdot b \cdot h_{gr}^{3/2} \qquad h_{gr} = \frac{2}{3} \cdot h_{E\,\min} \tag{4-13}$$

Für eine sehr große Zuströmfläche ($w >> h$) und unter Vernachlässigung auftretender Verluste kann $h = h_E = h_{Emin}$ geschrieben werden und der Überfallbeiwert in Gleichung (4-11) (*Bollrich 2000*; DIN 19558) ergibt sich damit theoretisch aus Gleichung (4-13) zu:

$$\mu = \frac{1}{\sqrt{3}} = 0{,}577 \tag{4-14}$$

Für scharfkantige Überfälle ($w >> h$) mit einer eindeutigen Abrisskante wird der Überfallbeiwert $\mu = 0{,}62$ und für rundkronige Überfälle $\mu = 0{,}69$. Eine weitere Differenzierung dieser Beiwerte ist vor allem für Messwehre bedeutsam.

Der Zusammenhang zwischen Abfluss und Überfallhöhe kann auch für andere Überfallformen aus dem Extremalprinzip ermittelt werden. Gleichzeitig sind die Grenztiefe und die Zusammenhänge zwischen minimaler Energiehöhe und Grenztiefe wichtige Bemessungshilfen für den Freispiegelabfluss (siehe Tafel 1a und 1b).

Kommt es bei Überfällen vom Unterwasser her zum Rückstau, wird der Normalabfluss Q beeinflusst und es stellt sich je nach Unterwasserstand h_U, bezogen auf die Überfallkante, ein unvollkommener Überfall Q_{uv} ein (*Bollrich 2000*, Abschnitt 9.3).

$$Q_{uv} = \sigma_{uv} \cdot Q \qquad \sigma_{uv} = f\left(\frac{h_u}{h}\right) \tag{4-15}$$

Beispiel: Überfallfunktion am Rohrbogen (siehe *Aigner/Cherubim* 1999)

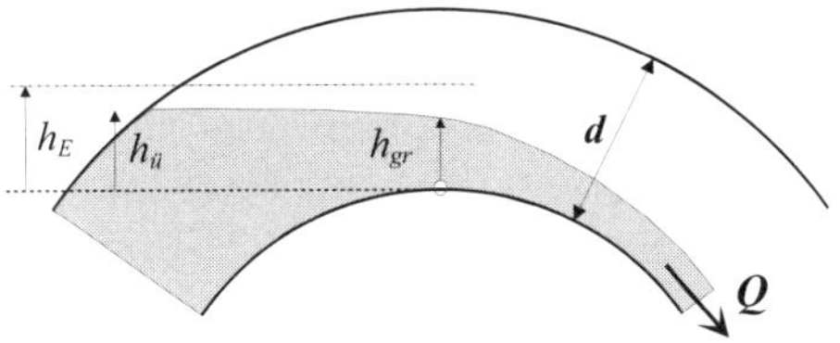

Bild 4.2
Überfall am Rohrbogen

Mit Hilfe einer Näherungslösung für die Berechnung der Abflussfläche A (Gleichung (4-16)) im Kreisprofil ergibt sich aus dem Extremalprinzip die allgemeine Überfallformel in einem Rohrbogen nach Gleichung (4-17).

Tafel 4.1 a

Bemessungsformeln für offene Gerinne und Überfälle

Form	geometrische Größen	Grenztiefe
Rechteck 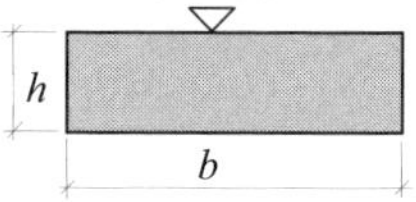	$A = b \cdot h$ $r_{hy} = \dfrac{b \cdot h}{b + 2 \cdot h}$	$h_{gr,R} = \sqrt[3]{\dfrac{Q^2}{g \cdot b^2}}$
Trapez 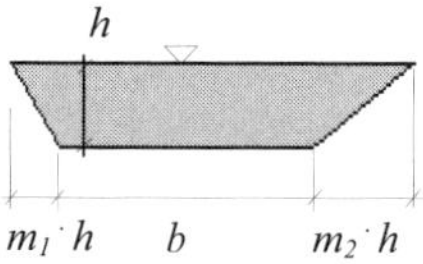	$A = b \cdot h + m \cdot h^2$ $b' = \dfrac{b}{m} \qquad m = \dfrac{m_1 + m_2}{2}$ $r_{hy} = \dfrac{b \cdot h + m \cdot h^2}{b + h \cdot \left(\sqrt{1+m_1^2} + \sqrt{1+m_2^2}\right)}$	$h_{gr,T} = h_{gr,R} \cdot \dfrac{\sqrt[3]{1 + 2 \cdot h_{gr,T}/b'}}{1 + h_{gr,T}/b'}$ $h_{gr,T} \cong h_{gr,R} \cdot 0{,}76^{\sqrt{\frac{h_{gr,R}}{b'}}}$
Kreis 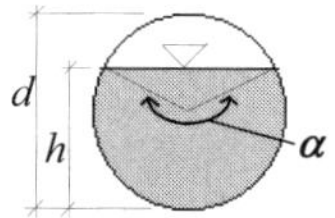	$A = \dfrac{d^2}{8} \cdot (\alpha - \sin(\alpha))$ $r_{hy} = \dfrac{d}{4} \cdot \left(1 - \dfrac{\sin(\alpha)}{\alpha}\right)$	$h_{gr,K} \cong \sqrt[4]{\dfrac{Q^2}{g \cdot d}}$
Parabel 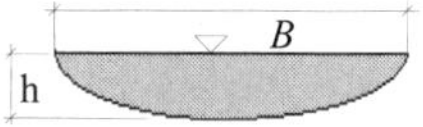	$A = \dfrac{2}{3} \cdot B \cdot h \qquad h = c \cdot \left(\dfrac{B}{2}\right)^2$ $r_{hy} = \dfrac{\frac{4}{3} \cdot B \cdot h}{B \cdot \sqrt{4 \cdot c \cdot h + 1} + \frac{1}{c} \cdot \ln\left\lvert c \cdot B + \sqrt{4 \cdot c \cdot h + 1}\right\rvert}$	$h_{gr,P} = \sqrt[4]{\dfrac{27 \cdot c \cdot Q^2}{32 \cdot g}}$
Dreieck 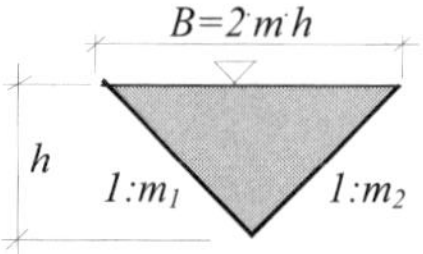	$A = m \cdot h^2 \qquad m = \dfrac{m_1 + m_2}{2}$ $r_{hy} = \dfrac{h \cdot m}{\sqrt{m_1^2 + 1} + \sqrt{m_2^2 + 1}}$	$h_{gr,D} = \sqrt[5]{\dfrac{2 \cdot Q^2}{m^2 \cdot g}}$

Tafel 4.1 b
Bemessungsformeln für offene Gerinne und Überfälle

Energieminimum	Durchfluss, theoretisch	Durchfluss, praktisch
$h_{E\,min} = \frac{3}{2} \cdot h_{gr}$	$Q = \left(\frac{2}{3}\right)^{1,5} \cdot \sqrt{g} \cdot b \cdot h_{E\,min}^{1,5}$ Formeln identisch bei: $h = h_{Emin}$ und $\mu = 0{,}5773$	$Q = \frac{2}{3} \cdot \mu \cdot \sqrt{2g} \cdot b \cdot h^{1,5}$ $\mu = 0{,}62$ scharfkantig ($b >> h$) $\mu = 0{,}69$ rundkronig
$h_{E\,min} = h_{gr} \cdot \frac{3 + 5 \cdot \frac{h_{gr}}{b'}}{2 + 4 \cdot \frac{h_{gr}}{b'}}$	$Q \cong \sqrt{g} \cdot \frac{b}{2{,}4} \cdot h_{E\min}^{1,5} \cdot (1 + \frac{h_{gr}}{b'})$ Formeln etwa identisch bei: $h = h_{Emin}$ und $\mu = 0{,}52$	$Q = \frac{2}{3} \cdot \mu \cdot \sqrt{2g} \cdot b \cdot h^{1,5} \cdot (1 + \frac{4}{5}\frac{h}{b'})$ $\mu = 0{,}59$ scharfkantig
$h_{E\,min} \cong \frac{11}{8} \cdot h_{gr}$	$Q \cong \left(\frac{8}{11}\right)^{2} \cdot \sqrt{g \cdot d} \cdot h_{E\,min}^{2}$ Formeln etwa identisch bei: $h = h_{Emin}$ und $\mu = 0{,}529$	$Q = \mu \cdot \sqrt{g} \cdot d^{\frac{2}{3}} \cdot h^{\frac{11}{6}}$ $\mu = 0{,}51$ bis $0{,}53$
$h_{E\,min} = \frac{4}{3} \cdot h_{gr}$	$Q = \sqrt{\frac{3}{8 \cdot c}} \cdot \sqrt{g} \cdot h_{E\,min}^{2}$ Formeln identisch bei: $h = h_{Emin}$ und $\mu = 0{,}612$	$Q = \mu \cdot \sqrt{\frac{g}{c}} \cdot h^{2}$ $\mu = 0{,}66$
$h_{E\,min} = \frac{5}{4} \cdot h_{gr}$	$Q = \frac{m}{\sqrt{2}} \cdot \left(\frac{4}{5}\right)^{2,5} \cdot \sqrt{g} \cdot h_{E\,min}^{2,5}$ Formeln identisch bei: $h = h_{Emin}$ und $\mu = 0{,}537$	$Q = \frac{8}{15} \mu \cdot \sqrt{2g} \cdot m \cdot h^{2,5}$ $\mu = 0{,}59$

$$A(h) \approx A_o \cdot \frac{7}{6} \cdot \left(\frac{h}{d}\right)^{\frac{4}{3}} \tag{4-16}$$

$$Q = 1{,}793 \cdot \mu \cdot \sqrt{g} \cdot d^{2,5} \cdot \left(\frac{h_{Grenz}}{d}\right)^{\frac{11}{6}} = \mu \cdot \sqrt{g} \cdot d^{2,5} \cdot \left(\frac{h_{EMin}}{d}\right)^{\frac{11}{6}} \tag{4-17}$$

Aus Versuchen und im Vergleich mit anderen Autoren wurde der Abflussbeiwert mit etwa $\mu = 0{,}516$ bestimmt. Bei einem Rohrbogen von $d = 1{,}2$ m und einer gemessenen Überfallhöhe von $h_Ü = 0{,}4$ m ergibt sich iterativ eine Geschwindigkeit von $v = 0{,}308$ m/s in der gefüllten Rohrleitung und eine auf die Überfallkante bezogene Energiehöhe $h_E = h_Ü + v^2/2g = 0{,}405$ m. Der Abfluss wird mit Gleichung (4-17) zu $Q = 0{,}348$ m³/s.

4.2.5 Ausfluss

Bei unterströmten scharfkantigen Planschützen (Bild 4.3) oder bei Austrittsöffnungen mit eindeutiger Abrissströmung, also der Ausbildung freier Stromlinien, kann eine Berechnung des spezifischen Ausflusses durch die Berücksichtigung der Strahleinschnürung ψ, wesentlicher Bestandteil des Ausflussbeiwertes μ, erfolgen.

$$Q = \mu \cdot s \cdot b \cdot \sqrt{2 \cdot g \cdot h_O} \tag{4-18}$$

Für viele Fälle ist bei der Berechnung des Ausflussbeiwertes der Energieverlust (wegen der Beschleunigungsströmung) und die Zuströmgeschwindigkeit (bei $s/h_o \cong 0$) vernachlässigbar, so dass sich der Ausflussbeiwert direkt als Einschnürungsbeiwert ($\psi = \mu$) versteht.

Die *Helmholtzsche* Theorie freier Stromlinien gestattet die Berechnung aller geometrischen und auf die Wirkung der Trägheitskräfte beruhenden kinematischen und dynamischen Größen unter Vernachlässigung des Einflusses der Erdschwere. Untersuchungen von *Franke* 1956 haben gezeigt, dass der Einfluss der Erdschwere auf die Strahlbegrenzung insbesondere bei Öffnungsverhältnissen $h_o > 3\,s$ gering ist. Auch der Vergleich der Messungen von *Gentilini* 1941 mit den Ergebnissen der theoretischen Berechnungen zeigt erst größere Abweichungen ab $h_o < 5\,s$.

Für die Verhältnisse $s/h_0 \rightarrow 0$ ist der Ausflussbeiwert μ identisch mit dem Einschnürungsbeiwert ψ_0 und nur noch vom Winkel α abhängig (*Aigner/Horlacher* 1997).

$$\psi_0 = 1{,}3 - 0{,}8 \cdot \sqrt{1 - \left(\frac{\alpha - 205}{220}\right)^2} \quad \textit{für } 0 \le \alpha \le 180°\,,\ s << h_0 \text{ bzw.} t \tag{4-19}$$

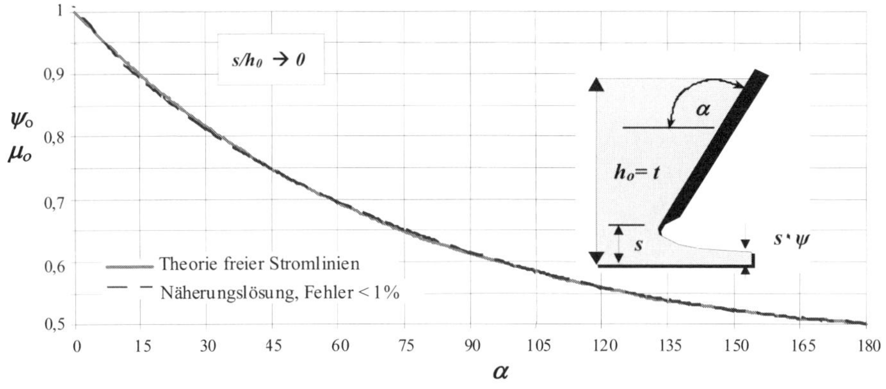

Bild 4.3
Theoretischer Einschnürungsbeiwert ψ_0 für $s/h_o \rightarrow 0$ (Theorie freier Stromlinien) angenähert mit Gleichung (4-19)

Der Einschnürungsbeiwert unter Berücksichtigung der Zuflussbedingung kann in Anlehnung an eine Lösung von *Voigt* (1971) mit Gleichung (4-20) berechnet werden.

$$\psi = \frac{1}{1+\left(\frac{1}{\psi_0}-1\right)\cdot\sqrt{1-\left(\frac{s}{t}\right)^{\frac{210}{\alpha}}}} \qquad \alpha \text{ in Grad, mit } \psi_0 \text{ nach Gl. (4-19)} \tag{4-20}$$

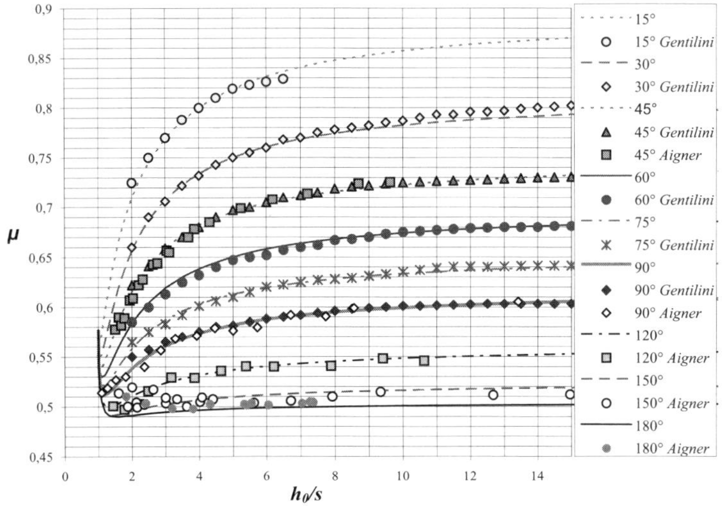

Bild 4.4
Ausflussbeiwert unterströmter scharfkantiger Schütze für $\alpha = 15°$ bis $180°$ nach *Gentilini* (1941) und *Aigner* (1997) angenähert mit Gleichung (4-21)

Damit ergibt sich der mit Versuchswerten verglichene Ausflussbeiwert für unterströmte ebene und scharfkantige Schütze aus Gleichung (4-21) und Bild 4.4.

$$\mu = \frac{\psi}{\sqrt{1 + \frac{\psi \cdot s}{h_0 - 0{,}5 \cdot s}}} \qquad \psi \text{ nach Gleichung (4-20)} \qquad (4\text{-}21)$$

Beispiel: Ausflusskonstruktion

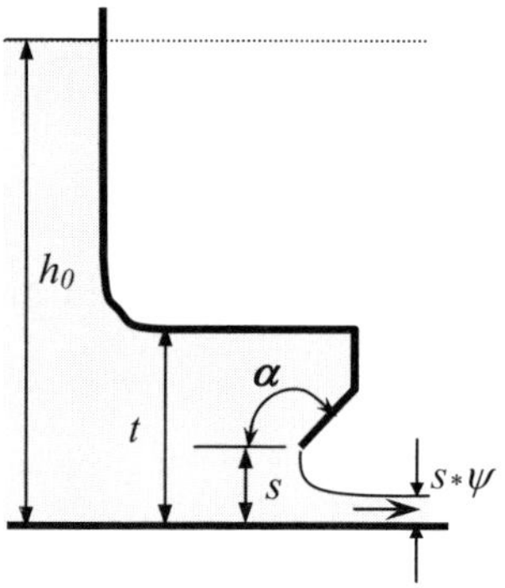

Bild 4.5
Beispiel einer Ausflusskonstruktion

Es ist der spezifische Ausfluss q aus einem Behälter mit einer im Winkel $\alpha = 145°$ geneigten scharfkantigen Klappe bei einer Öffnungshöhe von $s = 0{,}2$m gesucht (Bild 4.5). Der Wasserstand im Behälter beträgt $h_0 = 3$m und die Stollenhöhe $t = 0{,}5$m.

$$\psi_0 = 1{,}3 - 0{,}8 \cdot \sqrt{1 - \left(\frac{145 - 205}{220}\right)^2} = 0{,}53$$

$$\psi = \frac{1}{1 + \left(\frac{1}{0{,}53} - 1\right) \cdot \sqrt{1 - \left(\frac{0{,}2}{0{,}5}\right)^{\frac{210}{145}}}} = 0{,}568$$

Der Ausflussbeiwert μ ergibt sich nun aus der Energiebilanz (*Bollrich, 2000*, Abschnitt 8.3). Unter Vernachlässigung eines Energieverlustes als Einlaufverlust am Stollen berechnet sich der Ausflussbeiwert aus Gleichung (4-20) zu:

$$\mu = \psi \cdot \sqrt{\frac{1}{1 + \frac{\psi \cdot s}{h_0 - 0{,}5 s}}} = 0{,}568 \cdot \sqrt{\frac{1}{1 + \frac{0{,}568 \cdot 0{,}2}{3 - 0{,}5 \cdot 0{,}2}}} = 0{,}557$$

Der spezifische Ausfluss wird zu:

$$q = \mu \cdot s \cdot \sqrt{2 \cdot g \cdot h_0} = 0{,}557 \cdot 0{,}2 \cdot \sqrt{2 \cdot 9{,}81 \cdot 3} = 4{,}27 \frac{m^2}{s}$$

4.3 Spezielle hydraulische Problemstellungen

4.3.1 Stromtrennung

In Anlagen zur Wasserbehandlung spielt die Verteilung der Strömung und damit die Stromtrennung eine wichtige Rolle. Oft wird diese Aufteilung der Strömung über sehr kurze Distanzen angestrebt. Da die durch Trennung und Umlenkung erzeugte Strömung sich einschnürt, ablöst und turbulent vermischt, ist sie theoretisch kaum erfassbar. Die Verluste der Stromtrennung (siehe Bild 4.6) entlang der Hauptströmung (ζ_{13}) und für die Abzweigströmung (ζ_{12}) sind nicht nur vom Verhältnis der Volumenströme, sondern auch vom Verhältnis der Querschnittsflächen, dem Winkel α und der Form des Abzweiges abhängig. Durch die ungenügende Berücksichtigung dieser „kleinen" Verluste kann es zu erheblichen Ungleichverteilungen und einer schlechten Auslastung kommen.

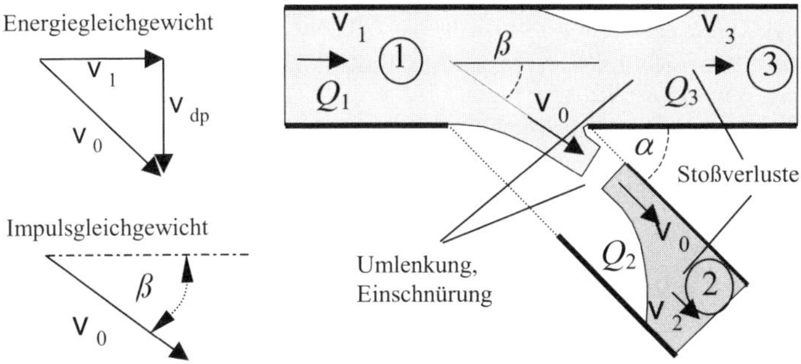

Bild 4.6
Systembild Stromtrennung

Für die Stromtrennung wird der Verlust der Hauptströmung z. B. durch die empirische Gleichung (7-22) nach *Hager* 1994 beschrieben. Er entsteht vor allem durch den Geschwindigkeitsabbau von v_1 auf v_3 (siehe Bild 4.6).

$$\zeta_{13} = \frac{h_{V13}}{\upsilon_1^2/2g} = 0{,}8 \cdot \left(\frac{Q_2}{Q_1}\right)^2 - 0{,}4 \cdot \frac{Q_2}{Q_1} \qquad (4\text{-}22)$$

Der Verlust der Nebenströmung entsteht hauptsächlich durch die Einschnürung und Beschleunigung der abzweigenden Strömung auf v_0 und den anschließenden Geschwindigkeitsabbau von v_0 auf v_2. Berechnungsgrundlage für diesen „Bremsvorgang" ist der Stoßverlust nach *Borda* (*Bollrich* 2000, Abschnitt 4.9.3.1).

Ergebnis dieser Berechnung ist Gleichung (4-23). Unbekannt ist die Größe des Einschnürungsbeiwertes ψ, der einen ähnlichen Verlauf wie der Ausflussbeiwert μ beim freien Austritt aus einer Öffnung (Gleichung (4-25)) aufweisen muss. Aus dem Vergleich von Werten für flächengleiche Querschnitte aus *Bollrich* (2000) und *Hager* (1994) ergibt sich für den Abzweigverlust Gleichung (4-23).

$$\zeta_{12} = \frac{h_{v12}}{\upsilon_1^2/2g} = \frac{\upsilon_2^2}{\upsilon_1^2} \cdot \left(\frac{\sin^2\alpha}{\psi^2} - 2 \cdot \frac{\sin\alpha}{\psi} \cdot \cos(\alpha - \beta) + 1 \right) \tag{4-23}$$

$$\psi = \frac{4}{7} \cdot \frac{\upsilon_{dp}}{\upsilon_0} \tag{4-24}$$

Die Verteilung des Wassers aus einer gelochten Rohrleitung oder aus einem Gerinne mit Öffnungen in der Sohle oder der Wand hat in der Hauptströmung der Rohrleitung oder des Kanals bei gleichbleibendem Querschnitt eine Geschwindigkeitsverringerung zur Folge. Diese kann zum Druckanstieg führen. Die abzweigende Strömung tritt schräg aus der Öffnung aus. Befindet sich an der Austrittsöffnung ein senkrechter Rohrstutzen (Länge des Rohrstutzens größer als der Öffnungsdurchmesser), dann kommt es zum Anlegen der Strömung an diesen Stutzen und damit zu einer Umlenkung der Strömung von 90° und mehr (*Aigner* 1997) zur Rohrachse.
Der Ausflussbeiwert μ nach Gleichung (4-25) wurde aus Messungen an einer Austrittsöffnung mit der Öffnungsfläche a ermittelt (Bild 4.7). Die Geschwindigkeit υ_{dp} ergibt sich aus dem Energiegleichgewicht zwischen 1 und 0.

$$\mu = \frac{Q}{a \cdot \upsilon_0} = 0{,}7 - 0{,}67 \cdot \frac{\upsilon_1^2}{\upsilon_{dp}^2 + \upsilon_1^2} \quad \text{mit} \quad \upsilon_{dp}^2 = 2 \cdot \frac{p_1 - p_0}{\rho} \tag{4-25}$$

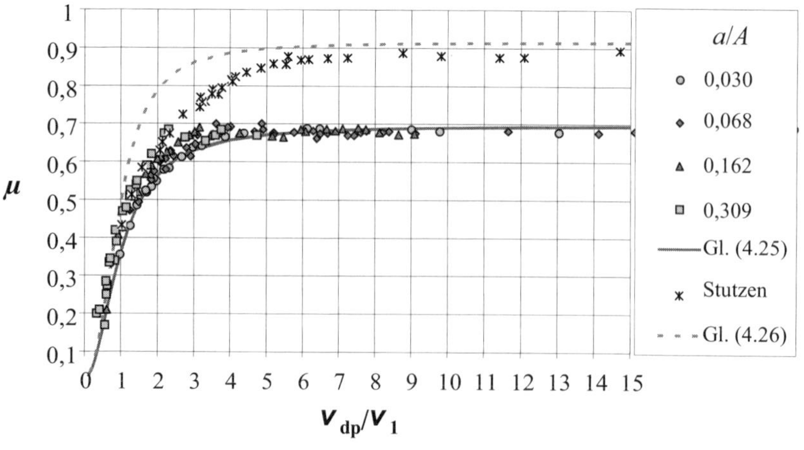

Bild 4.7
Ausflussbeiwerte der Verteilerleitung (*Aigner,* 1996)

Der gemessene Ausflusswinkel für Öffnungen kann gut mit Gleichung $\beta = \arctan\left(\frac{\upsilon_{dp}}{\upsilon_1} - 1\right)$ angenähert werden.

Befindet sich an der Öffnung ein senkrechter Stutzen, dann lässt sich bei ausreichender Länge des Stutzens der Stoßverlust ζ_{St} und daraus der Ausflussbeiwert μ_{St} mit Gleichung (4-26) berechnen.

$$\mu_{St} = \frac{1}{\sqrt{1+\zeta_{St}}} = \frac{1}{\sqrt{1+\left(\frac{1}{\psi}-1\right)^2}} \qquad \text{mit } \psi \approx \mu \text{ nach Gl. (4-25)} \qquad (4\text{-}26)$$

4.3.2 Wasserverteilung

Die Berechnung einer Verteilerleitung mit n Öffnungen erfolgt durch den Vergleich zweier benachbarter Öffnungen k und $k + 1$ (*Aigner,* 1991).
Aus der Energiebilanz der benachbarten Öffnungen ergibt sich Gleichung (4-27). Der Verlustbeiwert der Hauptströmung wurde nach Gleichung (4-22) berücksichtigt.

$$1 - \frac{Q_{ak}^2}{Q_{ak+1}^2} \cdot \frac{\mu_{k+1}^2}{\mu_k^2} = B_{k+1}^2 \cdot E_k \qquad \text{mit} \qquad B_{k+1} = \frac{\mu_{k+1} \cdot a_{k+1} \cdot n}{A} \qquad (4\text{-}27)$$

$$E_k = \frac{1}{n^2}\left(\lambda_k \cdot \frac{L_k}{d_k} \cdot k^2 - 0{,}4 \cdot k + 0{,}4\right) \qquad k \cong \frac{Q_k}{Q_{ak}}$$

Für eine annähernd gleichmäßige Verteilung sollte die Summe der effektiven Öffnungsflächen kleiner als die Querschnittsfläche der Verteilerleitung, also $B_{k+1} < 1$ sein.
Der Druckverlust einer Verteilerleitung errechnet sich bei Annahme eines konstanten Reibungsbeiwertes λ zu 1/3 des Druckverlustes einer voll durchströmten Rohrleitung (siehe Beispiel).
Die Verteilung aus einem Gerinne unterliegt ähnlichen Einflussgrößen wie die Rohrverteilung. Vorschläge zur Gestaltung von Verteilerrinnen wurden von *Hager* (1981 und 1994) als Ergebnis umfangreicher Modellversuche unterbreitet (siehe Bild 4.8).
Eine sehr ungünstige Form stellt die oft verwendete L-Verteilung dar. Hier kommt es zu mehreren negativen Auswirkungen. Das sind z. B. Absetzprobleme am Ende der Zulaufrinnen wegen starker Unterschreitung der Mindestfließgeschwindigkeiten, schlechte Verteilung durch die Druck- und Geschwindigkeitsveränderung im Verteilerkanal und unterschiedliche Größe und Richtung der Geschwindigkeit beim Eintritt in die Becken. Bei extremen Bedingungen, z. B. sehr große Öffnungsflächen, kann es in den ersten Öffnungen zur Zuströmung kommen.

Die Ergebnisse der numerischen Simulation eines Verteilerkanals als Video und ein Computerprogramm werden auf der beiliegenden CD gezeigt.

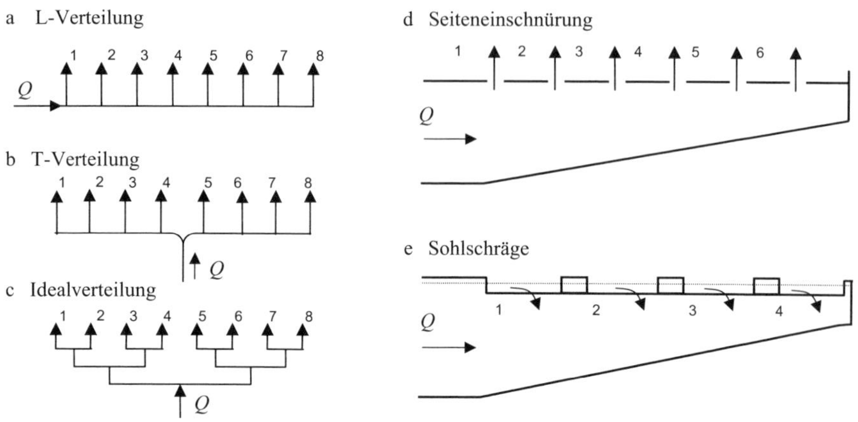

Bild 4.8
Verteilungen für Rohrleitungen (links) und Gerinne (d und e nach *Hager* 1981)

Die Einhaltung gleicher Zuflussbedingungen erfordert eine Abnahme des Fließquerschnittes der Verteilerleitung entsprechend der Abnahme der Wassermenge entweder durch Sohl- oder seitliche Einschnürung (siehe Bild 4.9d und e).
Zur Erreichung einer senkrechten Beckenzuströmung sollten kurze, scharfkantige Einläufe vermieden und dafür ausgerundete Übergangsstrecken vorgesehen werden.
Selbstverständlich kann sowohl bei der Rohr- als auch der Gerinneverteilung eine Vergleichmäßigung durch Anheben des Energieniveaus in der Verteilerleitung mit kleineren Verteileröffnungen oder massiven Einbauten und Energievernichtern erreicht werden. Dabei müssen jedoch größere Überleitungsgeschwindigkeiten in Kauf genommen werden.

Beispiel: Berechnung des Reibungsverlustes einer Rohrverteilung

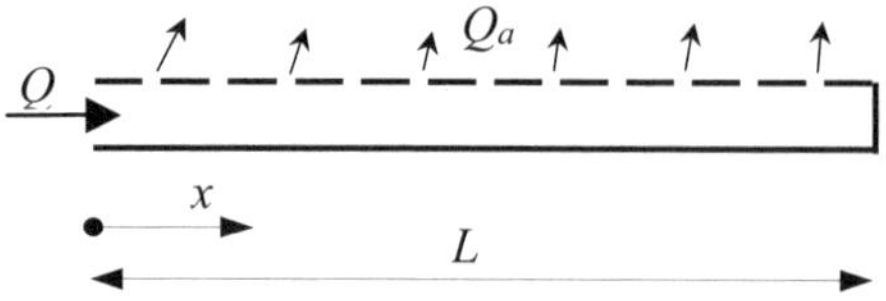

Bild 4.9
Verteilerleitung

Über eine am Ende geschlossene perforierte Rohrleitung (d = 0,1 m) sollen Q = 10 l/s Wasser verteilt werden. Es ist das Verhältnis des Reibungsverlustes der Verteilerleitung (Annahme des Reibungsbeiwertes mit $\lambda =$ 0,02) zum Verlust einer vollständig mit Q durchflossenen Leitung (L = 10 m) gesucht.

$$\upsilon_x = \frac{Q}{A} \cdot (1 - \frac{x}{L}) = \upsilon_0 \cdot (1 - \frac{x}{L}) \qquad dh_x = \frac{\lambda}{d} \cdot \frac{1}{2 \cdot g} \cdot \upsilon_x^2 \cdot dx$$

$$h_R = \frac{\lambda}{d} \cdot \frac{1}{2 \cdot g} \cdot \upsilon_0^2 \cdot \int_0^L (1 - \frac{2x}{L} + \frac{x^2}{L^2}) \cdot dx = \frac{1}{3} \cdot \lambda \cdot \frac{L}{d} \cdot \frac{\upsilon_0^2}{2 \cdot g}$$

$$h_R = (0{,}02 \cdot \frac{10}{0{,}1} \cdot \frac{1}{2 \cdot 9{,}81} \cdot \frac{4^2 \cdot 0{,}01^2}{3{,}14^2 \cdot 0{,}1^4}) \cdot \frac{1}{3} = 55\ mm$$

Die Reibungsverlusthöhe beträgt 55 mm, das ist genau ein Drittel der Verlusthöhe einer durchströmten Rohrleitung ohne seitliche Entnahme.

4.3.3 Stromvereinigung

Ähnlich wie die Stromtrennung spielt die Stromvereinigung, insbesondere beim Abzug des Wassers in Nachklärbecken oder Sedimentationsbecken, eine wichtige Rolle. Für die Rohrvereinigung wurden im Band 1 der Technischen Hydromechanik *(Bollrich,* 2000) ausführliche Berechnungen durchgeführt. Hier soll vor allem die seitliche Zuströmung Q_2 in ein Abzugsrohr (Bild 4.10) betrachtet werden. Für den Verlustbeiwert der Hauptströmung kann die Gleichung nach *Idelchik* (1975) verwendet werden.

$$\zeta_{13} = \frac{h_{V13}}{\upsilon_3^2/2g} = 1{,}55 \cdot \frac{Q_2}{Q_3} - \frac{Q_2^2}{Q_3^2} \tag{4-28}$$

Bei der Untersuchung der Zuflussbedingungen eines gelochten Rohres wurden interessante Beobachtungen über den Zuflussbeiwert μ gemacht. Einerseits erzeugt die Geschwindigkeit der Hauptströmung eine Art Sog ($v_{dp} = v_1$) und vergrößert den Zuflussbeiwert, andererseits drängt die Hauptströmung den Zufluss ab ($v_{dp} < v_1$) und verringert den Zuflussbeiwert (siehe Bild 4.11).

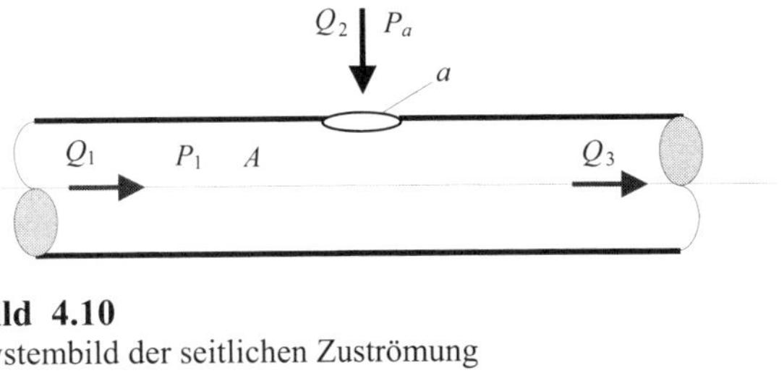

Bild 4.10
Systembild der seitlichen Zuströmung

Die Ergebnisse dieser Untersuchungen wurden in Gleichung (4-29) und Bild 4.11 zusammengefasst (*Aigner* 1997).

$$\mu = \frac{Q_2}{a \cdot \upsilon_{dp}} = \frac{Q_2}{a \cdot \sqrt{\frac{2 \cdot \Delta p}{\rho}}} = \mu_0 \cdot (1 + 0{,}3 \cdot e^{-0{,}35 \frac{\upsilon_{dp}}{\upsilon_1}} - 1{,}3 \cdot e^{-4 \cdot \left(\frac{\upsilon_{dp}}{\upsilon_1}\right)^2}) \tag{4-29}$$

$$\mu_0 = 0{,}61\,(\text{scharfkantig}) \qquad \upsilon_{dp} = \sqrt{\frac{2 \cdot \Delta p}{\rho}} = \sqrt{\frac{2 \cdot (p_1 - p_a)}{\rho}}$$

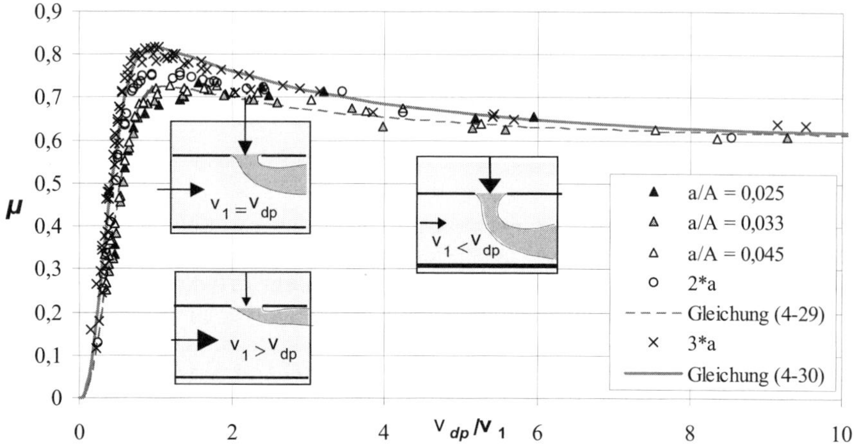

Bild 4.11
Zuflussbeiwerte der gelochten Rohrleitung

Es existiert eine gegenseitige Beeinflussung bei kurz hintereinander angeordneten Löchern (Lochabstand < Rohrdurchmesser), die sich durch eine Verstärkung der o.g. Effekte bemerkbar macht.
Für gelochte Rohre mit kurzen Lochabständen wurde dieser Einfluss in Gleichung (4-30) berücksichtigt.

$$\mu = \mu_0 \cdot \left(1 + 0{,}5 \cdot e^{-0{,}35 * \frac{\upsilon_{dp}}{\upsilon_1}} - 1{,}5 \cdot e^{-5 * \left(\frac{\upsilon_{dp}}{\upsilon_1}\right)^2}\right) \qquad (4\text{-}30)$$

Ein Nachteil dieses Wasserabzuges mit gelochten Druckrohrleitungen bleibt die ungleiche Aufteilung der Lochzuflüsse, die auch mit einer Variation der Lochabstände oder Lochdurchmesser nicht vollständig beseitigt werden kann.

Die von *Aigner* (1997) beschriebenen und oben dargestellten Erkenntnisse können mit einem kleinen Rechenprogramm zum Rohrabzug nachvollzogen werden (siehe beiliegende CD-ROM).

4.3.4 Wasserabzug

Der Abzug mit gelochten Rohren hat gewisse Vorteile gegenüber der Verwendung von Überlaufrinnen, da diese sehr empfindlich auf Wasserspiegelschwankungen, z. B. hervorgerufen durch ungleiche Verteilungen, ungenaue Höhenjustierung der Rinnen oder Windeinflüsse, reagieren. Unempfindlicher gegenüber Höhenschwankungen sind dagegen gelochte Rohrleitungen oder seitlich gelochte Abzugsrinnen. Der Nachteil liegt in einer möglichen Verstopfung der Löcher und in der Ungleichmäßigkeit des Wasserabzuges bedingt durch die Abnahme von Energie- und Druckniveau.

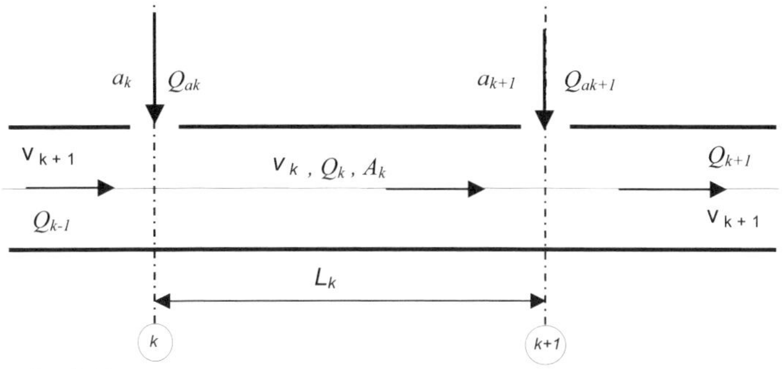

Bild 4.12
Wasserabzug mit gelochtem Rohr

Die Berechnung einer gelochten Rohrleitung kann nach *Aigner* 1990 durchgeführt werden. Dazu werden zwei benachbarte Öffnungen betrachtet. Der Verlustbeiwert der Hauptströmung ζ_k wurde nach Gleichung (4-28) berücksichtigt.

$$\frac{Q_{ak+1}^2 \cdot \mu_k^2 \cdot a_k^2}{Q_{ak}^2 \cdot \mu_{k+1}^2 \cdot a_{k+1}^2} - 1 = \left(\frac{\mu_k \cdot a_k}{A}\right)^2 \cdot \left(\lambda_k \cdot \frac{L_k}{d_k} \cdot \frac{Q_k^2}{Q_{ak}^2} + 3{,}55 \cdot \frac{Q_k}{Q_{ak}} - 2\right) \qquad (4\text{-}31)$$

Der Zuflussbeiwert μ_k ergibt sich aus Gleichung (4-29) oder (4-30).
Nach Auswertung der o.g. Gleichungen mit konstantem Einströmbeiwert μ_k steigt der Einlaufvolumenstrom von Öffnung zu Öffnung an, was einerseits durch eine Verkleinerung der Öffnungen a_k oder andererseits durch eine Vergrößerung der Lochabstände L_k ausgeglichen werden kann.

$$\frac{L_{k+1}}{L_k} = \frac{a_k}{a_{k+1}} = \frac{\mu_{k+1}}{\mu_k} \cdot \sqrt{\frac{\mu_k^2 \cdot a_k^2}{A^2} \cdot \left(3{,}55 \cdot k + \lambda_k \cdot \frac{L_k}{D} \cdot k^2 - 2\right) + 1} \qquad (4\text{-}32)$$

$$\text{mit } k \approx \frac{Q_k}{Q_{ak}} \quad \text{für } \frac{Q_{ak+1}}{L_{k+1}} = \frac{Q_{ak}}{L_k} \quad \text{bzw. } Q_{ak} = Q_{ak+1}$$

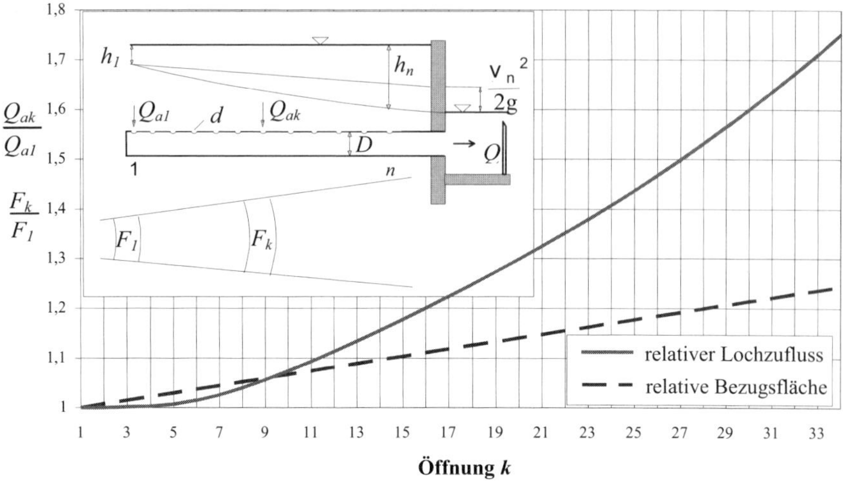

Bild 4.13
Relative Abzugsverteilung an einem radial angeordneten Ablaufrohr in einem Rundbecken einer Kläranlage

Die Anwendung der Gleichungen zum Wasserabzug ist in einem Programm auf der beiliegenden CD-ROM realisiert.

Durch die Berücksichtigung abnehmender Einströmbeiwerte kann es insbesondere bei einer größeren Lochanzahl ($n > 10$) nach einem Anstieg zur Abnahme des Zuflusses Q_{ak} kommen.
Wird ein Abzugsrohr horizontal unterhalb des Wasserspiegels eingebaut (Bild 4.14), dann erreicht man gleiche Abzugsbedingungen für jede Öffnung durch einen Freispiegelabfluss im Rohr. Mündet das Abzugsrohr frei aus, dann kann sich ein freier Wasserspiegel einstellen, wenn folgende Bedingung eingehalten wird:

$$D > \sqrt[5]{\frac{9}{g} \cdot Q^2} = \sqrt[5]{6{,}72 \cdot n^2 \cdot a^2 \cdot h_R} \qquad h_R = \text{Eintauchtiefe} \qquad (4\text{-}33)$$

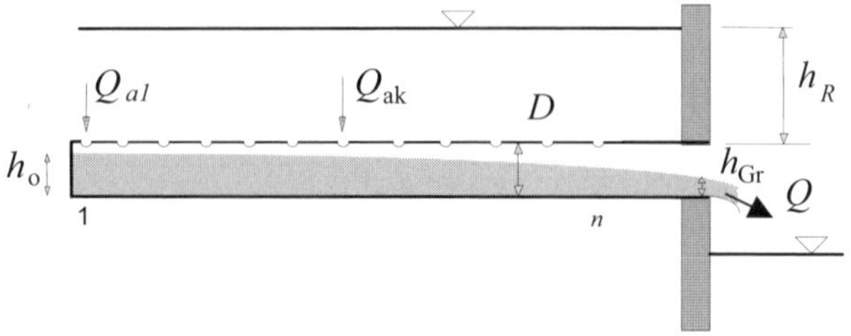

Bild 4.14
Wasserabzug mit gelochtem Rohr als Freispiegelkanal

Vorteil dieser Abzugsmethode ist der gleichmäßige Wasserabzug, der sich aus der Summe aller Lochzuflüsse ergibt und mit einem konstanten Beiwert von $\mu_{\text{frei}} = 0{,}7$ für gerade scharfkantige Bohrungen ermittelt werden kann.
Messungen an einem $D = 139$ mm Piacrylrohr mit 32 Öffnungen ($d = 15{,}6$ mm) haben gezeigt, dass sich etwa 10 % geringere h_0-Werte als nach Gleichung (4-33) einstellten. Es konnten maximal 7,5 l/s im 2m langen Rohr abgeführt werden, dann begann die Rohrleitung zuzuschlagen.
Argumenten über zu große Verlusthöhen beim Abzugsrohr mit freiem Wasserspiegel kann damit begegnet werden, dass der Lochvergrößerung und damit der Verringerung der Überstauhöhe und deren Schwankungen nichts im Wege steht, da die Lochgröße auf die Verteilung keinen Einfluss hat.

4.3.5 Freigefälledruckleitungen

Als Freigefälledruckleitungen (Gravitationsleitungen) sollen unter Druck durchflossene Rohrleitungen verstanden werden, die unter Ausnutzung des freien Gefälles das Wasser oder Abwasser ohne zusätzliche Energiezufuhr transportieren. Sie haben geringere Durchmesser als Freispiegelkanäle und werden mit einfacher Technik in „freier“ Trassierung und üblichen Tiefen verlegt, so dass mehr auf Ökologie und Naturschutz Rücksicht genommen werden kann. Lufteinschlüsse (Lufttaschen), Verschmutzungen und diskontinuierlicher Abwasseranfall stellen Probleme beim Betrieb der Freigefälledruckleitungen dar. Ist nicht ausreichend Energiegefälle vorhanden, so wird üblicherweise eine Druckanhebung im Einlaufbereich (Pumpenförderung) oder eine Druckabsenkung im Auslaufbereich (Vakuumentwässerung) der Transportleitung vorgenommen. Auf Mindestgefälle braucht nicht geachtet zu werden, die Leitung kann, solange kein Unterdruck auftritt, abschnittsweise steigend verlegt oder auch gedükert werden. Die hydraulische Dimensionierung dieser Rohrleitung ist in den Grundlagen der Technischen Hydromechanik Band 1 von *Bollrich* (2000) behandelt. Im folgenden Abschnitt soll kurz auf den Lufteinschluss und damit auf die Gefahr der Behinderung bis hin zur vollständigen Verhinderung der Strömung eingegangen werden. Diese Vorgänge treten auch in Förderleitungen von Pumpstationen auf, sind dort aber viel komplexer infolge des instationären Betriebes (z. B. Druckstoß).
Die für den Wassertransport in einer Freigefälledruckleitung zur Verfügung stehende Energie wird in Geschwindigkeit umgesetzt und durch die Bewegung des Wassers als Reibungsenergie sowie durch örtlichen Verluste, wie Einlauf, Krümmer, Auslauf u. a., verbraucht. Aus dem Energiegleichgewicht der Strömung ergibt sich die mittlere Rohrgeschwindigkeit v zu:

$$\upsilon = \sqrt{\frac{2g \cdot h_E}{\lambda * \frac{L}{d} + \sum \zeta}} \qquad \lambda = f\left(\mathrm{Re}\,, \frac{k}{d}\right) \tag{4-34}$$

Als Richtgeschwindigkeiten in der Druckrohrleitung werden im ATV Handbuch (ATV, 1982) 0,5 m/s als Mindestfließgeschwindigkeit und 1,5 m/s als Fließgeschwindigkeit bei maximalen Schmutzwassermengen angegeben.

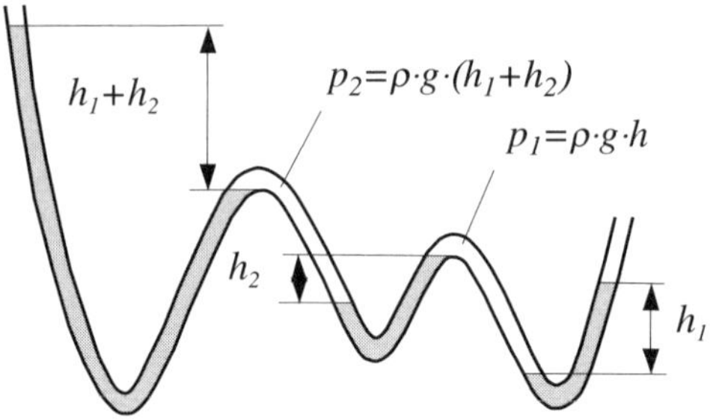

Bild 4.15
Abflussverhinderung durch Lufteinschluss

Mindestfließgeschwindigkeiten zur Selbstreinigung liegen bei 0,6 bis 0,9 m/s und zur Spülung bei 1 m/s (DIN EN 1671, 1997 und ATV 1992).
Da Rohrdurchmesser und Geschwindigkeit von der zur Verfügung stehenden Energiehöhe und dem Durchfluss abhängig sind, ergeben sich als Grenzwerte die maximale Geschwindigkeit und der erforderliche Rohrdurchmesser. Ein kleinerer Durchmesser bedeutet größere Energieverluste und einen geringeren Durchfluss. Noch vor einigen Jahren wurde empfohlen die Rohrleitungen für den Abwassertransport nicht kleiner als 150 mm auszuführen. Heute werden Leitungen für die Druckförderung bis DN 65 und bei Pumpen mit Schneideinrichtung bis zu einer Nennweite von DN 32 ausgeführt (DWA-A 116).
Bei sich abwechselnden Hoch- und Tiefpunkte kann es zu Luftansammlungen und Lufteinschluss in den fallenden Leitungen kommen (Bild 4.15), wenn deren Neigung größer als die Neigung der Energielinie ist. Dabei baut sich in der auf einen Hochpunkt folgenden fallenden Leitung ein Gegendruck p auf. Sammelt sich in mehreren folgenden fallenden Leitungen Luft, dann summiert sich dieser Gegendruck. Er führt zur Anhebung der Drucklinie um diese Werte, was den Fliessprozess behindert oder im Extremfall ganz verhindert.
Bemessungsfall für den maximal möglichen Lufteinschluss ist die Füllung der Druckleitung nach Inbetriebnahme. Luftpfropfen können sich auch bei der Druckluftspülung oder durch Ausgasungen an Hochpunkten ausbilden. Für die Selbstentlüftung (Weitertransport der Luft) gibt es Mindestfließgeschwindigkeiten υ_S, die nach neuesten Untersuchungen von *Aigner/Thumernicht* (2002) aus Gleichung (4-35) ermittelt werden können (siehe Bild 4.16, mit α = Neigungswinkel der fallenden Leitung).

$$\upsilon_S = \sqrt{1{,}5 \cdot g \cdot \frac{d \cdot \sin\alpha}{(1{,}64 \cdot \sin\alpha + 0{,}06)}} \tag{4-35}$$

Die Gefahr der Strömungsbehinderung kann überschlägig durch die Berücksichtigung einer maximal möglichen Luftfüllung in allen fallenden Leitungen, in denen sich Luft sammeln kann, überprüft werden. Diese Leitungen können im ungünstigsten Fall vollständig mit Luft gefüllt sein, so dass die Energiehöhe durch die Summe aller luftgefüllten Leitungshöhen h_F und die Reibungslänge um die Summe aller luftgefüllten Leitungslängen L_F in Gleichung (4-34) reduziert werden können. Ergibt sich eine kleinere

Rohrgeschwindigkeit als nach Gleichung (4-35) oder Bild 4.16 zur Selbstentlüftung erforderlich, dann liegt eine Abflussbehinderung vor und die Hochpunkte sollten entlüftet werden. Die Entlüftung kann mit einem Handventil oder einem Be- und Entlüftungsventil erfolgen.

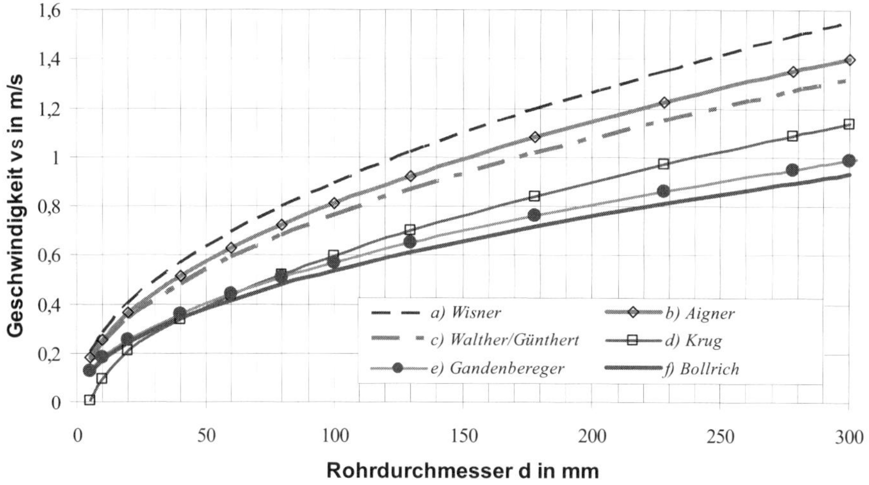

Bild 4.16
Mindestfließgeschwindigkeiten zur Selbstentlüftung bei I = 2%
a) *Wisner* (1975), b) Aigner (2003), c) *Walther/Günthert* (1999),
d) *Krug* (1988), e) *Gandenberger* in DVWK-Merkblatt W403 (1988),
f) *Bollrich* (1977),

Wird die Kompression der Luft berücksichtigt, dann gilt das Gesetz nach *Boyle*:

$$p_L \cdot V_F = (p_L + p) \cdot (V_F - \Delta V) \tag{4-36}$$

Durch die Druckerhöhung *p* reduziert sich das Luftvolumen in der fallenden Leitung, wenn keine weitere Luft nachgeführt wird. Eine Möglichkeit zur Berücksichtigung der Luftkompression zeigt *Aigner* (2000).
Die Restenergiehöhe ergibt sich nun z. B. aus der Differenz zwischen Ausgangsenergiehöhe h_E und allen Höhen der luftgefüllten Abschnitte $\sum h_{Lx}$. Die durch Lufteinschluss reduzierte Geschwindigkeit υ_{Red} wird aus Gleichung (4-37) berechnet.

$$\upsilon_{Red} = \sqrt{\frac{2g \cdot (h_E - \sum_x h_{Lx})}{\lambda \cdot \frac{L - \sum_x L_{Lx}}{d} + \sum \zeta}} \tag{4-37}$$

Erreicht die durch Luftfüllung reduzierte Geschwindigkeit υ_{Red} nicht die für eine Selbstentlüftung notwendige Geschwindigkeit nach Gleichung (4-35), dann kann nicht mit einer Selbstentlüftung gerechnet werden und es sind Entlüftungsventile an allen oder an ausgewählten Hochpunkten anzuordnen.

Beispiel: Dimensionierung einer Freigefälledruckleitung (Gravitationsleitung)

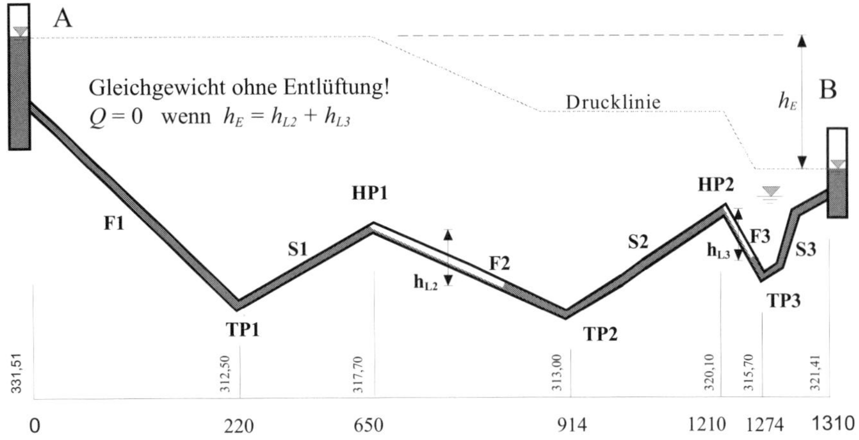

Bild 4.17
Beispiel einer Freigefälledruckleitung zur Abwasserüberleitung

Mit der im Bild 4.17 schematisch dargestellten Freigefälledruckleitung mit einer Länge von 1310 m soll Abwasser (Q = 90 l/s) von einer oberen Haltung am Punkt A (331,51 müNN) in eine untere Haltung am Punkt B (321,41 müNN) transportiert werden. Durch die Verlegung entsprechend der geplanten Trassenführung ergeben sich 2 Hochpunkte und 3 Tiefpunkte. Es sind 3 steigende und 3 fallende Leitungen geplant, von denen sich die fallenden Leitungen F2 und F3 theoretisch mit Luft füllen können.

Dimensionierung: $v_{max} = 1{,}5$ m/s $\quad d = \sqrt{\frac{4 \cdot Q}{\pi \cdot \upsilon_{\max}}} = \sqrt{\frac{4 \cdot 0{,}09}{\pi \cdot 1{,}5}} = 0{,}276\,m$

Annahmen: $d = 0{,}3$m, $\lambda = 0{,}02$, $\sum \zeta = 0{,}5 + 5 \cdot 0{,}2 + 1 = 2{,}5$

$$h_E = 331{,}51 \text{ m} - 321{,}41 \text{ m} = 10{,}1 \text{ m}$$

$$\upsilon = \sqrt{\frac{2 \cdot 9{,}81 \cdot 10{,}1}{0{,}02 \cdot \frac{1310}{0{,}3} + 2{,}5}} = 1{,}48\,m/s$$

Entlüftungsgeschwindigkeit υ_S der zwei fallenden Leitungen nach Gleichung (4-35).

$h_{F2} = 317{,}7 - 313{,}0 = 4{,}7$ m $L_{F2} = 264$ m $\sin\alpha_2 = 0{,}0178$ $\upsilon_{S2} = 0{,}94$ m/s
$h_{F3} = 320{,}1 - 315{,}7 = 4{,}4$ m $L_{F3} = 64$ m $\sin\alpha_3 = 0{,}0688$ $\upsilon_{S3} = 1{,}33$ m/s

Die Entlüftungsgeschwindigkeit wird bei voller Kapazität der Leitung erreicht, d.h. die Strömung wäre selbst in der Lage, geringere Luftansammlungen auszutragen. Bei einer Behinderung durch maximalen Lufteinschluss in den fallenden Leitungen ergibt sich ohne Berücksichtigung der Luftkompression eine reduzierte Geschwindigkeit:

$$\upsilon_{\text{Re}\,d} = \sqrt{\frac{2 \cdot 9{,}81 \cdot (10{,}1 - 4{,}7 - 4{,}4)}{0{,}02 \cdot \frac{1310\text{-}264\text{-}64}{0{,}3} + 2{,}5}} = 0{,}54\; m/s$$

Unter diesen Bedingungen wird nur noch ein Abfluss von $Q = 38{,}2$ l/s erreicht. Die Geschwindigkeit zur Selbstentlüftung wird nicht erreicht ($\upsilon_{\text{Red}} < \upsilon_S$). Um einen höheren Abfluss zu erzielen, wäre die Entlüftung an den Hochpunkten erforderlich. Bei Berücksichtigung der Luftkompression verringert sich der luftgefüllte Raum der fallenden Leitungen, wenn keine weitere Luft nachgeführt wird. Für den Extremfall sollte immer mit Lufteinschluss in den gesamten fallenden Leitungen gerechnet werden.

4.3.6 Versturzleitungen

Zur Überwindung große Höhendifferenzen kommen z.B. im Bergwerksbau Versturzleitungen, im Talsperrenbau Freifallschächte und in der Kanalisationstechnik der sogenannte Wirbelfallschacht zur Anwendung. Bei der Technischen Gebäudeausrüstung sind die Probleme bei der Dimensionierung von lotrechten Regenwasserabflussleitungen bekannt. Alle diese Anwendungsbeispiele haben eines gemeinsam - Wasser soll lotrecht über große Höhendifferenzen transportiert werden. Die dabei auftretenden Probleme sind Kavitationserscheinungen und Implodieren der Rohrleitungen, Luftmitnahme bei Teilfüllung und Schwingungen bis hin zur Zerstörungen der Anlagen.
Es werden drei Abflusszustände unterschieden:

- der getrennte Abfluss von Wasser und Luft,
- der Wasser-Luft-Gemischabfluss und
- der reine Wasserabfluss.

Die eindeutige Trennung zwischen Wasser und Luft bei der Anwendung von Wirbelfallschächten wird dadurch erreicht, dass mit einem speziellen Einlaufbauwerk ein Wirbel erzeugt wird, der über die gesamte Fallstrecke erhalten bleibt und das Wasser an die Schachtwand andrückt, während sich im Rohrkern ein durchgängiger Luftschacht bildet. Der Abfluss erfolgt damit gleichsam in einer vertikalen Freispiegelströmung (siehe *Aigner/Bollrich/Loll/Rakowski* 1996).

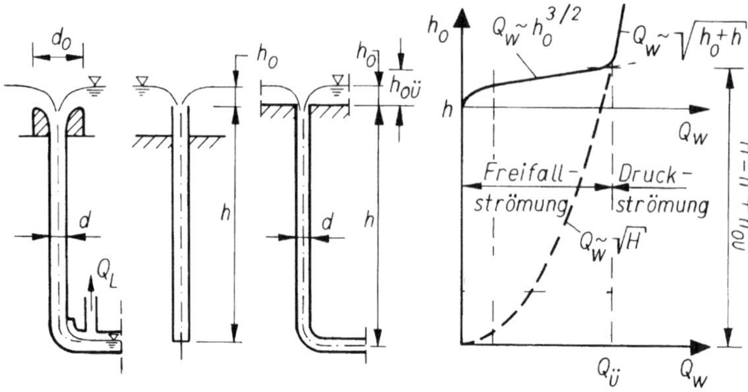

Bild 4.18
Zusammenhang zwischen Freifall- und Druckrohrströmung

Wirbelfallschächte sind wegen ihres viel größeren Durchmessers teurer als vertikale Rohrleitungen mit Druckströmung, sie bietet jedoch für den Bestand der Rohrleitung mehr Sicherheit gegen vorzeitige Zerstörung durch Kavitationsschäden. Damit sich am Auslauf keine gegendrückende Luftblase ausbilden kann, muss für ausreichende Ableitung der mitgeführten Luft gesorgt werden.

Freifallströmungen treten bei Schachtüberfällen zur Hochwasserentlastung von Talsperren oder in lotrechten Überlauf- und Ablaufrohrleitungen auf. Der Abfluss wird als kreisförmiger Überfall mit der Überfallbreite $b = \pi \cdot d_0$ berechnet. Bei Schachtüberfällen wird die Überfallhöhe dadurch verringert, dass der Zulauf trichterförmig erweitert und damit der Durchmesser d auf d_0 vergrößert wird. Hauptproblem der Freifallströmung ist die Luftmitnahme. Der Belüftungsgrad β berechnet sich aus dem Verhältnis von Luftvolumenstrom zu Wasservolumenstrom. Die von *Bollrich* (1989) aufgestellte Überschlagsformel zur Ermittlung des Luftanteiles einer Freifallströmung geht davon aus, dass das abfließende Wasser sich mit der Luft vermischt und im freien Fall bei einer maximalen Fallgeschwindigkeit von etwa $v_F = 10$ m/s abgeführt wird (siehe Abschnitt 1.4.6).

$$\beta = \frac{Q_L}{Q_W} = \frac{\pi \cdot d^2 \cdot v_F}{4 \cdot Q_W} - 1 \qquad (4\text{-}38)$$

Werden Freifallströmungen überlastet, dann kommt es zur Druckrohrströmung nach Gleichung (4-34). Der Freifallschacht wird zur senkrechten Druckrohrleitung. Der Durchfluss ist proportional zur Wurzel der zur Verfügung stehenden Energiehöhe. Der Schnittpunkt zwischen der Überfallfunktion für Schachtüberfälle und der Funktion für Druckrohrströmungen liefert den sogenannten Überdeckungsabfluss, also den Übergang von der Überfallströmung zur Druckrohrströmung (siehe Bild 4-18). Da lokale Verluste bei sehr langen Leitungen, bei denen der Reibungsanteil überwiegt, keine Rolle spielen, kann der Durchfluss folgendermaßen ermittelt werden:

$$Q = \frac{\pi \cdot d^2}{4} \cdot \frac{1}{\sqrt{\lambda}} \cdot \sqrt{2 \cdot g \cdot d \cdot I} \qquad \text{mit } I = h_E/L \tag{4-39}$$

Für Versturzleitungen kann die zur Verfügung stehende Energiehöhe etwa gleich der Rohrlänge gesetzt werden ($I = 1$), d.h. das Abflussvermögen einer Versturzleitung ergibt sich etwa zu:

$$Q = 1{,}11 \cdot d^{2,5} \cdot \sqrt{\frac{g}{\lambda}} \qquad \upsilon = \sqrt{\frac{2g \cdot d}{\lambda}} \tag{4-40}$$

Die sehr hohen Geschwindigkeiten in Versturzleitungen von z.T. über 10 m/s führen im Zulauf der Rohrleitung zu starken Unterdrücken. Deshalb sollten Versturzleitungen im Zulaufbereich mit größeren Durchmessern ausgeführt werden (Bild 4-19).

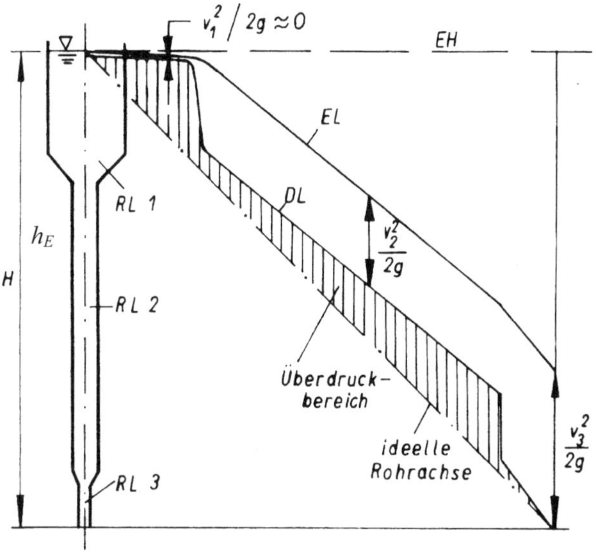

Bild 4-19
Versturzleitung als dreifach gestaffelte Rohrleitung

Wichtig ist es bei der Anwendung von Druckrohrleitungen als vertikale Versturzleitungen, eine genaue Dimensionierung hinsichtlich der Rauheit k und deren zeitlicher Entwicklung (Glattschliff) zu beachten.

Zur Grobdimensionierung von Druckrohrleitungen als Versturzleitungen wurde die universelle Fließformel Gleichung (4-5) in einem Diagramm ausgewertet und in Bild 4-20 dargestellt.

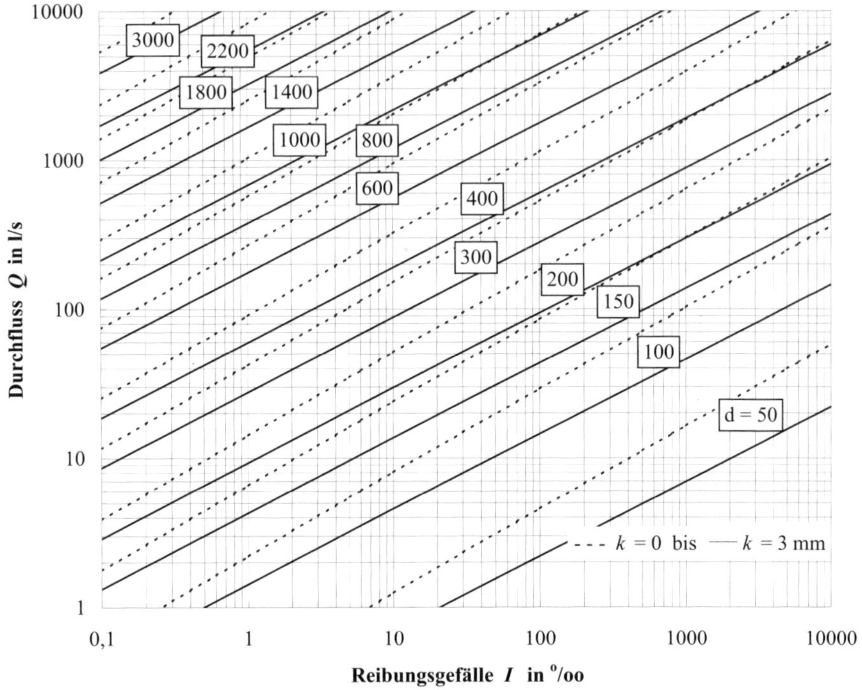

Bild 4-20
Durchfluss in Druckrohrleitungen in Abhängigkeit vom Reibungsgefälle

Beispiel: Versturzleitung

Beispielsweise erhält man für eine Rohrleitung DN 125 mit 125 mm Innendurchmesser, einem Glattschliff mit einer Rauheit von $k = 0$ mm, einem Gefälle von $I = 1$, einer Wassertemperatur von 10° C, mit einer kinematischen Viskosität von $\nu = 1{,}31 \cdot 10^{-6}\ m^2/s$ einen Durchfluss von 183,5 l/s bei einer maximal mögliche Geschwindigkeit von $\upsilon = 14{,}96$ m/s. Unter diesen Bedingungen wäre ein Gleichgewichtszustand zwischen Schwerkraft und Reibungskraft in der unbegrenzt langen Leitung erreicht. Eine Druckhöhenabsenkung im Einlaufbereich dieser Leitung würde allerdings je nach Einlaufgestaltung mindestens der Geschwindigkeitshöhe entsprechen, in diesem Beispiel immerhin etwa 11,4 m Wassersäule. Wegen der Unterschreitung des Dampfdruckes müsste mit Kavitation und Strömungsabriss im Einlauf gerechnet werden.

4.4 Strömungsturbulenz

4.4.1 Entstehung der Strömungsturbulenz

Wasserströmungen in technischen Anlagen und Apparaten sind meist turbulente Strömungen. Mit Ausnahme der Lamellen-, Röhren- und Filterströmungen wird eine laminare Strömung in der Praxis kaum erreicht, zu viele Störgrößen beeinflussen den Strömungsprozess. Berechnete Mittelwerte der Geschwindigkeit werden durch Wandeinfluss, Scherströmungen, Rückströmungen oder andere Ungleichmäßigkeiten stark über- oder unterschritten. Es entstehen turbulente Bewegungen im Mikro- und Makrobereich.
Als Ursachen der Turbulenz können zwei charakteristische Strömungsarten angesehen werden:

a) Die sogenannte freie Turbulenz. Sie entsteht beim Zusammentreffen zweier Strömungen mit unterschiedlicher Geschwindigkeit (Scherströmung). Charakteristisch für diese Turbulenzart sind die Stahlturbulenz und das Überströmen einer Schwelle.
b) Die Wandturbulenz. Sie entsteht infolge des Vorbeiströmens an einer festen Begrenzung z. B. Platte, Wand, Körper, in Rohrleitungen oder Kanälen (Grenzschichtströmung).

Beide Ursachen erzeugen in der Strömung Geschwindigkeitsgradienten, die zur chaotischen Verwirbelung (Turbulenz) von Flüssigkeitsteilchen führen.

4.4.2 Turbulenzdefinition

Kriterium für den Beginn einer turbulenten Strömung ist die *Reynolds*-Zahl Re.

$$\mathrm{Re} = \frac{\upsilon \cdot d}{\nu} = \frac{\upsilon \cdot 4 \cdot r_{hy}}{\nu} \qquad \mathrm{Re}_{\mathrm{krit}} = 2320 \qquad (4\text{-}41)$$

Strömungen werden bei Überschreitung der kritischen *Reynolds*-Zahl instabil. Hinter umströmten Stäben und Platten, an Konstruktionskanten, im Umlenkungsbereich, an Stellen, wo schnellere Strömung in eine langsamere oder ruhende eintritt, treten periodische Ablösewirbel auf. Diese turbulente Strömung kann als die Überlagerung einer Grundströmung mit einer großen Anzahl von Turbulenzelementen (Wirbeln) unterschiedlicher Abmessungen und Intensität betrachtet werden, die eine dreidimensionale stochastische, instationäre Teilchenbewegung υ' erzeugen. In Abhängigkeit von den Körpergeometrien und der Geschwindigkeit treten regelmäßige und unregelmäßige turbulente Bewegungen auf.
Charakteristische Messgröße von turbulenten Strömungen ist die örtliche Geschwindigkeit im Schwankungsbereich, die in Gleichung (4-42) am Beispiel der Hauptströmungsrichtung dargestellt wird.

$$\upsilon = \overline{\upsilon} + \upsilon' \tag{4-42}$$

Bild 4.21 zeigt die Geschwindigkeitsschwankungen in der Hauptströmungsrichtung hinter einer Sohlschwelle, gemessen mit einem Laser-Doppler-Anemometer.

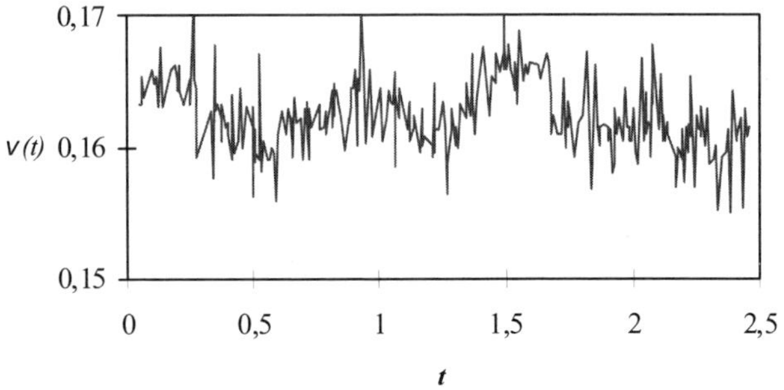

Bild 4.21
Geschwindigkeitsmessung mit einem Laser-Doppler-Anemometer (LDA)

Deutlich erkennbar ist die Überlagerung verschiedener Frequenzen der turbulenten Bewegungen. Die mittlere Geschwindigkeit ergibt sich durch Mittelwertbildung über die Messzeit t_0 zu:

$$\overline{\upsilon} = \frac{1}{t_0} \cdot \int^{t_0} \upsilon(t)\, dt \tag{4-43}$$

Die Turbulenzintensität einer dreidimensionalen Strömung wird definiert zu:

$$Tu = \sqrt{\frac{\overline{\upsilon_x'^2} + \overline{\upsilon_y'^2} + \overline{\upsilon_z'^2}}{3 \cdot \overline{\upsilon}^2}} \tag{4-44}$$

Bei isotroper Turbulenz ergibt sich die Turbulenzintensität zu:

$$Tu = \sqrt{\frac{\overline{\upsilon'^2}}{\overline{\upsilon}^2}} = \frac{\sqrt{\overline{\upsilon'^2}}}{\overline{\upsilon}} \tag{4-45}$$

Diese statistische Betrachtungsweise der Turbulenz wird genutzt, um die turbulenten Bewegungen der Strömung bei der numerischen Simulation (Turbulenzmodelle) zu berücksichtigen bzw. Aussagen zur Turbulenz treffen zu können.

Der Nachteil punktförmiger Geschwindigkeitsmessung besteht in der Erfassung örtlicher Geschwindigkeitskomponenten zu verschiedenen Zeiten. Die Aufnahme von Geschwindigkeitsfeldern in einem zweidimensionalen oder bei holografischen Aufnahmen in einem dreidimensionalen Raum erlaubt die Erfassung aller Geschwindigkeitsvektoren quasi zur gleichen Zeit.
Die Darstellung von Strömungsfeldern mit Hilfe von fotografischen Abbildungen ist fast so alt wie die Fotografie selbst. Sie diente und dient vor allem der Visualisierung von Strömungen. Heute können mit Hilfe von Laserschnittverfahren beliebige Strömungsebenen beobachtet, fotografiert und ausgewertet werden. Die Bestimmung der einzelnen Geschwindigkeitskomponenten dieser Schnittebenen ist dann mit Hilfe von Bildverarbeitungssystemen möglich (Particle Image Velocimetry). Die Größe der Schnittebenen ist in Abhängigkeit von der Laserleistung noch begrenzt (*Ruck* 1994). Diese Strömungsfelder unterscheiden sich sehr stark von statistisch gewonnenen Meßgrößen, da sie insbesondere in hochturbulenten Bereichen Aussagen über die Größe von Turbulenzballen, von Strömungsvektoren und Momentangeschwindigkeiten liefern.

4.4.3 Turbulenztheorie

Um eine Vorstellung von der turbulenten Strömung zu erhalten, soll hier sehr kurz auf unterschiedliche Betrachtungsweisen und theoretische Ansätze der Turbulenz eingegangen werden. Es wird auf die umfangreiche Literatur zu diesem Thema verwiesen (*Rouse* 1959, *Hackeschmidt* 1970, *Albring* 1970 u. 1981, *Rotta* 1972, *Schmith* 1975, *Frost* 1980, *Bradshaw* 1981, *Schetz* 1984, *Liepe* 1988, *Rodi* 1990 und 1994 u. a.). Ziel der einzelnen Herangehensweisen ist die Berechnung turbulenter Strömungen vor allem hinsichtlich der numerischen Simulation der Strömung, aber auch die Ermittlung von Spitzengeschwindigkeiten, instationären Beanspruchungen (Schwingungen) und der Energiedissipation.
Als Wirbelviskosität wird die Definition einer Viskosität zur Berechnung der turbulenten Schubspannung aus den *Reynolds*-Spannungsgleichungen verstanden. Durch den Austausch des momentanen turbulenten Geschwindigkeitsvektors durch seinen Mittelwert $\bar{\upsilon}$ und seiner Schwankungsgröße υ' im Normalspannungsterm erhielt *Reynolds* einen zusätzlichen turbulenten Spannungsterm.

$$\tau_T = -\rho \cdot \overline{\upsilon_x' \cdot \upsilon_y'} = -\rho \cdot \upsilon^{*2} \qquad \text{(turbulente Schubspannung)} \qquad (4\text{-}46)$$

$$\text{mit} \quad \upsilon^* = \sqrt{\left(\overline{\upsilon_x' \cdot \upsilon_y'}\right)} \qquad \text{("Schubspannungsgeschwindigkeit")}$$

In Analogie zur Schubspannungsdefinition bei der Bewegung einer zähen Flüssigkeit wird die turbulente Schubspannung mit Hilfe der Wirbelviskosität definiert.
Die dynamische Wirbelviskosität η_T ist keine Stoffgröße sondern abhängig von der örtlichen Turbulenz der Strömung. *Prandtl* führte aus der Proportionalität zwischen Geschwindigkeitsänderung senkrecht zur Strömungsrichtung $\delta\upsilon_x/\delta y$ und der Geschwindigkeitsschwankung υ'_x bzw. υ'_y einen Proportionalitätsfaktor, den sogenannten Mischungsweg l ein. Die turbulente Schubspannung wird damit zu:

$$\tau_{xy} = -\rho \cdot \overline{\upsilon'_x \cdot \upsilon'_y} = \eta_T \cdot \left(\frac{\delta \upsilon_x}{\delta y} + \frac{\delta \upsilon_y}{\delta x} \right) = \rho \cdot l^2 \cdot \left| \frac{\delta \upsilon_x}{\delta y} \right| \cdot \frac{\delta \upsilon_x}{\delta y} \tag{4-47}$$

Aus der Dimensionsanalyse lässt sich die Wirbelviskosität für das sogenannte k_E-ε Turbulenzmodell definieren (*Symes,* 1979):

$$\eta_T = c \cdot \rho \cdot \frac{k_E^2}{\varepsilon} \tag{4-48}$$

mit $k_E = \frac{1}{2} \cdot \overline{\upsilon'_x \cdot \upsilon'_y}$ - turbulente kinetische Energie

$\varepsilon = \frac{k_E^{3/2}}{L_o}$ - viskose Energiedissipation

c - Konstante ρ - Dichte L_O - Makromaßstab der Turbulenz

Die Verteilung der turbulenten kinetischen Energie k_E und deren Dissipationsrate ε wird mit Hilfe von halb-empirischen Transportgleichungen berechnet.
Andere Turbulenzmodelle definieren die Wirbelviskosität z. B. aus der Kombination von turbulenter kinetischer Energie und Makrolängenmaßstab *(Rotta* 1972, *Hackeschmidt* 1970).
Im hydrodynamischen Sinne versteht man die wirbelbehaftete Strömung als Drehung von Flüssigkeitsteilchen zusätzlich zu ihrer translatorischen Bewegung (*Bollrich,* 2000). Nach dieser Definition können laminare Strömungen durchaus wirbelbehaftet und turbulente wirbelfrei sein. Meist ist der Übergang zwischen einer wirbelbehafteten Strömung (z. B. Rotationswirbel) und einer wirbelfreien Strömung (z. B. Potentialwirbel oder Strudel) fließend und die Wirbelbezeichnung wird auf beide angewandt. Mit Hilfe der Strömungsbeobachtung soll versucht werden, räumliche Strömungsbewegungen zu definieren. Wer schon einmal die sich hinter einem Flusspfeiler ablösende Strömung von einer Brücke aus beobachtet hat, konnte die Vielfalt der Wirbel erkennen, die sich dahinter bilden und bewegen. Ein Spektrum von Wirbeln entsteht und zerfällt gleichzeitig. Der Versuch der Systematisierung beginnt bei der Beobachtung. Nach dem Umrühren des Tees in der Tasse wird der abklingende Rotationswirbel beobachtet. Er führt zum Absetzen des Tees in der Tassenmitte, dem sogenannten Teetasseneffekt. Berichte von Wirbelstürmen zeigen im Sturmzentrum eine sogenannte Windhose. Diese strudelartige Bewegung, wie sie sich auch beim Abfluss in einem Waschbecken oder beim Saugwirbel im Pumpensumpf beobachten lässt, entsteht durch den Zusammenhang zwischen ansteigender Rotationsgeschwindigkeit und Druckabbau in Richtung Strudelzentrum. Die Sogwirkung führt beim Wirbelsturm zum Abheben von Dächern oder im Pumpensumpf zum Ansaugen von Luft. Die Beobachtung eines vom Wind leicht bewegten Schornsteinrauches zeigt die Bildung eines räumlichen Wirbelringes.

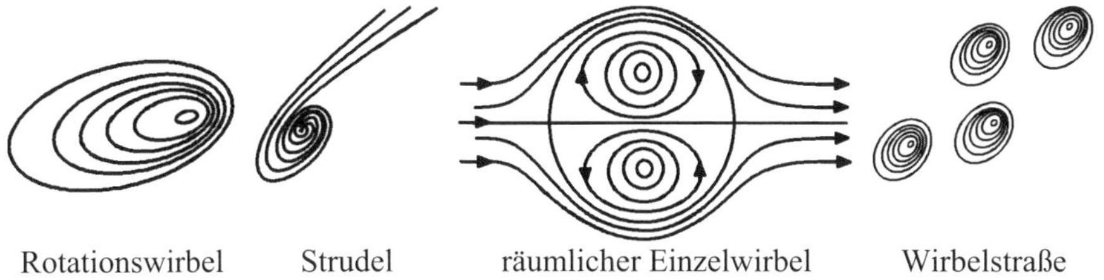

Bild 4.22
Wirbelarten

Häufigkeit, Intensität und Art der auftretenden Wirbel in einer Strömung sind abhängig von der Anzahl der umströmten Elemente und der Strömungsgeschwindigkeit. Die Wirbelballen sind meist von gleicher Größenordnung wie die umströmten Elemente selbst. *Albring* (1970 und 1981) beschäftigte sich in seinen Büchern sehr intensiv mit den theoretischen Fragen der Wirbelbewegungen. Eine einfache theoretische Wirbel-Definition ergibt sich durch die Unterscheidung der Geschwindigkeitsentwicklung in einen Festkörperwirbel (Rotationswirbel, $\upsilon = \omega \cdot r$) bzw. in einen Potentialwirbel (Strudel, $\upsilon = c/r$). Die Geschwindigkeitsentwicklung in einem Festkörperwirbel entspricht der eines mit einer Winkelgeschwindigkeit ω rotierenden Zylinders, bei dem die örtliche Geschwindigkeit υ mit dem Radius r zunimmt.
Beim Potentialwirbel steigt die Geschwindigkeit υ mit abnehmendem Radius r an und wird im Zentrum unendlich groß.

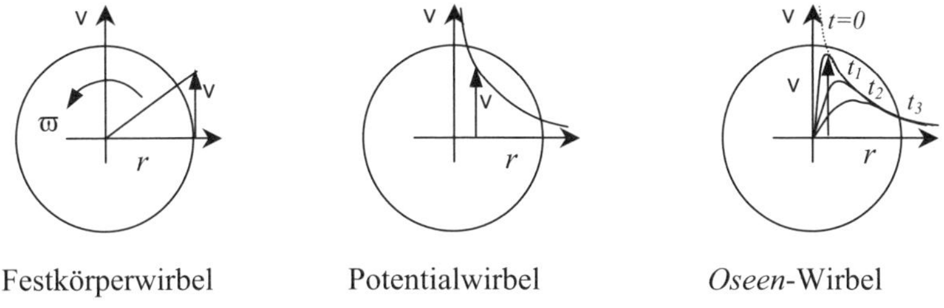

Bild 4.23
Wirbeldefinition

Der von *Oseen* (*Albring* 1981) definierte Wirbel stellt einen Potentialwirbel mit einem Festkörperwirbelanteil im Zentrum dar, bzw. beschreibt den zeitlichen Geschwindigkeitsabbau in einem realen Wirbel. Bei einem Potentialwirbel mit geringem Festkörperwirbelanteil ist der Anstieg der Geschwindigkeit in Richtung Wirbelzentrum mit einem Druckabbau verbunden (z. B. Mikrowirbel bei der Kavitation). Bei rotierenden Wasserbewegungen z. B. in Becken oder Seen infolge Strahleinleitung überwiegt der Festkörperwirbelanteil.
Wird einem Wirbel keine weitere Energie zugeführt, so nimmt seine Rotationsgeschwindigkeit als Folge der Reibung mit der Zeit ab. *Albring (1981)* ermittelte die

Halbwertzeit, als die Zeit in welcher der Wirbel die Hälfte seiner Rotationsgeschwindigkeit verliert, aus der Bedingung:

$$t_{1/2} = \frac{0{,}6 \cdot r \cdot \mathrm{Re}_{min}}{\upsilon_w} \qquad t_{1/2} \text{ - Halbwertzeit} \qquad (4\text{-}49)$$

r - Wirbelradius, υ_W - Wirbelrandgeschwindigkeit

Die minimale Reynoldszahl Re_{min}, aus Messungen ermittelt, liegt für unterschiedliche Wirbelarten bei $Re_{min} \cong 30$.

Die durch die Entstehung von Wirbeln hervorgerufenen Turbulenzen kommen in technischen Anlagen und Apparaten in unterschiedlichsten Kombinationen vor und beeinflussen sich gegenseitig. Eine eindeutige Trennung vorzunehmen, ist fast unmöglich. Ein Verständnis für turbulente Strömungen kann auch nur dann erreicht werden, wenn die Vielfalt dieser Erscheinung erkannt wird. *Rotta* (1972) charakterisierte turbulente Strömungen treffend, indem er sie als unregelmäßig, wirbelbehaftet, dreidimensional und instationär beschrieb.

Schwingungen nehmen wir in unserer alltäglichen Umwelt auf unterschiedlichste Art und Weise war. Wir hören Geräusche, sehen Lichtwellen oder fühlen Vibrationen. Auch im Wasser kommt es ständig zu mehr oder weniger gut wahrnehmbaren Schwingungen. Diese werden zum großen Teil von außen induziert (Wind, Motorschiffe) oder durch die Strömung selbst erzeugt. Diese Schwingungen sind jedoch selten wahrnehmbar. Die bekannteste, auch technisch genutzte Schwingung ist die sogenannte *Karman*'sche Wirbelstraße (Bild 4.24, Bild 4.26). Eine bei der Umströmung von Körpern (meist scharfkantig) durch die periodische Ablösung von Wirbeln entstehende Schwingung. Diese Schwingungen sind die Folge eines sich ständig ändernden Geschwindigkeits- und Druckfeldes.

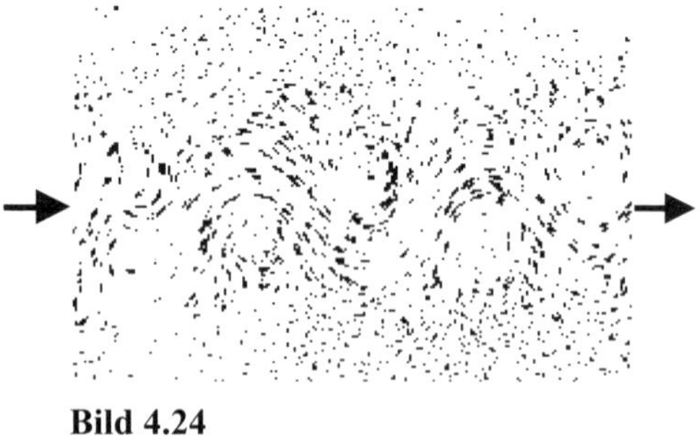

Bild 4.24
Nachlaufströmung nach *Schlichting* (1958)

Die Schwingungen in der Strömung erzeugen Geräusche, z. B. an Grundablassschiebern, oder lassen Flussbettverformungen (Riffel, Dünen) entstehen. Probleme treten immer dann auf, wenn die durch die Strömung induzierten Schwingungen zur Resonanz mit der Eigenfrequenz von Bauteilen führen und dadurch die Gefahr der Zerstörung besteht.

Wird für eine allgemeine hydromechanische Aufgabenstellung mit einer "schwingenden" Strömung unter Einbeziehung der Frequenz f eine Dimensionsanalyse für $F(v, \rho, f, \eta, l, g) = 0$ durchgeführt, dann ergeben sich 3 dimensionslosen Größen:

$$\Pi_1 = \frac{g}{f \cdot \upsilon} \qquad \Pi_2 = \frac{f \cdot l}{\upsilon} \qquad \Pi_3 = \frac{f \cdot \eta}{\upsilon^2 \cdot \rho} = \frac{f \cdot \nu}{\upsilon^2} \tag{4-50}$$

Nach einer Theorie von *Bünger (Spitzer* 1987, *Flemming* 1989) treten in Zusammenhang mit Strömungen folgende Frequenzen auf:

Die Erregerfrequenz der Strömung $$f_R = \frac{g}{2 \cdot \upsilon} = \frac{g}{\Pi_1 \cdot \upsilon} \tag{4-51}$$

Die Eigenfrequenz der Strömung $$f_E = \frac{\upsilon}{2 \cdot r_{hy}} = \frac{\Pi_2 \cdot \upsilon}{l} \tag{4-52}$$

Die Eigenfrequenz des Fluids $$f_F = \frac{\upsilon^2}{2 \cdot \nu} = \frac{\Pi_3 \cdot \upsilon^2}{\nu} \tag{4-53}$$

Ein bekanntes Anwendungsgebiet dieser Theorie ist die Durchflussmessung mit Hilfe der Frequenzmessung an einem umströmten Körper. Die Strömungsgeschwindigkeit ergibt sich dabei aus der Umströmungsfrequenz f, einer definierten Länge L und der dimensionslosen *Strouhal*zahl Sr zu:

$$\upsilon = \frac{f \cdot L}{Sr} \tag{4-54}$$

Der Nachweis von Frequenzen in Strömungen mit geringer Geschwindigkeit, wie z. B. in Flüssen oder in Absetzbecken, ist sehr schwierig. *Lebiecki* und *Czernuszenko* (*Lebiecki* 1987) unternahmen Geschwindigkeitsmessungen an den Flüssen Weichsel und Wkra aus denen sie die Abmessungen großer Wirbel (Strömungsschwingungen) ermittelten (siehe Bild 4.25). Diese Messungen korrelierten mit Messungen von Flussbettverformungen durch *Grischanin* (1979), *Kennedy* (1969) und *Hardtke* (1979).

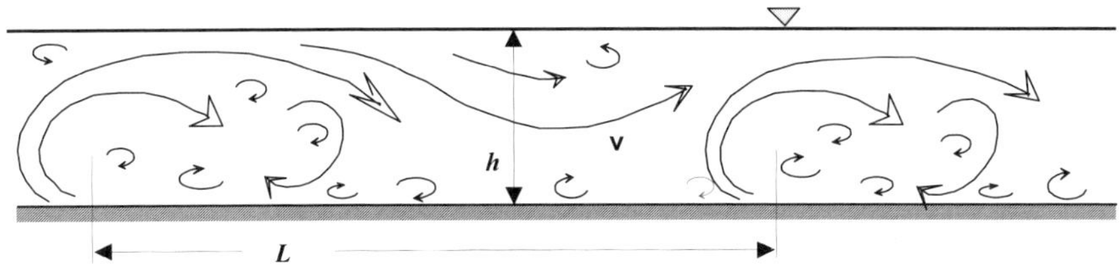

Bild 4.25
Makrowirbellänge in einem Fluss nach *Grischanin* (1979)

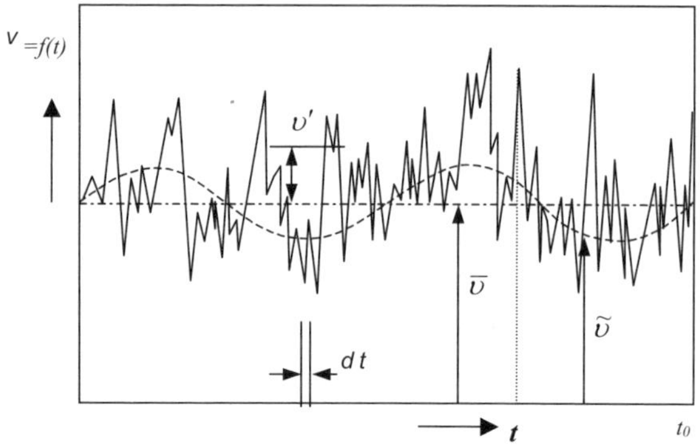

Bild 4.26
Messfenster der Geschwindigkeitsfunktion

Die Abhängigkeit der gemessenen Flussbettverformungen und Wirbellängen von der *Froude*-Zahl kann aus der Resonanz der Erregerfrequenz und der Eigenfrequenz der Strömung theoretisch abgeleitet werden:

$$f_R = \frac{g}{\Pi_1 \cdot \upsilon} = f_E = \frac{v}{L} \cdot \Pi_2 \cdot \frac{h}{h} \quad \Rightarrow \quad \frac{h}{L} = \frac{h \cdot g}{\Pi_1 \cdot \Pi_2 \cdot \upsilon^2} = \frac{1}{\Pi_1 \cdot \Pi_2 \cdot Fr^2} \qquad (4\text{-}55)$$

Mit Hilfe der *Fourier*-Analyse können gemessene turbulente Geschwindigkeitswerte hinsichtlich ihrer dominanten Frequenzen analysiert werde.
Mit der Annahme, dass die Wirbel schlupffrei der Strömung folgen (*Taylor*-Hypothese) kann aus der Frequenz f der Strömung die Größe der Wirbelelemente bzw. deren Anzahl ermittelt werden.

$$L_0 = \frac{\upsilon}{f} = \frac{2 \cdot \pi}{k} \qquad k \text{ - Wellenzahl } [\mathrm{m}^{-1}] \qquad (4\text{-}56)$$

Die gemessene Geschwindigkeitsfunktion $\upsilon = \upsilon(t)$ wird definiert als eine Vielzahl von überlagerten cos- und sin-Schwingungen mit den Amplituden a_n und b_n und den Frequenzen $f_n = n/t_0$. Auf der Grundlage der *Taylorschen* Hypothese kann auch bei anisotroper Turbulenz das Frequenzspektrum in einem begrenzten Bereich eindimensional untersucht werden.

Eine weitere Möglichkeit der Ermittlung von Wirbelgrößen oder Frequenzen in der turbulenten Bewegung bietet die Anwendung der Autokorrelationsfunktion. Die genormte Autokorrelationsfunktion $R_\upsilon(\tau)$ wird aus den Schwankungsgrößen der gemessenen Zeitfunktion $v(t)$ berechnet.

$$R_v(\tau) = \frac{\overline{\upsilon'(t)\cdot\upsilon'(t+\tau)}}{\overline{\upsilon'^2}} = \frac{1}{\overline{\upsilon'^2}}\cdot\frac{1}{t_0}\cdot\int_0^{t_0}\upsilon'(t)\cdot\upsilon'(t+\tau)dt \tag{4-57}$$

Diese Funktion charakterisiert die turbulente Bewegung, betrachtet zu unterschiedlichen Zeitpunkten. Wird das Zeitfenster $\tau = 0$ gesetzt, dann entspricht die Autokorrelation dem Mittelwert der quadrierten Schwankungsgrößen $\overline{\upsilon'^2}$ (Varianz) und $R_\upsilon(\tau)$ nimmt den Wert 1 an. Mit Hilfe dieser Zeitkorrelationsfunktion können sogenannte Turbulenzmaßstäbe definiert werden, die der Größe der Makrowirbel entsprechen, da sich bei hinreichend großem τ die Frequenz und Amplitude der periodischen Schwingung ermitteln lässt (*Hasselmann* 1983).

$$L_o = \overline{\upsilon}\cdot\int_0^\infty R_\upsilon(\tau)\,d\tau \tag{4-58}$$

Hackeschmidt (*1970*) konnte mit Hilfe der Längs- und Quer-Autokorrelationsfunktionen zeigen, dass in isotroper Turbulenz hinter einem Sieb die Dimensionen der Wirbel in Strömungsrichtung doppelt so groß sind wie quer zu ihr. Die Autokorrelationen sind sowohl als Zeit- (Gleichung (4-61)) als auch als Ortskorrelationen (Gleichung (4-59)) möglich (*Symes 1979*).

$$L_o = \int_0^\infty R_\upsilon(x)\,dx \tag{4-59}$$

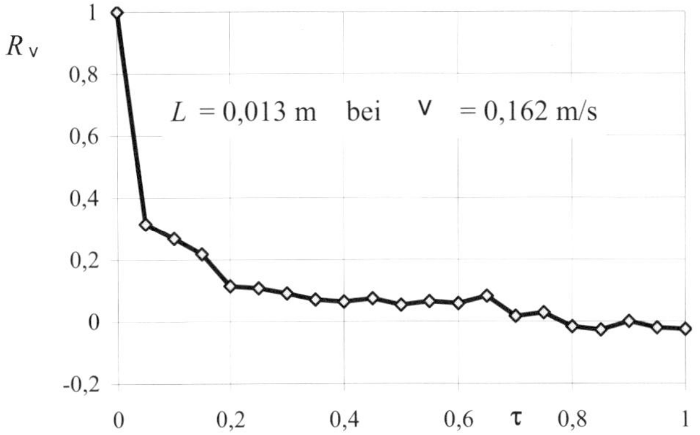

Bild 4.27
Normierte Autokorrelationsfunktion aus Bild 4.21

Die Turbulenzenergie bezogen auf die Masseneinheit wird für isotrope Turbulenz ermittelt aus (*Reynolds 1979, Frost 1980*):

$$E = \int E(k)\,dk = \frac{\overline{\upsilon'^2}}{2} = \frac{1}{2 \cdot t_o} \cdot \int_0^{t_0} \upsilon'^2 dt \qquad (4\text{-}60)$$

In der dreidimensionalen Betrachtungsweise entspricht $\overline{\upsilon'^2}$ der Summe aus $\overline{\upsilon_x'^2} + \overline{\upsilon_y'^2} + \overline{\upsilon_z'^2}$. Durch die Umwandlung des Zeitintegrals der Geschwindigkeitsschwankungen in das Wellenzahlintegral, erhält man das Spektrum der Energie als Funktion von der Wellenzahl *k*, d. h. die Energieverteilung der Einzelwirbel.

$$\frac{E(k)}{\overline{\upsilon}^2} = \frac{\upsilon'^2}{2 \cdot \overline{\upsilon}^2} \cdot \frac{1}{k} \qquad \text{in m} \qquad (4\text{-}61)$$

Dargestellt wird das Energiespektrum meist als Funktion der Wellenzahl bezogen auf das Quadrat der mittleren Geschwindigkeit oder der Geschwindigkeitsschwankung. Aus dem Energiespektrum der turbulenten Strömung können die Verteilung der Turbulenz und die dominanten Frequenzanteile oder Wirbelgrößen abgelesen werden. Bild 4.28 zeigt die typische Form eines Energiespektrums einer turbulenten Strömung.

Bild 4.28
Energiespektrum einer turbulenten Strömung
L_o-Makromaßstab; η-Mikromaßstab

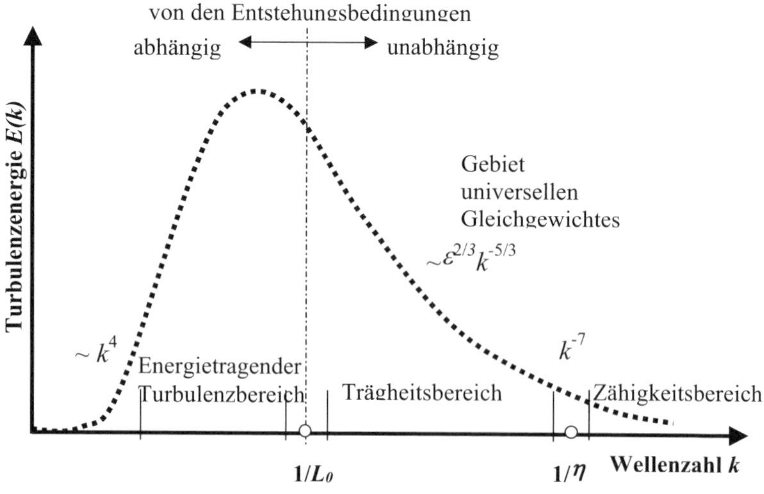

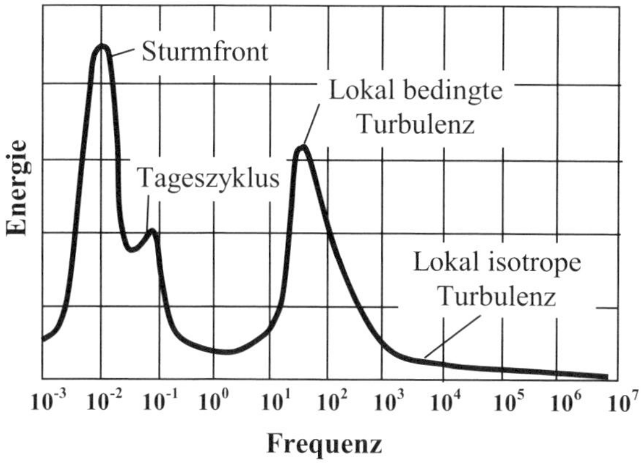

Bild 4.29
Energieverteilung in der Atmosphäre nach *Frost* (1980)

4.4.4 Auswirkungen turbulenter Strömungen

Die turbulenten Bewegungen in der Strömung erzeugen gewollte und ungewollte Effekte. Bekannt ist das unterschiedliche Strömungsverhalten bei laminarer bzw. turbulenter Strömung und der Einfluss der Turbulenz auf den Verlust der hydraulischen Energie. Die Turbulenz hat einen besonderen Einfluss auf die Technologie der Aufbereitungs- und Behandlungsanlagen, sie wird gezielt erzeugt oder vermieden.
Bekannteste Erscheinung der Turbulenz ist die Diffusion, der Stoffaustausch in der Strömung. Sie wird bei hochturbulenter Strömung besonders gut erreicht. In Mischreaktoren wird eine schnelle und effektive Verteilung von Chemikalien angestrebt, da für den Erfolg des Reaktionsprozesses sowohl die Dosierung als auch die Schnelligkeit der Verteilung eine wichtige Rolle spielen. Der turbulente Diffusionskoeffizient für isotrope Turbulenz wird definiert zu:

$$D_T = \sqrt{\overline{\upsilon'^2}} \cdot L = Tu \cdot \overline{\upsilon} \cdot L \qquad (4\text{-}62)$$

L = Länge z. B. der Vermischungszone
$\overline{\upsilon}$ = mittlere Geschwindigkeit; Tu = Turbulenzgrad

Der Diffusionskoeffizient ist ein Maß für die Teilchenvermischung und wird benötigt zur Berechnung der Stofftransportgleichung.
Die Dissipation ε ist die Umwandlung der hydraulischen Energie in Wärme. Die Umwandlung der Bewegungsenergie in Wärmeenergie erfolgt im Mikroturbulenzbereich (Molekularbereich). Große, durch Turbulenz erzeugte Wirbel zerfallen nach und nach in Wirbel kleinerer Abmessungen bis es zum Energieaustausch kommt. Die Dissipation ist in Bereichen hoher Turbulenz am größten.

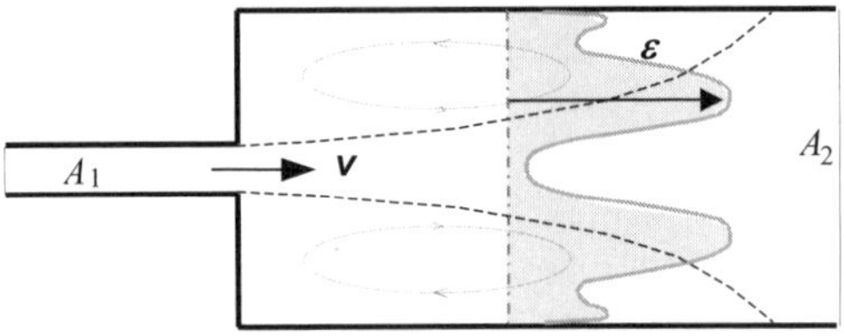

Bild 4.30
Der Stoßverlust in einer Rohrströmung

Die Dissipation für isotrope Turbulenz ergibt sich nach *Liepe* (1988) zu:

$$\varepsilon = 1{,}65 \cdot \frac{\left(\sqrt{\overline{\upsilon'^2}}\right)^3}{L} = 1{,}65 \cdot \frac{\left(Tu \cdot \overline{\upsilon}\right)^3}{L} \tag{4-63}$$

Liepe ermittelte für Rührer einen Beiwert von $C = 1{,}65$, wobei L den Makromaßstab der Turbulenz darstellt.

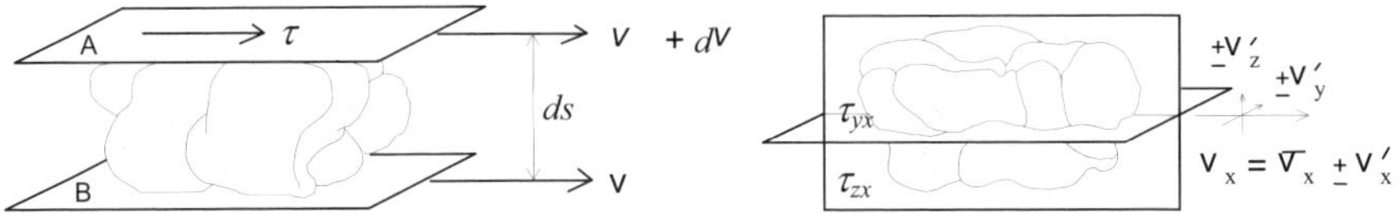

Bild 4.31
Beanspruchung einer Flocke in der Strömung

Im Bereich der Mikroturbulenz, in denen die Wirbelabmessungen den Abmessungen von kleinsten Teilchen, z. B. Flocken, entsprechen, findet der Prozess der Bildung oder Zerstörung der Flocken infolge Strömungsturbulenz statt (*Benze 1967, Cleasby 1984*).
In technologischen Prozessen wird eine dosierte Turbulenz benötigt, um z. B. den Teilchenkontakt zu fördern und ihre Bindungen zu festigen, wogegen eine stärkere Turbulenz bereits gebildete Konglomerate zerstören kann. Die Beanspruchung dieser kleinen Teilchen ist über die Schubspannung infolge unterschiedlicher Geschwindigkeiten an den Rändern einer Flocke vorstellbar. In großen Wirbeln bewegen sich diese Teilchen ohne intensive Beanspruchung mit der Strömung mit.
Unter Makroturbulenz werden große Wirbel und Wirbelgebiete verstanden, die z. B. infolge der Einleitung einer Strömung in ein Sedimentationsbecken entstehen. Das können große rotierende Bereiche (Walzen in Totraumzonen), große wandernde Wirbel im Ablösebereich einer Strömung oder eine Vielzahl sich in unterschiedlicher Richtung bewegender Wirbel in Scherströmungen sein. Diese Makrowirbel sind Energieträger im Kaskadenprozess der Turbulenz (kleine Frequenzen). Ihre Größenordnung entspricht dem Makromaßstab der Turbulenz. Die Umlauffrequenz großer Wirbel ergibt sich aus der Randgeschwindigkeit υ_W und dem Wirbelradius r_W zu:

$$f = \frac{\upsilon_w}{2 \cdot \pi \cdot r_w} \qquad (4\text{-}64)$$

Da es sich in Sedimentationsbecken meist um geschlossene Wirbelringe (kompakte Turbulenzballen mit gleichem Durchmesser für Wirbel und Wirbelring $d_{WF} = d_{WR}$ handelt, kann die Ausbreitungsgeschwindigkeit der Wirbel nach *Prandtl (Kranawettreiser* 1992) mit

$$\upsilon = \left(\ln\left(8 \cdot \frac{d_{WR}}{d_{WF}}\right) - 0{,}25 \right) \cdot \upsilon_w = 1{,}829 \cdot \upsilon_w \qquad (4\text{-}65)$$

ermittelt werden. Die Randgeschwindigkeit eines Rotationswirbels überlagert sich mit der mittleren Geschwindigkeit in einem Becken (Bild 4.32).
Die Untersuchungen von *Aigner* 1996 haben gezeigt, dass die Wirbelrandgeschwindigkeit υ_w eines Rotationswirbels aus dem Eintragsimpuls in das Becken ermittelt werden kann, wobei ein Einfluss der Reynoldszahl des Zulaufes vorhanden ist.

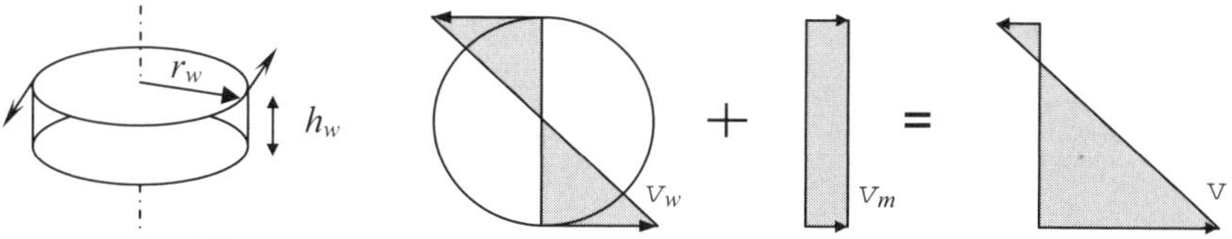

Bild 4.32
Rotationswirbel, Geschwindigkeitsüberlagerung

Der Eintragsimpuls wird als direkter Impuls I_{Zul} in das Becken oder als Restimpuls eines umgelenkten oder reduzierten Einleitungsstrahles berücksichtigt. Die Versuchswerte stimmten gut mit der Gleichung (4-66) aus dem Impulsansatz bei Reynoldszahlen des Zulaufes zwischen 5.000 und 50.000 überein. Die Abhängigkeit zwischen der Re-Zahl des Zulaufes und der Wirbelrandgeschwindigkeit wurde als umgekehrt proportional ermittelt.

$$\upsilon_w = \sqrt{\frac{3 \cdot I_{Zul}}{\rho \cdot h_w \cdot r_w}} = \sqrt{\frac{3 \cdot Q_{Zul} \cdot \upsilon_{Zul}}{h_w \cdot r_w}} \qquad (4\text{-}66)$$

4.4.5 Turbulenzerzeugung

In vielen Fällen reicht die für den Aufbereitungsprozess notwendige Turbulenz der Strömung nicht aus, so dass Maßnahmen zur Turbulenzerzeugung (z. B. zur Chemikalieneinmischung) notwendig werden (*Amirtharajah* 1982). Durch Rühren, Umlenken, Verwirbeln usw. wird z. B. das schnelle Mischen von Chemikalien mit dem Wasser erreicht. Hydraulische Mischeffekte sind vor allem die Nutzung von Geschwindigkeitsdifferenzen, z. B. Strahleinleitung, die Strömungsumlenkung oder die Erzeugung von Gegenströmungen.

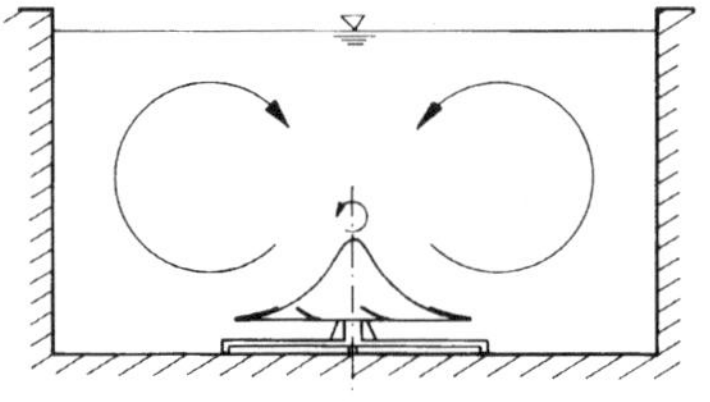

Bild 4.33
Hypomix der Firma INVENT Erlangen

Rührwerke mit relativ langsamer Umdrehung garantieren vor allem den Kontakt von Teilchen und Stoffen zur besseren Reaktion untereinander. Ein neuartiger Rührer sowohl zur Erzeugung einer langsamen als auch einer schnellen Vermischung mit oder ohne Lufteintrag ist der sogenannte HYPOMIX (LSTM, 1992). Hier wurde auf der Grundlage wissenschaftlicher Untersuchungen ein Gerät mit optimalen Mischeigenschaften bei unterschiedlichsten Beckengrößen entwickelt (Bild 4.33).

Tafel 4.2
Geschwindigkeitsentwicklung in Freistrahlen (oben) und Umlenkstrahlen (unten)

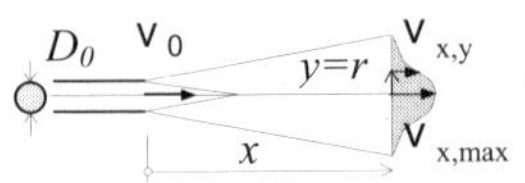	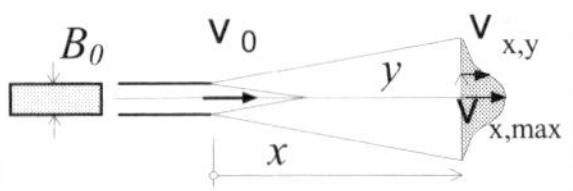	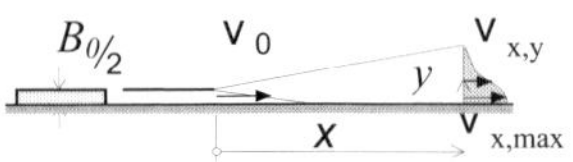
$\frac{v_{x,\,max}}{v_0} = 6{,}2 \cdot \frac{D_0}{x}$	$= 2{,}28 \cdot \sqrt{\frac{B_0}{x}}$	$= 2{,}41 \cdot \left(\frac{B_0}{2 \cdot x}\right)^{3/8}$
$\frac{v_{x,y}}{v_{x,\,max}} = e^{-76{,}88 \cdot \left(\frac{y}{x}\right)^2}$	$= e^{-42{,}45 \cdot \left(\frac{y}{x}\right)^2}$	$= e^{-170 \cdot \left(\frac{y}{x}\right)^2}$

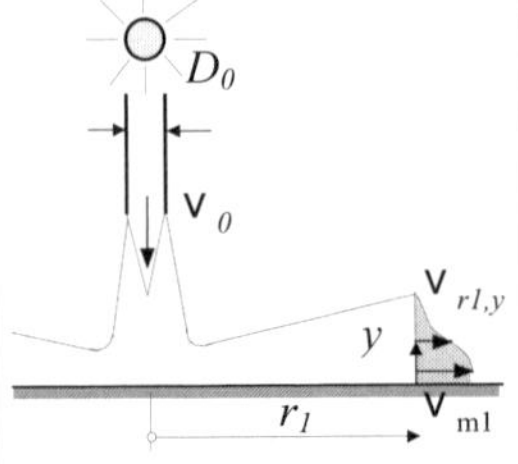	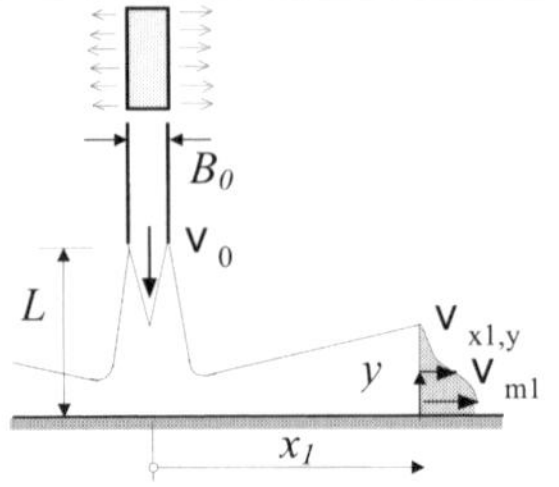	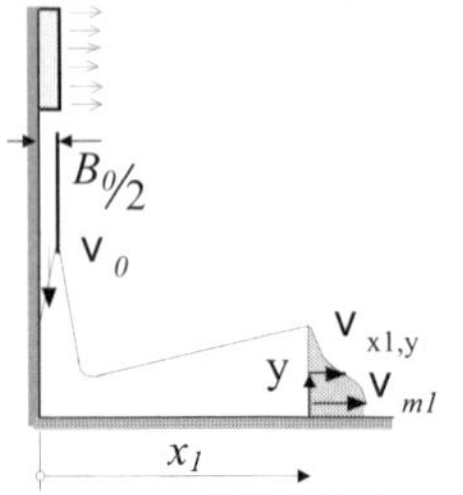
$\frac{v_{m1}}{v_0} = 1{,}66 \cdot \left(\frac{D_0}{r_1}\right)^{1{,}15}$	$= 1{,}43 \cdot \left(\frac{B_0}{x_1}\right)^{3/8}$	$= 10{,}4 \cdot \frac{B_0}{2 \cdot x_1}$

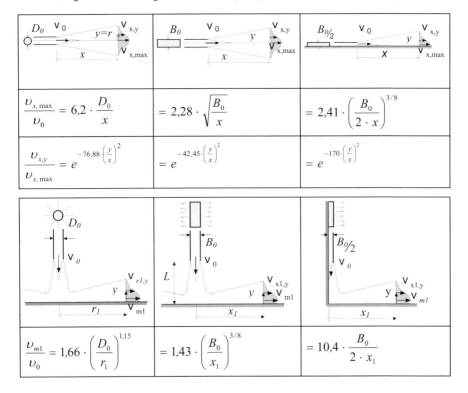

In anderen Prozessen, z. B. in Sandfängen oder Reaktionsbecken, ist eine dosierte Turbulenz notwendig, da feinere Bestandteile für die weitere Aufbereitung im Wasser verbleiben sollen oder der intensive Kontakt von Schwebstoffen erforderlich wird. Ob gewollt oder ungewollt erzeugen Einleitungen immer Strömungsturbulenzen. Die vorhandene Energie der Strömung kann für eine dosierte Turbulenz genutzt werden, sofern man diese Dosierung genau definieren kann. Damit können z. B. Rührwerke eingespart werden. Nach der Theorie der Freistrahlen in begrenzten Räumen (*Kraatz in Bollrich,* 1989) können Strömungskenngrößen ermittelt und somit für die Berechnung der Turbulenzgrößen genutzt werden.

Für die Ermittlung der Restgeschwindigkeiten ist insbesondere der Fernbereich der Strahlen interessant (Tafel 4.2).
Die Berechnung der Geschwindigkeitsentwicklung eines schräg auf eine Wand auftreffenden runden Freistrahles (Bild 4.34) ist nach Gleichung (4-67) möglich:

$$\frac{\upsilon_{m1}}{\upsilon_0} = k \cdot \left(\frac{D_0}{x_1}\right)^{1,15} \tag{4-67}$$

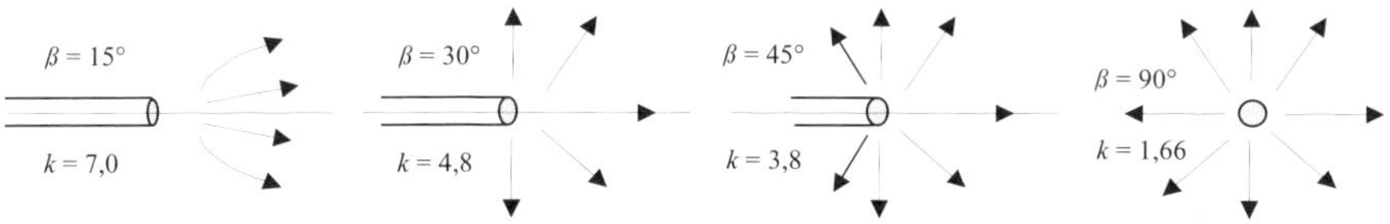

Bild 4.34
Runde Freistrahlen auf schräger Wand (*Bollrich* 1989)

Die Geschwindigkeitsentwicklung eines radialen ebenen Freistrahles nach Verlassen eines Pralltellers, ermittelte *Kranawettreiser* 1992 aus Versuchen von *Lindemann* 1990 (siehe Bild 4.35). Das Geschwindigkeitsprofil $v_{x,y}$ bzw. $v_{r,y}$ von Freistrahlen lässt sich als *Gauß*-Verteilung ermitteln (siehe Tafel 4.2 Zeile 4). Für die hydraulische Beurteilung genügt meist die Berechnung der maximalen Geschwindigkeit (Tafel 4.2 Zeile 2).

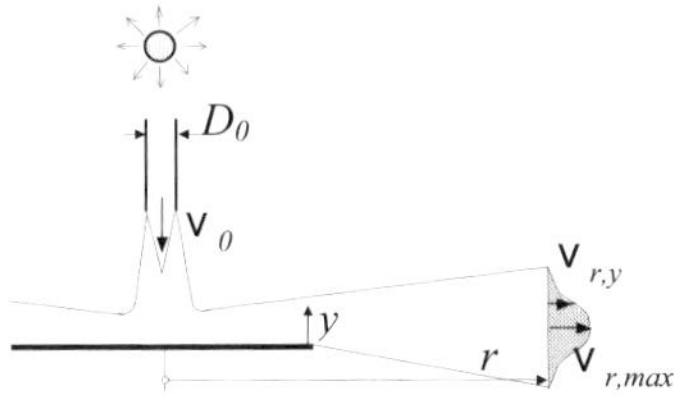

Bild 4.35
radiale Geschwindigkeit außerhalb des Pralltellers (*Kranawettreiser 1992*)

$$\frac{\upsilon_{r,\max}}{\upsilon_0} = 0{,}18 \cdot \sqrt{\frac{D_0}{r}} \tag{4-68}$$

Zur Abschätzung der Geschwindigkeitsentwicklung bei mehrfach umgelenkten Strahlen ist es oft schwer, die dominierende Abhängigkeit herauszufinden. Hier hilft die sogenannte Strahlabwicklung, wobei entweder in Etappen unter Anwendung verschiedener Strahlgesetze oder unter Anwendung der für die Ermittlung der Endgeschwindigkeit ausschlaggebenden Strahlausbreitungsgesetze gerechnet werden kann.

4.4.6 Turbulenzverhinderung

Vor allem für die Einleitung in Absetzbecken ist die Verhinderung der Turbulenz, welche durch den Eintritt einer schnellen Strömung in das Becken verursacht wird, von großer Bedeutung. Viele Autoren beschäftigten sich mit diesem Problem *(Krebs* 1988 und 1989, *Stamou/Rodi* 1984, *Muth* 1992, *Kawamura* 1989 u. a.) und entwickelten Konstruktionen zur Strömungsberuhigung oder untersuchten den Strömungsverlauf in den Becken. Um Absetzprozesse im Zulauf zu verhindern, liegen die Einlaufgeschwindigkeiten meist in dem Bereich über 0,2 m/s und können bis 1 m/s erreichen. Als optimale Zulaufgeschwindigkeit wird ein Wert von 0,3 bis 0,4 m/s angegeben (ATV 1983). Nach kürzester Zeit sollen Absetzgeschwindigkeiten im Becken von etwa 0,01 m/s bis 0,03 m/s erreicht werden.
Eine einfache Strahleinleitung in ein Becken würde nicht nur zu einer hohen Turbulenz durch den Gradienten der Geschwindigkeit führen, sondern auch eine rotierende Strömung im Becken erzeugen, die hinsichtlich der Umwälzmenge den Eintrittsvolumenstrom beträchtlich übersteigen kann (Bild 4.36a). Die Reduzierung einer Einleitungs-

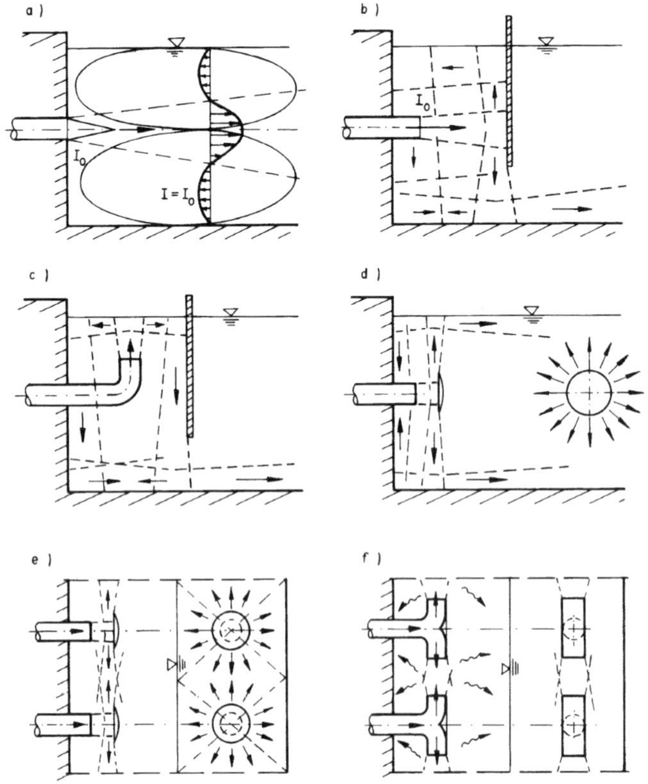

Bild 4.36 a-f
Einlaufkonstruktionen

geschwindigkeit von 1 m/s auf 1 cm/s ist theoretisch für einen runden Zulauf Zulaufstrahl erst in einer Entfernung von über 600-mal dem Zulaufdurchmesser möglich. Die Verringerung des Zulaufdurchmessers und Erzeugung vieler Einlaufstrahlen oder die Aufteilung z. B. durch Beruhigungsgitter (Emscher-Gitter, Bild 4.36h) wird den Turbulenzabbau verkürzen.

Eine Konstruktion zur Verhinderung der direkten Einleitung in ein Becken ist der Prallteller (Bild 4.36 d und e). Er wird in einem Abstand, der etwa dem Rohrdurchmesser entspricht, vor der Rohröffnung angebracht. Der Durchmesser des Pralltellers beträgt etwa das Zweifache des Rohrdurchmessers. Er ist meist etwas gebogen und lenkt den Strahl kreisförmig nahezu rechtwinklig zur Einströmachse ab. Ein einfacher Prallteller (Bild 4.36d) reduziert den direkten Einlaufimpuls nur gering. Eine ganze Reihe von Pralltellereinläufen (Bild 4.36e) kann eine Reduzierung des Einlaufimpulses bis auf weniger als 15 % zur Folge haben *(Lindemann* 1990), da sich gegeneinander gerichtete gleichgroße Impulsströme aufheben, während an festen Wänden und an der Wasserspiegeloberfläche eine Umlenkung erfolgt (Bild 4.36b und c). Nachteil der Pralltellereinläufe ist, dass die senkrecht zur Strömungseinleitung abgelenkten Strahlen eine turbulente Bewegung in das Becken hineintragen.

Vielfach werden Tauchwände zur Verringerung der Zulaufturbulenz für die Einleitung in Sedimentationsbecken verwendet (*Krebs* 1989). Eine Tauchwand (Bild 4.36b) mit senkrecht darauf gerichtetem Zulaufstrahl führt zu einem Impulsabbau (in Abhängigkeit von der Geometrie) auf ca. 12,5 % des Einlaufimpulses, da der an der Tauchwand vertikal und seitlich abgelenkte Strahl z. T. umgewandelt wird. Betrachtet man die

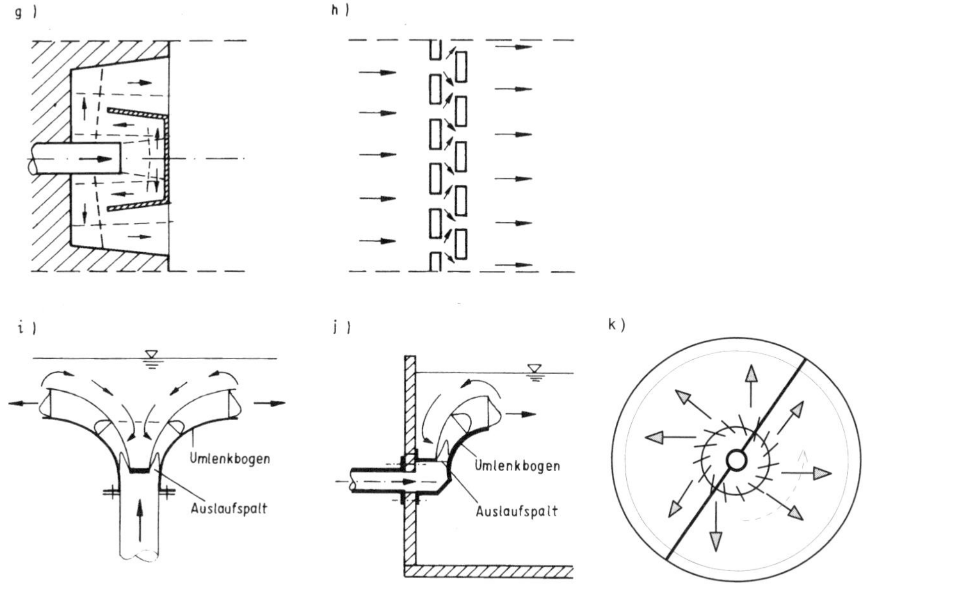

Bild 4.36 g-k
Einlaufkonstruktionen (i und j aus LSTM, 1993)

Tauchwand als Trennwand, dann geschieht das außerhalb des Absetzraumes, im Gegensatz zum Pralltellereinlauf.

Messungen von *Lindemann* (1990) zeigten, dass mehrere nach oben gekrümmte Einleitungsrohre vor einer Tauchwand zu einem Impulsabbau bis auf 1 % führen können (Bild 4.36c). Der Einlaufstrahl wird dabei gegen die Wasseroberfläche geführt und durch eine vielfache Umlenkung in seiner Kraft stark reduziert. Die Abschätzung des Restimpulses eines Zulaufstahles kann über die Gesetze der Strahlerweiterung von runden und ebenen Frei- bzw. Wandstrahlen erfolgen.

Die Ermittlung des Restimpulses eines Einleitungsstrahles in einem Absetzbecken ist wichtig für die Bestimmung der Beckenrandgeschwindigkeiten und der Wirbelgrößen. Beim Stuttgarter Einlauf (Bild 4.36g) erfolgt eine Impulsverringerung durch einen intensiven Geschwindigkeitsabbau auf engstem Raum, was zu großen Gradienten der Geschwindigkeit führt und nicht für jede Aufbereitungsart geeignet ist, da z. B. die Gefahr der Flockenzerstörung besteht. Der Geigereinlauf (Bild 4.36f) nutzt die Gegensströmung zur Impulsvernichtung aus. Eine interessante Entwicklung für Beckenzuläufe ist die *Coanda*-Tulpe (Bild 4.36i) für Rundbecken, die als *Coanda*-Feder auch für Rechteckbeckenzuläufe (Bild 4.36j) genutzt wird (LSTM 1993). Hier wird die Haftung der Strömung an der Außenwand, die Fliehkraft und die Radialerweiterung einer ringförmigen Strömung zur Geschwindigkeitsverringerung auf engstem Raum ausgenutzt (*Coanda*-Effekt). Bild 4.36k zeigt einen Zentraleinlauf eines Rundbeckens mit Leiteinrichtung zur Erzeugung einer Radialströmung (Teetasseneffekt).

Für die Optimierung von Absetzprozessen werden in der Literatur *(Lützner* 1990, *Kittner* 1985, *Stamou/Rodi* 1984, *Schmidt-Bregas* 1958 u.a.) zwei Kriterien angegeben, die turbulenzfreien Strömung ($Re < Re_{krit}$) und die Stabilität der Strömung durch eine möglichst große *Froude*zahl. Erreicht werden sie durch die Verringerung des Strömungsquerschnittes und die Erhöhung des benetzten Umfanges z. B. bei Etagenabsetzbecken oder der Lamellen- und Röhrensedimentation.

Die Gestaltung und Anordnung der Abzugssysteme in Absetz- und Sedimentationsbecken trägt zur Strömungsstabilisierung und Verhinderung von Totraumzonen und Kurzschlussströmungen bei. Das Erreichen einer gleichmäßigen Durchströmung der Becken hängt auch vom Klarwasserabzug und vom Schlammabzug ab. Für die Abzugsrinnenbelastung werden in der Literatur Richtwerte zwischen 5 und 10 $m^3/h/m$ für Rund- und Rechteckbecken angegeben, die in ihrer Größe jedoch angezweifelt werden müssen (*Gozdziela* 1989), da in Versuchen größere Kantenbelastungen bis zu 50 $m^3/h/m$ möglich waren. Die Kantenbelastung beeinflusst im Normalfall nicht die

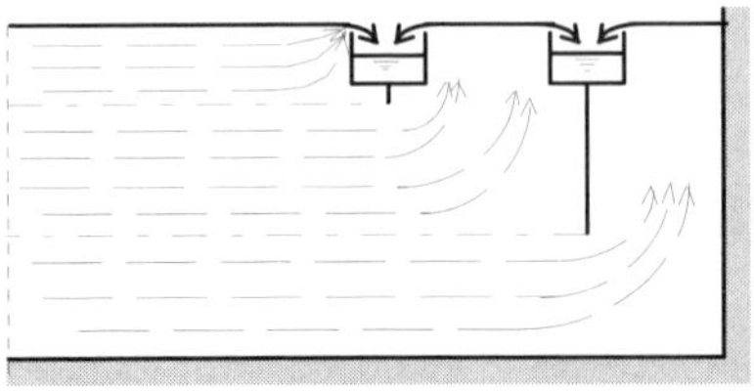

Bild 4.37
Schichtenabzug in Langbecken

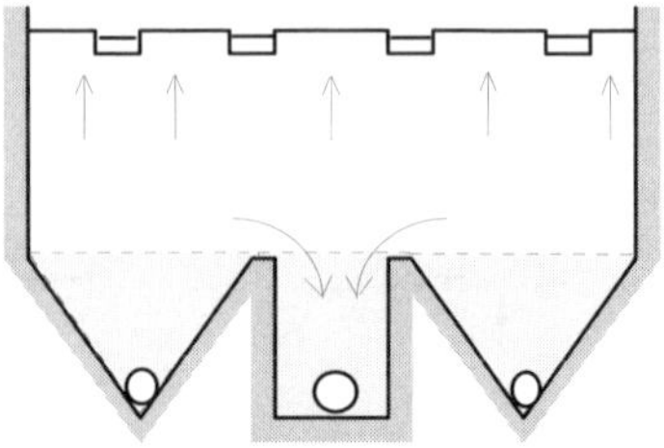

Bild 4.38
Schwebefilter vertikal durchströmt

Durchströmungsgeschwindigkeit der Becken und damit den Absetzprozess. Bestenfalls kann hier die Strömungsbeschleunigung im Ablaufrinnenbereich verringert werden. Der Einfluss liegt nur dann vor, wenn die Rinnenanordnung die gesamten Strömung im Becken beeinflusst.
Immer häufiger im Einsatz sind gelochte Rohrleitungen als Abzugssystem. Erwähnt sei der Einfluss von Schlammräumersystemen auf den Absetzprozess. In Abhängigkeit von der konstruktiven Gestaltung, der Räumgeschwindigkeit und den Räumzyklen können sie den Absetzprozess durch turbulente Aufwirbelungen beeinflussen.

4.5 Beurteilung der hydraulischen Wirksamkeit

Die hydraulische Nachweisführung an Wasserversorgungs- und Abwasserbehandlungsanlagen dient dem Nachweis der Rohrleitungs-, Rinnen- und Beckenbelastung der Anlage und der Einhaltung maximaler und minimaler Geschwindigkeiten in den einzelnen Anlagenteilen.
Zielstellung ist dabei die Optimierung der Kostenaufwendungen für den Bau und den Betrieb der Anlage, die Gewährleistung einer störungsfreien Arbeitsweise und die Schaffung günstiger Bedingungen zur Erreichung eines maximalen Aufbereitungseffektes (*Aigner* 1988).
Zur Einschätzung der hydraulischen Wirksamkeit von Wasserversorgungs- und Abwasserbehandlungsanlagen existieren Hilfsmittel, von denen hier eine Auswahl näher beschrieben wird.

4.5.1 Schlüsselkurve einer Anlage

Die Schlüsselkurve, die Abhängigkeit des Wasserstandes vom Durchfluss, ist aus dem Flussbau bekannt. Sie gibt den Wasserstand als Funktion des Durchflusses an.
Für die Berechnung von Abwasserbehandlungsanlagen werden maximal 3 Durchflusswerte berücksichtigt, ein Nachtstundenmittel (ca. 1/36 der Tageszuflusssumme), ein Tagstundenmittel (ca. 1/18 der Tageszuflusssumme) und ein Maximalzufluss (Regenwetterabfluss).
Sie stellen bisher die Bemessungsgrößen dar. Für die Schlüsselkurve einer Anlage werden auch die Zwischenwerte als Funktion zwischen Wasserstand und Durchfluss dargestellt. Vorteile ergeben sich daraus insbesondere für die Einschätzung von Teilbelastungen bei Havarien, Rückstaueinflüssen oder zur Erkennung von Höhenreserven zur Energieeinsparung. Bild 4.39 zeigt die vereinfachte Schlüsselkurve einer Kläranlage.
Verdeutlicht werden hier die Einflüsse bei Teilstillegungen zur Reinigung oder Rekonstruktion einzelner Becken (Überflutungssicherheit). Die Aufstellung der Schlüsselkurven erfolgt anhand der Berechnungsgrundlagen des Abschnittes 4.2 bzw. des Bandes 1 der Technischen Hydromechanik (*Bollrich*, 2000) durch die Bestimmung der Verlusthöhen und Wasserstände in den einzelnen Anlagenteilen. Die Berechnung beginnt für den meist strömenden Abfluss vom Unterwasser her, d. h. vom Auslauf der Anlage zum Einlauf. Wichtig ist, dass die Verknüpfung zwischen den Anlagenteilen erkannt wird, sofern freie Überfälle, freier Ausfluss oder Fließwechsel keine Energielinientrennung verursachen.

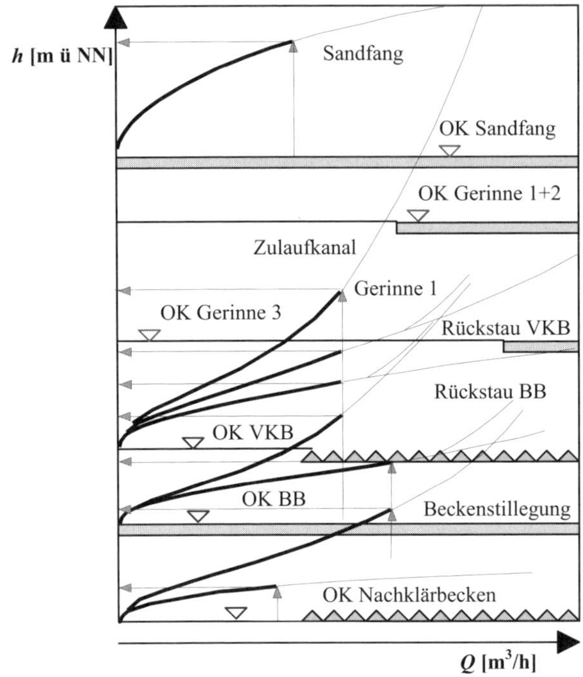

Bild 4.39
Schlüsselkurve einer Abwasseranlage

4.5.2 Gradienten-Zeit-Diagramm

Die Strömungsturbulenz in den einzelnen Anlagenteilen der Wasseraufbereitung (z. B. Flockung) und damit der Einfluss auf den chemisch-physikalischen Prozess lässt sich näherungsweise durch den mittleren Geschwindigkeitsgradienten einschätzen. *Camp* und *Stein* (*Camp 1943*) entwickelten die Gleichung des Geschwindigkeitsgradienten aus dem Verhältnis von Verlustleistung *dP* zur dynamischen Viskosität η und einer Volumeneinheit *dV*. Vorstellbar ist der örtliche Geschwindigkeitsgradient als Steigung (1. Ableitung) des Geschwindigkeitsprofils in Hauptströmungsrichtung. Ursachen für die Ausbildung eines Geschwindigkeitsprofils sind z. B. der Wandreibungseinfluss oder die innere Turbulenz der Strömung, die auch Ursachen für Energieverluste sind.

$$G = \frac{d\upsilon_n}{dn} \qquad \overline{G} = \sqrt{\frac{dP}{\eta \cdot dV}} \qquad (4\text{-}69)$$

Die Ermittlung des örtlichen Geschwindigkeitsgradienten ist schwierig, da nicht nur das Geschwindigkeitsprofil sondern auch die Turbulenz bekannt sein müssen. Relativ einfach ist es jedoch, den mittleren Geschwindigkeitsgradienten $\overline{G}$ aus dem Energieverlust zu bestimmen, da dann ein Vergleich mit im Labor ermittelten Werten für opti-

male Reaktionskriterien zwischen Chemikalienzugabe, aufzubereitendem Wasser und Absetzbedingungen hergestellt werden kann. Kritisch muss bemerkt werden, dass der Geschwindigkeitsgradient in den Anlagen nur grob als Mittelwert bestimmt werden kann und oft genauere Angaben von Größen (z. B. Bezugsvolumen der Energieumsetzung) fehlen, so dass Annahmen getroffen werden müssen.
Neben dem Geschwindigkeitsgradienten an sich hat laut *Camp* 1943 auch seine Einwirkdauer auf den Prozess einen entscheidenden Einfluss. Er entwickelte hierfür eine dimensionslose Zahl als Einheit von Betrag und Dauer des Energieeintrages, die *Camp*-Zahl.

$$Ca = \overline{G} \cdot t \tag{4-70}$$

Die *Camp*-Zahl *Ca* verdeutlicht die Möglichkeit, geringere Beträge des Energieeintrages durch eine größere Einwirkdauer auszugleichen, was von einigen Autoren allerdings bezweifelt wird.
Durch den Vergleich des im Labor ermittelten optimalen Gradienten-Zeit-Diagramms mit den ermittelten Werten der Anlage ist eine grobe Einschätzung der Aufbereitungsbedingungen und die Erkennung von Störfaktoren möglich. Für die Ermittlung des Geschwindigkeitsgradienten im Mischreaktor im Labor kann die nach *Cornet* 1981 aufgestellte Definition herangezogen werden.

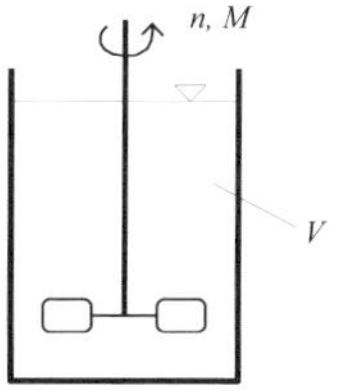

Bild 4.40
Labormischreaktor

$$P = 2 \cdot \pi \cdot n \cdot M \quad \left[\frac{Nm}{s}\right]$$

$$\overline{G} = \sqrt{\frac{2 \cdot \pi \cdot n \cdot M}{\eta \cdot V}} \quad \left[\frac{1}{s}\right] \tag{4-71}$$

Wird die Verlustleistung mit Hilfe der Verlusthöhe h_V und des Durchflusses *Q* definiert, dann kann der Geschwindigkeitsgradient auf der Grundlage berechenbarer Energieverluste für Gerinne- oder Rohrströmungen nach folgenden Gleichungen ermittelt werden.

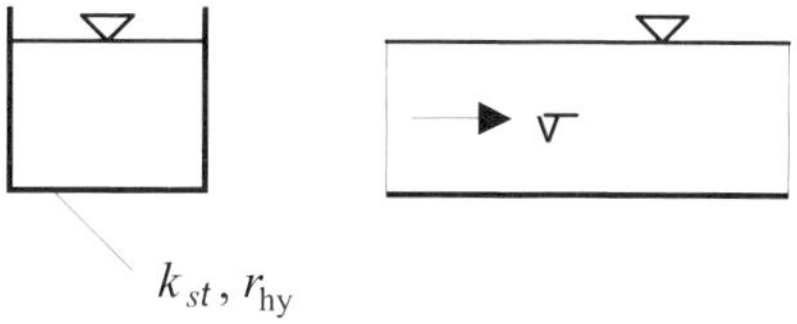

Bild 4.41
Gradient der Gerinneströmung

$$P = \rho \cdot g \cdot h_v \cdot Q \quad \left[\frac{Nm}{s}\right]$$

$$\overline{G} = \sqrt{\frac{g \cdot \upsilon^3}{\nu \cdot k_{st}^2 \cdot r_{hy}^{4/3}}} \quad \left[\frac{1}{s}\right] \tag{4-72}$$

$$mit \quad \frac{h_v}{L} = I_E = \frac{\upsilon}{k_{st}^2 \cdot r_{hy}^{4/3}}$$

Wird für die Verlusthöhe h_V bzw. das Energieliniengefälle I_E nicht die Fließformel nach *Manning-Strickler* sondern die für Druckleitungen eingesetzt, dann ergibt sich der Geschwindigkeitsgradient für Rohr- oder Druckleitungen nach Gleichung (4-70).

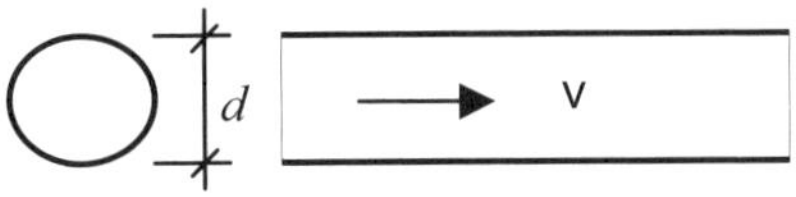

$$\overline{G} = \sqrt{\frac{\lambda \cdot \upsilon^3}{\nu \cdot 2 \cdot d}} \quad \left[\frac{1}{s}\right] \qquad (4\text{-}73)$$

Bild 4.42
Rohrströmungsgradient

Für die Bestimmung der Geschwindigkeitsgradienten im Bereich örtlicher Verluste ist die Festlegung des Volumenbereiches *V* wichtig, in welchem die Energieumwandlung stattfindet.

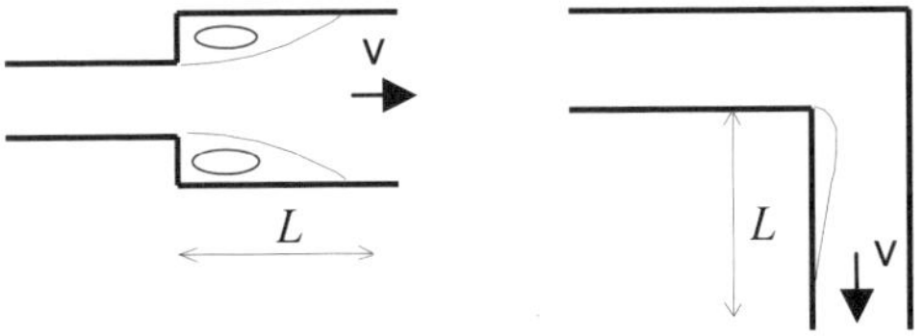

$$\overline{G} = \sqrt{\frac{h_v \cdot g \cdot Q}{\nu \cdot 2 \cdot V}} \quad \left[s^{-1}\right] \qquad (4\text{-}74)$$

$$V = A \cdot L$$

Bild 4.43
Gradient für örtliche Verluste

Bild 4.44 zeigt das Gradienten-Zeit-Diagramm einer Wasseraufbereitungsanlage zur Eisenflockung von der Chemikalienvermischung bis zur Sedimentation.

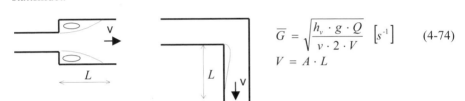

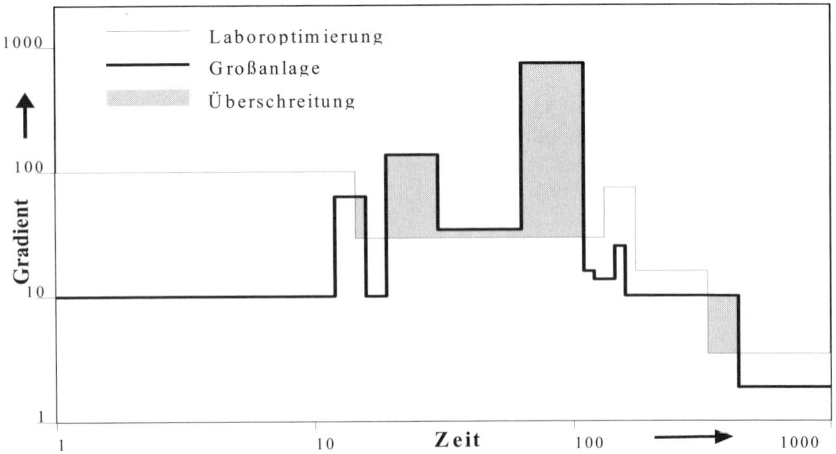

Bild 4.44
Gradienten-Zeit-Diagramm einer Wasseraufbereitungsanlage

4.5.3 Geschwindigkeits- und Impulsentwicklung

Bei der Beurteilung der hydraulischen Verhältnisse in Becken oder anderen Anlagenteilen ist die Information über die Geschwindigkeitsentwicklung von großer Bedeutung. Obwohl diese Angaben aus der numerischen oder physikalischen Modellierung ermittelbar sind, genügen dem Bearbeiter oft Angaben zu maximalen oder mittleren Geschwindigkeiten. Viel einfacher, kostengünstiger und in den Aussagen meist ausreichend sind Überschlagsrechnungen.
Innerhalb der Becken, Sandfänge oder Reaktionsräume breiten sich eingeleitete schnellere Strömungen nach den Gesetzen der Strahltheorie aus. Das Geschwindigkeitsprofil innerhalb des Strahles entwickelt sich dabei nach der Gaußfunktion (siehe Tafel 4.2). Die Abnahme der Maximalgeschwindigkeit kann nach den Formeln im Punkt 4.4.5. ermittelt werden. Der notwendige Weg für einen Geschwindigkeitsabbau ist oft sehr lang. Diese Entfernungen werden meist unterschätzt, so dass es in engen Räumen, z. B. in Absetzbecken, zu nichtgewollten Turbulenzen oder zu hohen Geschwindigkeitsspitzen kommt. Die Formeln zur Berechnung des Abbaues der Geschwindigkeit in einem Strahl können mit Gleichung (4-75) zusammengefasst werden.

$$\frac{\upsilon_{x,\,\max}}{\upsilon_0} = C_1 \cdot \left(\frac{D_0}{x}\right)^{C_2} \qquad (4\text{-}75)$$

Aus der Formel ist erkennbar, dass ein schneller Abbau der Geschwindigkeitsspitzen erstens durch die Teilung des Strahles in viele kleinere Einzelstrahlen (kleines D_0), zweitens durch einen langen Weg x mit vielen Umlenkungen (z. B. Tauchwand) und drittens durch eine Strahlart mit guten Abbaueigenschaften (kleinem C_1 und großem C_2) möglich wird.
Schwieriger wird die Berechnung bei komplizierten Umlenkungen des Strahles, insbesondere wenn die Art der Ausbreitung (z. B. radial zu eben) sich ändert. Durch vereinfachte Annahmen kann z. B. die gesamte Ausbreitungsstrecke mit der dominierenden Strahlausbreitungsart berechnet werden oder bei sich ändernden Charakteristiken werden fiktive Strahlgrößen ermittelt. Das folgende Beispiel zeigt durch Gleichsetzen von zwei Strahlcharakteristiken im Punkt der Umlenkung, die mögliche Berechnung.

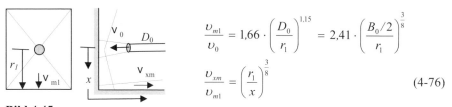

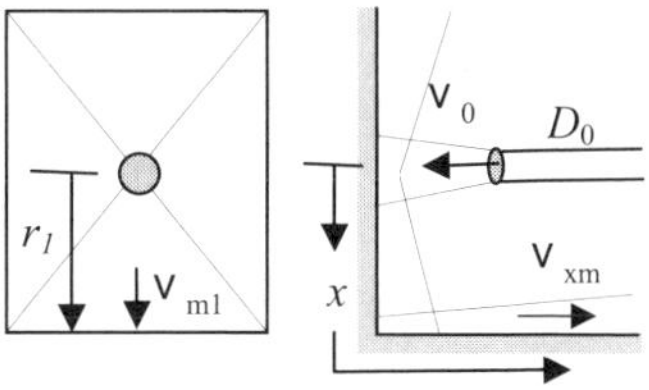

$$\frac{\upsilon_{m1}}{\upsilon_0} = 1{,}66 \cdot \left(\frac{D_0}{r_1}\right)^{1{,}15} = 2{,}41 \cdot \left(\frac{B_0/2}{r_1}\right)^{\frac{3}{8}}$$

$$\frac{\upsilon_{xm}}{\upsilon_{m1}} = \left(\frac{r_1}{x}\right)^{\frac{3}{8}} \qquad (4\text{-}76)$$

Bild 4.45
Strahlumlenkung

Bei sehr komplizierten Systemen sollten zur Ermittlung von Geschwindigkeitswerten Modellversuche durchgeführt oder numerische Modelle angewandt werden.

Der Einleitungsimpuls $\rho \cdot Q \cdot \upsilon_0$ wird in den seltensten Fällen mit seinem ursprünglichen Betrag in ein Becken eingetragen, sondern durch Umlenkung und Strahldurchdringung reduziert. Die Bestimmung des Restbetrages eines Impulses, verantwortlich für die Bewegung im Becken, kann nur überschlägig aus einer Geometriebetrachtung erfolgen. Dabei wird davon ausgegangen, dass entgegengesetzte gleichgroße Strahlanteile sich aufheben (*Kranawettreiser* 1992). Sehr einfach kann diese Annahme an einer Pralltellerreihe veranschaulicht werden.

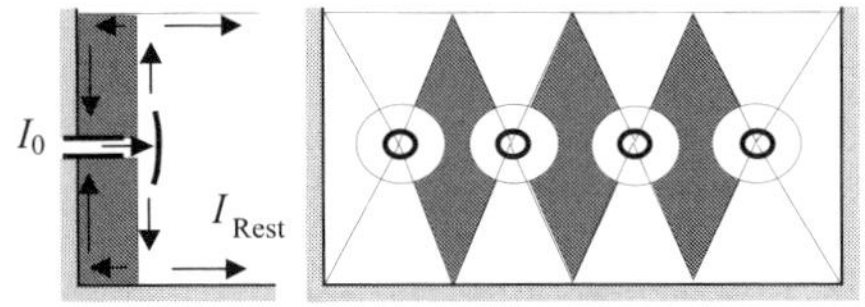

Bild 4.46
Impulsüberlagerung entgegengerichteter gleichgroßer Strahlen an einer Pralltellerreihe

Berechnungen und Messungen von *Lindemann* 1990 haben gezeigt, dass ein großer Impulsabbau durch die Umlenkung und das Ineinanderdringen von Strahlen erreicht wird und damit eine Verringerung der Strömungsturbulenzen in Becken möglich ist.

4.5.4 Dichteströmung und Dichteschichtung

Die Einleitung von stark verschmutztem oder salzhaltigem Wasser, Temperaturunterschiede oder Schlammablagerungen führen zu Strömungen oder Schichtungen, deren Ursache Dichteunterschiede im Wasser sind. Nach *Kranawettreiser* (in *Bollrich* 1989) können diese bei:

- Temperaturunterschieden von 10K, $\Delta\rho \approx 2$ g/l,
- Salzlösungen von 3%, $\Delta\rho \approx 20$ g/l und
- Trübstoffströmungen in Flüssen, $\Delta\rho \approx 200$ g/l

betragen. Bei Schlammströmen (Frischschlamm) beträgt der Unterschied zum Wasser 10 g/l und mehr, was einem Trockensubstanzgehalt von ca. 1% entspricht. Sehr starke Dichteunterschiede führen zur Trennung der Medien unterschiedlicher Dichte (Schichtgrenze) und zur getrennten Bewegung innerhalb der Schichtungen.
Das Kriterium für die Stabilität einer Schichtgrenze bei einer Dichteströmung ist die *Richardson*-Zahl als Verhältnis von der vom Dichteunterschied abhängigen Arbeit für eine Zerstörung dieser Schicht zur dafür erforderlichen Energie aus der turbulenten Bewegung.

$$Ri_{Krit} = \frac{-\frac{g}{\rho} \cdot \frac{\partial \rho}{\partial z}}{\left(\frac{\partial \upsilon_z}{\partial z}\right)^2} = 1/24 \qquad (4\text{-}77)$$

Für eine *Richardson*-Zahl $Ri > 1/24$ liegt eine stabile Schichtung vor. Werden die differentialen Größen durch die globalen Werte v und h ersetzt, so erhält man die dimensionslose globale *Richardson*-Zahl Ri_0 als Reziprokwert des Quadrates einer sogenannten densimetrischen *Froude*zahl.

$$Ri_0 = \frac{\frac{\Delta\rho}{\rho} \cdot g \cdot h}{\upsilon^2} = \frac{1}{Fr_D^2} \tag{4-78}$$

Diese densimetrische *Froude*zahl Fr_D charakterisiert das Fließverhalten einer Dichteströmung ähnlich wie die normale *Froude*zahl das Fließverhalten der Wasserströmung in der sie umgebenden Luft ($\Delta\rho = \rho$).

$$Fr_D = \frac{\upsilon}{\sqrt{g \cdot h \cdot \frac{\Delta\rho}{\rho}}} \tag{4-79}$$

Als Kriterium für eine beginnende Vermischung im Grenzbereich von Dichteschichtungen leitete *Keulegan* (*Kranawettreiser* in *Bollrich 1989*) folgende Grenzgeschwindigkeiten ab:

$$\upsilon \geq \frac{\sqrt[3]{n \cdot g \cdot \frac{\Delta\rho}{\rho}}}{Ke} \tag{4-80}$$

mit $Ke = 0{,}127$ für laminares Fließen
mit $Ke = 0{,}178$ für turbulentes Fließen

Die Einleitung von Abwasser mit einem hohen Anteil absetzbarer Stoffe in die Absetzbecken der Nachklärung führt zu sehr ausgeprägten Dichteströmungen. *Krebs* 1989 stellte in seinen Untersuchungen fest, dass bei einem Nachklärbecken mit Rohreinlauf und Tauchwand geringste Beckengeschwindigkeiten bei einer densimetrischen *Froude*zahl im Zulaufquerschnitt unter der Tauchwand von $Fr_D = 1$ (Energieminimum) erreicht wurden. Daraus leitete er die Bedingung für eine optimale Tauchwandhöhe h_T im Einlaufbereich ab.

$$h_T = \sqrt[3]{\frac{Q^2}{b^2 \cdot g \cdot \frac{\Delta\rho}{\rho}}} \tag{4-81}$$

Die Übertragung dieser Energieminimierung auf andere Bedingungen zur Verringerung des Einflusses der Dichteströmung auf den Absetzprozess ist denkbar.
Ähnlich wie in anderen stabilen Fluiden (z. B.. Atmosphäre oder Ozean) existieren in Absetzbecken exponentielle Dichteverteilungen nach Gleichung (4-79) (*Turner* 1973).

$$\frac{\rho(z)}{\rho_o} = e^{-\frac{z}{H}} \qquad (4\text{-}82)$$

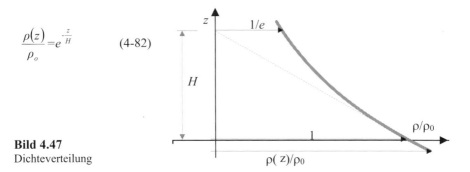

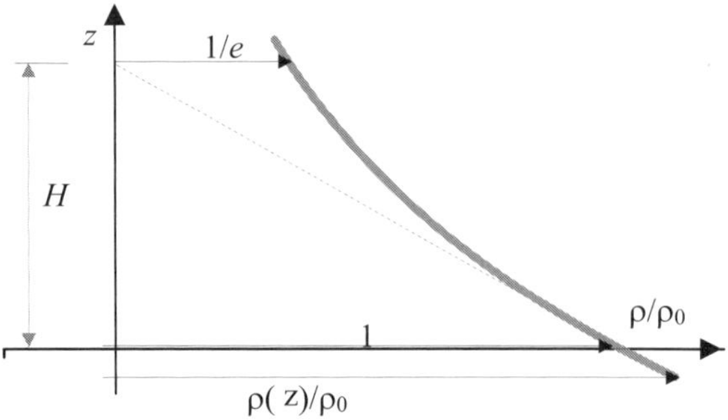

Bild 4.47
Dichteverteilung

Diese Verteilung stellt ein stabiles Gleichgewicht zwischen den sich absetzenden Teilchen und den durch turbulenten Austausch nach oben transportierten Teilchen dar. *H* ist dabei die Höhe, bei der die Dichte theoretisch den Wert ρ_0/e erreicht (ρ_0 - Dichte des Fluids). Sie kann als Verhältnis von konstanter vertikaler Austauschgröße *A* in m^2/s zur Sinkgeschwindigkeit υ_S in m/s verstanden werden und Werte in der Größenordnung von über 100.000 m einnehmen (*Turner* 1973, *Kranawettreiser* 1989). Nach *Turner* 1973 stellt eine Flüssigkeit mit einer Dichteverteilung nach Gleichung (4-81) ein schwingungsfähiges System dar, dessen Eigenfrequenz als *Brunt-Väisälä*-Frequenz *N* (Kreisfrequenz) definiert wird.

$$N = \sqrt{\frac{g}{H}} = 2 \cdot \pi \cdot f_S \qquad (4\text{-}83)$$

Die Überlegungen von *Kranawettreiser* 1992 gehen nun davon aus, dass es in Absetzbecken ähnlich wie bei in Schwebe gehaltenen Suspensionen zu einer berechenbaren Dichteschichtung nach Gleichung (4-83) kommt, wobei die fiktive Höhe *H* aus dem Resonanzfall zwischen der Eigenfrequenz der Schichtung f_S und den auftretenden Strömungsfrequenzen (Wirbelfrequenz f_w, Eigenfrequenz f_E oder Erregerfrequenz f_R) der Strömung im Absetzbecken ermittelbar ist. Für eine entsprechende Abzugstiefe z (z. B. die Beckentiefe) kann dann die Dichte $\rho(z)$ bzw. der Trockensubstanzgehalt *TS(z)*, der gerade noch in Schwebe gehalten werden kann, nach Gleichung (4-84) ermittelt werden (*Adolphi* 1967). Dabei bedeutet ρ_F die Dichte des Feststoffes.

$$TS(z) = \frac{\textit{Masse des Feststoffes}}{\textit{Volumen der Suspension}} = \frac{\rho(z) - \rho_0}{1 - \frac{\rho_0}{\rho_F}} \qquad (4\text{-}84)$$

Die Ablaufkonzentration des Absetzbeckens bzw. deren Trockensubstanzgehalt ergibt sich dann aus dem Mittelwert der Konzentrationsverteilung (insbesondere bei turbulent durchströmten Becken) bzw. in Abhängigkeit von den am Abzug beteiligten Stromröhren.

Ein Festkörperwirbel im Einlaufbereich eines Absetzbeckens besitzt eine Wirbelfrequenz nach Gleichung (4-64) mit einer Fortpflanzungsgeschwindigkeit (kompakter Turbulenzballen) nach Gleichung (4-65).
Diese Frequenz f_w charakterisiert den suspendierten Zustand und steht mit der Eigenfrequenz der Schichtung f_S (sedimentierter Zustand) im Zusammenhang (Resonanzfall).

$$f_s = \frac{N}{2 \cdot \pi} = \frac{\sqrt{g/H}}{2 \cdot \pi} = f_w = \frac{\upsilon_w}{2 \cdot \pi \cdot r_w} \tag{4-85}$$

Für diesen Resonanzfall lässt sich aus Gleichung (4-85) die fiktive Höhe H ermitteln zu:

$$H = g \cdot \frac{r_w^2}{\upsilon_w^2} \tag{4-86}$$

Auf der Grundlage des Wirbelzerfalles nach *Albring* 1970 wird mit Hilfe der Abnahme der Wirbelrandgeschwindigkeit von υ_w auf $\upsilon_w/2$ bei gleichzeitiger theoretischer Verdopplung des Wirbelradius (*Oseen*wirbel) in der Halbwertzeit $t_{1/2}$ und mit der mittleren Fortpflanzungsgeschwindigkeit von kompakten Turbulenzballen eine mittlere Lauflänge $L_{1/2}$ der Wirbelballen bestimmt.
Unter Annahme einer linearen Abnahme der Wirbelrandgeschwindigkeit auf der Länge $L_{1/2}$ kann $\upsilon_w(x)$, $r_w(x)$ und daraus die Dichteverteilung und der Trockensubstanzgehalt im gesamten Becken ermittelt werden (*Aigner* 1996).
Bei gleichmäßig durchströmten Becken (Einlaufwirbel vernachlässigbar) stellt sich der Resonanzfall zwischen der Eigenfrequenz der Schichtung f_S und der Eigenfrequenz der Strömung f_E ein.

$$f_s = \frac{N}{2 \cdot \pi} = \frac{\sqrt{g/H}}{2 \cdot \pi} = f_E = \frac{\upsilon}{2 \cdot r_{hy}} \tag{4-87}$$

Bei gleichmäßig durchströmten Becken existiert eine Grenzschicht mit der Dicke z' in der die Geschwindigkeit bis zur Sohle auf 0 abnimmt und die Dichte stark zunimmt. Kriterium für eine stabile Schichtgrenze ist die *Richardson*-Zahl (Gleichung (4-77)). Nach *Schlichting* (1958) beträgt der Grenzwert für eine stabile Schichtgrenze $Ri > 0{,}0417$. *Kranawettreiser* (1992) ermittelte daraus die Grenzschichtdicke eines gleichmäßig durchströmten Absetzbeckens zu $z' = 0{,}061 \cdot h$. Diese ist unabhängig von Geschwindigkeit und Dichte der Strömung. Für ein relativ breites Gerinne würden sich damit folgende Größen ergeben.

$$r_{hy} \cong h - z' = 0{,}939 \cdot h \tag{4-88}$$

$$\upsilon = \frac{Q}{(h - z') \cdot b} = \frac{Q}{0{,}939 \cdot h \cdot b} \tag{4-89}$$

$$H = \frac{g \cdot r_{hy}^2}{\pi^2 \cdot \upsilon^2} = \frac{g \cdot b^2 \cdot (0{,}939 \cdot h)^4}{\pi^2 \cdot Q^2} \tag{4-90}$$

Nach *Kranawettreiser* (in *Flemming* 1989) stellt sich der Resonanzfall bei ruhenden Flüssigkeiten oder in Beckenbereichen, in denen die Geschwindigkeit gegen Null geht (z. B. im Grenzschichtbereich oder im Schlammsammelraum), zwischen der Eigenfrequenz der Schichtung f_S und der Erregerfrequenz f_R der Flüssigkeit, gebildet mit der Schallausbreitungsgeschwindigkeit (c_O = 1435 m/s), ein.

$$f_s = \frac{N}{2 \cdot \pi} = \frac{\sqrt{g/H}}{2 \cdot \pi} = f_R = \frac{g}{2 \cdot c_o} \tag{4-91}$$

Daraus ergibt sich die fiktive Höhe der Dichteschichtung für ruhende Flüssigkeiten zu:

$$H = \frac{c_o^2}{g \cdot \pi^2} = 21.268{,}4\ m \tag{4-92}$$

und die Dichtefunktion bzw. der Trockensubstanzgehalt aus den Gleichungen (4-82) und (4-84).

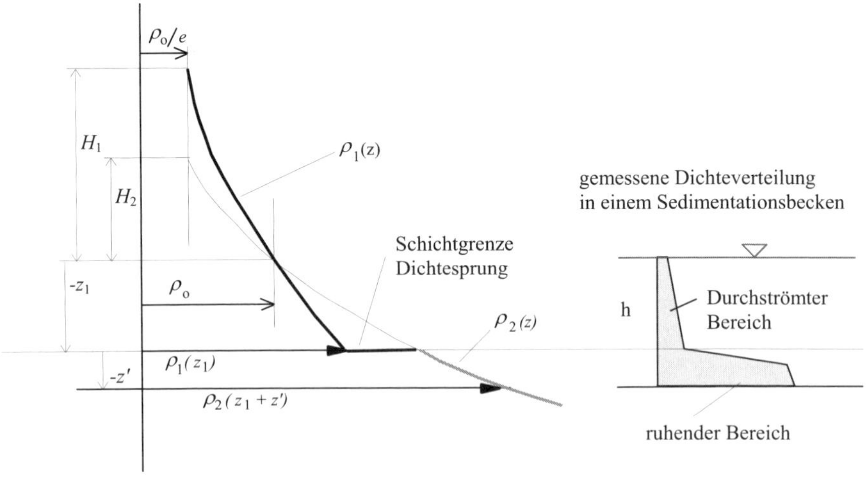

Bild 4.48
Berechnung von Dichteschichtungen

Für Dichteschichtungen in Absetzbecken (z. B. bei vorhandener Schichtgrenze in Schlammsammelräumen) errechnet sich die Dichteverteilung in zwei Etappen.

1. $\rho_1(z)$ für den durchströmten Bereich und

2. $\rho_2(z)$ für den ruhenden Bereich mit $\rho_0 = \rho_2(0) = \rho_1(0)$ wird ab der Tiefe z_1:

$$\rho_2(z_1 + z') = \rho_0 \cdot e^{-\frac{z_1 + z'}{H_2}} \tag{4-93}$$

mit H_2 nach Gleichung (4-92).

Infolge der zyklischen Entnahme des Schlammes, z. B. durch Schlammabzugsrohre, kommt es im Becken zur Veränderung der Grenzschicht zwischen ruhendem und bewegtem Bereich. Der Schlamm sammelt sich innerhalb eines Zyklus und lässt die Schichtgrenze anwachsen.

4.5.5 Verweilzeitanalyse

Die Verweilzeitanalyse in der Wasserbehandlung ist eine Methode zur Untersuchung des hydraulischen Verhaltens von Anlagen und Anlagenteilen. Unter Verweilzeit wird die Differenz zwischen Eintritts- und Austrittszeit eines Teilchens im Strömungssystem verstanden. Sie bildet den Strömungsprozess in stark reduzierter Form, nämlich als Verteilungsfunktion auf der Zeitachse, ab. Da es sich hier um eine Black-Box-Methode handelt, bei der nur die Ein- und Ausgangsbeschreibung des Systems vorliegt, kann aus gemessenen Verweilzeitkurven nicht eindeutig auf das Strömungssystem geschlossen werden. Deshalb gibt es eine Vielzahl von anlagenspezifischen Auswertemethoden. Die zeitgleiche Erfassung mehrerer Verweilzeitkurven durch Sensoren innerhalb des Reaktors ermöglicht eine verbesserte Analyse des gesamten Systems. Zur Bestimmung der Verweilzeit wird ein an der chemischen, biologischen oder physikalischen Reaktion nicht beteiligter Indikator (Tracer) als Eingangssignal dem Strömungsprozess zugeführt und seine Konzentration am Ausgang als Funktion der Zeit bestimmt. Als Verweilzeitindikatoren eignen sich Farbstoffe, radioaktive Substanzen, Elektrolyte oder chemisch analysierbare Stoffe. Die Indikatoren sollten der Dichte des zu untersuchenden Mediums angepasst werden. Sie können als Stoß-, Zulauf- oder Verdrängungsmarkierung dem System zugegeben werden.

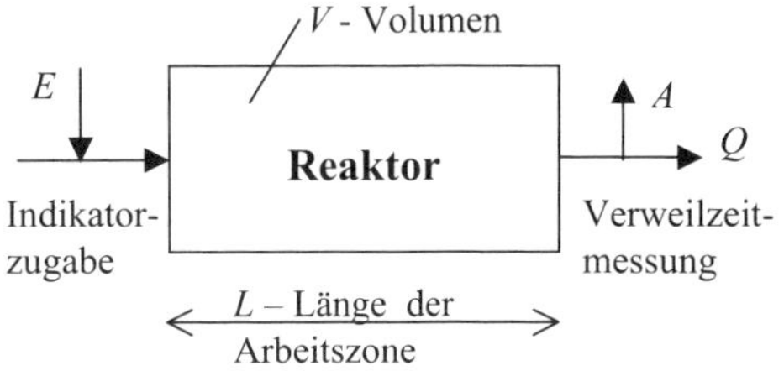

$$\tau = \frac{V}{Q} \tag{4-94}$$

Bild 4.49
Verweilzeitmessung

Am häufigsten wird die Stoßmarkierung als sogenannter *DIRAC*-Stoß (Zugabezeit geringer als 1% der Verweilzeit) angewendet. Die mittlere rechnerische Verweilzeit τ, auch als Raumzeit oder Füllzeit bezeichnet, berechnet sich aus Volumen des Reaktors dividiert durch den Volumenstrom (Bild 4.49).

Die Auswertung von Verweilzeitkurven setzt eine große Erfahrung auf diesem Gebiet voraus. Zum besseren Vergleich gemessener Verweilzeitkurven erfolgt deren Normierung (Bild 4.50).

Je nach Art der Auswertung wird die Zeitnormierung nach der Raumzeit τ ($\theta = t/\tau$) oder nach der mittleren Verweilzeit aus der Summenlinie t_M($\theta = t/t_M$) durchgeführt.

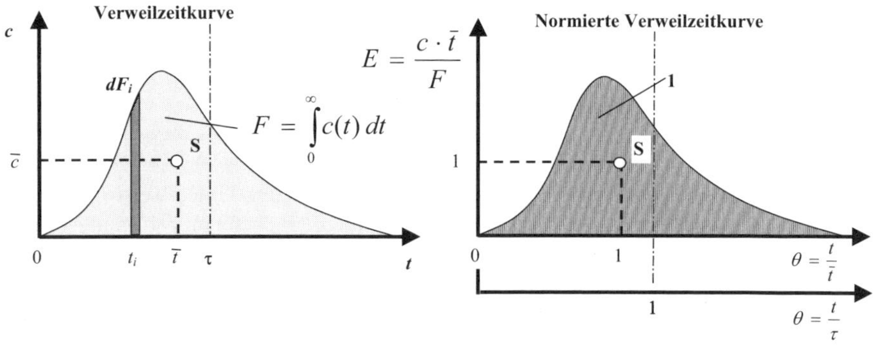

Bild 4.50:
Normierung der Verweilzeitkurve

$$\bar{t} = \frac{1}{F} \sum dF_i \cdot t_i \quad = \text{mittlere Verweilzeit (Schwerpunkt)} \qquad (4\text{-}95)$$

S = Schwerpunkt der Verweilzeitkurve

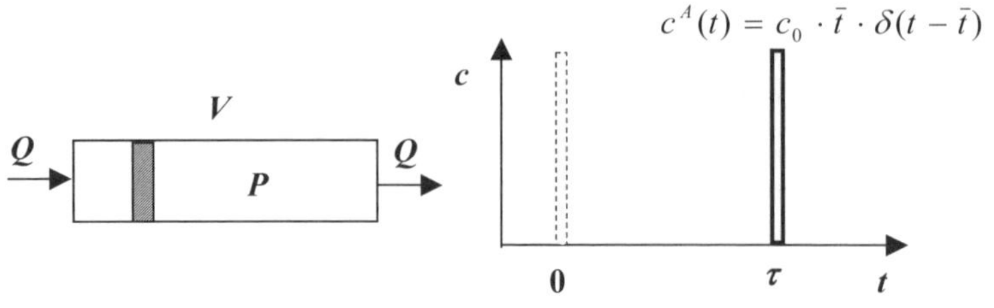

Bild 4.51
Pfropfenströmungsreaktor (ideale Verdrängung)

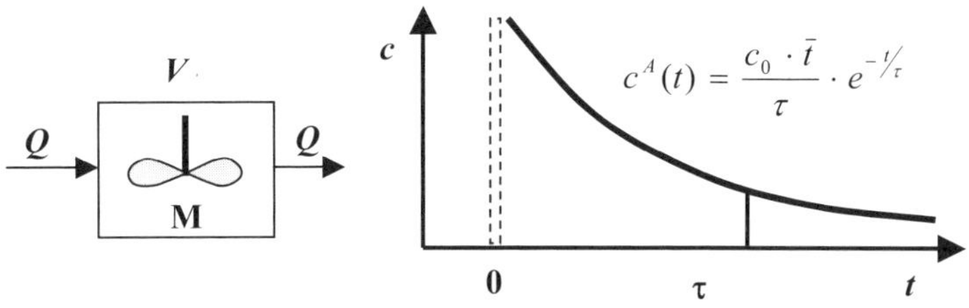

c_0 - Anfangskonzentration
$c_0 \cdot \bar{t}$ - Stoßfläche
$c^E(t)$ - Eingangsfunktion
$\bar{t}$ - mittlere Verweilzeit
$\delta(t)$ - Stoßfunktion
$c^A(t)$ - Ausgangsfunktion

Bild 4.52
Mischreaktor (sofortige bzw. ständige Vermischung)

In der Prozessanalyse erfolgt die Beschreibung gemessener Verweilzeitkurven mittels typisierter Stofftransportmodelle. Für die Stoßmarkierung $c^E(t) = c_0 \cdot \bar{t} \cdot \delta(t)$, als Eingangsfunktion, sind in Bild 4.51 und 4.52 die idealisierten Ausgangsfunktionen dargestellt.
Durch die Kombination gekoppelter, idealisierter Modelle und die Berücksichtigung der Existenz von Totraumzonen, Kurzschlussströmungen und Rückführungen kann eine weitgehende Übereinstimmung mit einer gemessenen Verweilzeitverteilung erreicht werden und damit die zu untersuchende Anlage beschrieben werden. Modellparameter sind dabei die Schaltung und Größe der Elemente sowie die Größe der Volumenströme (*Engelmann* 1986).

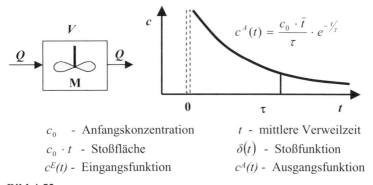

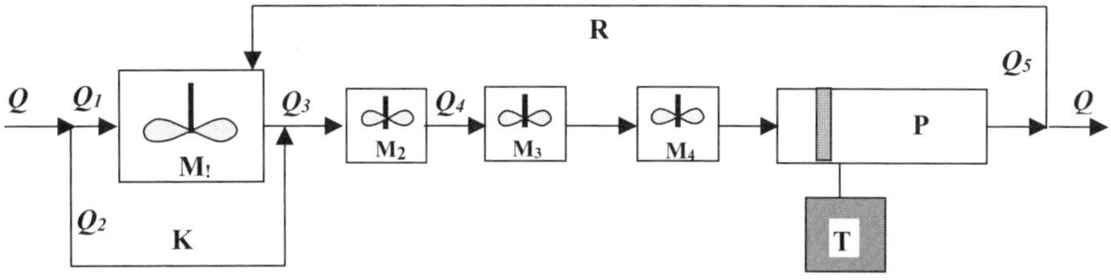

Bild 4.53
Beispiel einer Modellkombination (Misch- und Pfropfenströmungszellen M u. P, Totraumzone T, Kurzschlussströmung K und Rückführung R)

Die Auswertung nach dem Rührstufenmodell erfolgt durch die Ermittlung der Rührstufenanzahl (Mischreaktoren) für einen theoretischen Verweilzeitverlauf, der dem Verweilzeitverlauf der Anlage am nächsten kommt.

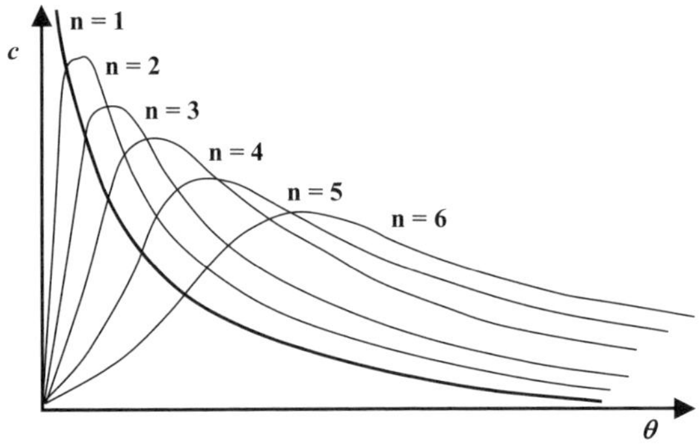

Bild 4.54
Verweilzeitkurven des Rührstufenmodells
(n-Anzahl der Mischreaktoren (*Adolphi* 1967))

Nach dem Rührstufenmodell ergibt sich dann aus der Extremwertberechnung der E-Funktion (Bild 4.50) d.h. aus $dE/d\theta = 0$:

$$E(\theta(= \frac{n^n \cdot \theta^{n-1}}{(n-1)!} e^{-nq} \qquad n = \frac{1}{1-\theta_{sp}} \tag{4.96}$$

$$c(\theta) = \frac{\bar{c} \cdot n^n \cdot \theta^{n-1}}{(n-1)!} \cdot e^{-n \cdot \Theta} \qquad \bar{c} = \frac{\text{Indikatormenge}}{\sum \text{Volumina}} \tag{4-97}$$

Eine realistischere Einschätzung von Verweilzeitkurven ermöglicht das Diffusionsmodell. Hier wird die axiale Diffusion als Ursache für die Verweilzeitverteilung angesehen, die durch den Diffusionskoeffizienten D_{ax} bzw. durch die *Bodensteinzahl* *Bo* als dimensionslose Größe charakterisiert ist.

$$Bo = \frac{\upsilon \cdot L}{D_{ax}} \tag{4-98}$$

v - axiale Geschwindigkeit

L - Länge der Arbeitszone

Aus der gemessenen Verweilzeitkurve wird die Standardabweichung σ der Verweilzeit ermittelt:

$$\sigma = \sum \left(\theta^2 \cdot E(\theta)\right) - 1 \qquad \text{mit} \quad E(\theta) = \frac{c \cdot t}{F} \tag{4-99}$$

Die Anzahl der äquivalenten Rührstufen n ergibt sich für das Rührstufenmodell zu:

$$n = \frac{1}{\sigma^2} \qquad (4\text{-}100)$$

Die *Bodenstein*zahl und der Diffusionskoeffizient lassen sich für verschiedene Ein- und Ausgangsbedingungen ermitteln (*Pippel* 1978).

$$Bo = \frac{2}{\left(1 - \sqrt{1 - 2 \cdot \sigma^2}\right)} \qquad \sigma^2 < 0{,}4 \qquad (4\text{-}101)$$

$$\sigma^2 = \frac{2}{Bo} - \frac{2 \cdot \left(1 - e^{-Bo}\right)}{Bo^2} \qquad (4\text{-}102)$$

Entsprechend der Ein- und Ausgangsfunktionen bzw. der Art der Tracerzugabe und Verweilzeitmessung ergeben sich unterschiedliche Formeln zur Ermittlung der Bodensteinzahl *Bo*, des Diffusionskoeffizienten D_{ax} und der Standardabweichung σ der Verweilzeitkurve (*Pippel* 1978).

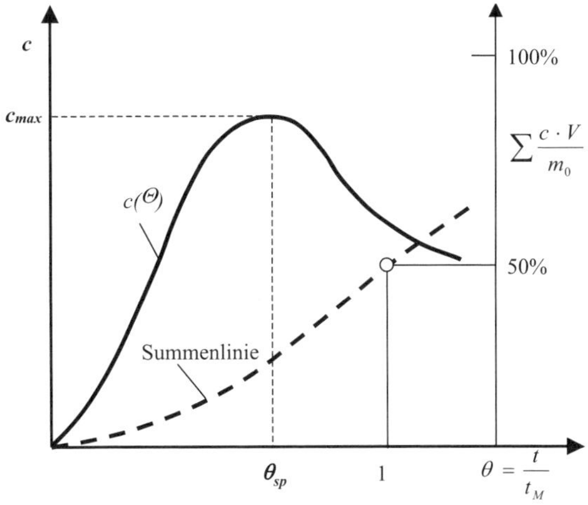

Bild 4.55
Summenlinienverfahren (*Schmidt-Bregas 1958*)

Eine weitere Auswertung kann aus der Kombination von Verweilzeitkurve und Summenlinie der Verweilzeit durch Ermittlung der Durchgangszeit des Konzentrationsmaximums und der mittleren Verweilzeit t_M aus der Summenlinie (50% Anteil) erfolgen (Summenlinienverfahren). Bei dieser Methode kann die Erfassung der Restkurve der Verweilzeit entfallen.
Die praktische Auswertung von Verweilzeitkurven setzt ein hohes Maß an Erfahrungen voraus. Für die Beurteilung von gemessenen Verweilzeitkurven gibt es wenig allgemeingültige Vorschriften bzw. Hinweise.

Aus den Verhältnissen verschiedener Zeitgrößen der Verweilzeitkurve werden sogenannte Wirkungsgrade ermittelt.
Für viele Reaktoren ist der Mischreaktor die erstrebenswerte Ideallösung. Für die Durchströmung von Anlagen wird andererseits oft die Pfropfenströmung als Ideallösung angestrebt, die jedoch nur theoretisch erreichbar ist. Deshalb müssen die infolge der turbulenten Vermischung und der daraus resultierenden Diffusionsvorgänge entstehenden Verweilzeitkurven durch Kombinationen einzelner Idealzustände oder nach dem Diffusionsmodell ausgewertet werden.
Nach *Pippel* (1978) entspricht eine ermittelte Rührstufenanzahl von $n = 5$ bis 10 hinreichend genau einer idealen Pfropfenströmung. *Bodenstein*zahl Bo, axialer Diffusionskoeffizient D_{ax} und die Standardabweichung σ der Verweilzeitverteilung stehen in enger Beziehung zueinander und gestatten die Auswertung nach dem Diffusionsmodell. Aus der Verweilzeitkurve errechnet sich die Standardabweichung der Verweilzeitverteilung (Gleichung (4-99)), daraus die *Bodenstein*zahl (Gleichung (4-101) und (4-102)) und der Diffusionskoeffizient (Gleichung (4-98)).

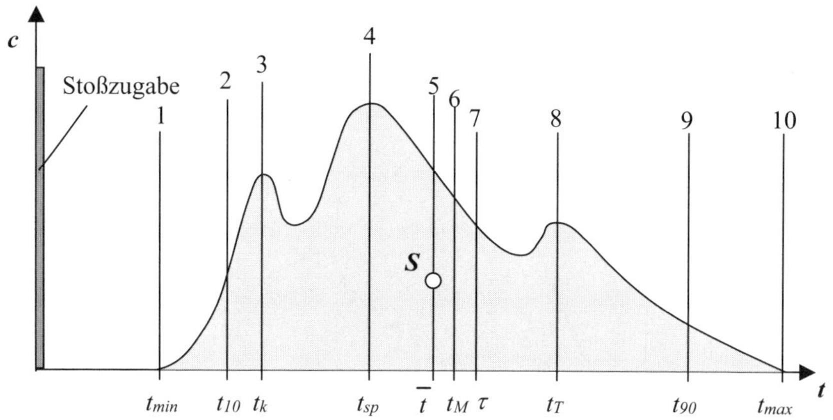

Bild 4.56
Charakteristische Zeiten der Verweilzeitkurve (Beispiel)

t_{min} - Beginn der Verweilzeitkurve, reine Propfenströmung
t_{10} - 10 %-Anteil
t_K - mögliches Kennzeichen für Kurzschlussströmung
t_{sp} - Konzentrationsmaximum (Spitze)
t - mittlere Verweilzeit aus Schwerpunktlage
t_M - mittlere Verweilzeit aus Summenlinie
τ - theoretische oder rechnerische Verweilzeit, Raumzeit
t_T - mögliches Kennzeichen für Totraumzonen
t_{90} - 90 %-Anteil
t_{max} - Ende der Verweilzeitkurve

Mit einer *Bodenstein*zahl von 20 und größer werden gute und sehr gute Durchströmungsbedingungen erreicht.
Für Diffusionsmodelle ohne Rückvermischung kann die *Bodenstein*zahl näherungsweise aus der Rührstufenanzahl ermittelt werden.

$$Bo = \sqrt{4 \cdot (n-1)^2 - 1} \tag{4-103}$$

Neben den Auswertungen als äquivalentes Rührstufenmodell bzw. Diffusionsmodell werden Wirkungsgradbestimmungen aus dem Vergleich der Verweilzeiten bzw. der Beurteilung der Schwerpunktlage der Verweilzeitkurve, deren Maxima und Form durchgeführt.
Die auf die rechnerische Verweilzeit τ bezogenen Zeitwerte ergeben folgenden Wirkungsgrad (*Schmidt-Bregas* 1958):

$$\eta_s = \frac{\bar{t}}{\tau} \qquad \eta_M = \frac{t_M}{\tau} \qquad \eta_{sp} = \frac{t_{sp}}{\tau} \qquad \eta_{MN} = n_S - \frac{F}{2 \cdot c_{\max} \cdot \tau} \tag{4-104}$$

Für Absetzbecken werden in *Schmidt-Bregas* (1958) Kombinationen der Verweilzeitkurve mit der Absetzkurve vorgeschlagen. Eine Vielzahl von Autoren beschäftigt sich mit speziellen Auswertungsmethoden für konkrete Anlagen. Hier ist es Aufgabe jedes Ingenieurs, in Abhängigkeit von seinen Untersuchungsbedingungen Einschätzungskriterien festzulegen.

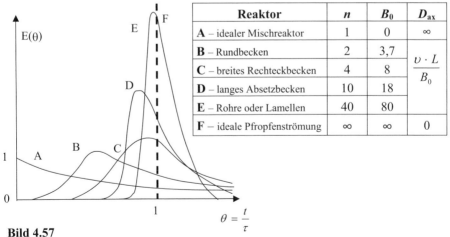

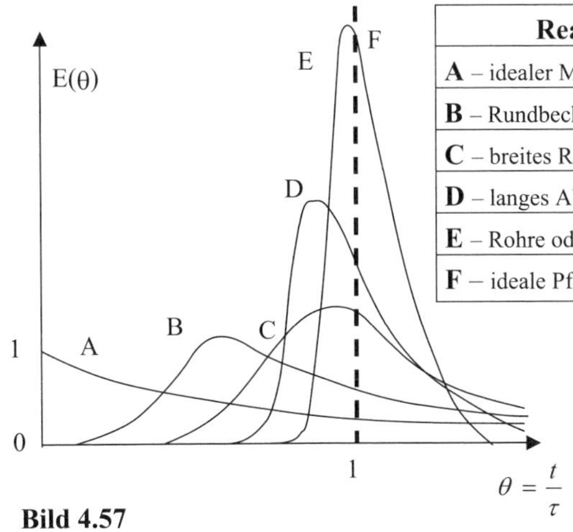

Reaktor	***n***	***B*₀**	***D*ax**
A – idealer Mischreaktor	1	0	∞
B – Rundbecken	2	3,7	$\frac{\upsilon \cdot L}{B_0}$
C – breites Rechteckbecken	4	8	
D – langes Absetzbecken	10	18	
E – Rohre oder Lamellen	40	80	
F – ideale Pfropfenströmung	∞	∞	0

Bild 4.57
Charakteristische Verweilzeitkurven (*Schmidt-Bregas 1958*) nach Gleichung (4.96)

Zur Charakterisierung von Kurzschlussströmungen wurden die Zeitwerte in *Fair/Geyer* (1961) auf die mittlere Verweilzeit t_M aus der Summenlinie bezogen.

$$\eta_S = \frac{\bar{t}}{t_M} \qquad \eta_{sp} = \frac{t_{sp}}{t_M} \tag{4-105}$$

$$\eta_K = \frac{t_{sp} - t_M}{\bar{t} - t_M}$$ - Kurzschlusskriterium

Ist der "Schwanz" der Verweilzeitkurve sehr lang, dann ist der Austausch mit vorhandenen Totraumzonen sehr gering.
Nach *Fair/Geyer* (1961) wird das Auftreten von Toträumen und Kurzschlussströmungen nach folgenden Kriterien erkannt:

$\tau = t_M$ keine Toträume

$\tau = t_M = \bar{t}$ keine Toträume und Kurzschlussströmungen

4.6 Literatur

Adolphi, G. (Hrsg.): Lehrbuch der chemischen Verfahrenstechnik. Deutscher Verlag für Grundstoffindustrie, Leipzig, 1967

Aigner,Detlef: Wasserabzug mit gelochten Rohren. Wissenschaftliche Zeitschrift der Technischen Universität Dresden; 39(1990)Heft 2

Aigner, Detlef: Wasserverteilung aus Rohrleitungen. Wissenschaftliche Zeitschrift der Technischen Universität Dresden, 40 (1991) Heft 4

Aigner, Detlef: Hydraulische Berechnung von offenen Gerinnen. Wasserwirtschaft Wassertechnik, 6/94, S.32-33, Verlag für Bauwesen Berlin 1994

Aigner, Detlef: Hydrodynamik in Anlagen zur Wasserbehandlung. Habilitationsschrift erschienen im Heft 8 der Wasserbaulichen Mittelungen am Institut für Wasserbau und Technische Hydromechanik der Fakultät für Bauingenieurwesen der Technischen Universität Dresden 1996

Aigner, D.; Bollrich, G.; Loll, J.; Rakowski, M.: Flutung der Schachtanlage Niederröblingen durch senkrechten Versturz. ERZMETALL 49 (1996) Nr. 10, S. 597 - 605

Aigner, D.; Horlacher, H.-B.: Optimum design of self-regulating spring steel throttles for sewer overflow tanks. XXVII IAHR Congress San Francisco, August 1997.

Aigner, Detlef : Rohrleitungen mit seitlicher Zu- oder Ausströmung. Korrespondenz Abwasser 1997 (44) Nr.4

Aigner, Detlef; Cherubim, Carsten: Overflow in a cylindrical Pipebend. VII-th Conference Problems of Hydroengineering . Wroclaw-Szklarska Poreba, Poland. May 19-21, 1999, Seite 136-141

Aigner, Detlef: Freigefälledruckleitungen zur Abwasserüberleitung. Korrespondenz Abwasser-Wasserwirtschaft Abwasser Abfall, Heft 6, 2000

Aigner, D.; Thumernicht, S.: Geregelte Freigefälledruckleitungen zur Abwasserüberleitung. Wasserbauliche Mitteilungen Heft 21, TU Dresden, 2002

Aigner, Detlef: Hydraulische Bemessung von Freigefälledruckleitungen zum Abwassertransport. Merkblatt des Landesamt für Umwelt und Geologie, Mai 2003

Albring, W.: Angewandte Strömungslehre. Verlag Theodor Steinkopff Dresden 1970

Albring, W.: Elementarvorgänge fluider Wirbelbewegungen. Akademie-Verlag Berlin 1981

Amirtharajah, A., Mills, K.M.: Rapid - mix Design for Mechanisms of Alum Coagulation. In: JAWWA 74(1982), S.210 - 216

ATV, 1987: Arbeitsbericht der ATV-Arbeitsgruppe 1.1.6.: Besondere Entwässerungsverfahren – Druckluftgespülte Abwassertransportleitungen – Planungs-, Bau- und Betriebsgrundlagen. Korrespondenz Abwasser 34 J. 1/1987

ATV Regelwerk Abwasser-Abfall : Hydraulische Berechnung von Kläranlagen. Hinweis Nr.2.11 in Korrespondenz Abwasser (1/1984)

ATV-A200: Grundsätze für die Abwasserentsorgung im ländlichen Raum. Arbeitsblatt der Abwassertechnischen Vereinigung Mai 1977

ATV-Lehr- und Handbuch der Abwassertechnik Band II: Entwurf und Bau von Kanalisationen und Abwasserpumpwerken. Verlag von Wilhelm Ernst&Sohn Berlin-München 1982

Benze, F.C.: Ein Beitrag zur Koagulationstheorie und zur Scherbeanspruchung von Abwasser - Flocken. Dissertation. RWTH Aachen, Fakultät für Maschinenwesen. Berlin: 1967

Bollrich, Gerhard : Hydraulische Untersuchungen von Heberleitungen bei Pumpstationen. Wissenschaftliche Zeitschrift der TU Dresden 26(1977) H.1

Bollrich, Gerhard und Autorenkollektiv: Technische Hydromechanik Band 2. Verlag für Bauwesen Berlin 1989

Bollrich, Gerhard: Technische Hydromechanik 1, 5. Auflage. Verlag Bauwesen Berlin 2000

Bradshaw, P. (Edited): Turbulence. Springer-Verlag Berlin - Heidelberg - New York 1978

Camp, T.R., Stein, P.C.: Velocity Gradients and Internal Work in Fluid Motion. In: Journal of the Society of Civil Engineering 30(1943)10, S.219 - 237

Cleasby, J.L.: Is Velocity Gradient a Valid Turbulent Flocculation Parameter? In: ASCE - Journal of Environmental Engineering 110(1984)5, S.875 - 897

Cornet, J.C.: Détermination des gradients hydrauliques dans les différentes phases du traitements des eaux (Übersetzung). In: la technique de l'eau et de l'assainissement 410(1981)octobre, S.23 - 32

DIN 19558: Überfallwehr und Tauchwand. September 1990, Beuth Verlag Berlin.

DIN EN 1671: Druckentwässerungssysteme außerhalb von Gebäuden. Deutsche Norm August 1997

Dittrich, A.: Wechselwirkung Morphologie/Strömung naturnaher Fliessgewässer. Mitteilung des Institutes für Wasserwirtschaft und Kulturbau der Universität Karlsruhe. Heft 198, 1998

DVWK, 1988: Merkblatt W 403: Wasserversorgung – Wasserverteilung/Wasserrohrnetze – Planung. Technische Mitteilungen des DVWK, Januar, 1988

DWA-A 116: Besondere Entwässerungsverfahren. Teil1: Unterdruckentwässerungssysteme außerhalb von Gebäuden. April 2003 und Teil 2: Druckentwässerungssysteme außerhalb von Gebäuden, Mai 2007, Arbeitsblatt der DWA

Engelmann, U.: Nutzung der Verweilzeitanalyse zur Charakterisierung biologischer Abwasserreinigungsanlagen. Dissertation , TU Dresden, 1986

Fair, G.; Geyer, J.: Wasserversorgung und Abwasserbeseitigung. München, Wien, Oldenbourg, 1961

Flemming, V.; Kranawettreiser, J.: Schwingungen in Zusammenhang mit Srömungsvorgängen. Forschungsbericht Prowa Halle, Hydrolabor Schleusingen 1989

Franke,P.: Theoretische Betrachtung zur Strahlkontraktion beim Ausfluß unter Schützen. Die Bautechnik. 33. Jahrgang, Seite 73-77, Heft 3-März 1956

Frost, W.; Moulden, T.H.: Turbulentnost - prinzipui i primenenia. (Übersetzung des amerikanischen Originaltitels: Handbook of turbulenz.) Moskau 1980

Gentilini, B. : Effluso dalle luci soggiacenti alle paratoie piane inclinate e a settore, L'Energia Elettrica 1941,H.6, S.361, Auszug in: Wasserkraft Wasserwirtschaft Heft 6 und 7 (37.Jg. 1941)

Gozdziela, U.: Gestaltung des Ablaufes von Nachklärbecken unter besonderer Berücksichtigung der Ablaufkantenbelastung. Diplomarbeit TU Dresden, Sektion Wasserwesen, 1989

Grischanin, K.W.; Dinamika ruslowijch potokow (Dynamik von Flussbettprozessen). Leningrad 1979

Hackeschmidt, M.: Grundlagen der Strömungstechnik. Band II: Felder. Deutscher Verlag für Grundstoffindustrie, Leipzig 1970

Hager,W.H.: Abwasserhydraulik - Theorie und Praxis. Springer Verlag; Berlin Heidelberg New York 1994

Hager,W.H.: Die Hydraulik von Verteilerkanälen. Dissertation, Eidgenössische Technische Hochschule Zürich, 1981

Hardtke, P.G.: Turbulenzerzeugte Sedimentriffel. Dissertation Universität Karlsruhe 1979

Hesselmann, N.: Digitale Signalverarbeitung. Vogel-Buchverlag Würzburg 1983

Idelchik, I.E.: Spravocnik po gidravliceskim soprotivlenijam (Handbuch für hydraulische Widerstände). 2. Auflage, Moskau: Masinostrojenie, 1975 (russ.)

Kawamura, K. : Hydraulics scale-model simulation of the sedimentation process. In: Journal American Water Works Association 73 (1981), Nr.7, S. 372-379

Kennedy, J.F. : The formation of sediment ripples, dunes and antidunes. Ann. Rev. Fluid Mech., Vol. 1 S. 147 -168, 1969

Kittner, H.; Starke, W.; Wissel, D.: Wasserversorgung. 5. Aufl. Verlag für Bauwesen Berlin 1985

Kranawettreiser, J.: Hydraulische Grundlagen für eine verbesserte Bemessung von Sedimentationsanlagen. WZ der Hochschule für Architektur und Bauwesen, Weimar 38(1992)1/2

Krebs,P.: Hydraulik in Nachklärbecken, Zwischenbericht I. VAW, Versuchsanstalt für Wasserbau, Hydrologie und Glaziologie, Zürich, Januar 1988

Krebs,P.: Modellierung von Strömungen in rechteckigen Nachklärbecken. In: Gas Wasser Abwasser 1989/11, Zürich

Krug, Roland : Berechnung der Fortpflanzungsgeschwindigkeit langer Luftblasen und der Schwallströmung in horizontalen und mäßig geneigten Rohrleitungen. (Promotion), Hydraulik und Gewässerkunde Mitteilung Nr. 49 der TU München 1988.

Lebiecki,P.; Czernuszenko,W.: Pomiary podstawowych charakterystyk turbulencji rzecznej (Messungen von Grundcharakteristiken der Flussturbulenz). Gospodarha Wo-dna - Warschau. Nr3/1987 S.: 52 - 56.

Liepe, F.: Verfahrenstechnische Berechnungsmethoden. Teil 4. Verlag für Grundstoffindustrie Leipzig 1988

Lindemann, K.: Experimentelle Untersuchung des Einlaufbereiches und Durchströmungsbereiches von rechteckigen Nachklärbecken. Diplomarbeit der Hochschule für Bau-wesen Cottbus, Sektion Technologie der Bauproduktion, Cottbus 1990

LSTM-Seminar: Abwasserreinigung, Alte Probleme-Neue Lösungen. Sulzbach-Rosenberg, 23. und 24. Juni 1993

Lützner, K.: Abwasserbehandlung. 2. Lehrbrief der TU Dresden, 2. Auflage 4/1990

Muth: Regenüberlaufbecken-Strömungsuntersuchungen an Durchlaufbecken. In: Korrespondenz Abwasser 39.Jahrgang (1992), H.6, S.910-915

Pippel, W.; u.a.: Verweilzeitanalyse in technologischen Strömungsprozessen. Akademie-Verlag-Berlin, 1978

Reynolds, A.J.: Turbulent flows in engineering. London 1974, russ. Übersetzung: Moskau Verlag: Energiea 1979

Rodi,W. (Leiter): Numerische Berechnung turbulenter Strömungen in Forschung und Praxis. Vorträge zum Lehrgang an der Universität Karlsruhe, September 1994

Rodi,W.: Numerische Berechnung der Strömungs- und Absetzvorgänge in Sedimentationsbecken. Vortrag zum Kolloquium des SFB 210, Karlsruhe 1990

Rotta, C.: Turbulente Strömungen. Verlag B. G. Teubner, Stuttgart, 1972

Rouse, Hunter (Hrsg.): Advanced mechanics of fluids. New York: John Wiley & Sous, London: Charpman & Hall, 1959

Ruck, B.: Einführung in die Laserlichtschnittechnik. Hochschulkurs Laser-Anemometrie, Universität Karlsruhe 1994

Schetz, A.: Turbulentnoje Tetschenie. (Übersetzung des amerikanischen Originaltitels ins Russiche: Injektion and mixing in turbulent flow.) Moskau 1984

Schlichting, H.: Grenzschicht-Theorie. 3. Auflage, Karlsruhe: Verlag G.Braun, 1958

Schmidt-Bregas, F.: Über die Ausbildung von rechteckigen Absetzbecken für häusliche Abwässer. TH Hannover, Institutsveröffentlichung, 1958

Spitzer, D.: Leistungssteigerung von Langabsetzbecken. Forschungsbericht der Forschungsanstalt für Schifffahrt, Wasser- und Grundbau, Berlin 1987

Stamou, A.I.; Rodi, W.: Review of experimental studies on sedimentation tanks. SFB 210, Universität Karlsruhe 1984

Symes, C.R.: Freischerströmungen in turbulenter Grundströmung. Dissertation an der Universität Karlsruhe, 1979

Turner,J.S.: Buoyancy effects in fluids. Cambridge at the university press, 1973

Voigt, H.: Abflussberechnung gleichzeitig über- und unterströmter Stauelemente. Dissertation Technische Universität Dresden, 1971

Walther, G./ Günthert, F. W.: Neue Untersuchungen zur Selbstentlüftungsgeschwindigkeit in Trinkwasserleitungen. gwf-Wasser/Abwasser 139 (1998) Nr. 8, S. 475-481.

Wisner, P.E. et al.: Removal of air from water lines by hydraulic means, Journ. of the Hydraulic Division, Proc. ASCE 101 HY2, 1975, S. 243-257

Zanke, U.: Zur Berechnung von Strömungs- und Widerstandsverhalten. In: Wasser und Boden 45 (1993) 1, S.14ff, Hamburg: Verlag Paul Parey

Zäschke, E.: Berechnung von Schlammleitungen. ATV-Seminar: "Hydraulische Berechnung von Abwasseranlagen", Essen, Mai 1991

4.7 Verwendete Bezeichnungen

Symbol	Einheit	Benennung
A, a	m^2	Fläche, Öffnungsfläche, Lochfläche
B, b	m	Breite
B'	m	Bezugsbreite
Bo	-	*Bodenstein*zahl
C, c	-	Beiwert, Überfallbeiwert, Konstante, Funktion
C	g/l	Konzentration
Ca	-	*Camp*-Zahl
c_0	m/s	Schallgeschwindigkeit
D, d	m	Durchmesser -
D_{ax}	m^2/s	Diffusionskoeffizient (axial) -
d_{hy}	m	Hydraulischer Durchmesser $d_{hy} = 4 \cdot r_{hy}$
E	-	normierte Konzentrationsfunktion
$E(k)$	m^3/s^2	Energiespektrum
F	g·s/l	Fläche unter Konzentrationskurve
f	-	Beiwert
f	s^{-1}	Frequenz
Fr	-	*Froude*zahl
g	m/s^2	Erdbeschleunigung
G	s^{-1}	Geschwindigkeitsgradient
H, h	m	Höhe, Energiehöhe, Wasserstand, Verlusthöhe, Überfallhöhe
I	-	Gefälle
k	m	absolute Rauheit
k	-	Laufvariable, Beiwert
k	m^{-1}	Wellenzahl
Ke	-	*Keulegan*zahl
k_E	m^2/s^2	turbulente kinetische Energie
k_{St}	$m^{1/3}/s$	Rauheitsbeiwert *Manning-Strickler*
L, l	m	Länge
M	Nm	Moment
m	-	Neigungsverhältnis, Laufvariable
N	s^{-1}	*Brunt-Väisälä*-Frequenz
n	-	Neigungsfaktor, Laufvariable, Anzahl
p	N/m^2	Druck
Q	m^3/s	Durchfluss, Ausfluss
q	m^2/s	spezifischer Abfluss
r	m	Radius
r_{hy}	m	hydraulischer Radius

Re	-	*Reynolds*-Zahl
Ri	-	*Richardson*-Zahl
$R_v(\tau)$	-	genormte Autokorrelationsfunktion
s	m	Öffnungshöhe
S	N	Stützkraft
Sr	-	*Strouhal*zahl
t	s	Zeit
t	m	Zulaufhöhe
TS	mg/l	Trockensubstanzgehalt
Tu	-	Turbulenzgrad
V	m^3	Volumen
v	m/s	Geschwindigkeit
x	m	Entfernung, Länge
z	m	geodätische Höhe
η	-	Wirkungsgrad
η	kg/m/s	dynamische Viskosität
ψ	-	Einschnürungsbeiwert
α	°	Winkel
α	-	Hilfswert
β	°	Winkel
β	-	Belüftungsgrad
ε	m^2/s^3	Energiedissipation
λ	-	Reibungsbeiwert
μ	-	Ausflussbeiwert
ν	m^2/s	kinematische Viskosität
Π	-	dimensionslose Zahl
π	-	Pi-Zahl
θ	-	relative Zeit
ρ	kg/m^3	Dichte
σ	-	Standardabweichung
σ_{uv}	-	Abminderungsfaktor für unvollkommenen Abfluss
τ	N/m^2	Schubspannung
τ	s	Zeit, Verweilzeit
ω	s^{-1}	Winkelgeschwindigkeit, Abtastfrequenz
ζ	-	Verlustbeiwert

5 Probabilistische Aspekte der hydraulischen Bemessung

Reinhard Pohl

5.1 Deterministische Bemessung

Die nach den allgemein anerkannten Regeln der Technik (a. a. R. d. T.) durchzuführenden Bemessungen im Wasserbau und in anderen Bauingenieurdisziplinen sehen meist eine Bemessung für bestimmte Lastfälle vor, von denen man annimmt, dass sie den maßgebenden Fall repräsentieren.
Verschiedene Arten von Unsicherheiten erschweren aber die Entscheidung für den „maßgebenden" Lastfall. Im Wasserbau muss vielfach mit den folgenden Unsicherheiten gerechnet werden: Die *Naturunsicherheit* resultiert aus der Zufälligkeit von meteorologischen und hydrologischen Abläufen und stellt das größte, objektiv nicht zu beseitigende Problem dar. Eventuelle Mess- oder Übertragungsfehler können zu einer *Datenunsicherheit* führen. Für Bemessungszwecke wird die Realität modelliert. Weil vielfach keine vollständige Übertragbarkeit möglich ist, die hydraulischen Modellgesetze nicht gleichzeitig erfüllbar sind (*Froude, Reynolds,* vgl. Kapitel 1) und für die Formulierung von mathematischen Zusammenhängen vielfach Approximationsfunktionen verwendet wurden, ist mit einer *Modellunsicherheit* zu rechnen. Die *Parameterunsicherheit* resultiert daraus, dass möglicherweise nicht alle Abhängigkeiten oder Parameter bekannt oder bestimmbar sind. Selbst wenn diese in die Bemessung eingehenden Unsicherheiten nicht vorhanden wären, können während der Nutzungsdauer des Bauwerkes *Betriebsunsicherheiten* (Bedienfehler, Manövrierfehler, Bedarfsschwankungen, Versagen von Bauteilen) auftreten.
Trotz dieser Unsicherheiten begnügt sich die meist übliche Bemessungspraxis damit, durch Verwendung der als fehlerfrei betrachteten maßgebenden Eingangswerte einen oder ggf. auch zwei oder mehrere Lastfälle zu definieren.
Wenn sich eindeutige Lastfälle mitunter nicht formulieren lassen, hilft sich der Ingenieur gelegentlich damit, obere und untere Grenzfälle (auf der „sicheren" und „unsicheren" Seite) abzuschätzen. Aber auch diese Erweiterung der Bemessung gibt nur einen punktuellen Einblick in die möglichen Belastungssituationen.
Für hydraulische Berechnungen, von denen an Hand ausgewählter Beispiele nachfolgend die Rede sein soll, sind beispielsweise Durchflüsse, Wasserstände oder auch

Wellen wesentliche Eingangsgrößen. Diese können durch Vorgänge in der Natur oder durch Steuerungsvorgänge beeinflusst werden.

5.2 Bemessung auf probabilistischer Grundlage

Die Methoden zur Bestimmung von (Versagens-) Wahrscheinlichkeiten oder entsprechender Kennwerte können nach dem Berechnungsaufwand klassifiziert werden („levels of sophistication"):

- Stufe 1: Die Bemessungsvariablen werden nur durch den Mittelwert oder einen anderen charakteristischen Wert allein beschrieben. Das entspricht – wie zu Beginn des Abschnittes 5.1 ausgeführt – den meisten heutigen Normen. Aussagen über die Versagenswahrscheinlichkeit sind nicht möglich. Gegebenenfalls werden obere und untere Grenzwerte berücksichtigt.
- Stufe 2: Die Bemessungsvariablen werden mit zwei oder mehreren Kennwerten eingeführt, z. B. mit Mittelwert und Standardabweichung.
- Stufe 3: Die Bemessungsvariablen werden durch ihre Verteilungsfunktion beschrieben. Durch eine Transformation von zufälligen Variablen, für die im weiteren Beispiele angegeben werden, ist es möglich, die Verteilung von Merkmalen der Einwirkung in die Verteilung der Bemessungsgröße zu überführen.
- Stufe 4: Zusätzlich zu Stufe 3 werden die Konsequenzen (z. B. Baukosten, Schäden, Wiederbeschaffungskosten) berücksichtigt.

Die Schwierigkeit vieler Bemessungsprobleme des Bauwesens liegt darin, dass eine Bemessung auf seltene Ereignisse (z. B. Jahrhundertereignisse) erfolgen muss, deren Werte weit entfernt von Mittelwerten im sogenannten Schwanz der Verteilung liegen. In diesen Bereichen sind die Wahrscheinlichkeiten sehr klein und die ermittelten Werte stark vom Funktionsverlauf abhängig.

Um ein umfassenderes Bild über das Verhalten eines Systems zu gewinnen, ist es vorteilhaft, die Bemessung nicht nur in ein oder zwei Lastfällen, sondern mit einer großen Anzahl von Werten durchzuführen, deren Häufigkeit des Auftretens der in der Realität beobachteten Verteilung entspricht. Wenn es sich um fehlerbehaftete Messwerte handelt, könnten diese z. B. normalverteilt um einen Erwartungswert streuen. Wenn es sich um Größtwerte von natürlichen Einflussgrößen (Hochwasser, Wind) handelt, kommen Extremwertverteilungen (z. B. *Gumbel*verteilung, *Pearson*(III)Verteilung, die Normalverteilung der Logarithmen) in Frage.
Wenn es gelingt, *eine* zufällige Belastungsgröße (Merkmal der Verteilung) *einem* zufälligen Widerstand gegenüber zu stellen, ist unter bestimmten Voraussetzungen eine geschlossene (exakte) mathematische Lösung des sogenannten Faltungsintegrals möglich. Beim Vorliegen mehrerer zufälliger Eingangsgrößen steigt der mathematische Aufwand stark an. Eine geschlossene Lösung ist dann oft nicht mehr oder nur mit starken Vereinfachungen angebbar. In diesen Fällen lässt sich die Verteilungsfunktion der gesuchten Ergebnisgröße mit Hilfe numerischer Methoden (z. B. Monte Carlo Methode) ermitteln.

Auf diese Weise ist es möglich, Versagenswahrscheinlichkeiten P zu bestimmen, wenn die Überschreitung eines Quantilwertes ein Versagen bewirkt.
Aus verschiedenen, oft psychologischen Gründen wird es mitunter bevorzugt, nicht von der Versagenswahrscheinlichkeit, sondern von der Zuverlässigkeit (oder Sicherheit) zu sprechen, welche oft als

$$Z = 1 - P \tag{5-1}$$

definiert wird.
Für die Beurteilung der Stand- und Funktionssicherheit von Bauwerken wird auch vielfach das Risiko herangezogen. Dieses wird in der Regel als Produkt aus der Versagenswahrscheinlichkeit P und den Versagenskonsequenzen (vielfach dem monetären Schaden) C berechnet:

$$R = P \cdot C \tag{5-2}$$

Verschiedentlich wird auch die Versagenswahrscheinlichkeit selbst als Risiko bezeichnet (*Yen 1987*). Allerdings bringt Gl. (5-2) das mathematische Problem numerischer Instabilität mit sich, dass bei sehr seltenen (unwahrscheinlichen) Ereignissen, die hohe Schäden erwarten lassen, eine sehr kleine mit einer sehr großen Zahl multipliziert werden muss (Null-mal-Unendlich-Problem).
Auf eine Einschränkung soll hier noch aufmerksam gemacht werden: In der Folge wird zunächst davon ausgegangen, dass die Variablen voneinander stochastisch unabhängig sind. Korrelationen zwischen den Variablen sind z. T. schwer festzustellen oder zu ermitteln, und sie verkomplizieren die Algorithmen ganz erheblich.

5.3 Grundlagen für die probabilistische Bemessung

5.3.1 Datengewinnung, Korrelation und Regression

Die Datengrundlage für Wahrscheinlichkeitsbetrachtungen kann aus der Auswertung von Stichproben gewonnen werden. Dabei wird eine zugängliche Teilmenge der Elemente der Grundgesamtheit erfasst und hinsichtlich bestimmter Merkmale, die als Zufallsgrößen aufgefasst werden, untersucht. Auf Grund eines Merkmals (z. B. Abmessung, Festigkeit, Geschwindigkeit, Durchfluss) können Elemente (Werkstück, Betonwürfel, Wasserteilchen, Tagesabflüsse) in Urlisten eingetragen und der Größe nach geordnet werden. Durch die Zuordnung zu Klassen (z. B. mit Strichliste) und die Auftragung der Anzahl über dem Merkmal kann ein Histogramm erstellt werden, welches für sehr kleine Klassenbreiten die Verteilungsdichtefunktion beschreibt. Wird die Anzahl der Elemente, die bis zu einer bestimmten Merkmalsgröße aufgetreten sind, über der Merkmalsgröße aufgetragen, erhält man die Summenlinie (Summenhäufigkeit) bzw. beim Übergang zu sehr kleinen Klassen und sehr vielen Elementen die (kumulierte) Verteilungsfunktion.

Viele Gegenstände, Ereignisse oder Zustände können durch Paare (oder auch Tripel usw.) von Merkmalen beschrieben werden. Dann ist es häufig von Interesse, ob zwischen diesen Merkmalen ein Zusammenhang besteht. Eine erste Antwort auf diese Frage kann man durch Auftragung der Wertepaare in einem gemeinsamen Koordinatensystem erhalten. Ein erkennbarer Kurvenverlauf bejaht im allgemeinen die Frage nach einem Zusammenhang. Durch Klasseneinteilung auf den Achsen lassen sich säulenartige Histogramme darstellen, deren Säulenhöhe die Häufigkeit des Auftretens der Werte in einer Klasse angibt. Beim Übergang zu sehr kleinen Klassenbreiten und vielen Wertepaaren ergibt sich eine zweidimensionale Verteilungsfunktion (vgl. Bild 5.3).

Eine bildliche Darstellung von beobachteten Wertetripeln ist allenfalls durch die Verteilung von (Masse-) Punkten im Raum denkbar, wobei ein Körper unterschiedlicher Dichte entsteht (vgl. Bild 5.15). Eine bildliche Darstellung von Quadrupeln bereitet unserem dreidimensional geprägten Vorstellungsvermögen naturgemäß Schwierigkeiten.

Als Maß für die Abhängigkeit von Wertepaaren kann mit Hilfe der Mittelwerte (Momente erster Ordnung; Gl.(5-10)) die Kovarianz

$$Cov(X,Y)=\frac{1}{N-1}\cdot\sum_{i=1}^{N}(x_i-m_{1x})(y_i-m_{1y})=\frac{1}{N-1}\cdot\sum_{i=1}^{N}(x_i\cdot y_i)-(m_{1x}\cdot m_{1y}) \tag{5-3}$$

berechnet werden, aus der sich durch Normierung mit den Standardabweichungen (Momente zweiter Ordnung; Gl. (5-11)) der dimensionslose Korrelationskoeffizient ergibt zu

$$\rho_{X,Y}=\frac{Cov(X,Y)}{m_{2x}\cdot m_{2y}} \tag{5-4}$$

Wenn der Betrag des Korrelationskoeffizienten gegen 1 geht, sind die Werte fast vollständig korreliert. Wenn ρ sehr klein wird, besteht keine erkennbare Abhängigkeit.

Bei der paarweisen Betrachtung von Daten ist oft die Herstellung eines mathematischen Zusammenhanges, d. h. einer Funktion $Y = f(X)$ wünschenswert.

Mit Hilfe vorliegender Algorithmen, die in vielen Programmen der Standardsoftware enthalten sind, lassen sich Geradengleichungen, Polynome oder exponentielle Gleichungen für die Zusammenhänge zwischen beobachteten und berechneten Werten schnell angeben. Um den linearen Korrelationskoeffizienten als Maß für die Anpassung einer linearen Funktion an die Messwerte benutzen zu können, werden vielfach die berechneten den gemessenen Werten gegenübergestellt. Bei idealer Anpassung muss sich im entsprechenden Diagramm eine Ausgleichsgerade ergeben, die durch den Nullpunkt und den Punkt (1;1) verläuft.

Beispiel Versuchsauswertung mit berechneten und gemessenen Werten

Tafel 5.1
Gemessene und berechnete Werte y in Abhängigkeit von x

x	$y_{gemessen}$	$y_{berechnet}$
0,00	0,20	0,05
1,00	1,10	0,64
2,00	2,00	3,70
3,00	10,10	9,23
4,00	18,00	17,21
5,00	27,10	27,66

In Abhängigkeit von x wurden die in der nebenstehenden Tafel angegebenen y-Werte gemessen und anschließend nach der in der linken Grafik von Bild 5.1 eingetragenen Approximationsgleichung (Polynom 2. Grades) angenähert.
Im rechten Teil von Bild 5.1 ist ein fast linearer Zusammenhang mit einem Bestimmtheitsmaß von $R = 0{,}9919 = \rho^2 = 0{,}9959^2$ zwischen gemessenen und mit der Approximationsgleichung berechneten Werten zu erkennen.

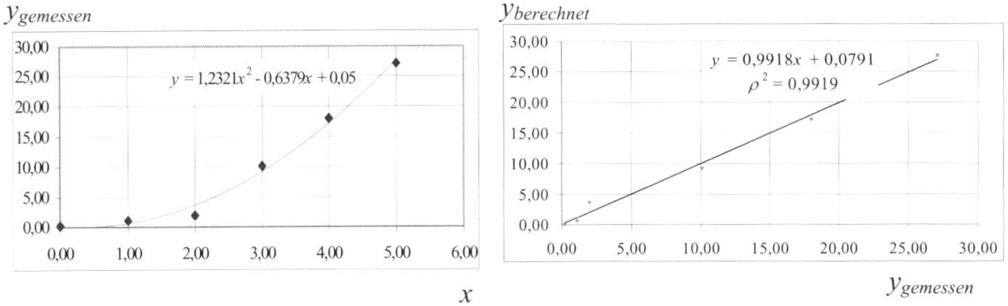

Bild 5.1
Gemessene Werte y in Abhängigkeit von x und berechnete Werte y gegen gemessene Werte y

5.3.2 Verteilungsfunktionen

Die Verteilung einer stetigen Zufallsvariablen X kann durch eine Wahrscheinlichkeitsdichtefunktion $f(x)$ beschrieben werden. Der nicht negative Funktionswert soll durch seinen Betrag die Häufigkeit ausdrücken, mit der die Merkmalsgröße X an der Zuordnungsstelle vorkommt. Er soll dort verschwinden, wo aus physikalischen Gründen keine Werte auftreten können. Das Integral über die Funktion von $x = -\infty$ bis $x = +\infty$ soll gleich eins sein.

Wenn eine Funktion, diese Forderungen erfüllt, wird sie Wahrscheinlichkeitsdichtefunktion genannt. Ihr Integral liefert die (kumulierte) Verteilungsfunktion

$$F(x) = P(X \leq x) = \int_{-\infty}^{x} f(x)dx \tag{5-5}$$

Der Wert der Verteilungsfunktion *F(x)* an der Stelle *x* ist somit gleich der Wahrscheinlichkeit dafür, dass die Zufallsgröße *X* einen Wert erreicht, der kleiner oder gleich *x* ist (Unterschreitungswahrscheinlichkeit).

Die Wahrscheinlichkeit *P(C)* eines beliebigen Zufallsereignisses *C* liegt in dem Bereich

$$0 \leq P(C) \leq 1. \tag{5-6}$$

Die Wahrscheinlichkeit 0 bezeichnet das praktisch unmögliche Ereignis und 1 das mit Sicherheit eintretende Ereignis. Die Wahrscheinlichkeit, dass die Zufallsvariable X Werte annimmt, die größer als x sind, erhält man aus

$$P(X > x) = \int_{x}^{\infty} f(x)dx \tag{5-7}$$

Hierbei handelt es sich um die Überschreitungswahrscheinlichkeit, die bei einer entsprechenden Auswahl des Merkmales *x* das Versagen eines Systems beschreiben kann. Die Wahrscheinlichkeit für das Eintreten eines bestimmten Wertes für *X* selbst ist gleich Null, da der Wahrscheinlichkeit stets ein bestimmter Flächeninhalt unter der Dichtefunktion zugeordnet ist. Die Wahrscheinlichkeit für das Auftreten eines Wertes zwischen der unteren Grenze *a* und der oberen Grenze *b* folgt aus

$$P(a < x \leq b) = \int_{a}^{b} f(x)dx = F(b) - F(a) \tag{5-8}$$

5.3.3 Momente der Verteilungsfunktionen

Für die Schätzung der Parameter der Verteilungsfunktionen stehen verschiedene Methoden zur Verfügung: z. B. die Momentenmethode, die Methode „der größten Mutmaßlichkeit“ (maximum likelihood, ML), oder die Methode der maximalen Entropie. Das Ziel der Parameterschätzung ist eine möglichst gute Anpassung der Verteilungsfunktion an die unter gleichen Bedingungen (d.h. stationär) gewonnenen Zufallsgrößen, die Stichprobe ($x_1, x_2, \ldots, x_N$).

Es wird dabei angestrebt, dass die Schätzung drei Eigenschaften besitzt:

1. Erwartungstreue
2. Konsistenz (für größer werdende Stichproben wird die Schätzung genauer, d.h. sie nähert sich dem „wahren“ Wert)
3. Effizienz (geringe Streuung der Schätzfunktion).

Bei der einfacher handhabbaren Momentenmethode sind insbesondere die Punkte 1 und 2 gewährleistet, wohingegen bei der etwas komplizierteren Maximum-Likelihood-Methode auch Punkt 3 weitgehend erfüllt ist.

Die Momente einer Zufallsgröße dienen zur Beschreibung von Verteilungsfunktionen und charakterisieren den Wertevorrat der Zufallsvariablen. Ihre Bestimmung erfolgt wie bei der Ermittlung der statischen Momente einer kontinuierlichen Massenverteilung in der klassischen Mechanik. Die zentralen Momente werden nach der Vorschrift

$$m_r = \int_{-\infty}^{\infty} (x - m_1)^r \cdot f(x)dx \quad \text{mit } r \geq 2 \text{ und } m_1 = \int_{-\infty}^{\infty} x \cdot f(x)dx \tag{5-9}$$

gebildet und sind wegen der Integration über den gesamten Wertebereich von x nur vom Parametervektor der Verteilungsdichtefunktion abhängig.
Das erste Moment ($r = 1$) ist der Erwartungswert (Mittelwert)

$$m_1 = E(X) = \mu = \frac{1}{N} \cdot \sum_{i=1}^{N} x_i := \bar{x} \tag{5-10}$$

wobei N die Anzahl der Mess- oder Beobachtungswerte ist. Der Mittelwert, der ein Kriterium für das Zentralverhalten der Stichprobe darstellt und die gleiche Maßeinheit wie das Merkmal hat, kann z. B. im Falle der Normalverteilung als Schätzung für den Lageparameter μ der Wahrscheinlichkeitsdichtefunktion einer Zufallsvariable dienen.

Das zweite zentrale Moment ($r = 2$) wird als Varianz bezeichnet und entspricht dem Quadrat der Standardabweichung, die sich als mittlerer quadratischer Abstand der einzelnen Werte x_i vom Mittelwert ausdrücken lässt

$$m_2 = E(X - m_1)^2 = \sigma^2 = m_2 = \frac{1}{N} \cdot \sum_{i=1}^{N} \left(x_i - \bar{x}\right)^2 \tag{5-11}$$

Der Variationskoeffizient ergibt sich zu

$$C_v = \frac{\sigma}{m_1} \tag{5-12}$$

Das 3. zentrale Moment

$$m_3 = \frac{1}{N} \cdot \sum_{i=1}^{N} \left(x_i - \bar{x}\right)^3 \tag{5-13}$$

wird zur Ermittlung des Schiefekoeffizienten γ verwendet:

$$\gamma = \frac{m_3}{m_2^{3/2}} = \frac{m_3}{\sigma^3} \tag{5-14}$$

Das 4. zentrale Moment dient zur Bestimmung des Exzesses, der als Maß für die Form der Verteilung herangezogen wird. Er wird aus der Beziehung (5-15) ermittelt:

$$\varepsilon_x = \frac{m_4}{m_2^2} - 3 = \frac{m_4}{\sigma^4} - 3 \qquad (5\text{-}15)$$

Für die symmetrische Normalverteilung ist $\varepsilon_x = 0$, für $\varepsilon_x > 0$ ist der Gipfel der Wahrscheinlichkeitsdichte spitzer und für $\varepsilon_x < 0$ ist er flacher als bei der Wahrscheinlichkeitsdichte der Normalverteilung.

Zur Verbesserung der Erwartungstreue der höheren zentralen Momente und der abgeleiteten Parameter werden diese mit sogenannten Bias-Korrekturfaktoren multipliziert, die näherungsweise aus der Anzahl N der Stichprobenwerte bestimmt werden können. Für die Bestimmung der Standardabweichung wird der Ausdruck

$$s^2 = \frac{N}{N-1} \cdot m_2 \qquad (5\text{-}16)$$

und für die Ermittlung der Schiefe die Beziehung

$$g_1 = \frac{m_3}{m_2^{3/2}} \cdot \frac{\sqrt{N(N-1)}}{N-2} \cdot \left(1 + \frac{8{,}5}{N}\right) \qquad (5\text{-}17)$$

herangezogen (*Lettenmeier* u. *Burges 1980*).

Die für normalverteilte Größen dargestellte Momentenmethode wird aufgrund ihrer Eignung für empirisch gewonnene Naturdaten und ihrer numerischen Einfachheit weitgehend verwendet. Im Gegensatz zur Maximum-likelihood-Methode ist die Momentenmethode vom gewählten Verteilungstyp relativ unabhängig, wodurch der Tatsache Rechnung getragen wird, dass bei der Anpassung von Naturdaten die Verteilungsfunktion a priori vielfach nicht bekannt ist.

Weitere Schätzverfahren sind in der Literatur (z. B. *Plate 1993, Kluge 1996, Kirnbauer 1981*) ausführlich dargestellt worden.

5.3.4 Anpassung spezieller Verteilungsfunktionen an Datenreihen

Entsprechend den physikalischen Eigenschaften der Datenreihen werden Wahrscheinlichkeitsverteilungen ausgewählt, die durch Schätzung der Parameter bestmöglich angepasst werden. Mit Hilfe der Erfahrung bezüglich der Anpassung bestimmter Funktionen an entsprechende Daten kann eine Vorauswahl getroffen werden (s. Tafel 5.2). Für die ausgewählten Verteilungsfunktionen werden die Parameter geschätzt. An-

schließend kann die Anpassung durch einen Test geprüft und die Verteilung mit dem besten Prüfergebnis für die weitere Betrachtung ausgewählt werden.
Bei der Vorauswahl der Verteilungsfunktion muss beachtet werden, ob die Werte einer Grundgesamtheit angehören (z. B. alle Stundenmittel der Windgeschwindigkeit in einem bestimmten Zeitraum) oder ob die zu bearbeitenden Daten Extremwerte darstellen, was sich meist schon aus der Art der Datenerfassung ergibt (z. B. beobachteter Jahreshöchstwert des Hochwasserscheitels an einem Pegel oder monatlich gemessener niedrigster Wasserstand in einem Versorgungsbehälter).

5.3.4.1 Normalverteilung

Die Normalverteilung (*Gauß*verteilung) ist besonders zur Charakteristik von Daten, die um einen Mittelwert streuen, geeignet (z. B. Maßtoleranzen bei Werkstücken, nicht systematischer Ablesefehler an Messgeräten).
Innerhalb der Verteilungsfunktionen nimmt sie eine Sonderstellung ein, weil die Summen beliebig verteilter, gleich gewichteter, unabhängiger Zufallsgrößen asymptotisch normalverteilt sind, wie der zentrale Grenzwertsatz besagt. Da sich in der Natur viele Ereignisse aus Einzelereignissen zusammensetzen, sind viele natürliche Merkmale und Eigenschaften normalverteilt (Medizin, Biologie).
Der zentrale Grenzwertsatz kann auch bei der Generierung von normalverteilten Zufallszahlen durch Überlagerung mehrerer gleichverteilter Zufallszahlen genutzt werden. Der zentrale Grenzwertsatz lässt sich auf Produkte von zufälligen Variablen erweitern. In diesem Fall nähert sich die Verteilung des Ergebnisses mit wachsender Werteanzahl n der Normalverteilung der Logarithmen (LogNormalVerteilung).
Die Normalverteilung hat wegen ihrer Symmetrie und weil sie keinen unteren Grenzwert für das Merkmal HQ (Hochwasserdurchflussscheitelwert) besitzt, keine Bedeutung für die Darstellung extremer Ereignisse.
Die Normalverteilung mit den nach Abschnitt 5.3.3 geschätzten Parametern Mittelwert μ und Standardabweichung σ besitzt die Verteilungsdichte

$$f(x) = \frac{1}{\sqrt{2\pi} \cdot \sigma} \cdot e^{\left\{-\frac{(x-\mu)^2}{2\sigma^2}\right\}} \tag{5-18}$$

sowie die Verteilungsfunktion

$$F(x) = \int_{-\infty}^{x} \frac{1}{\sqrt{2\pi} \cdot \sigma} \cdot e^{\left\{-\frac{(x-\mu)^2}{2\sigma^2}\right\}} dx \tag{5-19}$$

Da die Normalverteilung um den Mittelwert symmetrisch ist, hat die Schiefe den Wert Null. Vor Anwendung der Normalverteilung sind daher die Stichproben zu untersuchen, ob sie annähernd symmetrisch verteilt sind. Die Normalverteilung wird bei praktischen Anwendungen im allgemeinen verworfen, wenn die nach Gl. (5-17) berechnete Schiefe $g_1 > 0{,}25$ ist. Durch die Normierung

$$z = \left(\frac{x-\mu}{\sigma} \right) \tag{5-20}$$

Mit dem Erwartungswert $\mu_z = 0$ und der Standardabweichung $\sigma_z = 1$ kann die Verteilungsdichte

$$f(x/\mu,\sigma) = \frac{1}{\sigma} \cdot \varphi\left(\frac{x-\mu}{\sigma} \right) \text{ mit } \varphi(z) = f(z/0,1) = \frac{1}{\sqrt{2\pi}} \cdot e^{\left\{ -\frac{z^2}{2} \right\}} \tag{5-21}$$

angegeben werden. Analog gilt

$$F(x/\mu,\sigma) = \Phi\left(\frac{x-\mu}{\sigma} \right) \text{ mit } \Phi(z) = F(z/0,1) = \int_0^z \frac{1}{\sqrt{2\pi}} \cdot e^{\left\{ -\frac{z^2}{2} \right\}} dz \tag{5-22}$$

.

Da die Funktionen Φ und ϕ vertafelt sind oder durch Näherungsfunktionen berechnet werden können, bereitet die Bestimmung der Funktionswerte F und f keine größeren Schwierigkeiten.
Der sogenannten hydrologischen Grundgleichung (z. B. in *VenTe Chow 1959*)

$$x_{Tn} = \mu + k_{Tn} \cdot \sigma \tag{5-23}$$

liegt eine analoge Normierung wie bei der Normalverteilung zugrunde, die ebenfalls die Verwendung von Tabellenwerten gestattet.
Dabei bezeichnet k_{Tn} einen Faktor, der vom Funktionstyp, dem gewählten Wiederkehrintervall und von weiteren Parametern abhängt, die mit den Parametern der Dichtefunktion verknüpft sind. Für die in der Hydrologie gebräuchlichen Verteilungsfunktionen liegen die Faktoren k_T, die sogenannten Jährlichkeitsfaktoren, tabelliert vor *(*z. B. *Kreistig 1965)* bzw. lassen sich aus Näherungsverfahren berechnen.

5.3.4.2 Logarithmische Normalverteilung

Durch Logarithmieren des Merkmals *X* erhält man aus der logarithmisch normalverteilten Zufallsgröße *X* die normalverteilte Zufallsgröße ln(*X*) mit der Dichte:

$$f_X(x) = \frac{1}{x \cdot \sqrt{2\pi} \cdot \sigma} \cdot e^{\left\{-\frac{(\ln x - \mu)^2}{2\sigma^2}\right\}} \quad \text{mit } x > 0 \tag{5-24}$$

sowie die Verteilungsfunktion

$$F(x) = \int_{-\infty}^{x} \frac{1}{\sqrt{2\pi} \cdot \sigma} \cdot e^{\left\{-\frac{(\ln x - \mu)^2}{2\sigma^2}\right\}} dx \tag{5-25}$$

Die Tafeln der Standardnormalverteilung können benutzt werden mit

$$F(x) = \Phi\left(\frac{\ln x - \mu_{(\ln x)}}{\sigma_{(\ln x)}}\right) \tag{5-26}$$

Wegen ihrer unteren Grenze des Wertebereiches ($x > 0$) und ihrer Schiefe ($g_1 > 0$) ist die logarithmische Normalverteilung (= Normalverteilung der Logarithmen = LogNorm(al) Verteilung = LNV) auch für die Anpassung an Hochwasserdurchflüsse geeignet.

5.3.4.3 Extremwertverteilungen

Die Extremwertverteilungen, deren Grundlagen z. B. von *Gumbel 1958* behandelt wurden, beschreiben die Verteilung der größten oder kleinsten Werte von Zufallsgrößen, die eine Teilmenge der Grundgesamtheit darstellen. Eine solche Teilmenge ist beispielsweise die Zusammenstellung der Jahres-HQ-Werte eines Pegels (Größtwerte der Scheitel der Durchflussganglinie *Q(t)*). Die Extremwertverteilungen finden daher bei der Ermittlung der Wahrscheinlichkeit für das Auftreten extremer Hochwasserereignisse breite Anwendung.

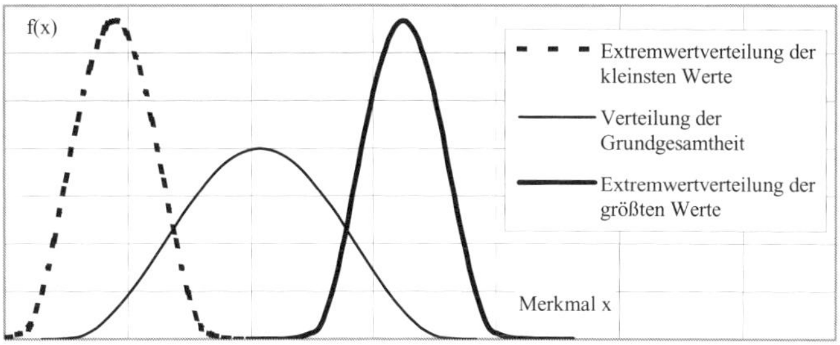

Bild 5.2
Extremwertverteilungen

5.3.4.4 *Gumbel*verteilung

Für die Beschreibung von Hochwasserdaten wird häufig die nach *Gumbel* benannte Extremwert-I-Verteilung verwendet, deren Dichtefunktion wie folgt lautet:

$$f(x) = \alpha \cdot e^{-\alpha(x-\beta) - e^{-\alpha \cdot (x-\beta)}} \tag{5-27}$$

Durch Integration ergibt sich die Verteilungsfunktion

$$F(x) = e^{-e^{-\alpha \cdot (x-\beta)}} \tag{5-28}$$

Die Gleichung ist nach dem Merkmal x explizit auflösbar, was sich für die Bestimmung von Werten mit einer bestimmten Überschreitungswahrscheinlichkeit und für die Erzeugung von *Gumbel*verteilten Zufallszahlen als günstig erweist:

$$x_{T_n} = \frac{-\ln(-\ln(1 - 1/T_n))}{\alpha} + \beta \tag{5-29}$$

Die Parameter α und β können nach der Momentenmethode wie folgt geschätzt werden:

$$\hat{\mu} = \bar{x} = \beta + \frac{0{,}5772157}{\alpha} \tag{5-30}$$

und

$$\sigma^2 = \frac{\pi^2}{6 \cdot \alpha^2} \tag{5-31}$$

5.3.4.5 *Pearson*-III-Verteilung und Log-*Pearson*-III-Verteilung

Die *Pearson*-Verteilungen der verschiedenen Typen können auf Lösungen spezieller Differentialgleichungen zurückgeführt werden. Als Standardverfahren für die Berechnung der Hochwasserwahrscheinlichkeit kommt die Verteilung vom Typ III in Betracht. Die *Pearson*-III-Verteilung ist durch ihre drei Parameter recht flexibel und ermöglicht eine gute Anpassung an eine gegebene Stichprobe. Ihre Dichtefunktion lautet unter Verwendung der Gammafunktion Γ

$$f(x / \alpha, \beta, \gamma) = \frac{1}{\alpha \cdot \Gamma(\beta)} \cdot \left(\frac{x-\gamma}{\alpha}\right)^{\beta-1} \cdot e^{\left(-\frac{x-\gamma}{\alpha}\right)} \quad \text{mit } x \geq \gamma \;\; \alpha > 0\,, \beta > 0 \tag{5-32}$$

mit den Parametern

$$\alpha = \frac{\mu \cdot C_v \cdot \gamma_1}{2} = \frac{\sigma \cdot \gamma_1}{2}, \;\; \beta = \frac{4}{\gamma_1^2}, \;\; \gamma = \mu \cdot \left(1 - \frac{2 \cdot C_v}{\gamma_1}\right) = \mu - \beta \cdot \alpha\,, \;\; \gamma_1 = \frac{m_3}{m_2^{3/2}} \tag{5-33}$$

und mit der reduzierten Variablen $y = \frac{x - \gamma}{\alpha}$

$$f(y) = \frac{y^{\beta-1}}{\alpha \cdot \Gamma(\beta)} \cdot e^{-y}. \tag{5-34}$$

Die so erhaltene *Pearson*-III-Verteilung entspricht der Chi-Quadrat-Verteilung mit zwei Freiheitsgraden *(Kirnbauer 1981)*. Daraus folgt, dass die zugehörige reduzierte Variable $y_{Tn} = \frac{\chi^2}{2}$ auch aus den Tabellen der Chi-Quadrat-Verteilung mit 2β Freiheitsgraden und der der Jährlichkeit T_n entsprechenden Überschreitungswahrscheinlichkeit $1/T_n$ bestimmt werden kann, was für die Ermittlung des Jährlichkeitsfaktors k_T in der hydrologischen Grundgleichung von Bedeutung ist. Diese Gleichung lautet dann in der Darstellung mit den Verteilungsmomenten

$$x_{T_n} = \mu + \sigma \cdot k_{T_n}(T_n, \gamma_1) \quad \text{bzw. mit den Stichprobenmomenten} \tag{5-35}$$

$$\hat{x}_{T_n} = \bar{x} + s \cdot k_{T_n}(T_n, g_1)$$

Mit den o.g. Gleichungen ergibt sich

$$k_{T_n} = \frac{y_{T_n} \cdot g_1^2 - 4}{2 \cdot g_1} \tag{5-36}$$

Eine numerische Berechnung ist mit der von *Kite 1977* angegebenen Approximation unter Verwendung der Normalverteilung möglich:

$$k_{T_n}(g_1, T_n) = z + \left(z^2 - 1\right) \cdot \left[\frac{g_1}{6}\right] + \frac{1}{3}\left(z^3 - 6z\right) \cdot \left[\frac{g_1}{6}\right]^2 - \left(z^2 - 1\right) \cdot \left[\frac{g_1}{6}\right]^3 + z \cdot \left[\frac{g_1}{6}\right]^4 + \frac{1}{3} \cdot \left[\frac{g_1}{6}\right]^5 \tag{5-37}$$

Darin bezeichnet $z(T_n)$ den zur gewählten Überschreitungswahrscheinlichkeit $P = 1/T_n$ zugehörigen Quantilwert der Standardnormalverteilung, und g_1 ist der erwartungstreue Schätzwert für die Schiefe (Gl.(5-17)).

Bei negativen Schiefen (d. h. $2/\sqrt{\beta} < 0$) ist die Anwendung der *Pearson*-III-Verteilung zur Beschreibung der Verteilung von Größtwerten nicht sinnvoll, da in diesem Fall die Verteilung nach oben begrenzt und nach unten unbegrenzt ist. Für $g_1 < 0$ empfiehlt es sich daher, mit der Log-*Pearson*-III-Verteilung zu arbeiten. Dabei werden die Werte x der Stichprobe wie bei der Normalverteilung der Logarithmen durch ihre natürlichen Logarithmen ersetzt und dafür die Stichprobenmomente berechnet.

Für den Fall, dass nach dieser Transformation die Schiefe g_1 der Logarithmen positiv ist, kann die Bestimmung von k_{Tn} wieder wie oben beschrieben mit der hydrologischen Grundgleichung für die Ermittlung des T_n-jährlichen Ereignisses erfolgen. Die Rücktransformation liefert

$$x_{T_n} = e^{\left(\bar{x}+s\cdot k_{T_n}(g_1,T_n)\right)} \qquad (5\text{-}38)$$

Wenn auch die Schiefe der logarithmierten Stichprobe negativ sein sollte, ist es möglich, mit der zweiparametrigen Gammaverteilung zu arbeiten.

Tafel 5.2
Anwendungsbereiche wichtiger stetiger Wahrscheinlichkeitsverteilungen

Bezeichnung		**Merkmal, Eigenschaften**	**Anwendung**
Gleichverteilung im Intervall ⟨a;b⟩ = U-Verteilung	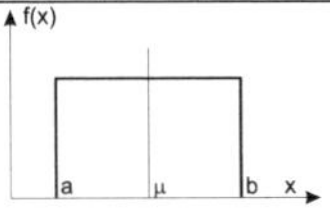	mit oberer und unterer Grenze für den Wertebereich des Merkmals	Ereignisse mit gleicher Eintrittswahrscheinlichkeit innerhalb bestimmter Grenzen, oder bei unbekannter Verteilung
Dreieckverteilung *Simpson*verteilung	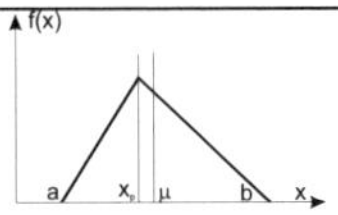	mit oberer und unterer Grenze für den Wertebereich des Merkmals	Verteilung der Summe zweier unabhängiger, gleichverteilter Zufallsgrößen, oder bei unbekannter Verteilung
Normalverteilung = *Gauß*verteilung	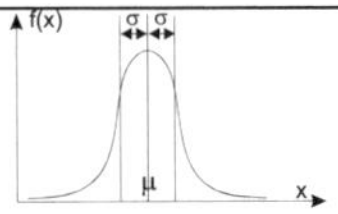	symmetrisch, Wertebereich ohne obere und untere Grenze	z. B. Verteilung von Meßwerten, Addition mehrerer unabhängiger, beliebig verteilter Zufallsvariablen *(Schuëller 1981)*
Logarithmische Normalverteilung = LogNormalvertlg. = *Galton*verteilung	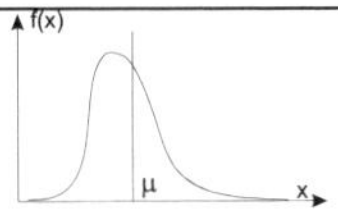	schief, untere Grenze	Extremwerte, z. B. Hochwasserstände, Durchflüsse *(Schuëller)*, Lebensdauerprobleme, Festigkeiten, Konzentrationsuntersuchungen
Beta-Verteilung = β-Verteilung = *Pearson*-I-Vertlg.		mit oberer und unterer Grenze, Parameter p und q	Ereignisse mit oberer und unterer Schranke, z. B. Wasserstände infolge Speicherbewirtschaftung,
Gamma-Verteilung, zweiparametrische, *Pearson*-II-Vertlg. = P2-Verteilung		schief, unterer Grenzwert	z. B. Wartezeit bis zum *k*-ten Poissonereignis
dreiparametrische Gammaverteilung, = *Pearson*-III-Vertlg = P3-Verteilung		schief	Extremwerte, z. B. Hochwasserdurchflüsse *(US Water Resources Council 1967)*
Logarithmische Gammaverteilung = log. *Pearson*-III-V. = LP3-Verteilung			wenn keine negative Schiefe vorliegt
verallgemeinerte Gammaverteilung, = GG-Verteilung = *Kritzky-Menkel*-Dichtefunktion		schmiegt sich für große x asymptotisch an x-Achse (z. B. obere Grenze PMF)	Extremwertanalysen, zu wenig Erfahrungen mit detaillierten Anwendungen *(Plate 1993)*

noch Tafel 5.2
Anwendungsbereiche wichtiger stetiger Wahrscheinlichkeitsverteilungen

Bezeichnung	Merkmal, Eigenschaften	Anwendung
Exponentialverteilung	unterer Grenzwert = größte Häufigkeit, explizit nach x auflösbar: $x = \ln(-y+1)(-1/\lambda)$	z. B. Wartezeiten zwischen Poissonereignissen, Probleme des Straßenverkehrs, Simulationsverfahren, Zuverlässigkeitstheorie, Bedienungstheorie
Extremwertverteilung Typ I = Grenzverteilung Typ I = *Gumbel*verteilung = G-Verteilung = Doppelexponentialverteilung	explizit nach x auflösbar: $x = -\ln(-\ln y)$	Extremwerte, z. B. Hochwasserdurchflüsse, Windgeschwindigkeiten *(Schuëller 1981)*
Extremwertverteilung Typ II = *Fréchet*verteilung	explizit nach x auflösbar:	Extremwerte, z. B. Windgeschwindigkeiten
*Weibull*verteilung, W-Verteilung = Extremwertverteilung Typ III	schief, unterer Grenzwert, explizit nach x auflösbar	Zuverlässigkeitstheorie *(Müller 1991)*, Kleinstwerte *(Schneider 1994)*
*Rayleigh*verteilung = spezielle *Weibull* - Verteilung	unterer Grenzwert, schief	z. B. Wellenhöhen und -längen, Zuverlässigkeitstheorie
*Pareto*verteilung	explizit nach x auflösbar	Wirtschaftswissenschaften, Einkommensverteilung
Logistische Verteilung	explizit nach x auflösbar	Bio- und Bevölkerungsstatistik
*Maxwell*verteilung		kinetische Gastheorie *(Müller 1991)*
χ_n^2-Verteilung	n = Anzahl der Freiheitsgrade	Testverteilung, Anpassungstest, Homogenitätstest, Unabhängigkeitstest
t-Verteilung =*Student*verteilung		Testverteilung, Regressionsanalyse
*Fisher*verteilung = $F_{m,n}$-Verteilung	m, n = Anzahl der Freiheitsgrade	Testverteilung, Varianzanalyse

Weitere Verteilungsfunktionen können der mathematischen Fachliteratur entnommen werden. Durch entsprechende Transformationen lassen sich verschiedene Verteilungsfunktionen ineinander überführen, weshalb Dopplungen bei der Benennung oder verschiedene Zuordnungen möglich sind.

5.3.5 Anpassungstest für die gewählte Verteilung

Da nicht von vornherein gesagt werden kann, welche der in Frage kommenden Verteilungen sich am besten an die untersuchten Datenpunkte anpasst, wird versucht, in der Form eines Anpassungstests ein objektives Kriterium für die Güte der Anpassung zu finden. Dafür wurden zahlreiche Testverfahren entwickelt.
Ein Test, bei dem keine Klassenbildung erforderlich ist und demzufolge kein Informationsverlust eintritt, ist der $n\omega^2$-Test = *Cramér - von Mises* -Test (*d'Agostino u. Stephens 1986, Smirnow 1964, in Dyck 1996*).

Bevor die Prüfgröße $n\omega^2$ berechnet wird, ist zunächst eine Vergleichsgröße $n\omega^2.(\alpha)$ festzulegen, die von der gewählten statistischen Sicherheit $S = 1 - \alpha$ abhängt (vgl. *Dyck 1996)*. Die eigentliche Prüfgröße wird dann mit der Beziehung

$$n\omega^2 = \frac{1}{12 \cdot N} + \sum_{i=1}^{N} \left[F(x_i) - \left(2m(x_i) - 1\right) / 2N \right]^2 \qquad (5\text{-}39)$$

berechnet.

Darin bezeichnet $m(x_i)$ die Ordnungszahl des Stichprobenwertes x_i, wenn die x_i mit dem Kleinstwert beginnend der Größe nach geordnet werden.

$F(x_i)$ gibt die Unterschreitungswahrscheinlichkeit des Stichprobenwertes an. Die Verteilungsfunktion $F(x)$ wird dabei mit den Parametern der Probe geschätzt.

Bei der logarithmischen Normalverteilung können aus den Stichprobenwerten reduzierte Variable bestimmt werden, deren Unterschreitungswahrscheinlichkeit aus der Standardnormalverteilung mit Hilfe von Näherungsformeln ermittelt werden kann.

Die berechnete Prüfgröße $n\omega^2$ wird schließlich mit $n\omega^2(\alpha)$ verglichen. Eine Verteilung sollte verworfen werden, wenn $n\omega^2 > n\omega^2(\alpha)$ ist. Bei mehreren Verteilungen liefert der kleinste Wert $n\omega^2$ die beste Anpassung.

Beim Ersetzen der unbekannten Parameter der Verteilungsfunktion durch Schätzungen muss entweder die Testgröße oder der kritische Wert korrigiert werden, da sonst das Testergebnis verfälscht werden könnte *(d'Agostino u. Stephens 1986)*.

5.3.6 Zweidimensionale stetige Verteilungen

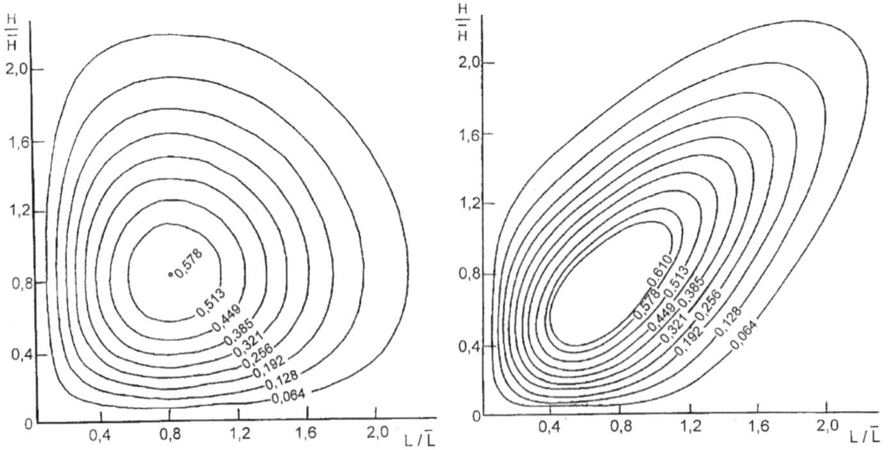

Bild 5.3

Zweidimensionale Verteilung von normierter Wellenhöhe und -länge für unterschiedliche Korrelationen (links $\rho = 0$, rechts $\rho = 0{,}8$)

Paarweise auftretende Zufallszahlen können als zweidimensionale (bivariate) Verteilungen dargestellt werden. Die beiden Variablen werden dabei getrennt betrachtet. Ihre jeweiligen Verteilungsfunktionen heißen Randverteilungen, wobei ihre Parameter wie oben beschrieben, bestimmt werden können. Der Graph der Funktion bildet einen „Hügel" über der Merkmalsebene, der sich in der Draufsicht (wie in der Kartographie) durch Höhenlinien darstellen lässt (vgl. Bild 5.3, Bild 5.10). Wenn diese Höhenlinien nahezu kreisförmig sind, haben die betrachteten Variablen keine oder eine sehr geringe Korrelation. Eine elliptische oder anderswie längliche Form der Höhenlinien deutet auf eine Abhängigkeit hin.

5.3.7 Erzeugung von Zufallszahlen

Um Simulationsverfahren (Monte-Carlo-Methode, vgl. Abschn. 5.6) anwenden zu können, müssen die als zufällige Variable darzustellenden Eingangswerte jeweils n-mal bereitgestellt werden, wenn n die Anzahl der Berechnungsgänge ist. Diese n Werte müssen in der gleichen Weise verteilt sein, wie es aus Naturbeobachtungen z. B. für die Größen Hochwasserscheitelzufluss, Anfangswasserstand und Windgeschwindigkeit bekannt ist. Dies kann dadurch erreicht werden, dass an die Originalwerte zunächst Verteilungen angepasst werden, deren Gleichungen dann nach dem Merkmal aufgelöst werden. Durch Einsetzen von auf $\langle 0\,;\,1\rangle$ gleichverteilten Zufallszahlen für die Unterschreitungswahrscheinlichkeit *F(x)* erhält man so spezifisch verteilte Werte für das Merkmal *X*. Für die standardisierte *Gumbel*verteilung mit $\alpha = -1$ und $\beta = 0$ ergibt sich beispielsweise

$$F(x) = e^{-e^{x}} \tag{5-40}$$

und somit

$$x_{T_n} = ln(-ln(ZZ)) \tag{5-41}$$

mit *ZZ* = auf dem Intervall $\langle 0\,;\,1\rangle$ gleichverteilte Zufallszahl (= RND = random), die aus einem in verschiedenen Anwenderprogrammen bereitgestellten Zufallsgeneratoren oder mit Hilfe der Berechnungsvorschrift

$$u_{i+1} = 23 \cdot u_i - \left(10^8 + 1\right) \cdot int\left(\frac{23 \cdot u_i}{10^8 + 1}\right) \tag{5-42}$$

mit u_0 positiv, ganzzahlig, ungerade und $ZZ = \frac{u_{i+1}}{10^8 + 1}$

gewonnen werden kann.
An die Güte des Zufallsgenerators sind insbesondere bei der Untersuchung extremer Ereignisse hinsichtlich der Erwartungstreue und der Konsistenz hohe Anforderungen zu stellen.

In Bild 5.4 ist die Verfahrensweise zur Erzeugung beliebig verteilter Zufallszahlen schematisch dargestellt.

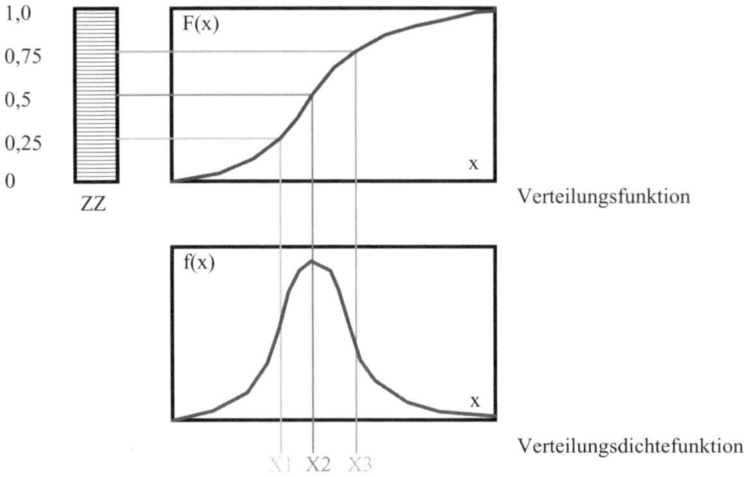

Bild 5.4
Erzeugung von Zufallszahlen

Es ist zu erkennen, dass die Transformation eine Verschiebung der relativen Abstände zwischen den drei Zufallszahlen und den zugeordneten Merkmalsgrößen x_i entsprechend dem Verlauf der Verteilungsfunktion bewirkt.
Für diejenigen Verteilungsfunktionen, die nicht explizit auflösbar sind, wurden Näherungsverfahren gefunden. So kann eine normalverteilte Zufallsgröße durch Überlagerung mehrerer (möglichst vieler) beliebig verteilter Zufallsgrößen entsprechend dem zentralen Grenzwertsatz (vgl. Abschn. 5.3.4.1) dargestellt werden, was auch für die LogNormalVerteilung genutzt werden kann:

$$x_{NV} = \sum_{i=1}^{12} ZZ_i - 6 \tag{5-43}$$

für $-3 < x_{NV} < 3$.
Diese Methode wird allerdings von *Karian und Dudewicz 1991* als nicht ausreichend exakt bezeichnet, weshalb dort die *Box-Muller*-Methode bevorzugt wird: ZZ_1 und ZZ_2 seien zwei voneinander unabhängige, auf dem Intervall $\langle 0 ; 1 \rangle$ gleichverteilte Zufallszahlen. Dann sind

$$X_1 = \sqrt{-2 \cdot ln(ZZ_1)} \cdot sin(2\pi \cdot ZZ_1)$$
$$X_2 = \sqrt{-2 \cdot ln(ZZ_2)} \cdot cos(2\pi \cdot ZZ_2) \tag{5-44}$$

zwei unabhängige $N(0,1)$-verteilte Zufallszahlen, die für die weitere Berechnung verwendet werden können. Man erhält

$$Y = X_1 \cdot \sigma + \mu \qquad \text{normalverteilt mit } (\mu, \sigma^2)$$
$$Z = e^{(X_1 \cdot \sigma_L + \mu_L)} \qquad \text{lognormalverteilt mit } \left(\mu_L, \sigma_L{}^2\right) \tag{5-45}$$

μ_L und σ_L können wie folgt erwartungstreu geschätzt werden:

$$\hat{\mu}_L = \frac{1}{N} \cdot \sum_{i=1}^{N} ln(Y_i) \qquad \text{und} \tag{5-46}$$
$$\hat{\sigma}_L{}^2 = \frac{1}{N-1} \cdot \sum_{i=1}^{N} (ln(Y_i) - \hat{\mu}_L)$$

Pearson-III-verteilte Werte können z. B. nach einer von *Ahrens und Dieter 1974* beschriebenen Methode erzeugt werden (in *Pohl 1997*)

5.3.8 Anwendungen auf hydrologisch-meteorologische Größen

Eine im Wasserbau sehr wichtige Größe ist der Durchfluss, welcher als Belastung S eines wasserwirtschaftlichen Systems oder Wasserbauwerkes aufgefasst werden kann. Als Widerstand R kann das Abführvermögen gedeutet werden. Ein Versagen des Systems liegt in allen Fällen vor, in denen $S > R$ ist, wobei es für die folgenden Erörterungen unerheblich sein soll, ob Schäden eintreten oder nicht.
Die Versagenswahrscheinlichkeit berechnet sich aus dem Verhältnis dieser unerwünschten Ereignisse zur Gesamtzahl aller untersuchten Ereignisse (d.h. aller Versuche) und entspricht somit der klassischen Definition der Wahrscheinlichkeit bzw. der relativen Häufigkeit des interessierenden Ereignisses als Schätzung für seine Wahrscheinlichkeit:

$$P_{ü} = P(\text{"Belastung" } S > \text{"Widerstand" } R) = \frac{\text{Anzahl } (S > R)}{\text{Gesamtanzahl}} = \frac{\text{Anzahl der (un)günstigen Fälle}}{\text{Anzahl der möglichen Fälle}} \tag{5-47}$$

Für die Funktionssicherheit von Stauanlagen wird üblicherweise der maßgebende Hochwasserabfluss entsprechend dem Konzept der Wiederkehrsintervalle ermittelt. Dabei wird aus rein mathematischen Erwägungen auf den HQ_{Tn}-Wert extrapoliert, der im Mittel (bei Betrachtung einer unendlich langen Messreihe bei unveränderlichen meteorologischen, klimatischen und Gebietskenngrößen) alle $T_n =$ 50...100 Jahre (Wehre) $T_n = 1000$ Jahre (Talsperren) einmal erreicht oder überschritten wird. Es wird also davon ausgegangen, dass die Anlage bei Erreichen dieses Wertes gerade noch funktioniert. Die Merkmalsgröße HQ_{1000} zum Beispiel ist also ein Quantil der Verteilung mit der Versagens- bzw. Überschreitungswahrscheinlichkeit

$$\alpha = P_V = P_{ü} = P(HQ > HQ_{1ooo})$$
$$= P(HQ > HQ_{Tn}) = P(X > x_{Tn}) = \int_{x_{Tn}}^{\infty} f_x(x)dx \qquad (5\text{-}48)$$
$$\alpha = 0{,}001 = 1/1000 = 1/T_n$$

Die Unterschreitungswahrscheinlichkeit ergibt sich dann zu

$$1 - \alpha = 1 - P_V =$$
$$P(HQ \leq HQ_{1ooo}) = P(HQ \leq HQ_{Tn}) = P(X \leq x_{Tn}) = \int_{0}^{x_{Tn}} f_x(x)dx \qquad (5\text{-}49)$$
$$1 - \alpha = 0{,}999 = 1 - 1/1000 = 1 - 1/T_n$$

Da das zur Bestimmung der Bemessungsgröße erforderliche Auflösen nach HQ_{Tn} nicht immer problemlos möglich ist, wird in der Hydrologie verschiedentlich mit der Gleichung (5-23) gearbeitet.
Da die Verteilungsfunktionen in der Regel keinen oberen Grenzwert für das Merkmal HQ besitzen (also nach $+\infty$ streben), sollte mit physikalischen Betrachtungen (z. B. wahrscheinlich höchstes Hochwasser PMF) geprüft werden, bis zu welchem Wert die Hochwasserscheitel ansteigen können.
Wenn für große Stauanlagen eine Nutzungsdauer von z. B. 100 Jahren angesetzt werden soll und ein Hochwasser mit $Q > HQ_{1000}$ ($P_V = 0{,}001$) zum Versagen führt, kann eine Wahrscheinlichkeit P_{VL} dafür angegeben werden, dass während dieser Zeitspanne mindestens ein Versagensfall an der Anlage eintritt:

$$P_{VL} = 1 - RE(100) = 1 - (1 - P_V)^n = 1 - (1 - \frac{1}{T})^n = 1 - (1 - 0{,}001)^{100} = 0{,}09521 \qquad (5\text{-}50)$$

Diese Größe wird im Wasserbau verschiedentlich auch als „hydrologisches Risiko“ bezeichnet (*Plate 1993*).
Die Berechnungsweise kann dahingehend interpretiert werden, dass das Versagen das komplementäre Ereignis dazu darstellt, dass in jeweils 100 „voneinander unabhängigen“ Jahren die Anlage nicht versagt, also bestimmungsgemäß funktioniert. Die auf die Zeiteinheit 1 Jahr bezogene diskrete (Versagens-)Wahrscheinlichkeit wird hier mit der Binomialverteilung ermittelt.
Die analoge Berechnung mit der *Poisson*verteilung ergibt

$$P_{VL} = 1 - e^{-P_V \cdot n} = 1 - e^{-0{,}001 \cdot 100} = 0{,}09516 \qquad (5\text{-}51)$$

Die Wahrscheinlichkeit, dass das Versagen genau im 101. Jahr eintritt, beträgt dann

$$P_{n+1} = (1 - P_V)^n \cdot P_V = (1 - 0{,}001)^{100} \cdot 0{,}001 = 0{,}000905 \qquad (5\text{-}52)$$

Wenn die Nutzungsdauer nur 80 Jahre betragen soll, ergibt sich für das Versagen im Verlaufe dieser Zeit P_{VL} = 0,0769 und für das Versagen im 81. Jahr $P_{n+1} = 0{,}0009047$.

Die kleineren Werte sind auch zu erwarten, denn bei kürzeren Standzeiten ist das von der gleichen Konstruktion ausgehende Risiko geringer.

In Bild 5.5 ist der Zusammenhang zwischen der Wiederholungszeitspanne, dem hydrologischem Risiko und dem betrachtetem Zeitraum, welcher der Nutzungsdauer entsprechen kann, dargestellt.

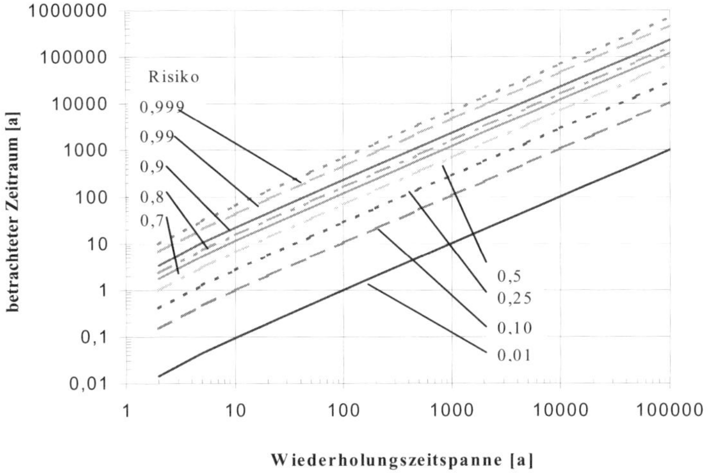

Bild 5.5

Zusammenhang zwischen Wiederholungszeitspanne, hydrologischem Risiko und betrachtetem Zeitraum

Da die Jahresreihe der Beobachtungen hydrologisch-meteorologischer Größen, d.h. die unter Verwendung eines charakteristischen, einmal im Jahr aufgetretenen Wertes (z. B. Größtwert) erstellte Reihe, oft relativ kurz ist, wird verschiedentlich versucht, die Informationsdichte durch Verwendung der monatsbezogenen Werte anstelle der Jahreswerte zu erhöhen und nach erfolgter Extrapolation die erhaltene Verteilung auf „Jährlichkeiten" umzurechnen.

Näherungsweise kann aus der auf den kürzeren Beobachtungszeitraum bezogenen Unterschreitungswahrscheinlichkeit $F_{\Delta T}(x)$ für die Zufallsgröße X_i (i= 1.....N, bei Monat-Jahr N = 12) die auf den - N mal längeren Zeitraum bezogene Wahrscheinlichkeit $F_{N \cdot \Delta T}(x)$ für die gleiche Merkmalsgröße x (Höchstwerte) berechnet werden zu:

$$F_{N \cdot \Delta T}(x) = \left[F_{\Delta T}(x)\right]^N = P \qquad (5\text{-}53)$$

Dabei wird vorausgesetzt, dass die monatlichen Werte HQ_i mit $1 \le i \le 12$ unabhängig und identisch verteilt sind.

Mit der Umkehrfunktion F^{-1} aufgelöst nach dem Merkmal x gilt

$$x = F^{-1}(P^{1/N}) . \tag{5-54}$$

Wenn zum Beispiel die Zufallsgrößen X_1 .... $X_{N/2}$ die nach der Funktion $F_{1,\Delta T}(x)$ verteilten Werte des Winterhalbjahres sind und die Werte $X_{N/2+1}$ .... X_N des Sommerhalbjahres entsprechend $F_{2,\Delta T}(x)$ verteilt sind, gilt

$$F_{N\cdot\Delta T}(x) = \left[F_{1,\Delta T}(x)\right]^{N/2} \cdot \left[F_{2,\Delta T}(x)\right]^{N/2} = P \tag{5-55}$$

Weil hierin das Merkmal x in beiden Funktionen enthalten ist, bereitet ein Auflösen nach x größere Schwierigkeiten. Für den Exponenten ergeben sich in Abhängigkeit von der Übertragung die folgenden Werte:

Tafel 5.3
Umrechnung für die Höchstwerte aus unterschiedlichen Beobachtungsintervallen

Beobachtungszeitraum ΔT →	**Beobachtungszeitraum** $N \cdot \Delta T$	**N** $F_{N\cdot\Delta T}(x) = \left[F_{\Delta T}(x)\right]^N$
Monat	Jahr	12
Stunde	Tag	24
Tag	Jahr	365,25
Tag	Monat	30,44
Stunde	Monat	730,5
Stunde	Jahr	8766

5.4 Logische Bäume

Für die Gefährdungsanalyse und die Ursachenforschung können logische Bäume Verwendung finden, mit denen es auch möglich ist, die Versagenswahrscheinlichkeit und die Wahrscheinlichkeiten des Eintretens bestimmter Folgen abzuschätzen.
Ein logischer Baum kann als gerichteter Graph mit bestimmten Eigenschaften beschrieben werden, wobei verschiedene Typen unterschieden werden:

- Fehlerbaum (fault tree): Wurzelartige Verzweigung von einem zu untersuchenden Ereignis zu multifaktoriellen Fehlerursachen hin.
- Ereignisbaum (event tree): Baumkronenartige Verzweigung von einem Ereignis zu möglichen Folgen hin.
- Ursachen-Folgen-Diagramm (cause-consequence-chart): Kombination von Fehler- und Ereignisbaum.
- Entscheidungsbaum (decision tree): Grundlage für Entscheidungsfindungen.

5.4.1 Fehlerbaum

Beim Fehlerbaum wird der Weg vom Ereignis zu den Ursachen zeitlich zurückverfolgt, wobei jedes Ereignis ohne vorangegangene Ursache als unabhängige Variable betrachtet wird. Wenn mehrere Ursachen eine Wirkung hervorrufen sind logische UND bzw. ODER – Verknüpfungen möglich.
Eine ODER-Verknüpfung (or-gate)) liegt beispielsweise vor, wenn der Ausfluss aus einem Becken nicht möglich ist, weil das Verschlussorgan in „Zu"-Stellung blockiert ist ODER verstopft ist ODER gar nicht betätigt wurde. Eine der Ursachen reicht aus, um die Wirkung zu erzielen. Die Wahrscheinlichkeit *P* der Wirkung kann aus den Wahrscheinlichkeiten P_i der stochastisch unabhängigen Ursachen berechnet werden zu

$$P = \sum_{i=1}^{n} P_i - \sum_{i;j}^{n} P_i \cdot P_j \qquad (5\text{-}56)$$

Eine UND- Verknüpfung (and-gate) liegt beispielsweise vor, wenn Netzausfall UND ein Defekt am Notstromaggregat dazu führen, dass eine Pumpe nicht in Betrieb gehen kann. Weil in diesem Falle die Einzelwahrscheinlichkeiten multipliziert werden, erscheint die UND-Verknüpfung „ungefährlicher" weil das Eintreten der Wirkung „unwahrscheinlicher" ist:

$$P = \prod_{i=1}^{n} P_i \qquad (5\text{-}57)$$

5.4.2 Ereignisbaum

Der Ereignisbaum stellt die durch ein Ereignis hervorgerufenen Folgeereignisse, die sich gegenseitig ausschließen, dar. Die Wahrscheinlichkeiten an den Verzweigungsstellen addieren sich (komplementäre Ereignisse; ja-nein-Frage; $1 = P + (1 - P)$). Der logische Weg führt vom Ausgangsereignis über spezifische Ereignisse zur Konsequenzenebene. Die dort dargestellten Konsequenzen treten unter Berücksichtigung des Ausgangsereignisses (P_A) mit der Wahrscheinlichkeit P_C ein, die sich aus der Multiplikation der Wahrscheinlichkeiten auf dem Weg ergibt.

$$P_C = P_A \cdot \prod_{i=1}^{n} P_i \qquad (5\text{-}58)$$

Beispiel Ursachen-Folgen-Diagramm für eine offene Wasserhaltung

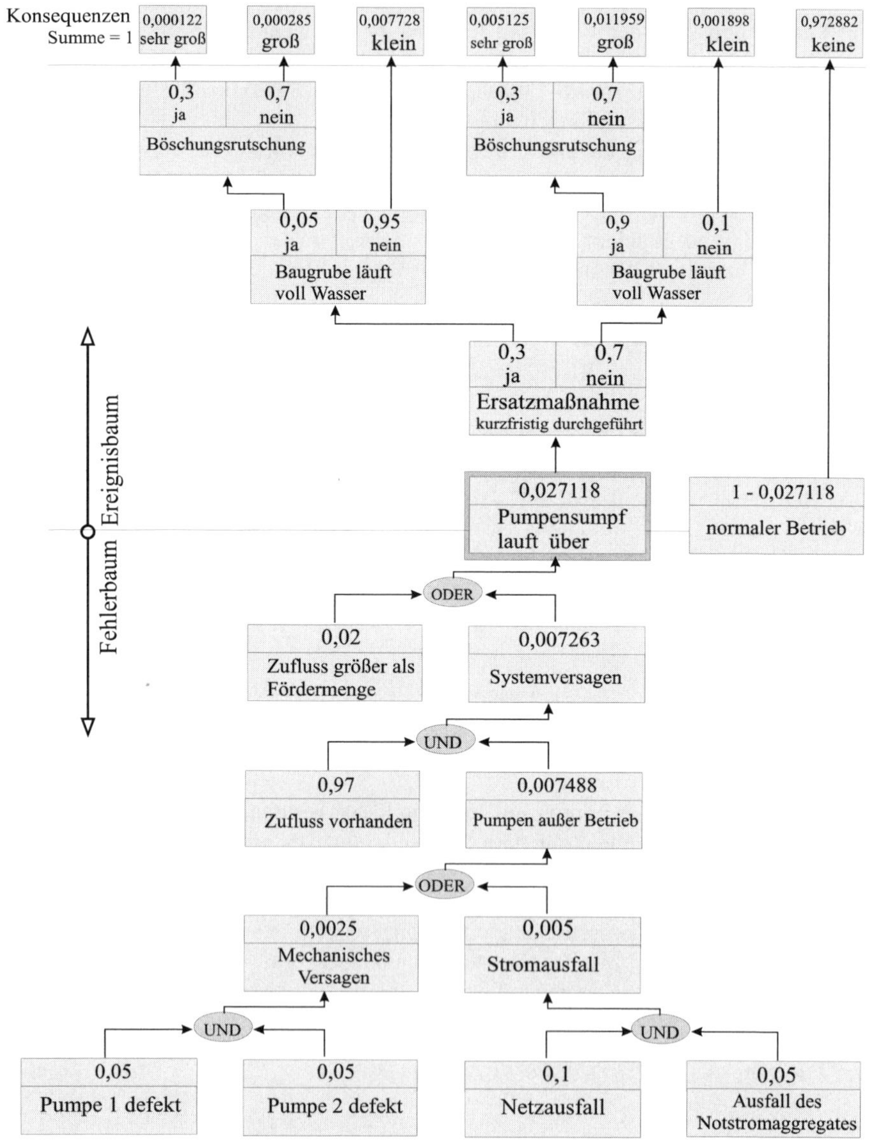

Bild 5.6

Ursachen-Folgen-Diagramm für eine offene Wasserhaltung (vereinfacht)

5.4.3 Ursachen-Folgen-Diagramm

Eine Kombination des Fehler- und des Ereignisbaumes, also der zeitlich rückwärts und vorwärts gerichteten Betrachtungsweise lässt sich mit Ursachen-Folgen-Diagrammen erreichen. Die Auswertung dieser Darstellung ermöglicht sowohl eine Einschätzung der Konsequenzen und entsprechende Vorsorge (Katastrophenschutz, Alarmpläne) als auch die Ursachenforschung (Beseitigung von Fehlerquellen, Störfallreduzierung). In Bild 5.6 ist die Situation für die offene Wasserhaltung einer Baugrube vereinfacht dargestellt.

5.5 Geschlossene Lösungen

Grundlage geschlossener (exakter) Lösungen sind zwei- oder mehrdimensionale Wahrscheinlichkeitsverteilungen.
Für die Lösung des Bemessungsproblems sind verschiedene Konzepte entwickelt worden.
Eine Möglichkeit ist es, mit den Randverteilungen die einwirkenden Einzelereignisse zu beschreiben und diese durch eine Transformation der zufälligen Variablen in die Verteilung einer Hauptbelastung (-einwirkung) zu überführen. Die so gewonnene Verteilung kann dazu verwendet werden, die Wahrscheinlichkeit von Versagenszuständen (z. B. durch Überschreitung eines kritischen oder Grenzwertes) zu ermitteln (s. a. Bsp. S.262).
Eine zweite Möglichkeit besteht darin, mit den Randverteilungen einer zweidimensionalen Verteilung die Hauptbelastung S eines Systems und den dieser Hauptbelastung entgegengesetzten Widerstand R zu beschreiben. Dieser Ansatz wird auch als klassischer Ansatz bezeichnet (s.a. Bsp. S. 267). Er ist überall dort sinnvoll anzuwenden, wo nicht nur die Belastung, sondern auch der Widerstand eine Zufallsgröße ist (z. B. die herstellungsbedingte Betonfestigkeit). Natürlich können auch Abmessungen im Bauwesen als Zufallsgröße aufgefasst werden. Aber hier sollte von Fall zu Fall entschieden werden, welche Formulierung des Ansatzes sinnvoll ist, denn beispielsweise die Höhe einer Ufermauer (Widerstand R) ist weitaus weniger zufällig variabel als der Wasserstand (Belastung S) des vorbeifließenden Flusses, wenn grobe Baufehler einmal ausgeschlossen werden sollen. Die Formulierung des Problems erscheint in einem anderen Lichte, wenn eine zufällige Senkung der Mauer (z. B. durch Setzungen oder Ausspülungen im Untergrund) berücksichtigt werden soll. Dann ist der klassische Ansatz durchaus berechtigt.
Viele zwei- und mehrdimensionale Verteilungen sind insbesondere bei vorhandenen Korrelationen mathematisch schwer handhabbar. Wenn dies der Fall ist, sollte versucht werden durch Transformation(en) auf die Normalverteilung, die gut aufbereitet ist, zurückzugreifen.

Beispiel Verteilungen des Wellenauf- und -Überlaufes

Bei Seegangsuntersuchungen kann es sinnvoll oder notwendig sein, den Zusammenhang zwischen periodischen und natürlichen (nicht periodischen) Wellen bzw. zwischen ausgewählten Wellenkennwerten und der gesamten Verteilung zu kennen. Wegen der Energiedissipation im Brandungsbereich und des zufälligen Charakters des Brechvorganges sowie des Vorwelleneinflusses gehen die bekannten Berechnungsverfahren auf (halb-) empirische, im hydraulischen Modellversuch in der Vergangenheit vielfach mit regelmäßigen Wellen überprüfte Ansätze zurück. Für den Auflauf brechender Wellen ist die Gleichung von *Hunt 1959* (z. B. in *Battjes 1971*)

$$H_A = \underline{T} \cdot \sqrt{g \cdot \underline{H} / 2p} \cdot \tan\alpha = \sqrt{\underline{H} \cdot \underline{L_o}} \cdot \tan\alpha \tag{5-59}$$

verbreitet, während das Überlaufvolumen einer Welle auf einer einfachen Böschung nach *Battjes und Roos* 1974 berechnet werden kann zu

$$\underline{q \cdot T} = \begin{cases} 0{,}1 \cdot \cot^{3/2}\alpha \cdot (\underline{H_A} - h_f)^2 & \text{für } h_f < H_A \\ 0 & \text{für } h_f \geq H_A \end{cases} \tag{5-60}$$

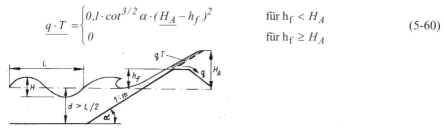

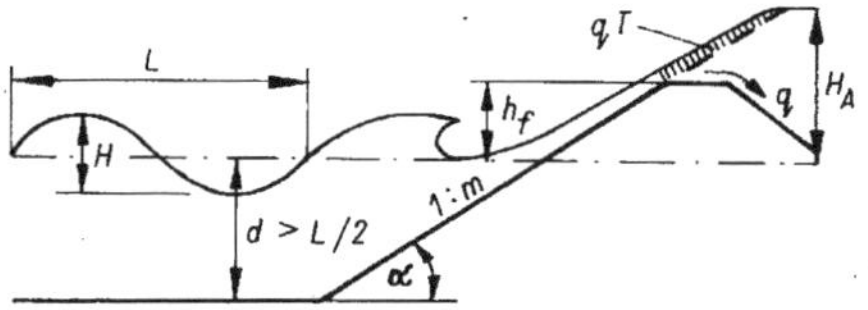

Bild 5.7
Definitionsskizze zum Wellenauf- und Überlauf

Battjes 1971 leitete die Verteilung der Wellenauflaufhöhen durch eine Transformation der zweidimensionalen Verteilung f_{hl} der normierten Wellenhöhe *h* und -länge *l* ab:

$$f_{hl} = \frac{\pi^2}{4} \cdot \left(\frac{h \cdot l}{\left[1 - k^2\right]} \right) \cdot I_o \cdot \left(\frac{\pi \cdot k \cdot h \cdot l}{2 \cdot \left[1 - k^2\right]} \right) \cdot e^{\left(\frac{\pi \cdot h^2 \cdot l^2}{4 \cdot \left[1 - k^2\right]} \right)} \tag{5-61}$$

$$k^2 = \frac{\rho}{a} - \left(\frac{\rho}{4 \cdot a} \right)^2 - \left(\frac{\rho}{5{,}4 \cdot a} \right)^3 \tag{5-62}$$

$$a = \frac{\pi}{16 - 4 \cdot \pi} \tag{5-63}$$

Es kann gezeigt werden, dass die Randverteilungen von Gl. (5-61) der *Rayleigh*verteilung

$$F_h = 1 - e^{\left(-\frac{\pi}{4}\cdot h^2\right)} \qquad h = \frac{H}{\overline{H}} \tag{5-64}$$

entsprechen. Der zwischen Wellenhöhe und -länge bestehende stochastische Zusammenhang (der sich schon daraus erklärt, dass Wellen nicht beliebig steil werden können, ohne zu brechen) wird durch die lineare Korrelation ρ zwischen den beiden Wellenkennwerten ausgedrückt. Zur Ermittlung der Auflaufverteilung wird eine normierte Wellenauflaufhöhe

$$r = \frac{H_A}{\sqrt{\overline{H} \cdot \overline{L}} \cdot \tan\alpha} = h \cdot l \tag{5-65}$$

verwendet. Deren Unterschreitungswahrscheinlichkeit ergibt sich zu

$$F_r = P\left\{\sqrt{h \cdot l} \leq r\right\} = \int_0^{\infty} \int_0^{\frac{r^2}{h}} f_{hl} \cdot dl \cdot dh \tag{5-66}$$

Einsetzen von Gl. (5-61) in (5-65) ergibt nach einigen Umformungen

$$F_r = 1 - x \cdot I_0(kx) \cdot K_1(x) - k \cdot x \cdot I_1(kx) \cdot K_0(x) \tag{5-67}$$

mit $x = \frac{r^2}{(2 \cdot (1 - k^2))}$

Im nur theoretisch möglichen Grenzfall $\rho = k = 0$ sind die Wellenhöhe und -länge voneinander stochastisch unabhängig (keine Korrelation) und es ergibt sich mit $I_0(0)=1$ und $I_1(0)=0$.

$$F_r = 1 - \frac{\pi \cdot r^2}{2} \cdot K_1 \cdot \left(\frac{\pi \cdot r^2}{2}\right) \tag{5-68}$$

für den anderen theoretisch möglichen Grenzfall $\rho = k = 1$ kann unter Verwendung von asymptotischen Formeln mit Hilfe einer Grenzwertbetrachtung $\lim_{k \to 1} F$ gezeigt werden, dass sich für die Auflaufhöhenverteilung wieder Gl.(5-64)) mit r anstelle von h ergibt. Die Verteilung der normierten Auflaufhöhen r wurde vom Verfasser in Abhängigkeit von der Korrelation berechnet und in Tafel 5.4 angegeben.

Für die Berechnung des Wellenauflaufes im Rahmen der Freibordberechnung für Ufer- und Staubauwerke kann nun Gleichung (5-65) mit den Mittelwerten der Wellenkennwerte aus eine Seegangsprognose (wave forecast/hindcast) und r aus Tafel 5.4 verwendet werden. Dies ist in dem Merkblatt des DVWK 246/1996 für die Freibordbemessung an Stauanlagen geschehen, wobei eine Korrelation zwischen Wellenhöhen und Wellenlängen von $r = 0{,}8$ und eine Auflaufüberschreitung von 1 % bzw. 2 % aller brechenden Wellen angesetzt wurden.

Tafel 5.4
Normierter Wellenüberlauf *r*

F Unterschreitung	**1-*F*** Überschreitung	***r*** **0**	**0,1**	**0,2**	**0,3**	**0,4**	**0,5**	**0,6**	**0,7**	**0,8**	**0,9**	**1,0**
0,999	0,001	2,29	2,44	2,55	2,63	2,70	2,76	2,81	2,85	2,89	2,93	2,96
0,99	0,01	1,92	2,02	2,09	2,15	2,21	2,25	2,29	2,33	2,36	2,39	2,42
0,98	0,02	1,79	1,88	1,93	1,99	2,04	2,08	2,11	2,15	2,18	2,21	2,23
0,95	0,05	1,59	1,65	1,70	1,74	1,78	1,82	1,85	1,88	1,91	1,93	1,95
0,9	0,1	1,43	1,46	1,50	1,53	1,57	1,60	1,62	1,65	1,67	1,69	1,71
0,5	0,5	0,89	0,89	0,89	0,89	0,89	0,89	0,90	0,91	0,92	0,93	0,94

Ein *Programm* für die Berechnung der erforderlichen *Freibordhöhe* auf der Grundlage der o.g. technischen Regel ist auf der beiliegenden CD verfügbar.

Zur Ableitung der Verteilungsfunktion der pro überlaufender Welle transportierten Wasservolumina pro Einheitsbreite F_{qT} wird Gl. (5-64) in Gl. (5-60) eingesetzt

$$\underline{qT} = 0{,}1 \cdot \cot^{\frac{3}{2}} \alpha \cdot \left(\underline{r} \cdot \sqrt{\overline{H} \cdot \overline{L}} \cdot \tan\alpha - h_f\right)^2 \tag{5-69}$$

Um die Transformation durchführen zu können. wird zunächst der Klammerausdruck in Gl.(5-69) betrachtet, der die Form

$$\underline{Y} = a \cdot \underline{X} + b = \underline{r} \cdot \sqrt{\overline{H} \cdot \overline{L}} \cdot \tan\alpha - h_f \tag{5-70}$$

aufweist. Die Verteilung der neuen Zufallsgröße lautet

$$F_y(y) = F_X\left(\frac{(y-b)}{a}\right) = F_r\left(\frac{(y-h_f)}{\sqrt{\overline{H} \cdot \overline{L}} \cdot \tan\alpha}\right) = 1 - x_1 \cdot I_0(kx_1) \cdot K_1(x_1) - k \cdot x_1 \cdot I_1(kx_1) \cdot K_0(x_1) \tag{5-71}$$

für $-h_f < y < \infty$ und mit $x_1 = \dfrac{\pi \cdot \left(\dfrac{(y-h_f)}{\sqrt{\overline{H} \cdot \overline{L}} \cdot \tan\alpha}\right)^2}{2 \cdot (1-k^2)}$.

Da für einen Überlauf nur Werte für Y>0 in Frage kommen (Auflaufhöhe > Freibordhöhe), muss vor der Quadrierung eine Stutzung der Funktion vorgenommen werden, und die bedingte Verteilung lautet

$$F_y(y|y>0) = P(Y<y|Y>0) := \frac{P(0<Y<y)}{P(Y>0)} = \frac{F_y(y) - F_y(0)}{1 - F_y(0)} \tag{5-72}$$

Mit $\underline{Z} = \underline{Y}^2$ und $Y > 0$ ergibt sich unter Berücksichtigung von Gl. (5-72)

$$F_z(z|Y>0)=F_z(z)=P\left(Y^2<z|Y>0\right)=P\left(Y<\sqrt{z}|Y>0\right)=\frac{F_y\left(\sqrt{z}\right)-F_y(0)}{1-F_y(0)} \quad (5\text{-}73)$$

Durch Einsetzen von $F_y(y)$ Gl.(5-71) in Gl. (5-73) ergibt sich

$$F_z(z)=\frac{F_r\left(\frac{\sqrt{z}+h_f}{\sqrt{\overline{H}\cdot\overline{L}\cdot\tan\alpha}}\right)-F_r\left(\frac{h_f}{\sqrt{\overline{H}\cdot\overline{L}\cdot\tan\alpha}}\right)}{1-F_r\left(\frac{h_f}{\sqrt{\overline{H}\cdot\overline{L}\cdot\tan\alpha}}\right)} \quad (5\text{-}74)$$

und in ausführlicher Schreibweise für F_r

$$F_z(z)=\frac{1-x_2\cdot I_0\left(kx_2\right)\cdot K_1(x_2)-k\cdot x_2\cdot I_1(kx_2)\cdot K_0(x_2)-\left[1-x_3\cdot I_0\left(kx_3\right)\cdot K_1(x_3)-k\cdot x_3\cdot I_1(kx_3)\cdot K_0(x_3)\right]}{x_3\cdot I_0\left(kx_3\right)\cdot K_1(x_3)+k\cdot x_3\cdot I_1(kx_3)\cdot K_0(x_3)} \quad (5\text{-}75)$$

für $0<z<\infty$ und mit $x_2=\frac{\pi\cdot\left(\frac{h_f}{\sqrt{\overline{H}\cdot\overline{L}\cdot\tan\alpha}}\right)^2}{2\cdot(1-k^2)}$ und $x_3=\frac{\pi\cdot\left(\frac{\sqrt{z}+h_f}{\sqrt{\overline{H}\cdot\overline{L}\cdot\tan\alpha}}\right)^2}{2\cdot(1-k^2)}$

lm weiteren ist die Transformation der Zufallsgröße durch die Multiplikation mit dem konstanten Faktor $a_1=0{,}1\cdot\cot^{\frac{3}{2}}\alpha$ durchzuführen. Es gilt für Ausdrücke der Form (*Fisz 1970*)

$$\underline{W}=a_1\cdot Z \quad (5\text{-}76)$$

$$F_w(w)=F_z(\underline{w}/a_1), \quad (5\text{-}77)$$

woraus sich durch Einsetzen von $z=w/a_1$ in Gl. (5-74)

$$F_z(z)=\frac{F_r\left(\frac{\frac{w}{a_1}+h_f}{\sqrt{\overline{H}\cdot\overline{L}\cdot\tan\alpha}}\right)-F_r\left(\frac{h_f}{\sqrt{\overline{H}\cdot\overline{L}\cdot\tan\alpha}}\right)}{1-F_r\left(\frac{h_f}{\sqrt{\overline{H}\cdot\overline{L}\cdot\tan\alpha}}\right)} \quad (5\text{-}78)$$

ergibt. Da der Wert w der vollständig ausgewerteten rechten Seite von Gl. (5-60) entspricht, gilt $\left(\underline{qT}\right)=\underline{w}$ und mithin lautet die gesuchte Verteilungsfunktion für (qT)

$$F_{qT} = \frac{1 - x_4 \cdot I_0(kx_4) \cdot K_1(x_4) - k \cdot x_4 \cdot I_1(kx_4) \cdot K_0(x_4) - \left[1 - x_3 \cdot I_0(kx_3) \cdot K_1(x_3) - k \cdot x_3 \cdot I_1(kx_3) \cdot K_0(x_3)\right]}{x_3 \cdot I_0(kx_3) \cdot K_1(x_3) + k \cdot x_3 \cdot I_1(kx_3) \cdot K_0(x_3)} \tag{5-79}$$

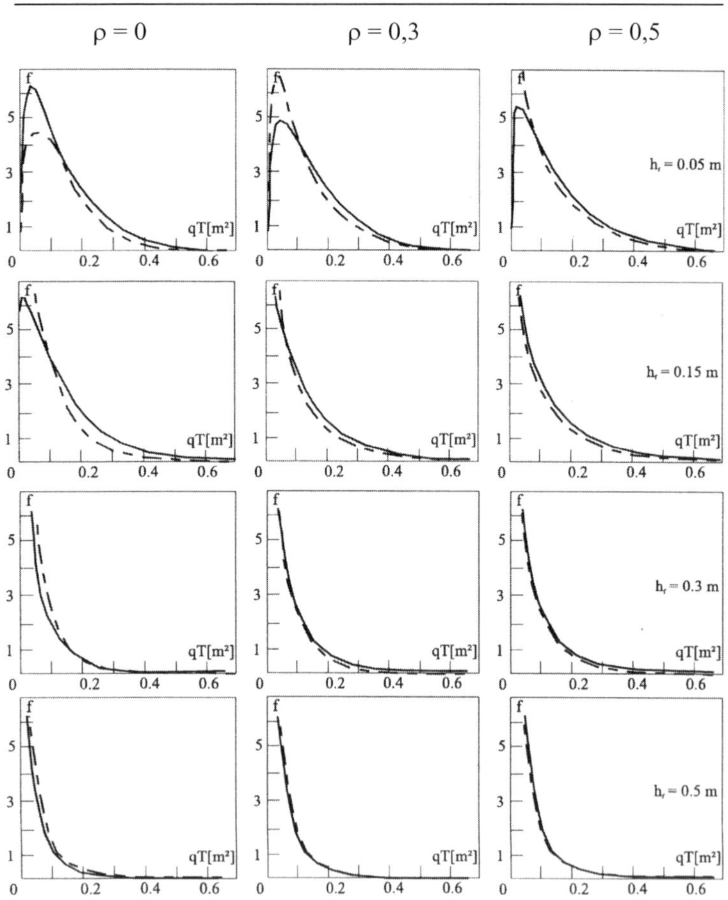

Bild 5.8

Verteilungsdichte (Häufigkeit) der Überlaufvolumina qT für $\overline{H} = 0{,}4\,m$; $\overline{L} = 6{,}245\ m$

——————— Monte-Carlo-Simulation mit Gl. (5-60),

· ———— Theoretische Dichtefunktion (5-80) mit Gl. (5-60)

$0 < qT < \infty$ und mit $x_4 = \dfrac{\pi \cdot \left(\dfrac{x_5 + h_f}{\sqrt{\overline{H} \cdot \overline{L}} \cdot \tan\alpha} \right)^2}{2 \cdot (1 - k^2)}$ und $x_5 = \dfrac{qT}{0{,}1 \cdot \cot^{3/2} \alpha}$

Auf analoge Weise wird die zugehörige Dichtefunktion erhalten:

$$f_{qT} = \frac{\pi \cdot \left(x_5 + h_f\right) \cdot x_4 \cdot I_0\left(kx_4\right) \cdot K_0(x_4)}{2 \cdot x_5 \cdot \sqrt{\overline{H} \cdot \overline{L}} \cdot \tan\alpha \cdot \left(x_3 \cdot I_0\left(kx_3\right) \cdot K_1\left(x_3\right) + k \cdot x_3 \cdot I_1\left(kx_3\right) \cdot K_0\left(x_3\right)\right)} \tag{5-80}$$

Rechenbeispiel:

Gleichung

(5-79)

wurde für ($H = 0.4$ m, $L = 6.24$ m, $\tan\alpha = 1:3$, $h_f = 0$; 0.05; 0.15; 0,3; 0,5; $\rho = 0$; 0,3; 0,5) numerisch ausgewertet und in Bild 5.8 eingetragen (gestrichelte Linie). Eine andere Möglichkeit, die Verteilung der Überlaufvolumina zu ermitteln, ist die Methode der statistischen Versuche (MCM s. Abschn. 5.6. Mit Hilfe der inversen Verteilungsfunktion (5-65) werden Wertepaare für die Wellenhöhe und -länge (bzw. -periode) generiert, aus denen die Einzelauf- und -überläufe berechnet werden. Die so für Gl. (5-60) erhaltenen Dichtefunktionen sind in Bild 5.8 mit dem Graph von Gl. (5-80) für ein Beispiel mit verschiedenen Freibordhöhen und Korrelationen zwischen *H* und *L* verglichen worden. Dabei ist erkennbar, dass sich mit zunehmender Korrelation und Freibordhöhe eine sehr gute Übereinstimmung der Kurven ergibt, die für die Anwendbarkeit von Simulationsverfahren in der Bemessungspraxis spricht.

Beispiel Überflutungswahrscheinlichkeit von Talsperren

Von *Plate u.a. 1982, 1987, 1993* wurde ein Verfahren zur probabilistischen Bemessung von Talsperrenstauräumen entwickelt, welches auch auf die Ermittlung des Betriebsversagens infolge Leerlaufens erweitert wurde.
Dabei werden entsprechend dem klassischen Ansatz der für die Speicherung einer Hochwasserwelle zufällig zur Verfügung stehende Stauraum *r* (zwischen dem aktuellen und einem Grenzstauziel, z. B. Bauwerkskrone abzüglich Freibord) und das nach Abzug der Entlastung zu speichernde Hochwasservolumen *s* miteinander verglichen. Zugrundegelegt wird dabei die *Freudenthal*sche Versagenstheorie unter Verwendung einer zweidimensionalen Wahrscheinlichkeitsverteilung von Belastung *s* (benötigtes Rückhaltevolumen) und Widerstand *r* (vorhandener Freiraum zu Ereignisbeginn abzüglich erforderlicher Freiraum infolge Windwirkung).

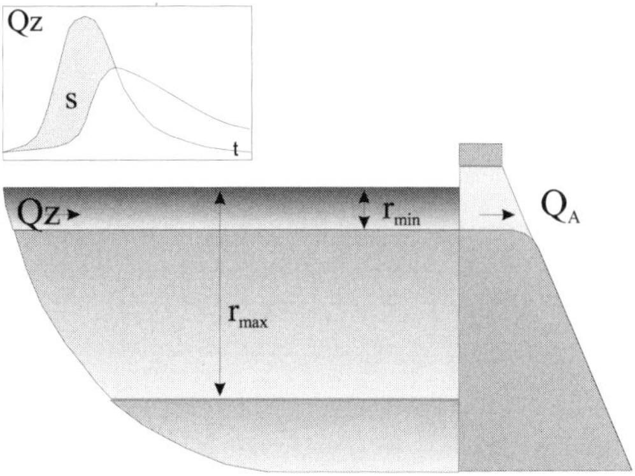

Bild 5.9
Zufluss, Speicherung, Abfluss bei einer Talsperre

Für die zweidimensionale Verteilung von Belastung *s* und Widerstand *r* wird zunächst stochastische Unabhängigkeit angenommen.

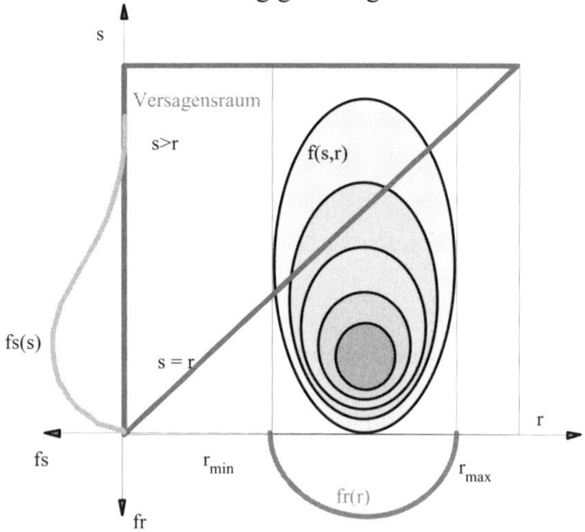

Belastung = *s* = benötigtes Rückhaltevolumen

Widerstand = *r* = vorhandener Freiraum zu Ereignisbeginn - erforderlicher Freiraum (infolge Wind)

Bild 5.10
Zweidimensionale Überflutungswahrscheinlichkeit (nach *Plate 1982*)

$$P_{\ddot{u}} = P(s > r) = \int_{-\infty}^{\infty} \int_{0}^{s} f(s,r) \cdot dr \cdot ds \tag{5-81}$$

$$= P_{\ddot{u}} = \int_{-\infty}^{\infty} \int_{0}^{s} f_s(s) \cdot f_r(r) \cdot dr \cdot ds = \int_{-\infty}^{\infty} F_r(s) \cdot f_s(s) \cdot ds = 1 - \int_{-\infty}^{\infty} F_s(r) \cdot f_r(r) \cdot dr$$

Dies ist das sogenannte Faltungsintegral (Konvulationsintegral).

Wenn der extreme Bereich der Hochwasserzuflussvolumina durch eine Exponentialfunktion

$$F_s(s) = 1 - e^{-\lambda(s-s_o)} \tag{5-82}$$

an die Werte S_{1000} und S_{100} (Fülle des HQ_{100} und HQ_{1000}; $P = 0{,}01$ bzw. $0{,}001$) angepasst wird und das vorhandene Beckenvolumen durch eine Gleichverteilung zwischen r_{max} und r_{min}

$$f_r(r) = \frac{1}{r_{max} - r_{min}} \quad \ldots\ldots\ldots\ldots\ldots\ldots r_{min} < r < r_{max} \tag{5-83}$$

angenähert wird, ergibt sich

$$P_{ü} = 1 - \int_{-\infty}^{\infty} F_s(r) \cdot f_r(r) dr = + \int_{r_{min}}^{r_{max}} e^{-\lambda(r-s_o)} \cdot \frac{1}{r_{max} - r_{min}} \cdot dr \tag{5-84}$$

und es ist eine geschlossene Lösung möglich:

$$P_{ü} = \frac{1}{\lambda(r_{max} - r_{min})} \cdot \left[e^{-\lambda(r_{min} - s_o)} - e^{-\lambda(r_{max} - s_o)} . \right] \tag{5-85}$$

5.6 Statistische Versuche, Monte-Carlo-Methode

Als Monte-Carlo-Methode (auch –simulation) wird ein numerisches Verfahren bezeichnet, bei dem mit Hilfe statistischer Experimente die Wahrscheinlichkeit(sverteilung) eines gesuchten Merkmals bestimmt wird. Die Schritte des Verfahrens können wie folgt beschrieben werden:

1. Mathematische Formulierung des zu lösenden Problems
2. Durchführung von *n* Zufallsexperimenten mit Zufallszahlen (vgl. Abschn. 5.3.7) entsprechend der Übertragungsfunktion unter Verwendung von automatisierter Rechentechnik (z. B. PC)
3. Auswertung des Simulationsergebnisses durch Ermittlung statistischer Parameter (z. B. Mittelwerte, Standardabweichung) oder Anpassung einer Verteilung an das Kollektiv der Ergebniswerte
4. Interpretation der erhaltenen Parameter oder von Quantilen der Verteilung als Lösung des vorliegenden Problems.

Der Name der Methode geht auf Bemühungen zurück, den Ausgang der in Monte Carlo durchgeführten Glücksspiele vorherzusagen. Eine der ersten Anwendungen war die experimentelle Bestimmung der Zahl π. Die Methode stellt nach Auffassung des Verfassers ein Bindeglied zwischen den z.Zt. in den Normen und Regelwerken festgeschriebenen deterministischen Methoden und der probabilistischen Bemessung dar, weil sie –vereinfacht gesagt- eine *n*-malige Wiederholung der bekannten Ansätze dar-

stellt und somit eine gute Anschauung für den Übergang von herkömmlichen zu probabilistischen Verfahren ermöglicht.
Mathematisch begründet ist die MCM durch das „Gesetz der großen Zahlen". Die Güte des Ergebnisses steigt mit der Anzahl n der Experimente.
Bei der Bewertung der Ergebnisse der Simulation stellt sich die Frage, welche Anzahl n von Versuchen notwendig ist, um eine bestimmte Überschreitungswahrscheinlichkeit, die durch das Auszählen von definierten Ereignissen als relative Häufigkeit P_n berechnet wird, zuverlässig zu ermitteln. Dies kann durch asymptotische Konfidenzschätzungen für die unbekannte (wirkliche) Wahrscheinlichkeit P des definierten Ereignisses zum Niveau $1-\alpha$ angegeben werden:

$$\left|P_n - P\right| \leq u_{1-\alpha/2} \cdot \sqrt{P_n \cdot (1 - P_n) / n} \tag{5-86}$$

wobei $u_{1-\alpha/2}$ das Quantil der Normalverteilung der Ordnung $1-\alpha/2$ bezeichnet. Die wirkliche Überschreitungswahrscheinlichkeit P weicht also mit einer Zuverlässigkeit von $1-\alpha$ nicht mehr als $P_n - P$ von der zufälligen relativen Häufigkeit P_n ab.
Dies bedeutet beispielsweise, dass bei einem zugelassenen Fehler der relativen Häufigkeit von 20 % etwa n = 960 000 Versuche erforderlich sind, um eine Überschreitungswahrscheinlichkeit von $P = 10^{-4}$ mit einem Signifikanzniveau von 95 % ($\alpha/2 = 0{,}025$, zweiseitige Fragestellung, $u_{1-\alpha/2} = 1{,}96$) zu bestimmen. Wenn im Sinne von Abschnitt 5.7 eine Versagenswahrscheinlichkeit von $P < 10^{-4} \pm 20\%$ akzeptiert werden könnte, sind also Simulationsumfänge von $n = 10^6$ ausreichend. Bei kleineren Werten würde die Genauigkeit des Ergebnisses sinken.
Es ist erkennbar, dass der Rechenaufwand erheblich ist, weshalb die Methode erst mit der Verbesserung der Computertechnik einen Aufschwung erlebte. Um den Rechenaufwand weiter zu senken, hat man sogenannte Importance Sampling-Methoden entwickelt, mit denen die Realisierungen der zufälligen Variablen im eigentlich interessierenden Versagensbereich gehäuft werden. Über eine Rücktransformation mit umgekehrter Wichtung wird dann auf die tatsächlich gesuchten Versagenswahrscheinlichkeiten „heruntergerechnet".

Beispiel Bemessung von Deichquerschnitten

Während beim Neubau von Deichen die verwendeten Erdstoffe hinsichtlich ihrer hydraulischen und bodenmechanischen Eigenschaften gut bekannt sind und durch entsprechende Einbauvorschriften auch innerhalb einer geringen Streuung gehalten werden können, sind bei historisch gewachsenen und nur stellenweise erkundeten Deichen die Bodeneigenschaften meist nur unvollständig bekannt. Zwischen den Aufschlüssen muss interpoliert werden. Beprobungsergebnisse unterliegen einer starken Streuung, zumal eine ungestörte Entnahme der Proben nur schwer möglich ist.
Eine Qualifizierung des Ergebnisses kann jedoch erreicht werden, wenn die mit der Erkundung verbundene Datenunsicherheit durch Wahrscheinlichkeitsverteilungen für

die Bodenkennwerte innerhalb möglicher Schwankungsbreiten erfasst wird. Durch eine Monte-Carlo-Simulation mit zufälligen Kombinationen der Bodenkennwerte ergeben sich n Ergebnisse in Bezug auf die Lage der Sickerlinie oder der Standsicherheit, welche wiederum durch eine Verteilung beschrieben werden können. Auf diese Weise lassen sich beispielsweise Sickerlinien angeben, die mit einer bestimmten Wahrscheinlichkeit unterschritten werden, was in Bild 5.11 schematisch dargestellt ist. Dabei wurde angenommen, dass die Durchlässigkeitsbeiwerte für die vorhandenen Böden um bis zu einer Zehnerpotenz nach oben und unten abweichen können und in diesem Bereich logarithmisch gleichverteilt sind. Zur Vereinfachung wurden die anderen Bodenkennwerte (ρ_{sr}, ρ', ϕ, c) konstant gehalten.

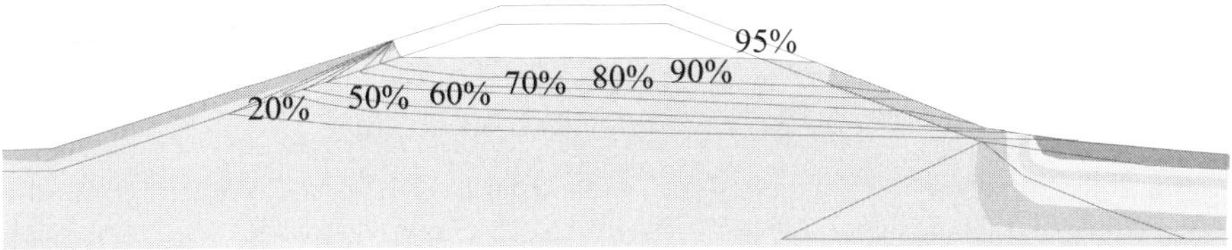

Bild 5.11
Unterschreitungswahrscheinlichkeit für die Lage der Sickerlinie infolge Datenunsicherheit der Durchlässigkeiten (schematische Darstellung für einen Deich bzw. einen Kanaldamm)

Die Berechnungsergebnisse für die Standsicherheit zeigen, dass für einen ungünstigen Fall (von dem mit 95 % Wahrscheinlichkeit erwartet wird, dass die Standsicherheit größer ist) wegen $\eta = 0{,}9$ mit einem Böschungsbruch zu rechnen ist (Bild 5.12 links). Aber es kann sich bei entsprechender Kombination der Durchlässigkeitsbeiwerte auch eine ausreichende Standsicherheit wie in Bild 5.12 Mitte mit $\eta = 1{,}53$ ergeben (nur mit 20 % Wahrscheinlichkeit wird eine noch höhere Standsicherheit erwartet). Es liegen also für einen Querschnitt zwei unterschiedliche Aussagen vor.

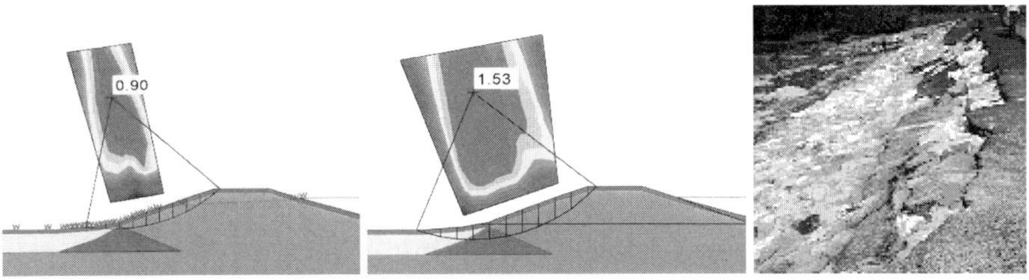

Bild 5.12
Standsicherheit mit 95 % (links) und 20 % Überschreitungswahrscheinlichkeit (mitte) entsprechend Bild 5.11; Rutschungen auf der Luftseite des Deiches (Foto: Verfasser)

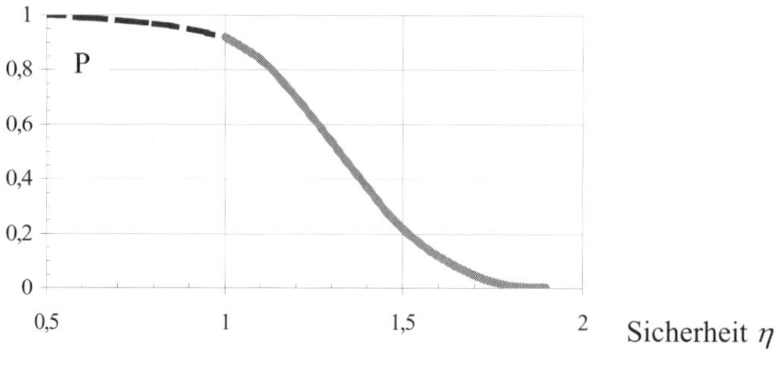

Bild 5.13
Überschreitungswahrscheinlichkeit *P* für die Sicherheit η gegenüber Böschungsgleitbruch

Wenn die Wahrscheinlichkeitsverteilung, wie sie der Bild 5.11 zu Grunde liegt, für die Berechnung der Standsicherheit der luftseitigen Böschung verwendet wird, lässt sich eine Wahrscheinlichkeitsverteilung der jeweils erreichten Sicherheiten gegenüber Böschungsbruch durch Gleiten angeben (Bild 5.13). Demnach beträgt die Versagenswahrscheinlichkeit bei der gegebenen Geometrie und dem gegebenen Wasserstand im stationären Durchströmungsfall etwa 8 % (Bruchkriterium $\eta < 1$). Mit einer Wahrscheinlichkeit von 55 % überschreitet die Sicherheit den angestrebten Wert von $\eta = 1{,}3$. Dabei muss berücksichtigt werden, dass es sich um bedingte Wahrscheinlichkeiten handelt, die das Eintreten des Bemessungswasserstandes voraussetzen und nur von der Datenunsicherheit hinsichtlich der Durchlässigkeitsbeiwerte beeinflusst werden.
Das Foto in Bild 5.12 zeigt, dass der mit $P = 8$ % berechnete Versagensfall bedauerlicherweise eingetreten ist. Dabei könnten noch Verkehrslasten durch die Befahrung der Dammkrone im Zusammenhang mit der Deichverteidigung eine Rolle gespielt haben, die rechnerisch nicht berücksichtigt wurden. Es ist zu erkennen, dass der Beginn der Gleitfläche wie in der Rechnung auf der Krone liegt.
In jüngster Zeit sind analoge Verfahren auch auf dem Gebiet der Grundwasserhydraulik angewendet worden, um beispielsweise Percentile der Ausbreitungsfahne von Schadstoffen anzugeben.

Beispiel Überflutungswahrscheinlichkeit von Talsperren

Der Versagenszustand „Talsperrenüberflutung“ soll für die nachfolgende Betrachtung wie folgt definiert werden: Das Abführvermögen der Hochwasserentlastung ist nicht ausreichend, so dass es zur Kronenüberströmung kommt *oder* der Auflauf von Windwellen überschreitet die Kronenhöhe des Absperrbauwerkes. Durch diese Ereignisse wird ein im Sinne der Bemessung unerwünschter Zustand beschrieben, der aber nicht zwangsläufig zu Schäden führen muss. Obwohl eine Versagenswahrscheinlichkeit

ausgerechnet wird, kann das Risiko sehr klein sein, weil z. B. bei kurzzeitig geringen Überströmhöhen kein großer Schaden zu erwarten ist.
Es wird ein Vergleich der Höhen(koten) durchgeführt:

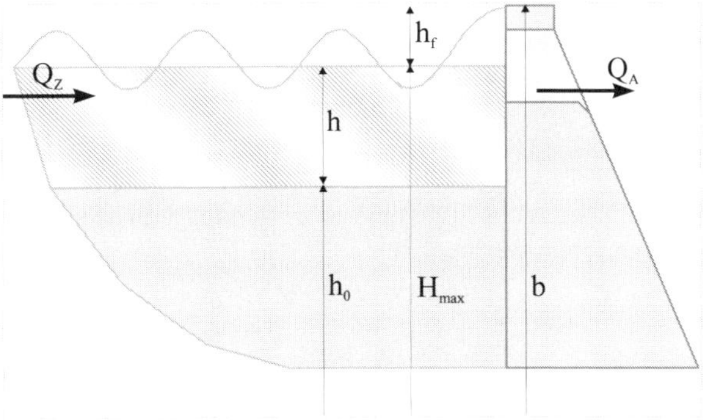

Bild 5.14
Dreidimensionale Verteilung von 3 Hauptbelastungsgrößen:
Belastung: = Anfangswasserstand h_0 + durch Retention zusätzliche Lamelle h + erforderliche Freibordhöhe h_f;
Widerstand: = Kronenhöhe

Zu Beginn eines Hochwasserereignisses ist in der Talsperre (vgl. Bild 5.14) ein *Anfangswasserstand* h_0 anzutreffen, der -mathematisch gesehen- zufällig ist und dessen Lage von vorangegangenen Ereignissen und von der Bewirtschaftung abhängt. In das Becken hinein fließt das durch eine Ganglinie gekennzeichnete *Hochwasser*, dessen Parameter zufällig sind. Da in der Regel der Abfluss Q_A bis zum Erreichen einer gewissen Überfallhöhe kleiner als der Zufluss Q_Z ist, kommt es zu einem Aufstau bis auf die Höhe H_{max} im außergewöhnlichen Hochwasserschutzraum (Seerückhalt, Retention). Die dritte zufällige Einflussgröße ist der *wellenerzeugende Wind* der zur Inanspruchnahme der Freibordhöhe h_f durch Wellenauflauf und Windstau führt, insofern er gleichzeitig mit dem Hochwasser auftritt.
Die drei Hauptbelastungsgrößen *Anfangswasserstand*, *erhöhter Wasserstand* infolge Retention und *erforderliche Freibordhöhe*, können mit Hilfe von Höhenkoten ausgedrückt werden.
Als Versagen oder Überflutung wird der Zustand bezeichnet, in dem gilt:

$$h_0 + h + h_f = H_{max} + h_f > b = \textit{Kronenhöhe} \qquad (5\text{-}87)$$

Die Überflutungswahrscheinlichkeit nach n-maliger Wiederholung des Bemessungsfalles berechnet sich dann als Quotient der Fälle, in denen ein Versagen eingetreten ist, zur Gesamtanzahl *n* und entspricht somit der klassischen Wahrscheinlichkeitsdefinition Gl. (5-47).
Die grafische Darstellung in Bild 5.15 zeigt 200 Ereignisse, die als Punkte im Ereignisraum dargestellt sind. Die Punkte rechts oberhalb hinter der den Versagensraum abtrennenden Ebene markieren eine Überflutung des Absperrbauwerkes.

Dieser Bereich liegt rechts oberhalb der Ebene $b = h_0 + h + h_f$, d.h. $b < h_0 + h + h_f$, und die zu Beginn des Hochwasserereignisses vorhandene Freibordhöhe ist somit in diesen Fällen nicht ausreichend (dunkle Punkte).

Die theoretische Lösung für die Überflutungswahrscheinlichkeit läuft auf die Lösung des dreifachen Integrals

$$P_{ü} = P(h_0 + h + h_f > b) = \iiint_B f(h_0, h, h_f) \cdot dh_0 \cdot dh \cdot dh_f \qquad (5\text{-}88)$$

hinaus, welches im angenommenen, aber nicht allgemein zutreffenden Fall stochastischer Unabhängigkeit wie folgt geschrieben werden kann

$$P_{ü} = \iiint_B f_{h_0}(h_0) \cdot dh \cdot f_h(h) \cdot dh \cdot f_{h_f} \cdot (h_f) dh_f \qquad (5\text{-}89)$$

und mit den Grenzen des Versagensbereiches

$$\begin{aligned} P_{ü} = & \int_0^b \int_0^{b-h_f} \int_{b-h_f-h}^{\infty} f_{h_0}(h_0) \cdot f_h(h) \cdot f_{h_f}(h_f) \cdot dh_0 \cdot dh \cdot dh_f \\ & + \int_0^b \int_{b-h_f}^{\infty} \int_0^{\infty} f_{h_0}(h_0) \cdot f_h(h) \cdot f_{h_f}(h_f) \cdot dh_0 \cdot dh \cdot dh_f \\ & + \int_b^{\infty} \int_0^{\infty} \int_0^{\infty} f_{h_0}(h_0) \cdot f_h(h) \cdot f_{h_f}(h_f) \cdot dh_0 \cdot dh \cdot dh_f \end{aligned} \qquad (5\text{-}90)$$

Die maßgebenden Zufallsgrößen und deren Verteilungen sind schematisch in der oberen Reihe von Bild 5.16 als Diagramme dargestellt worden. Die darunter befindlichen Diagramme zeigen die im Programm verwendeten Zufallsgrößen und deren Verteilungen, die in drei Fällen als Gleichverteilungen angenähert worden sind. Wenn zuverlässige Daten in ausreichender Zahl vorliegen, können andere Verteilungen (vgl. Tafel 5.2) angepasst werden.

Wegen der Kompliziertheit der erforderlichen Transformationsgleichungen ist aber eine geschlossene Lösung kaum möglich, weshalb auf eine Lösung mit Hilfe der Monte-Carlo-Simulation zurückgegriffen wird. Der Berechnungsgang, welcher in einem Programm implementiert wurde, ist in der Bild 5.16 schematisch dargestellt.

Der Bemessungsfall wird *n*-mal mit Hilfe von Zufallszahlen simuliert, wobei die Überflutungswahrscheinlichkeit unterschieden nach direkter (nur infolge des auf den Anfangswasserstand treffenden Hochwassers) und indirekter Überströmung (Hochwasser mit winderzeugter Wellenwirkung) entsprechend der o. g. Definition berechnet wird.

Wenn davon ausgegangen wird, dass während der Nutzungsdauer einer Talsperre (*LAWA-Richtlinie* t_n*=100 a)* die klimatischen Bedingungen näherungsweise als konstant angesehen werden können, kann entsprechend dem heutigen Kenntnisstand beim Eintreten des Bemessungsfalles der Hochwasserentlastungsanlage mit einer Ganglinie

gerechnet werden, die aus bereits bekannten Ganglinien abgeleitet wird. Man kann somit davon ausgehen, dass die Parameter Q_S, t_A und n_f der Bemessungsganglinie sich in bestimmten Intervallen bewegen und dass es möglich ist, für diese Intervalle eine Wahrscheinlichkeitsdichte aus hydrologischen Untersuchungen zu bestimmen.
Ob es beim Auftreffen einer Bemessungsganglinie, deren Parameter in den festgestellten Intervallen liegen, jedoch zu einer Überflutung kommt, wird entscheidend auch vom Anfangswasserstand im Stauraum bestimmt.
Für die Beurteilung der Überflutungssicherheit wird es somit erforderlich, aus der Kenntnis der hydrologischen und Bewirtschaftungssituation des Talspeichers die Intervallgrenzen der Zufallsvariablen und ihre Verteilung innerhalb der Intervalle zu bestimmen. Während beim Scheitelabfluss auf die Verteilung der Jahreshöchstwerte zurückgegriffen werden kann, liegen für die anderen Variablen vielfach keine Verteilungen vor. Deshalb ist für den vorliegenden Anwendungsfall nur die Intervallgrenze der Variablen bestimmt und dazwischen eine (stetige) Gleichverteilung angenommen worden (s. Bild 5.16).

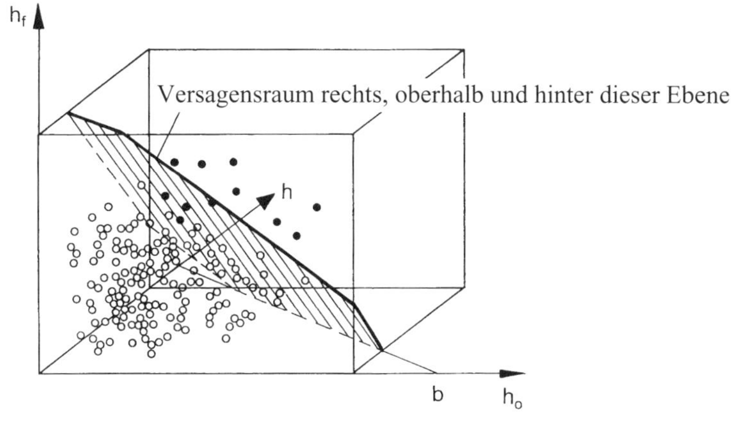

Bild 5.15
Dreidimensionale Wahrscheinlichkeitsdichte für die Freibordkomponenten am Beispiel von 200 zufälligen Ereignissen
Belastung: = Anfangswasserstand h_0 + durch Retention zusätzliche Lamelle h + erforderliche Freibordhöhe h_f; **Widerstand:** = Kronenhöhe b

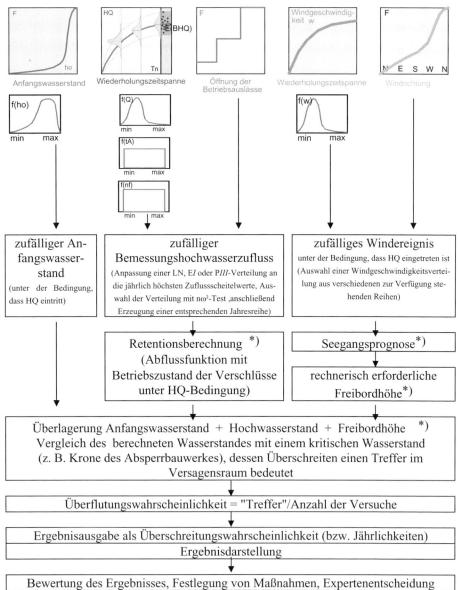

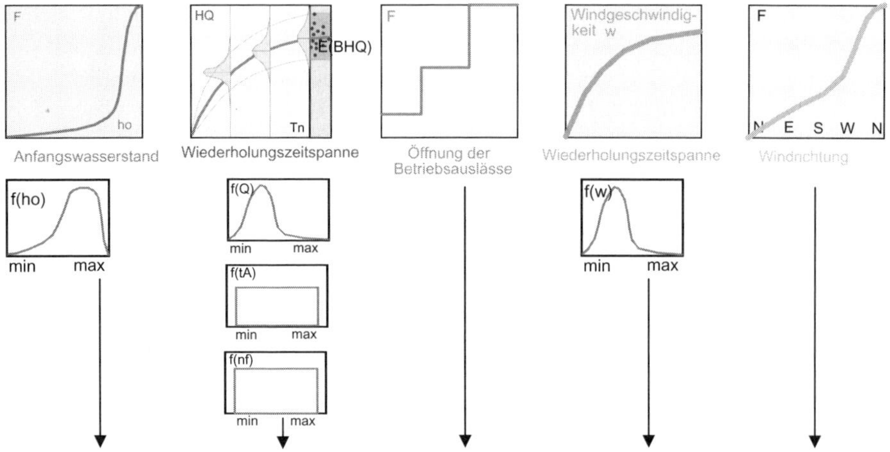

zufälliger Anfangswasserstand
(unter der Bedingung, dass HQ eintritt)

zufälliger Bemessungshochwasserzufluss
(Anpassung einer LN, E*I* oder P*III*-Verteilung an die jährlich höchsten Zuflussscheitelwerte, Auswahl der Verteilung mit nω^2-Test ,anschließend Erzeugung einer entsprechenden Jahresreihe)

zufälliges Windereignis
unter der Bedingung, dass HQ eingetreten ist
(Auswahl einer Windgeschwindigkeitsverteilung aus verschiedenen zur Verfügung stehenden Reihen)

Retentionsberechnung *)
(Abflussfunktion mit Betriebszustand der Verschlüsse unter HQ-Bedingung)

Seegangsprognose*)

rechnerisch erforderliche Freibordhöhe*)

Überlagerung Anfangswasserstand + Hochwasserstand + Freibordhöhe *)
Vergleich des berechneten Wasserstandes mit einem kritischen Wasserstand (z. B. Krone des Absperrbauwerkes), dessen Überschreiten einen Treffer im Versagensraum bedeutet

Überflutungswahrscheinlichkeit = "Treffer"/Anzahl der Versuche

Ergebnisausgabe als Überschreitungswahrscheinlichkeit (bzw. Jährlichkeiten)

Ergebnisdarstellung

Bewertung des Ergebnisses, Festlegung von Maßnahmen, Expertenentscheidung

Bild 5.16
Berechnungsschema für die Überflutungswahrscheinlichkeit

*) *Transformationen von Zufallsgrößen*

Mit den Verteilungen für die Ganglinienparameter, den Anfangswasserstand und die rechnerisch erforderliche Freibordhöhe wird durch wiederholte Retentions- und Freibordberechnungen (vgl. *Technische Hydromechanik Bd. 1.,* DVWK-Merkblatt 246) die Verteilung der kritischen Wasserstände ermittelt, indem für jede mit Hilfe von Zufallszahlen generierte Konfiguration der Variablen $Q_S,\ t_A,\ n_f,\ h_0, w_{10}$ ein Wert H_{max} bestimmt wird.
Im Falle stochastischer Unabhängigkeit der zufälligen Variablen ergäbe sich zumindest theoretisch die gemeinsame (fünfdimensionale) Verteilungsdichte

$$f(Q_s,t_A,n_f,h_0,w_{10}) = f_{Q_s}(Q_s)\cdot f_{t_A}(t_A)\cdot f_{n_f}(n_f)\cdot f_{h_0}(h_0)\cdot f_{w_{10}}(w_{10}) \tag{5-91}$$

und die Überflutungswahrscheinlichkeit ohne Berücksichtigung der Freibordinanspruchnahme durch Windwellen entspräche dem Integral über den Versagensraum *B*:

$$P_{ü} = \iiint\limits_B\iint f\ (Q_s,t_A,n_f,h_0\cdot w_{10}))\cdot dQ_s\cdot dt_A\cdot dn_f\cdot dh_0\cdot dw_{10} \tag{5-92}$$

Auch wenn die Randverteilungen wie in der oben angegebenen Abbildung vereinfacht werden, ist wegen der nicht explizit angebbaren Transformationsgleichungen (Retentions- und Freibordberechnungen) eine geschlossene Lösung nicht möglich, so dass, wie schon oben erwähnt, auf eine Simulationslösung entsprechend dem angegebenen Schema zurückgegriffen werden muss.
Das Bemessungshochwasser kann vereinfachend für jeden der *N* Berechnungsgänge durch eine eingipflige Hochwasserganglinie mit den drei Parametern Scheitelzufluss Q_S, Anstiegszeit t_A, und Formfaktor n_f entsprechend der Gleichung

$$Q = Q_S\cdot\left[\frac{t}{t_A}\cdot e^{\left(1-t/t_A\right)}\right]^{n_f} \tag{5-93}$$

beschrieben werden.
Der Bemessungszuflussscheitelwert Q_S wird aus einer möglichst langen Reihe der jährlich aufgezeichneten höchsten Momentandurchflüsse mit Hilfe einer Extremwert-Wahrscheinlichkeitsverteilung (vgl. Tafel 5.2) für die gewünschte Wiederholungszeitspanne T_n (< 10000 Jahre) extrapoliert. Oft wird eine der folgenden Verteilungen verwendet:

- Logarithmische Normalverteilung (LN)
- *Gumbel*verteilung (= Doppelexponentialverteilung, Extremwertverteilung I, EI) und
- *Pearson*-III-Verteilung (= dreiparametrische Gammaverteilung, P3) bzw. bei negativer Schiefe automatisch die Logarithmische *Pearson*-III-Verteilung (LP3).

Eine *Programmdemonstration* für die Berechnung der *Überflutungswahrscheinlichkeit* mit den vereinfachenden Annahmen dieses Abschnittes ist auf der beiliegenden CD verfügbar.

Rechenbeispiel

Eine Gewichtsstaumauer aus Beton mit gerader Achse und Mauerkronenüberfall habe die folgenden Abmessungen: Standardüberfall mit Entwurfsüberfallhöhe h_{0B} = 1,75 m; Überfallbreite ohne Pfeiler b = 39,00 m; OK Mauerkrone WB = 543,00 m ü.NN; OK Überfall (Vollstau) WU = 539,60 m ü.NN; UK Brücke über den Hochwasserüberfall UKB = 542,35 m ü.NN; Wassertiefe an der Staumauer WI = 57 m; Wandrauheit k_R = 0,95 (für Beton geschätzt); wasserseitige Böschungsneigung $m = cot\alpha = 0$ (senkrecht); Grundablass: Drei von vier Grundablassrohren mit je 12,5 m³/s geöffnet QT = 37.50 m³/s (n - 1); Wasserstand, bei dessen Überschreiten die Grundablässe geöffnet werden WQT = 539,60 m ü.NN (geschätzt, aus Gründen rechentechnischer Vereinfachung wird von einem gleichzeitigen, plötzlichen Öffnen bei Überschreiten von WQT und entsprechendem Schließen beim Unterschreiten ausgegangen). Anfangswasserstand (in Ermangelung statistisch ausreichend abgesicherter Zeitreihen) gleichverteilt zwischen WK_u = 538,70 und WK_o = 539,60 m ü.NN angesetzt.
Der Beckeninhalt in Abhängigkeit vom Wasserstand und die Form des Seegebietes sind in Tafel 5.5 beschrieben. Die Hochwasserscheitelwerte sind in Bild 5.17 dargestellt.
Aus der Füllenstatistik der bekannten Hochwasserganglinien wurde für die Gleichung (5-93) für den Formparameter n_f = 0,7 ... 3,7 und für die Anstiegzeit t_A = 10 ... 77 h ermittelt, wobei vereinfachend eine Gleichverteilung angenommen wurde.

Tafel 5.5

Beckeninhalt

Wasserstand (m ü.NN)	**Beckeninhalt (Mio m³)**
486,00	0,00
487,77	0,001
499,00	1,400
538,70	71,40
539,60	74,65
541,45	81,69
543,00	86,00
545,00	91,00
547,00	97,76

Seegebiet

Sektorenwinkel Θ [°]	**Streichlänge S [m]**	**mittlere Wassertiefe im Sektor $\overline{d}$ [m]**
0		
83	500	40
86	1750	30
90	2070	35
91	3000	30
94	1550	30
105	800	40
122	1100	40
180	150	30

Berechnungsergebnisse: Die Überflutungswahrscheinlichkeit beträgt bezogen auf den Höchstwert des Hochwasserzuflussscheitels in einem beliebigen Jahr $P_{vo} \cong 10^{-6}$

(direkte Überströmung, nur Hochwasser) und $P_{vl} \cong 2 \cdot 10^{-6}$ (indirekte Überströmung, zusätzlich Wellen).
Die Wahrscheinlichkeit, dass das Wasser im Hochwasserfall unter der Brückenunterkante nicht ungehindert abfließen kann, beträgt bezogen auf das mindestens einmalige Auftreten in einem beliebigen Jahr etwa $P_{vo} = 1{,}52 \cdot 10^{-3}$ ($P_{vl} = 6{,}7 \cdot 10^{-3}$). Dabei ist die Strahlabsenkung im Überfallbereich nicht berücksichtigt.
Die geringen berechneten Überflutungswahrscheinlichkeiten geben zu der Überlegung Anlass, ob eine Änderung der Stauraumaufteilung durch entsprechende Anhebung der Hochwasserüberfallkante auch noch ausreichende Sicherheiten gewährleisten würde.
Es wurde die Überflutungswahrscheinlichkeit in Abhängigkeit von der Lage der Überfallkrone unter folgenden Bedingungen untersucht:

- Anfangswasserstand gleichverteilt zwischen OK Überfall und OK Überfall abzüglich 1 Meter
- 3 Grundablässe von 4 Grundablässen ab Wasserspiegellage oberhalb Vollstau geöffnet.

Es ergaben sich die im Bild 5.18 dargestellten Werte.

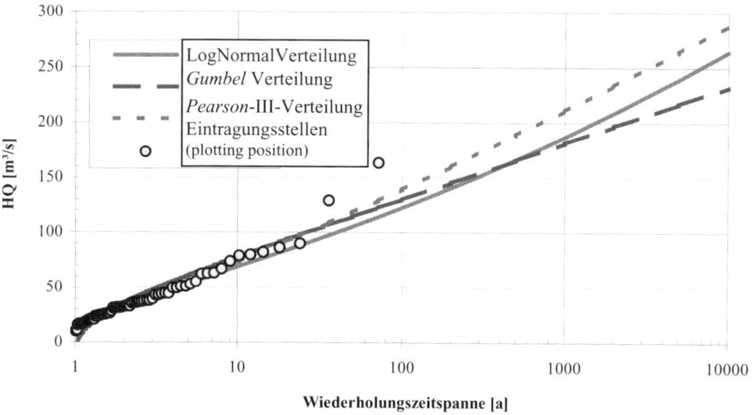

Bild 5.17
Jährlich größte Zuflussscheitelwerte, Extrapolation, durch Anpassung von drei Wahrscheinlichkeitsverteilungen

In Auswertung der Berechnungsergebnisse wäre eine Entscheidung zugunsten einer Anhebung der Überfallkrone um beispielsweise 90 cm auf 540,50 m. ü. NN möglich, wenn nicht andere Gründe dagegen sprechen (Statik des Absperrbauwerkes, Wasserbedarf, ggf. Um- oder Unterströmung, ggf. Wasserrechte oder Schutzbedürfnis von Oberliegern, Lage von Verkehrswegen u.s.w.). Die Wahrscheinlichkeit, dass die Staumauer in einem beliebigen Jahr einmal direkt überströmt würde, betrüge dann etwa $P_{vo} = 1{,}5 \cdot 10^{-5}$ und die Wahrscheinlichkeit, dass in einem beliebigen Jahr 5 % der Windwellen eines Ereignisses über die Krone treten, betrüge etwa $P_{vl} = 4{,}1 \cdot 10^{-5}$. Die

Anhebung des Stauzieles um 90 cm würde im vorliegenden Beispiel eine Stauraumvergrößerung um $0{,}9\,m \cdot 3700000\,m^2 = 3330000\,m^3 = 3{,}3\,Mio\ m^3$, also 4,5 % des bisherigen Stauraumes bei Vollstau ergeben.

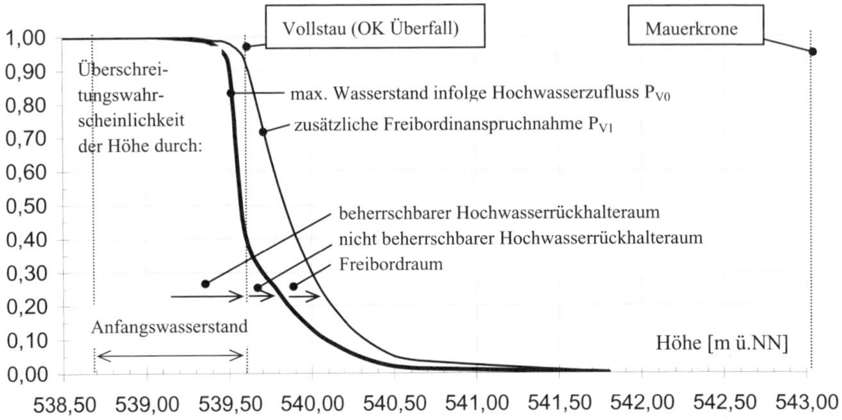

Bild 5.18
Überflutungswahrscheinlichkeit in Abhängigkeit vom kritischen Wasserstand für ein beliebiges Jahr

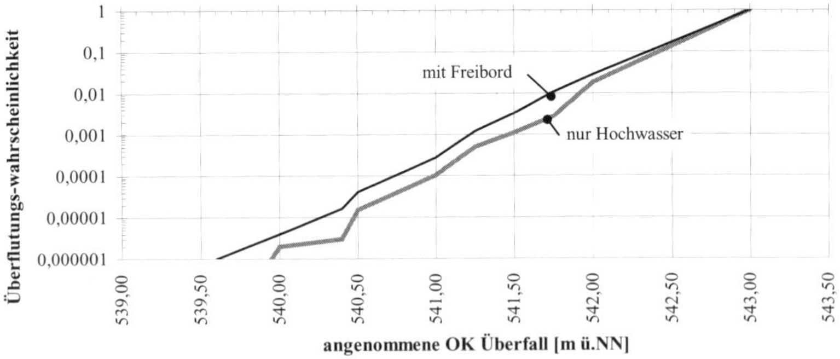

Bild 5.19
Überflutungswahrscheinlichkeit bei möglicher Veränderung der Oberkante des Hochwasserüberfalls (Vollstau)

5.7 Zulässige Versagenswahrscheinlichkeiten

Zur Interpretation dieses Wertes ist die Festlegung zulässiger Versagenswahrscheinlichkeiten erforderlich, für die es aber derzeit noch keine allgemein aner-

kannten Werte gibt. In der Literatur gibt es lediglich Vorschläge verschiedener Autoren für die jeweiligen Bauwerke, die sich u.a. nach der Bauart und dem Gefährdungspotential richten.
Freudenthal 1970 schlägt für die zulässige Gesamtversagenswahrscheinlichkeit eines großen Bauwerkes $P \leq 10^{-2}$ vor, wenn Schadenskosten die Neubaukosten nicht wesentlich überschreiten. Bei deutlich höheren Schadenskosten empfiehlt er $P \leq 10^{-3}$, also einen Versagensfall in durchschnittlich 1000 Jahren.
Für die Überströmung von Seedeichen infolge Hochwasser wird in den Niederlanden in dichter besiedelten Gebieten $P \leq 10^{-4}$ und in weniger besiedelten Gebieten $P \leq 2{,}5 \cdot 10^{-4}$ (pro Jahr) zugelassen.
Wenn Menschenleben in Gefahr sind, verkleinert sich die zulässige Versagenswahrscheinlichkeit. Diesen Fall versuchen *Otway u. Erdmann 1970* unter Bezugnahme auf Nuklearunfälle quantitativ zu fassen (Tafel 5.6).

Tafel 5.6
Schwellenwerte für die Risikoakzeptanz (nach *Otway u. Erdmann 1970*)

10^{-3}/a·Pers.	nicht akzeptables Risiko: sofortige Maßnahmen zur Verminderung des Risikos oder Abbruch der verursachenden Maßnahme
10^{-4}/a·Pers.	mittelfristige Abhilfe: die Gesellschaft plant beträchtliche Geldsummen für die Verminderung des Risikos (z. B. Brandschutz, Verkehrssicherheit)
10^{-5}/a·Pers.	Warnungen werden ausgesprochen
10^{-6}/a·Pers.	Der Einzelne fühlt sich kaum betroffen oder akzeptiert das Risiko.

Für die praktische Anwendung der beschriebenen Bemessungsmethode bedarf es zukünftig noch anerkannter Werte für zulässige Versagenswahrscheinlichkeiten.
Obwohl in der Öffentlichkeit ein Akzeptanzwiderspruch zwischen freiwillig übernommenen Risiken (Benutzung von Verkehrsmitteln, Risikosportarten, Lebensversicherung) und unfreiwillig übernommenen Risiken (Industrieanlagen, Gefährdungspotential durch bestimmte Ingenieurbauwerke) besteht, ist anzunehmen, dass sich die probabilistisch geprägte Denkweise und dementsprechende Bemessungsverfahren weiterhin durchsetzen werden.

5.8 Literatur

Ahrens, J. H.; Dieter, U.: Computer Methods for Sampling from Gamma, Beta, Poisson and Binomial Distributions.- In: Computing (1974) 12, pp 223-246

Ahrens, J. H.; Dieter, U.: Neue Methoden zur Erzeugung von nicht gleichverteilten Zufallszahlen.- In: ZAMM 53 (1973) T 221 - T 223

Battjes, J. A.: Run-up distributions of waves breaking on slopes.- In: Proc. ASCE, Journ. of waterways, harbor and coastal eng. div.- 97 (1971) WW1, S. 91-114

Battjes, J. A., Roos, A: Charakteristics of flow in run-up.- In: Communications on hydraulics, Delft Univ. of Technology report No. 75-3, 1975

Bollrich, G.: Technische Hydromechanik.- Band 1, 6. durchgesehene Auflage Berlin: Verlag für Bauwesen, 2007

Bollrich, G. u.a.: Technische Hydromechanik.- Band 2, Berlin: Verlag für Bauwesen, 1989

Buck, W.; Schiffler, G. R.: Zuverlässigkeitsanalysen in der wasserwirtschaftlichen Projektplanung.- In: Wasser und Boden.- Hamburg, Berlin 38 (1986) 3, S. 123-128

Chang Che-Hao, Tung Yeou-Koung, Yang Jinn-Chuang: Monte Carlo simulation for correlated variables with marginal distributions.- In: Proc. ASCE, Journ. of Hydraulic eng. 120 (1994) 3 pp 313-330

D'Ágostino, M. A.; Stephens, R. B.: Goodness of fit techniques.- New York, Basel: Marcel Dekker Inc., 1986

Duckstein, L.: Zuverlässigkeit und Risiko bei wasserwirtschaftlichen Systemen.- In: Deutsche Forschungsgemeinschaft (DFG), Mitteilung Nr. 9 der Senatskommission für Wasserfoschung.- Zuverlässigkeitstheorie bei wasserwirtschaftlichen Aufgaben.- Hrsg.: Buck, W. und Plate, E., Weinheim: VCH-Verlag 1987

Dyck, S.; Peschke, G.: Grundlagen der Hydrologie.- Berlin: Verlag für Bauwesen, 2000

Fahlbusch, F. E.: Optimum design flood for spillways.- In: Water power & dam construction, Aqua media international Ltd., Sutton Surray 1 (1979) 11, S. 79 - 84

Floods and reservoir safety - an engineering guide .- The institution of civil engineers, ICE London 1978

Freudenthal, A. M.: Safety and reliability of large engineering structures.- In: Symposium of the National Academy of Engineering, National Academy of Sciences, Washington, D.C. 1970

Gumbel, E.J. Statistics of extreme values.-New York: Columbia University Press, 1958

Karian, Z. A. ; Dudewicz, E. J.: Modern statistical systems and GPSS simulation.-The First Course, New York: Computer science press, W. H. Freeman and Company, 1991

Kirnbauer, R.: Zur Ermittlung von Bemessungshochwässern im Wasserbau.-In: Wiener Mitteilungen, Bd. 42, TU Wien, 1981

Kite, G. W.: Frequency and risk analysis in hydrology and water resources.- In: Water resources publications, Ft. Collins, Col. 1977

Kluge, C.: Statistische Verfahren zur Anpassung ausgewählter Verteilungsfunktionen

Ludewig, M. ; Pohl, R.: Stauanlagen (Kap.4).- In: Wiegleb, K.: Taschenbuch Verkehrs- und Tiefbau, Bd. 4 .- Berlin: Verlag für Bauwesen, 1990

Maniak, U.: Hydrologie und Wasserwirtschaft.- 3. Aufl. Berlin, Heidelberg, New York: Springerverlag 1993

Martin, H.: Ansätze und Methoden zur Ermittlung der Überflutungssicherheit.- In: Wissenschaftliche Zeitschrift der TU Dresden, 37 (1984) 4, S. 243-253

Martin,H.: Beurteilung der Überflutungssicherheit von Talsperren in Sachsen und Thüringen mit empirischen und probabilistischen Methoden.- DVWK-Schrift 102 „Gewässer - schützenswerter Lebensraum", 1992

Martin,H.; Kummer, V.: Die Überflutungssicherheit der Talsperre Schmalwasser im Bemessungsfall.-Gutachten im Auftrag des Thüringer Umweltministeriums, Talsperrenneubauleitung Tambach-Dietharz.- Dresden, 1992

Meier, J; Hiessl, H; Plate, E.: Versagen einer Talsperre infolge hydrologisch-meteorologischer Belastungskomponenten.- In: Wasserwirtschaft, Stuttgart, 80 (1990) 6, S. 303-311

Meon, G.; Plate,E.: Zuverlässigkeit einer Talsperre bei Hochwasser.- In: Wasserwirtschaft 79 (1989) 7/8, S. 344-348

Otway, H. J. ; Erdmann, R. C.: Reactor siting and design from a risk viewpoint.- In: Nuclear Engineering N0. 13, Amsterdam: Elsevier publ. 1970

Piehler, J. ; Zschiesche, H.-U.: Simulationsmethoden.- 4. Aufl., Leipzig: BSB B. G. Teubner Verlagsgesellschaft, 1990

Plate, E.: Bemessungshochwasser und hydrologisches Versagensrisiko für Talsperren und Hochwasserrückhaltebecken.- In: Wasserwirtschaft, Stuttgart 72 (1982) 3, S. 91-97

Plate, E.: Möglichkeiten der Anwendung der Zuverlässigkeitsanalysen im Wasserbau.- In: Deutsche Forschungsgemeinschaft (DFG), Mitteilung Nr. 9 der Senatskommission für Wasserforschung.- Zuverlässigkeitstheorie bei wasserwirtschaftlichen Aufgaben.- Hrsg.: *Buck, W.* und *Plate, E.*, Weinheim: VCH-Verlag 1987

Plate, E.: Statistik und angewandte Wahrscheinlichkeitslehre für Bauingenieure.- Berlin: Verlag W. Ernst & Sohn, 1993

Plate, E.; Buck, W.; Meier, J.: A simulation for determining the probability of overtopping of dams.- In: Berichte zum 15. ICOLD- Kongress, Q59 R12, Lausanne 1985

Pohl, R.: Der Auflauf brechender Wellen auf glatten Böschungen.-In: Wiss. Z. TU Dresden, 39 (1990) 2, S.159-165

Pohl, R.: Der Wellenüberlauf über Dämme mit Wellenumlenkern.- In: Wasser und Boden, Hamburg 43 (1991) 1, S. 42-46

Pohl, R..: Die Übertragung des Wellenauf- und Überlaufes periodischer Wellen auf Seegangsverhältnisse.- In: Wasserwirtschaft-Wassertechnik, Berlin 45 (1995) 8, S. 40 –42

Pohl, R.: Die Überflutungssicherheit von Talsperren.- In: Dresdner Wasserbauliche Mitteilungen 11/1997, TU Dresden, Institut für Wasserbau und Technische Hydromechanik ISSN 0949-5061

Pohl, R.: Aspekte zur Freibordbemessung an Talspeichern.- In: Wasserwirtschaft-Wassertechnik, Berlin 38 (1988) 1.- S. 15-17

Sachs, L.: Angewandte Statistik.- Berlin, Heidelberg, New York: Springer Verlag, 1974

Sachs, L.: Statistische Auswertemethoden.- Berlin, Heidelberg, New York: Springer Verlag, 1968

Schmitz, G. H., Seus, G. J.: Ermittlung des Bemessungshochwassers auf der Basis hydrologischer und projektbezogener Daten.- In: Wiss. Z. TU Dresden, 45 (1996) 2, S. 79 - 84

Schneider, J.: Sicherheit und Zuverlässigkeit im Bauwesen.- Stuttgart: Teubner 1994

Schneider, J.: Zwischen Sicherheit und Risiko.- In: Schweizer Ingenieur und Architekt 18 (1988) April, S. 505 - 512

Schuëller, G. I.: Einführung in die Sicherheit und Zuverlässigkeit von Tragwerken.- Berlin, München: Verlag Ernst & Sohn, 1981

Sinniger, R.; Bourdeau, P. L.; Mantilleri, R.: Risikoberechnung von Hochwasserentlastungsanlagen.- In: Wasser, Energie, Luft, Baden (CH) 77 (1985) 5/6, S. 98-109

Späthe, G.: Die Sicherheit tragender Baukonstruktionen.- Berlin: Verlag für Bauwesen 1987

Storm, R.: Wahrscheinlichkeitsrechnung, Mathematische Statistik, Statistische Qualitätskontrolle.- 7. Aufl., Fachbuchverlag Leipzig 1979

Vischer, D. Naef, F.: Hochwasserschätzung zur Bemessung der Hochwasserentlastung von Talsperren.- In: Wasser, Energie, Luft: Baden (CH): 77 (1985) 5/6, S. 110 - 115

Yeou-Koung Tung: Probabilistic hydraulic design: A next step to experimental hydraulics.- In: IAHR Journal of Hydraulic Research 32 (1994) 3 pp. 323-336

5.9 Verwendete Bezeichnungen in Kapitel 5

C	-	Beiwert
C	(...)	Konsequenz, Kosten, Schaden
Cov	$(...)^2$	Kovarianz
C_V	(...)	Variationskoeffizient
$E(...)$	(...)	Erwartungswert
F	-	Unterschreitungswahrscheinlichkeit, Verteilungsfunktion
f	-	Wahrscheinlichkeitsdichte , Dichtefunktion
g	m/s^2	Erdbeschleunigung
H	m	Wellenhöhe
h_0	m	Anfangswasserstand
H_A	m	Wellenauflaufhöhe
h_f	m	Freibordhöhe
HQ	m^3/s	Hochwasser(scheitel)durchfluss
I_0	-	modifizierte Besselfunktion erster Gattung nullter Ordnung
I_1	-	modifizierte Besselfunktion erster Gattung erster Ordnung
K_0	-	modifizierte Besselfunktion dritter Gattung nullter Ordnung
K_1	-	modifizierte Besselfunktion dritter Gattung erster Ordnung
L	m	Wellenlänge
m_1	(...)	Mittelwert
m_2	$(...)^2$	Varianz
m_r	$(...)^r$	r-tes Moment
N, n	-	Anzahl
P	-	(Eintritts-) Wahrscheinlichkeit
Q	m^3/s	Durchfluss
q	m^2/s	spezifischer Durchfluss, Überlauf pro Breiteneinheit
r	-	normierte Wellenauflaufhöhe
R, r	(...)	Widerstand
R	-	Bestimmtheitsmaß
S	m^3	Speichervolumen
S, s	(...)	Belastung
T	s	Wellenperiode
Z	-	Zuverlässigkeit
α	-	Signifikanzniveau
α	°	Böschungswinkel
ε	-	Exzess
γ	-	Schiefekoeffizient
ρ_{xy}	-	linearer Korrelationskoeffizient zwischen X und Y
σ	(...)	Standardabweichung

Überstreichung bedeutet Mittelwert, Unterstreichung bedeutet Zufallsgrösse
(...) verschiedene Einheiten möglich, z. B. Einheit des Merkmals

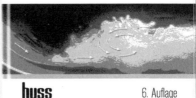

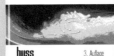

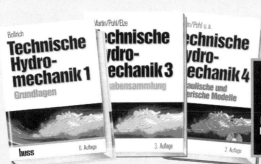

6 Spezielle hydraulische Probleme an ausgewählten Betriebseinrichtungen

Helmut Martin

6.1 Kavitation bei Betriebseinrichtungen

6.1.1 Einleitung

Der von dem lateinischen Wort "cavus" abgeleitete Begriff "Kavitation" bezeichnet die Bildung von Blasen (Hohlräumen) in einer Flüssigkeit. Dieser Vorgang tritt bei gleichbleibender Temperatur auf, wenn der Druck in der Flüssigkeit auf einen kritischen Wert absinkt, so dass durch Phasenumwandlung die Flüssigkeit verdampft und sich Gasblasen im Inneren der Flüssigkeit bilden. Bei gleichbleibendem Druck (Atmosphärendruck) tritt die Phasenumwandlung ein, wenn die Temperatur einen kritischen Wert (bei Wasser ca. 100° C) erreicht und die Flüssigkeit siedet. Die entstehenden Blasen unterliegen einem Wachstumsprozess, der zu einer enormen Volumenerweiterung führt. Im Vergleich zu der wesentlich dichteren Flüssigkeit erscheinen die Blasen in der Flüssigkeit als Hohlräume, in die die in der Flüssigkeit gelösten Gase hinein diffundieren können.
Sind in einer Flüssigkeit Dampfblasen durch Druckabsenkung entstanden, so erfolgt beim Wiederanstieg des Druckes der Prozess der Kondensation. Dabei implodieren die Gasblasen in Bruchteilen von Millisekunden mit knatternden Geräuschen. In Wandnähe kann ein asymmetrischer Blasenkollaps zu einem auf die Wand gerichteten Flüssigkeitsstrahl führen. Aus Hochgeschwindigkeitsaufnahmen ist bekannt, dass sich durch das "Einbeulen" der Blase ein 10 bis 100 µm dicker Strahl entsteht, der eine Geschwindigkeit von 100 bis 200 m/s erreicht und einen Druck bis zu 1500 bar auf die Begrenzungswand verursachen kann (*Lauterborn* 1980, *Torrita* und *Shima* 1986). Gleichzeitig kann sich das Gas in der Blase weit über 1000° C erhitzen.
Aus den Darlegungen wird deutlich, dass die mit den Kavitationserscheinungen verbundenen Druck- und Temperaturspitzen zu nadelstichartigen Angriffen auf die Begrenzungswand der Flüssigkeit führen. Hinzu kommen die durch den Blasenkollaps ausgelösten Druckwellen. Diesen Belastungen kann auf die Dauer kein Material widerstehen und es kommt daher zu der gefürchteten Kavitationserosion, die im Allgemeinen mit erheblichen Geräuschpegeln und Vibrationserscheinungen verbunden

sind. Die Kenntnis der kritischen hydraulischen Parameter für den Kavitationsbeginn ist daher für die Planung und den Betrieb von Betriebseinrichtungen im Wasserbau von großer Bedeutung.

6.1.2 Physikalische Grundlagen

Nach der klassischen Vorstellung entstehen Kavitationsblasen im Wasser, wenn der temperaturabhängige Dampfdruck p_d des Wassers erreicht oder unterschritten wird. Ein derartiger Übergang von der flüssigen zur Gasphase ist bei genauerer Betrachtung recht kompliziert und erfordert - ebenso wie die Kondensation oder das Gefrieren - die Existenz von sogenannten Keimen (Kernen) im Wasser, die im Fall der Kavitation Inhomogenitäten (Hohlräume) in Form von mikroskopisch kleinen Gas- und Lufteinschlüssen darstellen und die eine Phasengrenzfläche zum Wasser besitzen. Über diese Grenzflächen kann das Wasser in diese kleinen Hohlräume hinein verdampfen und gelöste Gase können hinein diffundieren.

Freie, mikroskopisch kleine Gasblasen kommen als Keime nicht in Betracht, da sie entweder durch den von der Oberflächenspannung verursachten Kapillardruck in Lösung gezwungen werden oder unter ständigem Wachstum zur Oberfläche aufsteigen. Es gilt als gesichert, dass Keime entsprechend der *Harvey*schen Modellvorstellung innerhalb der Flüssigkeit in den Unebenheiten und Rissen von nicht voll benetzten suspendierten Teilchen organischer und anorganischer Natur vorkommen (*Harvey*, 1947). Außerdem werden in den Poren der Oberfläche von festen Strömungsbegrenzungen Keime stabilisiert.

Das statische Gleichgewicht eines stabilisierten Keimes mit einer Grenzfläche zwischen Gas und Wasser in Form einer Kugelkappe kann durch folgende Gleichung beschrieben werden

$$p_a = p_d + p_g \pm \frac{2 \cdot \sigma_0}{R_{Kr}}. \qquad (6\text{-}1)$$

Darin bedeuten:

p_a	Druck an der Blasenaußenhaut des Keimes
p_d	Dampfdruck des Wassers
p_g	Druck der im Keim enthaltenen Gasmenge
σ_0	Oberflächenspannung des Wassers
R_{Kr}	Radius der Blasenhaut im Bereich der Kugelkappe

Der aus der Oberflächenspannung herrührende Druckanteil kann je nach Wölbung der Phasengrenzfläche positiv oder negativ sein. Der Dampfdruck hängt nicht nur von der Temperatur sondern auch von der Krümmung der Grenzfläche zum Wasser ab. Je nach Krümmung der Grenzfläche sind also Dampfdruckerniedrigungen oder -erhöhungen zu berücksichtigen. Der Gasdruck setzt sich aus den einzelnen Partialdrücken aller in der Flüssigkeit gelösten Gase zusammen, wobei die Partialdrücke entsprechend dem

*Henry*schen Gesetz bei konstanter Temperatur den in der Flüssigkeit gelösten Gasmengen proportional sind.
Aus der Gleichung (6-1) wird deutlich, dass jede Änderung von p_a bei einem stabilen Keim zu einer Änderung des Druckes im Keim führt und nur durch eine Vergrößerung oder Verkleinerung des Keimvolumens ein neuer Gleichgewichtszustand erreicht werden kann.
Bei einer Druckabsenkung kommt es zu einer Vergrößerung des Keimvolumens. Dabei diffundiert aus der übersättigten Flüssigkeit das Gas in die Keime. Erreicht der absolute Druck an der Blasenaußenwand p_a einen kritischen Wert, bei dem auf Grund der Porengeometrie des Keimes nach Gl. (6-1) kein Gleichgewichtszustand mehr möglich ist, so entsteht spontan aus dem Keim eine mit Dampf und Gas gefüllte Blase. Bei großen Druckgradienten spielen dabei auch Trägheitskräfte eine Rolle.
In den Wasserkörpern von Stauanlagen muss von mannigfaltigen Keimspektren ausgegangen werden. In (*Kuz*, 1971) wird auf eine Analyse von Talsperrenwasser hingewiesen, bei der außer den suspendierten Teilchen aus organischer und anorganischer Natur in einem cm^3 Wasser in den Sommermonaten ca. 210.000 Mikroorganismen festgestellt wurden. Das Keimspektrum eines Stausees ist entsprechend Gl. (6-1) durch Luftdruck-, Wasserstands- und Temperaturschwankungen ständigen Veränderungen unterworfen.
Aus den bisher dargelegten Zusammenhängen wird deutlich, dass es hoffnungslos ist, direkt aus dem Keimspektrum einen maßgebenden kritischen Wert für p_a festzulegen, bei dem die Kavitation beginnt. Hierfür sind weitergehende Betrachtungen zu vereinfachten Kavitationsmodellen und experimentelle Untersuchungen erforderlich.

6.1.3 Kavitationsmodelle

6.1.3.1 Kennzahlen für Kavitationserscheinungen

Zur Abschätzung der Kavitationsgefährdung im Wasserbau werden im Allgemeinen zwei Methoden herangezogen: Bei der einen Methode wird bei komplizierten Strömungsverhältnissen die Druckverteilung im Modellversuch bestimmt und dann über ein Modellgesetz auf die Druckverhältnisse in der Großausführung geschlossen. Erhält man dabei Druckwerte in der Größenordnung des Dampfdruckes, so erwartet man, dass Kavitation auftritt. Bei der anderen Methode wird in einer geeigneten Versuchsanlage (Kavitationstunnel) am verkleinerten Modell der Druck so geändert, dass die Kavitation sichtbar wird. Zur dimensionslosen Darstellung der dafür notwendigen Druckdifferenz kann z. B. die Eulerzahl

$$E_u = \frac{\Delta p}{\rho \cdot v^2} \tag{6-2}$$

herangezogen werden. Eine geeignete Druckdifferenz kann mit dem Druck p_∞ im Bereich der ungestörten Strömung und dem Druck p an der Störstelle gebildet werden. Setzt man Schwerefreiheit voraus, so liefert die *Bernoulli*gleichung für diese beiden Punkte:

$$p_\infty + \frac{\rho}{2} \cdot v_\infty^2 = p + \frac{\rho}{2} \cdot v^2 = const. \tag{6-3}$$

Daraus folgt

$$\frac{p_\infty - p}{\frac{\rho}{2} \cdot v_\infty^2} = \left(\frac{v}{v_\infty} \right)^2 - 1. \tag{6-4}$$

Da nun der Ausdruck $\left(\frac{v}{v_\infty} \right)$ nur von der Strömungskonfiguration abhängt, kann mit

$$K = \frac{p_\infty - p}{\frac{\rho}{2} \cdot v_\infty^2} \tag{6-5}$$

eine Kennzahl gebildet werden, die eine Aussage über Druckverhältnisse in allen Punkten der gestörten Strömung gibt und unabhängig von der Größe der Konstante in der Gl. (6-3) ist. Man bezeichnet K als dimensionslosen Druckkoeffizienten oder Formbeiwert, der in der Kavitationsforschung meistens mit Cp bezeichnet wird und oft in der Form

$$Cp = -K \tag{6-6}$$

definiert wird.
Die Kennzahl K erreicht ein Minimum in einem Staupunkt ($v=0$) der Störstelle.
Mit

$$p = p_\infty + \frac{\rho}{2} \cdot v_\infty^2 \tag{6-7}$$

ergibt sich an dieser Stelle aus Gl. (6-5)

$$K_{\min} = -1\,. \tag{6-8}$$

An der Stelle, wo der Druck ein Minimum wird und $v = v_{max}$ ist, erreicht die Kennzahl K ihr Maximum

$$K_{\max} = \frac{p_\infty - p_{\min}}{\frac{\rho}{2} \cdot v_\infty^2}. \tag{6-9}$$

Die Kennzahl K kann jedoch nur wachsen bis der Druck p_{min} einen kritischen Wert erreicht, bei der das Gleichgewicht für Kavitationskeime nach Gl. (6-1) nicht mehr gegeben ist und die Kavitation beginnt. Zur Kennzeichnung dieses kritischen Zustandes bietet es sich daher an, einen Kavitationsparameter in der Form

$$\sigma = \frac{p_\infty - p_{krit}}{\frac{\rho}{2} \cdot v_\infty^2} \tag{6-10}$$

zu definieren. Da jedoch - wie in Abschnitt 6.1.3.2 dargestellt - der kritische Druck aus dem Keimspektrum in der Natur noch nicht ermittelt werden kann, wird der Kavitationsparameter vereinfacht durch

$$\sigma = \frac{p_\infty - p_d}{\frac{\rho}{2} \cdot v_\infty^2} \tag{6-11}$$

festgelegt. In dieser Form entspricht der Kavitationsparameter auch der Thomazahl (*Thoma*, 1925)

$$\sigma_T = \frac{\frac{p_0}{\rho \cdot g} - z_s - \frac{p_d}{\rho \cdot g}}{h_E}, \tag{6-12}$$

mit der im Wasserkraftanlagenbau Erfahrungen gesammelt wurden. z_s bezeichnet darin den Abstand der Unterkante des Turbinenlaufrades bis zum Unterwasserspiegel und h_E steht für die Geschwindigkeitshöhe einer verlustfreien Strömung.

Zur Kennzeichnung des Kavitationsverhaltens der Großarmaturen von Betriebseinrichtungen im Wasserbau wird im Allgemeinen ein Kavitationsparameter in der Form

$$\sigma_K = \frac{p_{RU} - p_d}{(1+\zeta) \cdot \frac{\rho}{2} \cdot \upsilon_R^2} \tag{6-13}$$

herangezogen. In diesem Ausdruck bildet der Zähler die Druckdifferenz zwischen dem absoluten Druck im Nachlaufbereich der Armatur und dem Dampfdruck. Der Nenner kennzeichnet die Summe aus dem Staudruck und der Druckdifferenz, die bei der Durchströmung der Armatur wirksam wird.

Aus den bisherigen Darlegungen folgt, dass der Kavitationsparameter σ - analog dem Druckkoeffizienten K - in einer verlustfreien Strömung bzw. in einer Strömung, in der die Verlusthöhe vom Quadrat der Geschwindigkeit abhängt, als Ähnlichkeitsparameter betrachtet werden kann. Dem Beginn der Kavitation kann daher im Modell und in der Großausführung der gleiche σ- Wert zugeordnet werden.

Heute ist jedoch bekannt, dass diese vereinfachte Vorstellung viele Einflussgrößen des Kavitationsgeschehens nicht erfasst. Zum Beispiel wird die Turbulenz der Strömung, Form und Oberflächenrauheit des Störkörpers sowie die Wasserqualität (Keimspektrum) nicht berücksichtigt. Bei der Übertragung von Modellergebnissen auf die Großausführung mussten daher sogenannte Maßstabseffekte beachtet werden, die wiederholt Gegenstand von theoretischen und experimentellen Untersuchungen waren (*Keller*, 1973; *Keller, Zhiming*, 1983; *Eickmann*, 1992).

6.1.3.2 Vereinfachtes Kavitationsmodell

Lecoffre, 1999, unternimmt den Versuch, die Kavitationserscheinungen in bestimmte Typen zu unterteilen. Als wesentliche Typen stellt er die Kavitationsvorgänge heraus, die beim Umströmen von glatten, festen Körpern (Hydrofoil) auftreten, die Spaltenkavitation bei hydraulischen Turbomaschinen und die Kavitationserscheinungen im Bereich der Trennschichten bei Strömungsablösungen. Während die ersten beiden Kavitationstypen eine größere Bedeutung in der Strömungsmechanik des Maschinenbaues haben, müssen die wesentlichen Kavitationserscheinungen im konstruktiven Wasserbau, insbesondere bei den Betriebseinrichtungen der Stauanlagen, den Kavitationserscheinungen zugeordnet werden, die in den Trennschichten von abgelösten Strömungen auftreten.

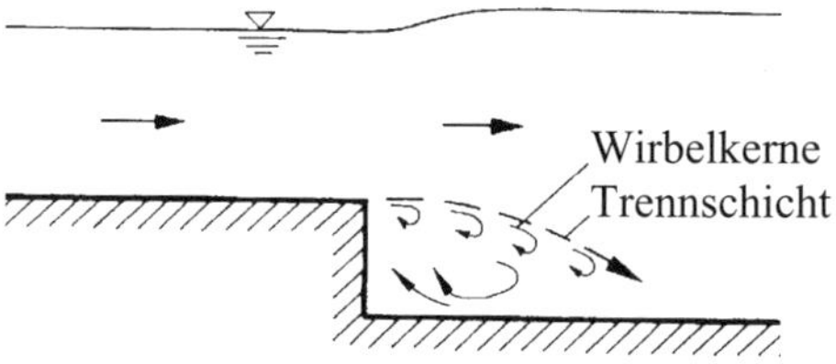

Bild 6.1
Stochastisch ablösende Mikrowirbel an einer Sohlstufe

Die Ablösung einer Strömung von einer festen Begrenzung kann z. B. auch durch eine plötzliche Querschnittserweiterung in einem Strömungskanal hervorgerufen werden (Bild 6.1). Dabei bildet sich zwischen der Wandung und der Hauptströmung eine hochturbulente Strömung heraus, die teilweise der Hauptströmung entgegengerichtet ist und mit dieser über einen Impuls- und Flüssigkeitsaustausch in Verbindung steht. Zwischen den beiden Strömungen befindet sich eine von den Ablösungsstromlinien gebildete Trennschicht, die im zeitlichen Mittel als stationär betrachtet werden kann, jedoch starke örtliche und zeitliche Instabilitäten aufweist. Durch diese Störungen rollt sich die Trennfläche zu spiralförmigen Windungen auf und löst sich somit in einzelne Wirbel auf. Bei diesem sich ständig wiederholenden Prozess entstehen stabile Mikrowirbel, die als Wirbelkerne mit sehr kleinen, jedoch endlichen Durchmessern betrachtet werden können. Unterstellt man nun, dass die Rotation dieser Wirbelkerne zu einer Druckabsenkung führt, die im Zentrum des Kerns am größten ist, dann folgt aus dieser Betrachtungsweise das nachfolgend beschriebene, vereinfachte Kavitationsmodell.

6.1.3.2.1 Grundlagen des Wirbelmodells

Die wesentliche Grundlage des Wirbelmodells bildet die Annahme, dass sich die Flüssigkeit im Wirbelkern mit der Winkelgeschwindigkeit ω wie eine feste Scheibe dreht (*Rankine* - Wirbel). Dabei bilden die den Druckhöhenverlauf im Wirbelkern charakterisierenden Standrohrspiegellagen eine Niveaufläche (Bild 6.2), die mit den Bezeichnungen des Bildes 6.2 durch die Differentialgleichung

$$\omega^2 \cdot r \cdot dr - g \cdot dz = 0 \qquad (6\text{-}14)$$

beschrieben wird.

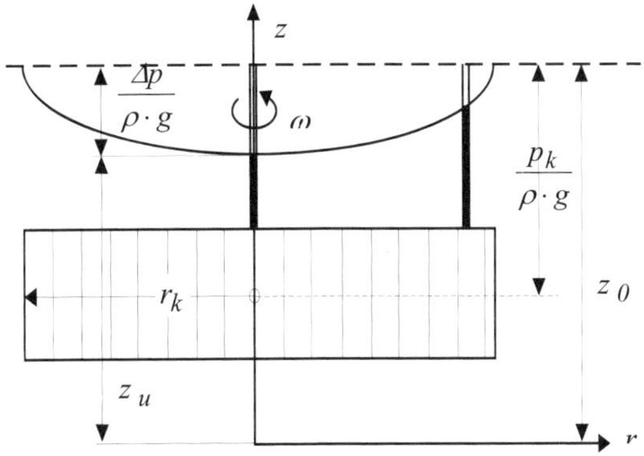

Bild 6.2
Druckabsenkung in einem Wirbelkern

Die Integration vom Zentrum des Kerns *(r=0)* bis zu einem Radius *r* liefert

$$z - z_u = \frac{\omega^2 \cdot r^2}{2 \cdot g} \qquad (6\text{-}15)$$

und die größte Druckhöhenabsenkung vom Niveau der Druckhöhe am Rand des Wirbelkernes $p_K / \rho \cdot g$ ergibt sich zu

$$z_0 - z_u = \frac{\Delta p}{\rho \cdot g} = \frac{\omega^2 \cdot r_K^2}{2 \cdot g}. \qquad (6\text{-}16)$$

Für die Druckhöhe im Zentrum des Wirbelkernes folgt somit

$$\frac{p_i}{\rho \cdot g} = \frac{p_K}{\rho \cdot g} - \frac{\omega^2 \cdot r_K^2}{2 \cdot g} \qquad (6\text{-}17)$$

bzw. mit der Bahngeschwindigkeit $v_K = \omega \cdot r_K$

$$\frac{p_i}{\rho \cdot g} = \frac{p_K}{\rho \cdot g} - \frac{v_K^2}{2 \cdot g}. \tag{6-18}$$

Die Strömungsgeschwindigkeit in der Trennfläche kann als Bahngeschwindigkeit v_K herangezogen werden, da diese Geschwindigkeit den Drehimpuls auf den Wirbelkern überträgt.
In turbulenten Strömungen muss beachtet werden, dass sowohl p_K als auch v_K durch Schwankungskomponenten beeinflusst werden. Um eine praktisch anwendbare Beziehung für die Abschätzung der Druckabsenkung in den Wirbelkernen zu entwickeln, wird als weitere Näherung mit einem mittleren p_K - Wert gerechnet und nur versucht, den Einfluss der Schwankungskomponenten auf die Strömungsgeschwindigkeit v_K zu berücksichtigen. Für die größte Druckabsenkung und somit für den Beginn der Kavitation ist

$$v_{K\max} = \bar{v}_K + v'_K \tag{6-19}$$

maßgebend. Dabei sind aber nur die Schwankungskomponenten v'_K zu berücksichtigen, deren Einwirkzeit noch so groß ist, dass durch die erzeugten "negativen Druckspitzen" im Wirbelkern eine Kavitationswirkung ausgelöst wird. Setzt man

$$v_{K\max} = \bar{v}_K + C \cdot \sqrt{\overline{v'^2_K}} \tag{6-20}$$

so kann auf Untersuchungsergebnisse von *Arndt, Ippen*, 1968, zurückgegriffen werden, in denen für die Konstante C der Wert 1,64 ermittelt wurde.
Wenn der Turbulenzgrad in Strömungsrichtung

$$T_U = \frac{\sqrt{\overline{v'^2_K}}}{\overline{v_K}}$$

bekannt ist, lässt sich die maximale Geschwindigkeit mit

$$v_{K\max} = \bar{v}_K \cdot (1 + 1{,}64 \cdot T_U) \tag{6-21}$$

näherungsweise ermitteln.
Mit

$$k_T = (1 + 1{,}64 \cdot T_U) \tag{6-22}$$

erhält man den absoluten minimalen Druck p_i im Wirbelkern aus

$$p_i = p_K - \frac{\rho}{2} \cdot k_T^2 \cdot \bar{v}_K^2. \tag{6-23}$$

6.1.3.2.2 Verifizierung des Kavitationsmodells

6.1.3.2.2.1 Untersuchungen im Kavitationstunnel

Grundlegende Untersuchungen zur Erfassung des Kavitationsbeginns wurden mit Erfolg im Kavitationstunnel der Versuchsanstalt des Lehrstuhles für Wasserbau und Wassermengenwirtschaft der Technischen Universität München durchgeführt (*Keller*, 1973), (*Keller*, *Prasad*, 1978), (*Eickmann*, 1992). Die von *Eickmann*, 1992, veröffentlichen Versuchsergebnisse bieten sich besonders für eine Überprüfung des vereinfachten Kavitationsmodells an. Bei diesen Untersuchungen wurde der Kavitationsbeginn bei Festkörpern unterschiedlicher Geometrie im Kavitationstunnel bestimmt, wobei Wasser ohne, mit mittlerer und hoher Zugspannungsfestigkeit verwendet wurde. Aus diesen Untersuchungen wurden die Ergebnisse für einen zylinderförmigen Festkörper (F, 60 mm ∅) ausgewählt, weil diese Körperform die Gewähr für eine Strömungsablösung bietet und für die Kontur des Festkörpers dimensionslose Druckkoeffizienten K nach Gl. (6-5) zur Verfügung stehen, die bereits von *Keller*, 1973, bestimmt wurden.
Aus dem Druck- und Geschwindigkeitsfeld dieses Festkörpers wird weiterhin deutlich, dass die Gleichsetzung der minimalen Druckwerte auf der Oberfläche des Festkörpers mit den minimalen Druckwerten in Bereich der Ablösungswirbel als eine brauchlose Näherung angesehen werden kann.
Für die untersuchten Verhältnisse liefert das vereinfachte Kavitationsmodell folgende Zusammenhänge:

An der Stelle des minimalen Umgebungsdrucks der Wirbelkerne ist

$$K_{\max} = \frac{p_\infty - p_K}{\frac{1}{2} \cdot \rho \cdot v_\infty^2} \,. \tag{6-24}$$

Aus dem Wirbelmodell (Gl. (6-23)) erhält man damit

$$\frac{v_K^2}{2 \cdot g} = \left(\frac{p_\infty}{\rho \cdot g} - K_{\max} \cdot \frac{v_\infty^2}{2 \cdot g} - \frac{p_i}{\rho \cdot g} \right) \cdot \frac{1}{k_T^2} \tag{6-25}$$

bzw.

$$\frac{p_K}{\rho \cdot g} + \frac{v_K^2}{2 \cdot g} = \frac{p_i}{\rho \cdot g} + k_T^2 \cdot \frac{v_K^2}{2 \cdot g} + \frac{v_K^2}{2 \cdot g} \tag{6-26}$$

und für eine verlustlose Strömung folgt:

$$\frac{p_\infty}{\rho \cdot g} + \frac{v_\infty^2}{2 \cdot g} = \frac{p_i}{\rho \cdot g} + \frac{k_T^2 + 1}{k_T^2} \cdot \left(\frac{p_\infty}{\rho \cdot g} - K_{\max} \cdot \frac{v_\infty^2}{2 \cdot g} - \frac{p_i}{\rho \cdot g} \right) . \tag{6-27}$$

Setzt man

$$k_C = \frac{1 + k_T^2}{k_T^2}, \tag{6-28}$$

so folgt

$$\frac{p_\infty}{\rho \cdot g}(1 - k_C) = \frac{p_i}{\rho \cdot g} - k_C \cdot \left(K_{\max} \cdot \frac{v_\infty^2}{2 \cdot g} + \frac{p_i}{\rho \cdot g} \right) - \frac{v_\infty^2}{2 \cdot g} \tag{6-29}$$

und

$$p_\infty = p_i - \frac{\rho}{2} \cdot v_\infty^2 \cdot \frac{(k_C \cdot K_{\max} + 1)}{1 - k_C} \tag{6-30}$$

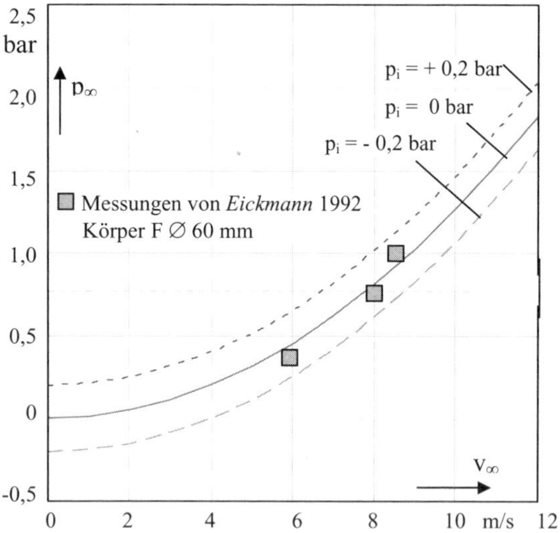

Bild 6.3
Beginnende Kavitation im "Druck-Geschwindigkeits-Diagramm" für Wasser ohne Zugspannungsfestigkeit

Die Gl. (6-30) ist in Bild 6.3 für unterschiedliche Druckwerte p_i im Zentrum der Wirbelkerne ausgewertet. Dabei wurde der bereits von *Keller*, 1973, bestimmte Wert von $K_{max}=0,7$ und ein Turbulenzgrad von 2,5 % berücksichtigt (vgl. *Eickmann*, 1992). Man kann feststellen, dass die von *Eickmann* ermittelten Messpunkte für den Beginn der Kavitation genau in dem Bereich $+0,2\ bar > p_i > -0,2\ bar$ liegen, den *Eickmann* für die Zugfestigkeit des verwendeten Wassers angibt.
Setzt man nun die ermittelte Druck-Geschwindigkeits-Beziehung (Gl. 6-30) in Gl. (6-11) ein, so erhält man einen kritischen Kavitationsparameter in der Form

$$\sigma_{krit} = \frac{p_i - p_d}{\frac{\rho}{2} \cdot v_\infty^2} - \frac{K_{max} \cdot k_C + 1}{1 - k_C} . \qquad (6\text{-}31)$$

Diese Beziehung ist in Bild 6.4 für unterschiedliche p_i - Werte ausgewertet. Um die Versuchsbedingungen im Kavitationstunnel der TU München zu berücksichtigen, wurde mit p_d = 1230 *Pa*, T_u = 2,5 % und K_{max} = 0,7 gerechnet. Gleichzeitig sind wieder die Messwerte für den stumpfen Körper von *Eickmann*, 1992, eingetragen, die mit Wasser unterschiedlicher Zugfestigkeit ermittelt wurden.

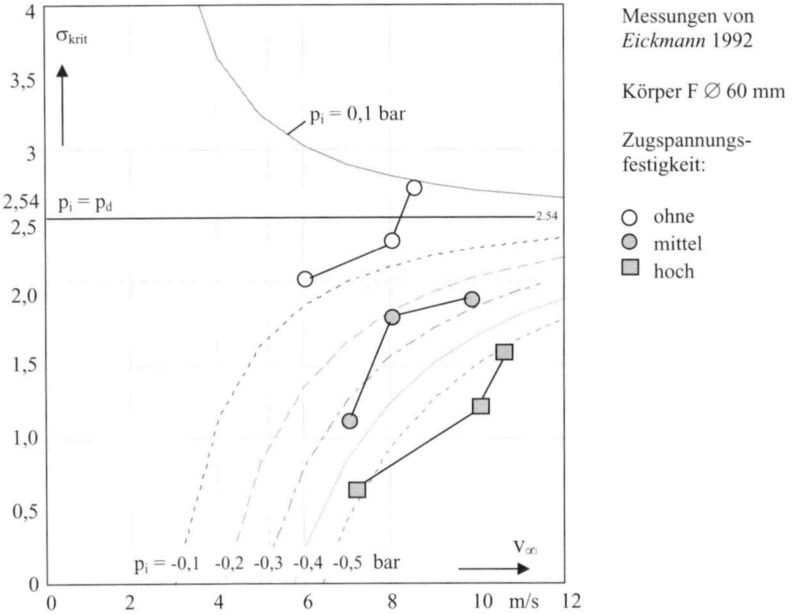

Bild 6.4
$\sigma_{krit} = f(v_\infty)$ für beginnende Kavitation für unterschiedliche Zugfestigkeit p_i

Es zeigt sich, dass die Werte für Wasser ohne Zugfestigkeit wieder in dem p_i - Bereich liegen, der von *Eickmann* für das Wasser ohne Zugfestigkeit angegeben wird. Allerdings gruppieren sich die Messwerte für Wasser mit mittlerer und hoher Zugfestigkeit in bedeutend geringere Zugbereiche ein, als nach der von *Eickmann* angegebenen Wasserqualität erwartet wird. Nach den Untersuchungen von *Eickmann* lagen die p_i - Werte für Wasser mit mittlerer Zugfestigkeit in dem Bereich von *-1* bis *-2 bar* und mit hoher Zugspannungsfestigkeit sogar in den Bereich von *-2,4* bis *-3,5 bar*.
Aus der Analyse der Ergebnisse in einem Kavitationstunnel wird deutlich, dass mit dem vereinfachten Kavitationsmodell der Beginn der Kavitation bei einfachen Bedingungen und normalem Wasser mit ausreichender Genauigkeit ermittelt werden kann, wenn die

erforderlichen Parameter für den untersuchten Körper zur Verfügung stehen. Für spezielle Bedingungen, wie z. B. Erhöhung der Zugfestigkeit des Wassers durch eine besondere Wasserbehandlung oder durch eine Erhöhung der Turbulenz durch zusätzliche Turbulenzerzeuger (Profilgitter), werden vermutlich im Kavitationskanal Bedingungen geschaffen, für die das vereinfachte Kavitationsmodell zwar die richtige Tendenz angibt aber die Messwerte nicht mehr mit der erforderlichen Genauigkeit liefert. Dabei ist zu bedenken, dass in diesen Bereichen auch die Unsicherheit der Messwerte erheblich zunimmt.
Bemerkenswert ist, dass sich für die Annahme der klassischen Theorie $p_i = p_d$ aus Gl. (6-31) ein kritischer Kavitationsparameter

$$\sigma_{krit} = -\frac{K_{\max} \cdot k_c + 1}{1 - k_c} \qquad (6\text{-}32)$$

ergibt, der von der Geschwindigkeit v_∞ unabhängig ist. Wie aus Bild 6.4 ersichtlich ist, streben auch alle Kurven für die unterschiedlichen p_i - Werte mit größer werdender Geschwindigkeit v_∞ gegen diesen Grenzwert. Die Beziehung (6-32) ist daher besonders geeignet, den Einfluss des Turbulenzgrades T_U auf den Beginn der Kavitation darzustellen. Im Bild 6.5 wird z. B. diese Abhängigkeit für unterschiedliche K_{max} - Werte gezeigt. Daraus ergibt sich die Schlussfolgerung, dass die von *Keller*, 1996, am stumpfen Körper gemessenen hohen Werte für σ_{krit} bei höheren Turbulenzgraden möglich sind.

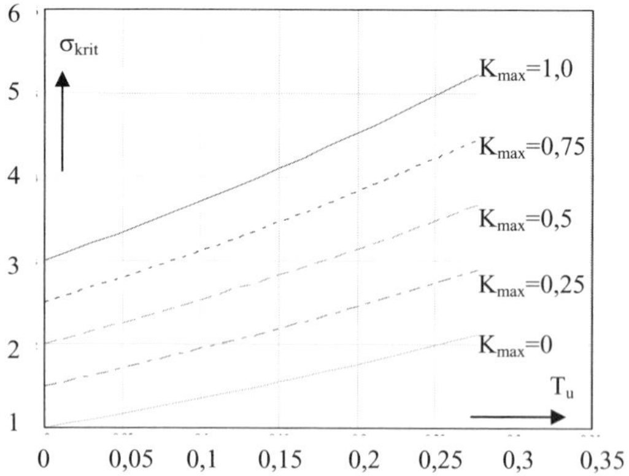

Bild 6.5
Einfluss des Turbulenzgrades T_U auf den Beginn der Kavitation

6.1.3.2.2.2 Kavitation in den Trennschichten von abgelösten Strömungen

Bei den Regelvorgängen der Betriebseinrichtungen an Stauanlagen werden oft Wasserstrahlen in den Wasserkörper des Unterwassers eingeleitet. Es handelt sich dabei z. B. um Austrittsstrahlen von Armaturen oder Strahlen aus anderen Öffnungen, die durch Verschlüsse geöffnet oder geschlossen werden können. In allen Fällen erfolgt die

Umwandlung der kinetischen Energie des Strahles durch eine Verwirbelung im Wasserkörper. Die größte Druckabsenkung im Nachlaufbereich tritt dabei in den Wirbelkernen der Trennschichten auf. Vereinfachend können die zu untersuchenden Strömungsvorgänge in einem Strömungskanal mit einer Blende dargestellt werden.

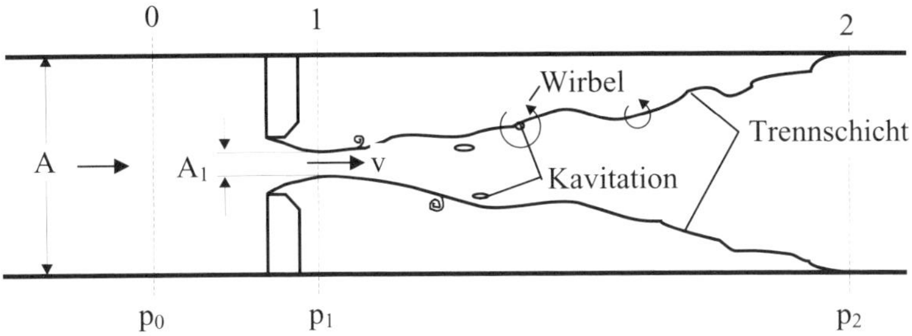

Bild 6.6
Kavitation im Bereich der Trennschicht

Im Bild 6.6 wird ein Strömungskanal mit der Fläche A durch die Blende auf die Fläche A_1 eingeschnürt. Der Strahl legt sich im Schnitt 2 wieder an die Kanalbegrenzung mit einem verhältnismäßig gleichmäßigen Geschwindigkeitsprofil an.
Zur Beurteilung der Kavitationsgefahr wird für diese Strömungsverhältnisse als Kavitationsparameter entweder

$$\sigma_2 = \frac{p_2 - p_d}{p_0 - p_2} \tag{6-33}$$

oder

$$\sigma_1 = \frac{p_1 - p_d}{p_0 - p_1} \tag{6-34}$$

herangezogen. Zwischen den beiden Definitionen besteht der Zusammenhang

$$\sigma_2 = \frac{p_2 - p_1 + \sigma_1 \cdot (p_0 - p_1)}{p_0 - p_2}, \tag{6-35}$$

der unter Beachtung des Impulssatzes zwischen den Schnitten 1 und 2 sowie der Energiegleichung zwischen den Schnitten 0 und 1 weiter vertieft werden kann. Man erhält

$$A \cdot (p_2 - p_1) = \rho \cdot v_1^2 \cdot A_1 - \rho \cdot v_2^2 \cdot A \tag{6-36}$$

und

$$\frac{p_0}{\rho \cdot g} + \frac{v_2^2}{2 \cdot g} = \frac{p_1}{\rho \cdot g} + \frac{v_1^2}{2 \cdot g}. \tag{6-37}$$

Mit der Beziehung für die Kontinuität

$$v_2 \cdot A_2 = v_1 \cdot A_1 \tag{6-38}$$

folgt aus Gl. (6-36)

$$p_1 = p_2 - \rho \cdot v_1^2 \cdot \frac{A_1}{A} \cdot \left(1 - \frac{A_1}{A}\right) \tag{6-39}$$

und aus Gl. (6-37)

$$p_1 = p_0 + \frac{\rho}{2} \cdot v_1^2 \cdot \left(\frac{A_1^2}{A^2} - 1\right). \tag{6-40}$$

Aus den letzten beiden Gleichungen ergibt sich dann

$$p_0 - p_2 = -v_1^2 \cdot \rho \cdot \left[\frac{1}{2} \cdot \left(\frac{A_1^2}{A^2} - 1\right) + \frac{A_1}{A} \cdot \left(1 - \frac{A_1}{A}\right)\right]. \tag{6-41}$$

Setzt man die ermittelten Zusammenhänge (Gl. (6-39) - Gl. (6-41)) in Gl. (6-35) ein, so folgt weiter

$$\sigma_2 = \frac{\sigma_1 \cdot \left(\frac{A_1}{A} + 1\right) + 2 \cdot \frac{A_1}{A}}{\left(\frac{A_1}{A} + 1\right) + 2 \cdot \frac{A_1}{A}} \tag{6-42}$$

und daraus schließlich

$$\sigma_1 = \frac{\sigma_2 \cdot \left(1 - \frac{A_1}{A}\right) - 2 \cdot \frac{A_1}{A}}{1 + \frac{A_1}{A}}. \tag{6-43}$$

Diese Beziehung verdeutlicht, dass ein Kavitationsparameter sofort aus den anderen ermittelt werden kann, wenn die Flächenverhältnisse bekannt sind. In der Literatur findet man für die Kavitationsparameter eine relativ große Streubreite, die von den unterschiedlichen Versuchsbedingungen bestimmt wird. *Lecoffre*, 1999, gibt für den Beginn der Kavitation für σ_l die Werte 0,5 bis 2,0 an. Ermittelt man daraus unter Beachtung der Flächenverhältnisse die Spannweite von σ_2, so lassen sich aus der Beziehung (6-33) Geschwindigkeiten ermitteln, bei denen die Kavitation beginnt. Da für den Nenner von Gl. (6-33) geschrieben werden kann,

$$p_0 - p_2 = \rho \cdot v_1^2 \cdot \left[\frac{A_1}{A} \cdot \left(\frac{A_1}{A} - 1 \right) - \frac{1}{2} \cdot \left(\frac{A_1^2}{A^2} - 1 \right) \right], \qquad (6\text{-}44)$$

erhält man für den Beginn der Kavitation

$$v_1 = -\sqrt{\frac{2}{\rho} \cdot \frac{(p_2 - p_d)}{\sigma_2}} \cdot \frac{1}{\frac{A_1}{A} - 1}. \qquad (6\text{-}45)$$

Wird nun zur Analyse der Kavitation in den Trennschichten des Strahles wieder das vereinfachte Kavitationsmodell nach Gl. (6-23) herangezogen, so erhält man z. B. aus der Gl. (6-34) eine Beziehung für den kritischen Kavitationsparameter, wenn in dieser Beziehung der Druck p_1 durch den Umgebungsdruck p_K des Kavitationsmodells ersetzt wird. Man erhält unter Beachtung von Gl. (6-40):

$$\sigma_{krit} = \frac{p_i + k_T^2 \cdot \frac{\rho}{2} \cdot v_1^2 - p_d}{\frac{v_1^2}{2} \cdot \rho \cdot \left(1 - \frac{A_1^2}{A^2} \right)}. \qquad (6\text{-}46)$$

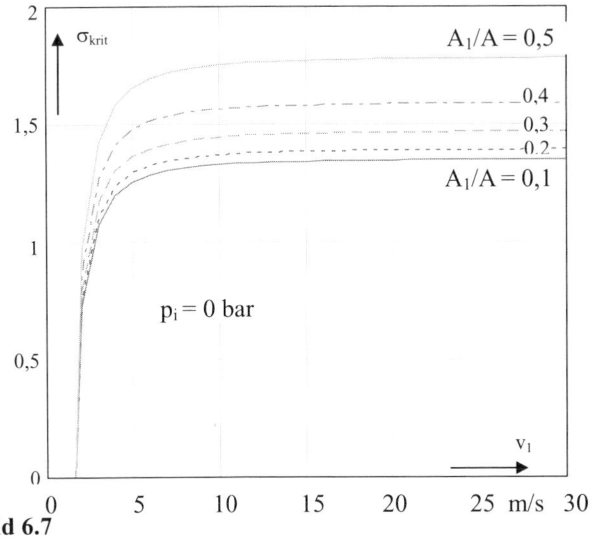

Bild 6.7
$\sigma_{krit} = f(v_1)$ im Nachlaufbereich eines Strahles (Zugfestigkeit = *0 bar*)

Als maximaler Turbulenzgrad wurde von *Chaturvedi*, 1963, in der Trennfläche eines kreisförmigen Strahles 21% ermittelt. Dieses Ergebnis entspricht in seiner Größenordnung auch den Versuchsergebnissen anderer Forscher, z. B. *Carmody*, 1964, und *Koch*, 1972. Aus Gl. (6-22) folgt daher

$$k_T = 1 + 1{,}64 \cdot 0{,}21 = 1{,}34\,. \tag{6-47}$$

Im Bild 6.7 ist die Beziehung (6-46) für $p_i = 0$ und im Bild 6.8 für $p_i = -0{,}1\,bar$ ausgewertet. Dabei zeigt sich, dass die Abhängigkeit des kritischen Kavitationsparameters σ_{krit} von der Geschwindigkeit relativ gering ist und die Werte für σ_{krit} in dem aus der Literatur bekannten Bereich liegen.

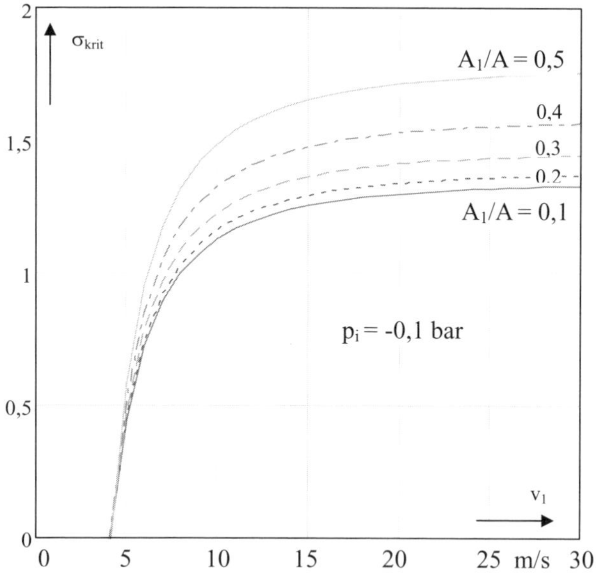

Bild 6.8
$\sigma_{krit} = f(v_1)$ im Nachlaufbereich eines Strahles (Zugfestigkeit = *-0,1 bar*)

Wenn Austrittsstrahlen aus Armaturen in den Wasserkörper eines Strömungskanals eintreten, so entstehen ebenfalls die oben beschriebenen Strahlen mit Trennschichten, in denen sich Mikrowirbel bilden und Kavitation auftreten kann. Kavitationsuntersuchungen in nachgeschalteten Auslaufkonstruktionen von Ringskolbenventilen werden z. B. in *Martin*, 1983, beschrieben. Die Ergebnisse dieser experimentellen Untersuchungen können ebenfalls mit dem entwickelten vereinfachten Kavitationsmodell untersucht werden. Dabei wurden beim Einsetzen der Kavitation aus den Strömungsparametern die Druckwerte p_i ermittelt. Im Bild 6.9 sind für unterschiedliche Stellverhältnisse s_n des Ventils die ermittelten Zusammenhänge $p_i = f(\sigma_A)$ dargestellt und Beobachtungen zum Kavitationsverhalten, wie Flimmern an der Kolbenspitze und Blasenbildung, vermerkt.

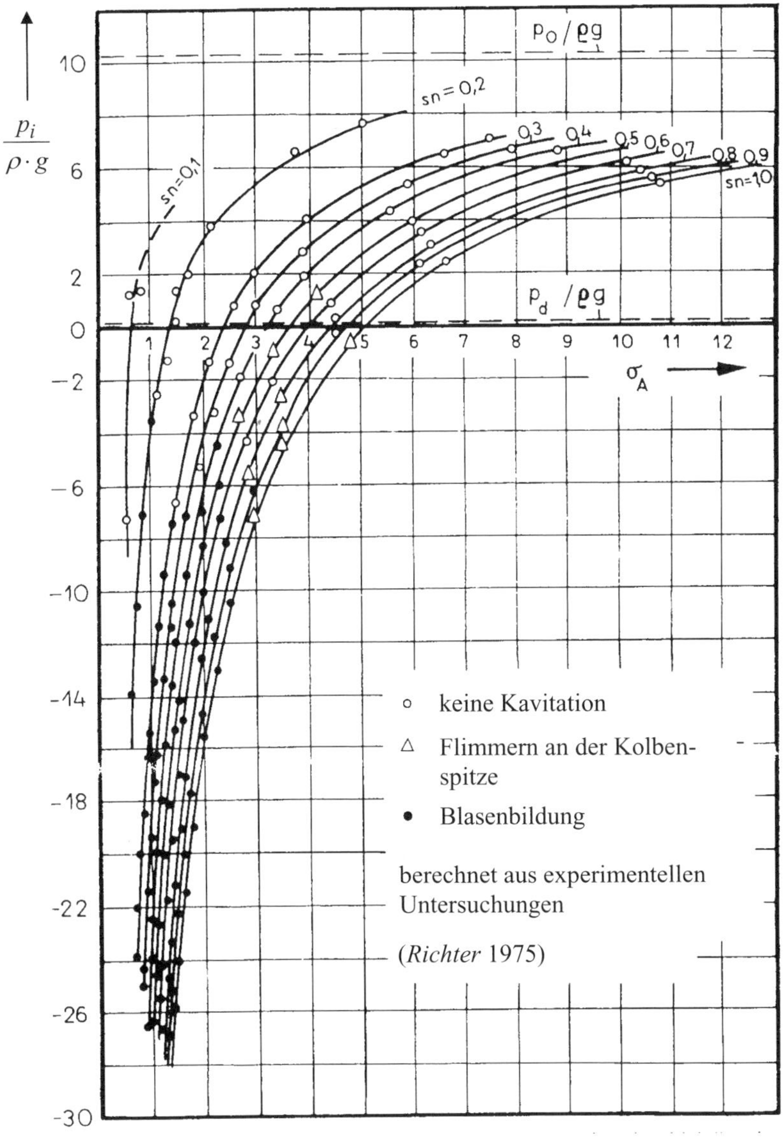

Bild 6.9
Absolute Druckhöhe in den Wirbelkernen $p_i/\rho g$ in Abhängigkeit von der Kavitations-Kennzahl σ_A

Der Kavitationsparameter σ_A wurde dabei entsprechend Gl. (6-13) berechnet. Es zeigt sich, dass eine Blasenbildung erst auftritt, wenn der Druck im Zentrum des Wirbelkerns den Dampfdruck unterschritten hat. Die kritische Druckhöhe liegt etwa bei *-4 m*, d. h. dass die Zugfestigkeit des Wassers etwa bei -0,4 bar erreicht wurde. Das Flimmern an der Kolbenspitze zeigte aber an, dass Kavitation in geringerem Umfang auch schon im Bereich von 0 bis -0,4 bar möglich ist. Aus den Untersuchungen folgt, dass bei der vorliegenden Auslaufkonstruktion Kavitation auftritt, wenn $\sigma_A < 3$ wird. Aus dem Verlauf der Kurven ist zu erkennen, dass eine geringfügige Verkleinerung des σ_A -Wertes genügt, um die Druckabsenkung in den Wirbelkernen und damit die Intensität der Kavitation erheblich zu verstärken.

6.1.3.3 Schlussfolgerungen

Aus den dargelegten Untersuchungsergebnissen folgt, dass im Allgemeinen Kavitation in Ablösungsströmungen zu erwarten ist, wenn mit dem vereinfachten Modell (Gl. (6-23)) in den Wirbelkernen ein absoluter Druck bestimmt wird, der zwischen *0* und *- 0,4 bar* liegt. Damit steht für die Ablösungsströmungen mit Trennschichten, die gerade bei den Betriebseinrichtungen von Stauanlagen von großer Bedeutung sind, ein einfaches Modell zur Ermittlung der Kavitationsgefahr zur Verfügung. Die Handhabung und Anwendung des Modells wird in den folgenden Abschnitten exemplarisch erläutert.
Aus den Untersuchungen folgt weiter, dass die Einhaltung der Bedingung

$$p_i = 0 \qquad (6\text{-}48)$$

eine gewisse Sicherheit gegen Kavitation in Ablösungswirbeln darstellt und daher aus dieser Bedingung Schlussfolgerungen für die Konstruktion und den Betrieb wasserbaulicher Anwendungen gezogen werden können.

6.2 Standardüberfälle

6.2.1 Einleitung

Überfallanlagen als Betriebseinrichtungen von Stauanlagen werden heute im Allgemeinen als Standardüberfälle ausgeführt. Es handelt sich dabei um Überfälle, deren Kontur nach der Unterfläche eines über einen scharfkantigen Überfall fallenden Strahles geformt ist. Den dabei auftretenden Schalungsaufwand für die genaue Gestaltung des Überfallprofils nimmt man in Kauf, weil bei dieser Überfallform der Abfluss relativ genau ermittelt werden kann und ablösungsbedingte Erschütterungen und Schwingungen gegenüber anderen Überfallformen gering sind. Standardüberfälle werden ausnahmslos für Überfälle von Hochwasserentlastungsanlagen großer Leistungsfähigkeit sowie für Überfallbauwerke in Flüssen und Kanälen mit größeren Bauwerkshöhen angewendet, insbesondere wenn die Schwingungsbelastung gering gehalten werden soll.

6.2.2 Konstruktive Gestaltung

Die untere Begrenzungsfläche eines freien Überfallstrahles über einen scharfkantigen Überfall steigt zunächst bis zu einem Scheitelpunkt an und krümmt sich dann durch die Wirkung der Schwerkraft nach unten. Die Differenz zwischen dem Scheitelpunkt und dem Energiehorizont, der bei kleinen oberwasserseitigen Anströmgeschwindigkeiten (hohen Überfallbauwerken) gleich dem Oberwasserspiegel ist, wird als Bemessungsüberfallenergiehöhe h_{EB} bezeichnet. Diese Höhe ist einer bestimmten Form des Überfallprofils zugeordnet.
Die Koordinaten der unteren und oberen Begrenzung eines freien Überfallstrahles wurden bereits von *Ofizerov* sehr genau gemessen und bereits in *Mostkov*, 1954, veröffentlicht. Die Koordinaten können in dimensionsloser Form dargestellt werden und in dieser Form für unterschiedliche Bemessungsüberfallenergiehöhen herangezogen werden, wenn es sich um relativ kleine Anströmungsgeschwindigkeiten handelt (Bild 6.10).

Im Anlaufbereich des Profils kommt es bei der Überströmung durch die starke Krümmung der Stromlinien zu einer Druckabsenkung. Eine erschütterungs- und kavitationsfreie Überströmung erfordert daher gerade in diesem Bereich eine sorgfältige Ausbildung der Überfallkontur. Bild 6.11 zeigt Beispiele, die mit unterschiedlichem Schalungsaufwand ausgeführt werden können. Bei hochbelasteten Überfällen sollte möglichst ein tangentialer Anschluss des Überfallprofils an die oberwasserseitige Begrenzung des Überfallbauwerkes gewählt werden.

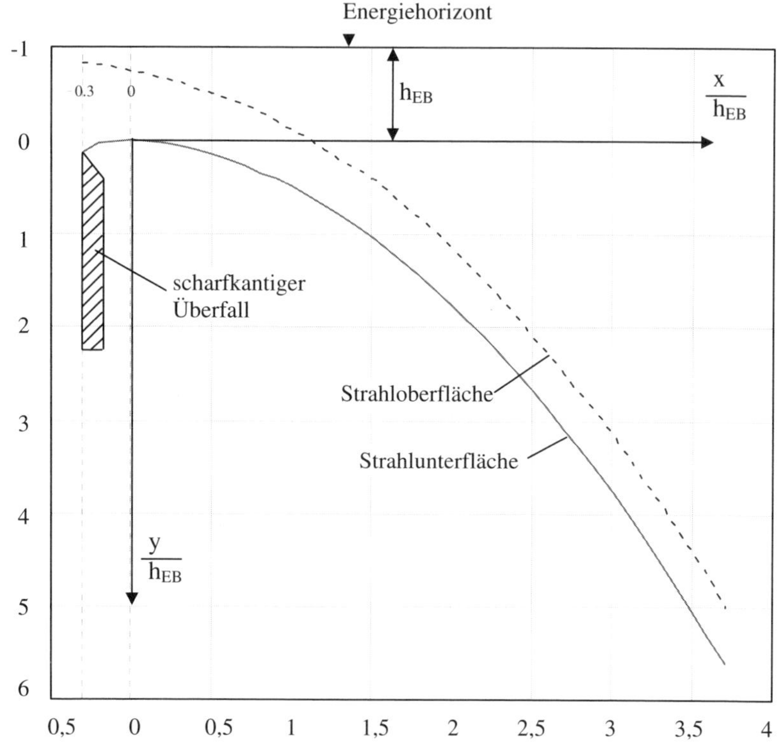

Bild 6.10 Koordinaten der Strahlober- und Strahlunterfläche eines freien Strahles über einen scharfkantigen Überfall

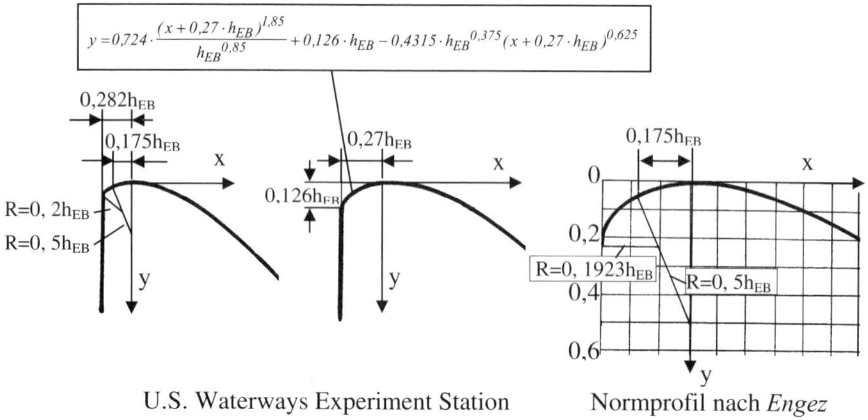

Bild 6.11
Oberwasserseitige Ausbildung des Überfallprofils

Aus den Messergebnissen für die Koordinaten der Strahlunterfläche wurden von zahlreichen Autoren Koordinaten und Funktionen für sogenannte "vakuumfreie" Profile angegeben, die durch den Ansatz

$$\frac{y}{h_{EB}} = a \cdot \left(\frac{x}{h_{EB}} \right)^n \tag{6-49}$$

erfasst werden können.
Zahlreiche Autoren versuchten durch das Hineinschieben des festen Überfallprofils in die Strahlunterfläche Unterdruck mit Sicherheit zu vermeiden (*Schirmer*, 1976).

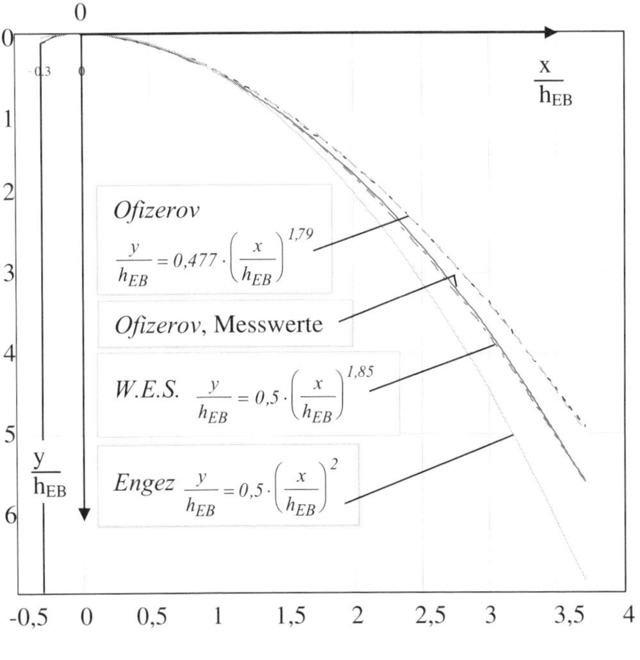

Bild 6.12
Untere Begrenzungsfläche des freien Überfallstrahles und unterschiedliche Überfallprofile

Aus Bild 6.12 wird z. B. deutlich, dass das von *Ofizerov* vorgeschlagene Profil über der unteren Strahlfläche verläuft und damit ein geringer Überdruck auf der Überfallkontur aufgebaut wird, während das *WES* - Profil (U. S. Waterway Experiment Station, 1954) mit den Messwerten von *Ofizerov* für die Koordinaten der Strahlunterfläche genau übereinstimmt und somit auf dem Überfallprofil überall Atmosphärendruck herrschen müsste. Das Profil von *Engez*, 1961, liegt dagegen unter der unteren Strahlbegrenzungsfläche und verursacht demzufolge einen geringen Unterdruck auf der Überfallkontur.

Mit der Auswahl einer Entwurfsüberfallhöhe h_{EB} und einer Beziehung für die Koordinaten des Profils, z. B. in der Form

$$\frac{y}{h_{EB}} = 0{,}50 \cdot \left(\frac{x}{h_{EB}} \right)^{1{,}85}, \tag{6-50}$$

ist das Profil des Überfalls festgelegt. Nach der Fertigstellung des Überfalls können dann jedoch Überfallströmungen mit Überfallenergiehöhen h_E, die von der Entwurfs- bzw. Bemessungsüberfallenergiehöhe h_{EB} abweichen, auftreten. Ist $h_E < h_{EB}$, so baut sich auf dem Überfallprofil Druck auf und die Überfallbeiwerte C_E sind kleiner als C_{EB}. Ist dagegen $h_E > h_{EB}$, so ist Unterdruck auf dem Überfallprofil zu erwarten und die Überfallbeiwerte C_E werden größer als C_{EB} sein. Wenn also bei einer Stauanlage eine bestimmte Überfallenergiehöhe (Differenz vom Scheitel des Überfalls bis zum höchsten Stauziel bei hohen Überfallbauwerken) vorgegeben ist, so vergrößert sich die Leistungsfähigkeit je m Überfallbreite mit wachsendem Verhältnis von h_E/ h_{EB}. Nach den Untersuchungen in *Schirmer*, 1976, sollte jedoch

$$\frac{h_E}{h_{EB}} \leq 3 \tag{6-51}$$

sein, um instabile Ablösungsverhältnisse zu vermeiden.

Diese Zusammenhänge sind auch für das Einpassen des Überfallprofils in die Spitze des Grunddreieckes des Überfallbauwerkes von Bedeutung:
Ist z. B. die senkrechte wasserseitige Begrenzung des Überfallprofils mit der wasserseitigen Begrenzung des Grunddreiecks identisch und liegt die Spitze des Grunddreiecks in gleicher Höhe wie das höchste Stauziel, so gilt für den Punkt, in dem das Überfallprofil nach Gl. (6-49) an die luftseitige Neigung des Grunddreieckes anschließt

$$\frac{X_T}{h_{EB}} = \frac{1}{(m \cdot n \cdot a)^{\frac{1}{n-1}}} \tag{6-52}$$

und für maximale Überfallenergiehöhen

$$h_{EM} = k \cdot h_{EB} \tag{6-53}$$

mit

$$k = \frac{1}{m} \cdot \left[c + \left(\frac{1}{m \cdot n \cdot a} \right)^{\frac{1}{n-1}} \cdot \left(1 - \frac{1}{n} \right) \right]. \tag{6-54}$$

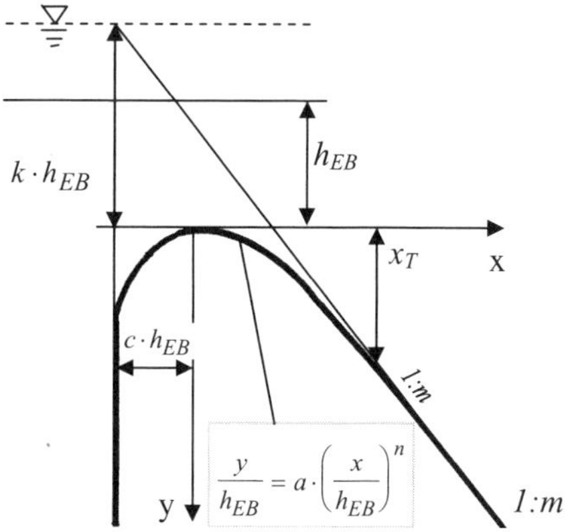

Bild 6.13
Lage des Überfallprofils in der Spitze des Grunddreiecks mit tangentialem Anschluss (x_w=0)

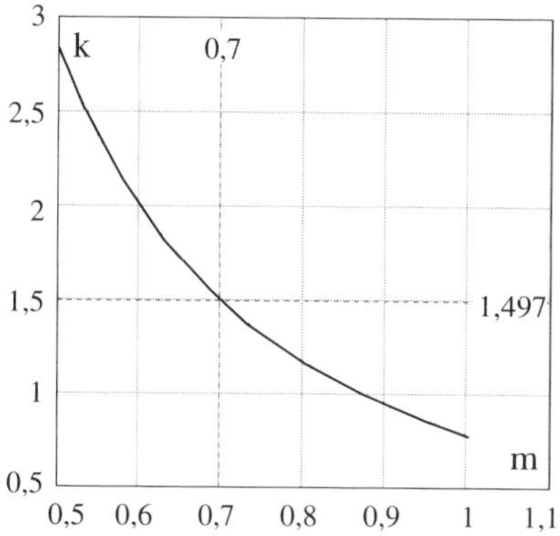

Bild 6.14
$k = h_{EM} / h_{EB}$ als Funktion der Neigung des Grunddreiecks mit tangentialem Anschluss

Die Gl. (6-54) ist im Bild 6.14 für unterschiedliche Neigungen des Grunddreiecks *m* und einem *WES* - Profil ausgewertet. Dabei wird deutlich, dass in dem Bereich der üblichen Neigungsverhältnisse von 0,70 bis 0,80 nur *k* - Werte von 1,5 bis 1,2 auftreten können. Um für andere *k* - Werte einen tangentialen Anschluss zu erreichen, muss das Überfallprofil horizontal, entweder zur Wasser- oder Luftseite, verschoben werden (Bild 6.15).

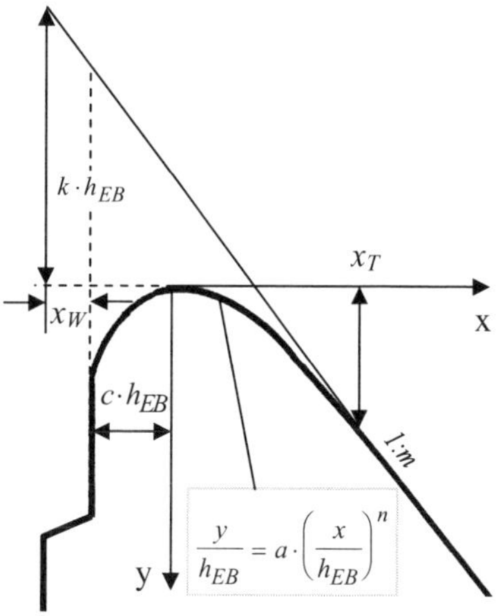

Bild 6.15
Lage des Überfallprofils in der Spitze des Grunddreiecks mit tangentialem Anschluss ($x_w \neq 0$)

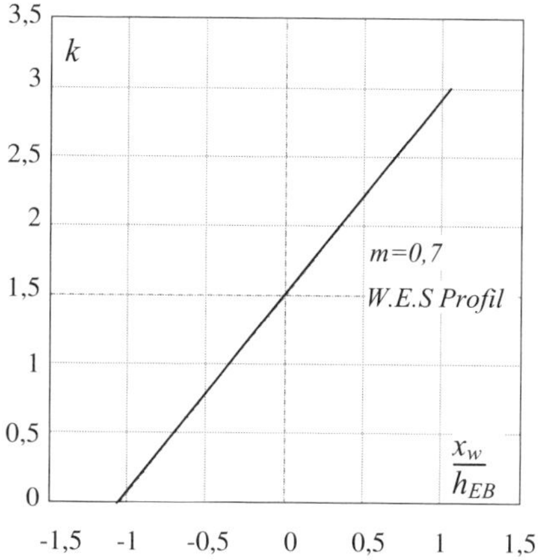

Bild 6.16
k als Funktion von x_w/h_{EB} für $m = 0{,}7$

Unter Beachtung des tangentialen Anschlusses nach Gl. (6-52) erhält man für die horizontale Verschiebung des Profils

$$x_W = h_{EB} \cdot \left[mk + \left(\frac{1}{m \cdot n \cdot a} \right)^{\frac{1}{n-1}} \cdot \left(\frac{1}{n} - 1 \right) - c \right]. \tag{6-55}$$

Diese Beziehung ist wieder für das *WES* - Profil im Bild 6.16 dargestellt. Aus dem Diagramm ist ersichtlich, dass der tangentiale Anschluss des Überfallprofils an das Grunddreieck (m=0,7) bei k - Werten < 1,5 eine Verschiebung des Profils zur Wasserseite und bei k - Werten > 1,5 eine Verschiebung zur Luftseite erfordert.

6.2.3 Überfallströmungen

6.2.3.1 Ermittlung des Abflusses

Die Ermittlung des spezifischen Abflusses über einen Standardüberfall kann in dem Bereich

$$0 < h_E \leq h_{EB} \tag{6-56}$$

mit ausreichender Genauigkeit nach den Untersuchungen von *Knapp*, 1960, mit dem einfachen Ansatz

$$q = C_E \cdot h_E^{3/2} \tag{6-57}$$

erfolgen. Für den Sonderfall, dass die Überfallenergiehöhe h_E gleich der Entwurfsüberfallenergiehöhe h_{EB} ist, erhält man mit den Bezeichnungen des Bildes 6.17

$$C_E = C_{EB} = 2{,}3107 \cdot \left[0{,}9674 - 0{,}015 \cdot \left(\frac{h_{EB}}{w} \right)^{0{,}9742} \right]^{3/2}. \tag{6-58}$$

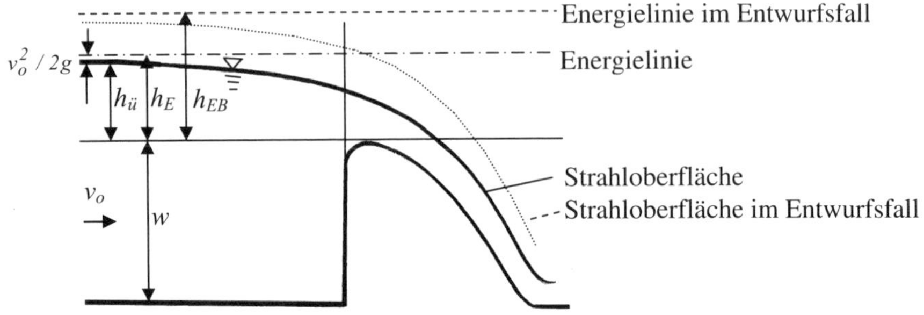

Bild 6.17
Überfallströmung

Auf der Grundlage des C_{EB} - Wertes können dann die Überfallbeiwerte C_E für $h_E < h_{EB}$ aus dem Ansatz

$$C_E = 1{,}7048 \cdot \left(1 + \frac{h_E}{h_{EB}}\right)^{3{,}3219 \cdot \log\left(\frac{C_{EB}}{1{,}7048}\right)} \qquad (6\text{-}59)$$

ermittelt werden. Dieser Ansatz erfüllt die Bedingung, dass für $h_E \to 0$ der Überfallbeiwert gegen den Überfallbeiwert des breitkronigen Überfalls strebt und für $h_E = h_{EB}$ $C_E \equiv C_{EB}$ wird.

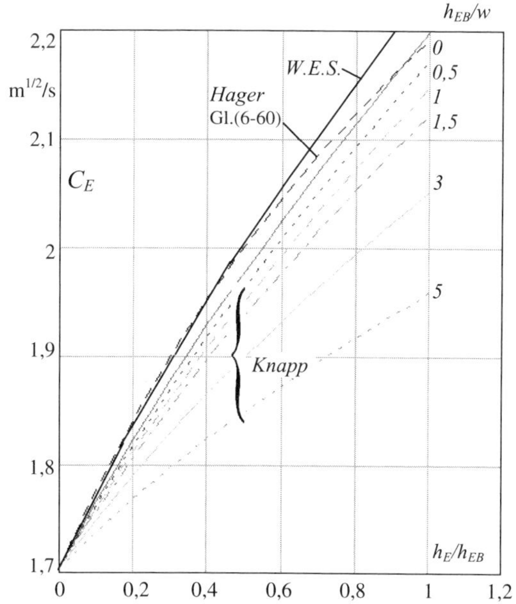

Bild 6.18

Überfallbeiwerte C_E in dem Bereich $0 < \dfrac{h_E}{h_{EB}} \leq 1{,}0$

Die Gl. (6-59) ist im Bild 6.18 dargestellt. Die Kurven von *Kapp*, 1960, sind für unterschiedliche Verhältnisse von $h_{EB}/\,w$ dargestellt. Zum Vergleich sind auch C_E - Werte eingetragen, die sich aus der in *Vischer, Hager*, 1996, dargestellten Beziehung

$$C_E = \frac{2}{3 \cdot \sqrt{3}} \cdot \left(1 + \frac{4 \cdot \dfrac{h_E}{h_{EB}}}{9 + 5 \cdot \dfrac{h_E}{h_{EB}}}\right) \cdot \sqrt{2 \cdot g} \qquad (6\text{-}60)$$

und aus den Tabellen in *WES 1954*, ergeben, die offensichtlich nur für große Überfallbauwerke $\left(\frac{h_{EB}}{w} \approx 0\right)$ zutreffende Werte liefern.

Für den Bereich der "Überstauung" $h_E > h_{EB}$ kann das Polynom von *Schirmer*, 1976,

$$\frac{C_E}{C_{EB}} = 0{,}8003 + 0{,}0814 \cdot \frac{h_{EB}}{w} + 0{,}2566 \cdot \frac{h_E}{h_{EB}} - 0{,}0822 \cdot \frac{h_E}{w} - 0{,}00646 \cdot \left(\frac{h_{EB}}{w}\right)^2 - 0{,}0619 \cdot \left(\frac{h_E}{h_{EB}}\right)^2 + 0{,}00598 \cdot \left(\frac{h_E}{h_{EB}}\right)^3 \tag{6-61}$$

empfohlen werden, das im Bild 6.19 ausgewertet ist.

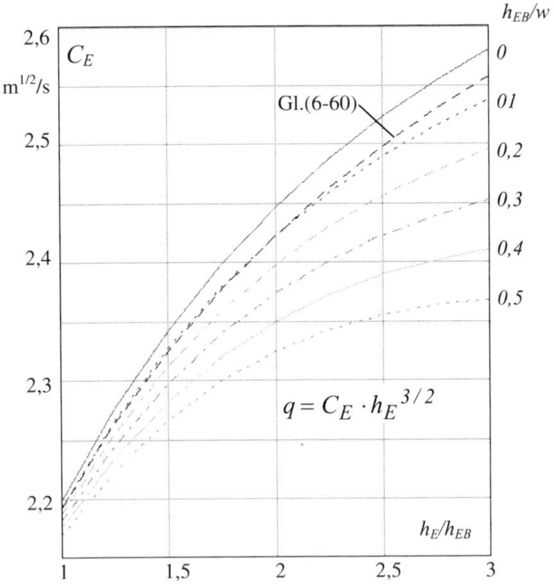

Bild 6.19

Überfallbeiwert C_E in dem Bereich $1{,}0 < \frac{h_E}{h_{EB}} \leq 3{,}0$

In vielen Fällen steht für die Ermittlung des Abflusses nur die Überfallhöhe $h_ü$ zur Verfügung. Der spezifische Abfluss kann in diesen Fällen auch aus

$$q = C \cdot h_ü^{3/2} \tag{6-62}$$

ermittelt werden. Dabei muss allerdings der Überfallbeiwert C iterativ aus den Beziehungen für C_E ermittelt werden. Die Iteration kann in folgenden Schritten durchgeführt werden:

Im ersten Schritt setzt man $h_E = h_ü$ und ermittelt aus Gl. (6-59) bzw. Gl. (6-61) einen Überfallbeiwert C_{E1}, mit dem aus dem Zusammenhang

$$C_1 = C_{E1} \cdot \left[1 + \frac{C_1^{\,2}}{\left[\frac{w}{h_{EB}} \cdot \frac{h_{EB}}{h_ü} + 1 \right]^2 \cdot 2g} \right]^{3/2} \tag{6-63}$$

ein erster Näherungswert C_1 bestimmt werden kann.
Im Schritt 2 folgt aus

$$\frac{h_{E2}}{h_{EB}} = \frac{h_ü}{h_{EB}} \cdot \left(\frac{C_1}{C_{E1}} \right)^{2/3} \tag{6-64}$$

und mit h_{E2} aus Gl. (6-59) bzw. Gl. (6-61) ein Überfallbeiwert C_{E2}, mit dem wieder mit Gl. (6-63) ein verbesserter C - Wert bestimmt werden kann.
Der Iterationsprozess konvergiert relativ schnell, so dass meistens in drei Schritten ein genügend genauer Überfallbeiwert C ermittelt werden kann. Iterationsergebnisse sind auch im Bild 6.20 dargestellt.

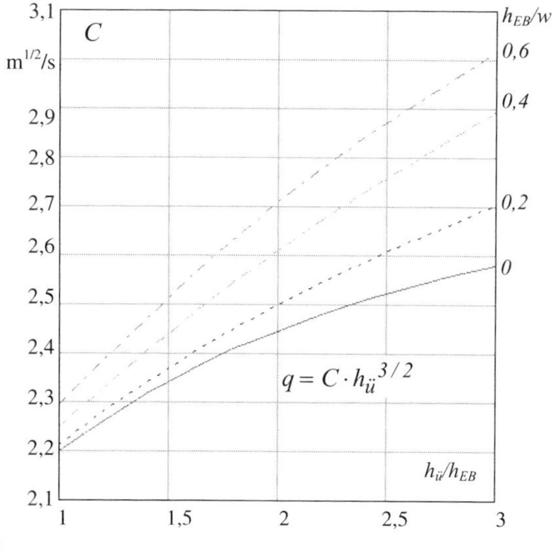

Bild 6.20

Überfallbeiwert C in dem Bereich $1{,}0 < \dfrac{h_ü}{h_{EB}} \leq 3{,}0$

6.2.3.2 Einschätzung der Kavitationsgefahr

Für die Einschätzung der Kavitationsgefahr ist der Druckverlauf auf dem Überfallprofil entscheidend. Bei der Bemessungsüberfallenergiehöhe h_{EB} ist bei einem nach den Koordinaten der Unterfläche des freien Überfallstrahles geformten Profil überall der Atmosphärendruck p_0 zu erwarten. Leistungsfähigere Überfälle mit $h_E/\,h_{EB} > 1{,}0$ führen dagegen zur Ausbildung von Unterdruck auf dem Überfallprofil. *Schirmer*, 1976, hat in seinen experimentellen Untersuchungen den Druckverlauf bei einem Überfallprofil bestimmt, bei dem der Bereich von der wasserseitigen Begrenzung bis zum Überfallscheitel als Korbbogen nach *WES* (Bild 6.11) und der Überfallrücken nach den Koordinaten von *Ofizerov* (a= 0,477, n= 1,79) ausgebildet war. Der gemessene, auf den Luftdruck bezogene Verlauf des Druckes p_{K0} auf dem Profil ist im Bild 6.21 als dimensionsloser Wert für das Grenzverhältnis $h_E/\,h_{EB} = 3$ dargestellt. Es zeigt sich, dass im wasserseitigen Anlaufbereich die starke Stromlinienkrümmung an der Stelle des Radiuswechsels die größte Druckabsenkung verursacht (Bild 6.21).

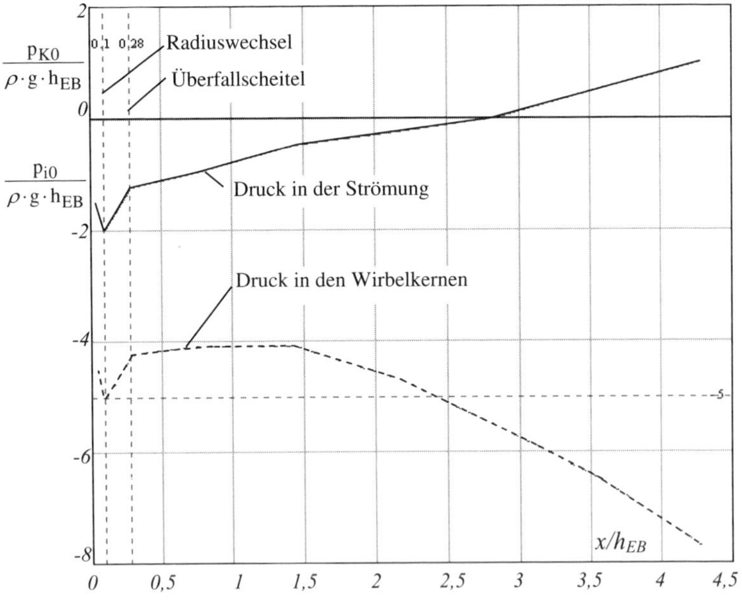

Bild 6.21
Druckverlauf auf dem Überfallprofil

Aus den Untersuchungen folgt, dass die größte Druckabsenkung an dieser Stelle (Radiuswechsel) durch die Beziehung

$$\frac{p_{K0\,\min}}{\rho \cdot g \cdot h_{EB}} = 1 - \frac{h_E}{h_{EB}} \qquad (6\text{-}65)$$

beschrieben werden kann.
Unterstellt man, dass auch auf Überfallprofilen eine Strömungsablösung durch Unebenheiten der Oberfläche (Schalungsabsatz) auftreten kann, so kann zur Einschätzung der Kavitationsgefahr wieder das vereinfachte Kavitationsmodell nach Gl. (6-23) herangezogen werden:

$$p_i = p_{K0} - \frac{\rho}{2} \cdot k_T^2 \cdot v_K^2 + p_0 \, .$$

Setzt man weiter voraus, dass in der beginnenden Grenzschicht die Turbulenz noch schwach entwickelt ist, dann folgt mit $k_T = 1{,}0$ für die Druckabsenkung in den Wirbelkernen

$$p_i = p_{K0} - \frac{\rho}{2} \cdot v_K^2 + p_0 \, . \tag{6-66}$$

Mit der Voraussetzung, dass an der Stelle der größten Druckabsenkung wieder $p_i = 0$ wird folgt aus Gl. (6-66)

$$\frac{p_{K0}}{\rho \cdot g} = \frac{v_K^2}{2 \cdot g} - \frac{p_0}{\rho \cdot g} \, . \tag{6-67}$$

Für eine verlustfreie Überfallströmung erhält man die maximale Überfallenergiehöhe dann aus

$$h_{EM} = 2 \cdot \frac{p_{K0}}{\rho \cdot g} + \frac{p_0}{\rho \cdot g} \tag{6-68}$$

bzw. unter Beachtung von Gl. (6-65)

$$h_{EM} = \frac{\dfrac{p_0}{\rho \cdot g}}{2 \cdot \dfrac{h_E}{h_{EB}} - 1} \, . \tag{6-69}$$

Die Auswertung der Gl. (6-65) im Bild 6.22 zeigt die Grenze für die maximalen Überfallenergiehöhen, die aus der Bedingung folgt, dass an der Stelle der größten Druckabsenkung im Anlaufbereich des Überfallprofils der Druck in den Wirbelkernen gerade den Wert 0 erreicht. Man erkennt, dass sich mit größer werdendem Verhältnis h_E/ h_{EB} die zulässige maximale Überfallenergiehöhe schnell verkleinert.

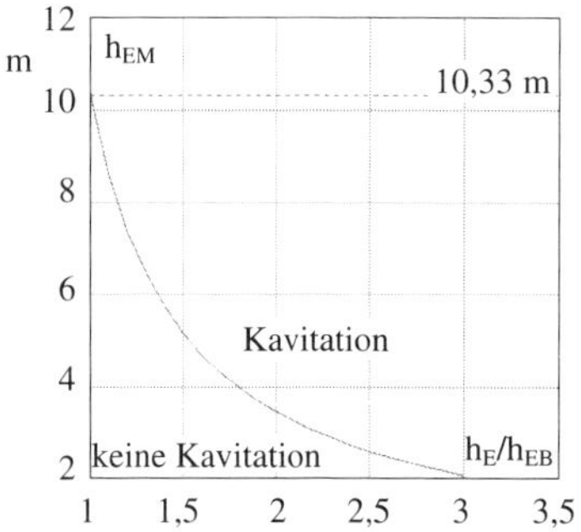

Bild 6.22
Maximale Überfallenergiehöhen h_{EM} als Funktion der "Überstauung" h_E/ h_{EB}

Im Bild 6.21 ist neben dem Verlauf des p_{K0} - Wertes auch der Verlauf der p_{i0} - Werte in den Wirbelkernen dargestellt. Aus dem Verlauf dieser Kurve ist erkennbar, dass bei $h_E/h_{EB} = 3{,}0$ für Überfallprofillängen, die das Verhältnis

$$\frac{x}{h_{EB}} = 2{,}5 \tag{6-70}$$

überschreiten, sich die Kavitationsgefahr durch die größer werdende Geschwindigkeit auf dem Überfallrücken verlagert. Vernachlässigt man in diesem Bereich den geringen Druckaufbau bei $h_E/h_{EB} > 1{,}0$, kann in dem vereinfachten Kavitationsmodell der Gl. (6-23) $p_K = p_0$ (Atmosphärendruck) gesetzt und v_K als Potentialgeschwindigkeit betrachtet werden. Die Druckhöhe in den Wirbelkernen folgt dann aus

$$\frac{p_i}{\rho \cdot g} = \frac{p_0}{\rho \cdot g} - \left[a \cdot \left(\frac{x}{h_{EB}} \right)^n \cdot h_{EB} + k \cdot h_{EB} \right]. \tag{6-71}$$

Im Bild 6.23 ist z. B. der Verlauf der Druckhöhen in den Wirbelkernen für eine Bemessungsüberfallhöhe von 1,0 m und unterschiedliche Überstauungsfaktoren k ausgewertet. Dabei zeigt sich, dass für $k = 3$ und $x/h_{EB} = 4$ noch keine kritischen Werte in den Wirbelkernen erreicht werden. Aus Bild 6.24 wird jedoch deutlich, dass bei einer Bemessungsüberfallhöhe von 1,5 m die Wirbeldruckwerte für $x/h_{EB} > 3$ durchaus kritische Werte erreichen können.

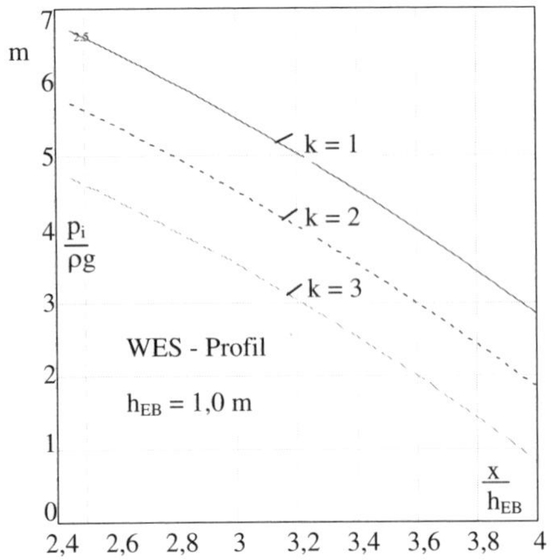

Bild 6.23
Druck in den Wirbelkernen entlang des Überfallprofils (h_{EB} = 1,0 m)

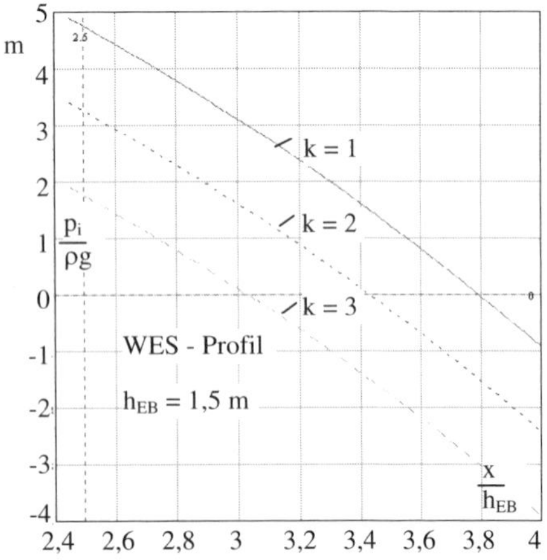

Bild 6.24
Druck in den Wirbelkernen entlang des Überfallprofils (h_{EB} = 1,5 m)

Das mit den entsprechenden Koordinaten ausgebildete Überfallprofil schließt im Allgemeinen - wie im Abschnitt 6.2.2 dargestellt - tangential an die Schussrinne an. Unregelmäßigkeiten in der Sohlgestaltung, wie Übergänge von gepanzerten zu betonierten Strecken, Grate von stumpf gestoßenen Schalungsbrettern und andere zufällige Unebenheiten, können auch in diesem Bereich Ablösungswirbel hervorrufen. Aus der Literatur sind für Unregelmäßigkeiten in der Schussrinnensohle kritische Kavitationszahlen für den Beginn der Kavitation ermittelt worden. Für einen Absatz in der Schussrinnensohle von 6 mm wurde z. B. von *Hamilton*, 1983/84

$$\sigma_{krit} = 1{,}0$$

bestimmt. Geht man vom Ansatz für σ_{krit} nach Gl. (6-11) aus, setzt darin wieder $p_d \approx p_i = 0$ und schreibt das Kavitationsmodell für die Schussrinnenströmung im Anfangsbereich mit v_K als Potentialströmung in der einfachen Form

$$p_i = p_0 - \frac{\rho}{2} \cdot v_K^2 , \qquad (6\text{-}72)$$

so ergibt sich für die kritische Kavitationszahl

$$\sigma_{kr} = \frac{p_0}{\rho \cdot \frac{v_K^2}{2}} \qquad (6\text{-}73)$$

und mit $p_i = 0$ in Gl. (6-72) erhält man auch aus dem Kavitationsmodell

$$\sigma_{kr} = 1{,}0 .$$

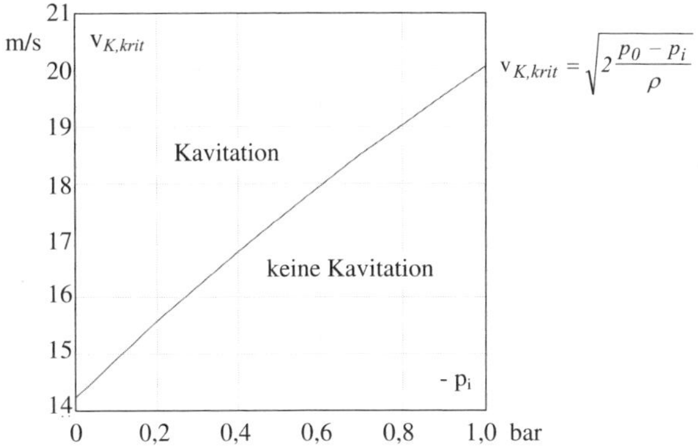

Bild 6.25
Geschwindigkeiten in der Schussrinne in Abhängigkeit von der zulässigen Druckabsenkung in den Wirbelkernen

Aus Gl. (6-72) lässt sich in diesem Bereich auch die kritische Geschwindigkeit in der Schussrinne ermitteln. Man erhält

$$v_{K\,krit} = \sqrt{2 \cdot \frac{p_0 - p_i}{\rho}} \,. \tag{6-74}$$

Diese Beziehung ist im Bild 6.25 für einen p_i Wertebereich von 0 bis -1,0 bar ausgewertet. Im weiteren Verlauf der Schussrinnenströmung wird die Geschwindigkeit an der Sohle durch die Grenzschicht stärker beeinflusst, so dass sich dann zwangsläufig größere mittlere Geschwindigkeiten für den Beginn der Kavitation ergeben, als im Bild 6.25 dargestellt.

6.3 Ringkolbenventile in Grundablass- und Entnahmeleitungen von Stauanlagen

6.3.1 Einleitung

In Grundablass- und Entnahmeleitungen von Stauanlagen werden Ringkolbenventile bevorzugt als Regelorgane eingesetzt. Das ist vor allem auf die erschütterungsarmen und stabilen Strömungsverhältnisse in Drosselstellungen, die geringen Antriebskräfte des beweglichen Verschlusskörpers, die zuverlässige Dichtungswirkung sowie auf die vorwiegend durch Dreharbeiten vereinfachten Herstellungs- und Bearbeitungsmöglichkeiten zurückzuführen. In Grundablassrohrleitungen werden Ringkolbenventile meistens am luftseitigen Rohrleitungsende angeordnet. In längeren Entnahme- und Versorgungsleitungen werden Ringkolbenventile als Rohrbruchsicherungen eingebaut, da ihre Schließzeiten entsprechend den Druckstoßwirkungen variiert und sie länger in Zwischenstellungen betrieben werden können als Drosselklappen. Als Drosselorgane in Pumpendruckleitungen dienen sie zum Anheben des Druckniveaus in der Pumpe, um den Arbeitspunkt der Pumpe in einen günstigen Betriebsbereich zu verlagern bzw. um bei zu geringen Gegendrücken Kavitation in der Pumpe zu vermeiden.

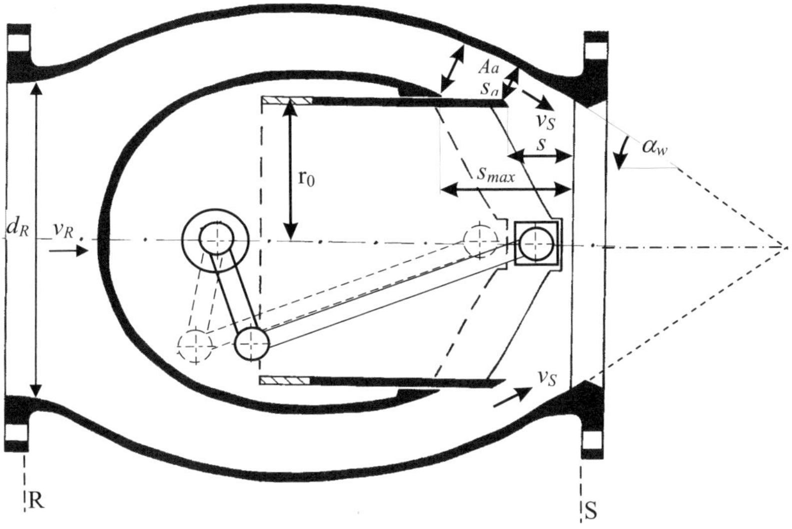

Bild 6.26
Konstruktive Gestaltung eines Ringkolbenventils

Bild 6.26 zeigt die prinzipielle Konstruktion eines Ringkolbenventils. Entsprechend dem Prinzip der Durchflussregelung von Freistrahlturbinen wird auch bei den Ringkolbenventilen durch einen in axialer Richtung verschiebbaren Verschlusskörper die Durchflussfläche verändert. Dabei wird die Strömung der Rohrleitung in einen Ringkanal um das Innengehäuse geleitet und der Austrittsquerschnitt des Ringkanals durch die Stellung des Verschlusskörpers (verschiebbarer Zylinder, Kolben) bestimmt. Die Strahldicke des austretenden Hohlstrahles senkrecht zur Fließrichtung (s_a) hängt von der Stellung des Verschlusskörpers ab. Die Durchflussfläche des Austrittsstrahles hat die Form einer Mantelfläche eines Kegelstumpfes.
Zur Kennzeichnung der Stellung des Verschlusskörpers soll das Stellverhältnis sn eingeführt werden, das durch

$$sn = \frac{s}{s_{\max}}$$

bestimmt wird. Für das voll geöffnete Ventil gilt somit $sn = 1{,}0$ und für das vollständig geschlossene Ventil $sn = 0$. Entsprechend verändert sich die Spaltbreite der frei gegebenen Öffnungsfläche von $s_a = s_{a\ max}$ bei $sn = 1{,}0$ auf $s_a = 0$ bei $sn = 0$. Die Bewegung des Verschlusskörpers erfolgt entweder durch eine Spindel oder eine Schubkurbel. Es wurden aber auch hydraulische und magnetische Antriebe untersucht.

Ringkolbenventile werden aus hydraulischen Gründen vorzugsweise am Ende einer Rohrleitung angeordnet, so dass ein Ausflussvorgang entsteht, bei dem die Durchflussregelung über die Veränderung der hydraulisch wirksamen Durchflussfläche erfolgt. Der Austrittsstrahl kann dabei über oder unter Wasser ausmünden. Die

Ausmündung über Wasser wird aus hydraulischer Sicht im Allgemeinen bevorzugt, weil Schwingungen und Erschütterungen relativ gering sind. Im Winter erfordert diese Ventilanordnung jedoch in frostgefährdeten Gebieten zusätzliche Frostschutzmaßnahmen. Bei einer Ausmündung unter Wasser wirken die Strömungsvorgänge in einem Tosbecken oder einer Toskammer auf die Ausflussströmung zurück, was zu Schwingungen und Druckpulsationen führen kann.
Um Frostschutzmaßnahmen zu umgehen und die Wirkung der Strömungen in der Energieumwandlungsanlage auf den Austrittsstrahl zu mildern, werden im Nachlaufbereich der Ventile besondere Ausmündungskonstruktionen (Auslaufkammern) vorgesehen, die oft mit Belüftungseinrichtungen gekoppelt werden. Der Anschluss einer Rohrleitung an das Ringkolbenventil ist möglich (Durchflussvorgang), wenn bestimmte hydraulische Parameter eingehalten werden, die Kavitationserscheinungen ausschließen.
Die Armaturenindustrie stellt für den Einsatz eines Ringkolbenventils drei Kennwerte zur Verfügung. Es handelt sich dabei um den Druckverlust Δp, um den Durchflusskennwert k_V und den Kavitationskennwert σ_K. Während die ersten beiden Kennwerte in Abhängigkeit vom Stellverhältnis (Öffnungsgrad) sn angegeben werden, wird der Kavitationskennwert meistens in Abhängigkeit vom Druckverlustbeiwert ζ dargestellt.
Diese Kennwerte genügen im Allgemeinen jedoch nicht, um die hydraulischen Wirkungen im Nachlauf des Ringkolbenventils zu charakterisieren. Insbesondere dann nicht, wenn Ausmündungskonstruktionen oder Energieumwandlungsanlagen zu bemessen sind. In diesen Fällen sind Fläche, Geschwindigkeit und Richtung des Austrittsstrahles erforderlich. In den folgenden Ableitungen wird daher versucht, aus den Kennwerten der Armaturenindustrie und der Geometrie des Ringkolbenventils einige Ansätze für geeignete hydraulische Parameter zu entwickeln, mit denen auch die Druckverhältnisse und das Kavitationsverhalten der Ringkolbenventile unter unterschiedlichen Einbaubedingungen beurteilt werden können. Um die entwickelten Beziehungen exemplarisch darzustellen, wird immer ein Modellventil zugrunde gelegt, das durch die Parameter d_R = 0,8 m, r_0 = 0,35 m, s_{max} = 0,30 m und α_w = 30° gekennzeichnet ist (vgl. Bild 6.26). Die geometrischen Beziehungen und hydraulischen Kennwerte werden für Ringkolbenventile meistens für eine Änderung des Stellverhältnisses in Schritten von 10 % angegeben.

6.3.2 Hydraulische und geometrische Parameter

6.3.2.1 Stellverhältnis

Als Stellverhältnis sn wird der Öffnungsgrad der Armatur bezeichnet. Beim Schubkurbelantrieb kann die Stellung des Schließzylinders über den Drehwinkel α_D der Antriebswelle der Schubkurbel kontrolliert werden. Bild 6.27 zeigt die prinzipielle Wirkungsweise des Antriebes. Mit den Bezeichnungen dieses Bildes erhält man folgende Zusammenhänge:

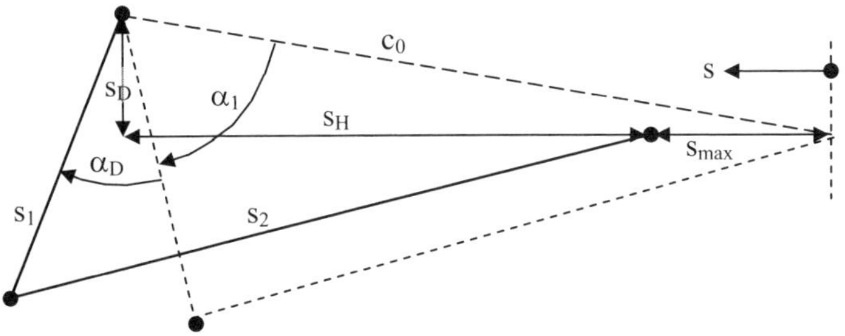

Bild 6.27
Prinzipskizze des Schubkurbelantriebes

$$c_0 = \sqrt{s_D^2 + (s_H + s_{\max})^2}, \tag{6-75}$$

$$\alpha_1 = \arccos\left(\frac{s_1^2 + c_0^2 - s_2^2}{2 \cdot s_1 \cdot c_0}\right) \text{ und} \tag{6-76}$$

$$\alpha_D = \arccos\left(\frac{\left(\frac{s_1}{s_{\max}}\right)^2 + \left(\frac{s_D}{s_{\max}}\right)^2 + \left(\frac{s_H}{s_{\max}} + 1 - sn\right)^2 - \left(\frac{s_2}{s_{\max}}\right)^2}{2 \cdot \frac{s_1}{s_{\max}} \cdot \sqrt{\left(\frac{s_D}{s_{\max}}\right)^2 + \left(\frac{s_H}{s_{\max}} + 1 - sn\right)^2}}\right) - \alpha_1 . \tag{6-77}$$

Zwischen dem Drehwinkel α_D und dem Stellverhältnis sn besteht beim Schubkurbelantrieb ein linearer Zusammenhang. Um das zu verdeutlichen, soll angenommen werden, dass das Modellventil im Bild 6.26 durch einen Schubkurbelantrieb bewegt wird, der durch folgende Abmessungen gekennzeichnet ist:

$s_D = 0{,}1$ m, $s_H = 0{,}7$ m und

$s_1 = 0{,}30$ m, $s_2 = 0{,}75$ m.

Die Gleichung (6-77) liefert für diese Abmessungen eine Beziehung, die im Bild 6.28 dargestellt ist.

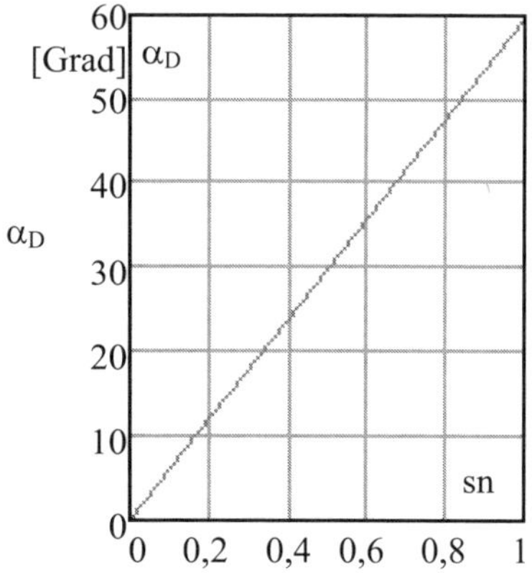

Bild 6.28
Zusammenhang von Drehwinkel α_D [Grad] und dem Stellverhältnis *sn*

6.3.2.2 Flächenverhältnisse des Austrittsstrahles

Unter der Fläche des Austrittsstrahles A_a soll die zwischen dem zylindrischen Verschlusskörper und der Wand des Außengehäuses senkrecht zur Fließrichtung frei gegebene Fläche verstanden werden. Diese Fläche bildet die Mantelfläche eines Kegelstumpfes, dessen Erzeugende die Länge s_a hat (vgl. Bild 6.29).
Bei voller Öffnung ($sn = 1{,}0$) ergibt sich für diese Fläche

$$A_{a\max} = \pi \cdot \sin(\alpha_w) \cdot s_{\max} \cdot (2 \cdot r_0 + s_{\max} \cdot \sin(\alpha_w) \cdot \cos(\alpha_w)) \tag{6-78}$$

und bei Teilöffnung

$$A_a = \pi \cdot \sin(\alpha_w) \cdot sn \cdot s_{\max} \cdot (2 \cdot r_0 + sn \cdot s_{\max} \cdot \sin(\alpha_w) \cdot \cos(\alpha_w)) \,. \tag{6-79}$$

Die Krümmung der inneren Randstromlinie des austretenden Hohlstrahles führt zu einer Kontraktion der Strahlfläche, die daher aus

$$A_S = A_a \cdot \psi(sn) \tag{6-80}$$

ermittelt werden kann. Der Kontraktionsbeiwert ψ ist vom Strahlwinkel α_w abhängig, hat bei den kleinsten Stellverhältnissen *sn* den geringsten Wert und erreicht bei $s_{\max}$ den Wert 1.0. Aus den ebenen Verhältnissen lassen sich für das Stellverhältnis $sn = 0.1$ näherungsweise folgende Zusammenhänge finden:

$$\psi_a = 0{,}82 \quad \text{für} \quad \alpha_w = 30^\circ \quad \text{und}$$

$$\psi_a = 0{,}75 \text{ für } \alpha_w = 45°.$$

Unterstellt man eine lineare Änderung des Kontraktionswertes mit dem Stellverhältnis sn, so folgt näherungsweise

$$\psi(sn) = \psi_a + \frac{(1-\psi_a)}{0{,}9} \cdot (sn - 1{,}0). \tag{6-81}$$

Für das Flächenverhältnis bei Teilöffnung ergibt sich somit

$$\frac{A_S}{A_{S\max}} = sn \cdot \psi(sn) \cdot \frac{\frac{2 \cdot r_0}{s_{\max}} + sn \cdot \sin(\alpha_w) \cdot \cos(\alpha_w)}{\frac{2 \cdot r_0}{s_{\max}} + \sin(\alpha_w) \cdot \cos(\alpha_w)} \tag{6-82}$$

bzw.

$$\frac{A_S}{A_R} = sn \cdot \psi(sn) \cdot \frac{\frac{2 \cdot r_0}{s_{\max}} + sn \cdot \sin(\alpha_w) \cdot \cos(\alpha_w)}{\frac{2 \cdot r_0}{s_{\max}} + \sin(\alpha_w) \cdot \cos(\alpha_w)} \cdot \frac{A_{S\max}}{A_R}. \tag{6-83}$$

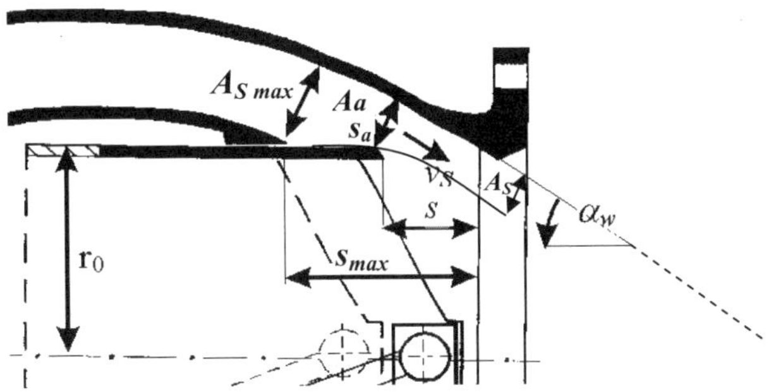

Bild 6.29
Austrittsstrahl aus dem Ringkanal

Die Flächenverhältnisse des Hohlstrahles sind für das beschriebene Modellventil im Bild 6.30 und Bild 6.31 dargestellt.

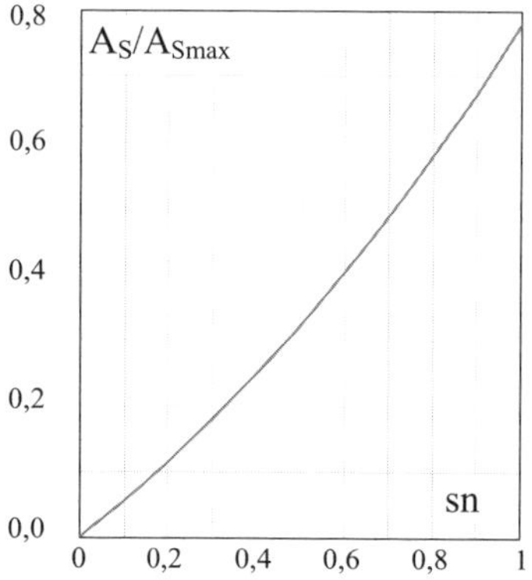

Bild 6.30
Flächenverhältnis A_S/A_{Smax} für das Modellventil DN 800

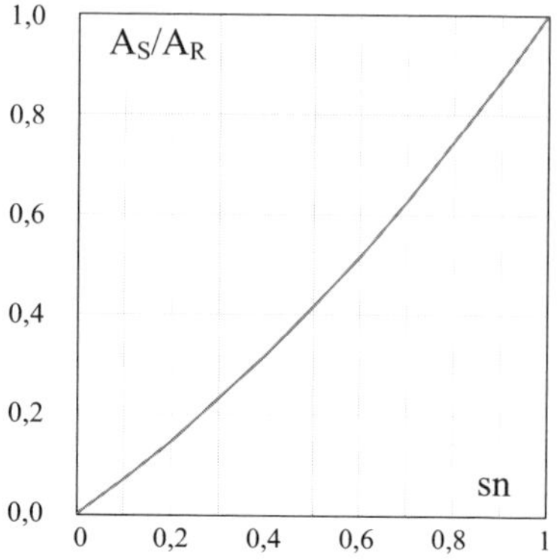

Bild 6.31
Flächenverhältnis A_S/A_R für das Modellventil DN 800

6.3.2.3 Hydraulische Parameter

Von der Armaturenindustrie wird im Allgemeinen ein Druckverlustbeiwert ζ und ein Durchflusskennwert k_V bereitgestellt. Der Druckverlust in der Armatur wird mit dem Druckverlustbeiwert in der Einheit "Pa" aus

$$\Delta p = \zeta \cdot \frac{\rho}{2} \cdot v_R^2 \tag{6-84}$$

bzw. in der Einheit "bar" aus

$$\Delta p = 10^{-5} \cdot \zeta \cdot \frac{\rho}{2} \cdot v_R^2 \tag{6-85}$$

bestimmt. Dabei wird die Druckdifferenz Δp nach EN 1267 aus Drücken ermittelt, die im Abstand von 2 DN vor und 10 DN nach der Armatur in einer Rohrleitung mit dem Nenndurchmesser der Armatur gemessen werden.
Der Durchfluss Q [m³/ h] folgt aus

$$Q = k_V \cdot \sqrt{\Delta p}\,. \tag{6-86}$$

In Gl. (6-86) ist Δp nach Gl. (6-85) einzusetzen, so dass sich für k_V die Einheit "$m^3/(h \cdot \sqrt{1 \cdot bar})$" ergibt. Die Parameter k_V und ζ werden meistens als Funktionen des Stellverhältnisses sn mitgeteilt.

Die Angabe von zwei Parametern ist eigentlich nicht notwendig, da ein Parameter aus dem anderen ermittelt werden kann:
Aus

$$Q = k_V \cdot \sqrt{10^{-5} \cdot \zeta \cdot \frac{\rho}{2} \cdot v_R^2} \tag{6-87}$$

folgt

$$v_R \cdot A_R = \frac{k_V}{3600} \cdot \sqrt{10^{-5} \cdot \zeta \cdot \frac{\rho}{2} \cdot v_R^2} \tag{6-88}$$

bzw.

$$A_R = \frac{k_V}{3600} \cdot \sqrt{10^{-5} \cdot \zeta \cdot \frac{\rho}{2}}, \tag{6-89}$$

so dass eine Umrechnung der Parameter über die Fläche des Nenndurchmessers der Armatur leicht erfolgen kann.
Die beiden Kennwerte ζ und k_V lassen sich außerdem bei einem Ringkolbenventil mit der im Bild 6.26 dargestellten Bauart - wie in den folgenden Entwicklungen gezeigt - auch aus dem Flächenverhältnis A_S / A_R bestimmen.
Legt man einen Bezugshorizont in die Achse des Ventils, so folgt für die Energiehöhe unmittelbar vor dem Ventil

$$h_{ER} = \frac{v_S^2}{2 \cdot g} + \frac{p_S}{\rho \cdot g} + \zeta_S \cdot \frac{v_R^2}{2 \cdot g}. \tag{6-90}$$

In dieser Beziehung bezeichnet v_S und p_S die Geschwindigkeit und den Druck im Austrittsstrahlquerschnitt A_S und ζ_S einen Verlustbeiwert, der bei der Durchströmung der Armatur auftritt.
Aus

$$\frac{p_R}{\rho \cdot g} + \frac{v_R^2}{2 \cdot g} = \frac{v_S^2}{2 \cdot g} + \frac{p_S}{\rho \cdot g} + \zeta_S \cdot \frac{v_R^2}{2 \cdot g} \tag{6-91}$$

folgt weiter

$$\frac{\Delta p}{\rho \cdot g} = \frac{p_R - p_S}{\rho \cdot g} = \frac{v_S^2}{2 \cdot g} - \frac{v_R^2}{2 \cdot g} + \zeta_S \cdot \frac{v_R^2}{2 \cdot g} \tag{6-92}$$

und mit einem Druckverlustbeiwert ζ_a zwischen den Schnitten „R“ und „S“ (vgl. Bild 6.26) folgt

$$\zeta_a \cdot \frac{v_R^2}{2 \cdot g} = \frac{v_S^2}{2 \cdot g} - \frac{v_R^2}{2 \cdot g} + \zeta_S \cdot \frac{v_R^2}{2 \cdot g}. \tag{6-93}$$

Daraus ergibt sich

$$\zeta_a = \frac{v_S^2}{v_R^2} - 1 + \zeta_S \qquad (6\text{-}94)$$

bzw.

$$\zeta_a = \left(\frac{A_R}{A_S}\right)^2 - 1 + \zeta_S\,. \qquad (6\text{-}95)$$

Nach Untersuchungen des Autors liegt der Verlustbeiwert ζ_S in dem Bereich

$$1{,}0 \le \zeta_S \le 2.0\,. \qquad (6\text{-}96)$$

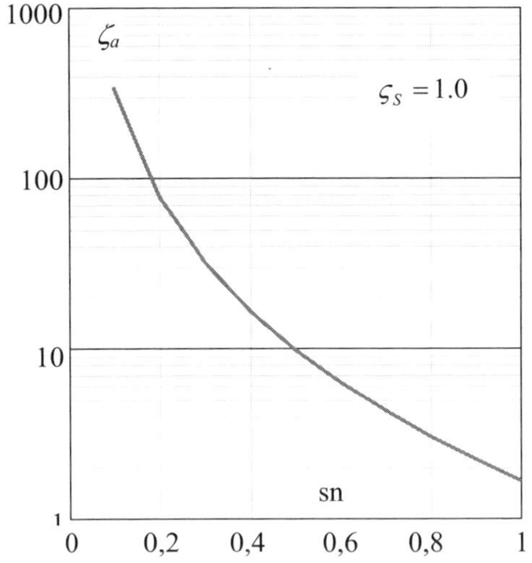

Bild 6.32
Druckverlustbeiwert ζ_a als Funktion vom Stellverhältnis *sn* für das Modellventil DN 800

6.3.3 Ringkolbenventil am Ende einer Rohrleitung

Vorzugsweise werden Ringkolbenventile als Regelorgane unmittelbar am Ende einer Rohrleitung angeordnet, so dass der Austrittsstrahl mit der hydraulisch wirksamen Fläche A_s direkt in Luft oder in Wasser ausmünden kann. Der in diesem Fall vorliegende Ausflussvorgang kann durch einen Austrittsbeiwert μ_R erfasst werden, der das Verhältnis des tatsächlichen Durchflusses bei einem Stellverhältnis *sn* zu einem theoretischen Durchfluss kennzeichnet, der mit dem Nennquerschnitt A_R gebildet wird.

Der Austrittsbeiwert μ_R ergibt sich bei einer Ausmündung in Luft ($p_S = p_0 = 0$) zu

$$\mu_R = \frac{Q}{A_R \cdot \sqrt{2 \cdot g \cdot h_{ER}}} \tag{6-97}$$

und bei einer Ausmündung unter Wasser, bei der der Gegendruck p_S vorhanden ist, zu

$$\mu_R = \frac{Q}{A_R \cdot \sqrt{2 \cdot g \cdot \left(h_{ER} - \frac{p_S}{\rho \cdot g} \right)}}. \tag{6-98}$$

Der Austrittsbeiwert μ_R kann experimentell ermittelt, aber auch theoretisch aus dem Druckverlustbeiwert ζ_a und unmittelbar aus dem Flächenverhältnis A_S / A_R berechnet werden.

Der Zusammenhang zwischen dem Austrittsbeiwert μ_R und dem Druckverlustbeiwert ζ_a kann wie folgt hergestellt werden:
Schreibt man wieder die Energiegleichung für das Ventil mit der Voraussetzung, dass der Bezugshorizont in Höhe der Achse des Ventils liegt, so folgt

$$h_{ER} = \frac{v_S^2}{2 \cdot g} + \frac{p_S}{\rho \cdot g} + \zeta_S \cdot \frac{v_R^2}{2 \cdot g}. \tag{6-99}$$

Darin wird p_S von den Ausmündungsbedingungen bestimmt.

Setzt man dieses Ergebnis in die Definitionsgleichung für μ_R (Gl. 6-98) ein, so erhält man weiter

$$\mu_R = \frac{Q}{A_R \cdot \sqrt{2 \cdot g \cdot \left(\frac{v_S^2}{2 \cdot g} + \zeta_S \cdot \frac{v_R^2}{2 \cdot g} \right)}}. \tag{6-100}$$

Aus Gl. (6-99) folgt aber auch

$$\frac{p_R}{\rho \cdot g} - \frac{p_S}{\rho \cdot g} = \frac{v_S^2}{2 \cdot g} + \zeta_S \cdot \frac{v_R^2}{2 \cdot g} - \frac{v_R^2}{2 \cdot g} \tag{6-101}$$

bzw.

$$\frac{\Delta p}{\rho \cdot g} = \frac{v_S^2}{2 \cdot g} + \zeta_S \cdot \frac{v_R^2}{2 \cdot g} - \frac{v_R^2}{2 \cdot g} = \zeta_a \cdot \frac{v_R^2}{2 \cdot g}. \tag{6-102}$$

Mit diesem Ergebnis erhält man aus Gl. (6-100)

$$\mu_R = \frac{Q}{A_R \cdot \sqrt{\zeta_a \cdot v_R^2 + v_R^2}} \tag{6-103}$$

bzw.

$$\mu_R = \frac{1}{\sqrt{\zeta_a + 1}}. \tag{6-104}$$

Aus Gl. (6-100) erhält man auch

$$\mu_R = \frac{v_R}{\sqrt{2 \cdot g \cdot \left(\frac{v_S^2}{2 \cdot g} + \zeta_S \cdot \frac{v_R^2}{2 \cdot g} \right)}} \tag{6-105}$$

und unter Beachtung von Gl. (6-94) und Gl. (6-95)

$$\mu_R = \frac{1}{\sqrt{\left(\frac{A_R}{A_s} \right)^2 + \zeta_s}}. \tag{6-106}$$

Für das untersuchte Modellventil sind die berechneten μ_R - Werte mit $\varsigma_S = 1$ im Bild 6.34 dargestellt.

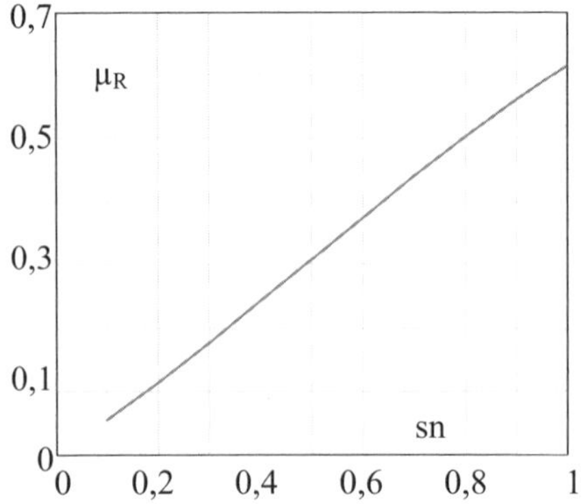

Bild 6.34
Austrittsbeiwert μ_R als Funktion des Stellverhältnisses *sn*

Ringkolbenventile mit belüfteten Ausmündungskonstruktionen bedürfen spezieller Untersuchungen, da der Zusammenhang zwischen der Luftgeschwindigkeit und den Druckwirkungen im Auslaufbereich eines Ringkolbenventils nicht vollständig geklärt ist und - besonders bei einer Ausmündung unter Wasser - Rückwirkungen von den Strömungsvorgängen in der Energieumwandlungsanlage zu erwarten sind, die zu Instabilitäten im Ausmündungsbereich führen können. Dabei füllt sich der unter Teil der Belüftungseinrichtung teilweise mit Wasser, das periodisch wieder herausgeblasen wird. Diese Vorgänge sind auch mit wechselnden Austrittsstrahlformen verbunden.

6.3.4 Ringkolbenventil mit einer angeschlossenen Rohrleitung

Schließt unmittelbar an das Ringkolbenventil eine Rohrleitung an, so wird im Nachlaufbereich des Ventils durch die Querschnittserweiterung des Strömungskanals ein Verlust vom Typ des *Borda*schen Stoßverlustes verursacht. Für die Ermittlung dieses Stoßverlustes soll von der im Bild 6.35 dargestellten Prinzipsskizze ausgegangen werden. Der Impulssatz für das Kontrollvolumen zwischen den Schnitten a und b am Anfang der anschließenden Rohrleitung (Bild 6.35) liefert folgenden Zusammenhang:

$$\rho \cdot A_S \cdot v_S^2 \cdot \cos(\alpha_W) + p_S \cdot A_{RU} = \rho \cdot A_{RU} \cdot v_{RU}^2 + p_{RU} \cdot A_{RU}\,. \qquad (6\text{-}107)$$

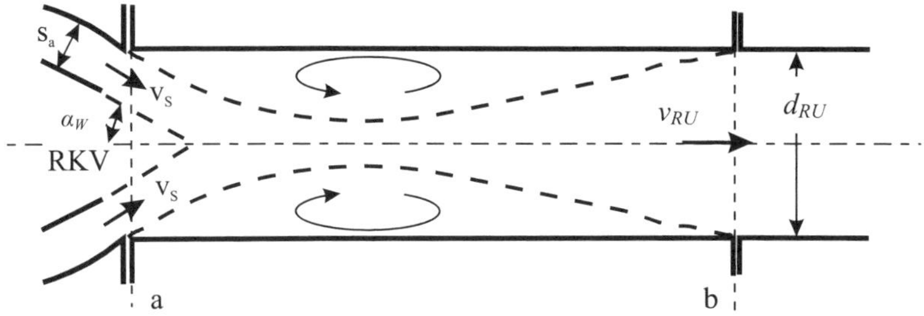

Bild 6.35
Strömung im Nachlaufbereich des Ringkolbenventils

Aus der Energiegleichung folgt für diese Schnitte die Beziehung

$$\frac{v_S^2}{2 \cdot g} + \frac{p_S}{\rho \cdot g} = \frac{v_{RU}^2}{2 \cdot g} + \frac{p_{RU}}{\rho \cdot g} + h_V\,, \qquad (6\text{-}108)$$

wenn der Bezugshorizont in Höhe der Rohrachse gelegt wird und mit h_V die Energieverlusthöhe im Kontrollvolumen der Rohrleitung bezeichnet wird. Außerdem kann auf die Kontinuitätsgleichung

$$A_S \cdot v_S = v_{RU} \cdot A_{RU} \tag{6-109}$$

zurückgegriffen werden. Unter Beachtung dieser Beziehung folgt aus Gl. (6-107)

$$\frac{p_S}{\rho \cdot g} - \frac{p_{RU}}{\rho \cdot g} = \frac{v_{RU}^2}{g} - \frac{v_S \cdot v_{RU} \cdot \cos(\alpha_W)}{g}. \tag{6-110}$$

Daraus erhält man unter Beachtung von Gl. (6-108)

$$h_V = \frac{v_S^2}{2 \cdot g} - v_S \cdot v_{RU} \cdot \frac{\cos(\alpha_W)}{g} + \frac{v_{RU}^2}{2 \cdot g}. \tag{6-111}$$

Mit dem Ansatz

$$h_V = \varsigma_B \cdot \frac{v_{RU}^2}{2g} \tag{6-112}$$

ergibt sich für den Verlustbeiwert schließlich

$$\varsigma_B = \frac{v_S^2}{v_{RU}^2} - \frac{2 \cdot v_S \cdot \cos(\alpha_W)}{v_{RU}} + 1 \tag{6-113}$$

bzw. mit dem Flächenverhältnis $n = A_{RU} / A_S$

$$\varsigma_B = n^2 - 2 \cdot n \cdot \cos(\alpha_W) + 1. \tag{6-114}$$

Der auf die Geschwindigkeitshöhe $v_R^2 / 2 \cdot g$ bezogene Verlustbeiwert ζ_R, der zur Beschreibung der insgesamt im Ringkolbenventil und im Nachlaufbereich verursachten Verlusthöhe herangezogen wird, folgt dann mit dem Flächenverhältnis $m_U = A_{RU} / A_R$ aus der Beziehung

$$\zeta_R = \zeta_S + \frac{1}{m_U^2} \cdot \zeta_B. \tag{6-115}$$

Die Verlustbeiwerte ζ_B und ζ_R lassen sich auch mit dem Druckverlustbeiwert ς_a ausdrücken:
Aus Gl. (6-90) folgt beispielsweise

$$\frac{v_S^2}{2 \cdot g} = \zeta_a \cdot \frac{v_R^2}{2 \cdot g} + \frac{v_R^2}{2 \cdot g} - \zeta_S \frac{v_R^2}{2 \cdot g}. \tag{6-116}$$

Setzt man diesen Zusammenhang in Gl. (6-111) ein, dann erhält man daraus unter Beachtung von Gl. (6-112) und dem Flächenverhältnis m_U

$$\zeta_B = m_U^2 \cdot (\zeta_a + 1 - \zeta_S) - 2 \cdot m_U \cdot \sqrt{\zeta_a + 1 - \zeta_S} \cdot \cos(\alpha_W) + 1\,. \tag{6-117}$$

Für den Verlustbeiwert ζ_R der Gesamtverlusthöhe folgt dann schließlich aus Gl. (6-115)

$$\zeta_R = \zeta_a + 1 - 2 \cdot \sqrt{\zeta_a + 1 - \zeta_S} \cdot \frac{\cos(\alpha_W)}{m_U} + \frac{1}{m_U^2}\,. \tag{6-118}$$

Für den Fall, dass $A_R = A_{RU}$ ist, vereinfacht sich Gl. (6-118) zu

$$\zeta_R = \zeta_a + 2 \cdot (1 - \sqrt{\zeta_a + 1 - \zeta_S} \cdot \cos(\alpha_W)) \tag{6-119}$$

Ein Zusammenhang mit dem von der Armaturenindustrie bereitgestellten Druckverlustbeiwert ς kann mit den folgenden Entwicklungen hergestellt werden:

$$\Delta p = \varsigma \cdot \frac{\rho}{2} \cdot v_R^2 = p_R - p_{RU}. \tag{6-120}$$

Daraus folgt

$$\varsigma \cdot \frac{v_R^2}{2 \cdot g} = \frac{p_R}{\rho \cdot g} - \frac{p_{RU}}{\rho \cdot g} \tag{6-121}$$

und unter Beachtung von Gl. (6-92) und Gl. (6-110) ergibt sich mit $A_{RU} = A_R$

$$\varsigma \cdot \frac{v_R^2}{2 \cdot g} = \varsigma_a \cdot \frac{v_R^2}{2 \cdot g} + \frac{v_R^2}{g} - v_R \cdot v_S \cdot \frac{\cos(\alpha_W)}{g} \tag{6-122}$$

bzw.

$$\varsigma = \varsigma_a + 2 - 2 \cdot \frac{v_S}{v_R} \cdot \cos(\alpha_W)\,. \tag{6-123}$$

Daraus kann die wirksame Hohlstrahlfläche A_S eines Ringkolbenventils ermittelt werden:

$$A_S = \frac{A_R}{\cos(\alpha_W) + \sqrt{\cos^2(\alpha_W) + \varsigma - \varsigma_S - 1}}\,. \tag{6-124}$$

Für $A_{RU} = A_R$ ist der Energieverlustbeiwert ζ_R gleich dem Druckverlustbeiwert ζ.

Die Abhängigkeit des Verlustbeiwerte ζ_R vom Stellverhältnis sn beim Anschluss eines Rohres mit $d_{RU} = 1000 mm$ an das Modellventil ist im Bild 6.36 dargestellt.

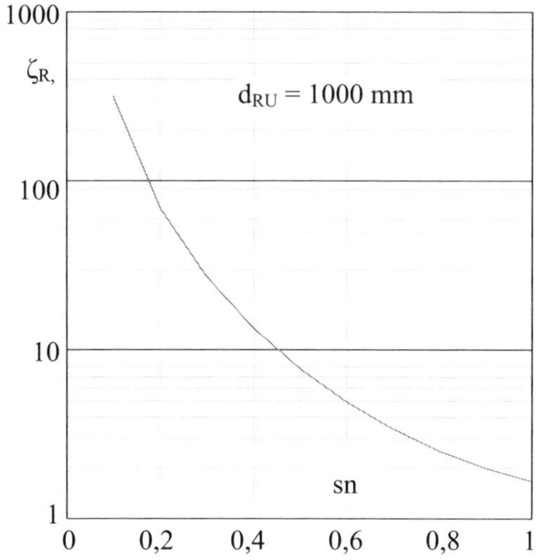

Bild 6.36
Energieverlustbeiwert ζ_R in Abhängigkeit vom Stellverhältnis sn beim Anschluss eines Rohres mit d_{RU} = 1000 mm an das Modellventil DN 800

6.3.5 Kavitationsverhalten

Zur Einschätzung des Kavitationsverhaltens wird wieder unterstellt, dass in den Ablösungsbereichen und Trennschichten in der Armatur und im Ausmündungsbereich des Ventils Wirbel auftreten, in denen der mittlere Strömungsdruck durch die Rotationsgeschwindigkeit so vermindert werden kann, dass die Gefahr der Kavitation besteht. Für die Untersuchung des Kavitationsverhaltens wird daher wieder das im Abschnitt 6.1 entwickelte Kavitationsmodell (Gl. 6-23) herangezogen. Hinsichtlich des mittleren Strömungsdruckes bestehen jedoch große Unterschiede zwischen einer Ausmündung in Luft und den Strömungsverhältnissen, die beim Anschluss einer Rohrleitung auftreten. Aus diesem Grund wird im Folgenden das Kavitationsverhalten für ein Ringkolbenventil am Ende einer Rohrleitung und zwischen zwei Rohrleitungen getrennt betrachtet.

6.3.5.1 Ausmündung in Luft

Bei einer Ausmündung in Luft sind für die Untersuchung der Kavitation die Strömungsverhältnisse im Ringkanal des Ventils relevant. Die größten Geschwindigkeiten bei dem niedrigsten Druckniveau treten bei voller Öffnung des Ventils ($sn = 1{,}0$) auf. Setzt man voraus, dass die Querschnittsfläche des Eintrittsquerschnitts in etwa der Fläche des Ringkanals entspricht und die Turbulenzanfachung noch vernachlässigt werden kann ($k_T = 1{,}0$), so erhält man aus der Gleichung der Energiehöhen

$$\frac{p_R}{\rho \cdot g} + \frac{v_R^2}{2 \cdot g} = \frac{p_0}{\rho \cdot g} + \frac{v_S^2}{2 \cdot g} \tag{6-125}$$

für den Druck im Ringkanal

$$p_R = p_0 + \frac{\rho}{2} \cdot (v_S^2 - v_R^2) \tag{6-126}$$

bzw.

$$p_R = p_0 - \frac{\rho}{2} \cdot v_R^2 \cdot \left(1 - \left(\frac{A_R}{A_S}\right)^2\right). \tag{6-127}$$

Für das Kavitationsmodell (Gl. 6-23) folgt aus dem dargelegten Voraussetzungen

$$p_i = p_R - \frac{\rho}{2} \cdot v_R^2 \tag{6-128}$$

und mit Gl. (6-127)

$$p_i = p_0 - \frac{\rho}{2} \cdot v_R^2 \cdot \left(2 - \left(\frac{A_R}{A_S}\right)^2\right). \tag{6-129}$$

Daraus ergibt sich weiter, dass die maximal zulässige Geschwindigkeit v_{Rmax} im Eintrittsquerschnitt des Ventils und im Ringkanal aus der Beziehung

$$v_{R\max} = \sqrt{\frac{2 \cdot (p_0 - p_i)}{\rho \cdot \left(2 - \left(\frac{A_R}{A_S}\right)^2\right)}} \tag{6-130}$$

bestimmt werden kann. Dabei ist für das Verhältnis A_R / A_S der Wert bei voller Öffnung einzusetzen. Im Bild 6.37 ist v_{Rmax} für das oben beschriebene Modellventil als Funktion der Zugfestigkeit des Wassers p_i dargestellt. Es wird deutlich, dass die Geschwindigkeit im Eintrittsquerschnitt dieses Ventils 25 m/s nicht überschreiten sollte.

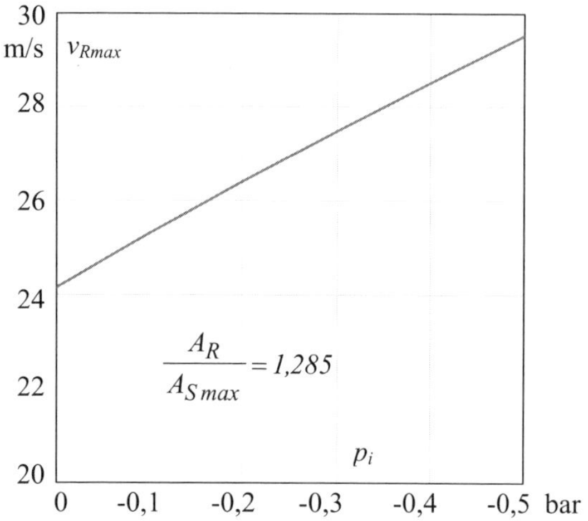

Bild 6.37
Maximal zulässige Geschwindigkeit im Eintrittsquerschnitt des Modellventils als Funktion der Zugfestigkeit des Wassers p_i

6.3.5.2 Anschluss einer Rohrleitung

Beim Anschluss einer Rohrleitung an das Ringkolbenventil sind die größten Geschwindigkeiten in Verbindung mit geringen Druckwerten an der Anschlussstelle der Rohrleitung zu erwarten. Mit den Strömungsparametern im Schnitt a-a des Bildes 6.35 kann das Kavitationsmodell (Gl. 6-23) für die Wirbel in den Trennschichten in der Form

$$p_i = p_S - k_T^2 \cdot \frac{v_S^2 \cdot \rho}{2} \tag{6-131}$$

geschrieben werden.

Für den Druck p_S im Schnitt a - a (vgl. Bild 6.35) folgt

$$p_S = p_{RU} + \frac{\rho}{2} \cdot [v_{RU}^2 \cdot (1 + \zeta_B) - v_S^2]. \tag{6-132}$$

Daraus erhält man mit dem Flächenverhältnis $n = A_{RU} / A_S$

$$p_S = p_{RU} + \frac{\rho}{2} \cdot \frac{v_S^2}{n^2} \cdot (1 + \zeta_B - n^2) \tag{6-133}$$

und unter Beachtung von Gl. (6-114)

$$p_S = p_{RU} + \frac{\rho}{2} \cdot \frac{v_S^2}{n^2} \cdot (2 - 2 \cdot n \cdot \cos(\alpha_W)). \tag{6-134}$$

Für den Druck p_i in den Wirbelkernen der Trennschicht folgt damit aus Gl. (6-131)

$$p_i = p_{RU} + \frac{\rho}{2} \cdot \left(\frac{A_R}{A_S} \right)^2 \cdot v_R^2 \cdot \left[\frac{2 - 2 \cdot n \cdot \cos(\alpha_W)}{n^2} - k_T^2 \right]. \tag{6-130}$$

Mit den entwickelten Beziehungen lässt sich auch der Kavitationsparameter nach Gl. (6-13) bestimmen:

$$\sigma_K = \frac{p_{RU} - p_d}{(1 + \zeta) \cdot \frac{\rho}{2} \cdot v_R^2}.$$

Mit dem Druck p_{RU} aus Gl. (6-135) erhält man für den Kavitationsparameter

$$\sigma_K = \frac{p_i + \frac{\rho}{2} \cdot v_R \cdot \left(\frac{A_R}{A_S} \right)^2 \cdot \left[k_T^2 - \frac{2 - 2 \cdot n \cdot \cos(\alpha_W)}{n^2} \right] - p_d}{(1 + \zeta) \cdot \frac{\rho}{2} \cdot v_R^2} \tag{6-136}$$

bzw. mit der Nährung $p_i \approx p_d$

$$\sigma_K = \frac{\left(\frac{A_R}{A_S} \right)^2 \cdot \left[k_T^2 - \frac{2 - 2 \cdot n \cdot \cos(\alpha_W)}{n^2} \right]}{1 + \zeta}. \tag{6-137}$$

Führt man wieder das Flächenverhältnis $m_U = A_{RU} / A_R$ ein, so ergibt sich weiter mit

$$n = \frac{A_R}{A_S} \cdot m_U \tag{6-138}$$

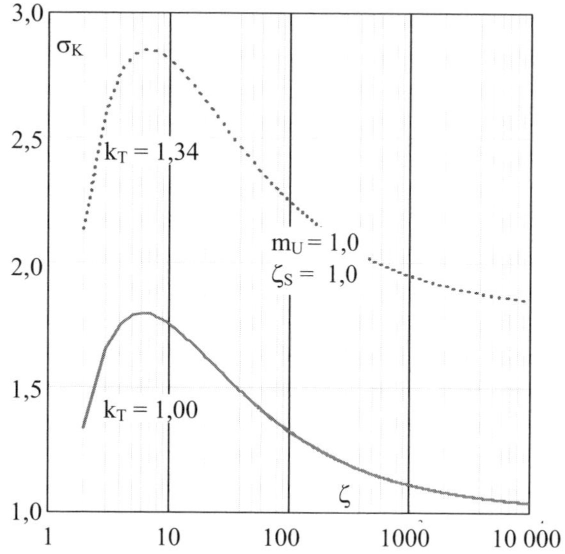

Bild 6.38
Kavitationsparameter σ_K als Funktion des Druckverlustbeiwertes ζ für das Modellventil

für den Kavitationsparameter

$$\sigma_K = \frac{\left(\frac{A_R}{A_S}\right)^2 \cdot \left[k_T^2 - \left(\frac{\frac{2}{m_U^2} - \frac{2}{m_U} \cdot \frac{A_R}{A_S} \cdot \cos(\alpha_W)}{\left(\frac{A_R}{A_S}\right)^2}\right)\right]}{\zeta + 1} \tag{6-139}$$

Die Druckverlustbeiwerte stehen im Allgemeinen nur für $m_U = 1$ zur Verfügung. Für diesen Fall ergibt sich unter Beachtung von Gl. (6-124) mit

$$\frac{A_R}{A_S} = \cos(\alpha_W) + \sqrt{\cos^2(\alpha_W) + \varsigma - \varsigma_S - 1}$$

$$\sigma_K = \frac{k_T^2 \cdot \frac{A_R^2}{A_S^2} + 2 \cdot \frac{A_R}{A_S} \cdot \cos(\alpha_W) - 2}{1 + \zeta}. \tag{6-140}$$

Die Abhängigkeit des Kavitationsparameters σ_K vom Druckverlustbeiwert ζ ist für das beschriebene Modellventil im Bild 6.38 dargestellt.

6.3.5.3 Berechnungsbeispiele

1. In einer Staumauer wird am Ende der Grundablassrohrleitung ein Ringkolbenventil angeordnet, das über Wasser ins Freie ausmündet. Die geometrischen Abmessungen und hydraulischen Verlustbeiwerte sind im Bild 6.39 angegeben. Es soll die Abflusscharakteristik ermittelt werden.

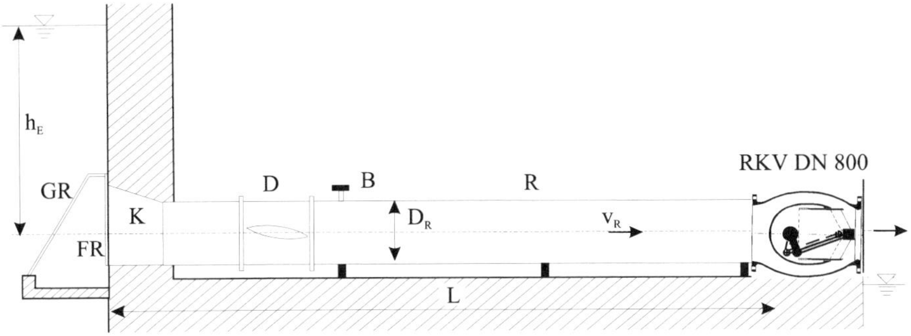

GR	Grobrechen	$\zeta_{GR} = 0{,}00$
FR	Feinrechen	$\zeta_{FR} = 0{,}01$ (bezogen auf v_R)
K	Konfusor	$\zeta_{K1} = 0{,}02$ (bezogen auf v_R)
D	Drosselklappe	$\zeta_D = 0{,}25$ (bezogen auf v_R)
R	Rohrleitung	$D_R = 0{,}800\ m$, $L = 25\ m$, $\lambda = 0{,}02$
B	Belüftungsventil	
RKV	DN 800	Ringkolbenventil $DN = 0{,}8\ m$ (Modellventil mit $\zeta_S = 1.0$)

Bild 6.39
Prinzipsskizze der Grundablassrohrleitung mit den eingebauten Armaturen

Lösung:

Aus Gl. (6-97) folgt $\mu_R = \dfrac{v_R}{\sqrt{2 \cdot g \cdot h_{ER}}}$, so dass für die Energiehöhe im Einlaufquerschnitt des Ventils

$$h_{ER} = \frac{v_R^2}{2 \cdot g \cdot \mu_R^2}$$

geschrieben werden kann. Die Höhendifferenz zwischen der Achse des Ausmündungsquerschnittes des Ventils und dem Wasserspiegel bildet die Energiehöhe, die unter Berücksichtigung der Verlusthöhen und mit $p_0 = 0$ durch

$$h_E = \sum \zeta \cdot \frac{v_R^2}{2 \cdot g} + \lambda \cdot \frac{L}{D_R} \cdot \frac{v_R^2}{2 \cdot g} + \frac{1}{\mu_R^2} \cdot \frac{v_R^2}{2 \cdot g}$$

ausgedrückt werden kann.
Die Summe der Einzelverlustbeiwerte ergibt sich aus

$$\sum \zeta = \zeta_{GR} + \zeta_{FR} + \zeta_{K1} + \zeta_D + = 0.28\,.$$

Die Geschwindigkeit im Grundablassrohr mit dem Durchmesser von D_R = 800 mm erhält man als Funktion der Energiehöhe und des Stellverhältnisses des Ventils aus

$$v_R = \sqrt{\frac{2 \cdot g \cdot h_E}{\sum \zeta + \lambda \cdot \frac{L}{D_R} + \zeta_a + 1}}\,,$$

wenn der Austrittsbeiwert μ_R nach Gl. (6-104) durch den Druckverlustbeiwert ς_a ausgedrückt wird. Der Durchfluss ergibt sich dann aus

$$Q = A_R \cdot \sqrt{\frac{2 \cdot g \cdot h_E}{\sum \zeta + \lambda \cdot \frac{L}{D_R} + \zeta_a + 1}}\,.$$

Diese Beziehung ist im Bild 6.40 dargestellt. Die maximale zulässige Geschwindigkeit in der Armatur kann mit Gl. (6-125) bestimmt werden:

$$v_{R\max} = \sqrt{\frac{2 \cdot (p_0 - p_i)}{\rho \cdot \left(2 - \frac{A_R^2}{A_{S\max}^2}\right)}}$$

Mit $p_i = 0$,
$p_0 = 101325$ Pa

und $\frac{A_R}{A_{S\max}} = 1{,}285$ für das Modellventil

ergibt sich

$v_{Rmax} = 24{,}13$ m/s
bzw. $Q_{max} = 12{,}13$ m^3/s.

Der auftretende maximale Abfluss (vgl. Bild 6.40) erreicht diesen theoretischen Wert Q_{max} nicht, bei dem im Ringkolbenventil mit Kavitation gerechnet werden muss.

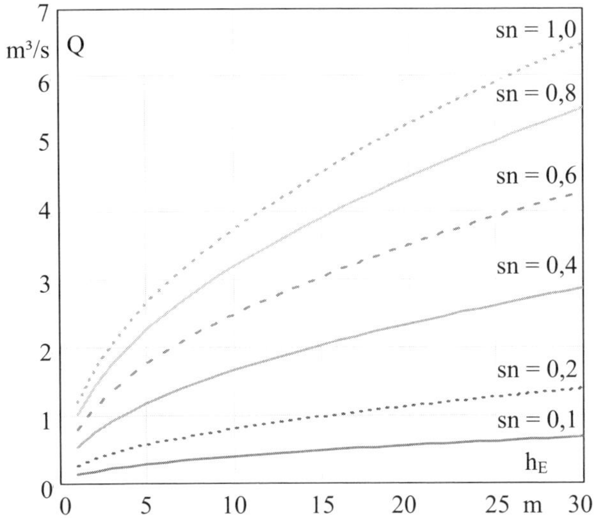

Bild 6.40
Durchflusscharakteristik der Grundablassrohrleitung (Ringkolbenventil am Ende der Rohrleitung)

2. Es soll untersucht werden, ob die Grundablassrohrleitung um 25 m verlängert werden kann und die Rohrleitung mit D_{RU} = 1000 mm unmittelbar an das RKV DN 800 (vgl. Bild 6.39) angeschlossen werden kann.

Lösung:
Durch den Anschluss der Rohrleitung an das RKV verlagert sich der hydraulisch wirksame Querschnitt an das Ende der angeschlossenen Leitung, was zu Unterdruck und Kavitation im Austrittsbereich des Ventils führt. Wenn die angeschlossene Rohrleitung frei ausmündet und demzufolge kein Gegendruck wirksam ist, kann durch den Einbau einer Blende am Ende der Rohrleitung ein Gegendruck aufgebaut werden, der in einem eingeschränkten Regelbereich den kavitationsfreien Betrieb ermöglicht.
Für die angenommenen Verhältnisse wird eine Blende mit dem Durchmesser D_B = 500 mm gewählt.
Für die Energiehöhe des hydraulischen Systems ergibt sich mit $p_0 = 0$

$$h_E = \frac{v_R^2}{2\cdot g}\cdot\left(\sum\zeta + \lambda\cdot\frac{L}{D_R} + \zeta_R\right) + \frac{v_{RU}^2}{2\cdot g}\cdot\left(\sum\zeta_U + \lambda\cdot\frac{L_U}{D_{RU}}\right) + \frac{v_b^2}{2\cdot g}\,.$$

Darin bezeichnet $\Sigma\zeta_u$ die Summe der Einzelverluste in der angeschlossenen Rohrleitung und v_b die Geschwindigkeit im eingeschnürten Querschnitt A_{BV} der Blende, den man aus

$$A_{BV} = \psi\cdot A_B$$

erhält.
Für das Verhältnis $A_B / A_{RU} = b$ ergibt sich $\psi = 0{,}62$ (*Bollrich, 2007*).

Für die Energiehöhe h_E kann somit geschrieben werden:

$$h_E = \frac{v_R^2}{2 \cdot g} \cdot \left(\sum \zeta + \lambda \frac{L}{D_R} + \zeta_R + \frac{\sum \zeta_u}{m_u^2} + \frac{\lambda}{m_u^2} \cdot \frac{L_u}{D_{RU}} + \frac{1}{\psi^2 \cdot b^2 \cdot m_u^2} \right).$$

Der Durchfluss folgt dann aus

$$Q = A_R \cdot \sqrt{\frac{2 \cdot g \cdot h_E}{\sum \zeta + \lambda \cdot \frac{L}{D_R} + \zeta_R + \frac{\sum \zeta_u}{m_u^2} + \frac{\lambda}{m_u^2} \cdot \frac{L_u}{D_{RU}} + \frac{1}{\psi^2 \cdot b^2 \cdot m_u^2}}}.$$

Die Durchflusscharakteristik zeigt Bild 6.41. Das Kavitationsverhalten kann mit den Druckwerten in den Wirbelkernen nach Gl. (6-31) bzw. Gl. (6-135) überprüft werden.

Den dafür benötigten absoluten Druck p_{RU} erhält man aus

$$p_{RU} = \rho \cdot g \cdot \left[h_E - \frac{v_R^2}{2 \cdot g} \cdot \left(\sum \zeta + \lambda \cdot \frac{L}{D_R} + \zeta_R + \frac{1}{m_u^2} \right) \right] + p_0$$

(vgl. Bild 6.35).

Setzt man die ermittelten Beziehungen für p_{RU} und v_R in Gl. (6-135) ein, so erhält man schließlich

$$p_i = \rho \cdot g \cdot h_E \cdot \left[1 + \frac{\left(-\sum \zeta - \lambda \cdot \frac{L}{D_R} - \zeta_R - \frac{1}{m_U^2} + \frac{2 - \frac{A_R}{A_S} \cdot m_U \cdot \cos(\alpha_W)}{m_U^2} - \frac{A_R^2}{A_S^2} \cdot k_T^2 \right)}{\left(\sum \zeta + \lambda \frac{L}{D_R} + \zeta_R + \frac{\sum \zeta_U}{m_U^2} + \frac{\lambda}{m_U^2} \cdot \frac{L_U}{D_{RU}} + \frac{1}{b^2 \cdot m_U^2 \cdot \psi^2} \right)} \right] + p_0$$

Mit den ermittelten Zusammenhängen lässt sich der kavitationsfreie Regelbereich ermitteln. In Bild 6.42 ist die Grenze $p_i = 0$ eingetragen. Gegenüber der Durchflusscharakteristik im Bild 6.40 wird deutlich, dass ein Betrieb des Ventils mit reduziertem Durchfluss möglich ist. Dabei muss jedoch in Kauf genommen werden, dass in der Durchflusscharakteristik ein Bereich mit Kavitation besteht, in dem kein Dauerbetrieb des Ventils möglich ist.

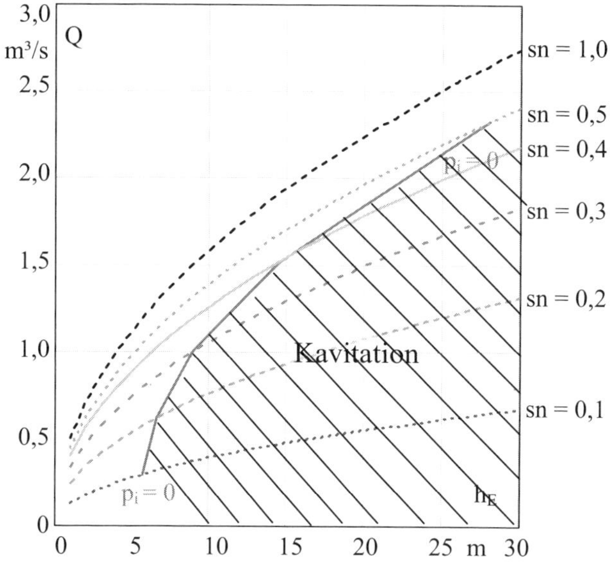

Bild 6.41
Durchflusscharakteristik der Grundablassrohrleitung (Ringkolbenventil mit angeschlossener Rohrleitung)

6.4 Literaturverzeichnis

Aristowski, W.; Berger, K.: Entwurfsgrundlagen zum Wehrbau, Verlag Technik, Berlin, 1955
Arndt, E. A.; Ippen, A. T.: Rough Surface Effects on Cavitation Inception, Journal of Basic Engineering, Juni 1968
Bollrich, G.: Technische Hydromechanik 1- Huss Verlag, 6. Aufl. Berlin 2007
Chaturvedi, M. C.: Flow characteristics of axisymmetric expansions, Journal of Hydraulic Division (ASCE) HY3, 1963, S. 61-92
Eickmann, G.: Maßstabseffekte bei der beginnenden Kavitation, Bericht der Versuchsanstalt Obernach und des Lehrstuhls für Wasserbau und Wassermengenwirtschaft der TU München, Nr. 69, 1992
Engez, N.: Über die Kronenform der Überfallwehre, Der Bauingenieur, 36(1961), H. 11, S. 426 - 429
Hamilton, W. S.: Preventing Cavitation Damage to Hydraulic Structures, Water Power & Dam Construction, November 1983, Dezember 1983, January 1984
Harvey, E. N.: On cavity formation in Water, Journal of Appl. Phys. 18; 162, 1947
Keller, A. P.; Prasad, R.: Der Einfluss der Vorgeschichte des Testwassers auf den Kavitationsbeginn an umströmten Körpern, Versuchsanstalt für Wasserbau der TU München, Nr. 39, 1978
Keller, A.: Experimentelle und theoretische Untersuchungen zum Problem der modellmässigen Behandlungen von Strömungskavitation, Versuchsanstalt für Wasserbau und Wassermengenwirtschaft, Nr. 26, 1973
Knapp, F. H.: Ausfluss, Überfall und Durchfluss im Wasserbau, Verlag G. Braun, Karlsruhe, 1960
Koch, H.-J.: Die Unterströmung der quadratischen Schwelle in Rechteckgerinne bei überkritischen Fließzustand, Institut für Wasserbau und Wasserwirtschaft, TU Berlin, Mitteilung Nr. 77, 1972
Kuz, K.-D.: Ein Beitrag zur Frage des Einsetzens von Kavitationserscheinungen in einer Düsenströmung bei Berücksichtigung der im Wasser gelösten Gase, Institut für Wasserbau der Universität Stuttgart, Nr. 19, 1971
Lauterborn, W.: Cavitation and Coherent Optics, Porceedings of the First International
Lecoffre, Y.: Cavitation, A. A. Balkema, Rotterdam, Brookfield, 1999
Martin, H.: Hydraulische Wirkungsweise, Kavitations- und Schwingungsverhalten von Armaturen in Grundablassleitungen von Talsperren, Diss. B, TU Dresden, 1983
Martin, H.: Kavitation in Ablösungswirbeln, wasser, energie, luft, 88. Jahrgang, 1996, H. 1/2
Mostkov, M. A.: Handbuch der Hydraulik, Moskau, 1954
Schirmer, A.: Wirkungsweise und Leistungsgrenzen rundkroniger Überfälle an Talsperren bei Überlastung, Dissertation an der Fakultät für Bau-, Wasser- und Forstwesen der TU Dresden, 1976
Thoma, D.: Die experimentelle Forschung im Wasserkraftfach, VDI-Zeitschrift, Nr. 11, Bd. 69, 1925
Vischer, D. L.; *Hager*, W. H.: Dam Hydraulics, John Wiley & Sons, 1996
US Army Corps of engineers: Hydraulic design criteria- U. S. Waterway Experiment Station, Vicksburg, 1952, WES 9 - 54

6.5 Verwendete Bezeichnungen in Kapitel 6

A	m^2	Fließfläche
a	-	Koeffizient
A_R	m^2	Fläche des Eintrittsquerschnittes der Armatur (Durchmesser d_R)
A_{RU}	m^2	Querschnittsfläche der an die Armatur anschließenden Rohrleitung
A_S	m^2	Fläche des Austrittsstrahles
c	-	Formbeiwert der wasserseitigen Ausbildung des Überfallprofils
C	$m^{1/2}/s$	Überfallbeiwert, bezogen auf die Überfallhöhe
C_E	$m^{1/2}/s$	Überfallbeiwert bezogen auf die Überfallenergiehöhe
C_{EB}	$m^{1/2}/s$	Überfallbeiwert der Bemessungsüberfallenergiehöhe
Cp	-	Druckkoeffizient in der Kavitationsforschung
d_R	m	Durchmesser des Eintrittsquerschnittes der Armatur
Eu	-	Eulerzahl
g	m/s^2	Endbeschleunigung
h_E	m	Energiehöhe ,Überfallenergiehöhe
h_{EB}	m	Bemessungsüberfallenergiehöhe
h_{EM}	m	maximale Überfallenergiehöhe
h_{ER}	m	Energiehöhe im Eintrittsquerschnitt der Armatur
$h_ü$	m	Überfallhöhe
h_V	m	Energieverlusthöhe
K	-	Druckkoeffizient
k	-	Überstauungsfaktor
k_T	-	Turbulenzparameter
k_V	m^3/h	Durchflusskennwert
m	-	luftseitige Neigung des Grunddreiecks
m_U		Flächenverhältnis A_{RU} / A_R
n		Flächenverhältnis A_{RU} / A_S
n	-	Exponent der Koordinatengleichung des Überfallprofils
p	Pa	Druck in einer Flüssigkeit
p_∞	Pa	Druck in der ungestörten Strömung
p_0	Pa	Luftdruck
p_a	Pa	Druck an der Blasenaußenhaut eines Keimes
p_d	Pa	Dampfdruck (des Wassers)
p_g	Pa	Druck der Gasmenge in einem Keim
p_i	Pa	Druck im Zentrum eines Wirbelkernes
p_{K0}	Pa	Umgebungsdruck der Wirbel, bezogen auf den Luftdruck ($p_0 = 0$)
p_{krit}	Pa	Umgebungsdruck einer kavitierenden Dampfblase
p_R	Pa	Druck im Eintrittsquerschnitt der Armatur
p_{RU}	Pa	Druck in der an die Armatur anschließenden Rohrleitung
p_{RV}	Pa	Druck im Nachlaufbereich einer Armatur
p_S	Pa	Druck im Austrittsquerschnitt der Armatur
Q	m^3/s, m^3/h	Durchfluss

q	m^3/sm	spezifischer Abfluss
r_0	m	Radius des zylindrischen Verschlusskörpers
r_K	m	Radius des Wirbelkernes
R_{Kr}	m	Krümmungsradius einer Blasenhaut
s	m	Weg des Ringkolbens beim Öffnen
s_a	m	Dicke des Hohlstrahles, senkrecht zur Fließrichtung
s_{amax}	m	maximale Stärke des Hohlstrahles bei voller Öffnung, senkrecht zur Fließrichtung
s_{max}	m	maximaler Weg der Ringkolbens beim Öffnen
sn	-	Stellverhältnis (Öffnungsgrad)
T_U	-	Turbulenzgrad in Fließrichtung
v	m/s	Geschwindigkeit
v_∞	m/s	Geschwindigkeit der ungestörten Strömung
v'_K	m/s	Schwankungskomponente der Fließgeschwindigkeit in Strömungsrichtung
v_R	m	Geschwindigkeit im Eintrittsquerschnitt der Armatur
v_{RU}	m/s	Geschwindigkeit in der Rohrleitung mit der Querschnittsfläche A_{RU}
v_S	m/s	Austrittsgeschwindigkeit des Hohlstrahles
$\bar{v}_K$	m/s	mittlere Fliessgeschwindigkeit in Strömungsrichtung
w	m	Höhe des Überfallbauwerkes
X_T	m	Horizontale Entfernung des Anschlusses des Überfallprofils an die luftseitige Neigung
x_w	-	Horizontale Verschiebung des Überfallprofils
z_S	m	Abstand des Turbinenlaufrades
α_w	°	Öffnungswinkel des Hohlstrahles
α_D	°	Drehwinkel der Antriebswelle des Schubkurbelantriebes
Δp	Pa	Druckdifferenz zwischen Eintritts- und Austrittsquerschnitt einer Armatur
μ_R		Austrittsbeiwert der Armatur, bezogen auf A_R
ρ	kg/m^3	Dichte des Wassers
σ	-	Kavitationsparameter
σ_K	-	Kavitationsparameter (einer Armatur)
σ_{krit}	-	Kavitationsparameter beim Beginn der Kavitation
σ_0	N/m	Oberflächenspannung
σ_T	-	Thomazahl
ζ_B		Energieverlustbeiwert (Stossverlustbeiwert)
ζ_K	-	Verlustbeiwert einer Armatur
ζ_R		Energieverlustbeiwert der Armatur, zwischen zwei Rohrleitungen
ζ_S		Energieverlustbeiwert, der beim Durchströmen der Armatur auftritt
ζ		Druckverlustbeiwert
ω	1/s	Winkelgeschwindigkeit des Wirbelkerns

7 Rohrnetze, Druckstoß in Rohrleitungen

Hans-Burkhard Horlacher

7.1 Einleitung

Die Ermittlung stationärer und instationärer Strömungen in Rohrleitungssystemen ist für die hydraulische Dimensionierung der Rohrleitung und aller Anlagenteile, für statische und dynamische Festigkeitsberechnungen sowie eine wirtschaftliche und zuverlässige Betriebswiese unerläßlich. Die heute entwickelten numerischen Verfahren unter Einsatz von Rechenanlagen erlauben die Simulation selbst von komplexen Leitungsnetzen. Nachfolgend werden die wesentlichsten Gleichungen dargestellt und die wichtigsten Berechnungsmethoden aufgezeigt. Einfache Beispiele sollen dazu dienen, die Berechnungsmethoden zu verdeutlichen.

7.2 Wichtige Grundgleichungen für die Rohrnetzberechnung

7.2.1 Grundgleichungen der Rohrströmung

Bei dem Transport von Flüssigkeiten durch Rohrleitungen entstehen Reibungskräfte, die längs einer Leitungsstrecke L zu einem Reibungsverlust h_R führen. Dieser kann bekanntlich aus der Beziehung nach *Darcy-Weisbach*

$$h_R = \lambda \cdot \frac{L}{d} \cdot \frac{v^2}{2g} \tag{7-1}$$

berechnet werden. In dieser Gleichung bedeuten: λ der Reibungskoeffizient, d der Rohrinnendurchmesser, v die mittlere Querschnittsgeschwindigkeit und g die Erdbeschleunigung.

Setzt man in Gl. (7-1) statt der Geschwindigkeit den Durchfluss $Q = v \cdot A = v \cdot \pi \cdot d^2 / 4$ ein, so erhält man

$$h_R=\lambda\frac{8\cdot L}{g\cdot\pi^2\cdot d^5}Q^2=\lambda\cdot a\cdot Q^2 \tag{7-2}$$

Die Konstante a ist nur abhängig von den Systemparametern, nicht vom Durchfluss. Sind dagegen an 2 Punkten einer Rohrleitung die Druckhöhen bekannt und damit die Druckhöhendifferenz Δh, so kann durch Umformen von Gl. (7-2) der unbekannte Durchfluss ermittelt werden:

$$Q=\frac{1}{\sqrt{\lambda}}\cdot\sqrt{\frac{g\cdot\pi^2\cdot d^5}{8\cdot L}}\;\sqrt{\Delta h}\;=\;\frac{b}{\sqrt{\lambda}}\cdot\sqrt{\Delta h} \tag{7-3}$$

In Gleichung (7-3) ist $b=\sqrt{1/a}$ eine Systemkonstante. Der Reibungsbeiwert λ ist abhängig von den Strömungsverhältnissen in einer Rohrleitung. Bei kleinen Strömungsgeschwindigkeiten, die durch *Reynolds*'sche Kennzahlen von

$$Re=\frac{\mathrm{v}\cdot d}{\nu}\leq 2300 \tag{7-4}$$

mit ν kinematische Zähigkeit ($\nu = 1{,}31\cdot 10^{-6}$ m²/s, Wasser bei 10° C) gekennzeichnet sind, bildet sich in der Rohrleitung die sogenannte Parallelströmung (Laminare Strömung, *Hagen-Poiseuille*-Strömung) aus. Hiernach ergibt sich der Reibungsbeiwert von

$$\lambda=\frac{64\cdot\nu}{d\cdot\mathrm{v}}=\frac{64}{Re} \tag{7-5}$$

Nach Einsetzen von Gl. (7-3) in Gl.(7-4) erkennt man sofort, dass bei einer laminaren Strömung ein linearer Zusammenhang zwischen Reibungsverlust und der mittleren Querschnittsgeschwindigkeit besteht.

Der praktische Wassertransport in Rohrleitungen findet jedoch bei weitaus größeren *Reynolds*zahlen statt. Hier bildet sich dann eine turbulente Strömung aus, die dadurch gekennzeichnet ist, dass nicht nur Strömungsgeschwindigkeiten in Achsenrichtung, sondern auch senkrecht zur Achse auftreten. Hier spielt dann auch die Rauheit der Rohrwandung eine entscheidende Rolle. Der Reibungsbeiwert für turbulente Strömungen in Wasserleitungen wird durch die empirische implizite Gleichung nach *Colebrook - White* berechnet:

$$\frac{1}{\sqrt{\lambda}}=-2\lg\left\{\frac{2{,}51}{Re\cdot\sqrt{\lambda}}+\frac{k}{d\cdot 3{,}71}\right\} \tag{7-6}$$

wobei mit k die Rohrrauheit bezeichnet wird.

Für Rohrleitungen mit Zementmörtelauskleidung liegt der k-Wert zwischen *0,1* bis *0,2* mm. Bei glatten Kunststoffleitungen kann von einem k-Wert von 0,05 mm ausgegangen werden.

Bei einer turbulenten Rohrströmung liegt nun ein quadratischer Zusammenhang zwischen Reibungsverlust und mittlerer Querschnittsgeschwindigkeit vor, d.h. bei Verdoppelung der Geschwindigkeit vervierfacht sich der Reibungsverlust. Für numerische Berechnungen führt dies zu Schwierigkeiten, da die maßgebenden Gleichungssysteme nun nicht mehr linear sind.

Zu erwähnen ist, dass man beim Zusammenfügen der Gleichungen (7-2), (7-4) und (7-6) den Durchfluss bei bekannten Knotendruckhöhen h_1 und h_2 ohne die iterative Bestimmung des λ-Beiwertes nach Gl. (7-6) berechnen kann.

$$Q = -2 \cdot \sqrt{y} \cdot lg\left\{\frac{2{,}51 \cdot \pi \cdot \nu \cdot d}{4 \cdot y} + \frac{k}{3{,}71 \cdot d}\right\} \qquad (7\text{-}7)$$

$$\text{mit} \quad y^2 = \frac{h_1 - h_2}{a}$$

7.2.2 Grundgleichungen von örtlichen Verlusten und von Anlagenkomponenten

In Leitungssystemen entstehen neben Reibungsverlusten Druckhöhenverluste u. a. an Krümmern, Rohraufweitungen, Rohrveränderungen und Armaturen auf. Die durch sogenannte Einbauten hervorgerufenen lokalen Druckhöhenverluste werden im Schrifttum auch als örtliche Verluste bezeichnet. Die Druckhöhenverluste h_v lassen sich mit der Beziehung

$$h_v = \zeta \cdot \frac{v^2}{2g} = \zeta \cdot \frac{8}{g \cdot \pi^2 \cdot d^4} \cdot Q^2 \qquad (7\text{-}8)$$

berechnen. Der Verlustbeiwert ζ muss in der Regel für die jeweiligen Einbauten durch Modellversuche ermittelt werden. (s. u.a. 7-4)

Für Rohrnetzberechnungen ist es erforderlich, das stationäre Verhalten von Pumpen und Turbinen zu erfassen. Dies kann bei Pumpen mit hinreichender Genauigkeit mit einer einfachen kubischen Funktion in der Form von

$$h(Q)=c_0+\sum_{i=1}^{3} c_i \cdot Q^i \tag{7-9}$$

geschehen. Vielfach genügt schon eine quadratische Funktion. Die Koeffizienten c_i müssen mit Hilfe der realen Maschinenkennlinie bestimmt werden.

7.3 Grundstrukturen von Rohrleitungssystemen

7.3.1 Elemente und Knoten

Ein Rohrleitungssystem setzt sich aus einzelnen Elementen - Rohrleitungen, Armaturen, Pumpen und Turbinen - zusammen, die an Knotenpunkten miteinander hydraulisch verbunden werden. Von diesem grundsätzlichen Aufbau eines Rohrnetzes geht auch die Rohrnetzberechnung aus. Jedes Grundelement hat einen Anfangs- und Endknoten.

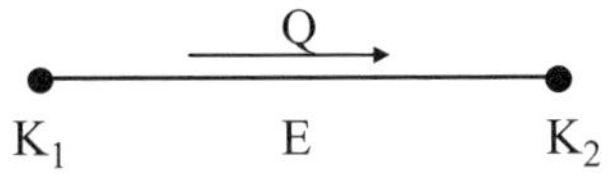

Bild 7.1
Grundelement

Wenn man von Anfangs- und Endknoten spricht, wird dies aus der vorgegebenen Strömungsrichtung eines Elementes abgeleitet. Bei der Verknüpfung von Elementen wird von jedem Element ein Knoten in einem Verbindungsknoten zusammengefügt. Man sieht hier, dass es besser ist, nur noch von Knoten zu sprechen und diese mit Nummern zu versehen. Es können auch mehrere Elemente an einem Knoten verbunden werden.

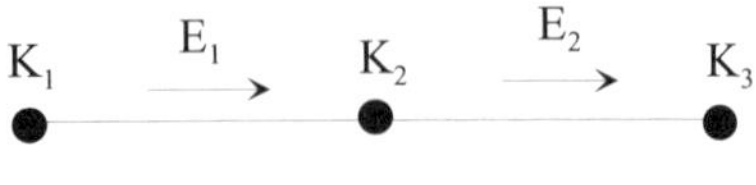

Bild 7.2a
Zusammenfügen von 2 Elementen

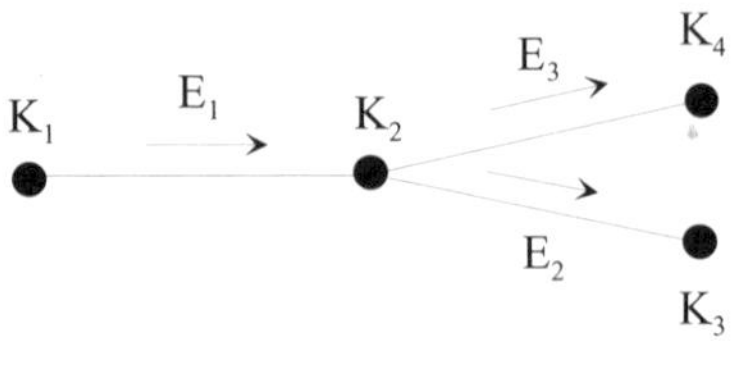

Bild 7.2b
Zusammenfügen von 3 Elementen

Die Knoten werden in zwei Typen unterteilt:

- Knoten mit bekannter Druckhöhe (Behälter), als K^B bezeichnet
- Knoten mit unbekannter Druckhöhe, als K^U bezeichnet

Nur an Knotenpunkten kann Wasser entnommen oder eingeleitet werden. Reale Leitungssysteme werden für die numerische Berechnung aus den einzelnen Grundelementen zusammengesetzt. Von der Struktur her wird zwischen einem verästelten und einem vermaschten System unterschieden.

7.3.2 Verästelungssysteme

Ein Verästelungssystem ist dadurch gegeben, dass wie bei einem Baum sich von einer Wurzel aus die einzelnen Leitungsstränge "verästeln", ohne dabei geschlossene Maschen zu bilden.

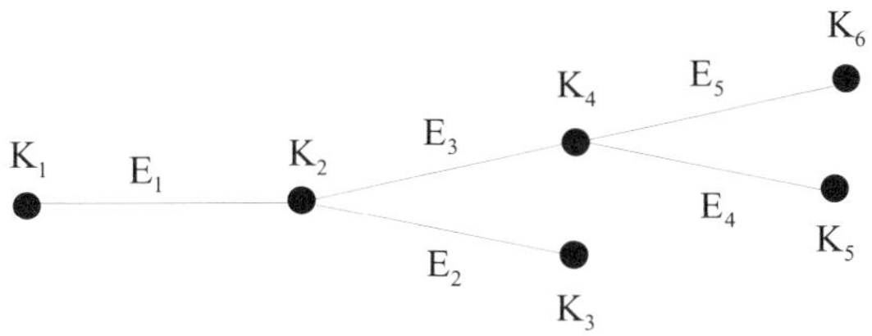

Bild 7.3
Verästelungssystem

Ein solches Verästelungssystem ist dadurch gekennzeichnet, dass stets die Anzahl n der Elemente kleiner ist als die Anzahl der Knoten m

$$n < m \tag{7-10}$$

Durch die Anbindung von weiteren Elementen, wobei die Verknüpfung des neuen Elementes jeweils nur mit einem Knoten erfolgen darf, bleibt die offene Struktur erhalten.

Damit ein solches System eindeutig lösbar ist, muss auf jeden Fall ein Knoten mit einer bekannten Druckhöhe vorhanden sein. Ist z.B. der Knoten K_1 ein Behälter, dann ist das System lösbar, wenn darüber hinaus auch noch die Entnahmeraten an den Endknoten K_3, K_5 und K_6 bekannt sind. Für diesen Fall sind alle Durchflüsse in den Elementen bekannt und die noch unbekannten Druckhöhen an den Knoten K_2 bis K_6 sofort zu berechnen. Sind dagegen mehrere Behälter vorhanden, so müssen auch hier die netzorientierten Berechnungsverfahren angewendet werden.

Festzuhalten ist, dass Informationen über Randknoten vorliegen müssen, um ein Rohrleitungssystem eindeutig zu lösen. Diese können aus der Vorgabe von Druckhöhen oder Entnahmeraten bestehen.

7.3.3 Maschensystem

Bei einem vermaschten System werden die einzelnen Elemente zu Maschen zusammengefügt (s. Bild 7.4)

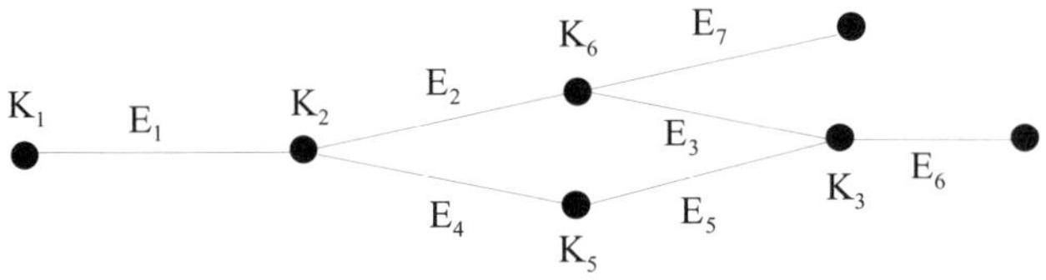

Bild 7.4
Vermaschtes Leitungssystem

Bei einem vermaschten System gilt

$$n \geq m \tag{7-11}$$

7.4 Berechnungsverfahren für Rohrleitungsnetze

7.4.1 Grundsätzliche Einteilung der Verfahren

Die Berechnungsverfahren lassen sich in zwei Grundtypen unterteilen: die maschenorientierten und die knotenorientierten Methoden.

Bei den maschenorientierten Berechnungsverfahren geht man davon aus, dass entlang einer Masche die Druckhöhenänderungen Δh_i infolge Reibungsverlusthöhen, örtlichen Druckhöhenverlusten, Förderhöhen von Pumpen oder Fallhöhen von Turbinen verschwinden müssen. Es gilt somit für eine Masche

$$\sum_{i=1}^{n} \Delta h_i = 0 \tag{7-12}$$

mit n Anzahl der Elemente in einer Masche

In obiger Gleichung ist darauf zu achten, ob die Druckhöhenänderungen positiv oder negativ sein können. Dies ist abhängig von der Durchflussrichtung und vom Elementtyp.

Die knotenorientierten Berechnungsverfahren gehen von der Durchflussbilanz an einem Knoten mit unbekannter Druckhöhe aus. Für einen Knoten mit m Elementen gilt:

$$\sum_{i=1}^{m} \Delta Q_i \pm Q_c = 0 \tag{7-13}$$

mit Q_e Knotenentnahmen (-) bzw.
Knoteneinspeisungen (+)

Bei einem Rohrleitungsnetz erhält man somit für jede Masche bzw. für jeden Knoten eine nichtlineare Gleichung für die unbekannten Durchflüsse bzw. Druckhöhen. Aus dem so gewonnenen nichtlinearen Gleichungssystem lassen sich die Unbekannten nur auf iterativem Wege ermitteln. Hierfür gibt es eine Vielzahl von Lösungsmethoden (*Endres* 1974, *Horlacher* 1992, *Kunst* 1989, *Vielhaber* 1974). Im Rahmen dieses Aufsatzes soll nur auf die wichtigsten Methoden näher eingegangen werden.

7.4.2 Maschenorientierte Berechnungsverfahren

7.4.2.1 Sequentielle Lösungsmethode (*Cross*-Verfahren)

Dieses Berechnungsverfahren läßt sich am einfachsten mit dem Bild 7.5 beschreiben.

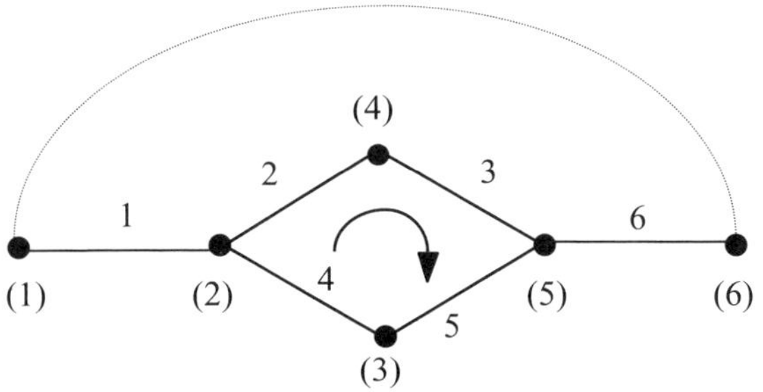

Bild 7.5
Beispiel zum maschenorientierten Berechnungsverfahren

Das System besteht aus 6 Elementen und 6 Knoten, von denen die Knoten *(1)* und *(6)* Knoten mit bekannten Druckhöhen (Behälter) sind. Bei den maschenorientierten Berechnungsverfahren sind die Durchflüsse Q_1 bis Q_6 die unbekannten Größen. Wir benötigen also 6 Beziehungen, um die 6 unbekannten Durchflüsse zu ermitteln.

Die erste Beziehung ergibt sich aus der Maschenbedingung nach Gl. (7-12). Ferner ergeben sich 4 weitere Gleichungen für die Kontinuität (Durchflussbilanz) an den Knoten *(2)*, *(3)*, *(4)* und *(5)*. Hier muss folglich die Zu- und Abflussrate gleich bleiben.

Dies wird beim sogenannten *Cross*-Verfahren anfänglich eingeführt und während des gesamten Rechenablaufs stets eingehalten. Es fehlt somit noch eine weitere Beziehung, um die Unbekannten eindeutig zu lösen. Diese weitere Beziehung wird bei dem maschenorientierten Verfahren durch eine sogenannte Pseudomasche erhalten. Die Pseudomasche wird durch eine fiktive Leitung hergestellt, die die beiden Behälter *1* und *6* verbindet. In dieser fiktiven Leitung ist der Durchfluss null. Sie ist durch die Wasserspiegeldifferenz gekennzeichnet. Allgemein gilt für die erforderliche Anzahl s der Maschen bei n Elementen und m K^U-Knoten:

$$s = n \cdot m \tag{7-14}$$

Für das System nach Bild 7.5 erhält man aus den Maschengleichungen somit 2 nichtlineare Gleichungen mit 6 unbekannten Durchflüssen Q_1 ... Q_6. Zieht man nun noch die 4 Durchflussbilanzen an den Knoten *(2), (3), (4), (5)* heran, so lassen sich die beiden Maschengleichungen soweit umformen, dass man nur noch zwei nichtlineare Gleichungen mit 2 unbekannten Durchflüssen hat. Diese zwei Gleichungen müßten dann gelöst werden.

Bei dem *Cross*-Verfahren geht man anders vor. Man schätzt zunächst die Durchflüsse und die Durchflussrichtung (positiv innerhalb einer Masche im Uhrzeigersinn) möglichst genau in dem gesamten System. Ferner nimmt man an, dass in jedem Element einer Masche der Durchfluss um einen Korrekturdurchfluss ΔQ falsch geschätzt wurde.

Die Aufgabe ist nun, diesen Korrekturdurchfluss zu bestimmen und so zu variieren, dass eine tolerierbare Schranke nicht überschritten wird. Hierzu entwickelt man die Maschengleichung nach Gleichung (7-12) in einer *Taylor*-Reihe, die man für höhere Potenzen abbricht:

$$\sum_{i=1}^{n} \Delta h = \sum_{i}^{n} f_i\left(Q_{0i}\right)$$

$$\approx \sum f_i\left(Q_{0i}\right) + \Delta Q_j \cdot \sum_{i=1}^{n} f_i'\left(Q_{0i}\right) \approx 0 \tag{7-15}$$

wobei Q_{oi} Schätzwerte darstellen.

Hieraus erhält man nun den Korrekturdurchfluss für eine Masche j:

$$\Delta Q_j = -\frac{\sum_{i=1}^{n} f_i\left(Q_{0i}\right)}{\sum_{i=1}^{n} f_i'\left(Q_{0i}\right)} \tag{7-16}$$

In der Tafel 7.1 sind die Funktionswerte f_i und f_i' für die einzelnen Elemente eines Leitungssystems angegeben.

Die gleiche Prozedur ist nun auf alle weiteren Maschen anzuwenden. Danach ist der geschätzte Durchfluss Q_{oi} für jedes Element i in einer Masche j zu verbessern.

$$Q_{ji} = Q_{0i} + \Delta Q_j \tag{7-17}$$

Tafel 7.1 Zur Ermittlung des Korrekturdurchflusses

Element	$f(Q)$	$f'(Q)$
Rohrleitung	$\lambda \cdot \frac{8L}{g \cdot \pi^2 \cdot d^5} Q^2$	$\lambda \cdot \frac{16L}{g \cdot \pi^2 \cdot d^5} Q^2$
Drossel	$\zeta \cdot \frac{8}{g \cdot \pi^2 \cdot d^4} Q^2$	$\zeta \cdot \frac{16}{g \cdot \pi^2 \cdot d^4} Q$
Pumpe	$c_0 + c_1 Q + c_2 Q^2$	$c_1 + 2c_2 Q$
Fiktive Leitung	$h_1 - h_2$	-

Eine Modifizierung dieses iterativen Rechenverfahrens nach *Hardy Cross* (auch als Gesamtschrittverfahren bezeichnet) ist in dem sogenannten Einzelschrittverfahren gegeben. Hiernach erfolgt die Korrektur des Durchflusses für die jeweilige Masche nachdem der Korrekturwert ermittelt worden ist. Bei den nachfolgenden Maschen wird somit von den schon verbesserten Durchflusswerten ausgegangen. Bei diesem Verfahren werden die einzelnen Maschen separat hintereinander behandelt, man spricht damit auch von der sogenannten sequentiellen Lösungsmethode.

Ein Nachteil des *Cross*-Verfahrens besteht in der Schätzung des Ausgangsdurchflusses der Durchflussrichtung. Als ein weiterer Nachteil ist zu nennen, dass Änderungen im System fast immer mit einem erheblichen Aufwand bei der Dateneingabe verbunden ist. Vorteilhaft ist die einfache Programmierung. Ist der Lösungsalgorithmus für eine Masche aufgestellt, so braucht er nur für weitere Maschen wiederholt werden, was sich in einem Rechenprogramm sehr einfach bewerkstelligen lässt (*Horlacher* 1992).

Beispiel *Cross*-Verfahren, Sequenzielles Rechenverfahren

In dem nachfolgenden Beispiel wird gezeigt, wie das sequenzielle Rechenverfahren abläuft. Das Rohrnetz besteht aus zwei Maschen. Zur einfachen Nachrechnung werden konstante Reibungsbeiwerte gewählt. Der Rechengang ist aus der Tafel 7.2 ersichtlich.

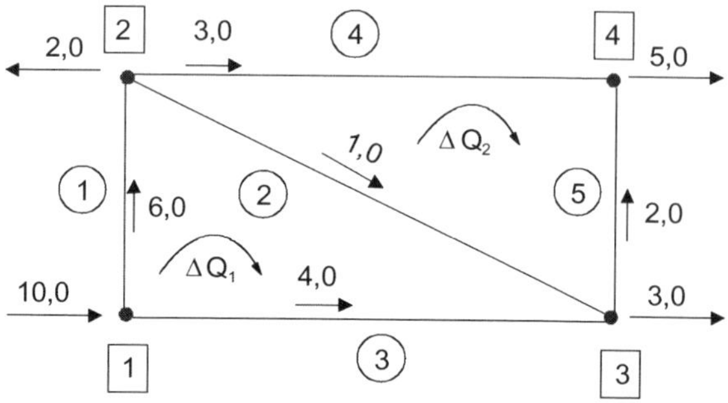

Bild 7.6
Beispiel zum *Cross*-Verfahren

Tafel 7.2 Beispiel zum Cross-Verfahren

1. Iteration

Masche Nr.	i	a_i	Q_i	$2 \cdot a_i \cdot \lvert Q_i \rvert$	$a_i \cdot Q_i \cdot \lvert Q_i \rvert$	ΔQ	$Q_{i,neu}$
1	1	0,4	6,0	4,8	14,4	- 0,944	5,055
1	2	0,5	1,0	1	0,5	- 0,944	0,055
1	3	0,4	4,0	3,2	(-)6,4	(+)0,944	4,944
				Σ = 9	Σ = 8,5		
2	4	0,4	3,0	2,4	3,6	- 0,493	2,507
2	5	0,4	2,0	1,6	(-)1,6	(+)0,493	2,493
2	2	0,5	0,055	0,055	(-)0,00154	(+)0,493	0,548
				Σ = 4,055	Σ = 2		

2. Iteration

Masche Nr.	i	a_i	Q_i	$2 \cdot a_i \cdot \lvert Q_i \rvert$	$a_i \cdot Q_i \cdot \lvert Q_i \rvert$	ΔQ	$Q_{i,neu}$
1	1	0,4	5,055	4,044	10,22	-0,0696	4,98
1	2	0,5	0,548	0,548	0,15	-0,0696	0,479
1	3	0,4	4,944	3,955	(-)9,78	(+)0,0696	5,01
				Σ = 8,55	Σ = 0,594		
2	4	0,4	2,507	2,006	2,514	0,0191	2,53
2	5	0,4	2,493	1,994	(-)2,485	(-)0,0191	2,47
2	2	0,5	0,479	0,478	(-)0,114	(-)0,0191	0,46
				Σ = 4,478	Σ = -0,0856		

$a_1 = a_3 = a_4 = a_5 = 0.4$

$a_2 = 0{,}5$; *alle Rohre ND 1000;* $L_1 = L_3 = L_4 = L_5 = 300\ m$;

$L_2 = \sqrt{2} \cdot 300m$

7.4.2.2 Simultane Lösungsmethode

Bei der simultanen Lösungsmethode werden nun die Maschen gemeinsam gelöst. Das Verfahren wird anhand des folgenden Beispiels mit 3 Maschen skizziert.

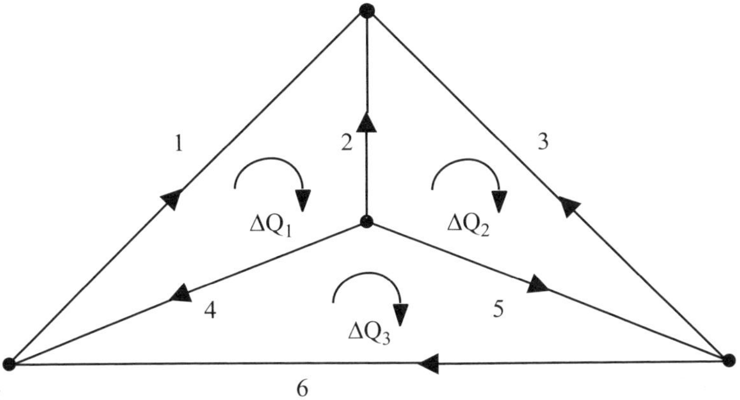

Bild 7.7
Zum simultanen Lösungsverfahren

Mit den gewählten Startwerten $Q_1 \ldots Q_6$ und den zunächst unbekannten Korrekturdurchflüssen ΔQ_1, ΔQ_2 und ΔQ_3 ergeben sich für die 3 Maschen die folgenden Gleichungen. Als Vorzeichenkonvention gilt auch hier, dass innerhalb einer Masche Durchflüsse im Uhrzeigersinn positiv sind.

$$a_1(Q_1 + \Delta Q_1)^2 - a_2(Q_2 - \Delta Q_1 + \Delta Q_2)^2 + a_4(Q_4 + \Delta Q_1 - \Delta Q_3)^2 = 0$$

$$-a_3(Q_3 - \Delta Q_2)^2 + a_2(Q_2 + \Delta Q_2 - \Delta Q_1)^2 - a_5(Q_5 - \Delta Q_2 + \Delta Q_3)^2 = 0$$

$$a_6(Q_6 + \Delta Q_3)^2 - a_4(Q_4 - \Delta Q_3 + \Delta Q_1)^2 + a_5(Q_5 + \Delta Q_3 - \Delta Q_2)^2 = 0 \qquad (7\text{-}18)$$

Die Lösung des obigen nichtlinearen Gleichungssystems ist explizit nicht möglich. Man vernachlässigt daher die quadratischen Terme und erhält nach Umformung ein System von linearen Gleichungen für die unbekannten Korrekturdurchflüsse.

$$\Delta Q_1(a_1Q_1 + a_2Q_2 + a_4Q_4) - \Delta Q_2 a_2 Q_2 - \Delta Q_3 a_4 Q_4 = -\frac{1}{2}\left(a_1Q_1^2 - a_2Q_2^2 + a_4Q_4^2\right)$$

$$-\Delta Q_1 a_2 Q_2 - \Delta Q_2(a_2Q_2 + a_3Q_3 + a_5Q_5) - \Delta Q_3 a_5 Q_5 = \frac{1}{2}\left(-a_2Q_2^2 - a_3Q_3^2 - a_5Q_5^2\right)$$

$$-\Delta Q_1 a_4 Q_4 - \Delta Q_2 a_5 Q_5 + \Delta Q_3(a_4Q_4 + a_5Q_5 + a_6Q_6) = -\frac{1}{2}\left(-a_4Q_4^2 + a_5Q_5^2 + a_6Q_6^2\right)$$

(7-19)

Mit den ermittelten Korrekturdurchflüssen werden die Startwerte verbessert und der Rechengang erneut durchgeführt. Die Rechenprozedur wird abgebrochen, wenn die Summe der Korrekturwassermengen eine Genauigkeitsschraube unterschritten hat. Die Konvergenzeigenschaften des simultanen Verfahrens ist in der Regel besser als bei den sequentiellen Methoden.

7.4.3 Knotenorientierte Berechnungsverfahren

Die knotenorientierten Berechnungsverfahren gehen von der Durchflussbilanz an einem Knoten aus. Betrachtet man den Knoten *1* nach Bild 7.8, an dem 3 Leitungen von den Knoten *(2), (3)* und *(4)* zusammentreffen, so lautet die Durchflussbilanz

$$Q_{1-2} + Q_{1-3} + Q_{1-4} = 0 \qquad (7\text{-}20)$$

Bild 7.8

Zum knotenorientierten Rechenverfahren

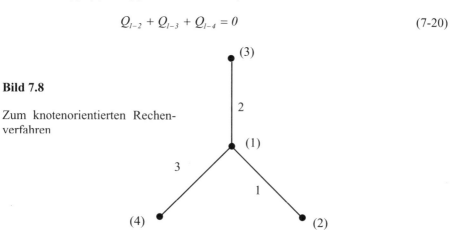

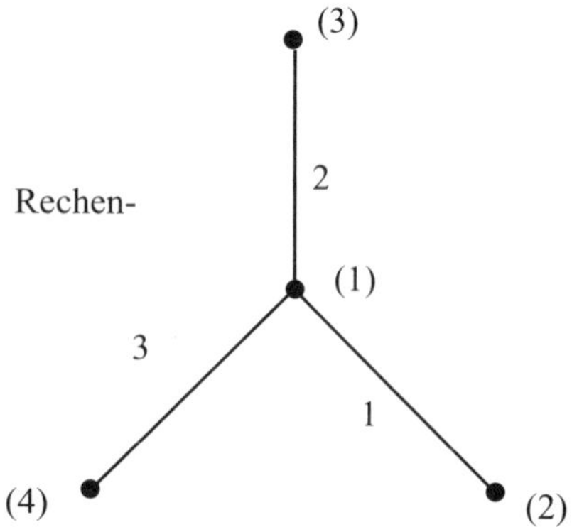

obige Gleichung lässt sich mit Gl. (7-3) umformen in:

$$f_1 = \frac{b_1 \sqrt{|h_1 - h_2|}}{\sqrt{\lambda_1}} sgn\left(h_1 - h_2\right) + \frac{b_2 \sqrt{|h_1 - h_3|}}{\sqrt{\lambda_2}} sgn\left(h_1 - h_3\right) + \frac{b_3 \sqrt{|h_1 - h_4|}}{\sqrt{\lambda_3}} sgn\left(h_1 - h_4\right) = 0 \qquad (7\text{-}21)$$

Die Funktion f_1 ist damit eine Funktion von den vier unbekannten Druckhöhen h_1, h_2, h_3, und h_4. Bei einem Leitungsnetz mit m Knoten würden sich somit m Gleichungen des obigen Typs ergeben.

Bei den sequentiellen Lösungsverfahren setzt man in Gl. (7-21) die Druckhöhe h_1 als unbekannt an, während h_2, h_3, und h_4, fest sind (Startwerte). Man kann nun mit Hilfe von Gl. (7-21) eine verbesserte Druckhöhe h_1 errechnen. So würde man mit allen Knotengleichungen verfahren und dieses Gleichungssystem einer Lösung zuführen. Das sequentielle Lösungsverfahren weist jedoch mangelhafte Konvergenzeigenschaften auf, so dass bei knotenorientierten Verfahren fast ausschließlich simultane Lösungsmethoden zum Einsatz kommen.

Hier soll kurz das *Newton-Raphson*-Verfahren vorgestellt werden (*Bronstein* 1986). Die Funktion f_{10} nach Gl. (7-21) wird von bekannten Startwerten h_{10}, h_{20}, h_{30} und h_{40}, in eine *Taylor*-Reihe entwickelt, wobei jedoch nur die linearen Terme beachtet werden. Man erhält damit die folgende lineare Gleichung:

$$\Delta h_1 \frac{\partial f_{10}}{\partial h_1} + \Delta h_2 \frac{\partial f_{10}}{\partial h_2} + \Delta h_3 \frac{\partial f_{10}}{\partial h_3} + \Delta h_4 \frac{\partial f_{10}}{\partial h_4} = - f_{10} \qquad (7\text{-}22)$$

mit

$$\frac{\partial f_{10}}{\partial h_1} = \frac{b_1}{2\sqrt{\lambda_1}} \cdot \frac{1}{\sqrt{|h_1 - h_2|}} + \frac{b_2}{2\sqrt{\lambda_2}} \cdot \frac{1}{\sqrt{|h_1 - h_3|}} + \frac{b_3}{2\sqrt{\lambda_3}} \cdot \frac{1}{\sqrt{|h_1 - h_3|}}$$

$$\frac{\partial f_{10}}{\partial h_2} = - \frac{b_1}{2\sqrt{\lambda_1}} \cdot \frac{1}{\sqrt{|h_1 - h_2|}}$$

$$\frac{\partial f_{10}}{\partial h_3} = - \frac{b_2}{2\sqrt{\lambda_2}} \cdot \frac{1}{\sqrt{|h_1 - h_3|}}$$

$$\frac{\partial f_{10}}{\partial h_4} = - \frac{b_3}{2\sqrt{\lambda_3}} \cdot \frac{1}{\sqrt{|h_1 - h_4|}}$$

Für ein Leitungssystem ergeben sich damit bei m Knoten m lineare Gleichungen mit m unbekannten Korrekturdruckhöhen Δh. Mit den Korrekturdruckhöhen werden die Startdruckhöhen verbessert und der Rechengang solange wiederholt, bis die gewünschte Genauigkeit für die Lösung erzielt ist.

Dies beschriebene Berechnungsverfahren nach der Knotenmethode zeichnet sich dadurch aus, dass sich Änderungen am System bei der numerischen Berechnung sehr einfach einfügen lassen. Änderungen der Entnahmen an einem Knoten brauchen nur in einer Gleichung, nämlich der Durchflussbilanz, berücksichtigt werden. Behälter (feste Druckhöhen) bedürfen keiner Pseudoelemente. Wie praktische Erfahrungen gezeigt haben, kann man mit einer für alle Knoten gleichen Druckhöhe beginnen.

Als Nachteil ist zu nennen, dass hier ein lineares Gleichungssystem gelöst werden muss. Das Gleichungssystem ist spärlich besetzt, so dass durch spezielle Methoden eine Minimierung des Speicherbedarfs bei der numerischen Berechnung erzielt werden kann.

Es kann heute festgestellt werden, dass die simultane Knotenmethode zur stationären Strömungsberechnung von Rohrnetzen wegen der flexibleren Modellbildung in steigendem Maße zur Anwendung kommt.

Nachfolgend wird wiederum an einem einfachen Beispiel erläutert, wie die Knotenmethode abläuft. Es werden zur schnellen Nachrechnung vereinfachende Annahmen getroffen.

Beispiel Knotenorientiertes Rechenverfahren

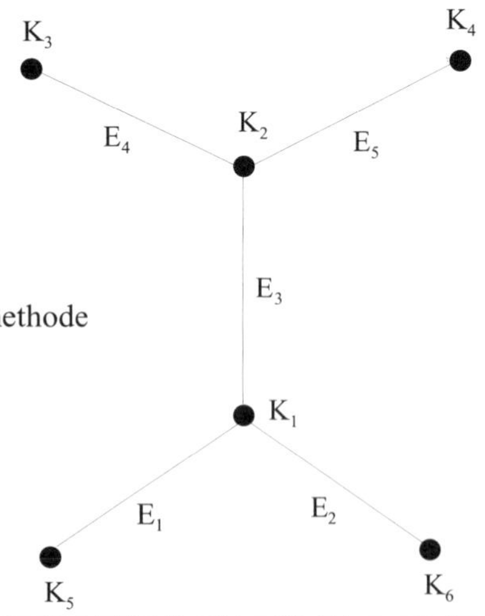

Bild 7.9
Beispiel zur Knotenmethode

Die Druckhöhen an den Konten K_1 und K_2 sind unbekannt, die Knotendrücke an den Knoten K_3, K_4, K_5 und K_6 sind vorgegeben (Wasserspiegel in Behälter).

$K_3 = 30\ mWS,\ K_4 = 40mWS,\ K_5 = 100\ mWS,\quad K_6 = 60mWS$

Zum besseren Verständnis wird mit einem festen λ - Wert gerechnet.

Für die beiden Knoten *1* und *2* mit den unbekannten Druckhöhen lauten entsprechend Gl. (7-21) die Beziehungen

$$f_1 = 1{,}5 \cdot c_1 \cdot \sqrt{|100 - h_1|} - 2 \cdot c_2 \cdot \sqrt{|h_1 - 50|} - 2{,}5 cv_3 \cdot \sqrt{|h_1 - h_2|}$$

$$f_2 = 2{,}5 \cdot c_3 \cdot \sqrt{|h_1 - h_2|} - 3 \cdot c_4 \cdot \sqrt{|h_2 - 30|} - 3{,}5 \cdot c_5 \cdot \sqrt{|h_2 - 40|}$$

mit $c_1 = sgn\ (100 - h_1)$ $c_2 = sgn\ (h_1 - 60)$ $c_3 = sgn\ (h_1 - h_2)$

$c_4 = sgn\ (h_2 - 30)$ $c_5 = sgn\ (h_2 - 40)$

Die Korrekturdruckhöhen $\Delta h_{1,2}$ rechnen sich gemäß Gl. (7-22) aus folgendem linearen Gleichungssystem:

$$\frac{\partial f_1}{\partial h_1} \cdot \Delta h_1 + \frac{\partial f_1}{\partial h_2} \cdot \Delta h_1 = -f_1$$

$$\frac{\partial f_2}{\partial h_1} \cdot \Delta h_1 + \frac{\partial f_2}{\partial h_2} \cdot \Delta h_2 = -f_2$$

wobei sich die Ableitungen ergeben zu:

$$\frac{\partial f_1}{\partial h_1} = -\frac{0{,}75}{\sqrt{|100 - h_1|}} - \frac{1}{\sqrt{|h_1 - 60|}} - \frac{1{,}25}{\sqrt{|h_1 - h_2|}}$$

$$\frac{\partial f_1}{\partial h_2} = \frac{1{,}25}{\sqrt{|h_1 - h_2|}}$$

$$\frac{\partial f_2}{\partial h_1} = \frac{1{,}25}{\sqrt{|h_1 - h_2|}}$$

$$\frac{\partial f_2}{\partial h_1} = \frac{1{,}25}{\sqrt{|h_1 - h_2|}} - \frac{1{,}5}{\sqrt{|h_2 - 30|}} - \frac{1{,}75}{\sqrt{|h_2 - 40|}}$$

Die Lösung des obigen Gleichungssystems lautet bekanntlich:

$$\Delta h_2 = \frac{\frac{\partial f_1}{\partial h_1}\cdot(-f_2) + \frac{\partial f_2}{\partial h_1}\cdot f_1}{\frac{\partial f_2}{\partial h_2}\cdot\frac{\partial f_1}{\partial h_1} - \frac{\partial f_2}{\partial h_1}\cdot\frac{\partial f_1}{\partial h_2}} \qquad \Delta h_1 = \frac{-f_1}{\frac{\partial f_1}{\partial h_1}} - \frac{\frac{\partial f_1}{\partial h_2}}{\frac{\partial f_1}{\partial h_1}}\cdot\Delta h_2$$

Die Startwerte h_1 und h_2 sowie die Genauigkeitsschranke betragen: $h_1 = 50$, $h_2 = 45$, und eps = 0.05. Mit diesen Werten ergeben sich folgende Iterationen:

1. Iteration:

$f_1 = 11.3410$ $\quad f_2 = -13.8550$

$df_1/dh_1 = -0.981311$ $\quad df_1/dh_2 = 0.559017$

$df_2/dh_1 = 0.559017$ $\quad df_2/dh_2 = -1.72894$

$\Delta h_1 = 8.57052$ $\quad \Delta h_2 = -5.24249 \Rightarrow$ $\boldsymbol{h_1 = 58.5705}$ $\quad \boldsymbol{h_2 = 39.7575}$

2. Iteration:

$f_1 = 1.20258$ $\quad f_2 = 3.19591$

$df_1/dh_1 = -1.24111$ $\quad df_1/dh_2 = 0.288191$

$df_2/dh_1 = 0.288191$ $\quad df_2/dh_2 = -4.32216$

$\Delta h_1 = 1.15860$ $\quad \Delta h_2 = 0.816678 \Rightarrow$ $\boldsymbol{h_1 = 59.7291}$ $\quad \boldsymbol{h_2 = 40.5742}$

3. Iteration:

$f_1 = -0.38$ $\quad f_2 = -1.46593$

$df_1/dh_1 = -2.32516$ $\quad df_1/dh_2 = 0.285608$

$df_2/dh_1 = 0.285608$ $\quad df_2/dh_2 = -3.05636$

$\Delta h_1 = -0.225692$ $\quad \Delta h_2 = -0.500722 \Rightarrow$ $\boldsymbol{h_1 = 59.4795}$ $\quad \boldsymbol{h_2 = 40.1487}$

4. Iteration:

$f_1 = -0.363162E-01$ $\quad f_2 = 0.848222E-01$

$df_1/dh_1 = -1.78817$ $\quad df_1/dh_2 = 0.284306$

$df_2/dh_1 = 0.284306$ $\quad df_2/dh_2 = -5.29305$

$\Delta h_1 = 0.236500E-02$ $\quad \Delta h_2 = 0.161522E-01 \Rightarrow$ $\boldsymbol{h_1 = 59.4818}$ $\quad \boldsymbol{h_2 = 40.1649}$

Ein *Programm* für die Berechnung des Durchflusses und der Druckhöhen in Rohrnetzen ist auf der beiliegenden CD verfügbar.

7.5 Instationäre Strömungen in Rohrleitungen

7.5.1 Einführung

Grundlegende Arbeiten zur Berechnung zeitabhängiger Strömungszustände in Rohrleitungen wurden am Anfang dieses Jahrhunderts u.a. von *Joukowsky* und von *Alliévi* veröffentlicht. Mittels analytischer Lösungsmethoden gelang es, Druck- und Geschwindigkeitspendelungen in einfachen Systemen zu erfassen (*Rich* 1945, *Wood* 1937 und *Tölke* 1956). In den dreißiger Jahren wurde das anschauliche und für einfache Systeme anwendungsfreundliche, graphische Verfahren (*Schnyder-Bergeron*-Methode) entwickelt (u. a. *Bergeron* 1935, *Parmakian* 1963, *Gandenberger* 1950). Mit den heute vorhandenen, leistungsfähigen Computern haben numerische Lösungsalgorithmen die graphischen Verfahren verdrängt. An erster Stelle sei hier das heute bevorzugt angewendete Charakteristikenverfahren zu nennen. Mit ihm gelingt es, instationäre Strömungszustände in komplexen Leitungsnetzen unter Einschluss aller relevanten Anlagenkomponenten zu simulieren. In diesem Abschnitt werden die maßgebenden Gleichungen abgeleitet und der Lösungsweg nach dem Charakteristikenverfahren aufgezeigt.

7.5.2 Berechnungsgrundlagen

7.5.2.1 Bewegungsgleichung

Die Grundgleichungen zur Berechnung von instationären Strömungszuständen in Rohrleitungen bilden die Bewegungsgleichung, die das Zusammenwirken von Trägheits-, Massen-, Druck- und Reibungskräften an einer infinitesimalen Rohrlamelle beschreibt, und die Kontinuitätsgleichung, die die Massentransportbilanz dieses Volumenelements erfasst.

Die Kräftebilanz in x-Richtung für die in Bild 7.10 dargestellten Rohrlamelle lautet:

$$\begin{aligned} & p\cdot A-\left(p\cdot A+\frac{\partial(p\cdot A)}{\partial x}dx\right)+\left(p+\frac{\partial p}{\partial x}\cdot\frac{dx}{2}\right)\cdot\frac{\partial A}{\partial x}\cdot dx-\tau_0\cdot\pi\cdot d\cdot dx \\ & -\rho\cdot g\cdot A\cdot dx\cdot \sin\alpha=\rho\cdot A\cdot dx\,\frac{dv}{dt} \end{aligned} \qquad (7\text{-}23)$$

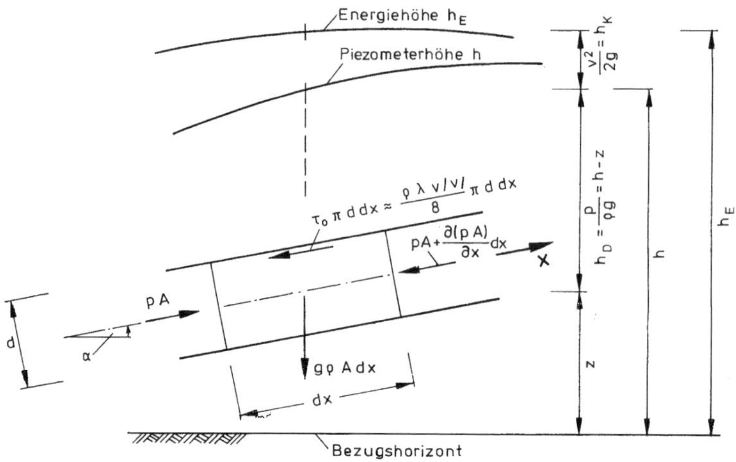

Bild 7.10
Zur Bewegungsgleichung

Die abhängigen Variablen sind die mittlere Querschnittsgeschwindigkeit v [m/s] und der Druck p [N/m^2]. Die Ortsvariable x [m] und die Zeitvariable t [s] stellen die unabhängigen Veränderlichen dar. Ferner bedeuten: A die Querschnittsfläche der Rohrleitung [m^2], d der Rohrinnendurchmesser [m], τ_0 die Wandschubspannung [N/m^2], g die Erdbeschleunigung [m/s^2], ρ die Dichte des Fluids [kg/m^3] sowie α der Winkel zwischen der Rohrachse und der Horizontalen.

Vernachlässigt man die Terme mit dx^2, so ergibt sich:

$$-\frac{\partial(p\cdot A)}{\partial x}dx + p\cdot\frac{\partial A}{\partial x}dx - \tau_0\cdot\pi\cdot d\cdot dx - \rho\cdot g\cdot A\cdot dx\cdot \sin\alpha = \rho\cdot A\cdot dx\frac{dv}{dt} \qquad (7\text{-}24)$$

Formt man noch in Gl. (7-24)

$$\frac{\partial(p\cdot A)}{\partial x}dx \quad um\ in \quad p\frac{\partial A}{\partial x}dx + A\frac{\partial p}{\partial x}dx,$$

und führt für die Wandschubspannung τ_0 die empirische Beziehung

$$\tau_0 \approx \frac{\rho\cdot\lambda}{8} v|v|$$

ein (*Press* 1966, *Evangelisti* 1969) und kürzt Gl. (7-24) mit dx, so erhält man:

$$\frac{\partial p}{\partial x} + \rho \frac{dv}{dt} + \rho \cdot g \cdot \sin\alpha + \frac{\rho \cdot \lambda}{2d} v|v| = 0 \tag{7-25}$$

In obigen Gleichungen wurde mit λ der Reibungsbeiwert bezeichnet.

Beachtet man noch den folgenden Zusammenhang für das vollständige Differential der Geschwindigkeit *dv* $(v = f(t,x))$ in Gl. (7-25)

$$dv = \frac{\partial v}{\partial x} dx + \frac{\partial v}{\partial t} dt\,, \tag{7-26}$$

so ergibt sich bei Berücksichtigung von $dx/dt = v$ die zeitliche Änderung der Geschwindigkeit zu:

$$\frac{dv}{dt} = v \frac{\partial v}{\partial x} + \frac{\partial v}{\partial t} \tag{7-27}$$

Die totale Ableitung nach der Zeit dv/dt ist somit die Beschleunigung eines sich bewegenden Flüssigkeitsteilchens und wird als substantielle Beschleunigung bezeichnet. Damit lässt sich Gl. (7-25) weiter umformen in:

$$\frac{1}{\rho} \cdot \frac{\partial p}{\partial x} + v \frac{\partial v}{\partial x} + \frac{\partial v}{\partial t} + g \frac{dz}{dx} + \frac{\lambda}{2d} v|v| = 0 \tag{7-28}$$

wobei noch gemäß Bild 7.10 die Winkelfunktion sinα durch dz/dx ersetzt wurde.

7.5.2.2 Die Kontinuitätsgleichung

Betrachtet man die dem Volumenelement *Adx* in Bild 7.11 in der Zeiteinheit zu- bzw. abfließenden Wassermengen, so gilt:

$$\rho \cdot A \cdot v - \left(\rho \cdot A \cdot v + \frac{\partial(\rho \cdot A \cdot v)}{\partial x} dx \right) = \frac{\partial(\rho \cdot A \cdot dx)}{\partial t} \tag{7-29}$$

Formt man Gl. (7-29) weiter um und kürzt mit *dx*, so ergibt sich

$$v \cdot A \frac{\partial \rho}{\partial x} + v \cdot \rho \frac{\partial A}{\partial x} + \rho \cdot A \frac{\partial v}{\partial x} + A \frac{\partial \rho}{\partial t} + \rho \frac{\partial A}{\partial t} = 0 \tag{7-30}$$

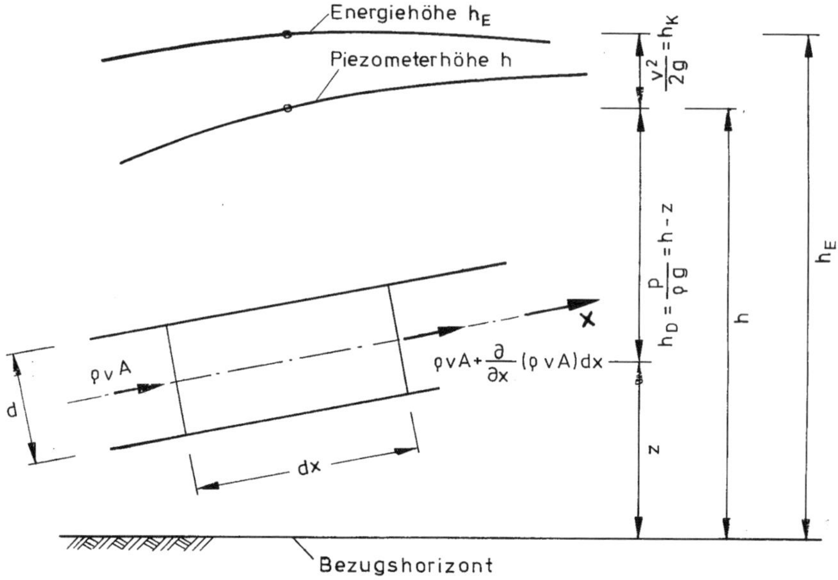

Bild 7.11
Zur Kontinuitätsgleichung

Die Gl. (7-30) wird durch ρA dividiert, dies führt auf

$$\frac{\partial v}{\partial x} + \frac{v}{\rho}\cdot\frac{\partial \rho}{\partial x} + \frac{1}{\rho}\cdot\frac{\partial \rho}{\partial t} + \frac{v}{A}\cdot\frac{\partial A}{\partial x} + \frac{1}{A}\cdot\frac{\partial A}{\partial t} = 0 \tag{7-31}$$

Die partiellen Ableitungen in Gl. (7-31) lassen sich noch weiter zusammenfassen, entsprechend der totalen Ableitung nach der Zeit gemäß Gl. (7-27):

$$\begin{aligned} \frac{v}{\rho}\cdot\frac{\partial \rho}{\partial x} + \frac{1}{\rho}\cdot\frac{\partial \rho}{\partial t} &= \frac{1}{\rho}\cdot\frac{d\rho}{dt} \\ \frac{v}{A}\cdot\frac{\partial A}{\partial x} + \frac{1}{A}\cdot\frac{\partial A}{\partial t} &= \frac{1}{A}\cdot\frac{dA}{dt} \end{aligned} \tag{7-32}$$

Die Beziehung für die Dichte ρ kann weiter umgeformt werden in

$$\frac{1}{\rho}\cdot\frac{d\rho}{dt} = \frac{1}{\rho}\cdot\frac{d\rho}{dp}\cdot\frac{dp}{dt} \quad \text{wobei} \quad \frac{dp}{d\rho} = a_F^2 \quad \text{und} \quad \frac{dp}{\frac{d\rho}{\rho}} = E_F \tag{7-33}$$

Hierin bedeuten

$$a_F = \sqrt{\frac{E_F}{\rho}} \tag{7-33a}$$

die Fortpflanzungsgeschwindigkeit einer Störung in der Flüssigkeit bei starrer Rohrwandung und E_F der Elastizitätsmodul der Flüssigkeit [N/m²] (*Press u. Schröder* 1966). Berücksichtigt man ebenso den folgenden Zusammenhang

$$\frac{1}{A}\frac{dA}{dt} = \frac{1}{A}\frac{dA}{dp}\frac{dp}{dt}, \tag{7-34}$$

so lautet Gl. (7-31)

$$\frac{\partial v}{\partial x} + \frac{1}{\rho}\left(\frac{1}{a_F^2} + \frac{\rho}{A}\cdot\frac{dA}{dp}\right)\cdot\frac{dp}{dt} = 0 \tag{7-35}$$

Wie im nachfolgenden Abschnitt noch erläutert wird, kann aus dem Term in der Klammer von Gl.(7-35) die Wellenfortpflanzungsgeschwindigkeit a [m/s] in einer Rohrleitung aus elastischem Werkstoff abgeleitet werden zu:

$$\frac{1}{a_F^2} + \frac{\rho}{A}\cdot\frac{dA}{dp} = \frac{1}{a^2} \tag{7-36}$$

Damit ergibt sich die Gl. (7-35) zu:

$$\frac{\partial v}{\partial x} + \frac{1}{\rho \cdot a^2}\cdot\frac{dp}{dt} = 0 \tag{7-37}$$

bzw.

$$\frac{\partial v}{\partial x} + \frac{1}{\rho \cdot a^2}\left(\frac{\partial p}{\partial t} + v\frac{\partial p}{\partial x}\right) = 0 \tag{7-38}$$

7.5.2.3 Zur Druckwellenfortpflanzungsgeschwindigkeit

Die Beziehung zur Berechnung der Ringspannung σ_R [N/m²] in der Rohrwand einer Leitung mit einem Innendurchmesser d und einer Wanddicke s [m] bei einer Innendruckbelastung p [N/m²] lautet bekanntlich:

$$\sigma_R = \frac{p \cdot d}{2s} \tag{7-39}$$

Hieraus kann man nun die Ringdehnung ε_R bei einer Druckänderung dp ermitteln zu:

$$\varepsilon_R = \frac{\sigma_R}{E_M} = \frac{1}{E_M} \cdot \frac{d \cdot dp}{2s}$$

bzw.

$$\varepsilon_R = \frac{2\pi \cdot dr}{2\pi \cdot r} = \frac{2\pi \cdot r \cdot dr}{2\pi \cdot r^2} = \frac{dA}{2A} = \frac{1}{E_M} \cdot \frac{d \cdot dp}{2s} \tag{7-40}$$

Mit E_M [N/m^2] wird hier der Elastizitätsmodul des Rohrwerkstoffes bezeichnet. Der 2. Term aus der Gl. (7-36) läßt sich mit obigen Beziehungen umformen in:

$$\frac{\rho \cdot dA}{A \cdot dp} = \frac{\rho}{dp} \cdot \frac{dA}{A} = \frac{\rho}{dp} \cdot 2 \left(\frac{1}{E_M} \cdot \frac{d \cdot dp}{2s} \right) = \frac{\rho \cdot d}{E_M \cdot s} \tag{7-41}$$

Die Wellenfortpflanzungsgeschwindigkeit einer Druckwelle in einer Rohrleitung aus elastischem Material ergibt sich damit zu:

$$\frac{1}{a^2} = \left(\frac{1}{a_F^2} + \frac{\rho \cdot d}{E_M \cdot s} \right) = \left(\frac{\rho}{E_F} + \frac{\rho \cdot d}{E_M \cdot s} \right)$$

bzw.

$$a = \sqrt{\frac{\frac{E_F}{\rho}}{1 + \frac{E_F}{E_M} \cdot \frac{d}{s}}} = \frac{a_F}{\sqrt{1 + \frac{E_F}{E_M} \cdot \frac{d}{s}}} \tag{7-42}$$

Ist ein Rohr in Achsenrichtung unverschiebbar, so gilt für die Ringdehnung

$$E_M \cdot \varepsilon_R = \sigma_R - \mu \sigma_L \ ,$$

wobei mit μ die Querdehnzahl bezeichnet wurde.

Für die Längsdehnung mit $\varepsilon_L = 0$ erhält man

$$E_M \cdot \varepsilon_L = \sigma_L - \mu \cdot \sigma_R = 0$$

und hieraus dann

$$\sigma_L = \mu \cdot \sigma_R$$

Damit ergibt sich die Ringdehnung zu:

$$\varepsilon_R = \frac{1-\mu^2}{E_M} \cdot \sigma_R \tag{7-43}$$

Man muss somit in Gl. (7-42) nur den Elastizitätsmodul E_M durch den Term $E_M/(1-\mu^2)$ ersetzen, um die Wellenfortpflanzungsgeschwindigkeit in einem in Längsrichtung unverschieblichen Rohr zu erhalten.

$$a = \frac{a_F}{\sqrt{1+\frac{E_F(1-\mu^2)}{E_M}\cdot\frac{d}{s}}} \tag{7-44}$$

Beispiel Wellenfortpflanzungsgeschwindigkeit

Für eine Stahlleitung mit einem Innendurchmesser von *1000 mm*, einer Wanddicke von *10 mm*, einem Elastizitätsmodul von $2{,}1 \cdot 10^{11}$ N/m^2 und einer Querdehnzahl von *0,3* ergibt sich die Wellenfortpflanzungsgeschwindigkeit nach Gl. (7-43) in Wasser mit einer Dichte von $1000\ kg/m^3$ sowie einem Elastizitätsmodul von $2{,}06 \cdot 10^9\ N/m^2$ zu $a = 1043{,}3\ m/s$. Hieraus wird die dämpfende Wirkung des Rohrmaterials klar ersichtlich.

7.5.2.4 Das Charakteristikenverfahren

Die beiden partiellen Differentialgleichungen, Gl. 7-28 und 7-38, (Grundgleichungen der instationären Rohrströmung) sind infolge des Reibungsterms nicht linear und vom hyperbolischen Typ. Für ingenieurspezifische Aufgabenstellungen werden numerische Lösungen wegen der in der Regel einfacheren und flexibleren Modellbildung bevorzugt.
Hierfür hat sich das Charakteristikenverfahren bestens bewährt, das wegen seiner leichten Programmierbarkeit, selbst für komplexe Leitungssysteme, wegen der großen Genauigkeit seiner Lösungen und wegen des einfachen Einfügens von Randbedingungen breite Anwendung gefunden hat.

Multipliziert man die Gl. (7-38) mit der Druckwellenfortpflanzungsgeschwindigkeit a und addiert bzw. subtrahiert diese dann zu bzw. von der Gl. (7-28), so ergeben sich die folgenden Beziehungen:

$$\frac{\partial v}{\partial t} + (v \pm a)\frac{\partial v}{\partial x} \pm \frac{1}{\rho \cdot a}\left(\frac{\partial p}{\partial t} + (v \pm a)\frac{\partial p}{\partial x}\right) + g\frac{dz}{dx} + \lambda\frac{v|v|}{2d} = 0 \tag{7-45}$$

Definiert man nun

$$\frac{dx}{dt} = v + a \quad bzw. \quad \frac{dx}{dt} = v - a \tag{7-46}$$

als Bahnlinien (Charakteristiken), entlang derer sich Störungen (Wellenfronten von Druck- oder Geschwindigkeitsänderungen) in der *x*-*t*-Ebene ausbreiten, so kann die Gl. (7-45) in zwei gewöhnliche Differentialgleichungen

$$\frac{dv}{dt} \pm \frac{1}{\rho \cdot a} \cdot \frac{dp}{dt} + g\frac{dz}{dx} + \lambda \frac{v|v|}{2d} = 0 \tag{7-47}$$

überführt werden, die entlang den Charakteristiken gelten (s. Bild 7.12).

Bei vielen technischen Aufgaben erscheint es einfacher, mit der Piezometer- oder Druckhöhe h zu rechnen.

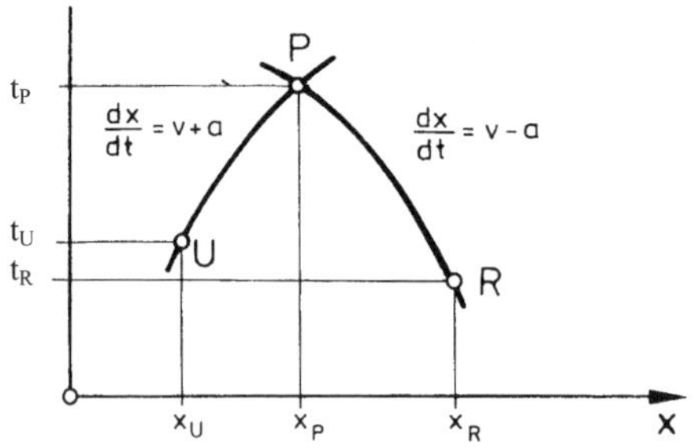

Bild 7.12
Zum Charakteristikenverfahren

$$h = \frac{p}{\rho g} + z \tag{7-48}$$

Leitet man den Druck $p = g\rho(h - z)$ gemäß Gl. (7-48) nach der Zeit ab, so ergibt sich:

$$\frac{dp}{dt} = \rho \cdot g \cdot \left(\frac{dh}{dt} - \frac{dz}{dt} \right) + g \cdot (h - z) \frac{d\rho}{dt} \tag{7-49}$$

Unter der Annahme einer polytropen Zustandsänderung des Fluids *($\rho = f(p)$)* und einer Tangentenapproximation im Arbeitspunkt erhält man (s. Gl. (7-33))

$$\frac{d\rho}{dt} = \frac{\rho}{E_F} \cdot \frac{dp}{dt} \tag{7-50}$$

Damit führt Gl. (7-49) auf

$$\frac{dp}{dt}\left(1 - \frac{\rho \cdot g}{E_F}(h - z) \right) = \rho \cdot g \left(\frac{dh}{dt} - \frac{dz}{dt} \right) \tag{7-51}$$

Für schwach kompressible Flüssigkeiten kann der Term

$$\frac{\rho \cdot g}{E_F}(h - z)$$

in der Gl. (7-51) gleich Null gesetzt werden.

Berücksichtigt man noch, dass sich der Term *dz/dt* entsprechend Gl. (7-46) umformen läßt in

$$\frac{dz}{dt} = (v \pm a)\frac{dz}{dx},$$

so führt Gleichung (7-47) auf

$$\frac{dv}{dt} \pm \frac{g}{a} \cdot \frac{dh}{dt} \pm \frac{g}{a}(v \pm a)\frac{dz}{dx} + g\frac{dz}{dx} + \lambda \frac{v|v|}{2d} = 0 \tag{7-51}$$

Bei Flüssigkeitsströmungen ist die Annahme $v << a$ gerechtfertigt, was auch bedeutet, dass die konvektiven Terme $v\partial v / \partial x$ und $v\partial p / \partial x$ in den Gleichungen (7-28) und (7-38) entfallen. In diesem Fall vereinfachen sich die Charakteristiken zu Geraden, d.h. es gilt

$$\frac{dx}{dt} = \pm a \tag{7-52}$$

Diese Vereinfachung liefert genaue Ergebnisse, wenn die Bedingung $v < 0.05\, a$ eingehalten werden kann, was bei den meisten technischen Anwendungen zutrifft (*Zielke*,

1974). Die Gl. (7-47) ergibt sich somit zu

$$\frac{dv}{dt} \pm \frac{g}{a} \cdot \frac{dh}{dt} + \lambda \frac{v|v|}{2d} = 0 \tag{7-53}$$

mit $\frac{dx}{dt} = \pm a$.

Durch die Einführung der Piezometerhöhe in die Gl. (7-53) und die Annahme $v << a$ verschwindet auch der Term dz/dx. Dies wird im Schrifttum häufig falsch wiedergegeben.

Die Gl. (7-53) kann nun entlang der Charakteristiken (s. Bild 7.12) integriert werden, dies führt auf:

$$\left[v + \frac{g}{a} h\right]_P = \left[v + \frac{g}{a} h\right]_U + \int_{t_U}^{t_P} \left(-\frac{\lambda}{2d} v|v|\right) dt \tag{7-54}$$

und

$$\left[v - \frac{g}{a} h\right]_P = \left[v - \frac{g}{a} h\right]_R + \int_{t_R}^{t_P} \left(-\frac{\lambda}{2d} v|v|\right) dt \tag{7-55}$$

Man sieht, dass sich bis auf den Reibungsterm die Gl. (7-54) geschlossen integrieren läßt, also keine Näherungslösung darstellt. Hieraus resultiert die Güte des Verfahrens. Die beiden Integrale in den Gleichungen (7-54) und (7-55) können nach weiterer Umformung unter Beachtung von Gl. (7-52)

$$\left[v + \frac{g}{a} h\right]_P = \left[v + \frac{g}{a} h\right]_U + \int_{x_U}^{x_P} \left(-\frac{\lambda}{2d} v|v|\right) \cdot \frac{dx}{a} \tag{7-56}$$

sowie

$$\left[v - \frac{g}{a} h\right]_P = \left[v - \frac{g}{a} h\right]_R + \int_{x_R}^{x_P} \left(-\frac{\lambda}{2d} v|v|\right) \cdot \frac{dx}{-a} \tag{7-57}$$

und unter Anwendung der Trapezregel bei hinreichend linearem v-Verlauf und kleinen Δx-Werten näherungsweise berechnet werden:

$$\left[v + \frac{g}{a} h\right]_P = \left[v + \frac{g}{a} h\right]_U + \frac{1}{2}(x_P - x_U) \cdot \left(\left[\frac{\frac{-\lambda}{2d} v|v|}{a}\right]_P + \left[\frac{\frac{-\lambda}{2d} v|v|}{a}\right]_U \right) \tag{7-58}$$

und

$$\left[v-\frac{g}{a}h\right]_P=\left[v-\frac{g}{a}h\right]_R+\frac{1}{2}(x_P-x_R)\left(\left[\frac{\frac{-\lambda}{2d}v|v|}{-a}\right]_P+\left[\frac{\frac{-\lambda}{2d}v|v|}{-a}\right]_R\right) \quad (7\text{-}59)$$

Sind an den Punkten U und R zur Zeit t_U und t_R gemäß Bild 7.12 die Piezometerhöhen und die Geschwindigkeiten bekannt, so können aus den obigen zwei Beziehungen zusammen mit den Gleichungen (7-52) die vier Unbekannten v_P, h_P, t_P und x_P zum neuen Zeitpunkt t_P am Punkt P ermittelt werden.

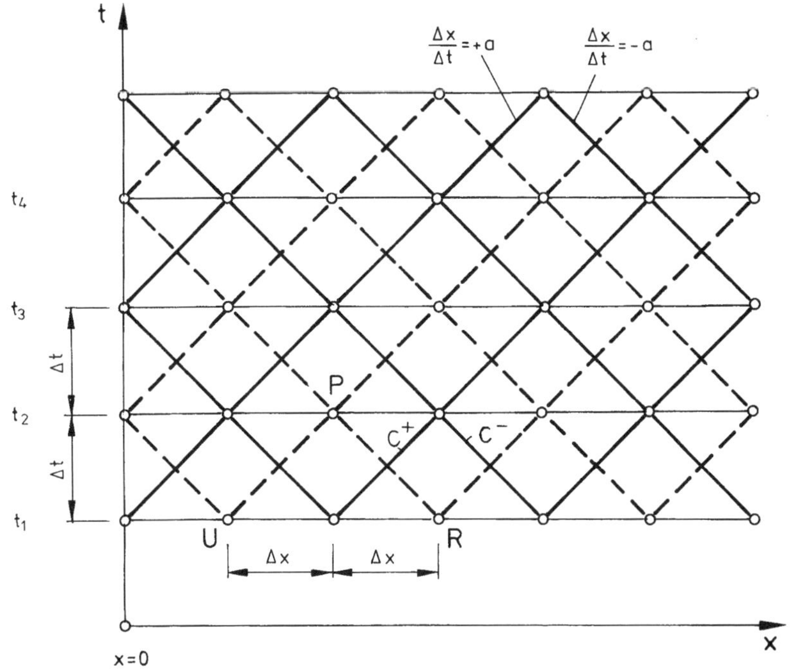

Bild 7.13
Berechnungsgitter

Wird nun ein Rohrleitungsstrang mit konstanten Kenndaten (a = *const.*) in eine gewisse Anzahl von Ortsintervallen Δx gemäß Bild 7.13 unterteilt, so kann man mit den bekannten Druckhöhen und Geschwindigkeiten an den Gitterpunkten zu einem Zeitpunkt t_1 die Druck- und Geschwindigkeitsverhältnisse an allen Knotenpunkten zu weiteren Zeitpunkten t_2, t_3 ... berechnen. Hierbei kann zum Zeitpunkt t_1 im betrachteten

Rohrabschnitt ein stationärer oder instationärer Strömungszustand herrschen. Wie beispielhaft in Bild 7.13 dargestellt ist, stehen für den Punkt U die Gl. (7-60) und für den im Abstand $2 \cdot \Delta x$ sich befindenden Punkt R die Gl. (7-61) zur Verfügung. Aus diesen können nun die Unbekannten v_P und h_P berechnet werden. In dem Schaubild sind auch zwei voneinander unabhängige Gitter ersichtlich. Es ist möglich, nur mit einem - dem gestrichelten oder dem durchgezogenen - zu arbeiten, ohne die Genauigkeit der Rechnung zu verringern. Für die Programmierung ist es jedoch häufig einfacher, beide Gitter zu berücksichtigen.
Es ergeben sich die folgenden Beziehungen für den Punkt U:

$$\left[v+\frac{g}{a}h\right]_P=\left[v+\frac{g}{a}h\right]_U+\frac{\Delta x}{2a}\left(\left[-\frac{\lambda}{2d}v|v|\right]_P+\left[-\frac{\lambda}{2d}v|v|\right]_U\right) \tag{7-60}$$

und für den Punkt R:

$$\left[v-\frac{g}{a}h\right]_P=\left[v-\frac{g}{a}h\right]_R-\frac{\Delta x}{2a}\left(\left[-\frac{\lambda}{2d}v|v|\right]_P+\left[-\frac{\lambda}{2d}v|v|\right]_R\right) \tag{7-61}$$

Führt man als weitere Vereinfachung $\lambda = const.$ ein und beachtet darüber hinaus die folgende Näherung (*Chaudry* 1987, *Horlacher* 1992, *Wylie* 1993)

$$(v_P|v_P|+v_U|v_U|)\approx 2|v_U|v_P \quad bzw. \quad (v_P|v_P|+v_R|v_R|)\approx 2|v_R|v_P\,, \tag{7-62}$$

so kann man die Gleichungen (7-60) und (7-61) umformen in

$$C^+: \quad h_P=h_U-\frac{a}{g}(v_P-v_U)-\frac{\lambda\cdot\Delta x}{2\,g\cdot d}|v_U|v_P \tag{7-63}$$

und

$$C^-: \quad h_P=h_R+\frac{a}{g}(v_P-v_R)+\frac{\lambda\cdot\Delta x}{2\,g\cdot d}|v_R|v_P \tag{7-64}$$

bzw. unter Beachtung von $Q = v\,A$

$$C^+: \quad h_P=h_U-\frac{a}{g\cdot A}(Q_P-Q_U)-\frac{\lambda\cdot\Delta x}{2\,g\cdot d\cdot A^2}|Q_U|Q_P \tag{7-65}$$

und

$$C^-: \quad h_P = h_R + \frac{a}{g \cdot A}(Q_P - Q_R) + \frac{\lambda \cdot \Delta x}{2\,g \cdot d \cdot A^2}|Q_R|Q_P \tag{7-66}$$

Mit den Abkürzungen $B = \dfrac{a}{g \cdot A}$ und $R = \dfrac{\lambda \cdot \Delta x}{2\,g \cdot d \cdot A^2}$

$$B_U = B + R|Q_U| \quad und \quad C_U = h_U + B \cdot Q_U$$

$$B_R = B + R|Q_R| \quad und \quad C_R = h_R - B \cdot Q_R$$

ergeben sich die Kompatibilitätsbedingungen zu

$$C^+: \quad h_P = C_U - B_U \cdot Q_P \tag{7-67}$$

und

$$C^-: \quad h_P = C_R + B_R \cdot Q_P \tag{7-68}$$

Hieraus lassen sich nun die Unbekannten h_P und Q_P berechnen

$$h_P = \frac{C_U \cdot B_R + C_R \cdot B_U}{B_U - B_R}; \quad Q_P = \frac{C_U - C_R}{B_U + B_R} \tag{7-69}$$

7.5.3 Randbedingungen

7.5.3.1 Allgemeines

Zur Beschreibung eines Strömungszustandes in einem Rohrabschnitt dienten bisher die Gleichungen (7-67) und (7-68). Ein Rohrleitungssystem besteht jedoch neben den Rohrleitungen noch aus einer Anzahl von Komponenten. Hierzu zählen u.a.: Behälter, Drosseln, Regel- und Absperrarmaturen, Be- und Entlüftungsventile, Pumpen, Turbinen, Windkessel, Wasserschlösser, Rohrverzweigungen und -vereinigungen (s. Bild 7.14).

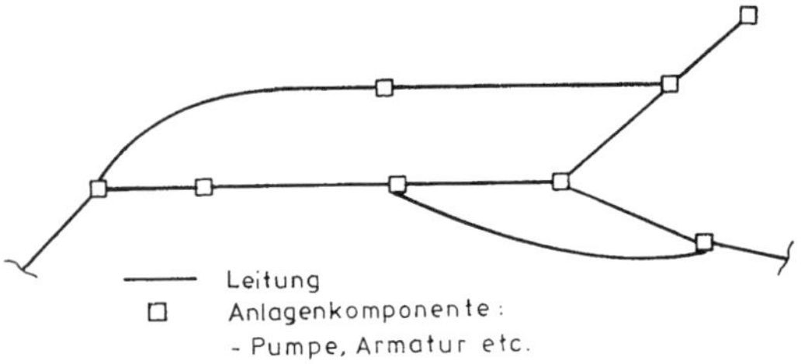

Bild 7.14
Schema eines Rohrleitungssystems

Hydraulisch gesehen stellen die Rohrleitungen gemäß Bild 7.14 Verbindungsglieder zwischen den einzelnen Komponenten (Knoten) dar. Die Knoten können Anfangs- oder Endpunkte von Leitungen sein. Ferner können an Knoten zwei oder mehrere Rohrleitungen zusammenstoßen. Die Rohrleitungen in einem Transportsystem können abschnittsweise den Durchmesser, die Wanddicke oder den Werkstoff verändern. Es kann stets ohne große Näherungen angenommen werden, dass sich Rohrsysteme aus einzelnen Leitungsstrecken mit konstanten Kenndaten zusammensetzen.

Bei der numerischen Modellierung von Rohrsystemen werden die Komponenten durch Randbedingungen erfasst. Diese beschreiben mittels mathematischer Beziehungen das hydraulische Verhalten dieser Anlagenteile.

Betrachtet man einen Rohrabschnitt gemäß Bild 7.15, so steht an den Rändern, die hier mit x = 0 und x = L bezeichnet sind, nur je eine Kompatibilitätsbedingung (C^+ und C^-) zur Verfügung, um die Unbekannten v und h an den Randpunkten zum Zeitpunkt $t + \Delta t$ zu berechnen, so dass über die Randbedingungen weitere Gleichungen zu gewinnen sind, um eine eindeutige Lösung zu erzielen.

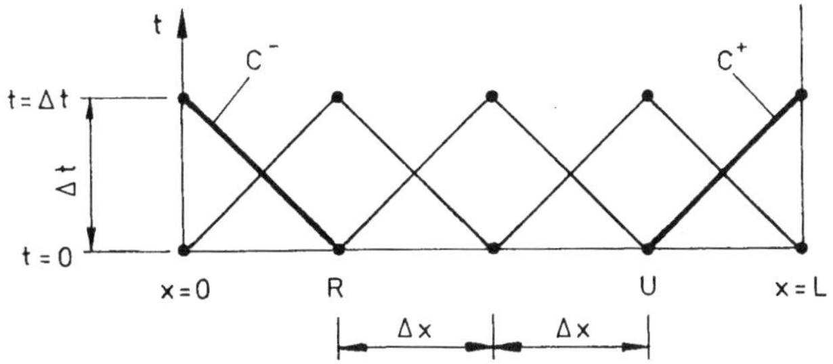

Bild 7.15
Charakteristiken an den Rändern

An einem Knotenpunkt, an dem zwei Rohrleitungen zusammentreffen, stehen zwei Kompatibilitätsbedingungen (s. Bild 7.16) zur Berechnung der 4 Unbekannnten v_n, v_{n+1}, h_n und h_{n+1} für den neuen Zeitschritt $t + \Delta t$ zur Verfügung. Es sind somit zwei weitere Bedingungen für eine eindeutige Lösung erforderlich.

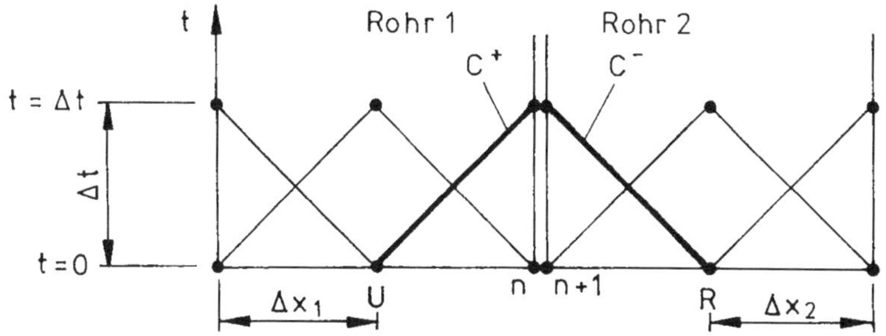

Bild 7.16
Randbedingung an einem Knoten

Bei der numerischen Berechnung der transienten Strömung in solchen Anlagen ist es zweckmäßig, den Zeitschritt im gesamten System nicht zu variieren, wie aus Bild 7.16 ersichtlich wird.

Zur Kennzeichnung der Gitterkurven bietet sich eine zweifache Indizierung

H (J, I) bzw. Q (J, I),
J für die Rohrnummer und I für die Gitternummer

oder eine fortlaufende Numerierung an. Bei einer fortlaufenden Numerierung muss für jedes Rohr die Anfangs- und Endknotennummer registriert werden, um die einzelnen Rohre bei dem Rechenablauf identifizieren zu können.

Der gemeinsame Zeitschritt wird über folgende Beziehung ermittelt:

$$\Delta t = \frac{\Delta x}{a} = \frac{L_1}{a_1 N_1} = \frac{L_2}{a_2 N_2} = \frac{L_3}{a_3 N_3} \ldots = \frac{L_i}{a_i N_i} \tag{7-70}$$

wobei mit N_i die Anzahl der Intervalle in der Leitungsstrecke L_i gekennzeichnet wurde. Somit erhält man aus $L_i / N_i = \Delta x_i$ die Länge eines Intervalls des Streckenabschnittes L_i.

Bei realen Anlagen werden sich einzelne Leitungsstränge nicht exakt in die geforderten Abschnitte unterteilen lassen, sondern es werden Reststrecken unberücksichtigt bleiben. Hier kann man mit einer größeren Anzahl von Rohrabschnitten oder mit einem Anpassen der Leitungslängen bzw. der Wellenfortpflanzungsgeschwindigkeit Abhilfe schaffen
Randbedingungen bei Rohrsystemen können in Form von algebraischen Gleichungen

$$f(v,h,t) = 0 \tag{7-71}$$

oder in Form von gewöhnlichen Differentialgleichungen

$$f\left(v, \frac{dv}{dt}, \ldots, h, \frac{dh}{dt}, \ldots, t\right) = 0 \tag{7-72}$$

vorgegeben sein.
Die Anlagenkomponenten werden, wie schon betont wurde, als Rand- oder Knotenbedingungen in einem Simulationsprogramm berücksichtigt. Die genaue Erfassung des hydraulischen Verhaltens einer Komponente stellt die eigentliche Hauptaufgabe bei der Erstellung eines Druckstoßprogramms dar. Über die Randbedingungen werden Störungen, die den instationären Strömungszustand auslösen, in das System hereingebracht. Die Güte eines Druckstoßprogramms hängt in starkem Maße davon ab, wie genau die verwendeten mathematischen Beziehungen das hydraulische Verhalten einer Komponente beschreiben. Es werden daher in den folgenden Abschnitten einige wichtige Randbedingungen erörtert und die maßgebenden Gleichungen abgeleitet.

7.5.3.2 Behälter mit konstantem Wasserspiegel

Bei dieser Randbedingung ist die Druckhöhe am Rand durch den konstanten Wasserspiegel des Behälters gegeben (s. Bild 7.17).

$$h_P = H_o \tag{7-73}$$

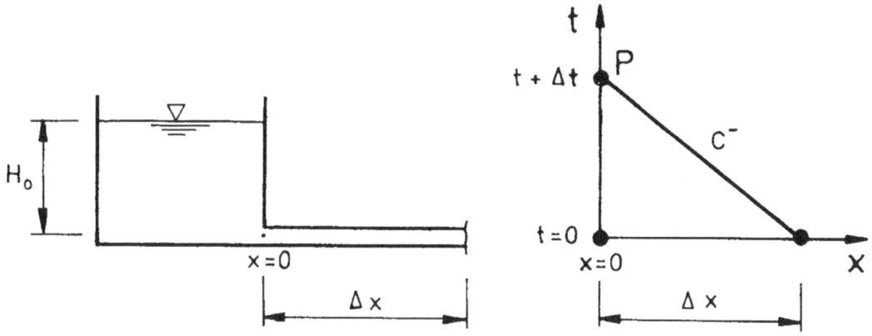

Bild 7.17
Behälter mit konstantem Wasserspiegel

Ferner gilt die Kompatibilitätsbedingung gemäß Gl. (7-68). Zusammen mit der Gl. (7-73) kann man nun den unbekannten Durchfluss Q_P zum Zeitpunkt $t + \Delta t$ berechnen:

$$Q_P = \frac{H_o - C_R}{B_R} \tag{7-74}$$

Befindet sich der Behälter am Leitungsende, so muss die Kompatibilitätsbedingung (7-67) herangezogen werden.

7.5.3.3 Behälter mit veränderlichem Wasserspiegel

Der Wasserspiegel kann auch eine Funktion der Zeit sein. Hier soll beispielhaft eine Veränderung gemäß einer Sinusfunktion betrachtet werden (s. Bild 7.18)

$$h_P = H_o + \Delta H \sin(\omega t) \tag{7-75}$$

Auch hier läßt sich mit der Kompatibilitätsbedingung (7-68) und der Gl. (7-74) der unbekannte Durchfluss Q_P ermitteln.

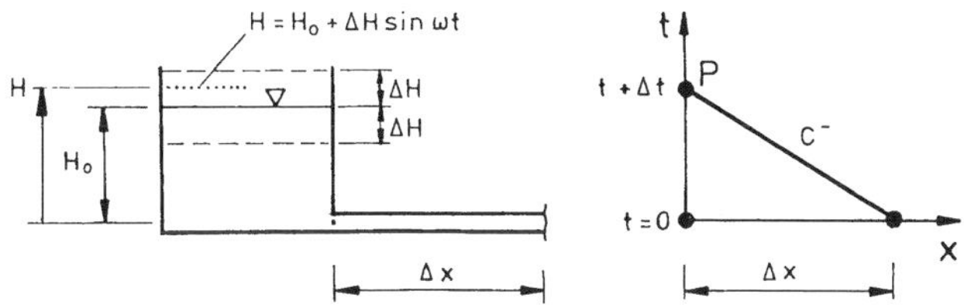

Bild 7.18
Behälter mit veränderlichem Wasserspiegel

7.5.3.4 Geschlossene Armatur

Diese Randbedingung, in dem Schrifttum auch häufig als "totes Ende" bezeichnet, ist durch

$$Q_P = 0 \tag{7-76}$$

gegeben. Mit der Kompatibilitätsbedingung (7-68) erhält man die unbekannte Druckhöhe zu:

$$h_P = C_R \tag{7-77}$$

7.5.3.5 Drossel

Am Ende einer Rohrleitung ist eine Drossel angeordnet. Der Durchfluss durch diese Drossel läßt sich mit den Bezeichnungen gemäß Bild 7.19 mit der folgenden Formel beschreiben:

$$Q_P = \mu \cdot A_D \sqrt{2\,g \cdot h_D} = \mu \cdot A_D \sqrt{2\,g \cdot (h_P - H_o)} \tag{7-78}$$

Hierin bedeuten: A_D der Drosselquerschnitt und μ der Durchflussbeiwert.
Für den negativen Durchfluss gilt entsprechend:

$$Q_P = -\,\mu \cdot A_D \sqrt{2\,g \cdot (H_o - h_P)} \tag{7-78a}$$

Zusammen mit der Kompatibilitätsbedingung gemäß Gl. (7-67) ergibt sich Gl. (7-78) zu:

$$Q_P^2 = (\mu \cdot A_D)^2 \left[2\,g \cdot (C_U - B_U \cdot Q_P - H_o)\right] \tag{7-79}$$

Führt man noch die Abkürzungen

$$K = (\mu \cdot A_D)^2\, g$$

ein, so ergibt sich Gl. (7-79 zu:

$$Q_P^2 + 2\,B_U \cdot K \cdot Q_P - 2\,K \cdot (C_U - H_o) = 0$$

Die Lösung der obigen quadratischen Gleichung führt auf

$$Q_P = -B_U \cdot K + \sqrt{(B_U \cdot K)^2 + 2\,K \cdot (C_U - H_o)} \tag{7-80}$$

Für den negativen Durchfluss gilt die Beziehung:

$$Q_P = +\,B_U \cdot K - \sqrt{(B_U \cdot K)^2 - 2\,K \cdot (C_U - H_o)} \tag{7-80a}$$

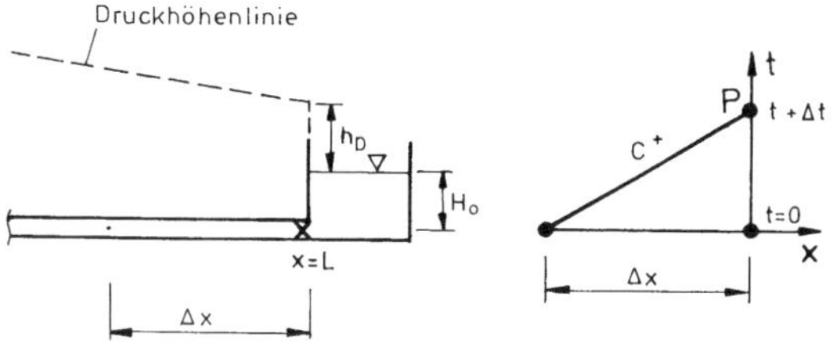

Bild 7.19
Drossel am Ende der Leitung

7.5.3.6 Armatur am Ende einer Rohrleitung

Bei einer Armatur ändert sich bei einem Schließ- bzw. Öffnungsvorgang der Drosselquerschnitt A_D. Für den stationären, anfänglichen Durchfluss Q_0 gilt gemäß Bild 7.19:

$$Q_o = (\mu \cdot A_D)_o \cdot \sqrt{2\, g \cdot h_{Do}} \tag{7-81}$$

In der Gl. (7-81) wurde mit h_{Do} der Anfangsdrosselverlust bezeichnet. Der Index *0* soll den Anfangszustand kennzeichnen.

Nimmt man an, dass der Durchflussbeiwert μ bei allen Drosselstellungen konstant ist, so lautet die Beziehung für den instationären Fall entsprechend, wie sie schon für die Drossel Gl (7-78) abgeleitet wurde. Fügt man die Glg. (7-78) und Gl. (7-81) zusammen, so erhält man

$$Q_P = \frac{Q_o}{\sqrt{h_{Do}}} \cdot \frac{\mu \cdot A_D}{(\mu \cdot A_D)_o} \cdot \sqrt{h_p - H_o} \tag{7-82}$$

wobei in der Gl. (7-82) der Term

$$\frac{\mu \cdot A_D}{(\mu \cdot A_D)_o} = \tau \tag{7-83}$$

zusammengefasst werden kann. Die τ-Werte bewegen sich in den Grenzen $1 \leq \tau \leq 1$. Von den Armaturenherstellern werden meistens nicht die μA-Werte sondern die ζ-Werte bereitgestellt. Hierfür gilt die bekannte Beziehung nach *Darcy-Weisbach*:

$$\Delta h = \zeta \frac{v^2}{2g} \tag{7-84}$$

Der Zusammenhang zwischen dem τ- und dem ζ-Wert ist durch die Beziehung

$$\tau = \frac{\sqrt{\zeta_o}}{\sqrt{\zeta}} \tag{7-85}$$

gegeben, wobei mit ζ_o der Drosselverlustbeiwert bei vollkommen geöffneter Armatur bezeichnet wurde. Hierbei ist zu beachten, dass sich die ζ-Werte auf den Rohrleitungsquerschnitt beziehen. Für verschiedene Armaturen sind die ζ- Kennlinien in dem Bild 7.20 aufgetragen worden.

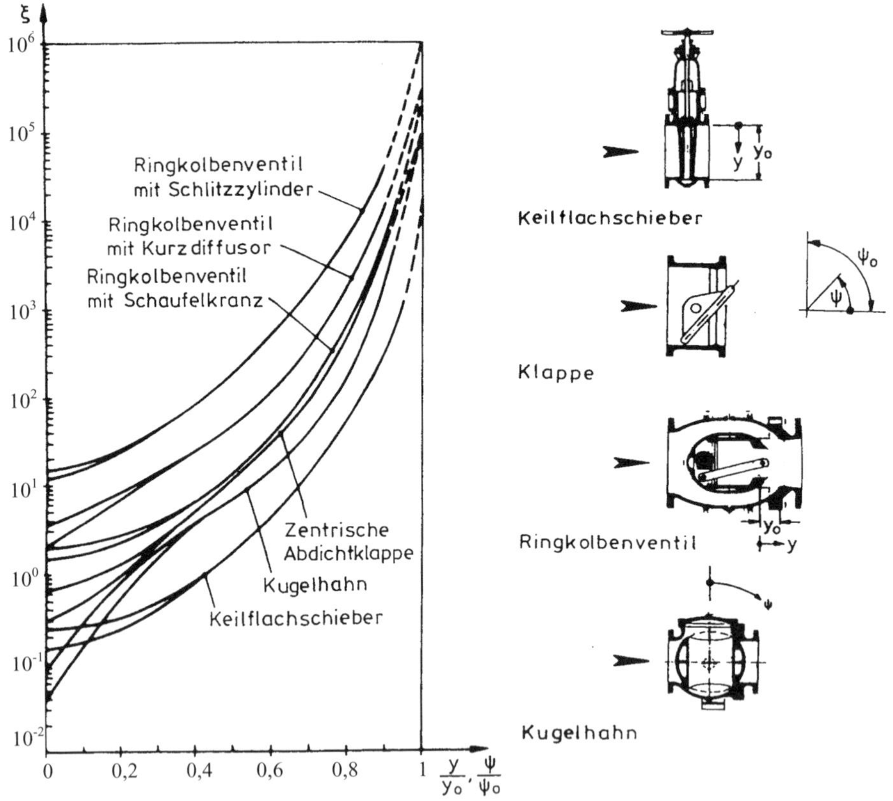

Bild 7.20
Kennlinien von Armaturen

7.5.3.7 Armatur zwischen zwei Rohrleitungen

In dem vorangegangenen Abschnitt wurde die Randbedingung für eine Drosselarmatur am Ende einer Leitung abgeleitet. Die Beziehungen für eine Armatur, die zwischen zwei Leitungen angeordnet ist, werden nachfolgend erläutert. Bei dieser Randbedingung finden die Kontinuitätsbedingung (7-86), die Energiegleichung (7-87) und die Kompatibilitätsbedingungen (7-67 und 7-68) wieder Anwendung.

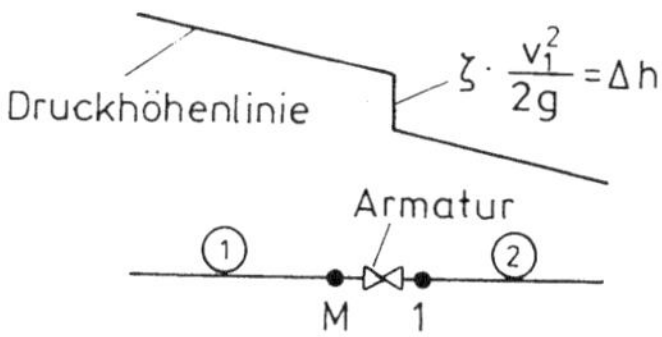

Bild 7.21
Zur Randbedingung Armatur zwischen zwei Rohren

Die Kontinuitätsbedingung führt auf:

$$Q_{P_{1,M}} = Q_{P_{2,1}} = Q_P \qquad (7\text{-}86)$$

Ferner gilt für den Druckhöhenverlust

$$\Delta h = h_{P_{1,M}} - h_{P_{2,1}} = \zeta \frac{Q_P^2}{2g \cdot A_1^2} \qquad (7\text{-}87)$$

Aus obiger Gleichung berechnet sich der Durchfluss zu:

$$Q_P = A_1 \frac{\sqrt{2g}}{\sqrt{\zeta}} \sqrt{\left(h_{P_{1,M}} - h_{P_{2,1}}\right)} \qquad (7\text{-}88)$$

Für den negativen Durchfluss gilt nun wieder:

$$Q_P = -A_1 \frac{\sqrt{2g}}{\sqrt{\zeta}} \sqrt{\left(h_{P_{2,1}} - h_{P_{1,M}}\right)} \qquad (7\text{-}88a)$$

In den Gleichungen (7-88 und 7-88a) ist zu beachten, dass sich der ζ-Wert auf das 1. Rohr bezieht.

Setzt man nun in Gl. (7-88) die Kompatibilitätsbedingungen (7-67) und (7-68) ein, so führt dies auf:

$$Q_P^2 + 2K \cdot Q_P \left(B_{U_1} + B_{R_2}\right) - 2K\left(C_{U_1} - C_{R_2}\right) = 0 \qquad (7\text{-}89)$$

mit

$$K = A_1^2 \frac{g}{\zeta}$$

Die Auflösung der quadratischen Gleichung (7-89) ergibt sich zu:

$$Q_P = -K\left(B_{U_1} + B_{R_2}\right) + \sqrt{K^2\left(B_{U_1} + B_{R_2}\right) + 2K\left(C_{U_1} - C_{R_2}\right)} \qquad (7\text{-}90)$$

Für den negativen Durchfluss erhält man:

$$Q_P = +K\left(B_{U_1} + B_{R_2}\right) - \sqrt{K^2\left(B_{U_1} + B_{R_2}\right) - 2K\left(C_{U_1} - C_{R_2}\right)} \qquad (7\text{-}90a)$$

Für die Einbindung der Formeln (7-90) und (7-90a) in ein Computerprogramm eignet sich die folgende Beziehung besser:

$$Q_P = Signum\left(C_{U_1} - C_{R_2}\right) \cdot \left(-K\left(B_{U_1} + B_{R_2}\right) + \sqrt{K^2\left(B_{U_1} + B_{R_2}\right) + 2K\left(C_{U_1} - C_{R_2}\right)}\right)$$

In der Gl.(7-89) geht über den K-Wert der bei einem Steuervorgang zeitlich veränderliche Drosselbeiwert $\zeta(t)$ ein. Bei der numerischen Untersuchung von Schließ- bzw. Öffnungsvorgängen von Armaturen gibt man in der Regel den zeitlichen Verlauf des Schließ- bzw. Öffnungsweges (Stellgesetz oder -funktion) für den Drosselkörper vor und berechnet aus der zugehörigen Drosselkennlinie den aktuellen ζ-Wert. Im Bild 7.22 ist ein zweifach und dreifach linear abgestuftes Stellgesetz und eine Drosselkennlinie dargestellt.

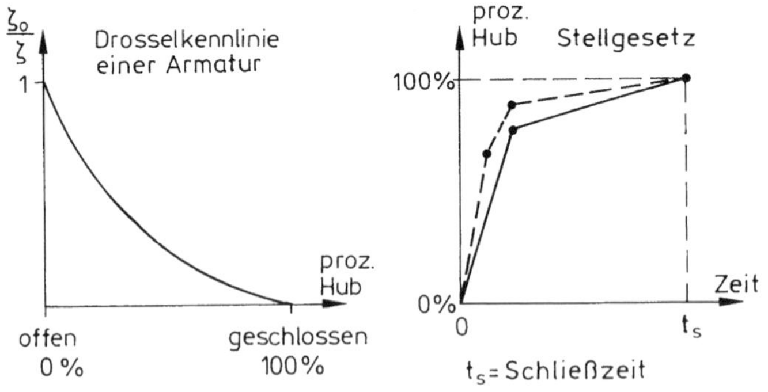

Bild 7.22
Drosselkennlinie und Stellgesetz

7.5.3.8 Knoten

Bei dieser Randbedingung stoßen mehrere Rohre in einem Knoten zusammen oder führen von diesem weg. Beispielhaft werden für einen Knoten mit drei Rohren die maßgebenden Gleichungen abgeleitet. Auch für diese Randbedingung gelten wiederum die Energiegleichung (3.28), die Kontinuitätsbedingung (3.29) und die Kompatibilitätsgleichungen (3.30a - c) für die drei an dem Knoten zusammengebundenen Rohre.

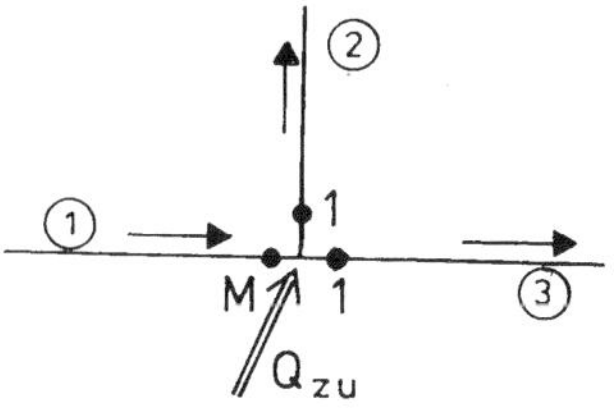

Bild 7.23
Randbedingung an einem Knoten

Nimmt man an, dass an dem Knoten der Druckhöhenverlust vernachlässigt werden kann, so gilt:

$$h_{P_{1,M}} = h_{P_{2,1}} = h_{P_{3,1}} = h_P \tag{7-91}$$

Für den Knoten mit dem Zufluss Q_{zu} nach Bild 7.23 lautet die Kontinuitätsbedingung

$$\Sigma Q_{Knoten} = Q_{P_{1,M}} - Q_{P_{2,1}} - Q_{P_{3,1}} + Q_{Zu} = 0 \tag{7-92}$$

Für die drei Rohre nach Bild 7.23 lauten die Kompatibilitätsbedingungen:

$$Rohr\ 1:\ C^+:\ Q_{P_{1,M}} = \frac{C_{U_1}}{B_{U_1}} - \frac{h_P}{B_{U_1}} \tag{7-93a}$$

$$Rohr\ 2:\ C^-:\ -Q_{P_{2,1}} = \frac{C_{R_2}}{B_{R_2}} - \frac{h_P}{B_{R_2}} \tag{7-93b}$$

$$Rohr\ 3:\ C^-:\ -Q_{P_{3,1}} = \frac{C_{R_3}}{B_{R_3}} - \frac{h_P}{B_{R_3}} \tag{7-93c}$$

Setzt man die Gleichungen (7-93a - c) in die Gleichung (7-92) ein, so erhält man:

$$\Sigma Q_{Knoten} = \frac{C_{U_1}}{B_{U_1}} + \frac{C_{R_2}}{B_{R_2}} + \frac{C_{R_3}}{B_{R_3}} - h_P\left(\Sigma\frac{1}{B_U} + \Sigma\frac{1}{B_R}\right) + Q_{Zu} \tag{7-94}$$

bzw.

$$\Sigma Q_{Knoten} = 0 = S_C - S_B h_P + Q_{Zu} \tag{7-95}$$

In der Gleichung (7-95) wurden die folgenden Abkürzungen verwendet:

$$S_C = \Sigma \frac{C_U}{B_U} + \Sigma \frac{C_R}{B_R} \quad und \quad S_B = \Sigma \frac{1}{B_U} + \Sigma \frac{1}{B_R} \tag{7-96}$$

Aus Gl. (7-95) kann man nun die unbekannte Druckhöhe h_P berechnen.

Allgemein gilt für eine beliebige Anzahl von Rohren:

$$h_P = \frac{S_C}{S_B} + \frac{1}{S_B} Q_{Zu} \tag{7-97}$$

Bei bekannter Druckhöhe h_P können nun zusammen mit den Kompatibilitätsbedingungen - s. Gleichungen (7-93a - c) - die Durchflüsse in den jeweiligen Rohren ermittelt werden.

7.5.3.9 Druckbehälter mit Gaspolster (Windkessel)

Druckluftwasserkessel haben sich als zuverlässige Sicherheitsorgane zur Druckstoßdämpfung in Rohrleitungssystemen erwiesen. Zur Beschreibung des hydraulischen Verhaltens dieser Randbedingung benötigt man die Kontinuitätsgleichung (7-98), die Kompatibilitätsbedingungen 7-67 und 7-68 für das zu- bzw. wegführende Rohr sowie eine Zustandsgleichung (7-99), die das Verhalten der komprimierten Luft erfasst.

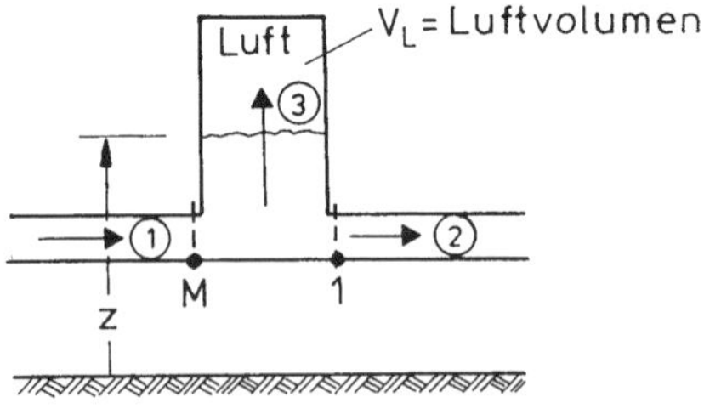

Bild 7.24
Zur Randbedingung Druckluftwasserkessel

$$Q_{P_{1,M}} - Q_{P_{2,1}} - Q_{P_3} = 0 \tag{7-98}$$

$$h_0^* V_{L0}^n = h^* V_L^n = const. = K_W \tag{7-99}$$

Die Gl.(7-99) beschreibt eine polytrope Zustandsänderung des eingeschlossenen Luft volumens. Der Verlauf der Zustandsänderung ist durch den Polytropenexponent n gekennzeichnet. Für $n = 0$ ergibt sich eine isobare, für $n = 1$ eine isotherme, für $n = 1.4$ eine adiabatische und für $n = \infty$ eine isochore Zustandsänderung. Bei Druckluftwasserkesseln hat man befriedigende Ergebnisse mit Polytropenexponenten im Bereich von $n = 1.2$ bis $n = 1.3$ erhalten. In der Gl.(7-99) wurden mit h^* die absolute Druckhöhe, mit V_L das Luftvolumen im Druckluftwasserkessel und mit dem Index 0 der Anfangszustand bezeichnet.

Es soll erwähnt werden, dass sich mit der polytropen Zustandsgleichung die verwickelten thermodynamischen Vorgänge in einem Druckluftwasserkessel nur näherungsweise erfassen lassen (*Horlacher* 1983 und 1986).

Formt man die Kompatibilitätsbedingungen weiter um

$$C^+ : Q_{P_1} = -\frac{1}{B_{U_1}} h_p + \frac{C_{U_1}}{B_{U_1}}$$

$$C^- : -Q_{P_2} = -\frac{1}{B_{R_2}} h_p + \frac{C_{R_2}}{B_{R_2}}$$

und setzt diese in Gl. (7-98) ein, so erhält man:

$$-\left(\frac{1}{B_{U_1}} + \frac{1}{B_{R_2}}\right) h_P + \frac{C_{U_1}}{B_{U_1}} + \frac{C_{R_2}}{B_{R_2}} - Q_{P_3} = 0 \tag{7-100}$$

Mit den folgenden Abkürzungen

$$S_C = \frac{1}{B_{U_1}} + \frac{1}{B_{R_2}}$$

$$S_B = \frac{C_{U_1}}{B_{U_1}} + \frac{C_{R_2}}{B_{R_2}}$$

ergibt sich die Druckhöhe h_P zu:

$$h_P = \frac{S_B - Q_{P_3}}{S_C} \tag{7-101}$$

Mit Gl. (7-101) lautet die Zustandsgleichung:

$$F = \left(\frac{S_B}{S_C} - \frac{Q_{P_3}}{S_C} + h_b - z\right) \cdot \left(V_L - \frac{Q_{P_3} + Q_3}{2} \Delta t\right)^n - K_W = 0 \tag{7-102}$$

Der unbekannte Durchfluss Q_{P3} in Gl. (7-102) wird mit der *Newton*schen Iterationsmethode ermittelt. Hierfür gilt näherungsweise:

$$F + \frac{dF}{dQ_{P_3}} \Delta Q_{P_3} = 0 \tag{7-103}$$

Die Ableitung dF/dQ_{P3} ergibt sich zu:

$$\frac{dF}{dQ_{P_3}} = n\left(\frac{S_B}{S_C} - \frac{Q_{P_3}}{S_C} + h_b - z\right) \cdot \left(V_L - \frac{Q_{P_3}\Delta t}{2} - \frac{Q_3 \Delta t}{2}\right)^{n-1}$$

$$\cdot \left(-\frac{\Delta t}{2}\right) - \frac{1}{S_C}\left(V_L - \frac{Q_{P_3}\Delta t}{2} - \frac{Q_3 \Delta t}{2}\right)^n$$

bzw.

$$\frac{dF}{dQ_{P_3}} = -\frac{n\,\Delta t}{2} \frac{K_W}{\left(V_L - \frac{Q_{P_3}\Delta t}{2} - \frac{Q_3 \Delta t}{2}\right)} - \frac{\left(V_L - \frac{Q_{P_3} + Q_3}{2} \Delta t\right)^n}{S_C} \tag{7-104}$$

Durch Modifikation von S_B und S_C erhält man aus diesen Gleichungen eine Randbedingung für einen Druckluftwasserkessel am Anfang oder am Ende einer Rohrleitung.

7.5.3.10 Druckbehälter mit Gaspolster und Drossel

Durch Anordnung von Drosseln in Stichleitungen zu Druckluftwasserkesseln lassen sich Druckpendelungen erheblich dämpfen. Hierzu sind besonders Drosseln geeignet, die in den beiden Strömungsrichtungen unterschiedliche Widerstandsbeiwerte aufweisen. Die einzelnen Berechnungsschritte können dem vorausgegangenen Abschnitt entnommen werden. Hier muss lediglich in den Gleichungen (7-102) und (7-104) der Drosselverlust berücksichtigt werden (*Horlacher* 1983 und 1986).

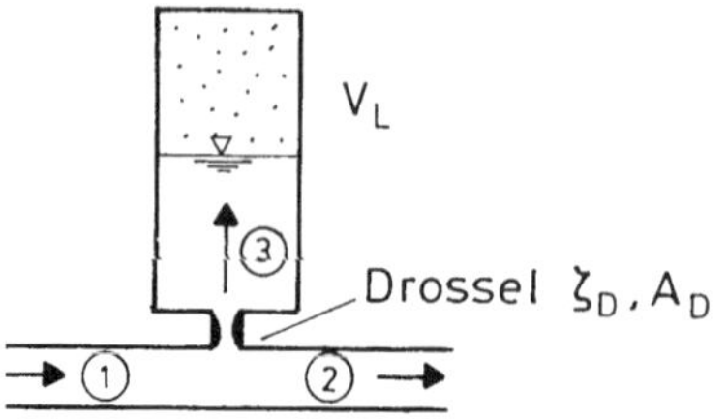

Bild 7.25
Zur Randbedingung Druckluftwasserkessel mit Drossel

$$F=\left(\frac{S_B}{S_C}\frac{Q_{P_3}}{S_C}+h_b-z-\zeta_D\frac{|Q_{P_3}|Q_{P_3}}{2g\cdot A_D^2}\right)\cdot\left(V_L-\frac{Q_{P_3}+Q_3}{2}\Delta t\right)^n-K_W=0 \qquad (7\text{-}105)$$

und

$$\frac{dF}{dQ_3}=\frac{n\cdot\Delta t}{2}\cdot\frac{K_W}{\left(V_L\frac{Q_{P_3}+Q_3}{2}\Delta t\right)}\cdot\left(\frac{1}{S_C}+\zeta_D\frac{|Q_{P_3}|}{g\cdot A_D^2}\right)\cdot\left(V_L\frac{Q_{P_3}+Q_3}{2}\Delta t\right)^n \qquad (7\text{-}106)$$

7.5.3.11 Wasserschloss

Bei der Randbedingung Wasserschloss (hier einfaches Schachtwasserschloss oder Standrohr mit Drossel) gelten wie beim Druckluftwasserkessel die Kontinuitätsbedingung (7-98) und die Kompatibilitätsbedingungen (7-67 und 7-68). Ferner kann auch hier am Knoten die Gleichheit der Druckhöhen $h_{P1,M}=h_{P2,1}=h_P$ angenommen werden.

Für die Druckhöhe h_P gilt unter Beachtung des Drosselverlustes:

$$h_P=h+\frac{\zeta_D}{2g\,A_D^2}Q_{P_3}|Q_{P_3}| \qquad (7\text{-}107)$$

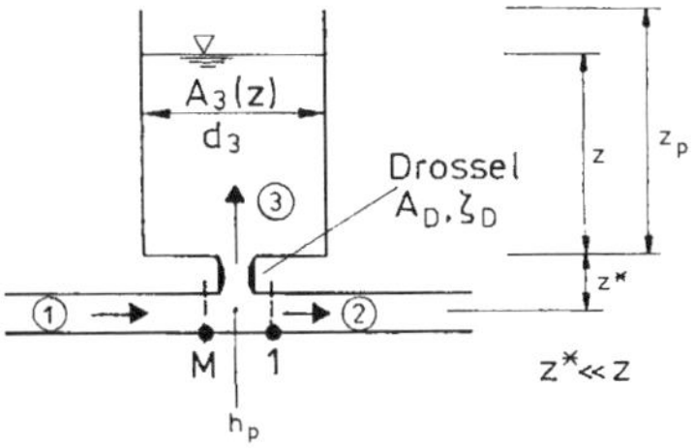

Bild 7.26
Zur Randbedingung Wasserschloss mit Drossel

Aus der zeitlichen Änderung der Wasserspiegelhöhe mit der Annahme $z^* << z$ nach Bild 7.26 ergibt sich eine weitere Beziehung für den Durchfluss Q_{P3}:

$$Q_{P_3}=A_3(z)\frac{dz}{dt}$$

bzw.

$$z_p-z=\frac{\left(Q_{P_3}+Q_3\right)}{2A_3(z)}\Delta t \qquad (7\text{-}108)$$

Aus diesen Gleichungen lassen sich die Unbekannten $Q_{P1,M}$, $Q_{P2,1}$, Q_{P3}, h_P und z berechnen.

Bei einem Standrohr können die Vertikalbeschleunigung und die Wandreibung von Bedeutung sein. In der Gl. (7-107) kann man diese Einflüsse berücksichtigen:

$$\frac{z_P+z}{2}=\frac{h_P+h}{2}-\frac{z}{g\cdot A_3(z)}\cdot\frac{dQ_{P_3}}{dt}-\left(\frac{\lambda\cdot z}{A_3(z)^2\cdot d_3}+\frac{\zeta_D}{A_D^2}\right)\frac{Q_{P_3}|Q_{P_3}|}{2g} \qquad (7\text{-}109)$$

Betrachtet man nun ein Standrohr nach Bild 7.27 und vernachlässigt auch die Einflüsse aus Reibung und Massenträgheit, so vereinfachen sich die obigen Beziehungen erheblich.
Für die Druckhöhe gilt:

$$z_P=h_P \qquad (7\text{-}110)$$

bzw. nach Gl. (7-108)

$$h_P=h+\frac{\Delta t}{2\,A_3}(Q_{P_3}+Q_3) \qquad (7\text{-}111)$$

Mit der Kontinuitätsbedingung

$$Q_{P_3}=Q_{P_{1,M}}-Q_{P_{2,1}}$$

und den Kompatibilitätsbedingungen (7-67 und 7-68) ergibt sich die Druckhöhe zu:

$$h_P=\frac{\dfrac{2h\cdot A_3}{\Delta t}+\dfrac{C_{U_1}}{B_{U_1}}+\dfrac{C_{R_2}}{B_{R_2}}+Q_3}{\dfrac{2\,A_3}{\Delta t}+\dfrac{1}{B_{U_1}}+\dfrac{1}{B_{R_2}}} \qquad (7\text{-}112)$$

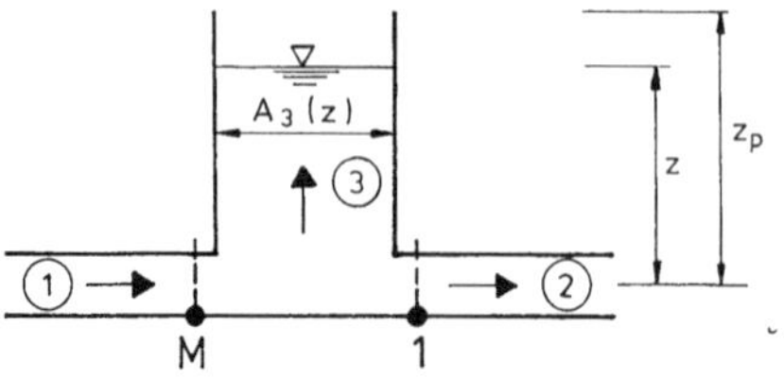

Bild 7.27
Einfaches Wasserschloss, Standrohr

7.5.3.12 Pumpe mit konstanter Drehzahl

Für eine Pumpe, die zwischen zwei Rohrleitungen angeordnet ist, lautet die Druckhöhenbilanz zwischen der Saug- und der Druckseite gemäß Bild 7.28:

$$h_{P_{2,1}} = h_{P_{1,M}} + h \qquad (7\text{-}113)$$

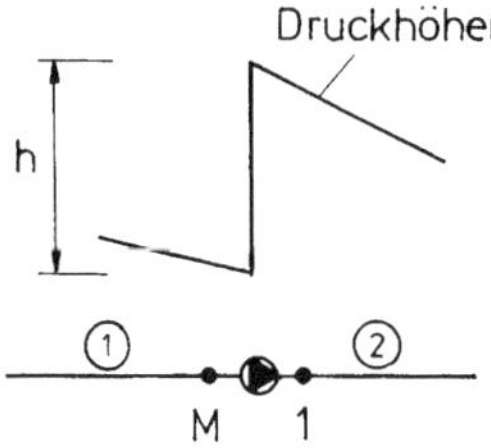

Bild 7.28
Zur Randbedingung Pumpe

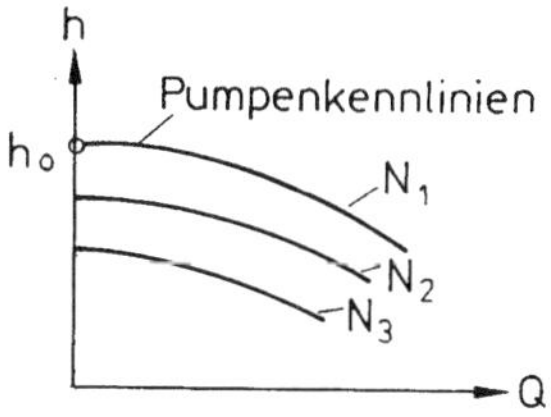

Bild 7.29
h-Q Kennlinien von Kreiselpumpen

In der Gl. (7-113) wurde mit h die Pumpenförderhöhe bezeichnet. In Bild 7.29 sind Kennlinien von Kreiselpumpen für verschiedene Drehzahlen N dargestellt worden. Solche Kennlinien kann man mit einem quadratischen Polynom approximieren.

$$h = h_o + a_1 \cdot Q_P + a_2 \cdot Q_P^2 \qquad (7\text{-}114)$$

Mit Hilfe der Nullförderhöhe h_0 und den zu bestimmenden Koeffizienten a_1 sowie a_2 lassen sich die jeweiligen Kennlinien mit der obigen Beziehung näherungsweise beschreiben.
Setzt man Gl. (7-114) in Gl. (7-113) ein, so führt dies auf:

$$h_{P_{2,1}} - h_{P_{1,M}} = h_o + a_1 \cdot Q_P + a_2 \cdot Q_P^2 \qquad (7\text{-}115)$$

Beachtet man die Kontinuitätsbedingung Gl. (7-98) und die Kompatibilitätsbedingungen Gl. (7-67 und 7-68) und Gl. (3.24), so erhält man mit Gl. (7-115) die folgende Beziehung:

$$C_{R_2} + B_{R_2} \cdot Q_P - C_{U_1} + B_{U_1} \cdot Q_P = h_0 + a_1 \cdot Q_P + a_2 \cdot Q_P^2, \qquad (7\text{-}116)$$

bzw.

$$a_2 \cdot Q_P^2 - (B_{R_2} + B_{U_1} - a_1) Q_P - (C_{R_2} - C_{U_1} - h_0) = 0 \qquad (7\text{-}117)$$

Die Lösung der quadratischen Gleichung führt auf:

$$Q_P = \frac{1}{2a_2}\left\{\left(B_{R_2} + B_{U_1} - a_1\right) - \sqrt{\left(B_{R_2} + B_{U_1} - a_1\right)^2 + 4a_2\left(C_{R_2} - C_{U_1} - h_0\right)}\right\} \quad (7\text{-}118)$$

Bei großen Pumpen erfolgt der Anfahr- und Abschaltvorgang mittels einer druckseitig angeordneten Drosselarmatur. Obige Randbedingung kann für diesen Fall auf einfache Weise erweitert werden. Hierzu muss in Gl. (7-115) der Drosselverlust eingefügt werden

$$h_{P_{2,1}} - h_{P_{1,M}} = h_0 + a_1 Q_P + a_2 Q_P^2 - \frac{\zeta}{2g \cdot A_D^2} Q_P^2$$

Ersetzt man nun in Gl. (7-117) die Konstante a_2 durch

$$a_2^* = a_2 - \frac{\zeta}{2g \cdot A_D^2}$$

so kann das druckseitige Drosselorgan auch mit dieser Randbedingung erfaßt werden.

7.5.4 Programmbeispiel: Armatur am Ende einer einsträngigen Leitung

In Bild 7.30 ist eine einsträngige Leitung mit der Länge L [m] und dem Durchmesser d [m] dargestellt, die aus einem Behälter mit der konstanten Wasserspiegelhöhe H_0 gespeist wird. Am Ende der Leitung befindet sich eine Armatur. Bei diesem Beispiel sind die Druck- und Geschwindigkeitspendelungen zu ermitteln, die beim Schließen der Armatur nach einem zu wählenden, exponentiellen Stellgesetz in der Leitung hervorgerufen werden. Die Leitung wird in *10* Intervalle unterteilt, so dass sich insgesamt *11* Gitterpunkte ergeben.

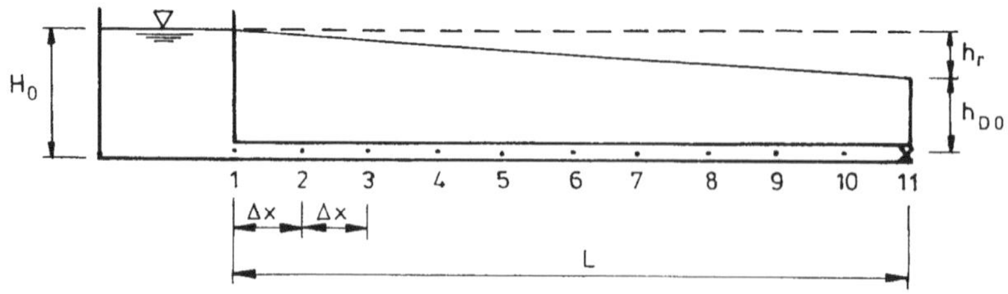

Bild 7.30
Einsträngige Leitung

Für die Druckhöhenbilanz nach Bild 7.30 gilt:

$$H_o = h_r + h_{Do} = \lambda \frac{L}{d} \cdot \frac{Q_o^2}{2g \cdot A^2} + \frac{Q_o^2}{2g(\mu \cdot A_D)_o^2}$$

Hieraus ergibt sich der stationäre Durchfluss zu:

$$Q_o = \sqrt{\frac{2g(\mu \cdot A_D)_o^2 \cdot H_o}{1 + \lambda \frac{L}{d} \cdot \frac{(\mu \cdot A_D)_o^2}{A^2}}}$$

Ist die Armatur im Anfangszustand nicht vollkommen geöffnet, sondern befindet sich in einer Zwischenstellung τ_A, so gilt

$$H_o = \lambda \frac{L}{d} \cdot \frac{Q_A^2}{2g \cdot A^2} + \frac{Q_A^2}{2g(\mu \cdot A_D)^2}$$

mit

$$(\mu \cdot A_D)^2 = \tau_A^2 \cdot (\mu \cdot A_D)_o^2 = \tau_A^2 \cdot \frac{Q_o^2}{2g \cdot h_{Do}}$$

ergibt sich Q_A zu:

$$Q_A = \sqrt{\frac{H_o \cdot Q_o^2 \cdot \tau_A^2}{\lambda \frac{L}{d} \cdot \frac{Q_o^2 \cdot \tau_o^2}{2g \cdot A^2} + h_{Do}}}$$

Zur Beschreibung der Armatur am Ende der Leitung wird die Gleichungen (7-82 und 7-83) herangezogen:

$$Q_P^2 = \frac{\tau^2 \cdot Q_o^2}{h_{Do}} h_P$$

Zusammen mit der Kompatibilitätsbedingung (7-68) führt obige Gleichung auf

$$Q_P^2 + 2B_U \frac{\tau^2 \cdot Q_o^2}{2h_{Do}} Q_P - 2C_U \frac{\tau^2 \cdot Q_o^2}{2h_{Do}} = 0$$

mit

$$K_D = \frac{\tau^2 \cdot Q_o^2}{2h_{Do}}$$

erhält man den Durchfluss an dem Rand zu

$$Q_P = -B_U \cdot K_D + \sqrt{(B_U \cdot K_D)^2 + 2B_U \cdot K_D}$$

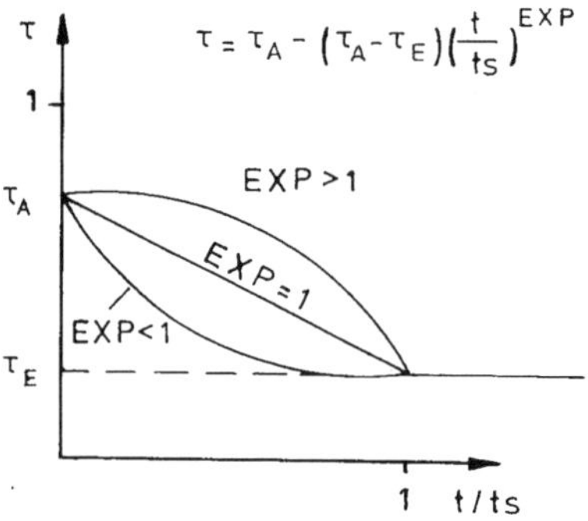

Bild 7.31
Schließfunktion der Armatur

Für den negativen Durchfluss gilt entsprechend:

$$Q_P = +B_U \cdot K_D - \sqrt{(B_U \cdot K_D)^2 - 2C_U \cdot K_D}$$

Das dimensionslose Schließgesetz wird bei diesem Programm als Exponentialfunktion vorgegeben, wobei gemäß Bild 7.31 die Schließzeit t_S, der Anfangswert τ_A, der Endwert τ_E und der Exponent EXP gewählt werden kann.

Bei der numerischen Berechnung kann man die inneren Gitterpunkte der Leitung in einem Rechenprogramm auf einfache Weise mit Indexvariablen (Schleifenvariablen) erfassen, wie aus Bild 7.32 hervorgeht.

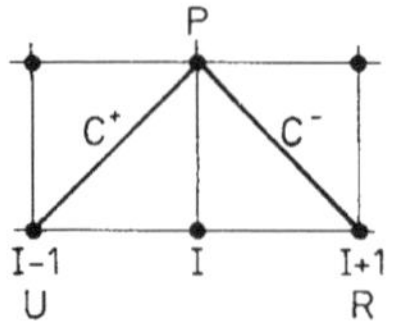

Bild 7.32
Bezeichnung der Gitterpunkte

Die Hilfswerte C_U, B_U, C_R und B_R lauten dann:

$$C_U = H(I-1) + B \cdot Q \cdot (I-1)$$
$$B_U = B + R \cdot |Q(I-1)|$$
$$C_R = H(I+1) - B \cdot Q(I+1)$$
$$B_R = B + R \cdot |Q(I+1)|$$

und die Kompatibilitätsbedingungen ergeben sich zu:

$$C^+: \quad H_P(I) = C_U - B_U \cdot Q_P(I)$$
$$C^-: \quad H_P(I) = C_R + B_R \cdot Q_P(I)$$

In den obigen Gleichungen wurde die Druckhöhe mit H, statt wie bisher mit h, bezeichnet. Diese Kennung wird in dem Fortran-Programm verwendet.

Wie schon betont wurde, kann man in jedem Zeitschritt alle Gitterpunkte berechnen. Trotz des erhöhten Rechenaufwands wird hierdurch die Rechengenauigkeit nicht vergrößert. Für diesen Fall lautet die Schleife in einem Fortran-Programm:

```
      DO 60 I=2,N
         CU=H(I-1)+Q(I-1)*B
         CR=H(I+1)-Q(I+1)*B
         BU=B+R*ABS(Q(I-1))
         BR=B+R*ABS(Q(I+1))
         IF(I.NE.2) THEN
           H(I-1)=HZW
           Q(I-1)=QZW
         END IF
C++++ Zwischenspeichern von H und Q FÜR EINEN RECHENSCHRITT
         HZW=(CU·BR+CR·BU)/(BU+BR)
         QZW=(H(I)-CR)/(BU+BR)
         IF(I.EQ.N) THEN
           H(N)=HZW
           Q(N)=QZW
         END IF
 60        CONTINUE
```

Bei diesem Verfahren muss man darauf achten, dass die Werte an den Gitterpunkten 2 und 10 (s. Bild 3.8) im alten Zeitschritt auch für die Berechnung der Randbedingungen benötigt werden. Die Werte an diesen Punkten muss man somit zwischenspeichern, bevor der obige Algorithmus angewendet wird.

Wird dagegen nur mit einem Gitter gearbeitet, so erreicht man dies mit folgender Programmstruktur:

```
      DO 65 I1=2,3
      DO 60 I=2,N
        CU=H(I-1)+Q(I-1)·B
        CR=H(I+1)-Q(I+1)·B
        BU=B+R·ABS(Q(I-1))
        BR=B+R·ABS(Q(I+1))
        H(I)=(CU·BR+CR·BU)/(BU+BR)
 60     Q(I)=(H(I)-CR)/(BU+BR)
 65     CONTINUE

60    CONTINUE
```

Ein *Programm* für die Berechnung des Druckstoßes in Rohrleitungen (FORTRAN) ist auf der beiliegenden CD verfügbar.

7.6 Literaturverzeichnis

Alliévi, L., Dubs, R., Bataillard, V.: Allgemeine Theorie über die veränderliche Bewegung des Wassers in Leitungen, - Springer, Berlin, 1909

Bergeron, L.: Etude des variations de régime dans les conduits d´eau: Solution graphique générale, - Rev. Générale de l´Hydraulique 1, Nr. 1. 12-69, 1935

Bronstein, I.W.; Semendjajew, K.A.: Taschenbuch der Mathematik, -BSB Teubner Verlagsgesellschaft, Leipzig, und Verlag Nauka, Moskau, 1979

Chaudhry, H.M.: Applied Hydraulic Transients, Van Nostand Reinhold Company, New York, 1987

Endres, W.: Rohrnetze: Stationäre Berechnung nach dem Approximationsverfahren, - Elektronische Berechnung von Rohr- und Gerinneströmungen, Hrs. W. Zielke, Erich Schmitt Verlag, Berlin, 1974

Evangelisti, G.: Water hammer analysis by the method of characteristics, - L´Energia Elettrica 46, Nr. 10, S 673-692, Nr. 11, S. 759-771, Nr. 12, S. 839-858, 1969

Gandenberger, W.: Druckschwankungen in Wasserversorgungsleitungen, - Oldenburg Verlag, München, 1950

Horlacher, H.-B.; Lüdecke, H.-J.: Strömungsberechnung für Rohrsysteme, -Expert-Verlag, Ehningen, 1992

Idelchik, I: Hydraulic Resistance,- Hemisphere Publishing Cooperation, Washington, 2nd Ed., 1986

Jordan-Engler, G.; Reuter, F.: Formelsammlung zur Numerischen Mathematik mit Standard-Fortran-Programmen,- Hochschultaschenbücher, Bibliographisches Institut, Mannheim, Bd. 106

Joukowsky: Über den hydraulischen Stoß in Wasserleitungen, - Voß, Petersburg und Leipzig, 1900

Kunst, B.: Das EDV-Programm für den PC, ein Hilfsmittel zur Früherkennung von Schwachstellen im Rohrnetz.,-Handbuch "Wasserversorgungs- und Abwassertechnik, Vulkan-Verlag, Essen, 3. Ausgabe, 1989

Parmakian, J.: Waterhammer analysis, - Dover New York, 1963

Press, H., Schröder, R.: Hydromechanik im Wasserbau, - W. Ernst und Sohn, Berlin 1966

Rich, R.G.: Waterhammer analysis by the Laplace Mellin Transformation, - Transaction ASME, paper No. 44-A-38, 1945

Tölke, F.: Veröffentlichungen zur Erforschung der Druckstoßprobleme in Wasserkraftanlagen und Rohrleitungen, - Springer Verlag Berlin, Heft1, 1949, und Heft 2, 1956

Vielhaber, H.: Rohrnetze: Topologie und stationäre Berechnung nach dem Einzelschrittverfahren, - Elektronische Berechnung von Rohr- und Gerinneströmungen, Hrsg. *W. Zielke*, Erich Schmitt Verlag, Berlin, 1974

Wood, F.M.: The application of heavisides´s operational calculus to the solution of problems in waterhammer, - Transaction ASME, HYD-59-15, pp 707-713, 1937

Wylie, E.B., Streeter, V.: Fluid Transients in Systems, Prentice Hall, Englewood USA, 1993

Zielke, W.: Elektronische Berechnung von Rohr- und Gerinneströmungen, -Schmidt Verlag, Berlin, 1974

Verwendete Bezeichnungen im Kapitel 7

A	(m^2)	Innenquerschnittsfläche der Rohrleitung
A_D	(m^2)	Drosselquerschnitt
a	(m/s)	Wellenausbreitungsgeschwindigkeit
d	(m)	Innendurchmesser der Rohrleitung
E_M	(N/m^2)	Elastizitätsmodul des Rohrwerkstoffes
E_F	(N/m^2)	Elastizitätsmodul des Wassers
g	(m/s^2)	Erdbeschleunigung
H_o	(m)	Anfangswasserstand im Behälter
h	(m)	Druckhöhe
h_v	(m)	Druckhöhenverlust
K^B	-	Knoten mit bekannter Druckhöhe
K^U	-	Knoten mit unbekannter Druckhöhe
k	(mm)	Rauheit der Rohrleitung
L	(m)	Länge der Rohrleitung
n	-	polytropen Exponent
p	(N/m^2)	Druck
Q	(m^3/s)	Durchfluss
ΔQ	(m^3/s)	Korrekturdurchfluss
Q_P	(m^3/s)	Durchfluss durch eine Pumpe
Q_{Zu}	(m^3/s)	Zufluss an einem Knoten
s	(m)	Rohrwanddicke
t	(s)	Zeitvariable
t_S	(s)	Schließzeit einer Armatur
Δt	(s)	Zeitschritt
v	(m/s)	gemittelte Querschnittsgeschwindigkeit
x	(m)	Ortsvariable
z	(m)	Wasserspiegelhöhe in einem Wasserschloß

$\varepsilon_{R}\varsigma$	-	Ringdehnung
	-	Verlustbeiwert
λ	-	Reibungsbeiwert
μ	-	Querdehnzahl
ν	(m^2/s)	kinematische Zähigkeit
ρ	(kg/m^3)	Dichte des Wassers
σ_L	(N/m^2)	Längsdehnung
σ_R	(N/m^2)	Ringspannung
τ_o	(N/m^2)	Wandschubspannung

Stichwortverzeichnis

CD zum Buch
Technische Hydromechanik 4
Hydraulische und numerische Modelle

Die beiliegende CD soll den Inhalt des Buchs durch **Programme** ergänzen und durch **kurze Videos** illustrieren.

Das Rahmenprogramm enthält eine Kapitelübersicht mit kurzen Inhaltsangaben.
Die zugehörigen Programme und Videos können von der jeweiligen Kapitelseite aufgerufen werden.
Ein Stichwortverzeichnis erleichtert die Suche nach Seitenzahlen und den zum Stichwort gehörenden Programmen und Videos.

Folgende Programme stehen dem Leser und Nutzer zur Verfügung:
- Finite-Elemente-Programm **FEFLOW** (WASY GmbH) zur Strömungsberechnung (256 Farben und vorherige Installation des Programms X-Vision von der CD auf die Festplatte erforderlich.)
- Programm **Rohrabzug** zur Berechnung des Entnahmestromes in perforierten Rohrleitungen (auch englisch)
- Programm **Rohrverteilung** zur Berechnung des Durchflusses in perforierten Rohrleitungen
- Programm **Gerinne** zur Berechnung des Normalabflusses in verschiedenen Gerinneprofilen mit verschiedenen Fließformeln
- Programm **Freibordberechnung** auf der Grundlage des DVWK-Merkblattes 246
- Programm zur **Druckstoßberechnung** in Rohrleitungen und Druckstollen (DOS)
- Programm zur **Rohrnetzberechnung** (DOS)

Das CD-Rahmenprogramm ist nach dem Einlegen in das Laufwerk **selbststartend** (oder Autostart.exe auf der CD ausführen). Alle Videos und Programme können von der CD aus gestartet werden (Druckstoß- und Rohrnetzprogramm nur zur Ansicht; für die Anwendung auf die Festplatte kopieren).

Systemvoraussetzungen für beiliegende CD-ROM

PC mit Pentium Prozessor oder Vergleichbares
MS Windows 200/XP/Vista
CD-Rom Laufwerk
Grafikauflösung ab 640 x 480 und 256 Farben